AF337261

Sous la direction de Bruno Peuportier

Énergétique des bâtiments et simulation thermique

Marc Abadie, Alain Bastide, Rachid Bennacer, Emmanuel Bozonnet,
Boris Brangeon, Adrien Brun, Benjamin Cinquin-Lapierre,
Baptiste Durand-Estèbe, Aurélie Foucquier, Gilles Fraisse, Jeanne Goffart,
Alain Guiavarch, Frédéric Kuznik, Remon Lapisa, Jérôme Lopez,
Christophe Ménézo, Laurent Mora, Fabio Munaretto, Marjorie Musy,
Hubert Pénicaud, Romain Périé, Bruno Peuportier, Christophe Plantier,
Thomas Recht, Jean-Jacques Roux, Marie Ruellan, Patrick Salagnac,
Patrick Schalbart, Eduardo Serodio, Clara Spitz, Yannick Sutter, Stéphane Thiers,
Pierre Tittelein, Éric Vorger, Monika Woloszyn, Étienne Wurtz, Frédéric Wurtz

Préface de Ian Beausoleil-Morrison

Introduction de Hubert Pénicaud

EYROLLES

ÉDITIONS EYROLLES
61, bd Saint-Germain
75240 Paris Cedex 05
www.editions-eyrolles.com

Sommaire

IV – EXEMPLES D'APPLICATIONS

Table des matières

CHAPITRE 6. Systèmes photovoltaïques 121

CHAPITRE 7. Systèmes électriques 147

CHAPITRE 8. Énergie et cycle de vie 159

CHAPITRE 9. Fonctionnalités des outils 171

II – VALIDATION DES MODÈLES

III – MISE EN ŒUVRE DE LA SIMULATION

CHAPITRE 14. Utilisation de la simulation et exploitation des résultats 305

IV – EXEMPLES D'APPLICATIONS

Les schémas qui exigeaient d'être en couleurs figurent une première fois en noir dans le texte et une seconde fois en couleurs dans le cahier hors-texte.

Préface

Un des grands défis d'aujourd'hui et des années à venir consiste à diminuer les risques de changement climatique anthropique et à atténuer les conséquences négatives d'une consommation excessive d'énergie sans pour autant sacrifier la qualité de vie. Cela est particulièrement problématique en raison de la croissance de la population mondiale et de la transformation rapide des modes de vie dans les pays en voie de développement. Le chauffage, la climatisation, la ventilation et l'éclairage des bâtiments contribuent considérablement à la consommation globale d'énergie (de 30 à 40 % selon les pays). Par conséquent, il est impossible de répondre à ce grand défi social et environnemental sans s'attaquer à la performance énergétique des bâtiments.

Comment concevoir des bâtiments à faibles besoins énergétiques ? Quelles sortes de fenêtres devrait-on fabriquer pour fournir un bon éclairage naturel et, en même temps, en minimiser l'impact sur les systèmes thermiques ? Quelle quantité d'isolant devrait-on poser dans les parois, et comment empêcher les transports d'humidité dans les matériaux poreux ? Comment dimensionner et intégrer les capteurs solaires thermiques et les systèmes photovoltaïques dans les bâtiments et les systèmes thermiques et électriques pour mieux exploiter l'énergie renouvelable ?

Les réponses à ces questions ne sont pas universelles. Elles dépendent du climat, du comportement des occupants et des interactions entre l'enveloppe du bâtiment et les systèmes thermiques et aérauliques, etc. Les combinaisons d'options de conception et de mise en œuvre sont infinies. Un outil de simulation énergétique des bâtiments peut fonctionner comme une plate-forme d'essais virtuelle afin d'examiner les options et de trouver les solutions optimales. Ainsi, ces outils offrent un grand potentiel pour changer les procédures de conception du bâtiment, améliorer la qualité de l'environnement intérieur, réduire le coût global et diminuer la consommation d'énergie. Mais ce potentiel ne sera pas réalisé sans des instruments performants et fiables, et surtout sans utilisateurs bien formés.

Il est très facile de faire fonctionner un outil de simulation et de produire des résultats, mais la production de résultats fiables est difficile, même pour des utilisateurs expérimentés. Il est vrai que les outils de simulation sont complexes et que l'incertitude des données d'entrée est considérable. Mais à vrai dire, le maillon faible est l'utilisateur. Pour faire fonctionner effectivement un outil de simulation, il est indispensable de comprendre les hypothèses ainsi que les limites des modèles et leurs incertitudes. Ces connaissances sont nécessaires pour savoir choisir un outil approprié et entre les options disponibles dans chaque outil de simulation. De plus, avec ces connaissances, l'utilisateur peut juger des limites de la simulation et du niveau d'incertitude dans les résultats.

Ce livre, rédigé par des experts français de haut niveau, constitue une contribution importante à l'éducation des utilisateurs d'outils de simulation. Dans sa première partie, il expose certains des modèles implantés dans les outils de simulation, par exemple les méthodes pour traiter les transferts de chaleur et les mouvements de l'air et de l'humidité. Je suggère au lecteur d'étudier la théorie élaborée dans ces sections et en parallèle explorer l'utilisation des outils pour développer des connaissances en profondeur des modèles et de leurs limites. Dans l'apprentissage de la simulation des bâtiments, l'exploration active des outils est indispensable pour mieux comprendre, mais cela ne devrait pas être isolé de l'étude de la théorie. Il est donc important d'explorer des outils et d'étudier la théorie qui est présentée dans la première section d'une façon cyclique.

La deuxième partie de l'ouvrage traite d'un sujet important : les techniques qui ont été développées pour tester et valider des modèles et la fiabilité des outils. Sa troisième partie donne des conseils sur la mise en œuvre des outils de simulation : par exemple, la définition de zones thermiques et l'analyse des résultats. Enfin, dans la quatrième et dernière partie, on peut découvrir plusieurs exemples de l'application des outils de simulation.

Il est vraiment extraordinaire de pouvoir disposer maintenant d'un ouvrage si exhaustif en français. Il est, à mon avis, indispensable aux débutants comme aux experts dans le domaine de la simulation énergétique des bâtiments.

Ian Beausoleil-Morrison
professeur à la Carleton University
Ottawa, Canada
mai 2015.

Introduction

(H. Pénicaud)

Qu'apporte la simulation énergétique? Que peut-on en attendre?

Comme son nom l'indique, la simulation énergétique vise à donner une image aussi exacte que possible des échanges énergétiques dans les bâtiments, dans un but d'optimisation de la conception et de l'usage des bâtiments et de leurs installations techniques.

Cette optimisation porte essentiellement sur deux facteurs: le confort – hygrothermique, lumineux et en termes de qualité de l'air – et la consommation d'énergie, ainsi que ses conséquences sur le coût d'exploitation et le changement climatique.

À entendre certains discours, on a parfois l'impression qu'il n'existe qu'une seule réalité énergétique, et donc qu'il ne devrait y avoir qu'un seul logiciel de simulation, celui qui correspondrait exactement à cette réalité.

Mais, même si l'apparition des outils numériques a multiplié nos capacités de simulation, tout logiciel de simulation énergétique, pour pouvoir être opérationnel, est nécessairement basé sur des hypothèses simplificatrices, plus ou moins implicites. Ces simplifications sont fonction de l'objet auquel s'applique la simulation.

Le temps

Par rapport aux calculs tels qu'ils pouvaient être effectués avant l'ère du numérique, la STD (Simulation Thermique Dynamique) introduit la dimension TEMPS: le progrès déterminant est que la simulation thermique est aujourd'hui «dynamique». Auparavant, le calcul thermique était basé sur des équations utilisées pour traduire des états instantanés (utilisées pour dimensionner des puissances maximales d'installation ou des conditions limites de confort, par exemple), des régimes permanents ou à rythmes cycliques simples. La variation des phénomènes n'était analysable que pour des phénomènes cycliques décomposables en variations sinusoïdales (on prenait en compte ainsi les rythmes de variations quotidiennes des éléments climatiques).

Les logiciels de STD sont calés sur des pas de temps le plus souvent de l'ordre de quelques minutes à une heure, bien adaptés à la prise en compte des phénomènes essentiellement conductifs modélisés. Les variations sur des temps plus courts ou plus longs ne sont pas directement prises en compte.

Pour des variations plus courtes, on prend le plus souvent des valeurs statistiques observées ou calculées en amont. Ainsi, les coefficients d'échanges convectifs des parois ne sont pas calculés à chaque pas de temps d'après les mouvements d'air locaux à un instant précis. Ainsi également, le temps de réaction d'une régulation ou la surpuissance appelée à la mise en route d'une pompe ou d'un ventilateur ne sont pris en compte que forfaitairement, d'après les résultats de mesures physiques et de simulations réalisées à une tout autre échelle de temps.

Par contre, les phénomènes radiatifs peuvent être pris en compte en considérant à chaque pas de temps l'irradiation solaire instantanée sur les parois considérées et l'effet des masques et des occultations.

Des éléments plus aléatoires, notamment liés au comportement des occupants, sont traduits en rythmes réguliers, que ce soit pour l'occupation ou le déplacement d'un point de consigne pour un ralenti de nuit. Certaines variations des paramètres de la simulation peuvent être liées aux conditions d'ambiance thermique, en introduisant un comportement théorique (abaissement des stores ou ouverture des fenêtres en fonction de l'insolation ou de la surchauffe, par exemple). La consommation d'eau chaude sanitaire, celle d'un réfrigérateur ou pour la cuisson des aliments vont dépendre des installations (dont les consommations nominales sont approchées à partir de tests en amont imposés aux constructeurs), mais essentiellement des modes de vie (nombre et durée des douches, ouvertures et rotation de la nourriture dans le réfrigérateur, régime alimentaire), qui ne sont approchés que de façon statistique.

Pour les variations plus longues que l'année, les logiciels partent de données climatiques sur une année type : soit une année basée sur les statistiques des années antérieures, soit une année basée sur les projections tenant compte du changement climatique sur les quarante à quatre-vingts années pour lesquelles les bâtiments sont construits. Mais dans le même temps, les comportements évolueront tout autant, et leur impact sur les consommations va être au moins aussi déterminant.

L'espace tridimensionnel

Si la STD se caractérise par l'introduction de la dimension temporelle, la puissance de calcul des outils numériques permet également de passer d'un calcul monodimensionnel à un calcul bidimensionnel ou tridimensionnel, permettant de traduire d'autres aspects des échanges énergétiques.

La plupart des logiciels restent basés, comme les anciens calculateurs analogiques, sur une décomposition des phénomènes en circuits d'échanges en série et en parallèle. L'enveloppe et les parois du bâtiment sont décomposées en surfaces (généralement planes) séparant deux ambiances. Cela correspond aux modes constructifs actuels, mais que dire des habitats premiers que sont la tente ou la grotte ?

L'investissement de l'espace tridimensionnel ne se fait généralement pas par le logiciel STD lui-même, mais en amont et en aval.

En amont d'une STD, on peut effectuer des simulations de ponts thermiques (en bidimensionnel pour les ponts thermiques linéaires, en tridimensionnel pour les ponts thermiques ponctuels) : ces simulations, réalisées en régime permanent, permettent d'intégrer les échanges moyens par ces zones singulières, mais généralement pas l'inertie thermique de ces zones.

Chez les fabricants d'organes d'installations énergétiques, des outils de simulation tridimensionnelle permettent de les concevoir en optimisant leur rendement et leur fonctionnement, et des tests les font valider. La normalisation des essais permet de fournir aux programmes de STD des données d'entrée sous forme de caractéristiques de fonctionnement aux différents régimes établis : à chaque pas de temps, on fait appel aux paramètres de fonctionnement ainsi prédéterminés, en fonction des conditions instantanées.

Si la modélisation des ponts thermiques et des organes techniques peut souvent se passer de la dimension « temps » sans trop d'erreurs, il en va autrement pour d'autres phénomènes : en particulier, le comportement thermique du sol impose de tenir compte de son inertie. La plupart des logiciels de STD nous proposent des modèles de sol plus ou moins convaincants pour des cas standard, tirés d'études dynamiques 3D.

En aval de la STD, les résultats de celle-ci servent de paramètres d'entrée aux logiciels aérauliques de CFD (*Computational Fluid Dynamics*), autorisant l'étude des mouvements d'air dans les espaces. La STD permet de donner les conditions aux limites à partir desquelles seront déterminés les champs de vitesse et de température à l'intérieur de volumes vastes et complexes pour un moment donné, choisi comme représentatif de conditions moyennes ou extrêmes. Du fait de la lourdeur et du temps pris par les calculs, liés à la discrétisation poussée de l'espace, on n'introduit pas dans ces calculs la dimension temporelle.

Il est important d'adapter les outils à l'objet et aux paramètres que l'on désire simuler : nous devons jouer entre des simulations fines sur un objet statique ou des simulations basées sur des modèles simplifiés (homogénéité de chaque ambiance) mais permettant une analyse de l'évolution des paramètres.

Les données climatiques d'entrée et l'imbrication des échelles

Un autre point délicat est lié à la définition des limites de nos modèles, et de leurs conditions aux limites. En particulier, de quelles données d'entrée du climat extérieur peut-on partir ?

À partir des données météorologiques enregistrées à la station la plus proche (ou interpolées entre différentes stations voisines), comment peut-on en déduire le microclimat aux abords mêmes du bâtiment que nous simulons ? Cette interrogation est particulièrement légitime à propos des bâtiments où des infiltrations constituent un élément déterminant de leur bilan thermique, ou de ceux où la ventilation naturelle est utilisée dans la mesure où le paramètre climatique le plus variable d'un endroit à l'autre est le vent.

Des modélisations à l'échelle urbaine seraient nécessaires, couplant des modèles météorologiques de l'atmosphère à une simulation des interférences et phénomènes dans la couche limite où se créent des microclimats largement tributaires de la topographie, de la nature du sol et des bâtiments eux-mêmes.

Nous n'en sommes guère au point de pouvoir entrer dans nos simulations des paramètres climatiques recalés par rapport à l'influence de l'environnement sur les champs de vitesse d'air à chaque pas de temps, ou par rapport à l'influence de l'évapotranspiration de la végétation avoisinante sur la réduction de l'îlot de chaleur locale.

Avec l'élargissement des préoccupations du bâtiment aux quartiers et ensembles urbains, de nouveaux modèles de simulation voient le jour.

De l'influence des logiciels de simulation sur l'architecture

Tant que nous nous intéressons à des ambiances de bâtiments très hermétiques, nos simulations donnent des résultats répondant relativement bien à nos attentes en termes de confort ou de consommation énergétique. Par contre, une simulation complète des ambiances thermiques et des champs de température, de vitesse d'air et de transferts de vapeur d'eau, nécessaire pour évaluer le confort dans des bâtiments de zones tropicales humides en ventilation naturelle, reste très approximative.

Pour l'instant, la tendance dominante, avec le pouvoir magique attribué à la simulation thermique, érigée en juge de paix absolu, est de générer une architecture dont la vertu puisse être validée par ces fameuses STD.

- Typiquement, la ventilation naturelle étant plus difficile à modéliser, on est peu enclin à la valoriser dans les projets.
- Les échanges évaporatifs de la végétation n'étant pas simulés, ils sont négligés. On ne fait pas la différence entre une toiture végétale en sédum sec et une végétation sur substrat irrigué.
- De même, certaines formes d'architectures ne raisonnant pas en murs et toit, mais en objets ou en espaces complexes se trouvent écartées du champ d'investigation.

Sans doute, le seul paramètre énergétique peut, dans une première réflexion, nous orienter vers des espaces à vivre uniformes, à l'enveloppe très hermétique, permettant un contrôle parfait des ambiances modélisées à loisir. Les politiques de « modèles » constructifs, avec des cellules types, réapparaissent périodiquement. Effectivement, de même qu'on simule à tous points de vue l'ambiance et la consommation énergétique d'une automobile ou d'un train, on pourrait proposer un module d'habitat unique, avec au besoin une légère variation régionale suivant le climat. L'homme n'est (malheureusement ?) pas unique ni modelable, et son habitat est encore un lieu d'expression de sa culture et de son individualité. Aussi, la simulation énergétique n'a pas pour but de concevoir LA boîte idéale à caser des populations, mais d'optimiser énergétiquement un produit répondant à leurs aspirations.

Et l'habitant ?

Dans notre approche tridimensionnelle et temporelle de l'énergie, n'oublions pas non plus que l'homme vit, dans tout cet espace, avec ses désirs et son imaginaire : il bouge, il passe du dedans au dehors, il change d'activité et de vêtements, il souhaite profiter du soleil de printemps, se mettre au frais sur une terrasse ombragée en sentant la brise, puis s'abriter dans une ombre protectrice, aller dans un sauna avant de se rouler dans la neige. Est-on sûr que le bien-être et le confort peuvent se réduire à éviter un inconfort normalisé ?

La STD est pour l'instant un outil dont on attend beaucoup trop : certains revendeurs de logiciels déclarent que leurs simulations sont vraies au dixième de degré près ! Mais les résultats de ces simulations ne sont que la résultante des données entrées et de présupposés quant aux aspirations des habitants.

La simulation nous permet, par sa puissance de calcul, de concevoir l'énergétique du bâtiment dans un monde en quatre dimensions. Il est néanmoins une dimension qu'elle n'aborde guère pour l'instant que de façon normative ou statistique : le comportement humain, à travers les modes d'habitat et l'entretien et la maintenance des installations.

Chaque progrès dans la maîtrise des consommations énergétiques fait apparaître de nouveaux postes dont l'importance relative croît au fur et à mesure que les principaux postes de consommation traditionnels sont de mieux en mieux traités et limités. Ainsi, une fois l'isolation des parois opaques bien maîtrisée, les ponts thermiques, puis les pertes par infiltration, sont devenus les points critiques de l'enveloppe. Aujourd'hui, la consommation des auxiliaires (pompes, ventilateurs, régulateurs) devient prédominante parmi les postes de consommation liés au fonctionnement du bâtiment, mais aussi les consommations d'énergie relatives aux activités internes (bureautique, vidéo, appareillages électroniques divers, cuisson ou conservation des aliments) prennent le pas sur ces consommations «réglementaires»: c'est le mode de vie qui devient le facteur déterminant des consommations énergétiques.

Les prochains programmes de simulation ne progresseront sans doute pas tant dans le traitement d'algorithmes permettant de rendre compte de phénomènes physiques plus complexes, qu'en aidant non plus seulement les concepteurs, mais aussi les exploitants et les habitants à gérer et vivre au mieux les bâtiments mis à leur disposition : une dimension pédagogique et interactive affirmée, avec la possibilité d'études de sensibilité exploitables rapidement. À partir des modèles mis au point par les concepteurs, et des systèmes experts capables d'ajuster ces modèles, on permettra à tout un chacun de mieux maîtriser son environnement de façon écoconsciente.

Attention, néanmoins, aux failles de ces systèmes.

– D'une part, il s'agit bien de rendre chacun plus apte à assumer directement ses responsabilités vis-à-vis de ses comportements et par là de ses consommations, et non pas de se reposer entièrement sur un «*big brother*» au bout d'une «*smart grid*» opaque.

– D'autre part, ne perdons pas de vue que les immenses possibilités de calcul des ordinateurs :

  – consomment de l'énergie (les GTB et autres systèmes sophistiqués de contrôle des ambiances et des consommations commencent parfois à consommer plus d'énergie qu'ils n'en font gagner) ;

  – supposent des comptages et des mesures fiables dans le temps, ce qui n'est pas toujours le cas (sondes, senseurs, compteurs électriques, connaissent des problèmes de vieillissement et de dérive). Aussi ces organes doivent-ils être limités, simples et facilement contrôlables.

PARTIE I

Modèles et principales hypothèses

Se servir d'un outil de simulation implique de faire des choix au niveau de la description d'un projet – par exemple, en ce qui concerne le découpage en zones – et de savoir interpréter les résultats. Il est alors utile de connaître les bases des modèles mis en œuvre dans les outils, ce qui est l'objet de cette partie.

CHAPITRE 1

Modélisation thermique du bâtiment

(J.J. Roux & F. Kuznik)

1.1 Préambule

Pour pouvoir prédire au mieux les ambiances intérieures, il est nécessaire de disposer de modèles capables de représenter la complexité des phénomènes physiques interagissant à l'intérieur du bâtiment. De telles modélisations permettent d'étudier à la fois les paramètres de confort et de coût énergétique en vue d'une conception optimale de l'enveloppe ainsi que des systèmes qui y sont associés (climatisation, chauffage, etc.).

Quel que soit l'enjeu de la modélisation, il est indispensable d'en comprendre au mieux les hypothèses afin de pouvoir porter un regard critique sur les résultats. Une bonne connaissance des principes de la modélisation permet ainsi de contrôler les limites de leur utilisation ainsi que leurs améliorations.

Contrairement aux calculs réglementaires, la modélisation thermique dynamique permet d'obtenir des grandeurs dépendantes du temps en faisant varier les sollicitations extérieures (température extérieure, vitesse du vent, ensoleillement, etc.). Ainsi, en jouant sur certains paramètres comme la composition des parois ou la position de la construction par rapport au soleil, le concepteur peut analyser le comportement annuel de son bâtiment. On peut alors parler de plate-forme d'essai virtuelle. La simulation permet ainsi de prévoir le coût d'une installation, la pertinence d'une structure d'enveloppe, le dimensionnement d'une installation de chauffage, le confort intérieur, etc.

1.2 Transferts de chaleur dans le bâtiment

Nous ne détaillerons pas ici les phénomènes physiques régissant les différents transferts de chaleur dans le bâtiment et conseillons la lecture de [SAC93], [BER05]. Le mode de transfert dit latent concerne le changement de phase de l'eau liquide-gazeux. Les modes de transfert de chaleur sensibles sont la conduction, la convection et le rayonnement. Le transfert de masse peut amener à une partie latente et une partie sensible. Seule la partie sensible des transferts de chaleur sera prise en compte dans ce chapitre.

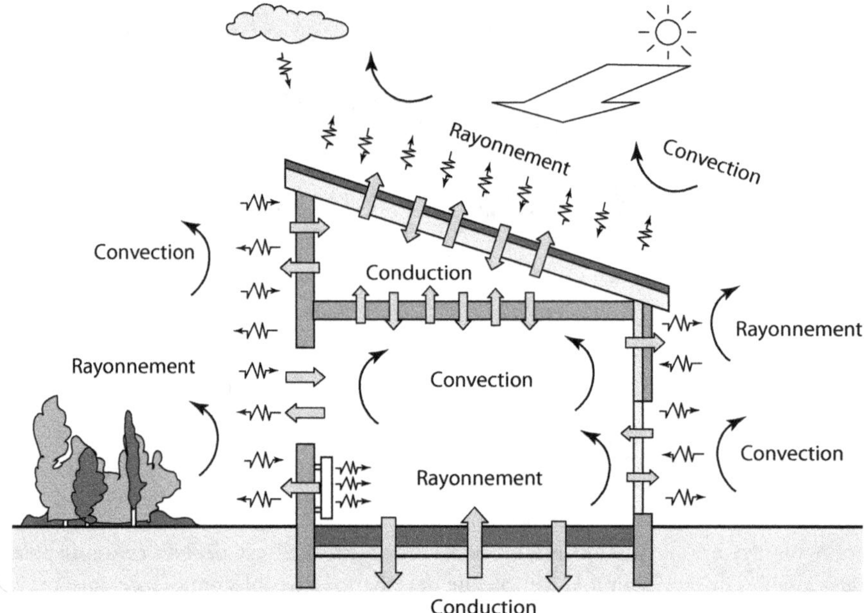

Figure 1.1 Transferts de chaleur dans le bâtiment.

La figure 1.1 représente les modes de transfert de chaleur ayant lieu entre le bâtiment et son environnement (intérieur ou extérieur). Ces modes vont être exposés et expliqués dans la suite de cette partie.

1.2.1 Conduction

La conduction est le mode de transfert de chaleur qui a lieu dans un milieu solide ou un fluide immobile. Il est caractérisé par un écart de température qui crée alors un flux de chaleur se déplaçant du chaud vers le froid. En ce qui concerne le bâtiment, on le rencontre dans les parois.

La loi de Fourier permet de relier la densité de flux de chaleur traversant une surface en un point au gradient de température. Dans le cas unidirectionnel, cette loi s'écrit (voir figure 1.2) :

$$\varphi(x,t) = -\lambda \frac{\partial T(x,t)}{\partial x} \vec{n}.\vec{x}$$

où $\vec{n}$ est la normale à la surface considérée, $\vec{x}$ le vecteur unitaire de l'axe x ; φ représente la densité de flux de chaleur en W m^{-2}, x la coordonnée spatiale, t le temps, λ la conductivité thermique du matériau en W m^{-1} K^{-1} et T la température en K.

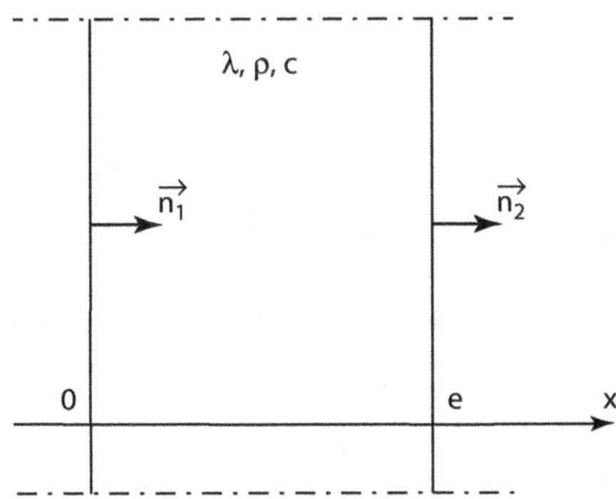

Figure 1.2 Transfert conductif unidirectionnel.

Sous les mêmes hypothèses que précédemment, en appliquant la loi de Fourier et en écrivant la conservation de l'énergie, on obtient l'équation de la chaleur donnée par :

$$\rho c \frac{\partial T(x,t)}{\partial t} = \lambda \frac{\partial^2 T(x,t)}{\partial x^2} + p$$

où ρ est la masse volumique du matériau en kg m^{-3}, c la capacité calorifique massique en J kg^{-1} K^{-1} et p la production volumique de chaleur en W m^{-3}. Quelques valeurs des propriétés physiques de certains matériaux sont données dans le tableau 1.1.

Tableau 1.1 Propriétés physiques de matériaux.

Matériau	Béton	Isolant	Plâtre	Verre	Acier	Aluminium	Air
λ W m^{-1} K^{-1}	1,75	0,04	0,35	1,1	50	200	0,026
ρ kg m^{-3}	2 300	50 à 100	800	2 500	7 800	2 700	1,23
c J kg^{-1} K^{-1}	1 000	1 030	1 000	750	450	880	1 000

La résolution spatio-temporelle du problème conductif nécessite de connaître les conditions initiales du problème (valeurs de température à $t = 0$) ainsi que les conditions limites (valeurs de température en $x = 0$ et en $x = e$).

1.2.2 Convection

La convection est un phénomène de transfert de chaleur basé sur le mouvement d'un fluide, typiquement l'air. Lorsque le mouvement de l'air est dû à un gradient de température, on parle de « convection naturelle ». Lorsque le mouvement de l'air est dû à des forces extérieures (ventilateur, vent, etc.), on parle alors de « convection forcée ». Typiquement, la convection a lieu dans le bâtiment à la surface des parois.

L'évaluation des transferts de chaleur dus à la convection peut se révéler très fastidieuse si l'on veut obtenir la valeur exacte de ses effets (nécessité de résoudre les équations de Navier-Stokes par la CFD[1]). La plupart du temps, on utilise des formules provenant de corrélations. La densité de flux de chaleur échangée entre la paroi et le fluide, notée φ, est reliée à la différence de température entre la paroi (notée T_p) et le fluide (notée T_f) par le coefficient h appelé «coefficient d'échange convectif» et dont l'unité est W m^{-2} K^{-1}. Le flux sortant de la paroi peut s'écrire sous la forme :

$$\varphi = h\left(T_p - T_f\right)$$

Les corrélations usuelles sont basées sur un ensemble de nombres adimensionnels qui permettent de relier le nombre de Nusselt $Nu = \dfrac{h \times L}{\lambda}$[2] aux autres nombres caractéristiques de l'écoulement. Il existe dans la littérature de nombreuses corrélations, par exemple dans [AUN87] et [BEJ04].

1.2.3 Rayonnement

Les transferts de chaleur par rayonnement sont des mécanismes ayant lieu à des distances qui dépendent fortement de la température. Dans le domaine du bâtiment, deux types de rayonnements sont principalement rencontrés : le rayonnement grande longueur d'onde (rayonnement dans le domaine des températures ambiantes) et le rayonnement courte longueur d'onde (rayonnement solaire).

Tous les corps émettent par rayonnement. Cependant, on ne peut ressentir que des rayonnements de longueur d'onde de 0,1 µm à 100 µm : c'est le rayonnement thermique, rayonnement capable de chauffer un corps. À l'intérieur de ce domaine, l'œil peut percevoir le rayonnement compris entre 0,38 µm à 0,76 µm : c'est le domaine visible, le rayonnement s'appelant «lumière». La figure 1.3 présente ces différents domaines du spectre.

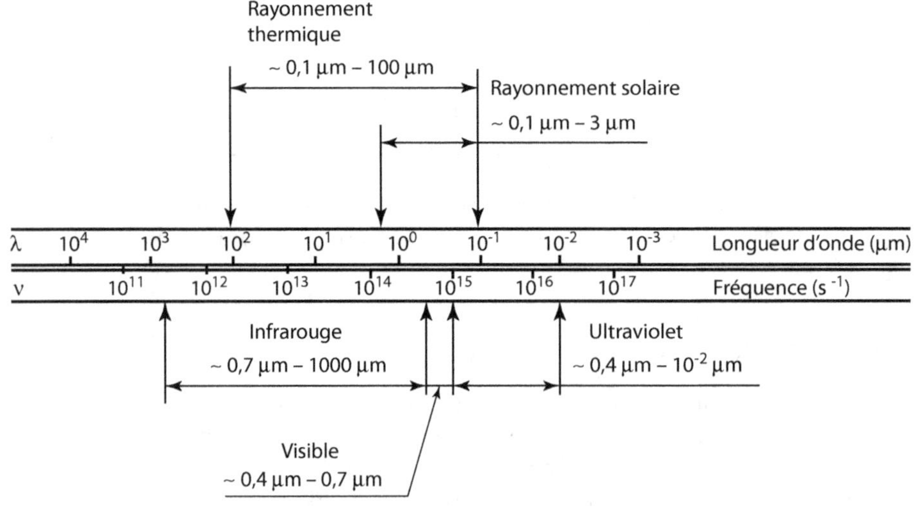

Figure 1.3 Domaines du spectre.

---

1. *Computational Fluid Dynamics.*
2. L est une grandeur caractéristique de l'écoulement et λ la conductivité thermique de l'air.

L'émittance M est le flux émis par une surface rapporté à l'unité de surface, l'unité étant W m^{-2}. L'émittance monochromatique M_λ est l'émittance donnée pour une bande de longueur d'onde $d\lambda$ et a pour unité W m^{-2} μm^{-1}.

La figure 1.4 présente la distribution spectrale de l'émittance monochromatique du corps noir en fonction de la température absolue. On constate qu'un corps à température ambiante ($\approx$ 300 K) émet principalement du rayonnement infrarouge de grande longueur d'onde (GLO). Par contre, le Soleil, dont la température est de l'ordre de 5 500 K, nous envoie le maximum de rayonnement pour une longueur d'onde de 0,5 μm: c'est le rayonnement visible de courte longueur d'onde (CLO). La limite prise couramment pour différencier GLO et CLO est de 2,5 μm.

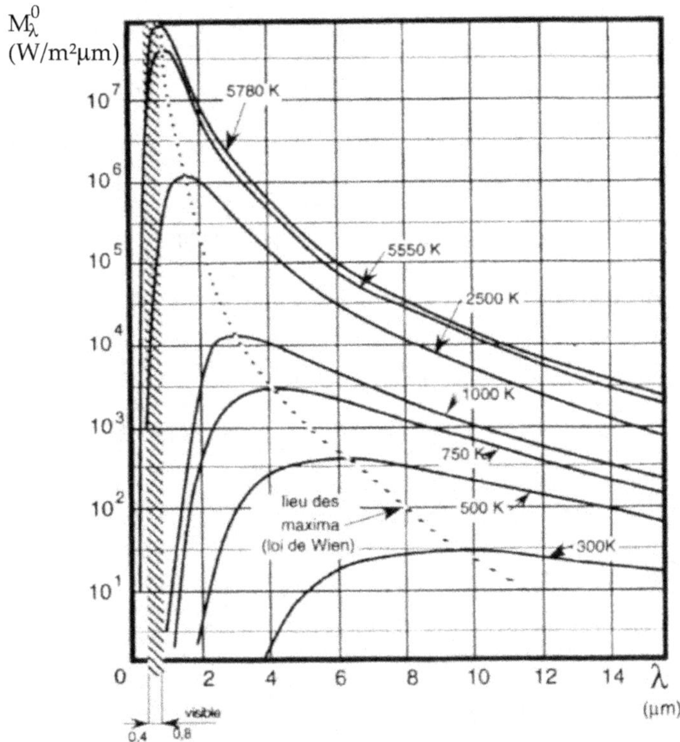

Figure 1.4 Distribution spectrale de l'émittance monochromatique du corps noir
en fonction de la température absolue.

L'émittance totale M^0 d'un corps noir à la température T, en W m^{-2}, est donnée par la loi de Stefan-Boltzmann:

$$M^0 = \int\limits_{0}^{+\infty} M^0{}_\lambda \, d\lambda = \sigma T^4$$

où $\sigma = 5,67 \times 10^{-8}$ W m^{-2} K^{-4}.

Pour un corps réel, l'émittance totale M s'écrit:

$$M = \varepsilon M^0$$

avec ε l'émissivité du corps. Lorsqu'un rayonnement E atteint la surface d'un corps réel (voir figure 1.5), une partie est réfléchie ρE, une partie est absorbée αE et une autre partie est transmise τE. Les coefficients α, ρ et τ sont appelés respectivement les « coefficients d'absorption », « de transmission » et « de réflexion ». Une relation simple relie les trois coefficients :

$$\alpha + \rho + \tau = 1$$

La loi de Kirchhoff, dans le cas particulier des corps gris, se résume par $\alpha = \varepsilon$.

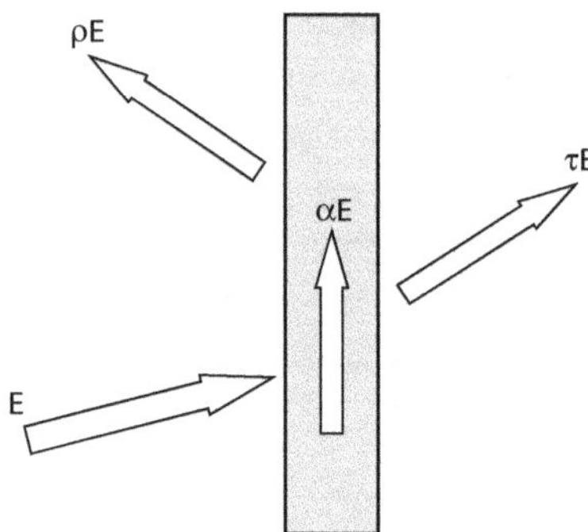

Figure 1.5 Réception du rayonnement par un corps réel.

Considérons deux surfaces noires S_1 et S_2 conformément à la figure 1.6, et Φ_{12} le flux émis par 1 et reçu par 2, en W. On a alors :

$$\Phi_{12} = S_1 F_{12} M_1^0 = S_1 F_{12} \sigma T_1^4$$

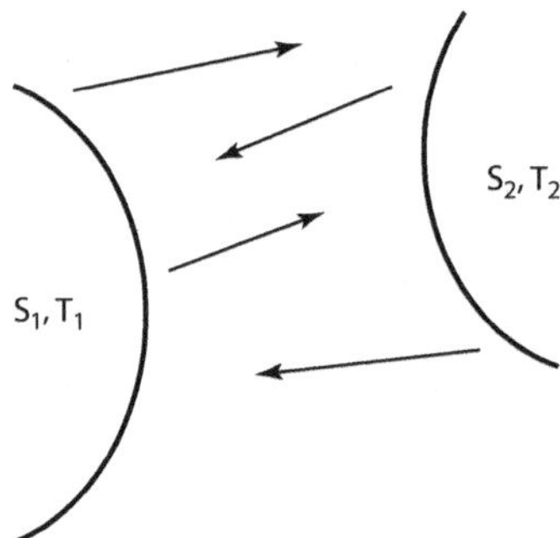

Figure 1.6 Échanges radiatifs entre deux surfaces noires.

où F_{12} est le facteur de forme de 1 vu de 2. Les relations entre les facteurs de forme sont les suivantes :

- complémentarité dans une enceinte fermée, $\forall i \neq j$ $\sum_j F_{ij} = 1$;
- réciprocité, $S_i F_{ij} = S_j F_{ji}$.

L'estimation des facteurs de forme peut se faire de plusieurs façons, en fonction de la difficulté de leur calcul :

- utilisation des relations entre facteurs de forme ;
- formules ou valeurs issues d'abaques ;
- méthode informatique type Monte-Carlo.

En ce qui concerne les échanges entre les surfaces grises, on introduit alors la notion de radiosité notée *J*. La radiosité représente la somme du flux émis et du flux réfléchi par une surface. Elle est définie par (voir figure 1.7) :

$$J = \varepsilon M^0 + \rho E$$

Le flux net de la surface est alors défini par :

$$\Phi_{\text{net}} = \varepsilon M^0 S - \alpha E S$$

Ce flux est positif lorsque la surface émet plus d'énergie qu'elle n'en reçoit.

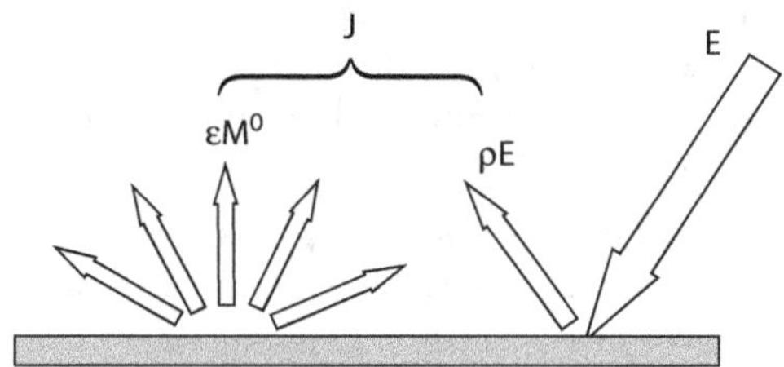

Figure 1.7 Notion de radiosité.

1.3 Principes de modélisation dynamique du bâtiment

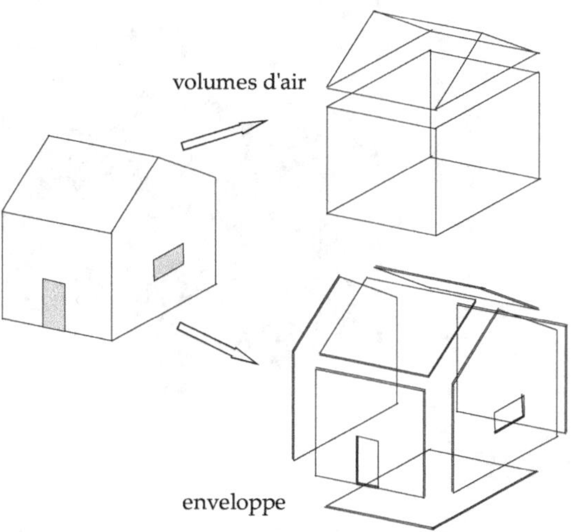

Figure 1.8 Décomposition en volumes d'air et parois.

Même si les différents phénomènes physiques de transfert de chaleur sont parfaitement connus, le bâtiment reste un objet complexe, et sa simulation numérique requiert certaines hypothèses simplificatrices. En effet, la modélisation détaillée de l'ensemble des phénomènes couplés d'un bâtiment nécessiterait un temps de calcul non compatible avec la conception du bâtiment. Le modélisateur doit alors connaître parfaitement les niveaux de simplification utilisés afin de répondre au mieux à la question de la cohérence du modèle global.

Le premier pas du processus de modélisation consiste en la décomposition décrite sur la figure 1.8. Le bâtiment est décomposé en volumes d'air séparés entre eux ou de l'extérieur par des parois opaques et vitrées : chaque volume s'appelle alors « zone ».

Une zone possède un seul ensemble de variables d'état : température, pression, humidité relative. Cela signifie que l'on suppose ces grandeurs homogènes au sein d'une même zone. La limite du modèle tient bien évidemment dans la présence de gradients thermiques ou hydriques qui ne pourront pas être pris en compte. Le couplage entre deux zones thermiques se fait soit par l'intermédiaire des parois, soit directement par transferts de masse et de chaleur (portes, fissures, etc.). Il est à noter que les différences de pression entre les zones sont motrices lors des transferts de masse.

Le transfert de chaleur par conduction dans les parois est supposé unidirectionnel dans l'épaisseur de celle-ci. Cette hypothèse se justifie par l'épaisseur qui est en général beaucoup plus petite que les autres dimensions de la paroi. Une conséquence directe de cette hypothèse est que la paroi possède une température uniforme sur sa surface. Les problèmes de ponts thermiques ne sont notamment pas pris en compte, car ce sont des endroits où la conduction n'est plus unidirectionnelle comme le montre la figure 1.9. Afin néanmoins de pouvoir évaluer ces effets conductifs non unidirectionnels, il est possible de se servir des coefficients de pont thermique tels que décrits, par exemple, dans [ISO10211].

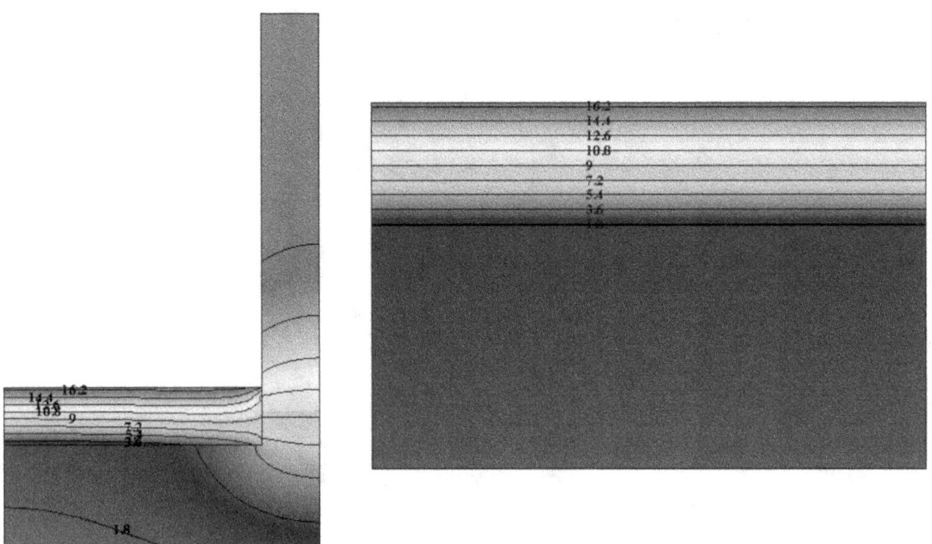

Figure 1.9 Isothermes avec pont thermique, à gauche, et sans pont thermique, à droite.

L'objet de la modélisation thermique étant d'obtenir les évolutions temporelles des variables d'état de chaque zone, nous serons conduits à écrire plusieurs bilans pour décrire le comportement du bâtiment. Les éléments qui vont être présentés dans la suite peuvent être complétés par le lecture de [CLA85] et de [DEH88].

1.4 Bilans enthalpique et massique de la masse d'air

1.4.1 Bilan enthalpique : équations générales

Soit un local (zone i) en contact avec N + 1 autres zones (la zone 0 est l'extérieur), la variation d'enthalpie H par unité de temps s'écrit alors :

$$\frac{dH(i)}{dt} = \dot{H}^e(i) - \dot{H}^s(i) + \sum_{j=1}^{ntp(i)} S_j h_{c,j}\left(T_{s,ij} - T_{a,i}\right) + P_l + P_s + A_l + A_s$$

$\dot{H}^e(i)$ est le débit enthalpique entrant dans le local i et qui peut s'écrire :

$$\dot{H}^e(i) = \sum_{n=0}^{N} Q_{mas}^e(n,i)\left(T_{a,n}C_{as} + r_{s,n}\left(L_v + T_{a,n}C_v\right)\right)$$

où $Q_{mas}^e(n,i)$ est le débit massique d'air sec transitant du local n vers le local i, en kg s^{-1}, et $T_{a,n}$ la température d'air du local n.

De la même façon, $\dot{H}^s(i)$ est le débit enthalpique sortant du local i et qui peut s'écrire :

$$\dot{H}^s(i) = \left(T_{a,i}C_{as} + r_{s,i}\left(L_v + T_{a,i}C_v\right)\right)\sum_{n=0}^{N} Q_{mas}^s(i,n)$$

A_s et A_l sont les apports internes sensibles et latents générés par les appareils électroménagers, les occupants, l'éclairage, etc.

P_s et P_l sont les puissances sensibles et latentes fournies par l'installation de chauffage/climatisation.

$\sum_{j=1}^{ntp(i)} S_j h_{c,j}\left(T_{s,ij} - T_{a,i}\right)$ représente les flux convectifs échangés entre les surfaces j des *ntp* parois

à température $T_{s,ij}$ de la zone i à température $T_{a,i}$.

1.4.2 Bilan massique d'air sec

Dans le domaine de la thermique du bâtiment, les variations de masse d'air sec dans le temps représentent des quantités très faibles. Cela permet de simplifier l'équation de conservation de la masse d'air dans le local :

$$\sum_{n=0}^{N}\left(Q_{mas}^e(n,i) - Q_{mas}^s(i,n)\right) = \frac{d(m_{as})}{dt} \approx 0$$

soit :

$$\sum_{n=0}^{N} Q_{mas}^e(n,i) = \sum_{n=0}^{N} Q_{mas}^s(i,n)$$

Cette équation de bilan traduit le fait que la somme des débits massiques d'air sec entrant dans la zone *i* est égale à la somme des débits massiques d'air sec sortant de la zone *i*. Cette équation permet dans la suite de simplifier l'écriture des bilans enthalpiques.

1.4.3 Bilan sensible et latent

L'enthalpie de la zone i $H(i)$ peut s'écrire comme la somme des enthalpies sensible $H_s(i)$ et latente $H_l(i)$:

$$H(i) = H_s(i) + H_l(i) = m_{as} C_{as} T_{a,i} + m_{as} r_{s,i} \left(L_v + C_v T_{a,i} \right)$$

Si on néglige $C_v T_{a,i}$ devant L_v, on a alors :

$$H(i) = H_s(i) + H_l(i) \approx m_{as} C_{as} T_{a,i} + m_{as} r_{s,i} L_v$$

Cette simplification permet de découpler température et humidité dans l'écriture de l'enthalpie et amène à écrire deux équations de bilan enthalpique :

- bilan sensible fonction uniquement de la température ;
- bilan latent fonction uniquement de l'humidité.

1.4.3.1 Bilan sensible

Le bilan sensible d'un volume d'air peut s'écrire sous la forme :

$$\rho_{as} C_{as} V_i \frac{dT_{a,i}}{dt} = \sum_{n=0}^{N} Q_{mas}^e (i,n) C_{as} \left(T_{a,n} - T_{a,i} \right) + \sum_{j=1}^{ntp(i)} S_j h_{c,j} \left(T_{s,ij} - T_{a,i} \right) + P_s + A_s$$

L'écriture de l'ensemble des équations conduit à un système de N équations à N inconnues principales que sont les températures de l'air de chaque zone. Les températures des surfaces $T_{s,ij}$ seront obtenues en faisant les bilans thermiques des faces internes des parois de l'enveloppe. C'est par l'intermédiaire de ces bilans qu'apparaissent les couplages avec les autres modes de transfert de chaleur, conduction et rayonnement. Les débits transitant entre chaque zone peuvent être obtenus en écrivant les différents bilans massiques.

La résolution du système d'équations précédent permet :

- de suivre l'évolution de la température de l'air dans chacune des N zones ;
- ou, si cette température de l'air est régulée, de calculer la puissance sensible nécessaire à fournir par l'installation de climatisation pour le maintien de la consigne (et, par extension, il est possible de calculer la consommation énergétique associée).

1.4.3.2 Bilan latent

Le bilan latent d'un volume d'air peut s'écrire sous la forme :

$$m_{as,i} \frac{dr_{s,i}}{dt} = \sum_{n=0}^{N} Q_{mas}^e (i,n) \left(r_{s,n} - r_{s,i} \right) + \frac{P_l}{L_v} + \frac{A_l}{L_v}$$

Comme pour le bilan sensible, on obtient un système de N équations à N inconnues principales qui sont les humidités spécifiques de chaque zone. La résolution de ce système d'équations permet :

- de suivre l'évolution de l'humidité dans chacune des N zones ;
- ou, si cette humidité est régulée, de calculer la puissance latente nécessaire à fournir par l'installation de climatisation pour le maintien de la consigne.

1.4.3.3   En conclusion…

L'écriture des équations de bilan des volumes d'air produit un système d'équations permettant d'obtenir les évolutions des températures (et des humidités spécifiques). Cependant, ces systèmes font intervenir les valeurs des températures de surface intérieure des parois. Cette température peut être obtenue en écrivant le bilan énergétique de la surface intérieure de la paroi (voir figure 1.10) :

$$\varphi_{cond} + \varphi_{conv} + \varphi_{GLO} + \varphi_{CLO} = 0$$

où φ_{cond} est le flux conductif transvasant la paroi vers l'intérieur, φ_{GLO} et φ_{CLO} les flux radiatifs grande et courte longueur d'onde. Ces flux sont inconnus et doivent être déterminés pour résoudre le problème. Le flux convectif $\varphi_{conv} = h_c(T_a - T_s)$ fait intervenir la température de surface, et la résolution de l'équation permet donc de calculer cette valeur nécessaire à la résolution générale du problème.

Dans la suite, nous allons donc nous attacher à déterminer les flux conductifs et radiatifs.

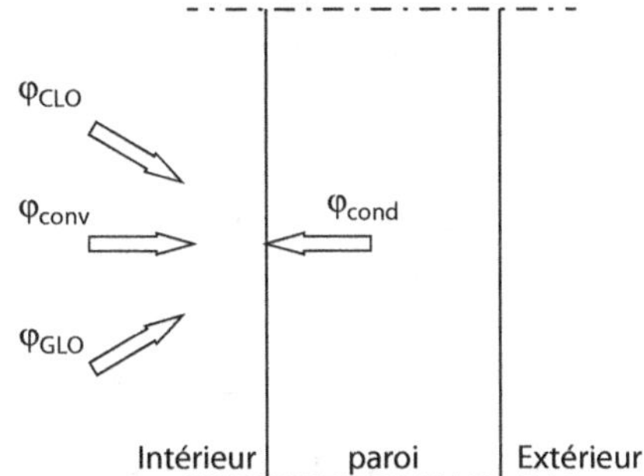

Figure 1.10 Bilan de surface intérieure d'une paroi opaque.

1.5   Traitement de la conduction

La résolution du problème conductif requiert celle de l'équation de la chaleur dans chaque élément de paroi. Cette équation différentielle aux dérivées partielles ne peut être résolue que numériquement. Il existe deux grandes familles de résolution du problème différentiel :

- par discrétisation numérique du domaine de calcul, puis résolution temporelle du système différentiel associé ;
- par méthode de représentation externe de type facteur de réponses ou coefficient de fonctions de transfert.

1.5.1   Discrétisation spatiale du domaine de calcul

Les températures de surface intérieure et extérieure sont les conditions aux limites du problème. La méthode des volumes finis consiste à découper l'épaisseur de la paroi en Np volumes et à intégrer l'équation de la chaleur sur chacun de ces volumes (voir figure 1.11).

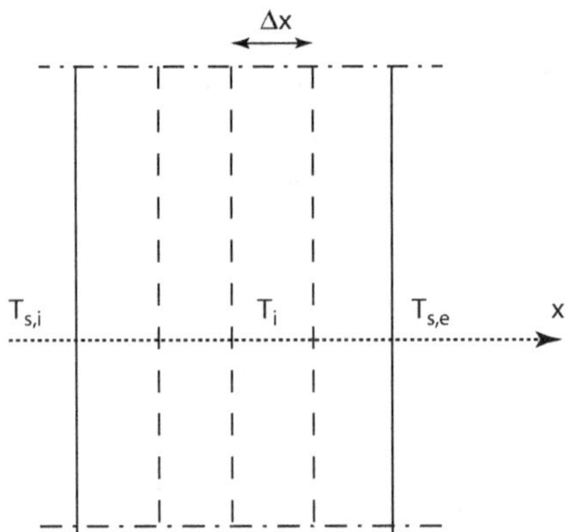

Figure 1.11 Principe des volumes finis.

L'intégration de l'équation de la chaleur sur un volume de contrôle permet d'arriver à une formulation différentielle où la seule variable est la température moyenne du volume de contrôle T_i. Cette équation différentielle peut être obtenue mathématiquement ou par analogie électrique et prend la forme :

$$\rho c \Delta x \frac{dT_1}{dt} = \frac{\lambda}{\Delta x}\left(T_{i-1} - T_i\right) + \frac{\lambda}{\Delta x}\left(T_{i+1} - T_i\right)$$

1.5.2 Résolution temporelle du système différentiel

Après écriture de l'équation de chaleur pour chaque volume de contrôle, on aboutit à une écriture matricielle du problème du type :

$$[C]\{\overset{\circ}{T}\} = [A']\{T\} + [B']\underbrace{\begin{Bmatrix} T_{si} \\ T_{se} \end{Bmatrix}}_{\{U\}}$$

où $\{T\}$ représente le vecteur des températures T_i de chaque volume de contrôle (la dimension du vecteur est $(N_p, 1)$), $[C]$ est une matrice diagonale de dimension (N_p, N_p), $[A']$ une matrice de dimension (N_p, N_p), et $[B']$ une matrice de dimension $(N_p, 2)$. La matrice $[C']$ étant inversible, on obtient la forme matricielle suivante :

$$\{\overset{\circ}{T}\} = [A]\{T\} + [B]\{U\}$$

Ce système différentiel peut être résolu directement par une méthode temporelle adaptée. Il est également possible de le réduire afin de n'en garder que les modes les plus représentatifs.

1.5.3 Méthode de représentation externe

La discrétisation spatiale de l'équation de la chaleur permet d'obtenir, en tout nœud du domaine, l'évolution de la température dans la paroi. Cependant, lorsque la paroi est couplée au bâtiment, seul l'état thermique de surface est nécessaire : la température et le flux. Les méthodes de représentation externe ne s'intéressent donc qu'à la résolution de l'équation de la chaleur à travers ces manifestations surfaciques. Nous présenterons par la suite la méthode des facteurs de réponse et celle des coefficients de fonctions de transfert.

La méthode des facteurs de réponse repose sur le théorème de convolution, qui montre que la connaissance de la réponse impulsionnelle d'une paroi permet, par produit de convolution, de calculer la réponse de cette même paroi à une sollicitation quelconque. Les facteurs de réponse tendant vers zéro pour un nombre de pas de temps suffisamment grands, le produit de convolution revient à sommer un nombre fini de termes. En pratique, les facteurs de réponse sont calculés en amont de la simulation thermique globale du bâtiment. Cette méthode peut être employée aussi bien pour une paroi que pour un pont thermique.

La méthode des coefficients de fonctions de transfert repose sur la transformée en Z du problème de conduction dans la paroi. La transformée en Z est un outil mathématique qui est l'équivalent discret de la transformée de Laplace. Un nombre fini de coefficients de fonctions de transfert sont conservés pour représenter la physique du problème. La détermination des fonctions de transfert peut se faire soit par calcul direct à partir des facteurs de réponse, soit par analyse de la réponse à une sollicitation unitaire de type rampe. Ces calculs sont menés en amont de la simulation thermique globale du bâtiment.

1.6 Traitement des échanges radiatifs

1.6.1 Hypothèses simplificatrices

Dans le secteur du bâtiment, on considère principalement deux domaines du spectre du rayonnement : le domaine courte longueur d'onde (CLO) et le domaine grande longueur d'onde (GLO).

Les courtes longueurs d'onde sont définies pour $\lambda < 2{,}5$ µm. C'est le domaine du rayonnement solaire et de l'éclairage. Le maximum d'émission est obtenu aux alentours de $\lambda = 0{,}5$ µm, soit le domaine des hautes températures de 3 000 K à 6 000 K.

Les grandes longueurs d'onde sont définies pour $\lambda \geq 2{,}5$ µm. C'est le domaine du rayonnement émis par les parois, les occupants, les équipements, le sol, la voûte céleste, etc. Le maximum d'émission est obtenu aux alentours de $\lambda = 10$ µm, soit le domaine des températures ambiantes.

La figure 1.12, page suivante, présente les caractéristiques spectrales d'un vitrage par rapport notamment aux domaines des grandes et courtes longueurs d'onde. On peut alors en déduire les conclusions suivantes pour notamment les vitrages :

- les parois vitrées sont opaques ($\tau = 0$) et grises ($\alpha = \varepsilon$) pour les GLO ;
- les parois vitrées sont transparentes ($\tau \neq 0$) et grises pour les CLO ;
- les parois non vitrées sont opaques et grises pour les CLO et GLO.

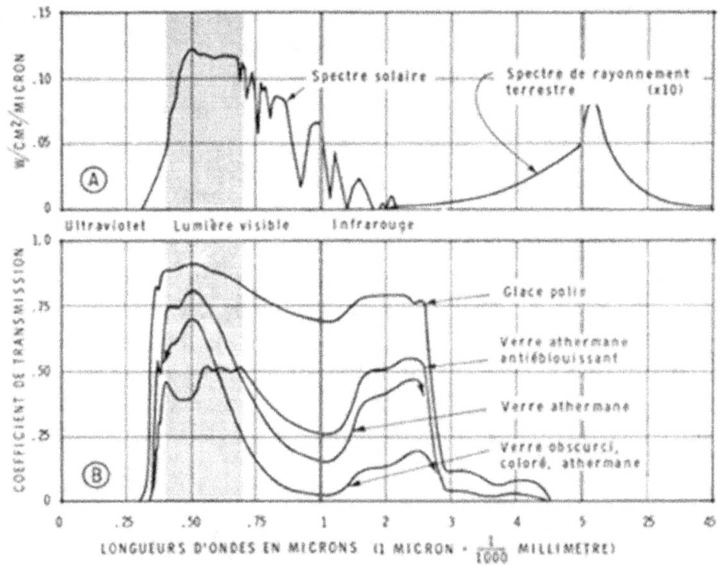

Figure 1.12 Surface vitrée : caractéristiques spectrales.

1.6.2 Échanges radiatifs extérieurs

1.6.2.1 Rayonnement infrarouge

Les échanges radiatifs GLO à l'extérieur sont supposés se faire, d'une part, avec le sol environnant à la température T_{sol} et, d'autre part, avec la voûte céleste à la température T_{ciel}. Le flux absorbé par la paroi, $\varphi_{GLO,e}$ en W m^{-2}, en considérant la voûte céleste et le sol comme des corps noirs en GLO, et la paroi comme un corps gris α_{GLO}, est :

$$\varphi_{GLO,E} = F_{pc}\sigma\alpha_{GLO}\left(T_{ciel}^{4} - T_{s,e}^{4}\right) + F_{ps}\sigma\alpha_{GLO}\left(T_{sol}^{4} - T_{s,e}^{4}\right)$$

avec F_{pc} le facteur de forme de la paroi vue de la voûte céleste et F_{ps} le facteur de forme de la paroi vue du sol. Les facteurs de forme s'exprimant, en première approximation, en fonction de l'angle d'inclinaison de la paroi par rapport au sol θ, on obtient :

$$\varphi_{GLO,E} = \left(\frac{1+\cos\theta}{2}\right)\sigma\alpha_{GLO}\left(T_{ciel}^{4} - T_{s,e}^{4}\right) + \left(\frac{1-\cos\theta}{2}\right)\sigma\alpha_{GLO}\left(T_{sol}^{4} - T_{s,e}^{4}\right)$$

Pour une paroi verticale, $\theta = \pi / 2$, et pour une paroi horizontale, $\theta = 0$.

Afin de résoudre simplement le problème global, les échanges radiatifs sont généralement linéarisés, en posant :

$$h_{rc} = \sigma\left(T_{ciel} + T_{s,e}\right)\left(T_{ciel}^{2} + T_{s,e}^{2}\right)$$

$$h_{rs} = \sigma\left(T_{sol} + T_{s,e}\right)\left(T_{sol}^{2} + T_{s,e}^{2}\right)$$

Le flux reçu par la surface devient alors :

$$\varphi_{GLO,E} = h_{rc}\left(\frac{1+\cos\theta}{2}\right)\alpha_{GLO}\left(T_{\text{ciel}} - T_{s,e}\right) + h_{rs}\left(\frac{1-\cos\theta}{2}\right)\alpha_{GLO}\left(T_{\text{sol}} - T_{s,e}\right)$$

Les valeurs de h_{rc} et h_{rs} variant peu dans le domaine des températures habituellement rencontrées dans le bâtiment, on prendra $h_{rc} = h_{rs} = 5$ W m^{-2} K^{-1}.

1.6.2.2 Rayonnement solaire

Le rayonnement solaire se décompose en un rayonnement solaire direct φ_{dir}, directionnel et orienté, et le rayonnement solaire diffus φ_{dif} isotrope. La densité de flux direct est déterminée par :

$$\varphi_{dir} = \varphi_{\perp}\cos i$$

avec $\cos i$ cosinus de l'angle d'incidence du rayonnement sur le plan mesuré par rapport à la normale et $\varphi_{\perp}$ la densité de flux direct sur le plan perpendiculaire aux rayons.

On peut expliciter l'incidence $\cos i$ en fonction, d'une part, de la hauteur h et de l'azimut z du soleil et, d'autre part, de l'inclinaison θ et de l'orientation ψ du plan récepteur (voir figure 1.13) :

$$\cos i = \cos\theta\cos\psi\cos h\cos z + \cos\theta\sin\psi\cos h\sin z + \sin\theta\sin h \quad \text{si}\ \cos i > 0$$

et $\cos i = 0$ sinon. L'azimut et la hauteur du soleil peuvent être calculés à partir de la date, de l'heure et de la latitude du lieu.

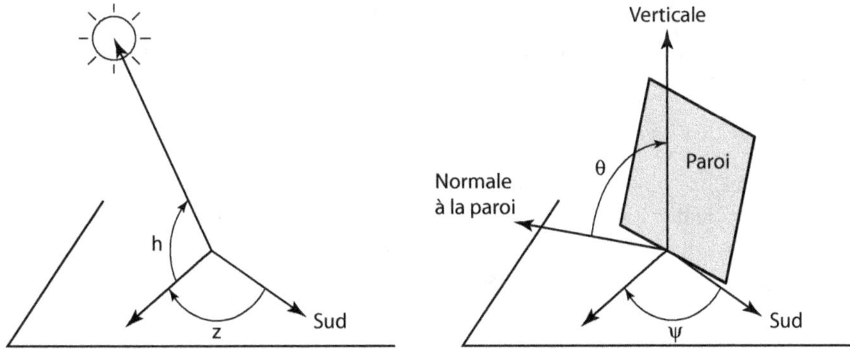

Figure 1.13 Définition des grandeurs liées à l'inclinaison.

La densité de flux diffus incident est la somme du flux diffus tombant directement sur la surface et de celui qui provient de la réflexion des flux direct et diffus par le sol :

$$\varphi_{dif} = \frac{1+\cos\theta}{2}\varphi_{\cup} + a\times\frac{1-\cos\theta}{2}\left(\varphi_{\perp}\sin h + \varphi_{\cup}\right)$$

avec $\varphi_{\cup}$ la densité de flux diffus sur le plan horizontal. La valeur de l'albédo a, facteur de réflexion du sol, dépend du relief et de la nature du sol :

- $a \approx 0$ pour la terre ;
- $a \approx 0,2$ pour l'herbe ;
- $a \approx 0,5$ pour la neige.

Parois opaques

Pour les parois opaques de coefficient d'absorption au rayonnement solaire α_{CLO}, la densité de flux absorbé $\varphi_{CLO,e}$, en W m^{-2}, s'écrit :

$$\varphi_{CLO,e} = \alpha_{CLO}\left(\varphi_{dir} + \varphi_{dif}\right)$$

Parois vitrées

Les vitrages possèdent la caractéristique d'avoir des coefficients α, ρ et τ en CLO qui varient avec l'angle d'incidence du rayonnement solaire. En première approximation, on prendra ces coefficients constants, et donc ces propriétés vis-à-vis du rayonnement solaire direct seront égales à celles vis-à-vis du rayonnement solaire diffus. Le rayonnement solaire étant un apport important d'énergie dans le bâtiment, on a cependant intérêt à prendre en compte les effets directionnels du rayonnement sur le vitrage, ce qui est le cas dans la plupart des outils de STD. Ces effets dépendent du nombre de vitrages.

Distribution du rayonnement sur les parois internes

Dans une première approximation, le flux solaire transmis par la paroi vitrée à la pièce sera supposé diffus et isotrope, que son origine soit directe ou diffuse. Afin d'affiner le modèle, on peut modifier la répartition du flux solaire en fonction de la paroi en affectant une part plus importante à la surface supérieure du plancher, au mur qui est face à la fenêtre ou aux autres parois. Une partie du flux solaire entrant par les vitrages est réfléchie et ressort du local.

Dès lors que des calculs plus précis sont nécessaires (serre, par exemple), les effets directionnels du rayonnement doivent être pris en compte. Il est notamment indispensable de repérer la tache solaire et la suivre en fonction du temps. Cependant, ce type de calcul demeure du domaine de la recherche.

Masques solaires

Les masques sont des objets qui font obstacle au rayonnement solaire direct. Les masques proches sont les balcons, les avancées de toiture, etc. Les masques lointains sont les bâtiments voisins, le relief du site, etc. La détermination des masques se fait d'un point de vue géométrique, en appliquant un taux d'affaiblissement en fonction de la position du soleil.

1.6.3 Échanges radiatifs intérieurs

Pour chaque surface i (voir figure 1.14), il est possible de scinder le bilan radiatif global en un bilan en rayonnement CLO et une partie concernant le bilan en rayonnement GLO.

En effet, pour une surface quelconque et pour les deux bandes de longueurs d'onde GLO et CLO, on peut écrire que le flux net est :

$$\varphi_{net} = \int_0^{2,5} \varepsilon_{CLO} M^0_\lambda d\lambda + \int_{2,5}^{\infty} \varepsilon_{GLO} M^0_\lambda d\lambda - \int_0^{2,5} \alpha_{CLO} E_\lambda d\lambda - \int_{2,5}^{\infty} \alpha_{GLO} E_\lambda d\lambda$$

Pour des surfaces à température ambiante (260 K à 300 K), nous avons $M^0_\lambda \approx 0$ (voir figure 1.4), ce qui permet de simplifier l'équation précédente en :

$$\varphi_{net} = \varepsilon_{GLO} M^0 - \alpha_{CLO} E_{CLO} - \alpha_{GLO} E_{GLO} = \varphi_{net,GLO} - \alpha_{CLO} E_{CLO}$$

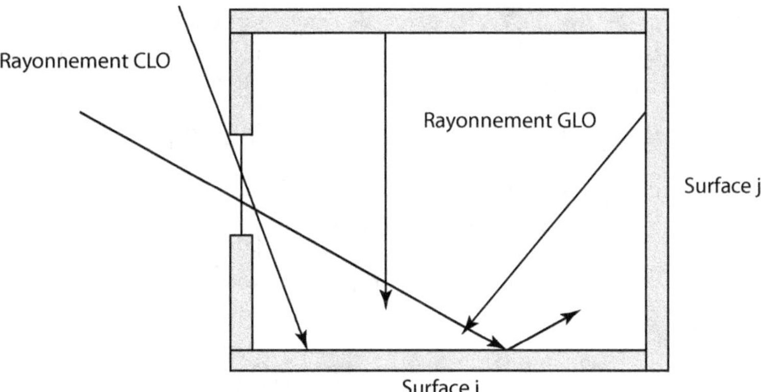

Figure 1.14 Exemple d'une enceinte fermée présentant une surface vitrée.

1.6.3.1 Rayonnement CLO intérieur

Soit $E_{CLO,i}$ l'éclairement CLO reçu par la surface i et $E^0_{CLO,i}$ l'éclairement solaire reçu «directement» par la surface i. En s'appuyant sur la relation de réciprocité des facteurs de forme $\left(S_i F_{ij} = S_j F_{ji}\right)$, le bilan de la face i étendu aux n faces constituant l'enveloppe conduit à :

$$E_{CLO,i} = E^0_{CLO,i} + \sum_{j=1}^{n} F_{ij}\rho_j E_{CLO,j}$$

L'écriture matricielle de l'ensemble de ces équations de bilan sur l'ensemble de l'enveloppe (soit n faces) donne :

$$\begin{bmatrix} 1 & -\rho_2 F_{12} & \cdots & -\rho_n F_{1n} \\ -\rho_1 F_{21} & 1 & \cdots & -\rho_n F_{2n} \\ \cdots & \cdots & \cdots & \cdots \\ -\rho_1 F_{n1} & -\rho_2 F_{n2} & \cdots & 1 \end{bmatrix} \begin{Bmatrix} E_{CLO,1} \\ E_{CLO,2} \\ \cdots \\ E_{CLO,n} \end{Bmatrix} = \begin{Bmatrix} E^0_{CLO,1} \\ E^0_{CLO,2} \\ \cdots \\ E^0_{CLO,n} \end{Bmatrix}$$

La résolution du système matriciel permet d'obtenir les éclairements reçus en CLO pour chaque face i de l'enceinte fermée. L'éclairement CLO absorbé par la surface i s'écrit alors $\alpha_{CLO,i} E_{CLO,i}$.

1.6.3.2 Rayonnement GLO intérieur

Le flux net absorbé par la paroi i en GLO, $\varphi_{net,GLO,i}$, s'écrit :

$$\varphi_{net,GLO,i} = \varepsilon_{GLO,i} M^0_i - \alpha_{GLO,i} E_{GLO,i}$$

avec M^0_i l'émittance totale du corps i.

En utilisant la relation de réciprocité des facteurs de forme, on peut écrire l'éclairement GLO reçu par la surface i $E_{CLO,i}$ sous la forme :

$$E_{GLO,i} = \sum_{j=1}^{n} F_{ij}\left(\varepsilon_{GLO,j} M^0_j + \rho_j E_{GLO,j}\right)$$

avec $\varepsilon_{GLO,j} = \alpha_{GLO,j} = 1 - \rho_{GLO,j}$ $\forall j$, les parois de l'enceinte étant supposées opaques dans le domaine des GLO. L'écriture de l'équation précédente pour l'ensemble des parois de la zone considérée, sous forme matricielle, donne :

$$\left[[I] - [F][I - \varepsilon]\right]\{E_{GLO}\} = [F][\varepsilon]\{M^0\}$$

en combinant les équations précédentes, il est possible d'obtenir :

$$\{\varphi_{net,GLO}\} = \underbrace{[\varepsilon]\left[[I] - [F][I - \varepsilon]\right]^{-1}[F][\varepsilon]}_{[MAT]}\{M^0\}$$

On obtient finalement :

$$\{\varphi_{net,GLO}\} = [MAT]\sigma\{T_s^4\}$$

Afin de rendre la résolution du problème plus efficace, le rayonnement GLO sera linéarisé. Pour cela, plaçons-nous dans le cas où toutes les parois sont à la même température notée T_s. Alors, il n'y a pas d'échange par rayonnement en GLO, et donc :

$$\{\overline{\varphi_{net,GLO}}\} = [MAT]\sigma\{\overline{T_s}^4\} = \{0\}$$

Cette relation est vraie $\forall \overline{T_s}$. On peut écrire que :

$$\{\varphi_{net,GLO}\} - \{\overline{\varphi_{net,GLO}}\} = \{\varphi_{net,GLO}\} = [MAT]\sigma\{\overline{T_s}^4 - \overline{T_s}^4\}$$

Choisissons $\overline{T_s} = 273,15$ K, alors :

$$\sigma\left(T_{s,i}^4 - \overline{T_s}^4\right) = \sigma\left(T_{s,i}^2 + \overline{T_s}^2\right)\left(T_{s,i} + \overline{T_s}\right)\left(T_{s,i} - \overline{T_s}\right)$$

$$\{\varphi_{net,GLO}\} = [MAT][HR]\{T_s - \overline{T_s}\} = [MAT][HR]\{\Theta\}$$

où Θ est en degrés Celsius, ce qui permet de rendre le système total homogène, car uniquement en degrés Celsius.

$$[HR] = \begin{bmatrix} HR_1 & 0 & \cdots & 0 \\ 0 & HR_2 & \cdots & 0 \\ \cdots & \cdots & \cdots & \cdots \\ 0 & 0 & \cdots & HR_n \end{bmatrix}$$

avec $[HR]$ matrice diagonale avec $HR_i = \sigma\left(T_{s,i}^2 + \overline{T_s}^2\right)\left(T_{s,i} + \overline{T_s}\right)$. Les valeurs de HR_i varient peu pour les températures usuelles, et on peut donc prendre $HR_i = 5$ W m^{-2} K^{-1} $\forall i$.

1.6.3.3 Simplifications

Le calcul des facteurs de forme peut se révéler fastidieux pour des parois de forme complexe ; de plus, il nécessite une expertise de l'utilisateur. Une estimation des facteurs de forme peut être obtenue en faisant un rapport entre surfaces :

$$F_{ij} \approx \frac{S_j}{\sum_{k \neq i} S_k}$$

et $F_{ii} = 0$. Cette manière d'approcher les facteurs de forme vérifie la complémentarité mais pas la réciprocité. On peut également utiliser la relation suivante :

$$F_{ij} \approx \frac{S_j}{\sum_k S_k}$$

qui vérifie la complémentarité, la réciprocité, mais conduit à $F_{ii} \neq 0$.

1.7 Conclusion

Ce chapitre nous a permis de poser les principes généralement adoptés lors de la modélisation thermique des bâtiments. Les différents phénomènes physiques de transfert de chaleur sont dissociés afin de pouvoir les modéliser à un niveau correct. Les équations décrites dans les paragraphes précédents permettent de produire un système d'équations qu'il est possible de résoudre en temps, pourvu que l'on connaisse les sollicitations thermiques intérieures et extérieures…

1.8 Références bibliographiques

[AUN87] Aung W., Kakac S., Shah R.K. *Handbook of Single-Phase Convective Heat Transfer.* John Wiley & Sons, 1987.

[BEJ04] Bejan A. *Convection Heat Transfer.* John Wiley & Sons, Third Edition, 2004, 694 p.

[BER05] Bergman T.L., Lavine A., Incropera F.P., Dewitt D.P. *Fundamentals of Heat and Mass Transfer.* John Wiley & Sons, Sixth Edition, 2005, 997 p.

[CLA85] Clarke J.A. *Energy Simulation in Building Design.* Adam Hilger, 1985, 382 p.

[DEH88] Dehausse R. *Énergétique des bâtiments.* PYC Édition, 1988, 353 p.

[ISO10211] NF EN ISO 10211 avril 2008. *Ponts thermiques dans les bâtiments - Flux thermiques et températures superficielles - Calculs détaillés.*

[SAC93] Sacadura J.-F. *Initiation aux transferts thermiques.* Tec & Doc., 1993, 421 p.

CHAPITRE 2

Éclairage

(Y. Sutter)

2.1 Préambule

La caractérisation globale des ambiances lumineuses fait l'objet de nombreuses recherches. Les outils informatiques permettent aujourd'hui de déterminer un grand nombre d'indicateurs caractérisant la quantité et la qualité de la lumière, mais il est encore difficile de caractériser numériquement le caractère agréable d'un éclairage.

Les possibilités offertes par les logiciels de simulation de la propagation de la lumière sont très vastes, allant de la détermination de profils d'utilisation de protections solaires aux rendus photoréalistes, en passant par les calculs de facteur de lumière du jour. Une bonne maîtrise de ces outils est néanmoins essentielle pour prétendre à des résultats fiables.

Dans ce chapitre, nous évoquerons les divers indicateurs et méthodologies qui permettent d'apprécier la quantité et la qualité de la lumière naturelle dans un espace. Nous aborderons également les divers algorithmes de simulation de propagation de la lumière qui existent à ce jour avant de proposer plusieurs tests paramétriques dont le but est de sensibiliser le lecteur à l'impact des paramètres de modélisation et de simulation sur la précision des résultats.

2.2 Indicateurs d'éclairage naturel

2.2.1 Concept d'ambiance lumineuse

Il existe plusieurs approches pour caractériser l'éclairage dans un espace intérieur. Certaines s'intéressent à la quantité de lumière disponible, d'autres vérifient que la conception permet de prévenir les situations d'éblouissement, et d'autres encore se basent sur leur ressenti du caractère plaisant et agréable de l'éclairage.

Aucune de ces approches n'est meilleure ou moins bonne qu'une autre, elles répondent à des objectifs différents et sont toutes les trois importantes. Dans la plupart des espaces, on aura toujours besoin à un moment ou à un autre de disposer de suffisamment de lumière et de ne pas être ébloui pour effectuer la tâche que l'on est en train de faire, mais également de s'y sentir bien. Ces trois paramètres permettent de caractériser une ambiance lumineuse [Moniteur, 2007], [ARENE, 2014].

Une ambiance lumineuse réussie devra pouvoir satisfaire ces exigences quantitatives et qualitatives. La manière dont elle y répondra dépendra des priorités qui seront fixées lors de la conception, priorités qui sont en grande partie liées à l'usage de l'espace mais également au contexte culturel.

Comme l'indique la représentation schématique de la figure 2.1, l'ambiance lumineuse d'un espace intérieur se caractérise de manière globale par sa capacité à :

- offrir un éclairage qui fournira une quantité de lumière suffisante pour effectuer une tâche, autrement dit satisfaire la notion de besoin ;

- garantir un espace dépourvu d'éblouissement, autrement dit satisfaire la notion de confort ou d'absence d'inconfort ;

- proposer à l'usager une expérience lumineuse agréable et plaisante, autrement dit satisfaire la notion d'agrément.

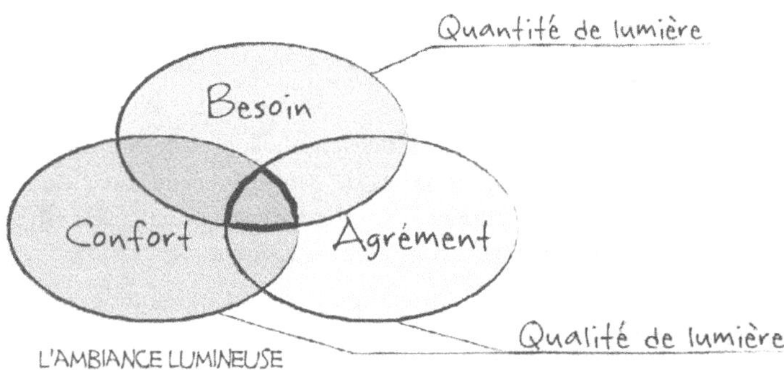

Figure 2.1 Représentation schématique de l'interaction des paramètres de l'ambiance lumineuse.

Une ambiance lumineuse idéale satisfait ces trois paramètres. Les conceptions lumineuses et architecturales les plus à même d'y répondre seront souvent celles qui permettent une versatilité de l'environnement. Cloisons amovibles, protections solaires mobiles, éclairage électrique gradable, multiplication des sources lumineuses, sont quelques exemples de solutions qui pourront participer à l'amélioration de l'ambiance lumineuse.

2.2.2 Indicateurs de caractérisation des ambiances lumineuses

Plusieurs types d'indicateurs sont disponibles pour caractériser une ambiance lumineuse en éclairage naturel. Avant de choisir d'en utiliser un plutôt qu'un autre, il convient de réfléchir à l'aspect que l'on souhaite caractériser pour ensuite identifier le ou les indicateurs qui permettront d'apprécier au mieux la problématique. Par exemple, utiliser le calcul de facteur de lumière du jour dans l'objectif de caractériser les zones d'un local qui présenteront un potentiel d'éblouissement n'aboutira à aucune conclusion.

2.2.2.1 Indicateurs de besoin

La grandeur photométrique utilisée pour déterminer si un éclairage permettra d'effectuer une tâche dans de bonnes conditions visuelles est l'éclairement. Ce dernier représente la quantité de lumière reçue par une surface et se mesure en lux.

La norme EN 12464-1 propose des seuils d'éclairement à maintenir en fonction de la tâche effectuée. Si l'éclairement est utilisé pour caractériser les performances d'une installation d'éclairage électrique, cette grandeur ne peut être employée seule en éclairage naturel à cause de sa variabilité permanente.

Le facteur de lumière du jour

Pour s'affranchir de la variabilité de la lumière naturelle, le concept de Facteur de Lumière du Jour (ou FLJ) aurait été introduit en 1895 par Alexander Pelham Trotter [Mardalevic, 2013]. L'ambition du facteur de lumière du jour est de permettre la caractérisation de l'accès à la lumière naturelle d'un local en fonction de la géométrie et des propriétés optiques de l'environnement, mais indépendamment des conditions extérieures. Il représente le ratio entre l'éclairement intérieur horizontal (E_{int}) en un point d'un local et l'éclairement horizontal extérieur non obstrué (E_{ext}) sous un ciel couvert représenté par le modèle théorique du ciel couvert CIE (Commission internationale de l'éclairage) [Moon, 1942]. Il s'exprime en pour-cent :

$$FLJ\,(\%) = 100 \times E_{int}/E_{ext}$$

Compte tenu de sa définition, le facteur de lumière du jour est un indicateur qui ne tient pas compte de la localisation géographique, de l'orientation des prises de jour et de la variabilité des conditions météorologiques. C'est, en d'autres termes, une métrique qui permet de caractériser l'accès à la lumière naturelle d'un local dans les conditions les plus défavorables, celles du ciel couvert sans soleil. Sa pertinence dépend donc de la fréquence d'occurrence des ciels couverts pour le lieu considéré. En Europe continentale, cette fréquence est suffisamment élevée pour justifier l'utilisation du facteur de lumière du jour.

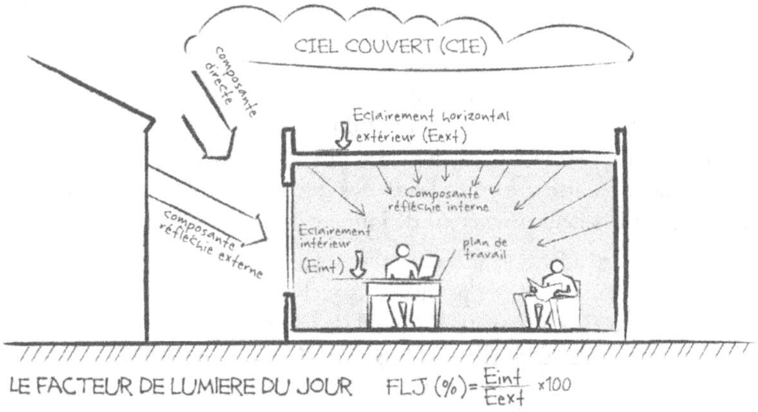

Figure 2.2 **Les trois composantes du facteur de lumière du jour.**

Comme représenté sur la figure 2.2, trois composantes participent au facteur de lumière du jour d'un local :

- la composante directe, due à la voûte céleste uniquement ;

- la composante réfléchie externe, due aux réflexions de la lumière naturelle sur l'environnement extérieur ;
- et la composante réfléchie interne, due aux réflexions de la lumière naturelle dans le local considéré.

Pour un local déterminé, il est possible de représenter les valeurs ponctuelles du facteur de lumière du jour sous forme d'une cartographie et également d'en réaliser une moyenne pour obtenir le facteur de lumière du jour moyen.

L'autonomie lumineuse

L'apparition de stations de mesure et de stockage des conditions lumineuses extérieures en temps réel [CIE, 1994] a permis la production de données statistiques qui renseignent, par exemple, sur la fréquence d'occurrence de niveaux d'éclairement diffus (dus à la voûte céleste uniquement) et globaux (dus à la voûte céleste et au soleil).

La figure 2.3 représente la répartition en fréquence des niveaux d'éclairement extérieur horizontal diffus à Paris sur une année entre le lever et le coucher du soleil.

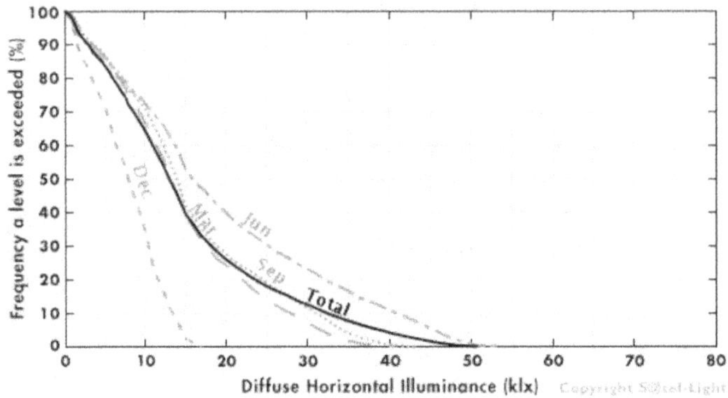

Figure 2.3 Répartition en fréquence des niveaux d'éclairement extérieur horizontal diffus à Paris
(source : satel-light.com).

Cette répartition en fréquence permet d'exploiter le facteur de lumière du jour afin de tenir compte de la disponibilité en éclairage naturel d'un site géographique. Si l'on se fixe une consigne d'éclairement intérieur à respecter, il est possible de déterminer la fréquence durant laquelle cette consigne est atteinte en utilisant des statistiques de fréquence de dépassement d'éclairement diffus et la valeur du facteur de lumière du jour moyen du local.

Par exemple, pour un local à Paris ayant un facteur de lumière du jour moyen de 2 %, on souhaite connaître le pourcentage de temps durant lequel l'éclairement intérieur dû à l'éclairage naturel seul dépassera 300 lux. On peut déduire de la formule définissant le facteur de lumière du jour que cette valeur sera dépassée dès lors que l'éclairement extérieur horizontal diffus atteindra 15 000 lux (300 lux divisé par 0,02). On peut alors lire sur la figure 2.3 que cette valeur est dépassée, donc qu'il y aura au moins 300 lux sur le plan utile du local pendant environ 40 % en moyenne sur l'année (entre 3 % en décembre et 60 % en juin). Cette approche peut également servir à déterminer le facteur de lumière du jour moyen d'un local qui permettra d'atteindre une consigne d'éclairement donnée pendant une période définie.

Cet exemple illustre la naissance du concept d'autonomie lumineuse en éclairage naturel. Celle-ci est définie comme le nombre d'heures (ou le pourcentage de temps) durant lesquelles une consigne d'éclairement donnée sera atteinte grâce à l'éclairage naturel seul sur une période donnée.

Grâce au développement des méthodes numériques et à la disponibilité de données statistiques d'éclairements extérieurs, il est devenu possible de déterminer l'autonomie lumineuse d'un bâtiment en tenant compte des conditions climatiques réelles de la localisation géographique, de l'orientation et des horaires d'utilisation, ce que ne permet pas le facteur de lumière du jour.

Le calcul de l'autonomie lumineuse par simulation s'appuie sur le concept de *daylight coefficient* [Tregenza, 1983], qui relie la participation de la luminance d'une portion de ciel à l'éclairement en un point du local en fonction de la géométrie de l'environnement et de l'angle solide sous-tendu par ladite portion de ciel. Le ciel est discrétisé en un nombre fini de zones, et la participation de chacune de ces zones à l'éclairement en un point du local est ainsi déterminée. Comme le calcul numérique d'une autonomie lumineuse se base sur des données climatiques mesurées avec un pas allant d'une minute à une heure, cette méthodologie permet d'optimiser le temps de calcul en évitant de générer un calcul de propagation de la lumière pour chaque type de ciel.

De nombreuses variantes de l'autonomie lumineuse de base ont été développées [Reinhart, 2010] :

- Lumière naturelle utile, ou UDI (*Useful Daylight Illuminance*). Cet indicateur caractérise le nombre d'heures durant lesquelles l'éclairage naturel à l'intérieur d'un local ne sera ni trop faible (< 100 lux) ni trop abondant (> 2 000 lux). Ces seuils délimitent la plage d'éclairements qui représentent des conditions acceptables d'éclairage naturel.

- Autonomie lumineuse continue (DA_{cont}). Cet indicateur propose de prendre en considération la participation de la lumière naturelle qui est en dessous de la consigne fixée. Par exemple, pendant une plage temporelle délimitée, si la consigne est de 300 lux, chaque occurrence d'éclairement E inférieur à cette consigne sera prise en considération dans le calcul statistique avec un poids de E/300. C'est un moyen d'assouplir le seuil « tout ou rien » de l'autonomie classique. Cet indicateur permet de valoriser les systèmes de gradation de l'éclairage électrique.

- Autonomie lumineuse maximale (DA_{max}). Cette autonomie ne prend pas en compte les éclairements qui sont supérieurs à dix fois la consigne fixée et exclut ainsi de ses données d'entrée les périodes durant lesquelles un éblouissement pourrait vraisemblablement se produire.

- Autonomie lumineuse spatiale (*Spatial daylight autonomy* – sDA). Cet indicateur renvoie le pourcentage de surface d'un local où l'éclairement sera supérieur à 300 lux pendant 50 % du temps [IES, 2012].

2.2.2.2 Indicateurs de confort

La grandeur photométrique qui permet de caractériser le confort visuel et l'éblouissement est la luminance. Celle-ci représente la quantité de lumière réfléchie ou produite par une surface telle qu'elle est perçue par le système visuel ; elle s'exprime en candelas par mètre carré (cd/m^2). La luminance est la seule grandeur photométrique appréciable par le système visuel.

L'inconfort visuel est caractérisé par le degré d'éblouissement subi par un individu. L'éblouissement peut se produire dans deux types de situations. Lorsqu'une lumière parasite vient perturber la visibilité, on parle d'éblouissement d'incapacité. C'est un phénomène physiologique qui se traduit par une diminution instantanée de la performance visuelle. Une répartition défavorable des luminances dans le champ de vision peut entraîner un déséquilibre difficilement gérable par le système visuel ou par le référentiel propre à chaque individu ; on se trouve dans ce cas dans une situation d'éblouissement d'inconfort. Cette sensation relève en grande partie du subjectif.

Les deux phénomènes peuvent se produire simultanément ou indépendamment l'un de l'autre. Si un individu sait identifier une situation d'éblouissement d'incapacité, cela ne sera pas nécessairement le cas pour une situation d'éblouissement d'inconfort. Il en subira, en revanche, les conséquences à plus ou moins long terme sous la forme de maux de tête, de picotements d'yeux ou encore d'irritabilité.

Rapports de contrastes de luminances

De nombreuses recommandations d'éclairage abordent la question de l'éblouissement d'inconfort en proposant d'étudier les rapports de contrastes entre les luminances des surfaces présentes dans le champ de vision, représenté sur la figure 2.4.

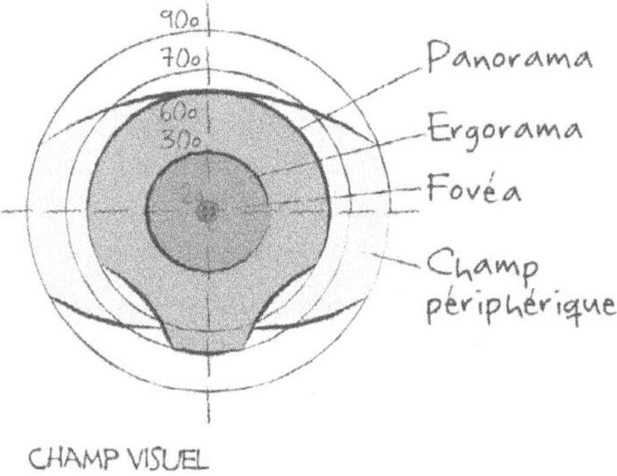

Figure 2.4 Représentation des zones du champ visuel.

Pour un individu effectuant une tâche statique, il est souvent recommandé que les rapports de contrastes de luminances dans les zones du champ de vision respectent les ratios suivants, afin de prévenir les situations d'inconfort [CIBSE, 1994], [Rea, 1993] :

- 1 : 3 ou 3 : 1 entre la tâche visuelle (en principe, placée au centre du champ de vision) et l'environnement proche (ergorama) ;
- 1 : 10 ou 10 : 1 entre la tâche visuelle et les surfaces non adjacentes (panorama) ;
- 1 : 20 ou 20 : 1 entre les sources lumineuses et leur environnement proche.

Ces recommandations sont davantage adaptées à un environnement éclairé électriquement. L'agrément additionnel apporté par l'éclairage naturel peut entraîner une tolérance supérieure, et des études montrent que ces ratios supportent d'être multipliés par deux dans un local éclairé naturellement [Sutter, 2006].

Indices d'éblouissement

De nombreuses recherches ont tenté de quantifier l'éblouissement d'inconfort. Le *Daylight Glare Index* (DGI) est une adaptation pour l'éclairage naturel de l'*Unified Glare Rating* (UGR) utilisé pour l'éclairage artificiel [Chauvel, 1983]. Le DGI a cependant été élaboré à partir d'expériences recourant à des sources d'éclairage électrique verticales, assimilables à des fenêtres, ce qui limite son champ d'application et sa validité.

Le *Daylight Glare Probability* (DGP) semble avoir aujourd'hui remplacé le DGI. Cet indice, développé à partir d'expériences sur des sujets soumis à diverses configurations d'éclairage naturel [Wienold, 2009], est une fonction de l'éclairement vertical total au niveau de l'œil (E_v), de la luminance des sources d'éclairage naturel (L_i), de l'angle solide sous-tendu par les sources d'éclairage naturel (ω_i) et de l'indice de position de Guth (P_i) qui permet d'apprécier l'effet de l'angle entre les sources d'éclairage et l'axe de vision. Il s'exprime à l'aide de la formule suivante :

$$DGP = 5.87 \times 10^{-5} E_v + 9.18 \times 10^{-5} \log\left(1 + \sum_i \frac{L_{s,i}^2 \omega_{s,i}}{E_v^{1.87} P_i^2}\right)$$

Cet indice représente une avancée prometteuse dans la caractérisation de l'éblouissement d'inconfort, et son emploi se répand en étant notamment implémenté dans certains logiciels de simulation d'éclairage.

2.2.2.3 Indicateurs d'agrément

La notion d'agrément en éclairage naturel joue un rôle essentiel dans la caractérisation d'une ambiance lumineuse. S'il est important de proposer une conception qui permette de garantir un niveau d'éclairement approprié aux tâches à effectuer et de prévenir les situations d'éblouissement, il est au moins aussi important de réfléchir au caractère agréable de l'ambiance lumineuse.

Par exemple, un espace offrant un éclairement adapté sans provoquer d'éblouissement pourra se révéler monotone et ne constituera pas nécessairement une expérience agréable pour un individu. À l'inverse, l'ambiance lumineuse d'un espace pourra, dans certains cas, être perçue comme agréable même s'il n'y a pas suffisamment de lumière ou qu'un éblouissement potentiel est subi. Par exemple, la présence d'une tache solaire qui pourrait être éblouissante sera toutefois tolérée par un individu parce qu'elle participera à son bien-être [ARENE, 2014].

Cet exemple illustre le poids important que pèse l'agrément dans l'appréciation d'une ambiance lumineuse. Comme il s'agit d'un phénomène en grande partie subjectif, sa caractérisation est complexe, et il n'existe pas d'indicateur qui fasse l'unanimité.

On peut néanmoins proposer des pistes de caractérisation de l'agrément en éclairage naturel :

- offrir une vue sur l'extérieur agréable. Des recherches récentes ont permis d'établir un lien entre les divers composants d'une vue sur l'extérieur et son appréciation par un individu [Hellinga, 2013] ;
- disposer d'un rayonnement solaire direct à l'intérieur d'un local. Certaines recommandations internationales proposent des seuils de rayonnement solaire direct à atteindre à l'intérieur d'un espace dans l'objectif de satisfaire les attentes des occupants [BS, 2008] ;
- installer des protections solaires pour moduler l'apport de lumière naturelle (et, par la même occasion, les apports thermiques) ;
- sélectionner des revêtements et matériaux qui créent des contrastes de couleurs, de textures et de luminances afin de briser la monotonie de l'espace.

2.2.2.4   Approche globale

Nous avons à présent établi l'importance de la caractérisation d'une ambiance lumineuse de manière globale. Des recherches récentes ont pour ambition de proposer des approches multicritères qui considèrent tous les paramètres de l'ambiance lumineuse présentés dans ce chapitre.

Le Daylighting Dashboard [Leslie, 2012] examine divers paramètres en vue de constituer une analyse complète d'une situation d'éclairage naturel. Cette méthodologie considère :

- l'éclairement moyen annuel sur le plan de travail déterminé à l'aide de données climatiques réelles ;
- l'absence de zones trop sombres en calculant le pourcentage de surface du plan utile dont l'éclairement sera au-dessus d'une consigne minimum fixée ;
- le potentiel d'éblouissement dû à la présence de rayonnement solaire direct en calculant le pourcentage de surface qui en reçoit. Cette analyse est atténuée pour les locaux où le rayonnement solaire direct est bienvenu ;
- le potentiel d'économie d'énergie sur l'éclairage électrique en calculant le pourcentage de surface du plan utile où l'éclairement sera supérieur à une consigne de déclenchement de l'éclairage électrique ;
- le potentiel de l'éclairage naturel du local à stimuler le cycle circadien des occupants pour activer leur horloge biologique en fonction de la fréquence de dépassement d'une consigne d'éclairement au niveau de l'œil ;
- le bon dimensionnement des surfaces vitrées en calculant si le pourcentage de vitrage par rapport à la surface du sol est inférieur ou non à une consigne fixée ;
- la qualité de la vue sur l'extérieur en examinant si elle contient ou non une portion de ciel et une portion de sol extérieur ;
- le potentiel de surchauffe du local en vérifiant que l'apport énergétique moyen quotidien en W/m^2 dû à l'éclairage naturel est inférieur à une consigne donnée.

Ces huit paramètres sont ensuite reportés sur un diagramme radar afin d'obtenir une vision globale de la performance en éclairage naturel d'un local [Leslie, 2012].

2.3   Méthodologies de prédétermination de l'éclairage naturel

Plusieurs méthodes sont possibles pour déterminer les indicateurs présentés dans la section précédente.

2.3.1   Les mesures

La lumière se propage de manière identique dans un local à l'échelle 1 et dans un même local à échelle réduite, pourvu que les propriétés optiques des matériaux spécifiés soient similaires. Ainsi, il est possible d'effectuer des mesures dans un modèle réduit de bâtiment pour prédéterminer les facteurs de lumière du jour, la répartition des luminances ou encore la course du soleil à l'intérieur du local. En fonction de ce que l'on souhaite évaluer, les modèles réduits seront placés sous un ciel artificiel avec ou sans soleil ou bien à l'extérieur.

2.3.2   Les calculs

L'évolution des simulations numériques a tendance à faire disparaître l'utilisation de calculs manuels. La plupart des formules sont soit trop simplistes et leur utilisation est limitée à la phase esquisse d'un projet, soit trop complexes et impossibles à calculer manuellement, comme celle de l'indice d'éblouissement DGP.

Parmi les diverses formules simplifiées qui existent, comme par exemple les indices de vitrage et de profondeur [ARENE, 2014], on retiendra la formule du facteur de lumière du jour moyen [Littlefair, 1986].

Pour des locaux de forme standard, il est possible d'estimer le facteur de lumière du jour moyen à l'aide de la formule suivante :

$$FLJ_{\mathrm{moy}} = \left(T \cdot A_{\mathrm{w}} \cdot \theta \right) / A\left(1 - R^2 \right)$$

où :

- T est le facteur de transmission diffuse du vitrage ;
- A_{w} est la surface vitrée (m²) ;
- θ est l'angle de ciel visible depuis le centre de l'ouverture (°) ;
- A est la surface totale des parois intérieures (fenêtres comprises) (m²) ;
- R est le coefficient de réflexion moyen pondéré en surface des parois intérieures.

Le champ d'application de cette formule est limité. Par exemple, elle ne rendra pas correctement compte de la participation des surfaces vitrées situées sous le plan utile ou ne sera pas représentative pour des locaux de forme complexe ou présentant des zones qui ne sont pas directement éclairées par une fenêtre, comme dans le cas d'un local en L.

En revanche, en dehors de ces configurations, cette formule présente l'avantage de fournir des résultats intéressants en utilisation relative : par exemple, si l'on souhaite analyser l'impact de la modification des surfaces vitrées ou du coefficient de transmission lumineuse du vitrage sur l'évolution du facteur de lumière du jour moyen. Plutôt que d'avoir recours systématiquement aux simulations, la formule permettra, dans une certaine limite, de fournir une indication de la variation relative du facteur de lumière du jour moyen en fonction de l'évolution de ces paramètres.

2.3.3   Les simulations numériques

Les outils numériques permettent de calculer plusieurs des indicateurs présentés dans ce chapitre. En plus de faciliter les calculs, ils permettent également de considérer le comportement des usagers en intégrant des algorithmes d'utilisation de l'éclairage électrique et des protections solaires en fonction de leur type de pilotage et des consignes implémentées.

Le paragraphe suivant détaille les divers outils et méthodologies disponibles.

2.4   Zoom sur les algorithmes de simulation numérique de la propagation de la lumière

Il existe plusieurs algorithmes qui permettent de simuler la propagation de la lumière. Nous détaillons ici les principes de calcul des principaux d'entre eux.

2.4.1   La méthode des flux séparés

Développée par le Building Research Establishment [Littlefair, 1986], elle permet de déterminer séparément la participation des composantes directe, réfléchie externe et réfléchie interne à l'éclairement global dans un local.

La composante directe (*Sky Component*, ou SC) en chaque point de la grille de calcul est fonction :
* de la luminance de chaque portion de ciel vue depuis les points de calcul ;
* de la transmission lumineuse du ou des vitrages séparant la grille de calcul de la voûte céleste ;
* de la surface apparente de chaque portion de ciel vue depuis les points de calcul.

La composante réfléchie externe (*Externally Reflected Component*, ou ERC) est déterminée selon le même principe que la composante directe. Les propriétés de chaque portion de ciel obstruée sont remplacées par celles de l'obstruction. La composante réfléchie externe est donc fonction :
* de la luminance de chaque obstruction visible depuis les points de calcul ;
* de la transmission lumineuse du ou des vitrages séparant la grille de calcul des obstructions ;
* de la surface apparente de chaque obstruction vue depuis les points de calcul.

La composante réfléchie interne (*Internally Reflected Component*, ou IRC) est considérée comme identique en chaque point de la grille de calcul, et elle est fonction :
* de la géométrie du local ;
* des coefficients de réflexion lumineuse des matériaux internes ;
* de la portion de ciel visible à mi-hauteur de la fenêtre.

Cette méthodologie a l'avantage de produire des résultats en un temps de calcul court. En revanche, la manière dont est abordée la participation de la lumière réfléchie à l'intérieur du local (*i.e.* une valeur identique en chaque point de calcul) limite considérablement son applicabilité. Les résultats pourront être satisfaisants dans des locaux qui reçoivent une grande part de lumière directe et dans lesquels la composante réfléchie interne est comparativement peu importante. Néanmoins, les résultats ne seront pas représentatifs dans les locaux de forme complexe ou qui présentent des zones qui ne reçoivent pas de lumière directe depuis la voûte céleste [Reinhart, 2010].

Cette approche, très pratiquée dans les années 1980, est désormais remplacée par d'autres méthodologies plus robustes, et n'est pas recommandée pour la conception. Une utilisation en approche « relative » peut néanmoins fournir des indications utiles en phase esquisse d'un projet.

Cette méthodologie est notamment une des deux options de calcul du logiciel Ecotect[1] [2], l'autre étant l'application de l'algorithme de lancer de rayons via Radiance.

2.4.2   La radiosité

L'algorithme de radiosité a été développé pour caractériser les transferts de chaleur radiatifs entre plusieurs surfaces, il se base sur le principe des facteurs de forme. Un facteur de forme entre deux surfaces est défini par la portion de flux radiatif produit par la première surface qui

---

1. http://www.autodesk.fr/adsk/servlet/pc/index?siteID=458335&id=15062033.
2. À partir du 20 mars 2015, les licences Ecotect ne seront plus commercialisées, et ses fonctionnalités seront incluses dans les produits Autodesk Revit® (http://www.autodesk.fr/products/revit-family/overview).

est reçue par la seconde. L'environnement est discrétisé en surfaces de dimensions finies, et le flux radiatif total reçu par une surface est la somme des flux émis par les surfaces de l'environnement pondérés par leurs facteurs de forme respectifs. La finesse de la discrétisation est un facteur prépondérant dans la précision des résultats [Reinhart, 2011].

Depuis les années 1980, cette méthodologie a été étendue à l'étude de la propagation de la lumière. Chaque surface est considérée comme parfaitement diffuse et de luminance constante. Par ailleurs, l'algorithme peut être renforcé par un programme qui affine la discrétisation des surfaces dans les zones présentant de forts gradients de luminance [CSTC, 2011]. Compte tenu des hypothèses de calcul, il est néanmoins préférable de limiter son utilisation en éclairage naturel à des modèles de ciel simples, comme pour des calculs de facteur de lumière du jour en ciel couvert.

Cet algorithme est notamment utilisé par le logiciel DiaLux[1].

2.4.3 Le lancer de rayons

La méthode du lancer de rayons consiste à suivre la manière dont la propagation d'un rayon lumineux d'un point A à un point B est affectée par la géométrie de l'environnement et les propriétés optiques des matériaux qu'il rencontre sur sa trajectoire. Deux approches sont possibles :

- Le point A est la source de lumière, et une série de rayons est lancée depuis cette source. En fonction du nombre de réflexions spécifiées pour les rayons lumineux, certains atteindront le point de mesure (le point B), d'autres non. Il s'agit du lancer de rayons direct, ou *forward raytracing*.

- Le point A est le point de mesure, et une série de rayons est lancée depuis ce point. En fonction du nombre de réflexions spécifiées pour les rayons lumineux, leur trajectoire s'arrêtera au point B, qui sera soit une source de lumière primaire (le soleil ou le ciel) soit un point d'une surface de l'environnement, surface qui est considérée comme une source de lumière secondaire depuis laquelle sont envoyés des rayons additionnels qui suivent le même processus. La trajectoire d'un rayon est stoppée une fois que le nombre de réflexions spécifiées est atteint, qu'il atteint une source de lumière primaire ou que sa puissance tombe sous un seuil prédéterminé. C'est la méthode du lancer de rayons inverse, ou *backward raytracing*.

En lancer de rayons inverse, tous les rayons envoyés depuis le point de mesure participent à son illumination avec un poids variable, aucun rayon n'est perdu. En revanche, en lancer de rayons direct, seul une partie des rayons envoyés depuis la source atteint les points de mesure. Certains des rayons sont donc envoyés inutilement, ce qui n'optimise pas le temps de calcul.

À l'inverse de la radiosité, l'algorithme de lancer de rayons offre la possibilité de simuler des matériaux spéculaires, ce qui participe considérablement à l'aspect réaliste des images générées. Cette spécificité permet également d'évaluer les situations d'éblouissement provoquées par des reflets sur les surfaces de l'environnement.

Le lancer de rayons inverse est notamment utilisé par le logiciel Radiance[2].

---

1. http://www.dial.de/DIAL/fr/dialux.html.
2. http://radiance-online.org/.

2.4.4   Le *photon mapping*

Le processus de *photon mapping* est une combinaison des algorithmes de lancer de rayons direct et inverse. Le calcul est réalisé en deux étapes.

Dans la première étape, un calcul de lancer de rayons direct est effectué. Les quantités de lumière reçues par chaque pixel de la scène lors de ce processus sont stockées dans la photon map, elles servent ensuite de base à la seconde étape du calcul qui consiste en un lancer de rayons inverse [CSTC, 2011].

Cette méthodologie robuste offre les résultats les plus réalistes, elle est plutôt utilisée dans l'objectif de produire des images photoréalistes. Cette méthode est actuellement en cours d'implémentation dans le logiciel Radiance.

2.4.5   Usage pratique des algorithmes

L'utilisation relativement simple de certains logiciels de simulation d'éclairage naturel peut entraîner un manque de remise en question des résultats par leurs utilisateurs. Si un utilisateur comprend mal la logique derrière une simulation d'éclairage et l'influence des divers paramètres de simulation et de modélisation, cela pourra générer une forte incertitude quant à la précision des résultats obtenus.

Les paragraphes suivants s'intéressent aux paramètres de simulation de l'algorithme de lancer de rayons. Ils proposent des indications sur leur influence respective ainsi que des recommandations pour déterminer leur valeur optimale.

2.5   Les paramètres influant dans les simulations numériques

Pour limiter au maximum les erreurs et augmenter la fiabilité des résultats obtenus par simulation numérique, il est recommandé de respecter plusieurs consignes.

Concernant la modélisation, il est recommandé de :

*   **ne modéliser que les surfaces qui ont un impact sur la propagation de la lumière.** Il faut comprendre que plus il y a de surfaces dans un modèle, plus les risques d'erreur sont grands et plus le temps de calcul sera long. Importer un fichier 3D réalisé par un tiers ne représentera pas forcément un gain de temps car, dans ce cas, il est essentiel de vérifier le modèle importé pour s'assurer de sa cohérence et supprimer les détails inutiles à la propagation de la lumière ;
*   **ne pas oublier de modéliser l'environnement extérieur.** Il est recommandé de modéliser les obstructions extérieures de la manière la plus simple possible. De simples parallélépipèdes ou surfaces planes pour représenter les obstructions extérieures peuvent convenir dans la plupart des cas. Pour le sol, une dalle de grandes dimensions permettra de contrôler la quantité de lumière réfléchie par le sol extérieur ;
*   **penser à attribuer une épaisseur aux surfaces qui présentent des ouvertures sur l'extérieur.** Dans la plupart des logiciels de modélisation, l'épaisseur des murs est considérée comme nulle par défaut, notamment lorsque le bâtiment est modélisé dans un outil à

visée thermique. Or l'épaisseur d'un mur autour d'une fenêtre constitue une obstruction à la pénétration de la lumière naturelle qui peut avoir un impact considérable. Dans un outil de modélisation, il suffira d'extruder le mur autour de l'ouverture pour lui attribuer une épaisseur physique ;

- **prendre en considération la proportion de menuiserie d'une fenêtre.** Dans certains cas, la menuiserie d'une fenêtre peut représenter jusqu'à 30 % de la surface de l'ouverture. Ignorer cet aspect du bâtiment conduira à une surestimation de l'éclairage naturel. Une menuiserie peut être représentée soit dans le détail (dans le cas de plusieurs battants, par exemple) soit en supprimant la surface correspondante de l'ouverture pour ne représenter que la surface de vitrage effective ;
- **modéliser les protections solaires fixes** qui ont non seulement un impact sur la pénétration du rayonnement solaire direct, mais également sur celle de la lumière naturelle diffuse.

Concernant les matériaux, il est recommandé de :

- **vérifier leur coefficient de réflexion lumineuse** avant de procéder à la simulation, en particulier lorsque le modèle est exporté depuis un outil de modélisation vers un logiciel de simulation d'éclairage ;
- **vérifier les propriétés optiques des vitrages** dans le cas d'importation du modèle. Pour les vitrages clairs, il est important de garder en mémoire que les logiciels utilisant la technologie du lancer de rayons considèrent la transmissivité[1] des vitrages (facteur qui prend en compte la lumière transmise dans toutes les directions) et non la transmission lumineuse (mesure donnée pour une incidence normale) fournie par les fabricants. La conversion se fait, en général, automatiquement par les logiciels. Attention également aux vitrages spécifiques qui nécessitent une attention particulière dans leur caractérisation, comme par exemple le vitrage diffusant ;
- **attribuer des propriétés optiques réalistes aux matériaux de l'environnement extérieur.** Se référer à [ARENE, 2014] pour des exemples.

Concernant les paramètres météorologiques, il est indispensable de veiller à :

- **choisir le type de ciel adapté à la métrique calculée** ;
- **spécifier la localisation géographique.**

Concernant les paramètres de simulation, le lecteur qui a travaillé avec un algorithme de lancer de rayons, en particulier Radiance, a pu souvent être amené à se poser des questions sur la signification et l'influence des divers paramètres de simulation. La section qui suit a pour ambition de définir les principaux paramètres de simulation utilisés par Radiance.

Les valeurs suggérées sont indicatives. Dans certains cas, une valeur inférieure pourra suffire ; dans d'autres, il conviendra de prendre une valeur supérieure. Il est recommandé de tester l'influence des divers paramètres pour chaque scène afin d'améliorer la précision des résultats et optimiser le temps de calcul. Il n'existe malheureusement pas de combinaison de paramètres qui puisse être optimale dans toutes les configurations.

L'algorithme de lancer de rayons se sert du concept dit de « rayons ambiants », illustré par la figure 2.5. Les rayons ambiants sont des rayons lumineux qui ne sont pas émis par une source de lumière directe (le soleil ou une source d'éclairage électrique), mais par réflexion sur une surface [Compagnon, 1997].

---

1. Pour plus d'informations, se référer à : http://radsite.lbl.gov/radiance/refer/ray.html#Materials.

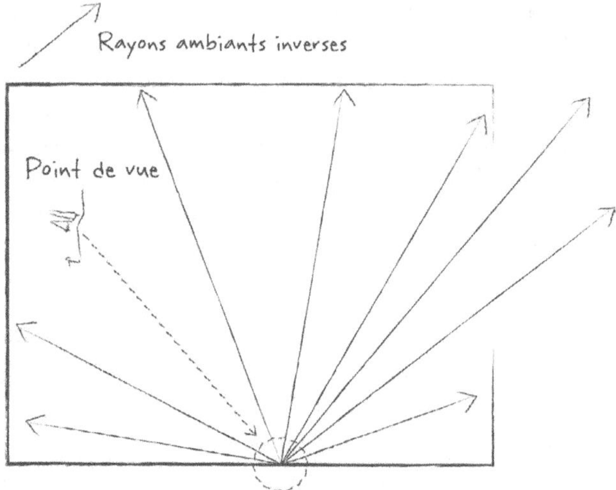

Figure 2.5 Rayons ambiants envoyés depuis chaque point de rebond d'un rayon lumineux
(source : R. Compagnon).

Paramètre ab : *ambient bounces.*

Ce paramètre définit le nombre de rebonds subis par les rayons ambiants.

- ab = 0, seuls les rayons directs du soleil sont pris en compte. Ces rayons éclairent l'environnement extérieur et certains endroits de l'environnement intérieur.
- ab = 1, sont pris en considération la lumière directe du soleil et une réflexion sur l'environnement extérieur ou intérieur ainsi que les rayons provenant de la voûte céleste.
- ab = 5, valeur standard spécifiée par défaut dans la plupart des cas. Dans certains cas, comme pour des géométries ou compléments au vitrage complexes, davantage de rebonds pourront être nécessaires pour que chaque rayon inverse atteigne une source de lumière.

Paramètre ad : *ambient divisions.*

Ce paramètre indique le nombre de rayons qui sont envoyés après chaque réflexion d'un rayon ambiant réfléchi (voir figure 2.5). Une valeur trop faible peu entraîner des erreurs en fond de pièce où les rayons ambiants n'atteindraient pas la source de lumière. Par prudence, une valeur d'au moins ad = 500 pourra être spécifiée pour les calculs. Pour les rendus visuels, une valeur supérieure pourra permettre d'obtenir une image plus nette.

Paramètre as : *ambient sampling.*

Le paramètre as définit le nombre de rayons ambiants additionnels qui sont envoyés depuis les points situés dans des zones présentant de fortes variations de quantité de lumière. Il est, en général, recommandé de fixer as à la moitié ou au quart de ad.

Ce paramètre permet d'affiner les résultats dans les zones à fort gradient, par exemple entre la zone d'un local qui reçoit de la lumière directe du ciel et celle qui n'en reçoit pas ou autour d'une ombre créée par un objet. Dans le rendu visuel, ce paramètre a un impact sur la netteté des ombres.

Paramètres ar : *ambient resolution* ; et aa : *ambient accuracy.*

À chaque pixel depuis lequel est envoyé un rayon ambiant, Radiance attache une « sphère d'influence », en d'autres termes une zone d'interpolation. Les points contenus dans ce périmètre sont déterminés par interpolation dans le but de limiter les calculs effectués par l'algorithme. Cette résolution détermine la précision des calculs. Le rayon de chaque sphère d'influence est défini par :

$$R = \text{Max} \times \text{aa} \,/\, \text{ar}$$

où Max est la plus grande dimension en x, y ou z de la scène ; aa et ar sont les valeurs correspondantes de chacun des paramètres.

Lorsque la résolution n'est pas assez fine, trop de valeurs sont déterminées par interpolation, ce qui mène souvent à une surestimation des résultats.

Certains lecteurs ont pu être amenés à observer avec frustration que lorsqu'une obstruction de grandes dimensions est ajoutée à une scène, les valeurs du facteur de lumière du jour sont parfois plus élevées que sans obstruction. Ce phénomène est dû au fait que lorsque l'on ajoute une obstruction de grandes dimensions par rapport au local concerné par les calculs, la taille de la sphère d'influence est augmentée et, par là même, les interpolations. Pour supprimer ce phénomène, il conviendra de réduire aa afin de conserver une taille acceptable de la zone d'interpolation. Cette réduction doit néanmoins se faire dans une certaine limite, car diviser aa par deux multiplie par quatre le temps de calcul[1].

En fonction des détails de la modélisation et du maillage, il semble pertinent de veiller à conserver un rayon de sphère d'influence inférieur à 5 cm pour des locaux de taille standard. Dans des locaux de grandes dimensions, il conviendra de s'assurer que le rayon reste inférieur à la moitié de l'espacement entre les points de la grille de calcul.

Il est recommandé à l'utilisateur novice de tester les paramètres aa et as pour trouver un équilibre entre la précision des résultats et le temps de calcul. Avec l'expérience, la maîtrise de ces paramètres deviendra plus intuitive.

2.6 Appréciation de l'influence de certains paramètres à l'aide d'un exemple

Étudions à présent une série de tests paramétriques sur un exemple simple. L'objectif est d'apprécier l'effet des hypothèses simplificatrices de modélisation que peut faire un utilisateur ainsi que celui des paramètres de simulation sur les résultats.

Dans le local de la figure 2.6 (voir les caractéristiques détaillées en Annexe 1), un utilisateur a pour mission de calculer les indicateurs suivants :

- le facteur de lumière du jour moyen sur un plan de travail situé à 0,7 m du sol ;
- le pourcentage de surface de la grille de calcul où le facteur de lumière du jour est supérieur à 2 %.

Le local est modélisé avec Ecotect, et les simulations d'éclairage sont effectuées avec le programme de lancer de rayons Radiance activé via l'interface Daysim[2]. La grille de calcul est de 20 cm x 20 cm.

---

1. http://radsite.lbl.gov/radiance/refer/Notes/rpict_options.html.
2. http://daysim.ning.com/.

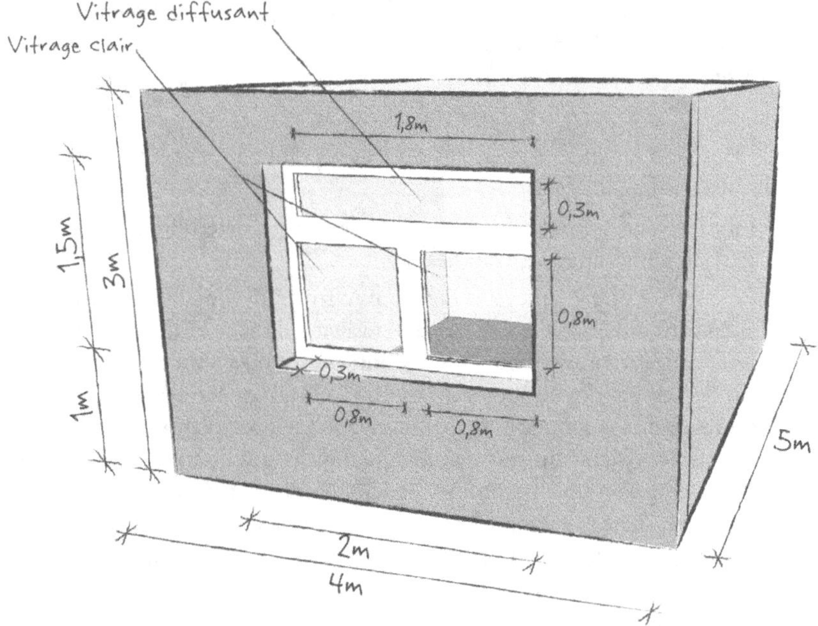

Figure 2.6 Local testé.

2.6.1 Influence des paramètres de modélisation

L'utilisateur teste cinq configurations en supprimant une à une les hypothèses simplificatrices de modélisation. Les paramètres de simulation utilisés sont ceux spécifiés par défaut par Daysim (voir Annexe 2). Les cinq configurations testées sont les suivantes :

- **Cas 0** : Le local est modélisé sans sol extérieur, épaisseur de mur ou menuiserie. Dans un souci de facilité, l'utilisateur choisit d'attribuer au vitrage un coefficient de transmission lumineuse correspondant à la valeur moyenne pondérée en surface des coefficients de transmission des deux vantaux à vitrage clair (0,8 sur 1,28 m²) et de l'imposte à vitrage diffusant (0,5 sur 0,54 m²), soit 0,71.

- **Cas 1** : L'utilisateur pose le local du cas 0 sur une dalle représentant le sol extérieur de dimensions 200 m x 200 m et de coefficient de réflexion lumineux égal à 0,2.

- **Cas 2** : L'utilisateur attribue une épaisseur de 30 cm au mur de façade du local du cas 1.

- **Cas 3** : La menuiserie est ajoutée au local du cas 2 avec son coefficient de réflexion diffuse uniquement.

- **Cas 4** : Les composantes de réflexion spéculaire et de rugosité sont ajoutées à la menuiserie du local du cas 3.

- **Cas 5** : Les propriétés photométriques des vitrages du cas 4 sont remplacées par les propriétés réelles. Le vitrage des deux vantaux est modélisé comme clair avec une transmission lumineuse de 0,8 et celui de l'imposte comme diffusant avec une transmission lumineuse de 0,5.

Les résultats des simulations sont présentés dans le tableau 2.1.

Tableau 2.1 Résultats des simulations pour les cinq cas modélisés.

	Cas 0	Cas 1	Cas 2	Cas 3	Cas 4	Cas 5	Échelle
Modèle							
FLJ							
FLJ_{moyen} (%)	3,8	4,3	3,3	2,1	2	2,2	
Pourcentage de surface du plan utile avec FLJ > 2 % (%)	59,6	78,8	57	33,3	32	33,6	

2.6.2   Influence des paramètres de simulation

La modélisation du cas 5 est à présent proche de la description de départ. L'utilisateur souhaite maintenant tester l'influence des paramètres de simulation sur les résultats en les faisant varier un à un afin de trouver leurs valeurs optimales.

Les résultats sont fournis sous forme de diagrammes représentant la répartition du facteur de lumière du jour sur l'axe médian perpendiculaire à la fenêtre en fonction de la distance à celle-ci.

Paramètre ab

Un test de l'impact du nombre de rebonds des rayons ambiants (ab) fournit les résultats attendus. Plus le nombre de rebonds augmente, plus les valeurs convergent, comme indiqué sur la figure 2.7. Le temps de calcul est multiplié par deux lorsque l'on double ab[1].

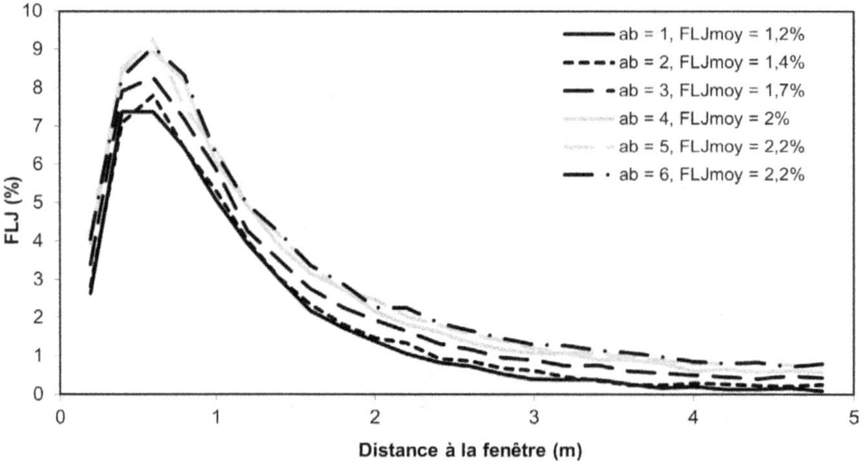

Figure 2.7 Impact du nombre de rebonds ambiants sur le facteur de lumière du jour.

Pour notre exemple, les facteurs de lumière du jour convergent à partir de ab = 5. En dessous, le nombre de rebonds est trop restreint, et une quantité significative n'atteint pas le ciel avant la fin de leur course. Ce qui amène à une sous-évaluation du facteur de lumière du jour.

Paramètre ad

À la suite du test précédent, l'utilisateur conserve le paramètre ab = 5. Il décide ensuite de tester le paramètre ad, qui dicte le nombre de rayons ambiants qui sont envoyés à chaque rebond. Il réalise les tests présentés sur la figure 2.8.

On observe qu'en dessous de ad = 500, soit cinq cents rayons ambiants envoyés à chaque rebond, l'évolution du facteur de lumière du jour subit de fortes discontinuités. Cela est dû au fait qu'en dessous de ce seuil, trop peu de rayons ambiants sont envoyés à chaque rebond pour caractériser efficacement l'éclairement global en chaque point. Par ailleurs, le temps de calcul est doublé lorsque ad est multiplié par deux[2].

---

1.   http://radsite.lbl.gov/radiance/refer/Notes/rpict_options.html.

2.   http://radsite.lbl.gov/radiance/refer/Notes/rpict_options.html.

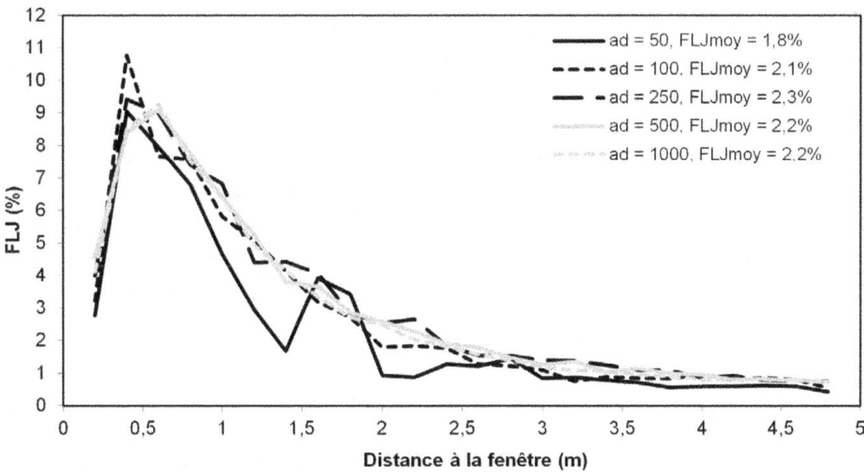

Figure 2.8 Impact du nombre de rayons ambiants envoyés à chaque rebond sur le facteur de lumière du jour.

Paramètre as

L'utilisateur décide de conserver la valeur de ad = 1 000 et teste ensuite l'influence du paramètre as. Il définit le nombre de rayons ambiants supplémentaires qui sont envoyés à chaque rebond dans les zones présentant de fortes variations d'éclairement. Les résultats des tests sont présentés sur la figure 2.9.

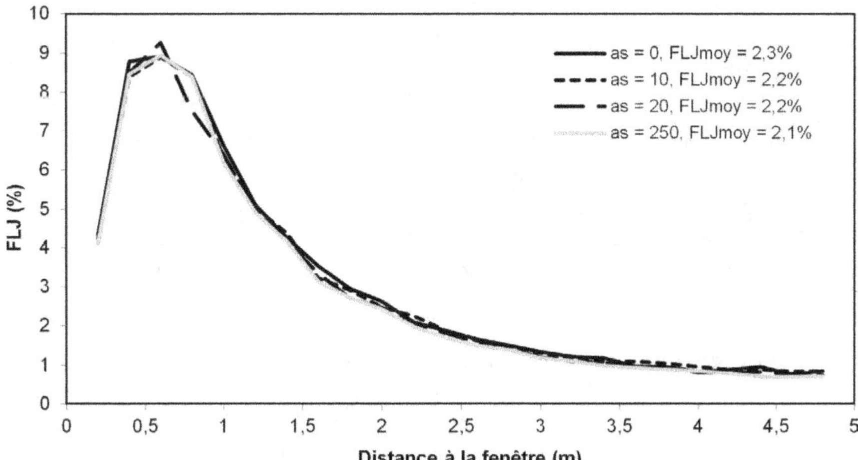

Figure 2.9 Impact du paramètre as sur le facteur de lumière du jour.

L'utilisateur constate que le paramètre as semble avoir peu d'impact sur le facteur de lumière du jour pour la configuration de local testée, et conserve la valeur de as = 20, spécifiée par défaut par Daysim. Dans un tel exemple où le ciel est couvert, peu de zones nécessitent d'être échantillonnées avec des rayons ambiants supplémentaires ; c'est la raison de ce faible impact. En revanche, dans un calcul d'autonomie lumineuse se basant également sur des ciels ensoleillés qui vont générer de forts gradients d'éclairement autour des taches solaires, ce paramètre aura plus d'influence.

Paramètres *aa* & *ar*

L'utilisateur décide ensuite de tester l'impact des paramètres aa et ar. Il fait varier aa. Les résultats sont présentés sur la figure 2.10.

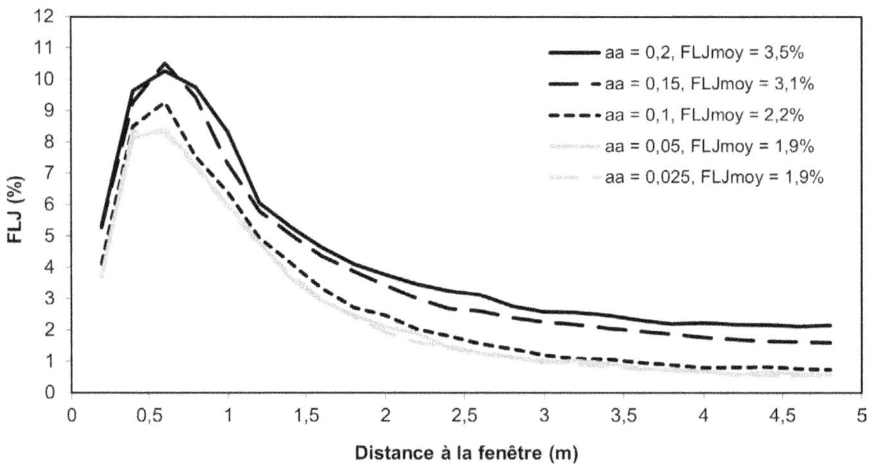

Figure 2.10 Influence du paramètre aa sur le facteur de lumière du jour.

L'utilisateur constate que plus aa diminue, plus les valeurs du facteur de lumière du jour convergent et plus le temps de calcul augmente considérablement. Rappelons que diviser aa par deux multiplie par quatre le temps de calcul[1]. Les valeurs convergent à partir de aa = 0,1, et la variation du facteur de lumière du jour est très similaire pour aa = 0,05 et aa = 0,025. Nous pouvons en déduire que, pour les cinq modélisations testées, la valeur de aa = 0,1 (valeur par défaut de Daysim) était un peu trop élevée et que les résultats étaient donc légèrement surestimés.

Rappelons que aa et ar sont liés entre eux et déterminent la zone d'interpolation autour de chaque rebond ambiant. Le rayon de la sphère d'interpolation est donné par Max x aa / ar, où Max est la plus grande dimension de la scène. Dans notre exemple, Max est donné par la diagonale de la dalle de sol extérieur de 200 m × 200 m, soit Max = 282 m. Le rayon R de la sphère d'interpolation est calculé pour chaque valeur de aa (ar reste constant et égal à 300) dans le tableau 2.2.

Tableau 2.2 Variation du rayon de la sphère d'influence en fonction de aa pour ar = 300.

aa	R (cm)
0,2	18,8
0,15	14,1
0,1	9,4
0,05	4,7
0,025	2,4

Suite au test paramétrique et comme le plus petit détail de la scène est de 5 cm (épaisseur de la menuiserie), l'utilisateur décide d'attribuer à aa la valeur de 0,05 et de laisser ar = 300.

---

1. http://radsite.lbl.gov/radiance/refer/Notes/rpict_options.html

Attardons-nous sur ce phénomène pour lui trouver une explication. Lorsque aa = 0, cela signifie qu'il y aura un lancer de rayons ambiants à chaque rebond (au prix d'un temps de calcul très long). Si aa est supérieur à 0, le logiciel cherchera dans un premier temps à faire une interpolation avec les valeurs d'éclairements ambiants stockés dans le périmètre délimité par la sphère d'influence si ces valeurs ne diffèrent pas trop entre elles. Dans le cas contraire, le programme va quand même lancer des rayons ambiants pour le point de rebond considéré. Le paramètre aa est un indicateur de la différence relative tolérée entre les valeurs d'éclairement ambiant calculées à proximité du point de rebond (*i.e.* dans le périmètre délimité par la sphère d'influence). Par conséquent, et même si le rayon de la sphère d'influence peut être ajusté en modifiant aa et ar, il est préférable de chercher à diminuer aa plutôt que d'augmenter ar si l'on souhaite privilégier la précision.

2.6.3 Modélisation et paramétrage optimaux

Des tests paramétriques effectués par notre utilisateur, nous pouvons conclure que pour optimiser les calculs dans le local considéré :

- une modélisation précise du local est nécessaire. La modélisation optimale est donc celle du cas 5. Les propriétés de spécularité et de rugosité de la menuiserie (cas 4) n'ont pas d'impact significatif et pourraient être ignorées dans cette configuration ;
- une dalle de sol extérieur de 200 m × 200 m semble excessive. On modélisera une dalle de 50 m × 50 m ;
- cinq rebonds ambiants peuvent être programmés (ab = 5) ;
- on conservera les valeurs par défaut de Daysim : as = 20, ar = 300 et ad = 1 000. Notons qu'une valeur de ad = 500 fournirait un résultat acceptable dans un temps de calcul réduit de moitié ;
- si l'on diminue la taille de la dalle de sol extérieur, on pourra en faire de même avec aa en le fixant à 0,1, valeur par défaut de Daysim.

La répartition des facteurs de lumière du jour correspondante est présentée figure 2.11.

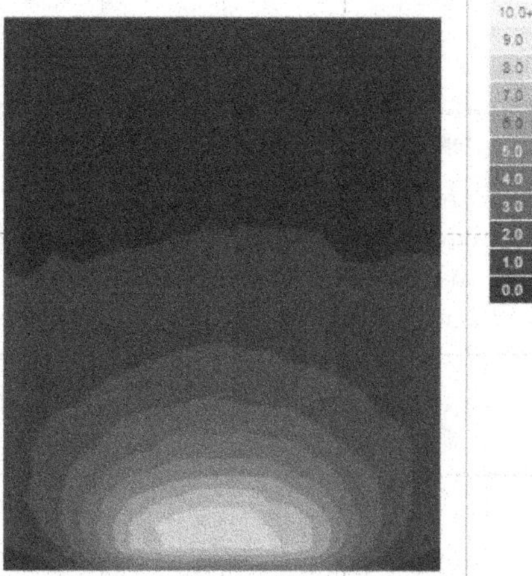

Figure 2.11 Répartition du facteur de lumière du jour pour les paramètres de modélisation et de simulation optimaux.

Le facteur de lumière du jour moyen correspondant est de 1,9 %, et 27,9 % de la surface du plan utile a un facteur de lumière du jour supérieure à 2 %.

On constate que la simulation du cas 5 avec les paramètres par défaut de Daysim et la dalle de sol extérieur de 200 m x 200 m surestimait les résultats uniquement à cause d'une valeur inadaptée du paramètre aa.

2.6.4 Enseignements à retenir de ces tests paramétriques

De manière globale, nous pouvons tirer les enseignements suivants de ces tests paramétriques :

- Omettre de modéliser l'épaisseur de la façade et la menuiserie conduit à une surestimation des résultats, d'environ 50 % dans notre exemple.
- Quelques tests peuvent être nécessaires avant de trouver la combinaison optimale des paramètres de simulation. L'expérience permettra d'acquérir une approche plus intuitive du paramétrage.
- Veiller à spécifier un nombre de rebonds ambiants (ab) ainsi qu'un nombre de rayons ambiants (ad) suffisants et adaptés à la géométrie du local modélisé.
- Il est essentiel de veiller à ce que la dimension maximale de la scène modélisée (taille maximale du bâtiment, de la dalle de sol extérieur ou d'une obstruction) n'impacte pas de manière importante sur le rayon de la zone d'interpolation en contrôlant les paramètres aa et ar.

Ces quelques conseils pourront guider l'utilisateur dans ses simulations et l'inviter à expérimenter pour se constituer sa propre manière de les aborder. L'auteur souhaite, par ailleurs, insister sur le fait que les recommandations développées dans ce chapitre sont bien des recommandations et non des règles.

2.7 Quid de l'éclairage électrique

Pour effectuer des simulations d'éclairage électrique, les algorithmes de radiosité et de lancer de rayons présentés ici sont également utilisés. Dans ce cas, la source d'éclairage sera caractérisée par la répartition spatiale de la lumière qu'elle émet dans toutes les directions, autrement appelée « la courbe de répartition des intensités lumineuses ».

Les fabricants d'appareils d'éclairage électrique mettent à disposition des fichiers informatiques contenant ces informations. Ces fichiers sont classiquement au format IES [IES, 2008] ou EULUMDAT[1] et sont compatibles avec la majorité des logiciels de simulation d'éclairage électrique disponibles sur le marché.

Certains logiciels offrent la possibilité de déterminer les profils d'utilisation de l'éclairage électrique en fonction du mode de contrôle, en prenant en considération les apports d'éclairage naturel. Le contrôle peut être automatisé ou manuel et, dans ce cas, prendre en considération des profils types d'usagers.

---

1. http://en.wikipedia.org/wiki/EULUMDAT.

Remerciements

L'auteur remercie Raphaël Compagnon (Haute École d'ingénierie et d'architecture de Fribourg) ainsi que Sophie Jost et Dominique Dumortier (École nationale des travaux publics de l'État) pour la relecture de ce texte, leurs commentaires et leurs suggestions.

2.8 Références

[ARENE, 2014] ARENE / ICEB. *Guide Bio-Tech éclairage naturel.* 2014.

[BS, 2008] British Standard, BS 8206-2:2008. *Lighting for buildings* – Part 2 : Code of practice for daylighting.

[Chauvel, 1993] Chauvel P., Collins J.B., Dogniaux R. «Évaluation de l'éblouissement dû aux fenêtres. État de la question, 1re partie». *LUX*, n° 121, 1983.

[CIBSE, 1994] CIBSE. *Code for interior lighting.* London, 1994.

[CIE, 1994] Commission Internationale de l'Éclairage, *Guide to Recommended Practice of Daylight Measurement.* 1994.

[CSTC, 2011] Deroisy B., Deneyer A. «Évaluation de l'éclairage naturel par simulations informatiques». *Les Dossiers du CSTC*, 2011/3.18.

[Compagnon, 1997] Compagnon R. *Radiance : a simulation tool for daylighting systems. Course notes.* University of Cambridge, 1997.

[Hellinga, 2013] Hellinga H. *Daylight and Views.* Delft University, Pays-Bas.

[IES, 2008] Illuminating Engineering Society of America. *IESNA Standard File Format for Electronic Transfer of Photometric Data and Related Information.* 2008.

[IES, 2012] Illuminating Engineering Society of America. *Spatial Daylight Autonomy (sDA) and Annual Sunlight Exposure (ASE).* 2012.

[Leslie, 2012] Leslie R.P., et al. «Conceptual design metrics for daylighting». *Lighting Research & Technology*, 44 : 277-290, 2012.

[Littlefair, 1986] Littlefair P.J. «Estimating daylight in buildings. Part 2». *BRE Digest*, 310, 1986.

[Mardalevic, 2013] Mardalevic J. & Christoferssen J. *A roadmap for upgrading national/EU standards for daylight in buildings.* CIE Mid-term Meeting, Paris, France 12th-19th April, 2013.

[Moniteur, 2007] Bernstein D., Champetier J.-P., Hamayon L., Mudri L., Traisnel J.-P., Vidal T. *Traité de construction durable.* Éditions du Moniteur, 2007.

[Moon, 1942] Moon P. & Spencer D.E. «Illumination from a non-uniform sky». *The Illuminating Engineer*, 37(10), p. 707-726, 1942.

[Rea, 1993] *Lighting handbook, reference & application* (8th edition). New York City, Illuminating Engineering Society of North America, 1993, 989 p.

[Reinhart, 2010] Reinhart C. *Tutorial on the use of Daysim simulations for sustainable design.* Harvard University, 2010.

[Reinhart, 2011] Reinhart C. *Building Performance Simulation for Design and Operation, Daylight Performance Predictions* (chapter 9). Spoon Press, 2011.

[Sutter, 2006] Sutter Y., Fontoynont M., Dumortier D. « The use of shading systems in VDU office task office : a pilot study ». *Energy & Building*, 2006, 38, p. 780- 789.

[Tregenza, 1983] Tregenza P.R., Waters I.M. « Daylight Coefficients ». *Lighting Research and Technology*, 15(2) : p. 65-71, 1942.

[Wienold, 2009] Wienold J. *Daylight glare in offices.* Freiburg, Germany, Fraunhofer Institute, 2009, 136 p.

2.9   Annexe 1

Caractéristiques du local ayant servi pour les tests paramétriques :

Localisation : Paris, France.

Plage horaire : 8 h-17 h.

Orientation : sud.

Profondeur : 5 m.

Largeur : 4 m.

Hauteur : 3 m.

Épaisseur du mur de façade : 30 cm.

Fenêtre à deux vantaux en vitrage clair et une imposte en vitrage diffusant.

Ouverture en façade : largeur = 2 m, hauteur = 1,5 m, allège = 1 m.

Surface de vitrage clair : $2 \times 0,8$ m $\times$ 0,8 m.

Surface de vitrage diffusant : 1,80 m $\times$ 0,3 m.

Transmission lumineuse du vitrage clair : 0,8.

Transmission lumineuse du vitrage diffusant : 0,5.

Largeur de menuiserie autour de chaque partie vitrée : 10 cm.

Épaisseur de menuiserie : 5 cm.

Coefficients de réflexion lumineuse diffuse des matériaux :

– sol extérieur = 0,2 ;

– sol intérieur = 0,2 ;

– murs = 0,6 ;

– plafond = 0,8 ;

– dormant de fenêtre = 0,4 ;

– menuiserie en PVC blanc = 0,8 (rugosité = 0,005 et spécularité = 0,05).

2.10   Annexe 2

Paramètres par défaut de simulation du logiciel Daysim

RADIANCE Simulation Parameters

Please set the RADIANCE Simulation Parameters. The default settings assume a scene complexity of '1' (*see Help >> Tutorial 2.14*).
To reload default values select *Scene Complexity 1*.

ambient bounces (ab)	5	specular jitter (sj)	1.0000
ambient divisions (ad)	1000	limit weight (lw)	0.004000
ambient super-samples (as)	20	direct jitter (dj)	0.0000
ambient resolution (ar)	300	direct sampling (ds)	0.200
ambient accuracy (aa)	0.1	direct relays (dr)	2
limit reflection (lr)	6	direct pretest density (dp)	512
specular threshold (st)	0.1500		

CHAPITRE 3

Aéraulique

(A. Foucquier & A. Bastide)

La gestion des consommations énergétiques et la réduction de l'inconfort dans les bâtiments sont traitées à l'aide du vecteur air. Le vecteur air permet notamment la distribution rapide d'énergie dans un bâtiment, en limitant l'inconfort et en réduisant les phénomènes de stratification.

Les bâtiments immergés dans leur environnement ont des sollicitations très variables à quelques kilomètres de distance. Cette variabilité est due à l'environnement proche et lointain. La présence d'autres bâtiments, l'immersion d'un bâtiment dans le quartier d'une ville ou en pleine campagne, le climat de la microrégion ne produisent pas les mêmes effets sur les champs de température et le vent. L'intérêt se porte avant tout sur le microclimat autour du bâtiment, qu'il soit situé dans un environnement urbain ou rural.

La connaissance des microclimats permet d'établir une stratégie pour évaluer le potentiel de ventilation d'un bâtiment, ainsi que pour la conception de la ventilation naturelle. La ventilation des bâtiments peut alors être naturelle ou mécanique tout en incluant des stratégies hybrides, tant pour l'hiver que pour l'été.

Le vecteur air est une réponse rapide et adaptée au confort des occupants tout en garantissant une utilisation rationnelle et parcimonieuse de l'énergie.

Pour ce faire, les concepteurs ont à leur disposition un certain nombre d'outils de granularité différente : les outils de Simulation Thermique Dynamique (STD) et ceux de Mécanique des Fluides Numérique (MFN). Les outils de STD sont à ce jour les plus adaptés pour la modélisation annuelle des phénomènes aérauliques dans les bâtiments.

L'aéraulique dans les bâtiments concerne la physique des écoulements d'air dans les espaces fermés et ouverts sur l'extérieur et l'intérieur. Les transferts aérauliques répondent à l'équation de Bernoulli :

$$\frac{1}{2}\rho \cdot U^2 + P + \rho \cdot g \cdot z = \text{constante}$$

U représente la vitesse de l'air, z la hauteur par rapport à une hauteur de référence, g la constante de pesanteur et ρ la masse volumique. Le terme $\rho \cdot U^2/2$ est la pression dynamique et le terme $P + \rho \cdot g \cdot z$ est la pression motrice. Les variations de pression motrice et les variations de pression dynamique induisent des mouvements d'air à l'intérieur et entre l'intérieur et l'extérieur d'un bâtiment.

Deux modes de ventilation composables sont alors possibles : la convection naturelle et la ventilation naturelle. La convection naturelle a lieu lorsqu'il n'y a pas ou peu de vent. La ventilation naturelle est majoritaire durant les périodes de la journée où le vent est important. Ces modes de ventilation sont exploitables si les amplitudes thermiques dans le microclimat sont suffisamment importantes, si l'intensité du vent et les ouvertures du bâtiment sont suffisamment grandes, si l'inertie du bâtiment est suffisamment importante, etc.

3.1 La ventilation et la convection naturelles

La ventilation naturelle présente de nombreuses fonctions :
- améliorer la qualité de l'air intérieur en évacuant les polluants ;
- minimiser les besoins de refroidissement ;
- améliorer le confort hygrothermique des occupants.

La réglementation thermique 2012 est extrêmement restrictive en ce qui concerne les droits à la climatisation et oriente de plus en plus les maîtrises d'œuvre vers des solutions de rafraîchissement exploitant la ventilation naturelle. Notamment, elle ne facilite le recours à des systèmes de climatisation que dans des cas très particuliers dans lesquels l'ouverture des fenêtres devient acoustiquement préjudiciable. Dans les bâtiments non climatisés, la RT 2012 impose la présence de 30 % de surface vitrée ouvrante. Les bureaux d'études doivent donc être en mesure d'estimer un potentiel de ventilation naturelle en termes de débit, mais aussi un potentiel de rafraîchissement par la ventilation naturelle dans les bâtiments. De même, la RTAA DOM (la réglementation technique de la construction dans les DOM) impose des surfaces minimales de baies pour les pièces de service dans le but de favoriser la ventilation naturelle. La ventilation traversante, c'est-à-dire une pièce possédant des baies en vis-à-vis, est préconisée pour assurer une ventilation de confort pour les occupants et éviter le recours à la climatisation.

Deux phénomènes induits par la ventilation naturelle guident les mouvements de l'air dans le bâtiment : le tirage thermique et les effets du vent.

Le tirage thermique est le moteur thermo-aéraulique de la convection naturelle. C'est la force motrice induite par le gradient de température directement lié au gradient de densité de l'air entre l'intérieur et l'extérieur. De plus, étant donné que l'air chaud plus léger monte, une différence de hauteur importante entre les ouvertures d'entrée et de sortie favorise les effets du tirage thermique.

Le vent, quant à lui, est le moteur aérodynamique de la ventilation naturelle. Il influe de manière très significative sur les écoulements d'air dans le bâtiment par l'intermédiaire de sa vitesse intrinsèque et des champs de pression développés en façade. Ce champ de pression dû au vent influe profondément sur les débits dans les bâtiments si les ouvertures ont des aires inférieures à environ 100 cm². Au-delà, les débits d'air sont déterminés majoritairement par l'orientation du vent par rapport aux ouvertures, à l'intensité du vent, aux masques proches, au relief ainsi qu'à l'aire de l'ouverture. Le paramètre influent n'est plus que le champ de pression à l'extérieur du bâtiment. On s'intéresse alors au transfert d'énergie cinétique dans le bâtiment et à la capacité de celui-ci à conserver l'énergie cinétique de l'air.

3.1.1   Le tirage thermique

3.1.1.1   Principe physique

Le tirage thermique est la force thermo-aéraulique de la ventilation naturelle. Le gradient de pression est induit à la fois par la différence de densité de l'air due à la différence de température et par la différence de hauteur entre les ouvertures d'entrée et de sortie.

$$\Delta P = \Delta\rho \cdot g \cdot H$$

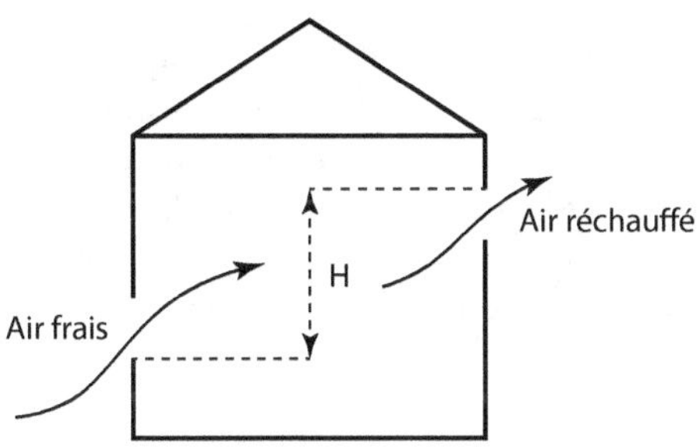

Figure 3.1 Schéma du tirage thermique induit entre deux baies opposées.

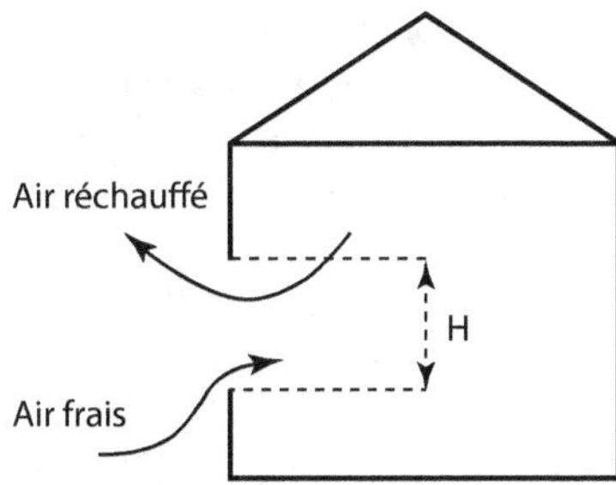

Figure 3.2 Schéma du tirage thermique induit au travers d'une seule baie.

Dans le cas de deux ouvertures opposées, H est la hauteur entre le bas de l'ouverture d'entrée et le haut de l'ouverture de sortie. Dans le cas d'une seule ouverture, H est la hauteur de l'ouverture. g est la pesanteur et ρ la masse volumique. Sachant que la masse volumique d'air sec peut s'écrire en fonction de la température, l'expression précédente peut également être écrite en fonction des températures.

$$\begin{cases} \Delta\rho = \rho_{\text{ext}} - \rho_{\text{int}} \\ \rho_{\text{ext}} = \rho_0 \cdot \dfrac{273}{273 + T_{\text{ext}}} \\ \rho_{\text{int}} = \rho_0 \cdot \dfrac{273}{273 + T_{\text{int}}} \\ \Delta P = \rho_0 \cdot g \cdot H \cdot \left(\dfrac{273}{273 + T_{\text{ext}}} - \dfrac{273}{273 + T_{\text{int}}} \right) \end{cases}$$

Dans ces expressions, les températures intérieure T_{int} et extérieure T_{ext} sont données en °C ,et ρ_0 est la masse volumique de l'air sec pour une température de 0 °C. Cette valeur vaut 1,292 kg/m^3.

3.1.1.2 Potentiel du tirage thermique sur la ventilation naturelle

Hauteur d'ouvrant ou entre ouvrants

Dans le cas d'une ouverture seule, l'effet du tirage thermique est favorisé par des ouvertures de grande hauteur. Dans le cas de deux baies, une hauteur importante entre elles contribue à l'amélioration du potentiel en ventilation naturelle. On parle alors d'«effet cheminée». Notamment, une solution particulièrement efficace pour la ventilation naturelle est l'installation d'ouvrants en toiture. Dans le cas où cette dernière installation n'est pas possible, des ouvrants au plus haut d'une paroi extérieure sont préconisés.

Différence de température

Comme on l'a vu précédemment, le tirage thermique est également influencé par la différence de température. Les instants de la journée présentant un fort différentiel de température entre l'intérieur et l'extérieur sont donc particulièrement favorables. Notamment, la surventilation nocturne est souvent préconisée pour son fort potentiel en ventilation naturelle induit par la différence de température importante qui se crée la nuit entre l'ambiance intérieure et l'environnement extérieur. En revanche, en journée, une accumulation de chaleur en partie haute d'un bâtiment durant la période estivale ou de chauffage peut conduire à de l'inconfort thermique. La température de la pièce est à analyser en même temps que le débit dans les ouvertures ainsi que les températures de paroi.

Stratification thermique

Les pièces de grande hauteur admettent un gradient vertical de température ; l'air est en équilibre. En l'absence de ventilation mécanique, qui aurait pour but de limiter cette stratification, celle-ci peut devenir importante. Des modèles de stratification thermique sont alors nécessaires pour évaluer les transferts d'air entre pièces ou entre une pièce et l'extérieur en tenant compte de la température et donc de la masse volumique de l'air à la hauteur de l'ouverture.

3.1.2   Les effets du vent

3.1.2.1   Principe physique

Le vent est le moteur aérodynamique de la ventilation naturelle. La différence de pression résultante dépend de sa vitesse et du coefficient de pression local. Elle s'exprime de manière empirique de la façon suivante :

$$\Delta P = \frac{1}{2}\rho \cdot \Delta C_p \cdot U_{\text{wind}}^2$$

ρ est la masse volumique de l'air, ΔC_p la différence de coefficient de pression et U_{wind} la vitesse du vent à l'altitude de l'ouverture d'entrée. La difficulté est de déterminer les coefficients de pression. Ceux-ci dépendent de nombreux paramètres dont notamment la direction et la vitesse du vent sur la paroi, l'orientation de la paroi, la porosité de la paroi… Ces coefficients de pression sont très compliqués à calculer et, de ce fait, à prendre en compte dans les simulations. Cela fait aujourd'hui l'objet de nombreux axes de recherche.

3.1.2.2   Potentiel du vent sur la ventilation naturelle

Positionnement des ouvrants

Les courants aérodynamiques s'orientent toujours des hautes pressions vers les basses pressions. Par conséquent, placer des ouvrants d'entrée d'air sur les façades au vent, où se créent des surpressions locales, et d'autres ouvrants de sortie d'air sur les façades sous le vent, où se trouvent les zones de dépression (zones de sillage), favorise grandement le potentiel en ventilation naturelle du vent. D'autres zones dépressionnaires peuvent également se révéler très favorables aux échanges aérauliques aux endroits où il y a décollement de l'écoulement, notamment au niveau des arêtes de façade, des angles et surtout en toiture (cf. figure 3.3).

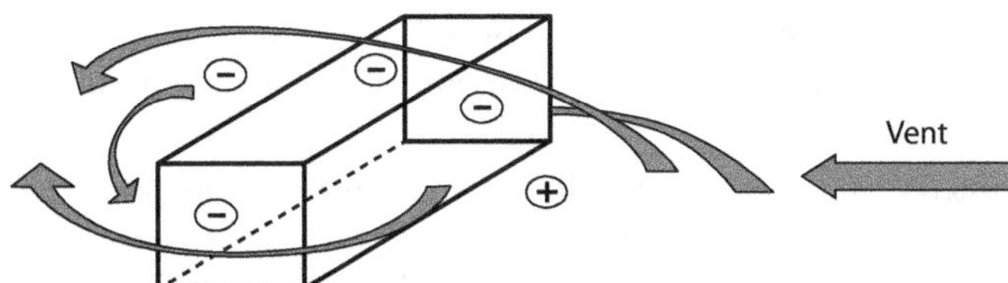

Figure 3.3 Schéma des phénomènes de décollement en façade.

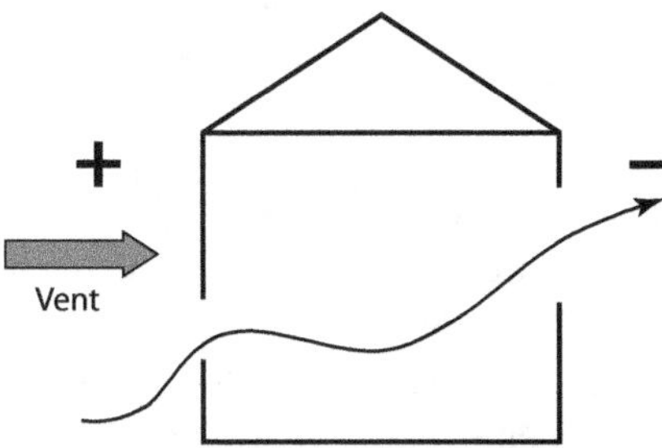

Figure 3.4 Schéma du flux induit par la différence de pression entre deux façades.

Cependant, un flux peut également se créer entre deux zones dépressionnaires, à condition que la dépression au niveau de l'entrée d'air soit toujours plus faible que la dépression au niveau de la sortie d'air.

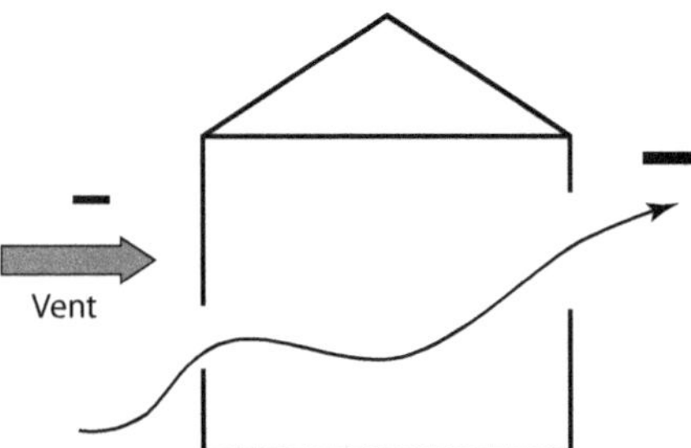

Figure 3.5 Schéma du flux induit par la différence de pression entre deux façades en dépression.

Il en sera de même entre deux façades en surpression : le flux aérodynamique s'orientera toujours de la surpression la plus élevée vers la surpression la plus basse.

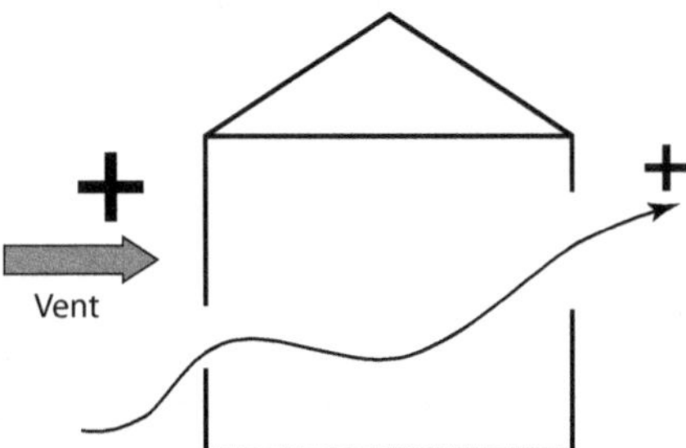

Figure 3.6 Schéma du flux induit par la différence de pression entre deux façades en surpression.

En revanche, ces deux derniers cas de figure engendrent des débits de ventilation beaucoup plus faibles que la configuration comprenant une entrée d'air en surpression et une sortie d'air en dépression.

De plus, ces dernières années, sur de nombreux plans de bâtiments produits par des acteurs du secteur du bâtiment, des flèches sont positionnées pour donner des orientations du vent dans le bâtiment en saison chaude et pour montrer le parcours de l'air dans les pièces. Ces flèches ne donnent qu'une idée approximative de l'écoulement de l'air. On doit garder à l'esprit que l'air prend toujours le plus court chemin et le chemin le moins tortueux pour traverser un bâtiment. En plus des plans du bâtiment, une rose des vents réaliste du site, qui peut être basée sur des mesures, permet d'apprécier le potentiel de ventilation du bâtiment.

Rose des vents

Il est possible d'estimer le potentiel de vent à partir de l'étude de la rose des vents du site étudié. Celle-ci est basée sur des statistiques de direction, de fréquence et de vitesse de vent sur le site.

Ainsi, si la rose des vents permet de conclure à une vitesse de vent d'au moins 1 m/s pendant 80 % du temps, le potentiel en ventilation naturelle dû au vent devrait être atteint, c'est-à-dire permettre un rafraîchissement efficace du bâtiment.

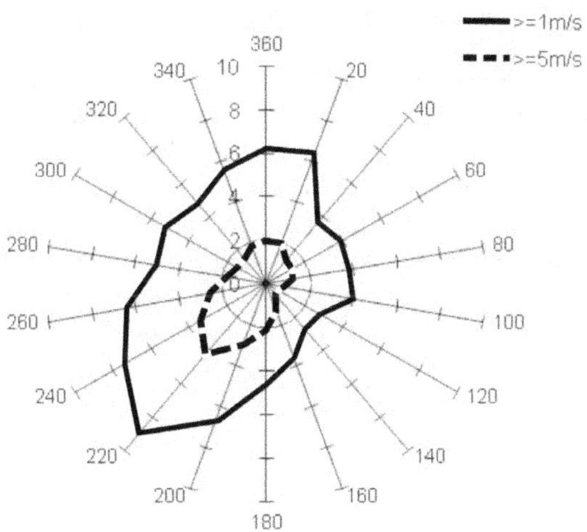

Figure 3.7 Rose des vents.

Pour la ventilation naturelle, il est souvent important de distinguer différentes périodes. Les vents sont souvent différents la nuit et le jour, voire au cours de la journée. Des roses des vents adaptées aux stratégies de ventilation sont alors à construire : rafraîchissement nocturne, ventilation traversante la journée, etc.

Des analyses statistiques poussées et une métrologie sur site sont souvent nécessaires pour que les concepteurs de bâtiments puissent prendre les meilleures décisions tant pour la maîtrise de l'énergie que pour le confort thermique, et proposer des innovations aérauliques.

Vitesse du vent

La vitesse du vent varie avec la hauteur. On parle de « couche limite turbulente atmosphérique ». Au niveau du sol, les forces de frottement dues à sa rugosité sont plus importantes, ce qui freine la vitesse du vent. De ce fait, plus une ouverture se situe en hauteur, plus les effets du vent se font ressentir. Il faut préciser que la vitesse du vent de référence est mesurée à 10 m de hauteur. Lors de l'évaluation du potentiel en ventilation naturelle du vent, cette donnée doit donc être correctement considérée au risque d'engendrer des erreurs grossières. À partir de la vitesse de vent de référence, nous pouvons évaluer la vitesse de vent sur un profil vertical :

$$U_z = k_r \cdot \ln\left(\frac{z}{z_0}\right) \cdot U_{ref}$$

où k_r est un coefficient adimensionné qui caractérise la rugosité du sol, z est la hauteur à laquelle on souhaite connaître la vitesse de l'air, z_0 est le paramètre de rugosité en m et U_{ref} la vitesse de référence du vent.

Ainsi, lorsque le bâtiment est correctement orienté, c'est-à-dire de manière à maximiser la dépression entre les ouvrants d'entrée et de sortie ainsi que la vitesse d'air, le potentiel en ventilation naturelle dû au vent peut être très important. Cependant, il faut prendre en compte le fait que des conditions de vitesse d'air trop élevées peuvent créer de l'inconfort (courants d'air). Bien évidemment, cette notion reste subjective, néanmoins nous pouvons considérer qu'une vitesse d'air supérieure à 2 m/s peut potentiellement engendrer une sensation d'inconfort pour l'occupant.

3.1.3   Effets cumulés du vent et du tirage thermique

Le tirage thermique et le vent agissent simultanément en s'additionnant, en se compensant ou en s'opposant. Néanmoins, dans une grande majorité des cas, les effets du vent sont largement majoritaires. Cela s'explique très simplement par le fait que la différence de pression induite par le vent dépend de manière quadratique de la vitesse, alors que celle induite par le tirage thermique varie linéairement avec le gradient de température et la différence de hauteur entrée/sortie. Les figures qui suivent illustrent parfaitement ce propos. Considérons deux baies opposées avec un différentiel de coefficient de pression Cp de 1. La figure 3.8 présente la différence de pression obtenue en fonction de la vitesse de vent.

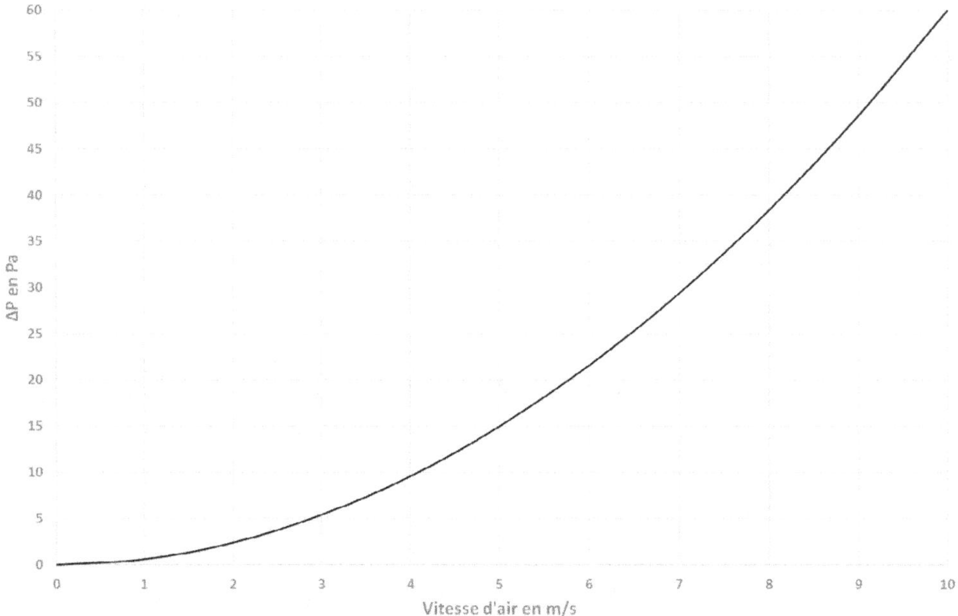

Figure 3.8 Effets du vent : variation de la différence de pression en fonction de la vitesse de vent.

Le tirage thermique est représenté en figure 3.9 par la variation de la différence de pression en fonction de la différence de température pour une différence de hauteur entre les baies de 1 m en trait plein, 3 m en ligne discontinue traits et points, et 10 m (un atrium avec ouverture en toiture, par exemple) en ligne discontinue.

Ces graphes montrent clairement qu'une augmentation de la vitesse de vent présente une influence nettement plus importante sur le potentiel de ventilation naturelle que l'augmentation du ΔT, et cela quelle que soit la différence de hauteur entre les baies.

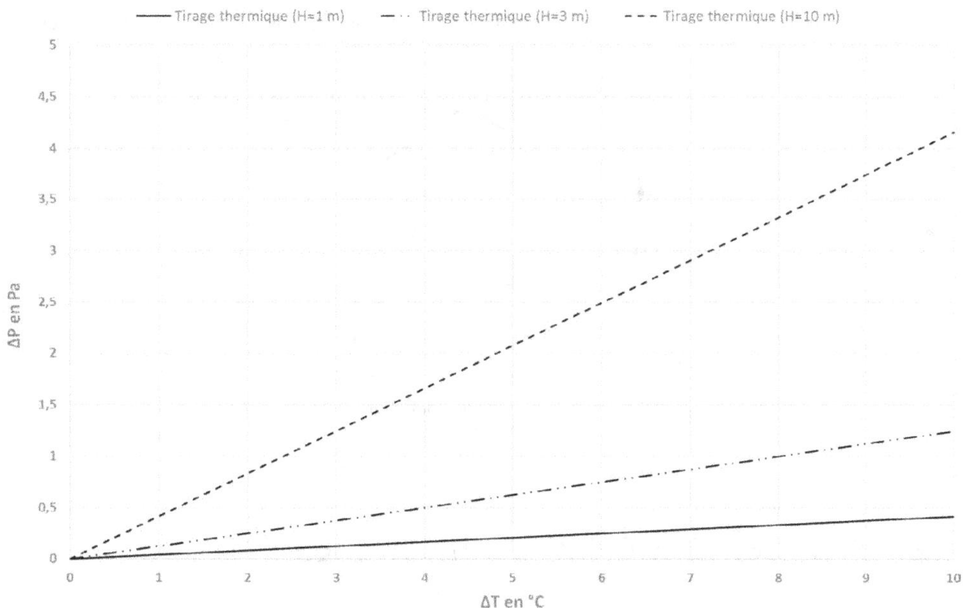

Figure 3.9 Effets du tirage thermique : variation de la différence de pression
en fonction de la différence de température et de hauteur.

3.1.4 Ventilation naturelle à l'intérieur : le phénomène de shunt

Pour optimiser au mieux la ventilation naturelle dans le bâtiment, les ouvertures doivent être positionnées de manière à éviter au maximum le phénomène de shunt à l'intérieur de la zone. Par exemple, considérons une zone avec trois ouvrants en façade, dont un ouvrant d'entrée d'air et deux ouvrants de sortie d'air. Pour ne pas risquer de shunter une partie de la zone, il faut éviter de positionner un des ouvrants de sortie à proximité de l'ouvrant d'entrée d'air. Si c'est le cas, l'air ne circulera qu'entre les ouvrants les plus proches sans ventiler ou en ventilant peu le reste de la zone.

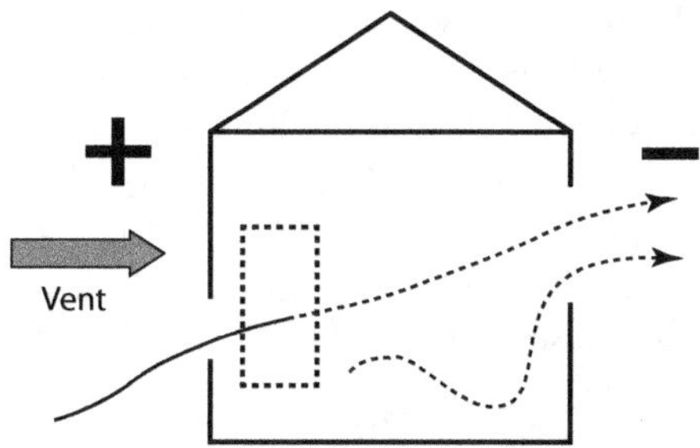

Figure 3.10 Schéma d'une zone shuntée.

Au contraire, si les ouvrants de sortie sont tous deux assez éloignés de l'entrée d'air, la ventilation à l'intérieur de la zone sera efficace.

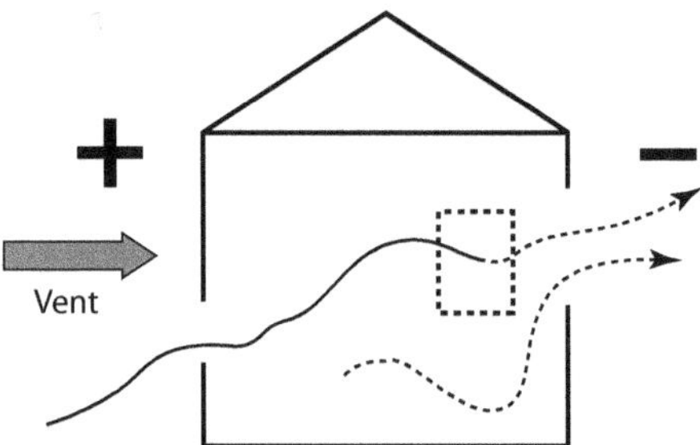

Figure 3.11 Schéma d'une zone correctement ventilée.

3.2   Modélisation des phénomènes aérauliques

La modélisation des phénomènes aérauliques peut présenter différents niveaux de complexité. Plusieurs méthodes de simulation existent : de la méthode la plus simple, consistant à assimiler une zone à un unique point, jusqu'à la méthode la plus complexe consistant à modéliser et résoudre les équations physiques dans les trois dimensions de l'espace. Ainsi, trois niveaux de granularité sont généralement reconnus : quasi 1D avec les méthodes nodales, 2D avec les méthodes zonales et enfin 3D avec la méthode de Mécanique des Fluides Numérique (MFN), plus communément appelée CFD (*Computational Fluid Dynamic*).

3.2.1   Méthode MFN

3.2.1.1   Principe et avantages

La méthode MFN est une approche en trois dimensions qui consiste à déterminer les gradients de pression locaux. L'espace est discrétisé sous forme de volumes de contrôle dans lesquels les variables d'état sont évaluées. Cette approche permet ainsi de visualiser les champs de pression locaux ainsi que les flux d'air dans le bâtiment.

Cette approche est basée sur la résolution de l'équation de mécanique des fluides de Navier-Stokes, de laquelle sont déduites les vitesses et pressions d'air dans le bâtiment permettant d'en déduire les débits locaux. Pour un fluide incompressible, les équations de la mécanique des fluides s'énoncent de la façon suivante :

$$\begin{cases} div\left(\vec{v}\right) = 0 \\ \rho\dfrac{\partial \vec{v}}{\partial t} + \rho \cdot \left(\vec{v}.\overrightarrow{grad}\right)\vec{v} = \rho \cdot \vec{f} - \overrightarrow{grad}P + \eta \cdot \Delta\vec{v} \end{cases}$$

ρ est la densité de l'air, η est la viscosité dynamique de l'air, v est la vitesses de l'air, P est la pression hydrostatique, f rassemble les forces appliquées sur le fluide.

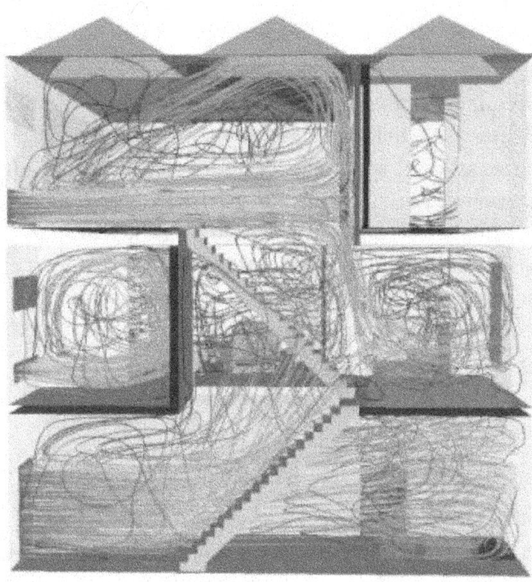

Figure 3.12 Visualisation des lignes de courant dans un bâtiment par la méthode MFN
(thèse de Cécile Dobrzynski [Dobrzynski, 2005]).

Ces équations nécessitent un grand nombre de degrés de liberté pour remplir l'intégralité des conditions physiques et numériques afin d'obtenir des résultats exploitables. La conséquence est importante. À ce jour, les moyens techniques ne permettent pas à un bureau d'études d'exploiter directement ces équations. On met préférentiellement en œuvre des modèles basés sur la modélisation des tensions de Reynolds pour la classe de modèles Reynolds Average Navier Stokes (RANS) ou sur la modélisation des contraintes de sous-maille pour la classe de modèles *Large Eddy Simulation* (LES).

Des outils permettent aujourd'hui de coupler des outils de simulation STD et MFN. Les modèles déployés sont alors de la classe RANS. Les modèles LES, encore trop coûteux en temps de calcul mais de bien meilleure qualité, sont utilisés pour de rares exceptions.

3.2.1.2   Inconvénients et applications

L'inconvénient majeur de la méthode MFN réside dans son temps de calcul particulièrement long du fait de la lourdeur de la résolution de l'équation de Navier-Stokes ou d'un modèle dérivé d'une classe. Cela limite grandement son utilisation et impose souvent de se borner à une étude statique des phénomènes en considérant des conditions aux limites sur les températures et le champ de vitesse. En effet, dans les codes de calcul de STD, les températures et les débits sont couplés mais résolus indépendamment. Les débits sont évalués par des modèles quasi statiques.

Pour pallier ce problème, il est possible de coupler des modèles nodaux de thermique du bâtiment avec des modèles MFN. Le modèle thermique modélise le comportement global du bâtiment alors que la MFN est utilisée de manière très localisée pour décrire et visualiser les transferts aérauliques aux voisinages desquels l'approximation nodale n'est plus valable (comme les mouvements de convection au-dessus d'un convecteur). Pour mettre en place ce couplage, différentes approches plus ou moins robustes sont généralement utilisées. Le principe général est de se nourrir des sorties d'un modèle pour définir les entrées ou conditions aux limites de l'autre.

L'approche MFN est fréquemment employée pour isoler les possibles zones d'inconfort pour les usagers dans les bâtiments. Notamment, certains projets mettent en jeu des volumes de grande hauteur comme les salles de spectacle, les stades ou les théâtres, dans lesquels une prise en compte et une étude poussée de la stratification verticale s'avèrent indispensables. D'autres applications consistent à modéliser les panaches résultant de la convection en surface des émetteurs de chauffage (convecteur, radiateur, ventilo-convecteur en mode chauffage) ou de refroidissement (poutre froide, ventilo-convecteur en mode refroidissement). La méthode MFN est également appliquée pour estimer les débits locaux résultant de l'ouverture des fenêtres.

3.2.1.3   Logiciels dédiés à la MFN

De nombreux logiciels de MFN sont utilisés pour modéliser les mouvements d'air dans les bâtiments, comme notamment ANSYS-FLUENT, COMSOL-Multiphysics, FloVENT, OpenFOAM, Cast3M, Code Saturne, FreeFEM++, etc. De plus, certains logiciels dédiés à la simulation thermique dynamique proposent aujourd'hui des modules MFN, comme par exemple Design Builder. Ce dernier met en œuvre une modélisation RANS.

3.2.2   Méthode zonale

3.2.2.1   Principe et avantages

La méthode zonale est un premier degré de simplification de l'approche MFN. Comme précédemment, l'espace est décomposé en sous-volumes au niveau desquels sont évaluées les variables d'état. Les températures et masses volumiques sont considérées comme homogènes dans une cellule, et la pression varie de manière hydrostatique.

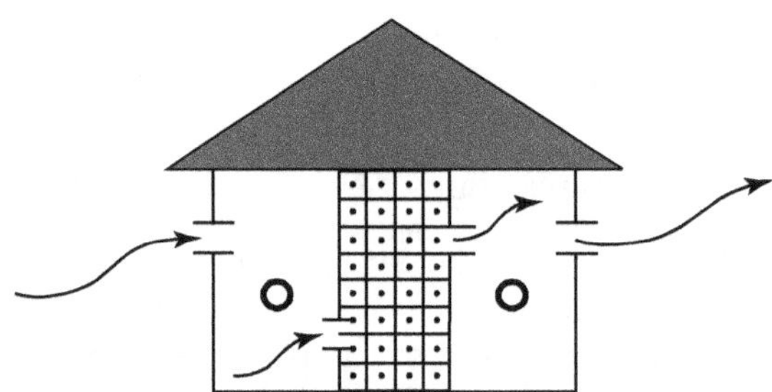

Figure 3.13 Représentation schématique de l'approche zonale
(thèse de Maxime Trocmé [Trocmé, 2009]).

Pour alléger le calcul, l'objectif est de s'affranchir de la lourdeur de la résolution de l'équation de Navier-Stokes. Pour cela, la solution envisagée par l'intermédiaire de la méthode zonale est de recourir à des modèles semi-empiriques plus simples. Considérons un écoulement selon l'axe Ox, le bilan massique dans une cellule i à six facettes et le débit de ventilation s'écrivent alors de la façon suivante :

$$\begin{cases} \sum_{k=1}^{6} \dot{m}_{k\to i} = 0 \\[2ex] \dot{m}_{k\to i} = C_d \cdot \rho_{ij}\, y \cdot z \cdot \sqrt{\dfrac{2 \cdot \left|\Delta P_{ij}\right|}{\rho_{ij}}} \cdot \mathrm{signe}\left(\Delta P_{ij}\right) \end{cases}$$

i et j sont deux cellules adjacentes entre lesquelles interviennent les échanges aérauliques. y est la distance transversale de l'interface commune entre les deux cellules, z est la hauteur de l'interface commune entre les deux cellules, C_d est un coefficient empirique qui caractérise la perte de charge du système due aux contractions des lignes de champ au passage de certains obstacles (fenêtres, portes, fissures, etc.), ΔP_{ij} est la différence de pression entre les deux cellules et ρ_{ij} est la densité du fluide en amont de la cellule i. Cette description simplifiée des transferts aérauliques permet de visualiser rapidement les champs de pression et de vitesse de l'air dans l'espace intérieur.

3.2.2.2   Inconvénients et applications

Comparée à la méthode MFN, cette approche s'accompagne néanmoins d'une perte de précision, mais au prix d'un apport considérable en termes de temps de calcul. De plus, pour certaines applications, le recours aux méthodes MFN n'est pas nécessairement justifié. Par exemple, les modèles zonaux se révèlent très bien adaptés à l'étude de la stratification verticale au sein d'un espace intérieur de grande hauteur. C'est d'ailleurs dans ce contexte qu'elle a été préalablement développée. De même, l'étude des panaches de convection s'effectue également très bien avec la méthode zonale.

Malgré cet avantage incontestable, l'approche zonale reste très peu suivie dans les bureaux d'études, certainement parce qu'elle demeure mal connue du milieu. En effet, la tendance actuelle est plutôt de faire appel à des spécialistes de la méthode MFN, plutôt que de développer les études en interne à l'aide d'une méthode zonale. Cela tient énormément au fait que, malgré sa simplicité comparée à la méthode MFN, l'approche zonale demande néanmoins une expertise importante, qui la rend peu accessible à l'ingénierie d'études.

3.2.3   Méthode nodale

L'approche nodale est certainement la plus utilisée dans le domaine du bâtiment pour sa simplicité de compréhension et d'utilisation. Elle consiste à décrire les mouvements d'air de manière simplifiée en assimilant les emplacements stratégiques des mouvements d'air comme les portes, fenêtres, fissures, à des points. On peut donc parler ici d'approximation quasi unidimensionnelle, dans la mesure où les variables d'état sont supposées homogènes dans la zone.

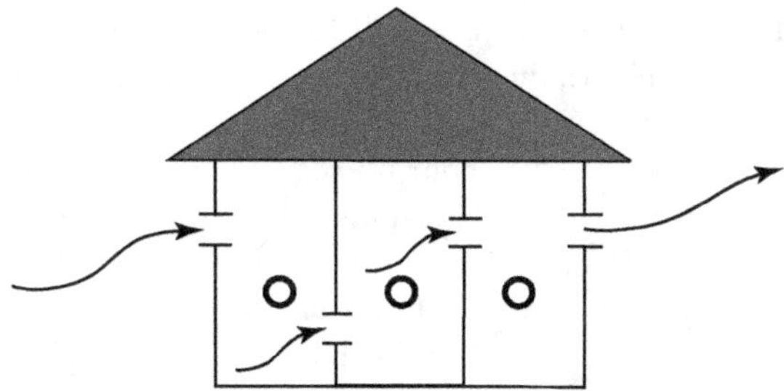

Figure 3.14 Représentation schématique de l'approche nodale (thèse de Maxime Trocmé [Trocmé, 2009]).

Ainsi, contrairement aux méthodes précédemment exposées, cette description ne permet pas de remonter aux lignes de champ de pression et de vitesse du fluide. En revanche, la méthode nodale permet d'estimer rapidement un débit entre deux zones ou un débit résultant de l'ouverture d'un ou de plusieurs ouvrants. Pour un coût en temps de calcul nettement plus raisonnable, cela permet, par exemple, d'évaluer un potentiel de ventilation naturelle et/ou de rafraîchissement dans un bâtiment pour une année de simulation en quelques secondes de calcul. Cette méthode aéraulique nodale est la méthode phare des logiciels de STD.

3.2.3.1 Débit à travers les grandes ouvertures

De manière empirique, le débit Q à travers une grande ouverture entre deux zones intérieures ou l'ambiance intérieure et l'environnement extérieur, s'écrit de la façon suivante :

$$Q = A^* \sqrt{\frac{2 \cdot |\Delta P|}{\rho}}$$

A^* est la surface utile de l'ouvrant, ΔP la différence de pression entre deux points de discrétisation du système et ρ la masse volumique de l'air. On appelle « surface utile de l'ouvrant » la surface réellement utilisée pour l'écoulement. En effet, au passage des ouvrants, les lignes de courant se contractent, si bien que la surface de passage se voit significativement réduite.

Les inconnues sont donc la différence de pression ΔP et potentiellement la surface utile A^* lorsque l'on considère une description pour laquelle les lignes de champ de pression et de vitesse ne peuvent pas être calculées. Dans ce cas, cette surface A^* est généralement elle-même évaluée de manière empirique. Dans le cas de deux ouvertures opposées, la surface A^* s'écrit de la façon suivante :

$$A^* = \frac{1}{\sqrt{\left(\frac{1}{C_{d_e} \cdot A_e}\right)^2 + \left(\frac{1}{C_{d_s} \cdot A_s}\right)^2}}$$

A_e et A_s sont les surfaces réelles des ouvrants respectivement d'entrée et de sortie de l'air. C_d est un coefficient empirique appelé « coefficient de décharge », caractérisant la perte de charge de l'ouvrant. Dans le cas particulier d'une seule ouverture ou de deux ouvertures d'entrée/sortie de même taille, la surface A^* s'écrit de la façon suivante :

$$A^* = A \cdot C_d$$

A est la surface réelle de l'ouvrant et C_d est le coefficient de décharge de l'ouvrant. Ce dernier est défini à partir du coefficient de perte de charge qu'on appelle généralement ζ.

$$C_d = \frac{1}{\sqrt{\zeta}}$$

Le coefficient ζ est déterminé à partir d'abaques de pertes de charge [Idel'cik, 1986]. Il varie en fonction du type d'écoulement (laminaire/turbulent), du type d'ouvrants (à battants, coulissant, à la française, etc.), du degré d'ouverture des ouvrants, de la porosité de l'ouvrant… Des valeurs types sont néanmoins fréquemment employées : pour un écoulement laminaire (ce qui n'est jamais le cas à l'échelle du bâtiment, étant donné les vitesses d'air importantes), la perte de charge est quasi inexistante, C_d est donc égal à 1. Pour des ouvertures du type coulissantes dans un écoulement turbulent (les vitesses d'air de confort à l'intérieur d'un bâtiment peuvent varier entre 0,2 m/s et 1 m/s), C_d vaut environ 0,65. De manière générale, plus le rapport largeur sur hauteur de l'ouvrant est important, plus la perte de charge ζ est élevée et, de ce fait, plus le coefficient de décharge C_d est faible.

3.2.3.2 Débit à travers les petits orifices (infiltrations)

Le débit à travers un petit orifice comme une fissure peut être évalué à partir de la formule suivante :

$$Q = K \cdot |\Delta P|^n$$

K est un coefficient de perméabilité qui caractérise le taux d'étanchéité à l'air du bâtiment et n est l'exposant de l'écoulement inférieur à 1. Réglementairement, l'étanchéité à l'air est calculée à l'aide d'une grandeur qu'on appelle Q4Pa-surf et qui s'exprime en m³/h/m². Il s'agit d'un débit rapporté aux surfaces déperditives pour un différentiel de pression entre l'intérieur et l'extérieur de 4 Pa.

3.2.3.3 Débit résultant

La différence de pression est estimée à partir des contributions résultant du tirage thermique et du vent énoncées précédemment. Ces phénomènes peuvent se compenser, se contrer ou s'additionner. Dans le cas d'une ventilation traversante avec effet cheminée pour lequel les phénomènes s'additionnent, le débit s'écrit de la façon suivante :

$$Q = A^* \left(\sqrt{\left|\Delta C_p\right| \cdot U_{\text{wind}}^2} + \sqrt{2 \cdot g \cdot H \left(\frac{|\Delta T|}{T_{\text{moy}}} \right)} \right)$$

T_{moy} est la moyenne entre les températures intérieure et extérieure en K.

Dans le cas de deux ouvrants en façades opposées pour lequel les phénomènes s'opposent, le débit prend la description suivante :

$$Q = \left| A^* \left(\sqrt{\left|\Delta C_p\right| \cdot U_{\text{wind}}^2} - \sqrt{2 \cdot g \cdot H \left(\frac{|\Delta T|}{T_{\text{moy}}} \right)} \right) \right|$$

Dans le cas d'un ouvrant seul, le débit est estimé de manière empirique à partir de l'expression suivante :

$$Q = 0{,}025 \cdot A \cdot \sqrt{\frac{2 \cdot P}{\rho}} + \frac{A^*}{3} \sqrt{g \cdot H \cdot \left(\frac{|\Delta T|}{T_{\text{moy}}} \right)}$$

Bien que la méthode nodale permette de prendre en compte des échanges aérauliques entre zones et entre l'intérieur et l'extérieur, cette approche reste peu adaptée à l'étude du confort thermique des occupants, à cause de sa granularité trop grossière.

3.2.3.4 Estimation des coefficients de pression

Les coefficients de pression sont requis dans les codes de calcul de simulation thermo-aéraulique dynamique pour pouvoir effectivement réaliser des simulations en ventilation naturelle. Par défaut, ce coefficient est généralement défini à zéro, ce qui signifie dans ce cadre que les mouvements d'air ne seront pas induits par le vent, mais uniquement par des variations de pression motrice. L'obtention de ces coefficients n'est pas évidente. Il est possible de les estimer, avec une certaine incertitude, grâce à des outils numériques de mécanique des fluides numérique (MFN) ou à l'aide d'abaques pour des bâtiments à géométrie simple ou, encore plus empiriquement, en soufflerie. Dans tous les cas, l'environnement extérieur au bâtiment, qui a un impact crucial sur les écoulements d'air dans le bâtiment, n'est pas ou peu modélisé. Les coefficients de pression ainsi calculés sont alors liés aux conditions limites du domaine de calcul, à la forme de la couche limite turbulente atmosphérique ainsi qu'à la disposition des obstacles à l'écoulement aux alentours du bâtiment étudié : bâtiments, arbres, relief, etc.

3.2.3.5 Logiciels utilisés

Certains logiciels de simulation thermique dynamique permettent de prendre en compte les échanges aérauliques, comme notamment EnergyPlus, BSim, Pléiades+Comfie, etc. Cependant, les modèles nodaux mis en œuvre (par exemple, Contam, Comis) ont des limites : notamment, ils permettent généralement de modéliser les courants aérauliques horizontaux (par exemple, au travers d'une porte entre deux zones), mais gèrent assez mal les flux verticaux (par exemple, dans un atrium).

Pour pallier ce problème, il est possible de coupler des logiciels de STD avec des logiciels de MFN. Cela permet de modéliser plus finement certains phénomènes mal gérés en STD tout en maintenant un temps de calcul raisonnable. Le principe est généralement un échange permanent des sorties de l'un des logiciels vers les entrées de l'autre. Notamment, récemment, Zhang *et al.* [Rui Zhang, 2015] ont couplé le logiciel de STD EnergyPlus avec le logiciel de MFN Fluent pour déterminer le potentiel de ventilation naturelle dans un bâtiment à Philadelphie aux États-Unis. De même, Barbason *et al.* [Mathieu Barbason, 2014] ont couplé TRNSYS et Fluent pour comprendre les phénomènes de surchauffe qui interviennent de plus en plus fréquemment dans les bâtiments de bureaux. Le logiciel Fluent a permis de modéliser de manière plus fine la stratification dans les salles *open space* de grande hauteur. Pour maintenir un temps de calcul raisonnable, les auteurs n'ont recours à la MFN qu'à certains pas de temps bien définis. Enfin, De La Torre et Yousif [Yousif, 2014] ont estimé le pouvoir rafraîchissant d'une cheminée thermique dans un bâtiment de bureaux à Malte. Pour cela, les auteurs ont couplé le logiciel EnergyPlus (*via* Design Builder) et un logiciel de MFN développé par Design Builder. Cependant, bien que cette méthode commence à se démocratiser, elle demeure encore fastidieuse à implémenter et à utiliser, du fait de la difficulté à mettre en place un couplage fort entre les logiciels.

3.3 Ventilation mécanique

Dans ce chapitre, nous avons concentré notre discours sur la ventilation naturelle. Cependant, pendant certaines périodes de l'année, notamment les périodes froides ou les périodes de très fortes chaleurs, le recours à la ventilation naturelle s'avère impossible ou inefficace. Or, un arrêté daté de 1982 (arrêté du 24 mars 1982 relatif à l'aération des logements), puis modifié fin 1983 (arrêté du 28 octobre 1983 «Modification de l'art. 4 de l'arrêté du 24-03-1982 relatif à l'aération des logements») impose un débit de renouvellement d'air minimum dans les bâtiments toute l'année. Ce débit minimum varie en fonction de l'usage du bâtiment. Il est donc nécessaire de mettre en place des systèmes de renouvellement d'air adaptés, et le choix se porte généralement vers des solutions mécaniques. Plusieurs systèmes de ventilation mécanique existent. Les plus connus sont les ventilations mécaniques simple flux et double flux.

3.3.3.1   Ventilation mécanique simple flux

La ventilation mécanique simple flux consiste à insuffler ou extraire l'air de manière mécanique grâce à des ventilateurs. L'air est introduit dans le bâtiment dans les pièces de vie et est extrait dans les pièces humides (salle de bains, cuisine). Le système le plus fréquemment rencontré est la VMC simple flux par extraction. Un ventilateur extrait l'air vicié venant de l'intérieur via des bouches d'extraction. Cela crée alors une dépression dans le bâtiment, qui permet à l'air d'entrer naturellement par des grilles d'aération. Le système de VMC simple flux par insufflation se sert du phénomène inverse. En effet, l'air est insufflé à l'aide d'un ventilateur dans le bâtiment de manière à créer une surpression, ce qui permet alors à l'air de ressortir naturellement. Du fait de la mise en surpression du bâtiment, la VMC simple flux par insufflation a l'avantage de favoriser une meilleure qualité.

Les systèmes simple flux les plus utilisés sont les VMC autoréglables et hygroréglables. Le principe de la VMC autoréglable est d'imposer un débit constant de renouvellement d'air. La valeur de ce débit est calculée à partir des débits minimaux fixés par l'arrêté de 1982 (arrêté du 24 mars 1982 relatif à l'aération des logements). Sur un concept différent, la VMC hygroréglable adapte son débit de renouvellement d'air en fonction du taux d'humidité dans le bâtiment. C'est une manière indirecte de faire varier le débit avec l'occupation. L'avantage de la VMC hygroréglable est qu'elle consomme peu d'énergie, mais cela au détriment de la qualité de l'air qui se trouve souvent altérée du fait des faibles débits résultants.

3.3.3.2   Ventilation mécanique double flux

La ventilation mécanique double flux est un système pourvu de deux ventilateurs : un premier pour insuffler l'air neuf venant de l'extérieur et un second pour extraire l'air vicié venant de l'intérieur. Afin de limiter les pertes thermiques dues à la ventilation, un échangeur permettant de récupérer les calories sur l'air vicié (à température ambiante intérieure) est également associé à ce système. L'air neuf venant de l'extérieur est alors réchauffé au niveau de l'échangeur, puis introduit dans le bâtiment à une température de soufflage plus élevée que la température extérieure.

3.4   Conclusion

La ventilation est importante pour les bâtiments. En termes de modélisation, les outils de simulation intègrent des modèles adaptés dans la plupart des situations. Il est à préciser que les modèles développés sont adaptés à la simulation thermique annuelle et que les modèles sont toujours en cours d'amélioration pour répondre à des contraintes telles que la vitesse d'exécution et la qualité des résultats.

Le domaine ne peut pas se priver des retours d'expérience. Dans un objectif d'amélioration de la qualité, les retours d'expérience sont des mines d'informations pour les architectes, ingénieurs, techniciens et chercheurs.

De nombreuses innovations technologiques ont été, sont et seront développées ces prochaines années, basées sur les systèmes aérauliques et l'aéraulique des bâtiments.

3.5   Références

Arrêté du 24 mars 1982 relatif à l'aération des logements. (1982).

Arrêté du 28 octobre 1983, «Modification de l'art. 4 de l'arrêté du 24-03-1982 relatif à l'aération des logements».

Dobrzynski C. (2005). *Adaptation de Maillage anisotrope 3D et application à l'aérothermique du bâtiment.* Thèse de l'INRIA et de l'université Pierre et Marie Curie.

Idel'cik I. (1986). *Mémento des pertes de charges.* Eyrolles, EDF.

Mathieu Barbason S.R. (2014). «Coupling building energy simulation and computational fluid dynamics. Application to a two-storey house in a temperate climate». *Building and Environment*, 75, 30-39.

Rui Zhang K.P.-c. (2015). «Coupled EnergyPlus and computational fluid dynamics simulation for natural ventilation». *Building and Environment*, 68, 100-113.

Trocmé M. (2009, 26 novembre). *Aide aux choix de conception de bâtiments économes en énergie.* Thèse de l'École des mines, ParisTech.

Yousif S.D. (2014). «Evaluation of chimney stack effect in a new brewery using DesignBuilder-EnergyPlus software». *Energy Procedia*, 62, 230-235.

CHAPITRE 4

Transferts hygrothermiques
(M. Woloszyn)

4.1   Introduction

Les transferts hygrothermiques s'intéressent aux transferts couplés de chaleur et d'humidité. Par «humidité», nous entendons ici l'eau sous forme gazeuse ou liquide dans l'air ou dans les éléments de l'enveloppe des bâtiments.

Voici quelques éléments qui soulignent l'importance de l'humidité pour la durabilité des bâtiments, mais aussi pour leur performance énergétique:

— les conditions d'humidité élevées favorisent le développement de micro-organismes sur les surfaces de l'enveloppe des bâtiments;

— les matériaux de l'enveloppe peuvent adsorber environ 50 % de la vapeur d'eau produite lors de la préparation des repas ou des douches (le reste est évacué par la ventilation). Ainsi, les matériaux hygroscopiques jouent le rôle de «tampons» et lissent l'évolution de l'humidité de l'air intérieur;

— la vaporisation d'un litre d'eau à des températures ambiantes demande autant d'énergie que pour compenser les déperditions thermiques à travers un mur opaque bien isolé (U = 0,36 W/m²K) de 12 m² pendant huit heures pour une différence de 20 °C entre l'extérieur et l'intérieur;

— l'impact énergétique des transferts de vapeur dans les parois légères sans pare-vapeur peut atteindre des valeurs importantes: un surplus de 10 à 50 % par rapport à ce que laisse prévoir un calcul thermique simple. La teneur en humidité augmente la conductivité thermique et la capacité thermique de la paroi;

— certains systèmes du génie climatique dépendent de l'humidité dans l'air. C'est le cas de la ventilation hygroréglable où les débits d'air dépendent de l'humidité relative. C'est également le cas de la majorité des systèmes de climatisation, où la production de froid doit permettre de faire baisser la température de l'air, mais également de compenser les charges latentes (ce qui implique la condensation de l'eau). Une estimation précise de l'humidité relative de l'air est indispensable pour prédire correctement la performance énergétique de ces systèmes ;

— la rénovation thermique de l'enveloppe modifie radicalement les champs de température et d'humidité dans les matériaux déjà en place. Cela doit être anticipé pour éviter que cette nouvelle situation, tout en diminuant les déperditions thermiques, ne crée des conditions favorables aux développements de moisissures, par exemple. Cet équilibre hygrothermique est particulièrement important pour le bâti ancien, car certains matériaux anciens sont très sensibles à l'humidité, et un déséquilibre peut conduire à la ruine de l'ouvrage — c'est, par exemple, le cas des constructions en pisé.

Rappelons encore une fois qu'un bâtiment est un objet complexe, où les flux d'énergie, d'air et d'humidité varient continuellement sous l'effet des conditions aux limites extérieures (température, humidité, rayonnement solaire, vent, pluie…) et intérieures (sources de chaleur et d'humidité introduites par l'usage du bâtiment). La simulation hygro-thermo-aéraulique couplée, en régime dynamique, est très utile pour concevoir et analyser le comportement d'un bâtiment.

4.2   Les équations de bilan

Comme déjà mentionné, le comportement énergétique des bâtiments peut être décrit à l'aide des équations de conservation (bilans) d'énergie et de masse :

- équation de conservation d'énergie (1er principe de la thermodynamique) ;
- équation de conservation de masse. Cette équation peut être écrite pour l'air, pour l'eau ou encore pour un polluant.

Le bilan massique d'eau prend en compte l'eau sous toutes ses formes : vapeur, liquide et solide. Il donne la variation de la masse d'eau totale d'un volume de contrôle (M, en [kg]) en fonction des flux massiques d'eau qui entrent ($G_{entrant}$ en [kg/s]), sortent ($G_{sortant}$ en [kg/s]) et sont générés ($G_{généré}$ en [kg/s]) dans le système :

$$\frac{dM_{H_2O}}{dt} = G_{H_2O_{entrant}} - G_{H_2O_{sortant}} + G_{H_2O_{généré}}$$

Il faut donc pouvoir décrire le terme de stockage et les flux massiques pour l'eau sous forme de vapeur et/ou de liquide. La phase solide (glace) est souvent négligée.

En général, pour les zones d'air, la partie liquide est négligeable par rapport à la partie vapeur. Nous sommes souvent dans le cas inverse avec les parois (constituées des milieux poreux), quand la phase liquide, adsorbée à la surface des pores, est en général bien plus importante (en termes de masse) que la phase vapeur.

Le bilan d'humidité dans une zone d'air comporte les éléments suivants :

— les sources internes d'humidité, notamment la présence humaine et les différentes activités qui lui sont liées (cuisine, douche, séchage du linge, etc.). Une famille de quatre personnes produit entre 8 et 16 kg_{eau}/jour. Le tableau 4.1 donne quelques exemples de valeur ;

- le transport par les mouvements de l'air, notamment la ventilation et les infiltrations. Une simulation correcte de ces phénomènes nécessite une modélisation aéraulique pertinente ;
- le stockage dans le volume d'air ;
- les échanges de l'humidité avec les matériaux solides en contact avec l'air intérieur (le mobilier et les parois).

Les trois premiers points sont faciles à représenter et sont souvent pris en compte dans les outils de simulation. Cependant, comme nous allons le voir dans la suite, le quatrième point est indispensable pour aborder les simulations hygrothermiques.

Tableau 4.1 Exemples de valeurs de production interne d'humidité (d'après Pallin et *al.*, 2011).

Activité	Durée (min)	Production de vapeur (g)
Douche	10	250 ± 50
Préparation de repas	Petit déjeuner = 15 ± 2 Déjeuner = 30 ± 2 Dîner = 40 ± 10	Petit déjeuner = 109 ± 20 Déjeuner = 288 ± 68 Dîner = 518 ± 152
Vaisselle	29 ± 3	Petit déjeuner = 25 ± 3 Déjeuner = 20 ± 3 Dîner = 240 ± 9
Séchage du linge	11 ± 2 h 20 % du total est émis pendant les deux premières heures	1 850 ± 670
Présence humaine		Actif = 70 ± 5 (g.h^{-1}) Sommeil = 30 ± 2 (g.h^{-1}) Repos = 50 ± 5 (g.h^{-1})

Rappelons que l'air humide est un mélange parfait de deux gaz : air sec et vapeur d'eau. Il suit donc la loi des gaz parfaits. L'humidité de l'air est souvent définie par une de ces deux grandeurs :

- humidité relative : $HR = \varphi = P_{vap}/P_{sat}$
  (appelée aussi « degré hygrométrique »). C'est le rapport de la pression partielle de vapeur P_{vap} à la pression de saturation P_{sat} à la même température ;
- humidité spécifique : $HA = w = m_{vap}/m_{as}$
  (appelée aussi « teneur en eau » ou « humidité absolue », notée r). C'est le rapport de la masse de vapeur m_{vap} à la masse d'air sec m_{as}.

Des relations empiriques donnent la pression de saturation de la vapeur d'eau en fonction de la température. Par exemple, la relation suivante donne P (en [Pa]) pour T (en [°C]) pour la température comprise entre 0 °C et 80 °C :

$$P_{sat,v}(T) = \exp\left(23,5771 - \frac{4042,9}{T + 273,15 - 37,58}\right)$$

Ainsi, pour l'air, les grandeurs caractéristiques peuvent être obtenues au moyen d'un diagramme d'air humide, ou par calcul à partir des relations précédentes et de l'équation des gaz parfaits.

4.3   L'humidité dans les matériaux poreux

4.3.1   Introduction

La majorité des matériaux de construction et d'ameublement sont des matériaux poreux, constitués d'une matrice solide et de pores remplis d'air. L'eau est présente dans ces matériaux sous différentes formes : la vapeur dans l'air des pores, les couches de molécules d'eau adsorbées à la surface des pores, la condensation capillaire dans les pores de petite taille, mais aussi l'eau liée chimiquement dans la matrice solide. Les pores peuvent être de deux principaux types : ouverts (communiquant entre eux) ou fermés (sans communication possible). Les pores ouverts forment ainsi un réseau, au sein duquel les fluides (gaz, liquide) peuvent circuler.

La diffusion de la vapeur d'eau dans les parois du bâtiment est analogue à la diffusion de la chaleur. Les propriétés le sont aussi : il y a les propriétés de transfert (analogues à la conductivité thermique) et celles de stockage de l'humidité (analogues à la chaleur volumique).

4.3.2   Stockage d'humidité (« capacité hygrique »)

À l'échelle macroscopique, l'humidité accumulée dans un matériau, à l'équilibre, dépend de l'humidité relative ambiante. Cette capacité de stockage est décrite par la courbe de sorption du matériau (taux massique ou volumique d'humidité fonction de l'humidité relative). Pour un matériau hygroscopique, sa forme générale est donnée par la figure 4.1. La courbe, ou « isotherme de sorption », décrit les états d'équilibre successifs du matériau avec le milieu ambiant, dans des conditions de température uniformes. Toutefois, dans la gamme de températures utiles en physique du bâtiment, l'influence de la température sur cette caractéristique est généralement considérée comme négligeable. De même, l'hystérésis de la courbe de sorption (la différence entre les processus d'adsorption et de désorption) est fréquemment négligée.

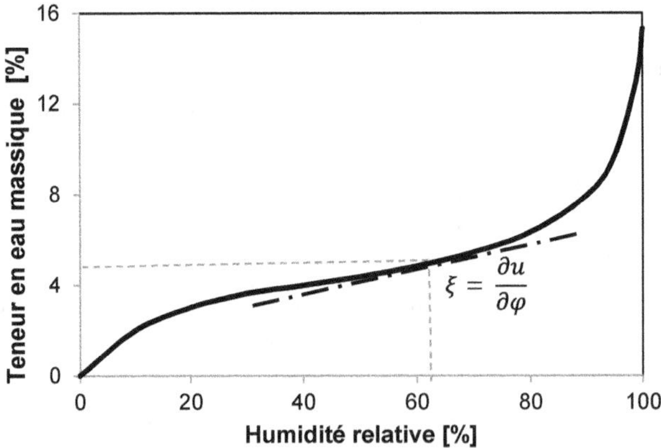

Figure 4.1 Courbe de sorption avec la « capacité hygrique », c'est-à-dire la pente de l'isotherme de sorption.

La capacité des matériaux à emmagasiner de l'eau, appelée parfois «capacité hygrique», utilisée dans les modèles, est la pente de l'isotherme de sorption, comme illustrée sur la figure 4.1.

La forme de la courbe, et donc la capacité à emmagasiner de l'humidité, dépend du matériau (cf. figure 4.2). Les matériaux dits «hygroscopiques» sont ceux dont la capacité de stockage est élevée. C'est, par exemple, le cas du bois et de ses dérivés.

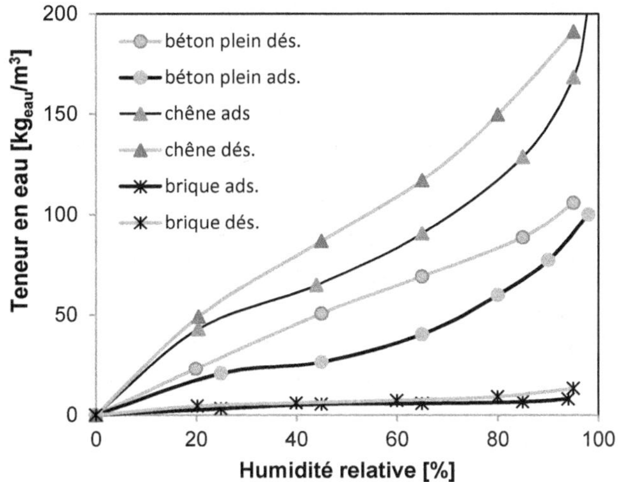

Figure 4.2 Isotherme de sorption de quelques matériaux.

4.3.3   Transfert d'humidité

Dans l'air libre et immobile, le transport de la vapeur d'eau s'effectue par diffusion. Le potentiel moteur est alors la pression partielle de vapeur (P_{vap}, [Pa]). La densité de flux de vapeur (g_{vap} [kg/(s.m²)]) s'écrit :

$$g_{vap} = -\delta_{vap,p}\, \overrightarrow{\text{grad}} P_{vap}$$

où δ_{vap} est la perméabilité de l'air à la vapeur [s ou kg/(s.m.Pa)].

Dans le réseau poreux, ce transport est modifié par la présence de la matrice solide (par la réduction de la «surface de passage» (porosité), mais aussi par la tortuosité du réseau et les dimensions des pores), ainsi que de l'eau liquide. Ces différents phénomènes pouvant être décrits comme dépendant directement du gradient de pression de vapeur, on définit alors à l'échelle macroscopique trois grandeurs équivalentes :

*   la **perméabilité à la vapeur** δ_{vap} [s] du matériau. Cette perméabilité à la vapeur dépend fortement, dans les matériaux hygroscopiques, du taux d'humidité du matériau. Pour la majorité des matériaux, la perméabilité vapeur augmente avec l'augmentation de l'humidité relative. Cela permet de prendre en compte le transport de l'eau sous forme liquide ;
*   le **facteur de résistance à la diffusion** μ [−], qui est le rapport de la perméabilité à la vapeur de l'air par rapport à celle du matériau ;

- **l'épaisseur de couche d'air de diffusion équivalente** S_d [m]. Cette valeur inclut l'épaisseur du matériau, et correspond à l'épaisseur d'une couche d'air qui aurait la même résistance à la propagation de vapeur que le matériau.

$$\mu = \frac{\delta_{vap,air}}{\delta_{vap,mat}}$$

$$S_d = e\,\frac{\delta_{vap,air}}{\delta_{vap,mat}}$$

Le tableau 4.2 donne quelques exemples de propriétés hygriques de matériaux de construction. Notons que des matériaux avec des propriétés thermiques similaires (par exemple, la laine de verre et le polystyrène expansé) peuvent avoir un comportement très différent vis-à-vis des transferts de l'humidité.

Tableau 4.2 Exemples de propriétés de transports de vapeur pour quelques matériaux de construction.

	Masse volumique	Facteur de résistance à la vapeur	Perméabilité vapeur	Épaisseur	Épaisseur de couche d'air équivalente
	ρ	μ	δ	e	S_d
	[kg/m^3]	[−]	[s]	[m]	[m]
Bois massif Résineux lourds	520 à 610	20 à 50	3,9 à 9,9 10^{-12}	0,05	1 à 2,5
Béton plein	2 000 à 2 300	70 à 120	1,6 à 2,8 10^{-12}	0,20	14 à 24
Béton cellulaire	575 à 625	4 à 10	2 à 4,9 10^{-11}	0,20	0,8 à 2
Laine de verre	40 à 150	1 à 2	0,99 à 2 10^{-10}	0,16	0,16 à 0,32
Fibre de bois	140 à 170	2 à 6	3,3 à 9,9 10^{-11}	0,16	0,32 à 0,96
Polystyrène expansé	15 à 30	30 à 70	2,8 à 6,6 10^{-12}	0,16	4,8 à 11,2

Comme nous l'avons déjà mentionné, le bilan de l'humidité dans le matériau est très similaire à l'équation de la chaleur :

$$\frac{\partial w}{\partial t} = -div\left(g_{vap} + g_{liq}\right) + S_h$$

avec

— w : teneur en humidité [kg/m^3] ;

— S_h : terme source (ou puits) d'humidité ;

— g : densités de flux massiques [kg/s/m^2].

En première approche, le flux liquide est souvent négligé (cette hypothèse peut être admise dans beaucoup de cas pour des valeurs d'humidité relative dans la zone hygroscopique, c'est-à-dire inférieures à environ 90 %). Cela conduit à la forme suivante de l'équation de conservation :

$$\xi\frac{\partial}{\partial t}\left(\frac{P_{vap}}{P_{sat}(T)}\right) = div\left(\delta_{air}\,gradP_{vap}\right)$$

avec ξ, la pente de l'isotherme de sorption, exprimée en [kg$_{eau}$/m^3/%HR].

Aux interfaces entre deux matériaux, les potentiels température et pression partielle de vapeur sont continus.

Aux interfaces entre le matériau solide et l'air, le flux massique de vapeur par convection s'écrit de manière très similaire à la convection de chaleur :

$$g_{vap} = h_m \left(P_{vap}^{air} - P_{vap}^{surf} \right)$$

avec h_m le coefficient de transfert de masse convectif. La valeur de ce coefficient varie entre $1\ 10^{-8}$ [s/m] et $5\ 10^{-8}$ [s/m], en particulier en fonction de la vitesse de l'air et des conditions thermiques. La valeur de $2\ 10^{-8}$ [s/m] est couramment utilisée dans la littérature.

Certains auteurs et modèles considèrent que les échanges sont proportionnels aux masses volumiques de vapeur. On a alors :

$$g_{vap} = h_m^{\rho} \left(\rho_{vap}^{air} - \rho_{vap}^{surf} \right)$$

h_m^{ρ} [m/s] est alors le coefficient de transfert correspondant.

Attention aux unités : celles de h_m^{ρ} sont l'inverse de celles de h_m, mais les valeurs des coefficients ne le sont pas. En effet, le lien entre les coefficients d'échange relatifs aux concentrations et aux pressions est exprimé par l'équation d'état des gaz parfaits. Par ailleurs, dans la littérature anglo-saxonne, le symbole β est souvent utilisé pour désigner les coefficients d'échange massiques.

Dans le cas de la pluie battante, un flux liquide peut aussi exister à l'interface entre l'air extérieur et la paroi.

Remarques

Certains modèles se servent d'autres potentiels de transfert : l'humidité relative, la pression de succion, la teneur massique ou volumique en eau remplacent la pression partielle de vapeur. L'inconvénient principal des teneurs en eau est le manque de continuité du potentiel moteur aux interfaces. Il n'y a pas encore de consensus dans la communauté scientifique sur le meilleur choix.

Par ailleurs, différentes unités peuvent être utilisées pour décrire les caractéristiques hygrothermiques. Il faut être très vigilant sur ce point !

Par exemple, si on dit que l'humidité de l'ossature bois dans la paroi est égale à 22 %, cela peut avoir des significations très différentes en fonction de l'unité choisie : si c'est l'humidité relative qui est concernée, alors le bois est très sec (il est très rare d'avoir 22 % d'humidité relative dans la paroi, les valeurs habituelles étant plutôt comprises entre 40 et 95 %). Si c'est la teneur en eau massique (en kg_{eau}/kg_{bois_sec}), alors attention : le bois est très humide, proche de la valeur limite pour la résistance mécanique !

Il faut également faire très attention aux différents membranes et revêtements présents dans la paroi. Ces couches sont, en général, négligeables dans le calcul thermique, mais peuvent être très importantes pour les transferts de vapeur. Les peintures, les revêtements de sols, les vernis, les enduits, les freins et les pare-vapeur ont des valeurs de S_d qui s'échelonnent de quelques dizaines de centimètres à quelques mètres. Cela peut changer de manière importante le comportement hygrique du bâtiment. Il faut les prendre en compte dans la simulation !

4.3.4 Modèles simplifiés

Dans certains outils de simulation, les transferts d'humidité dans les parois ne sont pas représentés. Cependant, des modèles de sorption simplifiés, dits « tampons hygroscopiques », permettent de représenter correctement l'humidité de l'air intérieur. Ce sont de modèles de type « fonction de transfert » qui représentent correctement les flux de vapeur échangés entre l'air intérieur et les matériaux solides, sans s'intéresser aux champs hygrothermiques dans la paroi.

Par exemple, dans la version standard de TRNSYS, il y a deux modèles de tampons qui permettent de prendre en compte les échanges d'humidité entre l'air intérieur et les matériaux solides :

– le premier modèle, très simple, tient compte des effets de sorption en augmentant artificiellement le volume d'air présent dans la pièce. L'expérience montre qu'il est peu précis ;

– le deuxième modèle, plus sophistiqué, « *Buffer Storage Humidity Model* » (BSHM), globalise tous les matériaux hygroscopiques dans une pièce dans un seul « tampon hygroscopique ». Il se sert de trois valeurs pour décrire l'effet tampon. Le schéma de modèle est présenté sur la figure 4.3. Le premier paramètre, κ, est représentatif de la pente de l'isotherme de sorption du matériau. Le second paramètre, M, est la masse du matériau en contact avec l'air, et le troisième paramètre, β, décrit le transport de l'humidité entre l'air de la zone et le tampon.

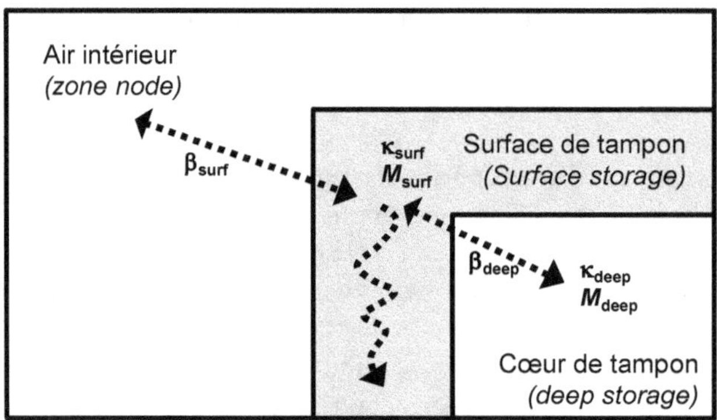

Figure 4.3 Modèle de tampon dans TRNSYS.

Les différents coefficients sont calculés en fonction de la composition de la paroi. La procédure est donnée dans le manuel de TRNSYS, mais les calculs ne sont pas simples. Correctement paramétré, ce modèle permet d'obtenir une bonne précision.

À titre d'exemple, le tableau 4.3 présente les valeurs de paramètres nécessaires pour représenter les phénomènes de sorption dans une plaque de plâtre nue (sans peinture ni papier peint) dans une petite cellule expérimentale. Il convient de noter que le modèle BSHM est bien adapté à ce cas précis, où un matériau unique joue le rôle de tampon. Dans les cas plus réalistes, son utilisation est plus complexe, car il faut calculer des valeurs moyennes et estimer correctement la profondeur de la couche tampon active.

Tableau 4.3 Exemple de paramètres du modèle de tampon BSHM (d'après Kwiatkowski et al., 2007).

Volume de la pièce	Surface totale des parois	Surface pdp *	k_{surf}	k_{deep}	M_{surf}	M_{deep}	β_{surf}	β_{deep}
[m³]	[m²]		[kg$_{H2O}$/kg$_{mat}$/RH]		[kg]		[kg/h]	
4,60	16,62	2,70	0,015	0,015	15,2	15,2	9	3
		13,00	0,015	0,015	73,1	73,1	41	14

*Surface de paroi en plaque de plâtre

Mentionnons un autre modèle de tampon hygroscopique, proposé par Duforestel et Dalicieux en 1994, et testé avec succès dans de nombreuses configurations. Ce modèle est basé sur des mesures expérimentales dans une pièce meublée. Il est simple d'utilisation ; les valeurs des coefficients sont rappelées dans le tableau 4.4. Il n'est pas facilement adaptable. Cependant, les confrontations avec des mesures effectuées dans des conditions différentes montrent qu'il estime correctement les ordres de grandeur dans la majorité des cas pratiques (voir, par exemple, Plathner & Woloszyn, 2002 ; Woloszyn & Rode, 2008).

Le principe, très similaire à celui du modèle BSHM, est représenté sur la figure 4.4. Le tampon est composé d'un « cœur » à humidité constante et d'une surface avec humidité variable. Les paramètres concernent la capacité de la surface de tampon (α_{vap}) et les deux coefficients de transfert (η_{vap} et λ_{vap}). Le bilan de vapeur dans la surface du tampon est donné par :

$$\frac{d\rho_{vap,surf}(t)}{dt} + \left(\eta_{vap}\alpha_{vap} + \lambda_{vap}\right)\rho_{vap,surf}(t) - \eta_{vap}\alpha_{vap}\rho_{vap,int}(t) = \lambda_{vap}\rho_{vap,coeur}$$

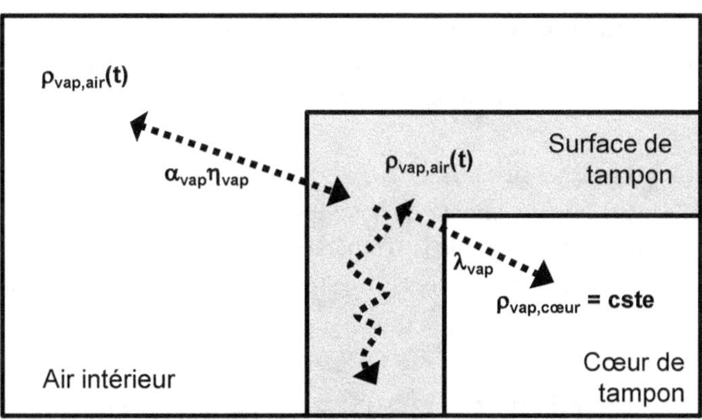

Figure 4.4 Représentation schématique du modèle de tampon hygroscopique
(d'après Duforestel & Dalicieux, 1994).

Tableau 4.4 Paramètres du tampon hygroscopique (d'après Duforestel & Dalicieux, 1994).

Type de mobilier	η_{vap}	α_{vap}	λ_{vap}
	[h⁻¹]	[-]	[h⁻¹]
Absorbant	2,903	0,3	0,3025
Peu absorbant	4,478	0,175	0,05495

4.4 Couplages thermo-hygro-aérauliques

Les équations de conservation d'énergie, de masse d'eau et de masse d'air sec sont couplées entre elles. La figure 4.5 résume les principales interactions.

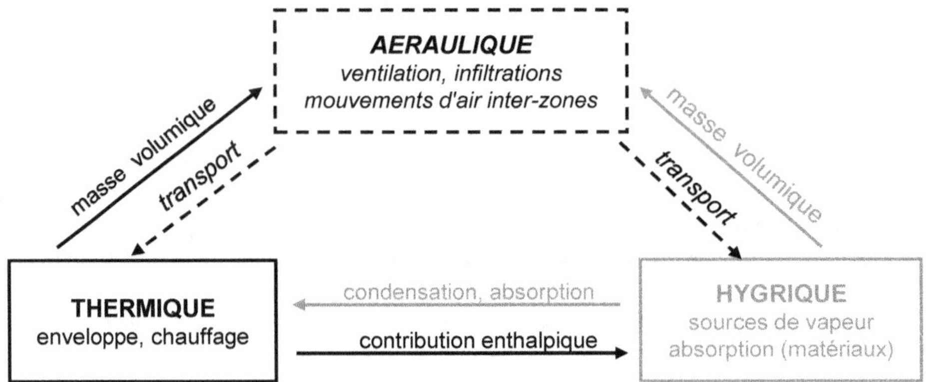

Figure 4.5 Couplages thermo-hygro-aérauliques dans les bâtiments.

Dans l'équation de conservation d'énergie, il faut prendre en compte la contribution de l'humidité, aussi bien dans la partie « stockage »(partie gauche) de l'équation que dans la partie « transferts » (partie droite) :

- à gauche : la matrice solide et l'eau liquide dans les pores stockent de l'énergie (la partie vapeur est, en général, négligée) ;
- à droite : le flux latent dû au transfert de vapeur est ajouté au flux habituel. Les pertes complémentaires dues aux transferts de vapeur peuvent être du même ordre de grandeur que les pertes par conduction pure, pour les matériaux très perméables à la vapeur type laine minérale.

À cela s'ajoutent les couplages suivants :

- les conditions hygriques dépendent de la température, car la pression de saturation de la vapeur d'eau dépend fortement de la température ;
- la teneur en humidité des matériaux change leurs propriétés hygrothermiques.

4.5 Est-il important de prendre en compte l'humidité dans la simulation thermique dynamique ?

Comme toujours, la réponse à cette question dépend des objectifs de l'étude. Si on s'intéresse uniquement au comportement thermique, alors pour la majorité des constructions la prise en compte de l'humidité n'est pas indispensable.

En revanche, si on souhaite connaître l'humidité relative intérieure – par exemple, pour utiliser un système de ventilation hygroréglable, pour calculer les charges latentes lors d'une climatisation, ou encore pour estimer l'ambiance de conservation des ouvrages dans une bibliothèque ou un musée –, alors oui, la prise en compte correcte de l'humidité est indispensable. C'est également le cas pour les études sur la durabilité de l'enveloppe qui peuvent inclure les interactions avec les climats intérieurs.

Maintenant, si dans notre cas l'humidité doit être prise en compte, il est important de savoir comment le faire. Voici deux exemples qui illustrent les phénomènes importants.

Figure 4.6 Les supports expérimentaux utilisés dans les deux exemples.
Maison expérimentale BRE (à gauche, exemple 1), cellule du CSTB (à droite, exemple 2).

Exemple 1 : Une maison individuelle

Il s'agit ici d'une maison expérimentale du BRE (British Research Establishment) qui est une maison d'habitation anglaise typique (cf. figure 4.6). Ses éléments caractéristiques sont les suivants :

- c'est une maison semi-détachée à deux niveaux, située dans un quartier résidentiel ;
- cuisine et séjour occupent le rez-de-chaussée. Trois chambres et une salle de bains sont situées à l'étage ;
- elle est équipée d'un mobilier complet (y compris moquette, rideaux…), mais non occupée ;
- le chauffage est assuré par des radiateurs électriques équipés de thermostats individuels, avec la température de consigne de 22 °C environ ;
- il n'y a pas de ventilation mécanique.

Lors de cette expérience, la propagation simultanée d'un gaz inerte et de vapeur d'eau a été étudiée. Cela a permis d'analyser de manière indépendante les mouvements aérauliques et les transferts de vapeur. La vapeur d'eau a été produite dans la cuisine (à 1,7 kg/h), ce qui correspond à une activité humaine pendant une heure. L'humidité de l'air a été mesurée dans toutes les pièces, et un modèle numérique a servi à l'analyse des résultats. Le lecteur intéressé pourra consulter l'article de Plathner & Woloszyn (2002) pour plus de détails.

Les différentes portes intérieures étaient ouvertes, une partie de la vapeur a été transportée par l'air. Ce phénomène est certainement très important, mais est-il suffisant pour décrire les transferts d'humidité ? Regardons la figure 4.7 (graphique de gauche) ci-dessous. Les points représentent les valeurs expérimentales d'humidité dans trois différentes pièces, alors que le trait continu figure la simulation de l'humidité transportée par les mouvements de l'air. On voit bien l'écart très important entre les mesures et la simulation. Très clairement, le modèle n'est pas complet. Pour s'en convaincre, il suffit de regarder le graphique de droite. Effectivement, ici la simulation est très proche des mesures expérimentales. La simulation inclut ici non seulement le transport de l'humidité par l'air (comme dans le cas précédent), mais aussi l'adsorption et la désorption de l'humidité par les différents matériaux en contact avec l'air intérieur. Ici, c'est le modèle de tampon hygroscopique (Duforestel & Dalicieux, 1994) qui a été utilisé à cet effet.

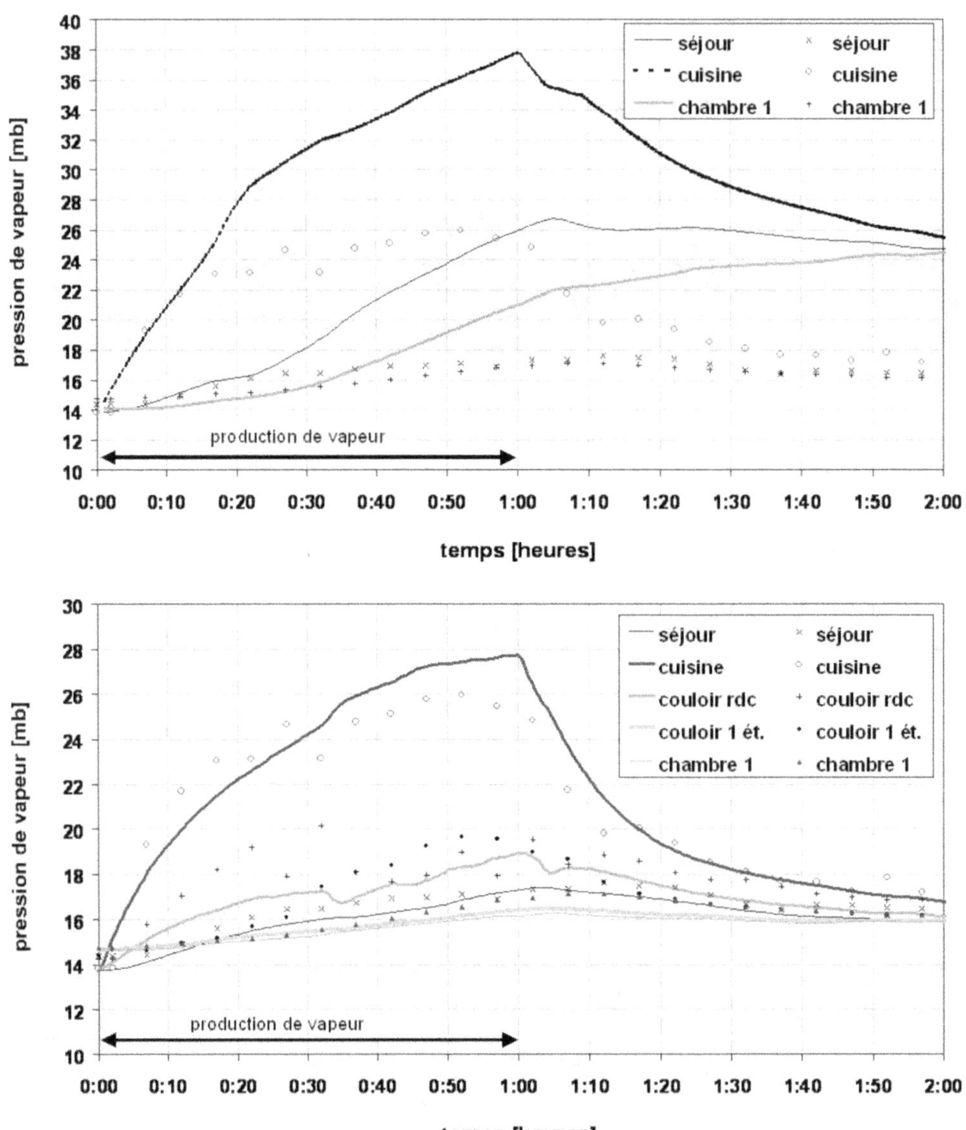

Figure 4.7 Évolution des pressions partielles de vapeur.
Comparaison du modèle (−) et des valeurs expérimentales (×). Le modèle de la figure du haut inclut seulement le transport de l'humidité par l'air ; et le modèle de la figure du bas inclut en plus l'effet « tampon hygroscopique » du mobilier et des parois.

Dans les conditions réelles, une grande partie de la vapeur produite est absorbée par le mobilier de la cuisine et ne migre pas vers les autres pièces. En effet, à l'exception de la cuisine, la pression de vapeur dans l'ensemble de la maison n'augmente que très peu. En utilisant le modèle, nous pouvons analyser le débit de vapeur absorbé par le mobilier. Cette quantité atteint 0,8 kg/h dans la cuisine, soit presque 50 % de la vapeur produite, comme le montre la figure 4.8.

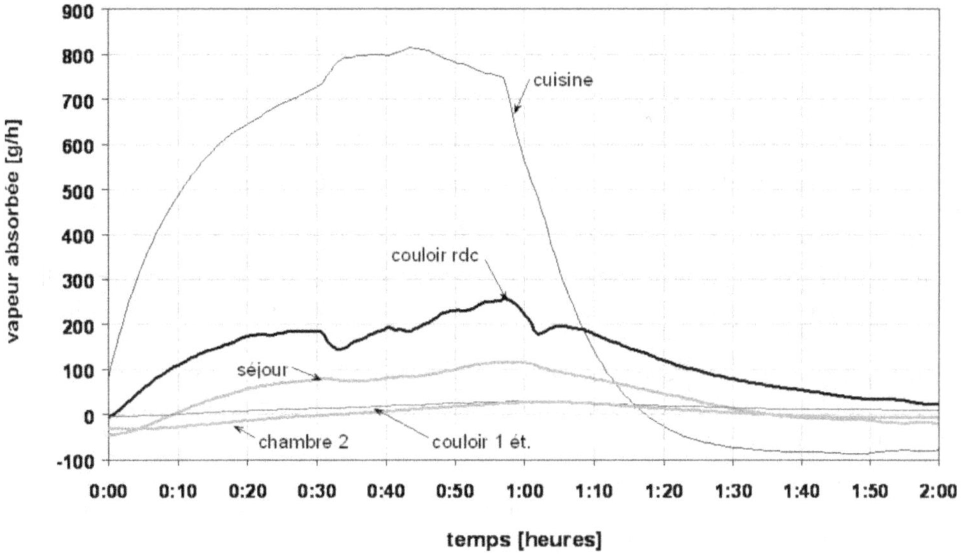

Figure 4.8 Évolution du débit de vapeur absorbé par le mobilier.

Exemple 2 : Une cellule expérimentale

Nous nous intéressons ici à la cellule OPTI-MOB sur le site du CSTB Grenoble qui a servi de support aux différentes études concernant le comportement hygrothermique des bâtiments (cf. figure 4.6). Un des objectifs de cette cellule à l'échelle 1, soumise au climat extérieur, était de fournir des données permettant de valider les outils de simulation numérique, aussi bien à l'échelle de la paroi qu'à l'échelle d'une pièce. C'est une construction légère, sensible aux transferts de masse (humidité, air). Le volume d'air intérieur possède une surface de 20 m² environ et une hauteur de 2,40 m environ.

Différentes constitutions des parois ont été testées, afin de pouvoir étudier l'influence et l'importance de différents composants : pare-air, pare-vapeur, isolant et revêtement hygroscopique ou non…(Piot, 2009 ; Labat, 2012).

Parmi les différentes séquences étudiées, les configurations intéressantes comportent des études hygroscopiques effectuées en deux temps :

– période de production de vapeur : un générateur de vapeur est placé dans la cellule ; il représente les différentes activités humaines. L'humidité dans l'air augmente, et la vapeur est également adsorbée par les parois ;

– période de repos : juste après l'arrêt de la génération de vapeur, l'humidité intérieure baisse, et les parois désorbent la vapeur.

Le bilan massique de vapeur comporte quatre éléments : la génération de vapeur (G_{Source}), les infiltrations d'air ($G_{Infiltrations}$), les parois (G_{Parois}) et enfin le stockage dans l'air intérieur ($G_{Intérieur}$).

$$G_{Intérieur} = G_{Source} - G_{Parois} - G_{Infiltrations}$$

L'association des mesures expérimentales et de la simulation permet de quantifier les différents éléments. Ici, nous comparons deux configurations expérimentales :

- matériaux très hygroscopiques : les parois verticales et le sol sont recouverts de plaques OSB (*Oriented Strand Board*, matériau à base de bois, très hygroscopique). Le plafond est recouvert de plaques de plâtre ;
- matériaux moyennement hygroscopiques : le sol est recouvert de plaques OSB ; les parois verticales et le plafond sont recouverts de plaques de plâtre.

Dans les deux cas, le taux de renouvellement d'air est très faible, les bouches de ventilation étant obstruées et la cellule construite avec de fortes précautions liées à l'étanchéité à l'air.

Dans la première expérience, lors de la phase d'humidification, 90 % de la vapeur générée est adsorbée par les parois, 5 % est évacuée par renouvellement d'air, et seulement 5 % contribue à l'augmentation de l'humidité de l'air de la cellule. À l'arrêt de la génération de vapeur, l'air et les parois évoluent vers un état d'équilibre hygrique. Les proportions changent dans la seconde expérience. Lors de la phase d'humidification, 65 % de la vapeur seulement est adsorbée par les parois, 25 % est évacuée par infiltration et 10 % contribue à l'augmentation de l'humidité de l'air intérieur.

Dans les deux cas, les parois amortissent les variations d'humidité de l'air (effet « tampon »). L'amplitude des variations de l'humidité dans l'air est plus grande pour les parois moins hygroscopiques (seconde expérience).

En effet, pour une petite différence d'humidité relative entre l'air et les parois, le transfert de vapeur peut être important. Pour comprendre cela, il est intéressant de regarder les propriétés de sorption des matériaux présents dans la cellule (tableau 4.5). Ainsi, dans la première expérience, les parois peuvent adsorber plus de 10 kg de vapeur d'eau lorsque l'humidité relative augmente de 30 à 50 %, tandis que l'air ne peut en adsorber que 180 g. Dans la seconde expérience, les valeurs changent : les parois ne peuvent adsorber que 5 kg environ (tandis que l'air 250 g).

Tableau 4.5 Quantité de vapeur (en kg) contenue dans les matériaux pour différents taux d'humidité.

Humidité relative	Expérience 1			Expérience 2		
	OSB (1,11 m³)	Plâtre (0,27 m³)	Air (20 °C, 50 m³)	OSB (0,45 m³)	Plâtre (0,85 m³)	Air (27 °C, 50 m³)
30 %	25,4	0,24	0,26	10,3	0,77	0,37
50 %	35,9	0,46	0,44	14,5	1,44	0,62
65 %	54,3	0,65	0,57	21,9	2,03	0,80
80 %	76,8	1,35	0,70	31,0	4,25	0,99
94 %	173,8	2,4	0,83	70,2	7,65	1,17

4.6 L'humidité dans les outils de simulation thermique dynamique

Ces dernières décennies ont vu de nombreux développements des outils de simulation permettant de représenter différents phénomènes physiques influant sur le comportement thermo-hygro-aéraulique des bâtiments. Une liste des codes de simulation énergétique est régulièrement mise à jour sur www.eere.energy.gov/buildings/tools_directory/.

L'humidité est représentée dans la majorité des outils de simulation thermique dynamique. Elle l'est cependant souvent de manière très simplifiée. Il n'y a que certains outils, avec des données d'entrée correctes, qui peuvent représenter correctement l'humidité dans les bâtiments réels. Les principaux outils hygrothermiques ont été analysés par (Woloszyn & Rode, 2008a; Woloszyn & Rode, 2008b).

La figure 4.9 illustre les différentes catégories de codes. La majorité des outils de simulation thermique dynamique inclut les bilans d'humidité dans l'air et le transport par la ventilation, mais sans prendre en compte les parois ou le mobilier. Cela néglige des phénomènes importants et conduit à de grosses erreurs, comme le montrent les deux exemples précédents. Les estimations correctes nécessitent la prise en compte des échanges d'humidité avec les matériaux de l'enveloppe et/ou le mobilier. Nous pouvons donc parler de simulations hygrothermiques des bâtiments seulement dans ces deux derniers cas.

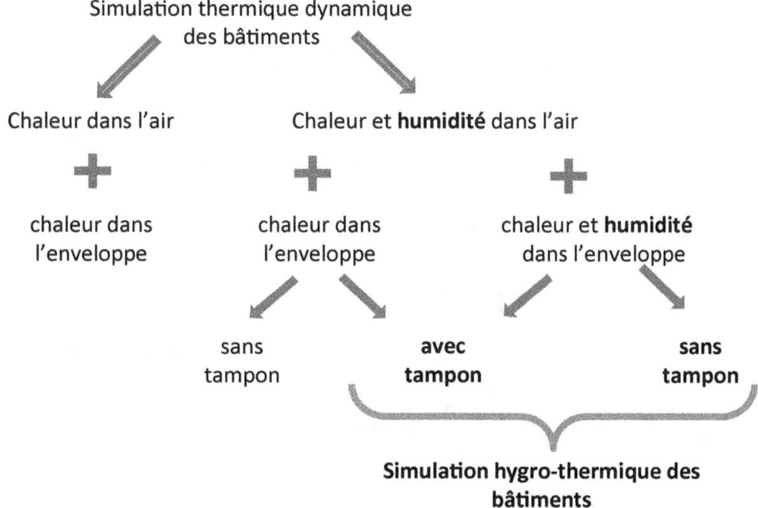

Figure 4.9 Représentation schématique des simulations thermiques dynamiques et des simulations hygrothermiques des bâtiments.

Notons également que certains outils de simulation ont été spécialement conçus pour l'enveloppe. Ils sont capables de simuler les transferts hygrothermiques dans les enveloppes (en 1 ou 2D). Cependant, ils ne peuvent pas simuler la température intérieure ni le chauffage: les conditions intérieures sont imposées, comme des conditions aux limites. Le code Wufi® fait partie des logiciels les plus connus.

4.7 Validation des codes de simulation thermo-hygro-aérauliques

En complément des nombreuses études sur la validation des simulations énergétiques des bâtiments, quelques travaux ont également été menés pour valider les codes de simulation thermo-hygro-aérauliques (Woloszyn & Rode, 2008).

Un des *benchmarks* est basé sur les essais effectués au Fraunhofer Institute for Building Physics (IBP) à Holtzkirchen (Allemagne), sur deux cellules jumelles (référence et test) comportant une façade exposée au climat extérieur (cf. figure 4.10). Les mesures sont prises pendant des séquences climatiques en hiver et au printemps. Une plaque de plâtre est utilisée comme matériau hygroscopique. L'air est brassé dans les cellules, et chauffé avec un convecteur électrique muni d'un thermostat. La vapeur d'eau est injectée dans chaque cellule avec un humidificateur à ultrasons, selon le schéma présenté dans la figure 4.10.

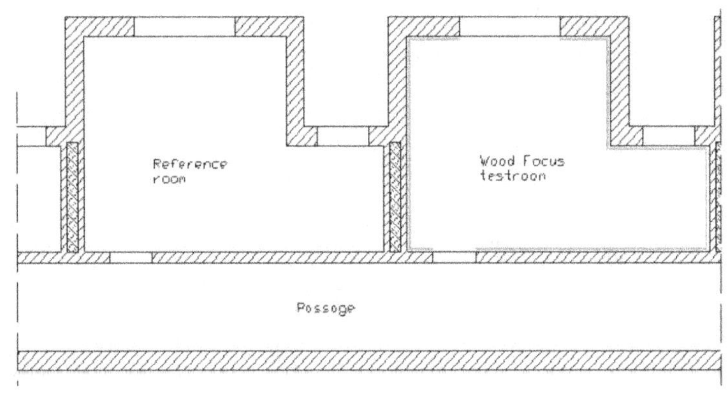

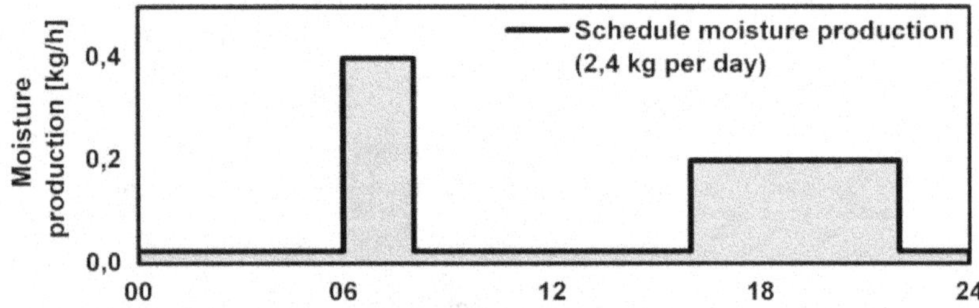

Figure 4.10 Configuration expérimentale de l'institut Fraunhofer.
En haut : cellule test et cellule de référence ; en bas : schéma d'injection de vapeur
(d'après Holm & Lengsfeld, 2007).

Les résultats expérimentaux et les sorties des différents codes sont comparés à l'humidité relative et à la puissance consommée. Au préalable, la précision concernant la représentation des températures d'air a été vérifiée.

La figure 4.11 montre l'évolution de l'humidité intérieure pendant deux jours. L'accord mesures-simulations est correct ; il est meilleur pour la cellule de référence que pour la cellule test. Les écarts sont donc plus importants en cas de présence de matériaux hygroscopiques. Globalement, notons que la majorité des modèles fournissent des résultats comparables à l'expérimentation. Cependant, dans quelques cas, les écarts sont relativement importants. Cela vient en partie d'une mauvaise interprétation des données d'entrée par quelques participants au *benchmark* lors des tests « à l'aveugle ». Globalement, un excellent accord est obtenu pour la cellule test sans surfaces hygroscopiques, avec une corrélation supérieure à 97 % entre les mesures et les simulations. Cette corrélation est inférieure à 80 % en cas de forte proportion de surfaces hygroscopiques.

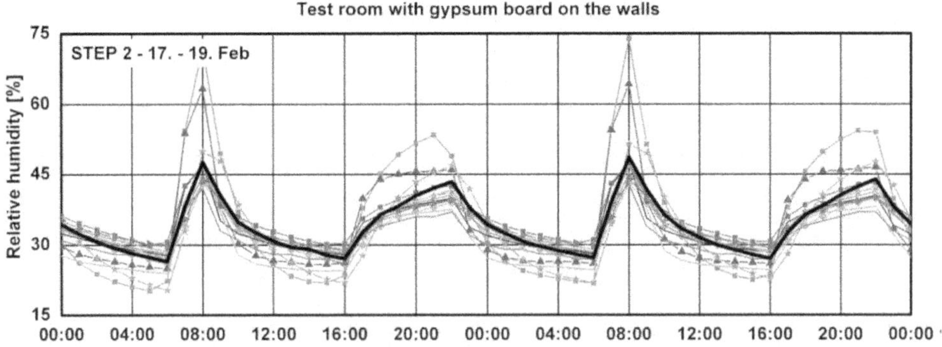

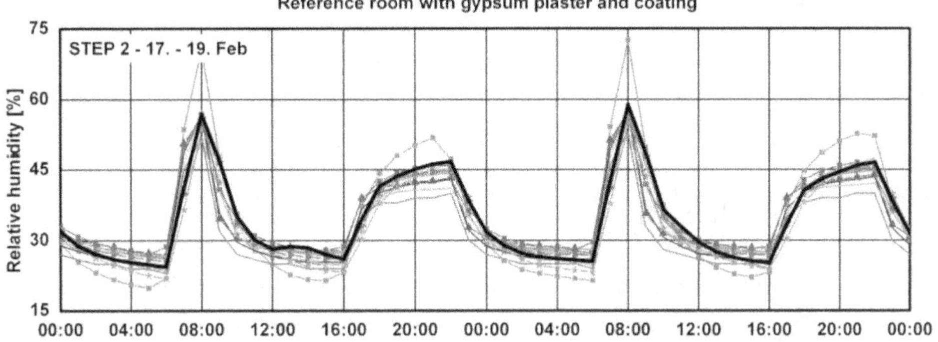

Figure 4.11 L'humidité relative de l'air intérieur mesurée (trait noir épais)
et simulée par les treize codes participants (traits fins gris) dans la cellule test
(configuration avec plaque de plâtre sur les parois latérales) et la cellule de référence
(d'après Holm & Lengsfeld, 2007).

Quant à l'énergie, les écarts entre les mesures et les modèles sont plus importants (cf. figure 4.12). Environ la moitié des codes sous-estiment systématiquement les besoins en chauffage de la pièce. Sur les courbes apparaissent les appels de puissance liés au mode de production de vapeur. Les pics de puissance correspondent à la chaleur latente lors de l'humidification par ultrasons.

Les résultats des *benchmarks* sont globalement encourageants. On peut constater que les simulations représentent correctement les pièces avec des matériaux faiblement ou moyennement hygroscopiques.

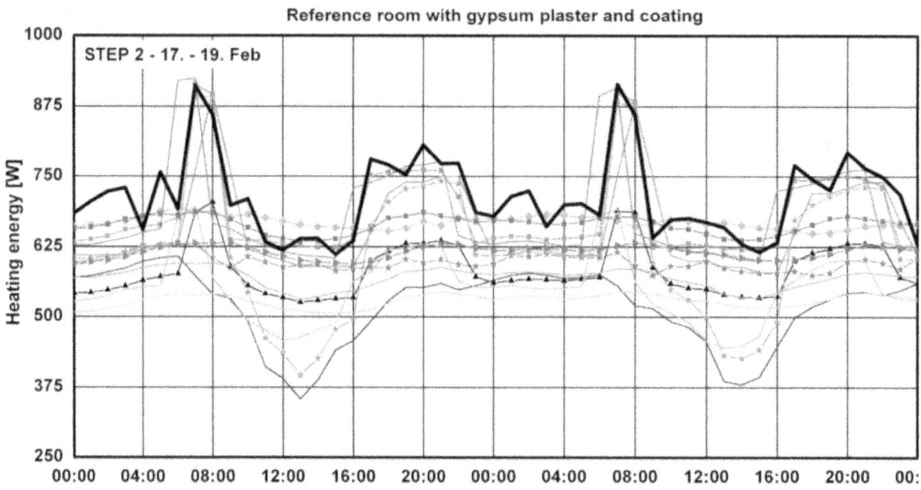

Figure 4.12 Puissance de chauffage mesurée et simulée dans la cellule de référence
(d'après Holm & Lengsfeld, 2007).

Les outils de simulation sont les différents codes utilisés par les participants. Cette liste inclut notamment TRNSYS, HAM-Tools, WufiPlus, etc. Les principes de modélisation hygrothermique sont parfois très différents : certains outils représentent les transferts couplés dans l'enveloppe, alors que d'autres incluent seulement un modèle de « tampon ». Le résultat positif est que ces outils, malgré leurs différences, peuvent représenter correctement le comportement hygrothermique d'une pièce, à condition d'inclure les phénomènes de sorption d'humidité.

4.8   Conclusion

Malgré les difficultés de validation précise des codes de simulation hygro-thermo-aéraulique, les résultats montrent sans appel que la prise en compte des phénomènes de sorption d'humidité est indispensable pour donner des estimations réalistes de niveau d'humidité intérieure. Le résultat encourageant est que différents modèles prédisent correctement l'ordre de grandeur de variations. Ils permettent d'estimer l'impact de ce phénomène sur les bilans énergétiques à l'échelle du bâtiment, bien mieux que les codes thermo-aérauliques. Ainsi, bien que des améliorations soient souhaitables à moyen terme, l'emploi de ces outils doit être encouragé.

4.9   Références

Duforestel T., Dalicieux P. (1994). « A model of hygroscopic buffer to simulate the indoor air humidity behaviour in transient conditions ». In *Proceedings of European Conference on Energy Performance and Indoor Climate in buildings*, Lyon, France, Novembrer, vol. 3, p. 791-797.

Hens H. (2007). *Building physics-heat, air and moisture*. Wiley

Hensen J., & Lamberts R. (eds.) (2012). *Building performance simulation for design and operation*. Routledge.

Holm A. & Lengsfeld K. (2007). « Moisture-buffering effect - experimental investigations and validation ». In *Proceedings Xth Conference on thermal performance of the exterior envelopes of whole buildings*, Clearwater Bach, Fl., USA.

Klein S.A., Beckman W.A., Mitchell J.W., Duffie J.A., Duffie N.A., Freeman T.L. & Kummert M. (2004). *TRNSYS 16–A TRaNsient system simulation program, user manual*, Solar Energy Laboratory, Madison, University of Wisconsin-Madison.

Kumaran K. (1996). *Annex 24. IEA - ECBCS. Final Report*, vol.3, Task 3: « Material properties ». Leuven, Belgium, Acco Leuven.

Kwiatkowski J., Féret K., Woloszyn M. & Roux J.J. (2007, October). « Predicting indoor relative humidity using building energy simulation tools ». In *The sixth international conference on indoor air quality, ventilation & energy conservation in building*, Sendai, Japan (p. 28-31).

Labat M., Woloszyn M., Roux J.-J., Piot A. & Garnier G. (2010). Bilan hygrique sur une maison à ossature bois : rôle des débits d'air non contrôlés et des transferts aux parois. *IBPSA France*, Moret-sur-Loing.

Labat M. (2012). *Chaleur, humidité, air dans les maisons à ossature bois. Expérimentation et modélisation*. Thèse de doctorat, INSA de Lyon.

Pallin S., Johansson P. & Hagentoft C.E. (2011). « Stochastic modeling of moisture supply in dwellings based on moisture production and moisture buffering capacity ». In *Proceedings of the 12th International Conference of the International Building Performance Simulation Association*, Sydney, Australia, 14-16 November, 2011.

Piot A. (2009). *Hygrothermique du bâtiment. Expérimentation sur une maison à ossature bois en conditions climatiques naturelles et modélisation numérique*. Thèse de doctorat, INSA de Lyon.

Plathner P. & Woloszyn M ; (2002). « Interzonal air and moisture transport in a test house. Experiment and modelling ». *Buildings and Environnement*, vol. 37/2, 189-199.

Sacadura Jean-François (dir.) (2015). *Transferts thermiques. Initiation et approfondissement*. Lavoisier.

Steeman M., De Paepe M. & Janssens A. (2010). « Impact of whole-building hygrothermal modelling on the assessment of indoor climate in a library building ». *Building and environment*, 45.7, 1641-1652.

Woloszyn M. & Rode C. (2008a). *IEA Annex 41. Whole Building Heat, Air, Moisture response*, Volume 1 : « Modelling principles and common exercises ».

Woloszyn M. & Rode C. (2008b). « Tools for performance simulation of heat, air and moisture conditions of whole buildings ». *Building Simulation*, 1, 5-24.

Woloszyn M., Kalamees T., Abadie M., Steeman M. & Sasic Kalagasidis A. (2009). « The effect of combining a relative-humidity-sensitive ventilation system with the moisture-buffering capacity of materials on indoor climate and energy efficiency of buildings ». *Building and Environment*, 44, 3, 515-524.

CHAPITRE 5

Systèmes thermiques

(P. Schalbart & G. Fraisse)

5.1   Introduction

Un des objectifs de la simulation numérique est d'optimiser la conception des systèmes dans les bâtiments. Cette opération vise à satisfaire les besoins énergétiques du bâtiment grâce à une combinaison de sources et de systèmes avec la meilleure efficacité globale définie à partir de critères énergétiques, environnementaux, socio-économiques et de qualité de vie.

Les systèmes thermiques vont ainsi permettre de satisfaire les besoins en chaleur et refroidissement compte tenu à la fois des critères de confort des occupants et des activités propres à l'usage qui est fait du bâtiment. Les systèmes thermiques se déclinent de la façon suivante : le chauffage des locaux, la production d'eau chaude sanitaire (ECS), la climatisation et les usages spécifiques (cuisson et réfrigération des aliments, lavage et repassage, etc.). Compte tenu de la diversité des besoins et des sources énergétiques (cf. figure 5.1), la mise en œuvre d'une simulation nécessite de considérer un nombre important d'informations nécessaires au bon fonctionnement de l'ensemble (voir plus loin le § 13.5).

Il est évident que la modélisation des systèmes de chauffage et de climatisation doit être traitée simultanément avec celle du bâti compte tenu des interactions fortes existant entre ces deux composants du bâtiment. Par exemple, le plancher chauffant constitue un composant du bâti à part entière. Son mode de fonctionnement va influencer directement les conditions liées à l'ambiance des locaux (stratification thermique faible pour ce type d'émetteur) compte tenu de son mode d'émission thermique (parts radiative et convective). Inversement, la puissance émise par un émetteur à eau chaude est fortement dépendante de la température intérieure des locaux. Ce lien est caractérisé par une loi de comportement de l'émetteur dans laquelle interviennent à la fois sa température moyenne et la température du local. Enfin, les déperditions thermiques de l'enveloppe d'un bâtiment en régime permanent sont calculées en tenant compte d'un supplément de pertes si une paroi chauffante est utilisée. On parle alors de pourcentage de pertes au dos de l'émetteur, qui est le rapport entre ce supplément de pertes et l'ensemble des pertes thermiques de l'enveloppe du bâtiment s'il n'y avait pas de paroi chauffante.

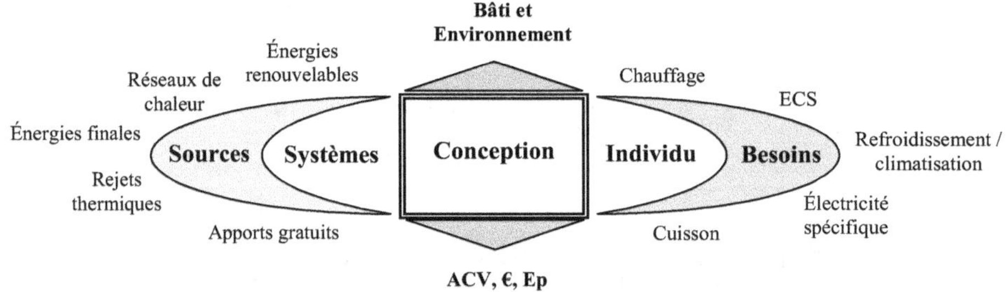

Figure 5.1 Conception des systèmes dans les bâtiments (FRAISSE et al. 2010).

Les sources énergétiques alimentant les systèmes peuvent être celles disponibles dans la nature (énergie primaire) sous forme renouvelable (bois, solaire, géothermie, éolien, hydraulique) ou non renouvelable comme pour l'énergie d'origine fossile (gaz naturel, pétrole, charbon) et fissile (matériaux radioactifs tels que l'uranium). L'énergie primaire peut être transformée et mise à disposition sous forme combustible (mazout, essence, granulés de bois…) ou électrique ; on parle alors d'énergie finale (disponible pour l'utilisateur). Sauf dans le cas de sites isolés, les bâtiments sont alimentés par un réseau électrique. De plus, les besoins thermiques (chaud ou froid) sont parfois fournis grâce à un réseau existant localement. La production est, dans ce cas, dite centralisée.

Un système énergétique est généralement constitué des composants suivants :
– la production (chaleur, froid, électricité). Dans le cas de l'énergie solaire, elle est possible grâce à la captation et à la transformation de l'énergie solaire en chaleur (capteur solaire thermique à air ou eau) ou en électricité (photovoltaïque) ;
– la distribution ;
– le stockage (ballon, batterie électrique…). Son rôle principal est souvent lié à l'intermittence de la ressource (solaire) et à la variabilité du coût de l'énergie (cas de l'électricité). Il peut permettre d'améliorer les performances énergétiques ;
– l'usage (émetteur de chaleur, appareils électriques…) ;
– la gestion qui pilote l'ensemble. Son optimisation est certainement le moyen le plus rentable pour faire des économies énergétiques.

L'efficacité énergétique globale de l'installation dépend des performances de chacun de ses composants. On parle alors de rendement d'installation (compris entre 0 et 1) ou de coefficient de performance (COP) dans le cas, par exemple, des pompes à chaleur. Ce coefficent COP est supérieur à 1 (typiquement entre 2 et 3), et il joue un rôle particulièrement important dans le cas du chauffage avec l'électricité dans les bâtiments. En effet, la réglementation thermique actuelle dans le neuf (RT 2012) pénalise fortement le chauffage par effet Joule, en raison du coefficient de conversion entre l'énergie finale et l'énergie primaire (2,58 en France). Les pompes à chaleur se développent ainsi considérablement en raison de leur plus grande efficacité par rapport à l'effet Joule. Selon les systèmes, d'autres critères peuvent être pris en considération, comme la productivité solaire (énergie produite rapportée à la surface de captage) ou le taux de couverture solaire (besoins énergétiques divisés par l'énergie totale fournie au système).

Le bâti présente une grande inertie (de l'ordre de quelques dizaines d'heures pour la constante de temps principale, fonction de la typologie de construction), en comparaison avec le fonctionnement des systèmes dont le mode de gestion est souvent réalisé avec des pas de temps beaucoup plus faibles. À titre d'exemple, nous pouvons indiquer le fonctionnement d'une vanne trois voies régulée en PID avec un paramétrage faisant intervenir une échelle de temps en secondes dans le cas du paramètre intégral. Dans ces conditions, il est nécessaire de distinguer plusieurs pas de temps si le logiciel de simulation le permet, ou de moyenner certains comportements.

Le tableau 5.1 présente, en fonction des besoins énergétiques pouvant être satisfaits, le mode de production énergétique possible, utilisé seul ou en combinaison avec d'autres. Dans le cas des systèmes solaires thermiques, un appoint et un stockage sont indispensables, du fait de l'intermittence de la ressource qui n'est pas en phase avec les besoins. La modélisation de systèmes incorporant des dispositifs de stockage (ballon d'eau chaude) ou des composants avec de l'inertie (plancher chauffant) doit être réalisée en régime dynamique. L'énergie électrique produite par des modules photovoltaïques est soit transmise à un réseau, soit utilisée directement pour couvrir les consommations liées aux appareils électriques (principe de l'autoconsommation). En cas de surproduction électrique, une alternative au réseau consiste à convertir l'énergie électrique en chaleur (effet Joule, pompe à chaleur) de façon à couvrir ces besoins.

Tableau 5.1 Besoins énergétiques associés aux différents modes de production énergétique.

Mode de production énergétique		Besoins énergétiques pouvant être satisfaits			
		Chauffage locaux	Chauffage ECS	Froid	Électricité
Solaire	Système solaire combiné	X	X		
	Chauffe-eau solaire		X		
	Sorption	X	X	X	
	Photovoltaïque				X
	Hybride (PV + Th)	X	X		X
Chaudière (gaz, électrique, fioul, bûche)		X	X		
Chaudière avec cogénération		X	X		X
Poêle bois (buche ou granulés)		X	X		
Pompe à chaleur		X	X	X	
Électrique individuel (effet Joule)		X	X		
Réseau (chaleur, froid, électrique)		X	X	X	X
Système compact multifonctionnel		X	X	X	

5.2 Les différents modèles et les données correspondantes

Les modèles sont des représentations des systèmes qui permettent de prédire leurs performances à partir des conditions aux limites (données d'entrée). En ce qui concerne les systèmes énergétiques dans le bâtiment, ils sont en très forte interaction avec le bâti. Les données d'entrée des modèles des systèmes sont souvent les données de sortie des modèles du bâti, et vice versa. Ces échanges d'informations entre les modèles se font en passant par la mémoire vive de l'ordinateur ou par l'intermédiaire de fichiers de données (par exemple, des fichiers texte). Les données peuvent être communiquées à chaque pas de temps (du solveur) pour des études détaillées des dynamiques ou moyennées sur une période typiquement d'une heure (qui correspond souvent au pas de temps des données météorologiques) pour une estimation des consommations énergétiques. L'interaction système/bâti est d'autant plus importante lorsque l'on cherche à définir des stratégies optimales de gestion énergétique. Il est possible de diviser les modèles en trois catégories (Henze & Neumann, 2010) :

– les modèles de type « boîte blanche » ;
– les modèles de type « boîte noire » ;
– les modèles de type « boîte grise ».

5.2.1 Modèles de type « boîte blanche »

Ces modèles cherchent à décrire les phénomènes physiques au travers d'équations mathématiques reliant des variables d'entrée à des variables de sortie et faisant intervenir des paramètres ayant une signification physique (souvent des éléments caractéristiques de la conception du système). Ces équations sont souvent développées à partir de lois générales comme l'approche « premier principe » de la thermodynamique, mais peuvent, le cas échéant, intégrer des relations semi-empiriques. Lorsque les paramètres sont calibrés à partir de données expérimentales, ils permettent une certaine extrapolation des prévisions (*i.e.* ils peuvent être utilisés en dehors des plages de mesure avec une erreur acceptable).

5.2.2 Modèles de type « boîte noire »

Ces modèles cherchent à identifier, à partir de mesures des entrées et des sorties du système, une relation mathématique la plus précise possible pour reproduire les sorties à partir des entrées. Dans ce cas, les paramètres du modèle ne revêtent pas de signification physique. Avec ce type de modèles, une extrapolation des résultats peut être hasardeuse. Leur utilisation se limite souvent à la plage de variation des données d'entrée utilisées pour les calibrer. Un emploi très développé de ce type de modèles pour les systèmes est celui des réseaux de neurones (Kalogirou, 2000).

5.2.3 Modèles de type « boîte grise »

Les modèles de type « boîte grise » sont des modèles hybrides, combinant les deux types de modèles précédents. Ils sont souvent utilisés pour des systèmes combinant des sous-systèmes connus et modélisés avec une approche de type « boîte blanche », avec d'autres sous-systèmes représentés par des « boîtes noires » en raison, par exemple, d'un manque d'informations (Leconte *et al.*, 2012).

5.2.4 Identification des paramètres

La procédure d'identification dépend de l'usage que l'on fait des modèles. En phase de conception, aucune donnée expérimentale n'est disponible. Les paramètres physiques des modèles « boîte blanche » s'imposent.

En phase d'utilisation (optimisation de la régulation, détection des dérives de performance ou de défauts de fonctionnement…), les paramètres physiques non (ou mal) connus des modèles « boîte blanche » peuvent être déterminés à partir d'autres modèles physiques. Ils peuvent également être identifiés à partir de données d'essais fournies par le constructeur ou mesurées par les propres soins de l'utilisateur du système (ceci est également valable pour les paramètres des modèles « boîte noire »). Ces essais doivent être réalisés dans des conditions appropriées, voire normées (Blervaque, 2014), et délimitent le domaine de validité du modèle. À ce sujet, Johnson et Mollaghasemi (1994) insistent sur l'importance de la qualité des données. En effet, l'erreur de prédiction du modèle dépend des incertitudes sur les données qui ont servi à son calibrage (Trcka, 2008).

Un solveur permet alors de calibrer les valeurs des paramètres afin de reproduire au mieux les performances. En pratique, il minimise l'écart des puissances mesurées et prédites par le modèle suivant différentes approches (Johnson & Mollaghasemi, 1994). De nombreux algorithmes (avec ou sans limites définies par l'utilisateur sur les valeurs des paramètres à identifier) peuvent être utilisés à cet effet, comme celui de Levenberg-Marquardt et ses dérivés (More, 1977) ou l'algorithme de Nelder et Mead (1965). Étant donné le nombre parfois important de paramètres à déterminer, ce type de solveur risque de rester coincé sur des optima locaux. Afin d'éviter cet écueil, il est possible d'adopter une procédure « multi-start », qui consiste à relancer plusieurs fois l'optimisation à partir de points de départ (valeurs initiales des paramètres) différents. C'est cette procédure que Luersen *et al.* (2004) ont implémentée dans leur version généralisée de l'algorithme de Nelder-Mead. Une autre approche consiste à utiliser des méthodes globales, qu'elles soient stochastiques, comme le recuit simulé (Dréo *et al.*, 2003), ou heuristiques, comme les algorithmes évolutionnaires (Deb, 2001).

5.3 Exemple de la pompe à chaleur (PAC)

Les pompes à chaleur sont des systèmes de plus en plus répandus dans les bâtiments. Elles permettront d'illustrer la démarche de modélisation et l'utilisation des données issues de campagnes d'essais afin de calibrer un modèle. Ce choix a été fait compte tenu de l'impossibilité de traiter la modélisation de l'ensemble des systèmes présents dans le bâtiment. Par ailleurs, une PAC permet à la fois de chauffer et de refroidir ; ce qui en fait un composant assez représentatif dans le bâtiment.

5.3.1 Description du modèle

Le modèle présenté ci-dessous est adapté des travaux de Jin et Spitler (2002), qui ont développé un modèle semi-empirique de pompe à chaleur eau-eau pouvant convenir au calcul des consommations d'énergie d'un système de PAC (figure 5.2) en utilisant uniquement les données constructeurs habituellement disponibles, nécessitant un minimum de points de fonctionnement en régime permanent et autorisant l'extrapolation de la modélisation en dehors des seuls points de fonctionnement disponibles. L'utilisation de ces modèles se déroule en trois étapes :

1. description du comportement des éléments principaux du système à l'aide des lois fondamentales de la thermodynamique ;

2. estimation et identification des paramètres caractérisant les éléments principaux à l'aide d'une méthode d'optimisation à variables multiples ;
3. utilisation des paramètres optimisés pour la simulation du système global.

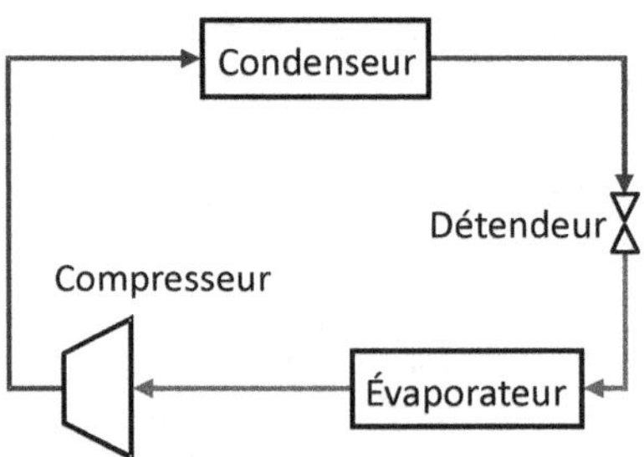

Figure 5.2 Schéma de principe d'une PAC.

Le modèle est basé sur les équations de conservation de l'énergie au niveau de chaque élément, et inclut un calcul du débit au niveau du compresseur. Après simplification, neuf paramètres sont nécessaires pour estimer les performances d'une telle machine, à partir de quatre données d'entrée : températures et débits des sources.

5.3.2 Modélisation du compresseur (six paramètres)

Cette modélisation dépend du type de compresseur. Dans le cas des compresseurs *scroll* ou à piston roulant, le débit du fluide frigorigène est calculé à partir du débit volumique balayé et d'un débit de fuite dépendant des pressions aux bornes du compresseur :

$$\dot{m}_r = \frac{\dot{V}_r}{v_{asp}} - \frac{C_l\left(P_{cd} - P_{ev}\right)}{v_{ref}} \tag{1}$$

où $\dot{m}_r$ est le débit du réfrigérant, v_{asp} son volume massique à l'aspiration du compresseur, v_{ref} son volume massique au refoulement du compresseur, P_{cd} sa pression dans le condenseur, P_{ev} sa pression dans l'évaporateur, $\dot{V}_r$ le débit volumique balayé (paramètre), et C_l le coefficient de fuite (paramètre).

La puissance absorbée par le compresseur, $\dot{W}$, est calculée à partir du travail échangé entre le compresseur et le fluide, $\dot{W}_t$, modélisé par une compression polytropique :

$$\dot{W}_t = \left[\frac{x_p}{x_p - 1} P_{ev}\dot{V}_r\right]\left[\frac{x_p}{x_p - 1}\frac{\pi}{\tau_i} + \frac{1}{x_p}\pi_i^{\frac{x_p-1}{x_p}} - 1\right] \tag{2}$$

où π est le taux de compression externe (rapport des pressions de condensation et d'évaporation), π_i le taux de compression interne (rapport des pressions de refoulement et d'aspiration), τ_i le rapport volumétrique du compresseur (paramètre), et x_p le coefficient polytropique (paramètre). En prenant en compte un rendement électromécanique, η, et une consommation constante (notamment des organes de régulation), $\dot{W}_{cst}$, on obtient la puissance absorbée :

$$\dot{W} = \frac{\dot{W}_t}{\eta} + \dot{W}_{cst} \tag{3}$$

5.3.3 Modélisation des échangeurs (deux paramètres)

Les échangeurs sont modélisés selon une approche NUT-ε monozone en négligeant les pertes de charge. La puissance échangée, $\dot{Q}$, est calculée à partir de la puissance maximale théorique, $\dot{Q}_{max}$, basée sur l'écart de température des fluides à leurs entrées respectives, ΔT_{max} :

$$\dot{Q} = \varepsilon \dot{Q}_{max} \tag{4}$$

$$\dot{Q}_{max} = \dot{m}_{fs} c_{p,fs} \Delta T_{max} \tag{5}$$

$\dot{m}_{fs}$ est le débit massique du fluide secondaire de l'échangeur considéré, et $c_{p,fs}$ sa chaleur massique. ε représente l'efficacité (deux paramètres : un pour l'évaporateur, un pour le condenseur).

5.3.4 Modélisation du détendeur (un paramètre)

Le détendeur n'est pas modélisé de façon explicite. Le débit de réfrigérant est déterminé par le modèle de compresseur ; le comportement du détendeur est traduit par une surchauffe, ΔT_{sc}, (considérée comme constante) à la sortie de l'évaporateur.

5.3.5 Paramètres à identifier

Pour une configuration classique de PAC, et étant donné le fluide frigorigène et les fluides secondaires, neuf paramètres interviennent dans le modèle :
- $\dot{V}_r$ le débit volumique balayé ;
- C_l le coefficient de fuite du compresseur ;
- τ_i le rapport volumétrique du compresseur ;
- x_p le coefficient polytropique ;
- η le rendement électromécanique ;
- $\dot{W}_{cst}$ la consommation constante (notamment, des organes de régulation) ;
- ε_{ev} l'efficacité de l'évaporateur ;
- ε_{cd} l'efficacité du condenseur ;
- ΔT_{sc} la surchauffe à la sortie de l'évaporateur.

5.3.6 Données d'essais pour l'identification des paramètres

Certains paramètres décrits précédemment peuvent être connus assez aisément dans la documentation technique de la PAC (et, notamment, le débit volumique balayé, le rapport volumétrique du compresseur, la surchauffe et, éventuellement, la consommation constante des systèmes auxiliaires). Pour déterminer la valeur des paramètres non connus, il faut procéder à leur identification à partir de données d'essais fournies par le constructeur ou réunies par les propres soins de l'utilisateur de la machine. Ces essais doivent être réalisés dans des conditions appropriées (par exemple, telles que définies dans la norme NF EN 14511). En effet, ce type de modèle étant en régime permanent, certaines précautions sont à prendre. Ils fournissent, en général, la puissance absorbée et la puissance calorifique de la PAC en fonction soit des températures des sources, soit des températures d'évaporation et de condensation.

5.3.7   Mise en œuvre sur un cas d'étude

Dans le cas d'une PAC servant à faire de l'ECS, des données d'essais réalisés par le fabricant de la machine selon un protocole fixé ont été recueillies sous forme de tables indiquant la puissance calorifique et la puissance absorbée en fonction des températures des sources. Étant donné qu'un détendeur thermostatique est chargé de régler la surchauffe à la sortie de l'évaporateur, celle-ci a été fixée. Ce sont donc huit paramètres qui étaient à calibrer.

L'algorithme de Nelder-Mead généralisé (Luersen, 2004) a été utilisé, car il est efficace pour ce genre de problème. Il a permis de déterminer les valeurs des huit paramètres en un temps satisfaisant au vu de la problématique des bâtiments et de la précision voulue (quelques minutes sur un ordinateur de bureau).

Remarque

Il est à noter que cette optimisation ne doit se faire qu'une fois pour un équipement donné. Les paramètres optimisés peuvent ensuite servir à simuler son fonctionnement. Dans ce cas, le temps de calcul additionnel pour déterminer ses performances pour une saison de chauffe est de quelques secondes.

Afin de vérifier que le modèle atteint la précision voulue, l'écart entre ses prévisions et les mesures pour la puissance absorbée et la puissance calorifique a été calculé sur une grande plage de variation des températures des sources. On constate sur les figures 5.3 et 5.4 que l'écart relatif est inférieur à 6 %. L'erreur quadratique moyenne est de 3 % pour les puissances calorifiques et de 2 % pour les puissances absorbées.

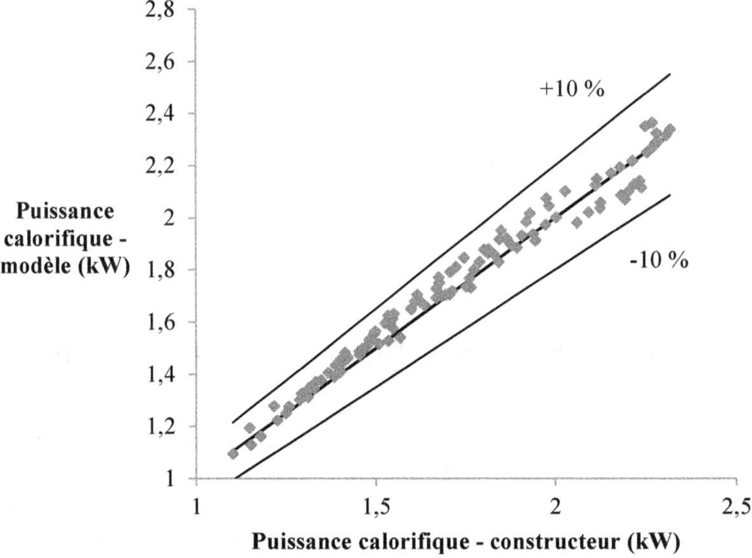

Figure 5.3 Écart entre les puissances calorifiques calculées et celles fournies par le constructeur.

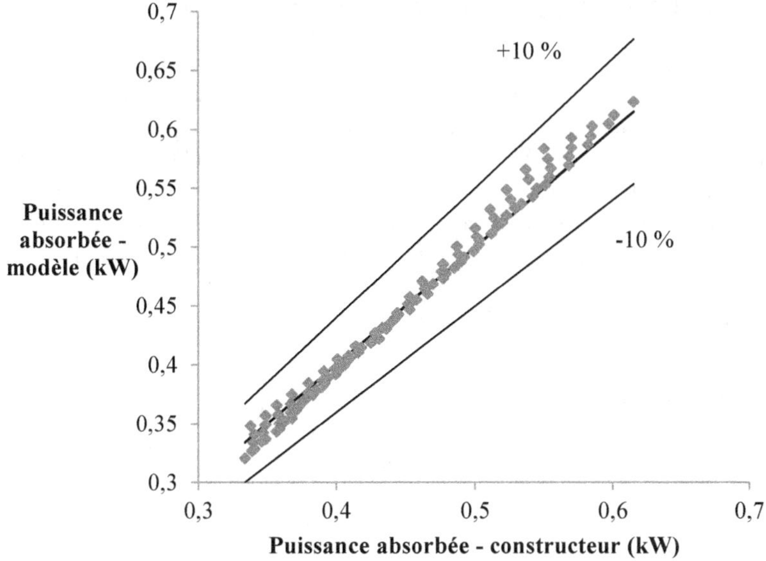

Figure 5.4 Écart entre les puissances absorbées calculées et celles fournies par le constructeur.

5.3.8   Utilisation du modèle

Afin de pouvoir se servir d'un tel modèle, il est nécessaire de connaître les conditions aux limites de la machine, autrement dit les données d'entrée du modèle. Elles sont au nombre de quatre :
- la température de la source froide ;
- le débit de la source froide ;
- la température de la source chaude ;
- le débit de la source chaude.

Dans les simulations, on observe, en général, des variations des températures des sources, et parfois également des variations des débits. Étant donné que les performances de la PAC varient, le modèle présenté ci-dessus est utilisé avec l'hypothèse d'une succession de régimes permanents. À chaque pas de temps de simulation, ces données d'entrée, issues des modèles des sources (modèle de bâtiment, modèle de ballon d'ECS ou modèle spécifique) sont communiquées au modèle de PAC, qui renvoie en sortie la puissance électrique consommée et les puissances échangées avec les sources.

5.3.9   Conditions d'utilisation

L'avantage de l'approche présentée ci-dessus est de pouvoir calculer les performances de la PAC en dehors de la plage des données d'essais disponibles et de ne nécessiter que peu de points de fonctionnement. Cette approche peut être complétée pour prendre en compte l'évolution des performances liées aux cycles de marche-arrêt, aux cycles de givrage-dégivrage et aux variations de vitesse du compresseur, le cas échéant. Pour ce faire, des valeurs classiques des paramètres intervenant dans ces modèles complémentaires peuvent être utilisées comme décrit ci-après.

5.3.10   Fonctionnement à charge partielle

Le fonctionnement à charge partielle (besoins à couvrir inférieurs à la puissance nominale) représente 80 à 90 % du temps de fonctionnement d'une PAC selon son dimensionnement (Filliard, 2009). Il est donc important de prendre en compte cet aspect pour l'évaluation des performances saisonnières des PAC qui dépendent du mode de régulation (marche-arrêt ou variation de fréquence). Dans une approche simplifiée, il est courant d'exprimer les effets du fonctionnement à charge partielle à l'aide d'un coefficient de dégradation, PLF (*Part Load Factor*), défini comme le rapport de la performance à charge partielle sur la performance à pleine charge. Le PLF est souvent exprimé en fonction du PLR (*Part Load Ratio*), rapport entre les besoins et la puissance à pleine charge.

5.3.11   Mode marche-arrêt

Une relation linéaire simplifiée entre le PLF et le PLR a été mise en évidence par les expérimentations de Parken *et al.* (1977) :

$$PLF = 1 - C_{CP}\left(1 - PLR\right) \tag{6}$$

où C_{CP} est le coefficient de charge partielle qui relie l'énergie thermique produite en mode cyclage sur l'énergie thermique en régime permanent. Les auteurs de ces recherches recommandent une valeur par défaut de 0,25, mais elle peut être identifiée à partir de mesures.

Des travaux complémentaires ont permis d'intégrer la part des éléments de veille pour les systèmes de petite puissance :

$$PLF = \frac{PLR}{\alpha\, PLR + \beta} \tag{7}$$

où α est un paramètre à ajuster (en fonction des données expérimentales disponibles), et β la part de la puissance consommée par les éléments de veille.

5.3.12   Mode variation de puissance

Les PAC contrôlées par *inverter* peuvent également être modélisées de façon simplifiée, de manière similaire aux PAC fonctionnant en mode marche-arrêt. Les études montrent deux plages de fonctionnement du compresseur en fonction du taux de charge partielle (PLR). En dessous d'une valeur de référence, PLR_{ref}, qui correspond à la vitesse de rotation minimale, le compresseur fonctionne en mode marche-arrêt. Dans ce cas, l'équation ci-dessus est applicable. Au-dessus d'une valeur de référence, PLR_{ref}, la puissance est régulée par variation de la fréquence de rotation du compresseur et l'on considère une variation linéaire des performances, en notant PLF_{ref} la valeur du PLF au niveau de la valeur de référence, et en sachant que PLF vaut 1 quand PLR vaut 1 :

$$PLF = 1 + \left(PLF_{ref} - 1\right)\frac{1 - PLR}{1 - PLR_{ref}} \tag{8}$$

Dans cette équation, la valeur de PLF_{ref} est à déterminer de façon expérimentale. Elle est, en général, supérieure à 1. Par ailleurs, certains constructeurs indiquent que leurs PAC peuvent opérer au-delà du fonctionnement à pleine charge (jusqu'à 20 % de puissance calorifique supplémentaire).

5.3.13   Sélection des phénomènes à modéliser

L'estimation des consommations est plus précise avec la prise en compte des divers phénomènes physiques associés au fonctionnement des PAC dans des approches détaillées. Bien qu'utiles pour la conception de tels systèmes, leur emploi pour le couplage à des modèles de bâtiments est à éviter. Dans ce cas, des approches physiques simplifiées telles que présentées ci-dessus permettent d'obtenir une précision suffisante eu égard à la nature des interactions. Outre l'estimation des performances à pleine charge, la prise en compte des dégradations à charge partielle semble utile pour les PAC *inverters* et nécessaire pour celles fonctionnant en mode marche-arrêt, pour lesquelles les pertes peuvent s'avérer importantes. Le modèle à deux paramètres présenté ci-dessus ne nécessite que quelques points de fonctionnement à charge partielle pour une bonne estimation.

5.4   Conclusion

De nombreuses interactions existent entre les systèmes et le bâti. Les échelles de temps des phénomènes physiques peuvent aller de quelques secondes (pour des vannes ou détendeurs) à quelques dizaines de jours pour l'inertie thermique de l'enveloppe. Dans ce contexte, le choix du pas de temps se fait en fonction de la précision voulue.

Pour l'estimation des besoins de chauffage, un pas de temps d'une demi-heure ou d'une heure est convenable. Les phénomènes et les systèmes ayant des dynamiques plus rapides sont alors considérés en régime permanent glissant (en général, seuls les systèmes de stockage ont des dynamiques suffisamment lentes pour ne pas être négligées) : à chaque pas de temps est calculé un régime permanent en fonction des conditions de fonctionnement dans ce pas de temps.

S'il s'agit de calculer plus finement les évolutions de température à l'intérieur des zones thermiques ou les consommations d'énergie des systèmes, il est préférable de choisir des pas de temps plus fins (de 1 min à 15 min) qui permettent d'introduire les dynamiques des systèmes (marche-arrêt, régulation…). Cette précision accrue se fait au prix de temps de calcul plus longs : en fonction du nombre de systèmes et du pas de temps choisi, ils peuvent être augmentés d'un ordre de grandeur.

5.5   Références

Blervaque H. (2014). *Règles de modélisation des systèmes énergétiques dans les bâtiments basse consommation*. Mines ParisTech.

Deb K. (2001). *Multi Objective Optimization Using Evolutionary Algorithms*. Wiley.

Dréo J., Petrowski A., Siarry P. & Taillard E. (2003). *Métaheuristiques pour l'optimisation difficile. Recuit simulé, recherché avec tabous, algorithmes évolutionnaires et algorithmes génétiques, colonies de fourmis*. Eyrolles.

Filliard B. (2009). *Étude de la possibilité de récupération de chaleur par voie thermodynamique pour la réhabilitation des maisons individuelles*. École nationale supérieure des mines de Paris. http://pastel.archives-ouvertes.fr/pastel-00005944.

Fraisse G., Achard G., Cosnier M. &Luo L.G. (2010). «Intégration énergétique d'un système de refroidissement par surventilation nocturne et double flux thermoélectrique». In Henze G.P. & Neumann C. "Modelling and simulation in building automation systems" (Chapter 14), J.L.M. Hensen and R. Lamberts (eds), *Building Performance Simulation for Design and Operation*, Taylor and Francis.

Jin H. & Spitler J.D. (2002). «A parameter estimation based model of water-to-water heat pumps for use in energy calculation programs». *ASHRAE Transactions*, 108, Part 1, 3-17.

Johnson M.E. & Mollaghasemi M. (1994). «Simulation input data modeling». *Annals of Operations Research*, 53 (1), 47-75.

Kalogirou, Soteris A. (2000). «Applications of artificial neural-networks for energy systems». *Applied Energy*, 67 (1-2), 17-35. doi:10.1016/S0306-2619(00)00005-2.

Leconte A., Achard G. & Papillon Ph. (2012). «Global approach test improvement using a neural network model identification to characerise solar combisystem performances». *Solar Energy*, 86 (7), 2001-16. doi:10.1016/j.solener.2012.04.003.

Luersen M.A., Le Riche R. & Guyon F. (2004). «A constrained, globalized, and bounded Nelder-Mead method for engineering optimization». *Structural and Multidisciplinary Optimization*, 27 (1-2), 43-54.

Luersen M.A. (2004). *GBNM: un algorithme d'optimisation par recherche directe. Application à la conception de monopalmes de nage*. http://www.emse.fr/~leriche/these_marco.pdf.

More J.J. (1977). *Levenberg-Marquardt Algorithm. Implementation and Theory*. CONF-770636-1. Argonne National Lab., IL (USA). http://www.osti.gov/scitech/biblio/7256021.

Nelder J.A. & Mead R. (1965). «A simplex method for function minimization». *The Computer Journal*, 7 (4), 308-13. doi:10.1093/comjnl/7.4.308.

Parken W.H., Beausoleil R.W. & Kelly G.E. (1977). «Factor affecting the performance of a residential air-to-air heat pump. *ASHRAE Transactions*, 83 (1), 839-849.

Souza J. (2012). *Conception et optimisation d'un capteur solaire thermique innovant adapté à la rénovation énergétique grâce à l'intégration du stockage*. Université de Savoie.

Trcka M. (2008). *Co-Simulation for performance prediction of innovative integrated mechanical energy systems in buildings*. Technische Universiteit Eindhoven.

CHAPITRE 6

Systèmes photovoltaïques

(A. Guiavarch & C. Ménézo)

6.1   Introduction

L'énergie solaire pour des applications de production intégrée au bâtiment a redémarré en France au début des années 2000, notamment concernant le photovoltaïque. Durant les trente années qui avaient précédé, cette filière solaire avait été cantonnée à des applications en site isolé, notamment pour alimenter des systèmes autonomes (balises, systèmes ruraux, hybrides diesel-PV…).

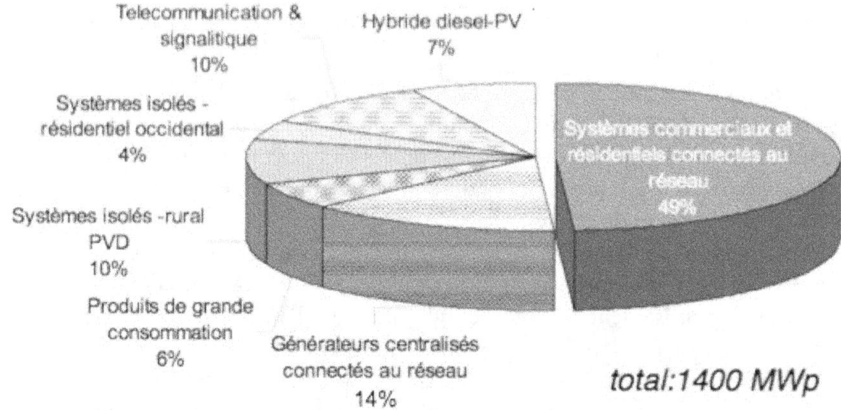

Figure 6.1 Marché mondial en 2010 suivant sept segments (source : Bank Sarasin Cie, CH).

La filière photovoltaïque ne peut répondre à elle seule aux besoins en électricité du bâtiment, mais peut déjà au niveau des technologies actuelles y contribuer pour une part importante. Combinés à une efficacité énergétique des équipements électriques du bâtiment, à des systèmes de production (PV) et d'optimisation de la consommation (autoconsommation), les pourcentages de couverture solaire peuvent augmenter très fortement. La morphologie d'un bâtiment de grande hauteur est évidemment moins avantageuse qu'une maison individuelle concernant les orientations et les plans horizontaux. Par contre, les façades représentent malgré tout un potentiel de captation important, même si l'angle d'incidence n'est pas optimal. Gutschner *et al.* (2001) ont déterminé, à partir d'une analyse des surfaces disponibles, au niveau de l'enveloppe des bâtiments des pays de l'Agence internationale de l'énergie (IEA) qu'une intégration de composants PV permettrait actuellement (besoins et technologies) de couvrir entre 15 à 60 % des besoins en électricité. Suivant cette étude du stock de surfaces du bâti disponibles (et convenablement orientées), il ressort que 18 m^2 de surface de toit seraient potentiellement disponibles par habitant en Europe centrale et en Europe de l'Ouest. Pour l'Australie et les États-Unis, le potentiel est à peu près le double, soit 36 m^2, alors qu'au Japon, premier pays en termes de puissance PV installée, seulement 8 m^2 sont disponibles par habitant.

Actuellement, les systèmes PV intégrés aux secteurs tertiaire ou résidentiel représentent presque 50 % du marché mondial (figure 6.1). La notion d'intégration au bâti varie d'un pays à l'autre. La France a favorisé des solutions intégrées, dans le sens où les composants photovoltaïques (PV) doivent remplir une fonction du cadre bâti (*Building Integrated Photovoltaics*, BIPV) : toiture, bardages, pare-soleil, vitrages, etc., contrairement à des solutions surimposées (*Building Applied Photovoltaics*, BAPV). Les prix d'achat du kWh ont fait l'objet d'arrêtés tarifaires réguliers pour atteindre de l'ordre de quatre fois le prix d'achat de l'électricité réseau. Le prix est actuellement au plus bas, faisant du photovoltaïque pour l'habitat une solution qui se développe actuellement très fortement non plus pour injecter l'électricité produite sur le réseau, mais pour être consommée sur place pour aussi produire du froid et de la chaleur, venant même concurrencer la filière solaire thermique basse température.

Cela a donné lieu à des efforts de R&D afin d'atteindre à de véritables solutions d'intégration (BIPV) se distinguant par : la densité de cellules PV, le degré de semi-transparence, la couleur, l'étanchéité, les connection et conversion (connection en série et parallèle en tenant compte des spécificités de l'installation, micro-onduleurs permettant de connecter des modules de différentes puissances…).

Diverses études ont donc été menées en vue de l'amélioration des performances électriques des panneaux photovoltaïques et de l'exploitation de la surface disponible sur les bâtiments afin de rendre leur enveloppe multifonctionnelle. Des composants photovoltaïques sont donc intégrés à la façade ou à la toiture des bâtiments, leur donnant, en plus de leurs fonctions habituelles d'étanchéité ou de couvert, celle de production d'énergie électrique. Cette configuration d'intégration, par rapport à celle d'un système non intégré, peut entraîner un échauffement plus important des modules photovoltaïques. C'est ainsi que des recherches sont menées en vue d'optimiser le refroidissement des modules PV par extraction des pertes thermiques qu'ils dissipent par ventilation naturelle ou, éventuellement, par ventilation forcée. Ces composants intégrés au bâtiment sont par là constitués de modules photovoltaïques comportant en sous-face un dispositif de récupération de chaleur, à savoir une lame d'air isolée. L'objectif principal de cette ventilation est de maintenir le rendement des modules PV intégrés au bâti à un niveau équivalent à celui des systèmes non intégrés.

6.1.1 Phénomènes physiques

L'**effet photovoltaïque** implique la production et le transport de charges négatives (électrons) et positives (trous) sous l'effet du rayonnement incident, dans un matériau semi-conducteur. L'amélioration de la conductivité électrique de ce matériau est obtenue par la création d'un champ électrique interne, pour séparer cette paire de charges électriques de signes opposés et permettre de recueillir le courant de la cellule photovoltaïque (charges électriques générées par l'absorption du rayonnement solaire incident). La méthode la plus employée pour créer ce champ est celle du «dopage» des matériaux semi-conducteurs. Elle se concrétise par l'introduction d'une très faible quantité d'impuretés dans un cristal de matériau pur : sont ainsi obtenus des semi-conducteurs dopés type P (déficitaires en électrons) et des semi-conducteurs dopés type N (excédentaires en électrons). Lorsque l'on effectue deux dopages différents de part et d'autre du matériau semi-conducteur (création d'une jonction P-N), il en résulte, après attraction et recombinaison des porteurs majoritaires (électrons et trous), un champ électrique constant créé par la présence d'ions fixes positifs et négatifs (figure 6.2).

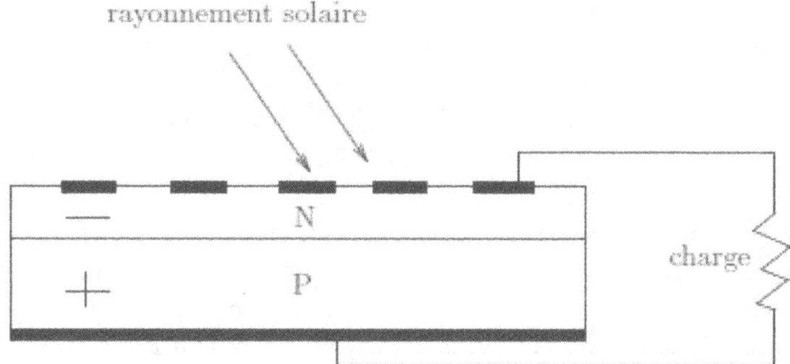

Figure 6.2 Représentation schématique d'une jonction P-N.

Leur charge s'annulant, il y a diminution de la concentration des porteurs dans une zone de très faible épaisseur (appelée «zone de transition»), qui a pour conséquence une forte réduction de la conductibilité. C'est seulement sous l'effet d'un rayonnement solaire incident que les électrons des bandes de valence du semi-conducteur vont pouvoir passer dans la bande de conduction et devenir libres. Cette distance énergétique entre la bande de valence et celle de conduction est appelée «gap». Lorsque l'énergie des photons incidents est supérieure à l'énergie du gap, l'apparition d'une paire électron-trou est susceptible de se produire. Sous l'effet du champ électrique créé par le dopage, les électrons sont acheminés vers la face avant de la jonction. Les trous issus du déplacement des électrons traversent la jonction pour retrouver les électrons dans la zone dopée P et se recombiner. De cette manière, un déplacement ordonné d'électrons apparaît, et un courant électrique est généré.

Une telle jonction P-N constitue la base d'une cellule photovoltaïque. La zone de porteurs de charges libres négatives (zone N) est appelée également «émetteur», et la zone de porteurs de charges libres positives (zone P) porte le nom de «base». Les connections électriques en faces avant et arrière ont pour rôle de récupérer les charges.

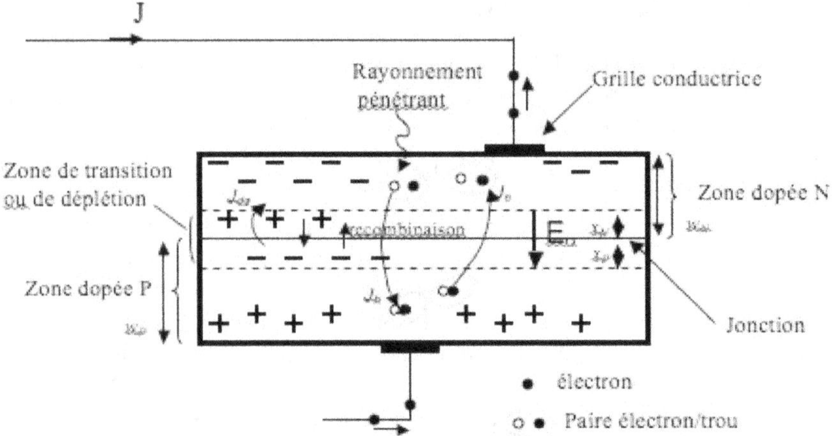

Figure 6.3 Principe de fonctionnement d'une cellule (en charge).

Parmi les technologies de cellules photovoltaïques existantes, deux grandes filières sont à distinguer en fonction du process de fabrication utilisé, la technologie des matériaux organiques étant encore éloignée des applications bâtiment d'un point de vue maturité et fiabilité :

— le matériau le plus courant pour les cellules photovoltaïques, encore appelées «photopiles», est de type cristallin (mono ou poly) ;

— la filière des couches minces (AsGa, CdTe, CIS et silicium amorphe hydrogéné). La fabrication s'en effectue dans un long tunnel sous vide, où les dépôts de couches et les connexions par laser se font automatiquement. La tendance est aux multicouches associant deux semi-conducteurs de sensibilité spectrale différente permettant de mieux valoriser le spectre solaire.

Plus les rendements sont élevés, plus la cellule coûte cher (et est réservée à des applications spatiales). C'est pourquoi l'on retrouvera, pour l'intégration au bâti, les technologies **silicium mono** (m-Si) et **polycristallin** (p-Si) et, pour les technologies dites à couches minces, le **silicium amorphe** (a-Si), et, plus récemment, pour certains vitrages le CIS.

Dépendance du rendement à la température de fonctionnement

Les photopiles, ou cellules photovoltaïques, sont des composants optoélectroniques qui transforment directement le rayonnement solaire en électricité.

La puissance électrique disponible aux bornes d'une cellule photovoltaïque est fonction de nombreux paramètres : du matériau photosensible, des caractéristiques spectrales du rayonnement incident, de la quantité d'énergie reçue, du traitement de la surface de la cellule, de ses dimensions géométriques, de la forme de la cellule, de la température de fonctionnement et de la charge qui lui est connectée.

Le matériau de base le plus utilisé est, comme nous l'avons vu, le silicium cristallin. Les puissances atteignables sont d'environ 120 watts-crête (Wc)/m² pour le silicium cristallin et de 60 watts-crête/m² pour l'amorphe à 20 °C.

Cette notion de fonctionnement relié à la température est plus ou moins importante suivant les technologies, les technologies couches minces étant bien moins sensibles. La figure 6.4 présente la dépendance de l'efficacité de conversion électrique par filière (Sorensen, 2000).

On remarque que les composants poly- ou monocristallin ont un rendement beaucoup plus sensible (chute de 0,4 à 0,6 %/°C) que celui des composants amorphes, dont la performance est moindre (baisse de 0,1 %/°C). Lorsque la température augmente, la tension diminue si l'irrradiance reste fixe (figure 6.11).

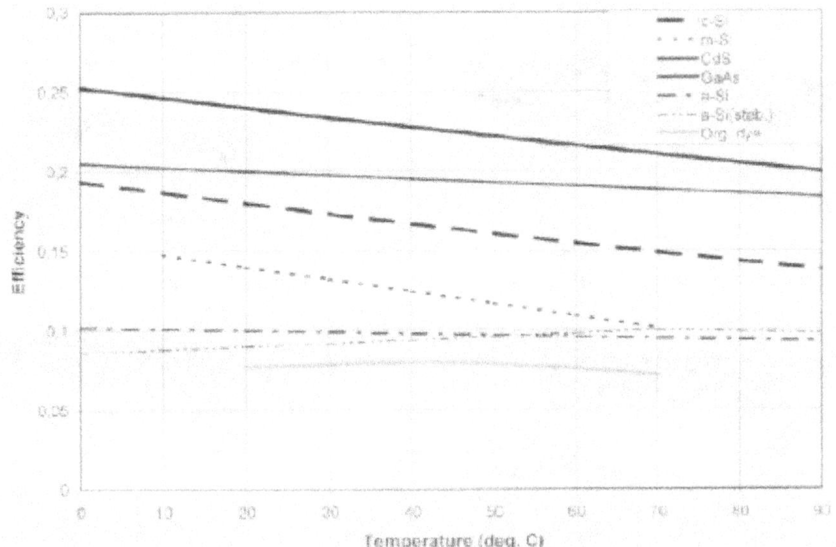

Figure 6.4 Dépendance de l'efficacité électrique des composants PV par filière.
(a-Si : silicium amorphe ; c-Si : silicium monocristallin ; m-Si : silicium polycristallin)

En général, une seule cellule ne permet pas d'alimenter directement un équipement électrique dont les tensions de fonctionnement sont normalisées (12, 24, 48 V). En effet, pour une cellule de 10 cm² de silicium cristallin par exemple, la tension électrique est voisine de 0,5 V et la puissance d'environ 2 W (sous un rayonnement solaire de 1 000 W/m²). Pour atteindre le voltage souhaité, plusieurs cellules doivent être connectées en série. Et pour obtenir la puissance souhaitée, plusieurs de ces séries de cellules peuvent être montées en parallèle. On obtient ainsi un panneau, appelé «module photovoltaïque», aux voltage et puissance désirés. L'enjeu de la modélisation des composants PV est donc bien, d'un point de vue thermique, de cerner leurs conditions opérantes influençant l'énergie instantanée générée, mais aussi le taux de dégradation des performances dans le temps. Cette problématique liée au vieillissement des modules reste encore très peu abordée d'un point de vue modélisation.

6.1.2 Typologie de capteurs photovoltaïques intégrés au bâtiment

Du point de vue de la modélisation et de la simulation, il est possible de dresser une typologie en fonction du niveau d'interaction thermique ente le capteur PV et le bâtiment (figure 6.5).

Le premier cas, le plus simple, correspond à des capteurs qui sont fixés sur l'enveloppe sans pour autant être complètement intégrés. C'est le cas, par exemple, de capteurs installés en toiture-terrasse et inclinés d'environ 45°, ou encore en garde-corps de balcons. L'interaction thermique entre le bâtiment et le capteur PV est négligeable. Viennent ensuite les cas où l'influence du capteur PV sur le bâtiment doit être prise en compte : modules PV placés en brise-soleil (en casquette de vitrage, par exemple, ou encore en tant que protection solaire en surtoiture).

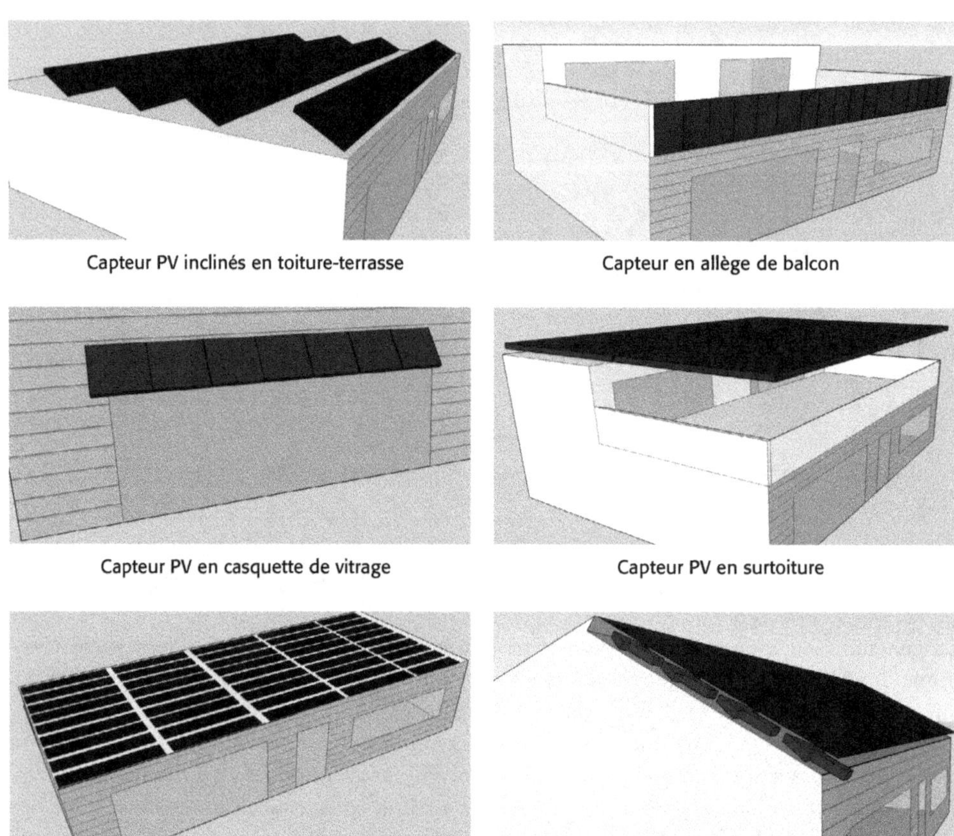

Capteur PV inclinés en toiture-terrasse

Capteur en allège de balcon

Capteur PV en casquette de vitrage

Capteur PV en surtoiture

Capteur PV en revêtement de toiture-terrasse

Capteur hybride PV-T à air

Figure 6.5 Exemples de quelques configurations d'intégration du photovoltaïque au bâtiment.

On peut ensuite considérer l'intégration dans l'enveloppe du bâtiment à proprement parler, c'est-à-dire le cas où le composant photovoltaïque joue aussi le rôle de couverture. On peut citer, par exemple, les modules PV intégrés en verrière, les modules intégrés dans des bacs acier, ces derniers étant placés contre un isolant, ou encore les modules en couche mince posés en revêtement de toiture-terrasse.

D'autre part, il existe la possibilité de récupérer la chaleur produite par le capteur soit en plaçant une lame d'air spécialement ventilée, soit en collectant cette chaleur via un circuit à eau. On parle, dans ce cas, de capteurs PV hybrides « PV-T » à air ou à eau, c'est-à-dire que le composant architectural associe un capteur PV et un capteur solaire thermique à air ou à eau (Chow *et al.*, 2012).

Cette typologie couvre de nombreux cas d'intégration, mais il existe quelques cas particuliers, comme certains capteurs hybrides PV-T à eau installés sur une toiture-terrasse et inclinés à 45° et qui ne sont pas intégrés à la couverture, mais il est toujours possible de simuler ces systèmes. Le Tableau 2 donne quelques exemples d'intégration du photovoltaïque au bâtiment. De tels capteurs peuvent, par ailleurs, être intégrés à un système du bâtiment pour le chauffage ou l'eau chaude sanitaire. C'est le cas, par exemple, d'un capteur PV-T hybride à eau relié à un chauffe-eau.

Il est aussi possible de relier un capteur PV-T à eau ou à air à une pompe à chaleur, comme représenté sur la figure 6.6. D'autres études ont porté sur des capteurs PV-T directement couplés à l'évaporateur de la PAC (figure 6.7). Ces derniers systèmes restent cependant encore à l'état de démonstration.

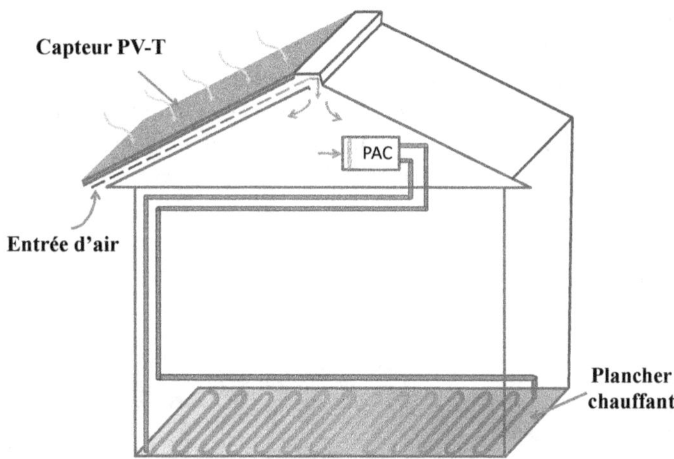

Figure 6.6 Capteur PV-T à air couplé à une pompe à chaleur placée dans les combles (Ben Nejma, 2012).

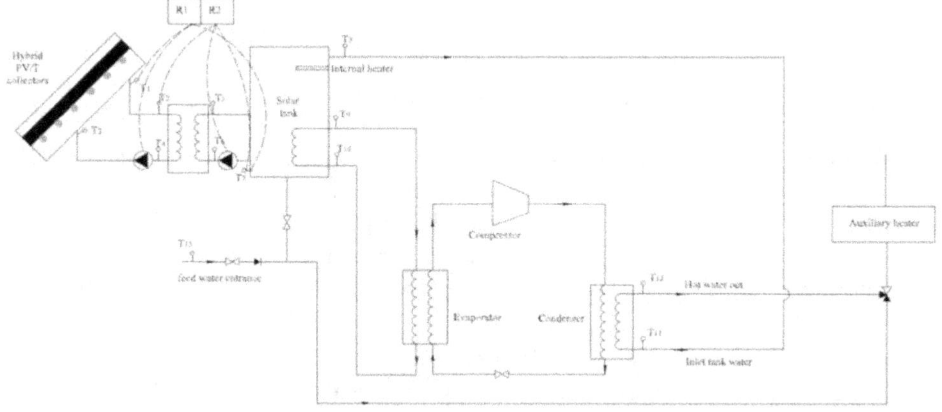

Figure 6.7 Exemple de capteur hybride PV-T couplé à une pompe à chaleur pour le chauffage d'un complexe sportif (Chow *et al.*, 2012).

6.2 Modélisation

La modélisation complète d'un capteur photovoltaïque intégré au bâtiment peut se décliner selon trois problématiques :
— modélisation de la production d'électricité ;
— modélisation thermique pour prendre en compte l'influence de la température et, éventuellement, la récupération de chaleur ;
— interaction thermique entre le capteur PV et le bâtiment. Cette partie sera développée au travers de quelques exemples d'intégration du photovoltaïque dans des outils de simulation du bâtiment.

6.2.1 Production électrique

Cette partie de la revue bibliographique est loin d'être exhaustive, car les travaux sur la modélisation thermique et électrique d'un module PV sont assez nombreux. Ils s'étendent de la modélisation du phénomène de conversion du rayonnement incident en électricité à la modélisation du composant PV dans ses conditions de fonctionnement.

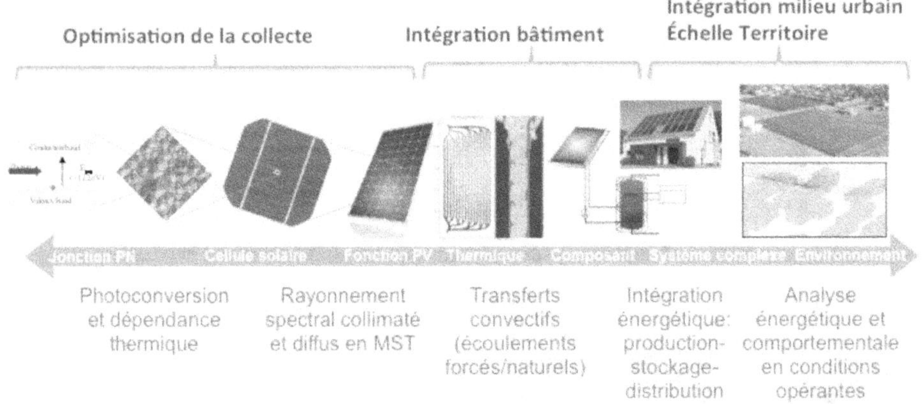

Figure 6.8 Approche multi-échelle de la production d'électricité PV.

Les deux approches en apparence différentes sont complémentaires pour un modèle complet de fonctionnement des modules PV. Une modélisation déficitaire des transferts thermiques peut entraîner une prévision erronée du champ de température, impactant l'efficacité électrique, même si cela est obtenu à l'aide d'un modèle pertinent. Réciproquement, un modèle purement thermique couplé à un modèle de conversion électrique non adéquat donnera des résultats erronés.

La plupart des modèles de conversion électrique basés sur une analogie diode font souvent appel à des corrélations expérimentales pour le courant de court-circuit ou de la tension en circuit ouvert, en fonction soit du rayonnement solaire total (du point de vue directionnel : rayonnement direct et diffus, et également du point de vue spectral) incident dans le plan du capteur, soit de la température de fonctionnement des cellules. Ce type de modèle décrit précédemment donne des résultats satisfaisants concernant l'efficacité électrique pour une température de fonctionnement réaliste (par exemple, issue des mesures) des modules, même si les hypothèses formulées peuvent parfois être remises en cause. Par contre, ce type de modèle ne donne pas des informations complètes (du point de vue de la répartition spectrale) sur l'énergie extraite du bilan thermique suite à la conversion. Un couplage de ce type de modèle avec un modèle de transferts thermiques va compromettre le champ de température, donc globalement l'efficacité de la conversion.

En outre, les modèles numériques les plus rudimentaires et assez souvent utilisés dans la littérature pour la détermination de la température des modules PV sont basés sur des corrélations de la température de fonctionnement en rapport avec la température ambiante et l'éclairement solaire total sur une surface horizontale.

Le modèle le plus communément employé, dit « modèle à une diode », est représenté par le schéma de la figure 6.9. Le courant d'intensité I_L représente le photocourant créé par les cellules photovoltaïques. En première approximation, ce courant électrique est proportionnel au rayonnement incident. Le courant d'intensité I_D est le courant de diode, et représente le courant de fuite interne à la cellule notamment causé par la jonction P-N de celle-ci. La résistance shunt R_{SH} représente un autre courant de fuite, et la résistance série R_S représente les pertes provoquées notamment par le contact électrique des cellules entre elles. Aux bornes d'une cellule PV (une cellule pouvant occuper une superficie, par exemple, de 100 cm²), nous disposons d'une tension V ainsi que d'un courant d'intensité I. Ce courant peut s'exprimer de la manière suivante :

$$I = I_L - I_D - \frac{V + IR_S}{R_{SH}} \tag{1}$$

On voit que le courant disponible aux bornes de la cellule est le photocourant généré par effet photovoltaïque diminué de différents courants de pertes.

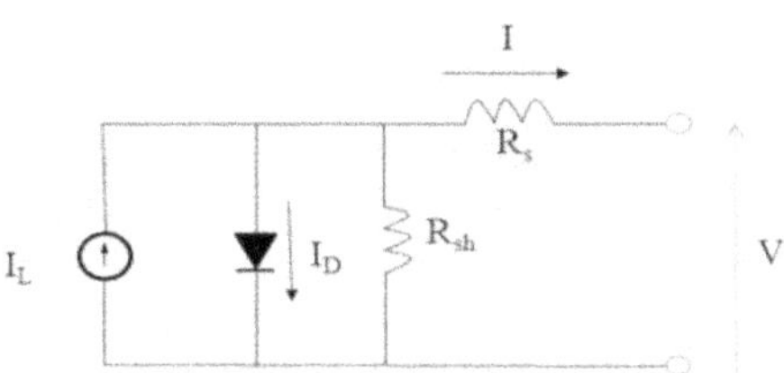

Figure 6.9 Modèle de cellule PV à une diode.

Le courant de diode dépend de la température dite de jonction T_J qui représente la température de fonctionnement de la cellule PV. Par la suite, on peut considérer dans nos applications que la température de la cellule PV est uniforme sur toute son épaisseur, et est égale à cette température de jonction. Comme mentionné précédemment, cette température va avoir une influence sur le rendement électrique du capteur PV. D'autre part, cette température dépendra notamment de l'intégration du capteur PV au bâtiment et de la possibilité ou non de transférer, voire de récupérer, la chaleur produite par le capteur.

Ce modèle est applicable à une cellule, mais également par extension à un module constitué de plusieurs cellules. Le fabricant mesure les caractéristiques du module, autrement dit la courbe caractéristique qui donne l'intensité I en fonction de la tension V disponible aux bornes de celui-ci. On voit d'après l'exemple donné sur la figure 6.10 que l'intensité délivrée par le module PV est, en première approximation, proportionnelle à l'irradiance solaire incidente.

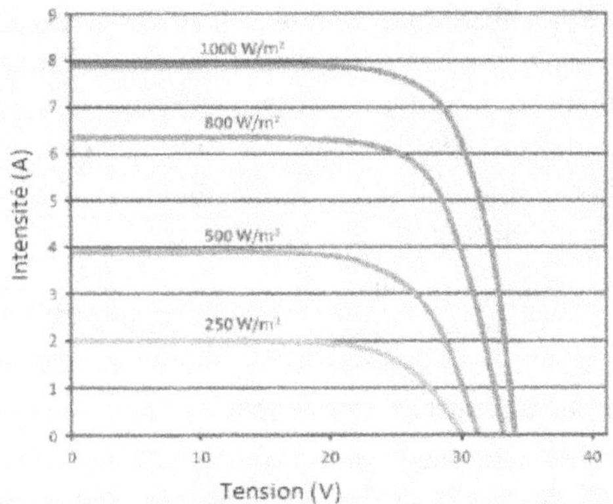

Figure 6.10 Exemple de courbe caractéristique de module PV en fonction de l'irradiance solaire incidente.

Les différents modules photovoltaïques sont ensuite reliés en série pour augmenter la tension électrique (afin de diminuer les pertes), et plusieurs de ces séries sont ensuite reliées en parallèle à un ou plusieurs onduleurs qui convertissent le courant continu en courant alternatif. Un onduleur peut être modélisé par une courbe de rendement qui dépend du niveau de puissance produit par les capteurs PV. La pratique consiste à sous-dimensionner légèrement la puissance nominale de l'onduleur par rapport à la puissance maximale que peuvent produire les capteurs PV, mais le modèle doit être capable de prendre en compte les plages de fonctionnement de l'onduleur en tension et en courant.

6.2.2 Prise en compte du comportement thermique du capteur PV

La figure 6.11 permet de mettre en évidence le fait que la courbe caractéristique dépend également de la température de fonctionnement des cellules (égale à la température de jonction T_j). On remarque que, lorsque cette température augmente, la tension et, par conséquent, la puissance diminuent. Comme expliqué précédemment, il est important de rappeler que, pour des modules fabriqués à partir de cellules à base de silicium cristallin, la perte de puissance est d'environ 0,5 % par degré supplémentaire. Si la température du module augmente de 10 °C, nous perdons 5 % sur la puissance électrique fournie.

Les modules à base d'autres matériaux peuvent avoir un comportement différent et être moins sensibles, comme nous l'avons vu figure 6.4. Mais de manière générale il est préférable de limiter la surchauffe du capteur pour améliorer sa durabilité.

6.2.3 Modélisation thermique

6.2.3.1 Cas du capteur non intégré à l'enveloppe (BAPV)

C'est le cas, par exemple, de capteurs installés en toiture-terrasse et inclinés d'environ 45° (correspondant environ à la latitude du lieu considéré), ou encore en garde-corps de balcons (figure 6.5). La température du capteur PV ne dépend que des sollicitations météorologiques extérieures et non du bâtiment (sauf si, dans certains cas particuliers, il faut prendre en compte l'albédo de la toiture, par exemple).

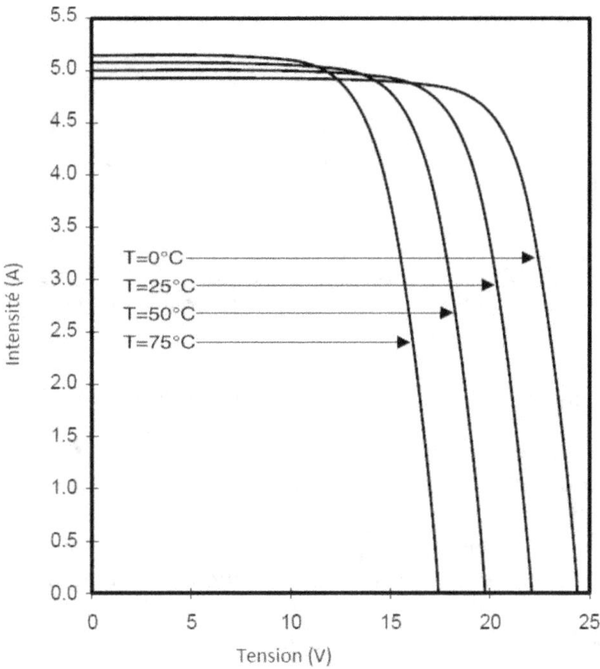

Figure 6.11 Exemple de courbe caractéristique d'un module PV en fonction de la température de fonctionnement des cellules.

La température de jonction T_J, c'est-à-dire la température de fonctionnement des cellules PV, est donnée par une relation assez simple : celle-là dépend de l'irradiance incidente et de la température extérieure, ainsi que d'un paramètre caractéristique du module : le NOCT (*Normal Operating Cell Temperature*). Ce paramètre est mesuré par les fabricants dans des conditions nominales (irradiance de 800 W/m² et température ambiante de 20 °C, vitesse de vent de 1 m/s). On trouvera, par exemple, pour un module fabriqué à partir de cellules au silicium cristallin un NOCT de 45 °C, c'est-à-dire qu'en fonctionnement nominal, la température des cellules PV sera de 45 °C. Cependant, ce paramètre ne prend pas en compte le type d'intégration au bâtiment, et en réalité la température de fonctionnement des cellules peut facilement dépasser les 70 °C.

6.2.3.2 Intégration à une paroi, sans circulation de fluide

C'est le cas, par exemple, de modules intégrés en verrière ou de modules PV intégrés en revêtement de toiture-terrasse (figure 6.5). Dans ce cas, le modèle précédent se basant sur le NOCT ne suffit plus, car la température des cellules PV dépend de la température de la paroi dans le cas d'une intégration en paroi, ou de la température de la zone se trouvant sous la verrière dans le cas d'une intégration en verrière par exemple.

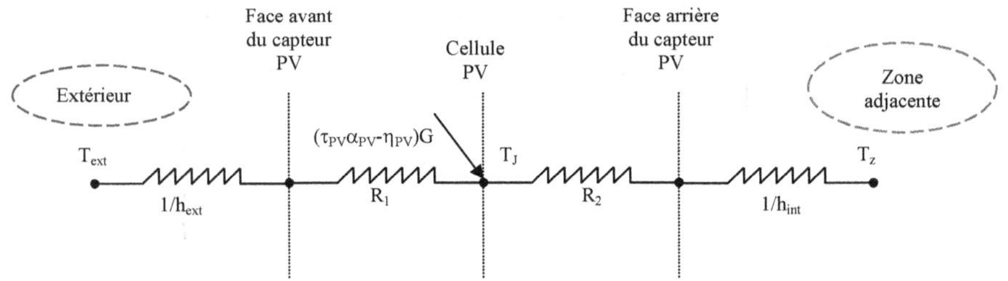

Figure 6.12 Exemple de modèle pour une intégration en verrière
(la masse thermique du capteur étant pour cette configuration considérée comme faible).

6.2.3.3   Intégration à une paroi, avec circulation de fluide

L'étape de l'analyse physique conduit à considérer les systèmes étudiés comme étant des structures thermiques au sein desquelles évoluent, de manière couplée et souvent avec une importance comparable, trois mécanismes différents de transfert de chaleur (diffusion de la chaleur, rayonnement thermique, transport d'énergie lié au transfert de masse) et le mécanisme de photoconversion. Les équations gouvernant l'évolution thermique de ces structures traduisent le couplage de ces phénomènes à travers l'expression de la conservation de l'énergie s'exprimant symboliquement sous la forme suivante :

$$\left\{ \begin{array}{c} \text{Flux} \\ \text{de} \\ \text{conduction} \end{array} \right\} + \left\{ \begin{array}{c} \text{Flux} \\ \text{de} \\ \text{rayonnement} \end{array} \right\} + \left\{ \begin{array}{c} \text{Flux} \\ \text{de} \\ \text{transport} \end{array} \right\} + \left\{ \begin{array}{c} \text{Flux} \\ \text{électrique} \end{array} \right\} + \left\{ \begin{array}{c} \text{Flux} \\ \text{externe} \end{array} \right\} = \left\{ \begin{array}{c} \text{Variation} \\ \text{d'énergie} \\ \text{interne} \end{array} \right\}$$

Les modèles thermiques développés sont très souvent à cette échelle basés sur une approche nodale. Il existe d'autres approches, dont celles modale pour les transferts de chaleur et zonale pour les transferts de masse, associées à différentes méthodes de couplage des phénomènes. Les coefficients d'échanges convectifs sont déterminés à partir de corrélations semi-empiriques permettant de les évaluer en fonction de la vitesse du vent pour les faces en contact avec l'extérieur ou pour des configurations de type canal ouvert, éventuellement incliné en fonction du nombre de Nusselt trouvé dans la littérature pour des configurations similaires.

À titre d'illustration, la figure 6.13 permet de représenter le modèle physique associé à une double façade photovoltaïque.

Les modèles sont donc développés sur la base d'une représentation simplifiée des transferts de chaleur et de masse basée sur une analogie électrique. Des nœuds en température sont, par conséquent, associés à des couches de matériaux telles que la couverture (vitrage), les différentes couches de matériaux d'un module PV, l'absorbeur, les tubes alimentant la boucle d'eau si elle existe, et les parois. Pour les fluides, la modélisation est traitée différemment si le fluide (air ou eau glycolée dans tube) circule ou non. Pour la lame d'air par exemple, elle est traitée différemment en termes de nombre de variables en température associée, suivant qu'elle est ventilée (configuration double peau, façade ou toiture) ou non (lame d'air confinée entre l'absorbeur et la couverture au sein d'un capteur solaire). Lorsqu'elle est ventilée, nous adoptons une discrétisation similaire aux approches zonales consistant à découper la lame d'air en macrovolumes, comme cela est montré sur la figure 6.13.

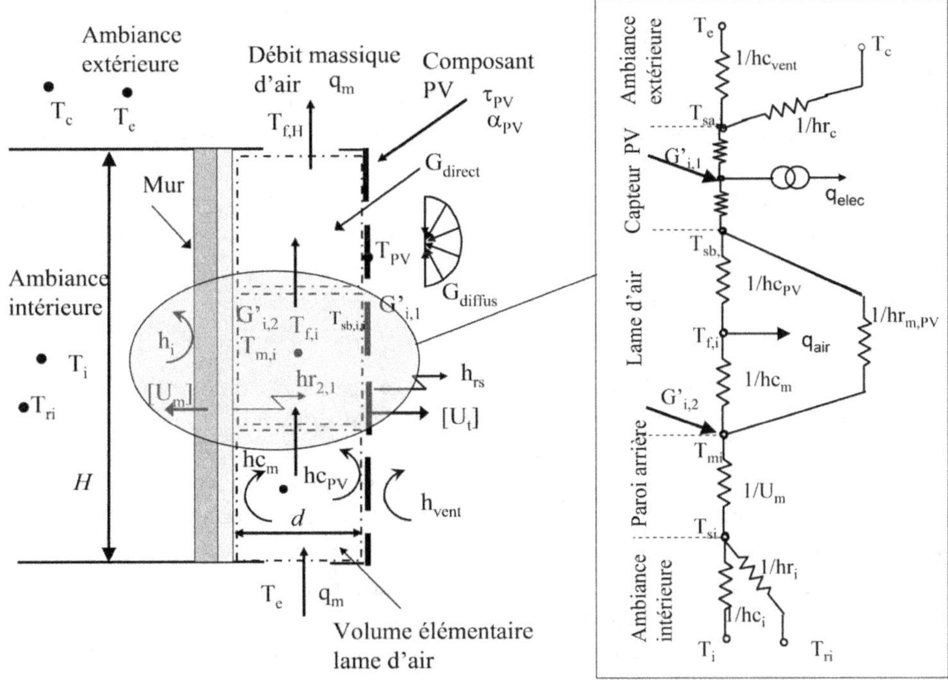

Figure 6.13 Modélisation des transferts de chaleur et de la conversion électrique couplée pour un capteur PV-T hybride à air.

D'un point de vue propriétés otiques et radiatives, il est classique de distinguer à cette échelle les courtes longueurs d'onde (C.L.O.) des grandes longueurs d'onde (G.L.O.). Sont alors considérées comme paramètres les émissivités de la couverture, du module PV et des parois éventuelles. Pour le module PV et la couverture vitrée, le modèle intègre le coefficient d'absorption et de transmission pour la gamme courtes longueurs d'onde. L'approche consiste, pour les échanges internes au composant, à appliquer la méthode des radiosités afin de déterminer les flux surfaciques nets en surface.

Dans le cas d'une lame d'air ventilée (double peau), deux formes de ventilations sont envisagées : une configuration estivale où l'on visera une ventilation naturelle (convection naturelle) et une configuration hivernale où l'on recourt à une ventilation mécanique afin de valoriser l'air préchauffé pour les besoins du bâtiment (convection forcée ou mixte). Pour ces configurations, les deux informations principales sont : le débit massique d'air dans la veine ainsi que les échanges de chaleur fluide/paroi. Pour le cas où l'on utiliserait une ventilation mécanique (convection forcée ou mixte), le débit massique de l'air sera un paramètre d'entrée du modèle.

Les transferts de chaleur fluide/paroi sont alors caractérisés de manière classique par un coefficient de transfert thermique par convection h_{conv} (éq. 2). Ce coefficient d'échange est fonction de corrélations empiriques donnant le nombre de Nusselt Nu en fonction du nombre de Reynolds $(R_e = \rho_{air} \cdot V_{air} \cdot D_{hla}/\mu_{air})$, de la conductivité thermique de l'air k_{air} et d'une longueur caractéristique de la conduite qui est, par exemple, le diamètre hydraulique de la lame d'air (D_{hla}) :

$$h_{conv} = Nu \cdot k_{air}/D_{hla} \qquad (2)$$

Pour le cas d'un écoulement de convection naturelle, il nous faut déterminer le débit massique de l'air circulant dans la lame par effet cheminée. La détermination de ce débit est effectuée à partir des bilans de conservation de la masse et de la quantité de mouvement sur le fluide circulant dans la lame ainsi que du bilan enthalpique sur l'air. Cela revient à formuler l'équation de Bernoulli, exprimée en débit massique, entre l'entrée et la sortie du canal en considérant l'air comme étant incompressible mais dilatable (Boussinesq) et en tenant compte des forces de frottement (dépendant de la rugosité des parois et de l'écoulement caractérisé par le nombre de Reynolds) et des pertes de charge à l'entrée et à la sortie du canal. L'effet du vent est aussi à prendre en considération.

L'équation obtenue est donc une équation du troisième degré de la forme :

$$a.\dot{m}^{3''} + b.\dot{m}^2 + c.\dot{m} + d = 0 \tag{3}$$

Ce débit massique est modulé par un paramètre appelé « paramètre de stratification » (Brinkworth, 2000) ou par un paramètre d'effet cheminée (Sandberg, 2002). Ce paramètre prend en compte le fait que la température moyenne de l'air au sein de la lame d'air n'évolue pas de manière linéaire, phénomène qui s'accentue encore si la lame d'air n'est pas chauffée sur toute sa longueur. Cela intervient au niveau de l'évaluation de la masse volumique moyenne ρ_m au sein de la lame d'air.

L'évaluation des transferts de chaleur par convection s'effectue alors, suivant le régime d'écoulement (laminaire-turbulent) déterminé par le nombre de Rayleigh, à partir de corrélations *Nu-Ra* identifiées dans la littérature pour des configurations proches des nôtres (canal vertical, incliné…).

6.2.4 Intégration dans un outil de simulation thermique du bâtiment

L'intégration d'un modèle de capteur photovoltaïque intégré au bâtiment dépend de l'outil de simulation thermique utilisé. Les démarches présentées ci-dessous concernent des outils tels que Pléiades+ Comfie ou TRNSYS, par exemple.

Le cas le plus simple correspond, par exemple, au capteur PV intégré en toiture-terrasse et incliné.

Du point de vue de la simulation, les deux modules informatiques qui vont simuler chacun le capteur PV et le bâtiment peuvent opérer indépendamment, autrement dit sans qu'aucun des paramètres de l'un des deux modules ne dépende de l'autre.

Vient ensuite le cas où l'influence du capteur PV sur le bâtiment doit être prise en compte. C'est le cas, par exemple, de modules PV placés en brise-soleil (en casquette de vitrage, par exemple, ou encore en tant que protection solaire par-dessus une toiture). Connaissant les données géométriques de cette intégration architecturale, il est possible de décrire le capteur PV en tant que

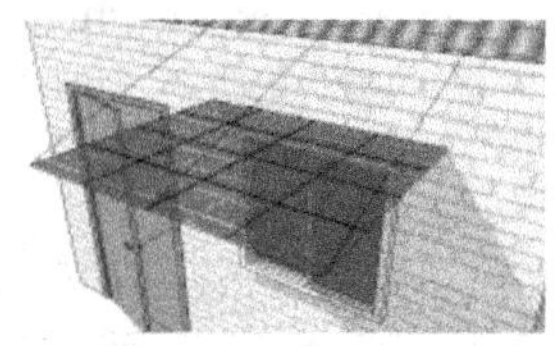

masque architectural. Cependant, la température du capteur PV reste toujours indépendante de celle du bâtiment.

Dans ce cas, l'interaction thermique entre le capteur PV est relativement simple : celle-ci est prise en compte lors de la saisie des données du bâtiment (et ensuite à chaque pas de temps de simulation, puisque ce masque architectural aura une influence sur le rayonnement solaire incident sur les parois du bâtiment).

On peut ensuite considérer l'intégration dans l'enveloppe du bâtiment à proprement parler, c'est-à-dire le cas où le composant photovoltaïque joue aussi le rôle de couverture, par exemple. Dans ce cas, le bâtiment influence la température du capteur PV. On peut citer, par exemple, les modules PV intégrés en verrière ou encapsulés dans des bacs en acier, ces der-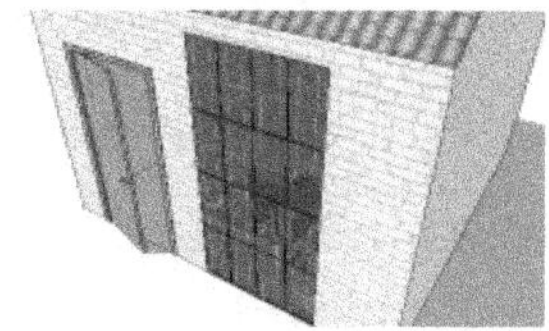niers étant placés contre un isolant, ou encore les modules en couche mince posés en revêtement de toiture-terrasse. Bien qu'il s'agisse d'intégrations bien différentes du point de vue architectural, le principe de modélisation de l'influence du bâtiment sur la température du capteur PV est similaire : dans le cas de la verrière, la température du module PV dépend de la température de la zone placée sous la verrière (figure 6.12), et dans le cas du bac en acier, la température du module PV dépend de la température de la paroi dans laquelle est intégré le capteur PV. Mais dans les deux cas, c'est bien le modèle de bâtiment qui fournit ces températures.

Inversement, le capteur PV influence la température du bâtiment. Mais cette influence est relativement simple à prendre en compte par rapport au cas du capteur hybride PV-T : il suffit d'intégrer les caractéristiques thermophysiques des modules PV dans le modèle de paroi correspondant. Dans le cas d'une verrière, il s'agit notamment du coefficient U du double vitrage dans lequel sont intégrées les cellules, ainsi que du facteur solaire g qui dépend notamment du taux de transparence si les cellules sont espacées ou s'il s'agit de modules sérigraphiés (ce facteur solaire g dépendant également du coefficient d'absorption des cellules photovoltaïques). Dans le cas du bac en acier, le coefficient d'absorption des cellules photovoltaïques est également à prendre en compte. Dans les deux cas, ce coefficient d'absorption du rayonnement solaire par les cellules PV dépend de la production électrique (c'est-à-dire qu'il faut déduire du coefficient d'absorption le rendement électrique du capteur).

Puis, toujours dans le cas de capteurs PV intégrés à l'enveloppe, nous avons la possibilité de récupérer la chaleur produite par le capteur soit en plaçant une lame d'air spécialement ventilée, soit en collectant cette chaleur par un circuit à liquide caloporteur. On parle, dans ce cas, de capteurs PV hybrides « PV-T » à 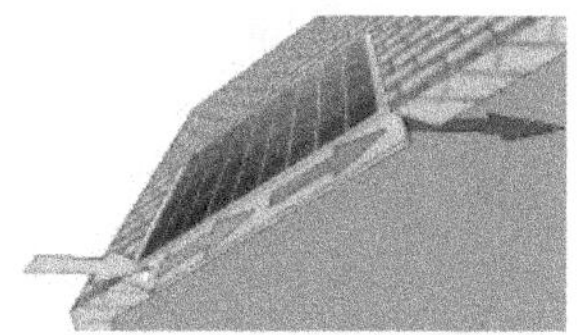air ou à eau, c'est-à-dire que le composant architectural associe un capteur PV et un capteur solaire thermique à air ou à eau. Du point de vue de la simulation, il faut alors intégrer un modèle de capteur solaire thermique pour obtenir un modèle de capteur PV-T hybride, comme exposé dans la section précédente. Autrement dit, la température du capteur PV est influencée par la température du capteur solaire thermique à air (ou à eau), qui elle-même peut être influencée par la température de la partie adjacente du bâtiment. Inversement, la température du bâtiment va être influencée par la température du capteur hybride PV-T.

De manière générale, la plupart des modèles de bâtiment peuvent simuler un capteur solaire à air, mais de manière simplifiée. Mais si on veut modéliser la température du capteur thermique ou encore celle du capteur PV plus finement, alors il faut utiliser un modèle de capteur thermique en plus du modèle de bâtiment pour obtenir un modèle de capteur PV-T hybride, et sélectionner le niveau de détail du modèle en fonction de l'objectif de la simulation.

6.3 Application de la simulation à des projets de démonstration

6.3.1 Simulation pour BIPV en configuration double peau ventilée

Cette configuration d'intégration est très délicate à modéliser et fait encore l'objet de nombreuses études à différentes échelles. Ces études portent autant sur l'analyse des mécanismes physiques pilotant les écoulements de convection naturelle en canal et les transferts de chaleur aux parois associées que sur l'échelle 1, en considérant toute la complexité des modes de transferts régissant le comportement de ces composants d'enveloppe et leurs influences sur les performances énergétiques des bâtiments. Parmi les difficultés restant d'actualité, nous pouvons indiquer : les corrélations permettant de prendre en compte les transferts de chaleur convectifs aux parois, la prise en compte de l'effet du vent et, le cas échéant, de l'humidité au sein de la lame d'air.

Pour ce cas d'application, nous partons de la modélisation d'un composant d'enveloppe double peau PV semi-transparent tel que présenté sur la figure 6.14. Il s'agit d'un prototype de façade développé dans le cadre du projet Ressources (Prebat, 2007, puis Ademe).

Les bases du modèle développé en convection naturelle ont été présentées précédemment et sont illustrées sur la figure 6.13.

Figure 6.14 À gauche : prototype d'une double façade PV à section prismatique (orientation sud-ouest) conçue et intégrée sur le site de HBS Technal à Toulouse. Au centre : éléments prismatiques PV et vitrés. À droite : schéma de la façade et des trois zones considérées pour l'instrumentation et la modélisation (zonale).

Le prototype fait 7,40 m de hauteur, 4 m de longueur et (en moyenne) 60 cm de largeur, implanté et monitoré sur un immeuble occupé de bureaux (Gaillard *et al.*, 2014). La façade est divisée en trois zones incluant le zonage sur les composants PV. La modélisation a respecté le même zonage. Le modèle aéraulique de la lame d'air a donc aussi été découpé en trois macrovolumes considérés, par contre, à température et pression uniformes, de 2,30 m, 2,80 m et 2,30 m de hauteur. La surface d'une cellule PV est 15,24 cm × 15,24 cm. Les blocs 1 et 3 comprennent cent cellules PV, alors que le bloc 2 en contient cent vingt. La puissance crête pour le bloc 1 et le bloc 3 est de 375 Wc, et de 450 Wc pour le bloc 2. Le coefficient d'absorption des vitrages est de 0,2, et le coefficient de transmission est de 0,8 sous incidence normale. Le modèle considère un degré de semi-transparence pouvant permettre de regarder l'influence de la densité de cellules PV. Il a été confronté aux expérimentations en ventilation naturelle sur une séquence de neuf jours au mois de juin (figure 6.15). Les variables météorologiques mesurées ont servi de variables d'entrée au modèle. Les résultats sont globalement satisfaisants tant sur les débits massiques calculés que concernant l'état thermique du composant. Cependant, pour certaines séquences climatiques (vent et faible ensoleillement), les écarts observés peuvent être importants. Cela reste un problème ouvert en convection naturelle, comme nous l'avons indiqué précédemment.

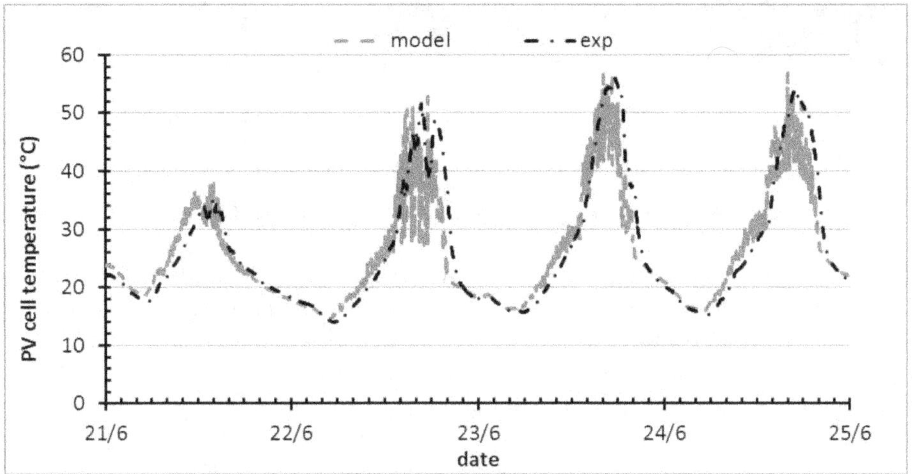

Figure 6.15 Température des modules PV mesurée et calculée durant quelques jours d'été.

Les impacts de tels composants dépendent du degré d'opacité de la façade (densité de cellules), lesquels, suivant les périodes chaudes ou froides, sont positifs ou plutôt négatifs sur le bâtiment (apports, dissipations de chaleur, etc.).

6.3.2   Préchauffage d'air neuf

Un projet de démonstration au Danemark[1] a eu notamment pour objectif d'étudier l'intégration de capteurs photovoltaïques en allège de balcon de logements collectifs. Une lame d'air placée derrière le capteur PV permet de préchauffer l'air neuf arrivant dans le local (figure 6.16). La chaleur ainsi produite par le capteur PV permet de réduire les besoins de chauffage. Mais pour évaluer l'apport solaire utile à la réduction de ces besoins de chauffage, il est nécessaire de simuler l'ensemble « capteur PV intégré + bâtiment ». Car on se retrouve dans une configuration relativement classique avec production d'énergie solaire pour le chauffage : la production utile (en termes de réduction des besoins de chauffage) dépend notamment de la corrélation entre les besoins de chauffage et la production de chaleur par le capteur solaire thermique.

---

1.   Projet européen PV-VENT.

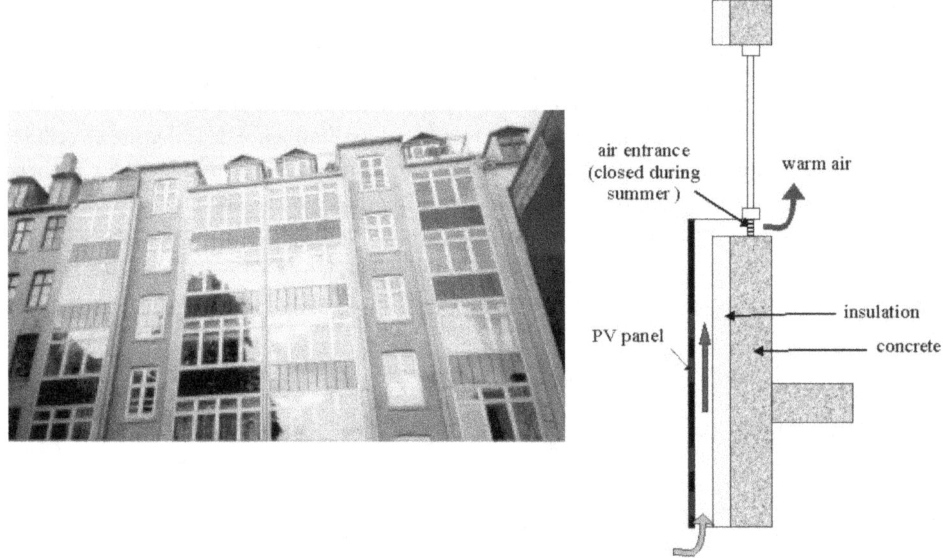

Figure 6.16 Capteurs PV intégrés en allège de balcon avec préchauffage d'air neuf.

La figure 6.17 donne les résultats de productivité utile du capteur hybride PV-T (en énergie primaire) obtenus à partir de simulations menées pour ce type de bâtiment, et pour deux stations météo situées en France : Trappes et Nice. On voit bien que la production d'électricité est plus élevée à Nice, alors que la production thermique utile est plus élevée à Trappes, puisque les besoins de chauffage sont plus importants à Trappes qu'à Nice.

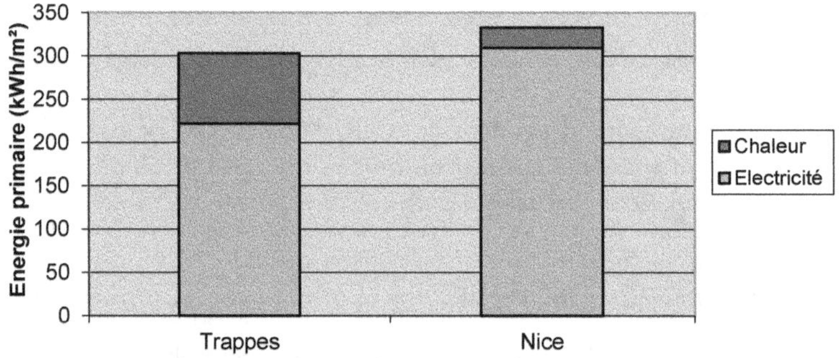

Figure 6.17 Productivité annuelle du capteur hybride PV-T pour deux climats différents. Résultats obtenus par simulation (Guiavarch, 2003).

6.3.3 Couplage photovoltaïque et pompe à chaleur

Dans le cadre du projet PACAirPV soutenu par l'Agence nationale de la recherche, un système couplant photovoltaïque intégré au bâtiment et pompe à chaleur a été étudié puis installé dans un bâtiment démonstrateur[1].

---

1. Locaux de l'entreprise Cythélia à Montagnole (73).

Une lame d'air étanche a été placée sous le capteur, afin de créer un capteur hybride PV-T à air. Une unité de ventilation placée dans les combles crée une circulation d'air. Cette unité de ventilation est associée à un échangeur air/eau, pour transférer la chaleur récupérée à une PAC eau/eau placée dans le local technique situé en sous-sol. Cette PAC chauffe ensuite un ballon de stockage pour finalement alimenter des ventilo-convecteurs. La PAC peut également chauffer un ballon d'eau chaude sanitaire.

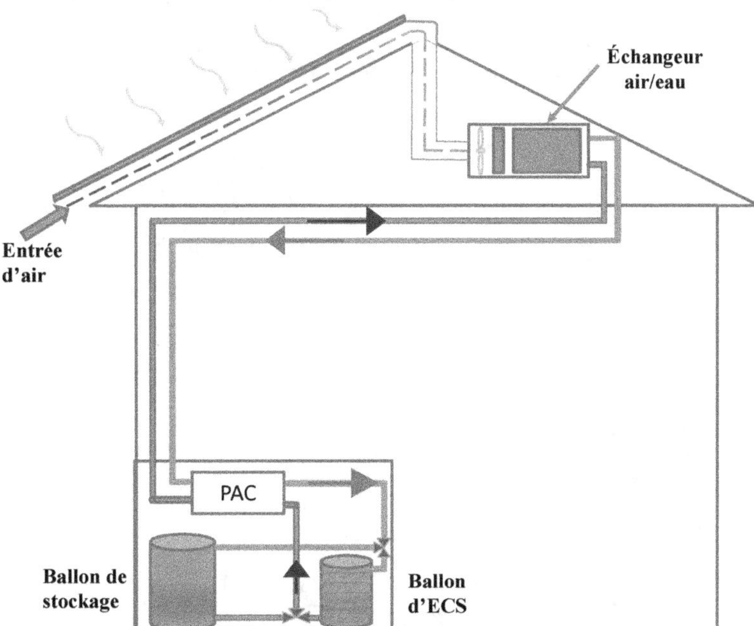

Figure 6.18 Capteur hybride PV-T à air couplé à une PAC. Intégration au bâtiment démonstrateur «Petite maison zen» (projet PACAirPV soutenu par l'ANR).

Les mesures ont permis de valider dans un premier temps le modèle de production électrique. Sur la figure 6.19, on constate un écart entre simulation et mesures en fin de journée, cela étant dû à la présence d'un arbre mal pris en compte dans la simulation. La figure 6.20 permet de comparer la température d'air simulée en sortie de capteur avec les mesures sur trois jours du mois de novembre. On constate une bonne concordance entre la simulation et les mesures, sauf dans la soirée et une partie de la nuit. Cet écart peut provenir de phénomènes radiatifs ou convectifs particuliers mal pris en compte dans le modèle. Cependant, cette erreur a peu d'influence sur le bilan énergétique du système PV+PAC, puisqu'elle se produit lorsque le capteur PV ne fonctionne pas.

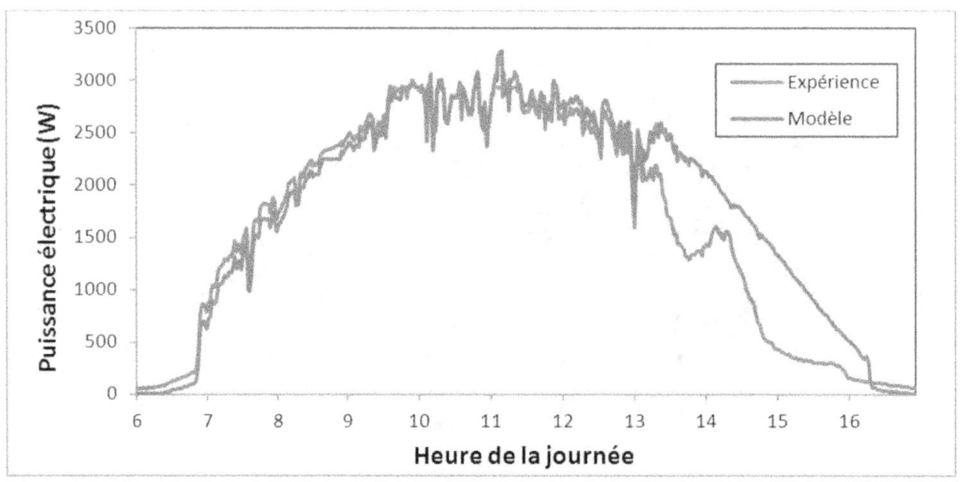

Figure 6.19 Production électrique du capteur PV installé sur la Petite maison zen, comparaison entre simulation et mesures.

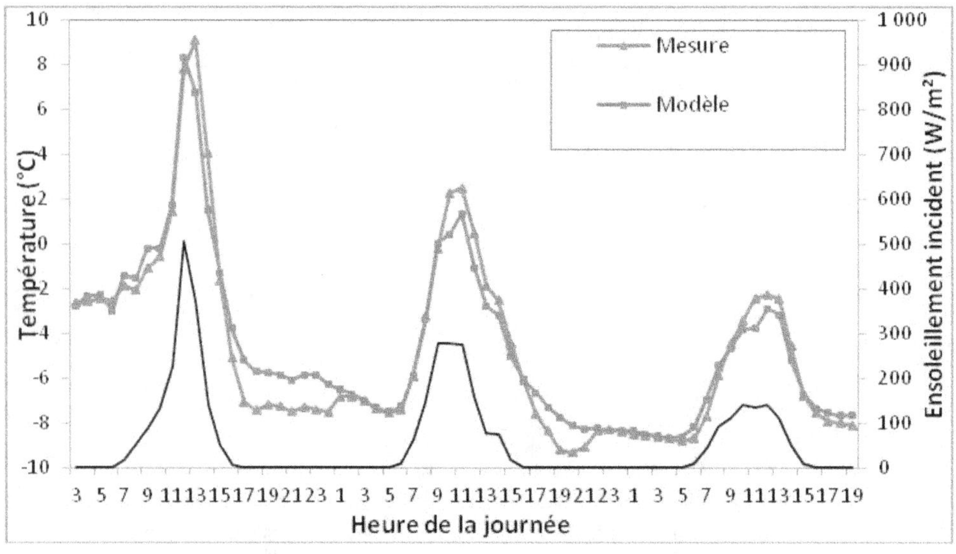

Figure 6.20 Température d'air en sortie de capteur, comparaison entre mesures et simulation, pour trois jours de novembre (trait noir continu : irradiance incidente) (Ben Nejma, 2012).

Pour le deuxième cas d'étude, nous proposons un système PV-T assistant une pompe à chaleur pour répondre aux besoins en chauffage d'un centre sportif. Le schéma du système est présenté figure 6.7. Le capteur hybride utilisé est celui développé dans le cadre du projet Phototherm. Il s'agit d'un capteur hybride à eau à couverture vitrée. Le système de chauffe-eau solaire est constitué de capteurs solaires hybrides connectés en série, d'un échangeur à plaques et d'un réservoir de stockage. Du côté chaud de l'échangeur de chaleur, le fluide caloporteur dans les capteurs solaires circule en fonction de l'écart de température entre la partie supérieure du réservoir de stockage et la sortie capteur. Cette circulation est asservie à un contrôleur *on/off* ayant comme consigne supérieure 10 °C et 2 °C en partie inférieure. Du côté froid de l'échangeur de chaleur, l'eau froide est soutirée du bas du réservoir et acheminée dans l'échangeur pour retourner au réservoir de stockage à plus haute température. Le courant d'alimentation en eau est divisé en deux parties : une partie entre par le bas du réservoir de stockage, une autre est mélangée avec la sortie de la pompe à chaleur. La proportion des deux flux est contrôlée par un mitigeur en fonction de la température de consigne souhaitée. Après avoir été préchauffée par le système solaire et, éventuellement, la puissance électrique dans le réservoir, l'eau passe au niveau de la pompe à chaleur pour réchauffage. Le chauffage d'appoint à l'intérieur du réservoir de stockage solaire n'est actif que l'hiver. L'appoint extérieur permet d'assurer le niveau de température de la piscine pour lequel la consigne s'est révélée supérieure à la température de l'eau fournie en considérant les pertes thermiques liées au système de distribution.

La simulation de l'ensemble du système a été réalisée sous l'environnement TRNSYS. À part le modèle du capteur solaire hybride vitré développé sur les bases du capteur vitré du projet Phototherm, le reste des composants est disponible dans la modélothèque du code. Le capteur hybride PV/T à eau, vitré de manière à monter en température, a été développé sur les bases du prototype mis au point dans le cadre de la thèse de P. Dupeyrat (Dupeyrat, 2011).

Le gain mensuel d'énergie des capteurs est montré sur la figure 6.21 : Q_u représente l'énergie thermique utile des capteurs, et E_{pv} la génération d'électricité. Les apports thermiques des capteurs coïncident avec le rayonnement solaire. La génération thermique la plus basse correspond au premier quart de l'année, période durant laquelle le niveau d'irradiation solaire est relativement faible. L'apport le plus important est de 5,08 E+04 kWh en chaleur et de 9,57E+03 kWh en électricité pour le mois de juillet. L'efficacité thermique (figure 6.22) de chaque capteur varie entre 0,37 et 0,57 durant l'année, alors que l'efficacité électrique PV est relativement constante et varie entre 10,1 % et 10,7 %. Sur l'année, l'efficacité moyenne thermique et l'efficacité moyenne électrique sont respectivement de 49,3 % et de 10,3 %. Une efficacité globale de 76,3 % est obtenue en considérant un coefficient de conversion chaleur/électricité de 0,38 (pour Hong-Kong).

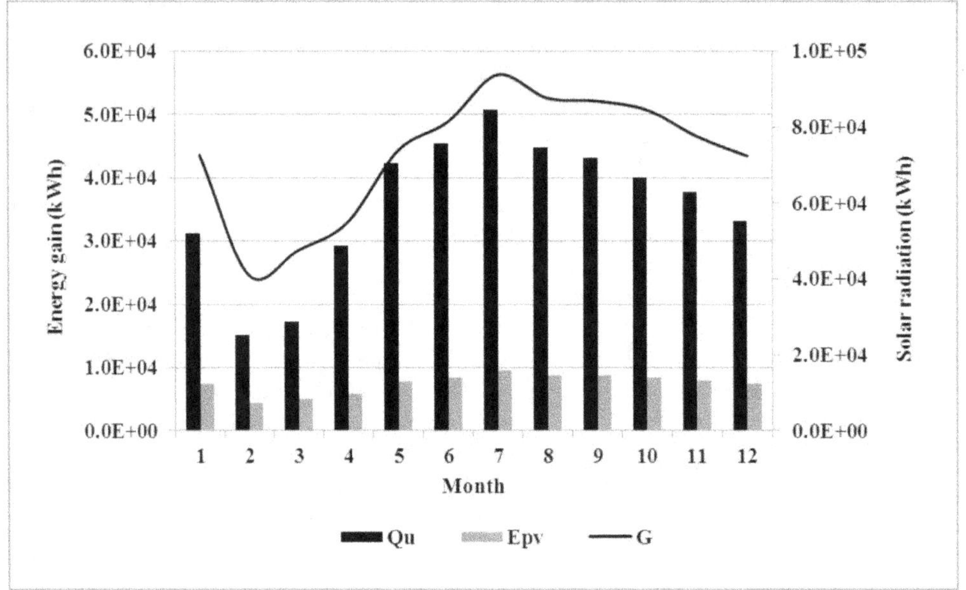

Figure 6.21 Production mensuelle d'énergie thermique et électrique,
et irradiation mensuelle incidente dans le plan des capteurs.

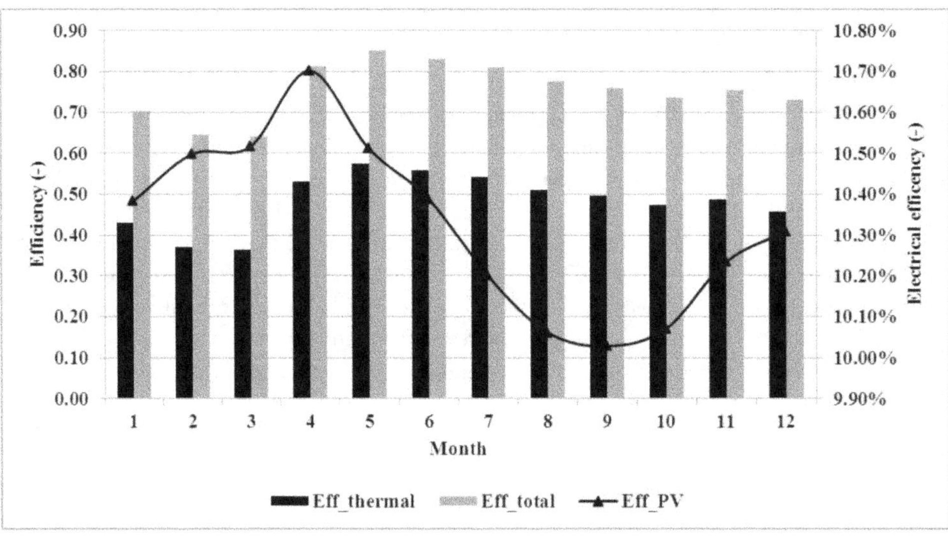

Figure 6.22 Efficacité mensuelle thermique et électrique des capteurs.

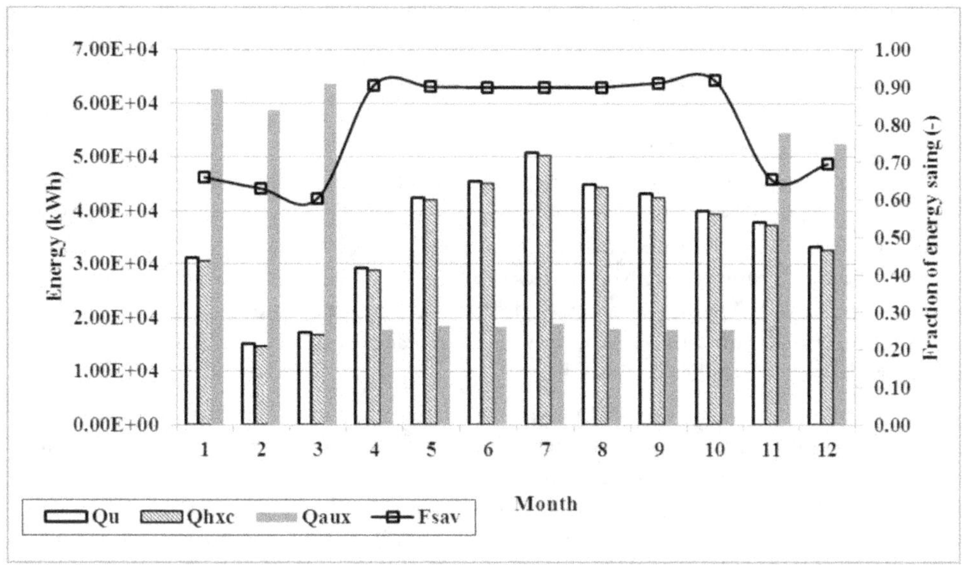

Figure 6.23 Monthly system auxiliary energy consumption and the energy saving.

La figure 6.23 permet d'illustrer le niveau d'énergie solaire délivrée au réservoir de stockage Q_{hxc} ainsi que la consommation d'énergie auxiliaire (chauffage auxiliaire, composants de la pompe à chaleur). On peut voir qu'une partie de l'énergie utile captée par les capteurs solaires est perdue au niveau de l'échangeur de chaleur. L'énergie auxiliaire consommée est, bien entendu, plus importante en hiver qu'en été. La petite puissance auxiliaire interne est active afin d'atteindre un certain niveau de température souhaité avant passage dans la pompe à chaleur. Par rapport à un chauffage conventionnel (chaudière), le taux d'économie d'énergie s'élève à environ 65 % durant l'hiver et atteint autour de 90 % dans les périodes chaudes.

6.4   Perspectives

L'un des principaux problèmes de fonctionnement d'un champ de modules photovoltaïques est lié à un fonctionnement différentiel des panneaux photovoltaïques qui induisent des pertes de rendement par rapport à la somme des productibles potentiellement atteignables par chacun des modules PV. Deux causes principales de cet effet « *mismatch* » ont été pointées dans la littérature » : la dispersion des propriétés électriques et la non-uniformité du rayonnement solaire incident sur les modules PV. En vieillissant, les modules photovoltaïques d'une même installation peuvent se comporter d'une manière différente suivant la configuration d'installations intégrées essentiellement due à différentes conditions thermiques plus sensibles par rapport aux configurations non intégrées. Les outils d'aide à la conception des capteurs PV ne prennent pas en considération ces effets *mismatch*, que l'on peut d'ailleurs retrouver à l'échelle d'un module si les cellules sont à des températures différentes.

Les pertes par *mismatch* électrique ont été étudiées principalement à partir de deux méthodes : synthèse de circuit de générateur photovoltaïque global, à partir des paramètres électriques (par exemple, courant de court-circuit et tension de circuit ouvert) d'un module unique ; synthèse statistique de circuit de générateur photovoltaïque réalisée au moyen d'un arrangement aléatoire d'une population de modules avec des paramètres électriques définis par une fonction de densité de probabilité (PDF).

Pour la conception de composants intégrés photovoltaïques (BIPV), le choix du modèle devient important, puisque les interactions thermiques avec l'enveloppe du bâtiment peuvent conduire à des conditions de fonctionnement éloignées des conditions de référence et nécessitant un traitement multidimensionnel des capteurs. Cela a été mis en évidence notamment pour différentes architectures d'intégration série-parallèle en considérant les différences de température entre les modules. Enfin, ce type de modèle étendu a été utilisé pour simuler des configurations série-parallèle de modules.

Enfin, même si les niveaux de fonctionnement des composants PV sont mieux cernés tout comme leur influence sur l'efficacité énergétique des bâtiments, il reste nécessaire de mieux connaître la ressource solaire en milieu urbain à travers notamment : l'analyse des caractéristiques spectrales du rayonnement dont la partie diffuse est plus importante (albédo et émission des bâtiments environnants), l'influence de la pollution et notamment de dépôts de poussières sur les modules et leur performance dans le temps, et une meilleure prise en compte des masques dans le contexte d'une production d'énergie répartie à l'échelle du territoire urbain.

D'un point de vue réglementaire, la prochaine réglementation thermique à l'horizon 2020 prévoit de rendre obligatoire la conception de bâtiments à énergie positive, et le photovoltaïque sera probablement une des solutions les plus utilisées pour atteindre ce niveau de performance. Cependant, il est probable que ce niveau de performance à atteindre soit modulé notamment en fonction du nombre d'étages du bâtiment pour ne pas pénaliser certains choix de densification urbaine. Dans tous les cas de figure, il convient de pouvoir intégrer le photovoltaïque dans toutes les phases de conception du bâtiment, depuis l'esquisse jusqu'au projet détaillé en passant par le dépôt du permis de construire. Une modélisation à l'échelle de l'îlot semble aussi pertinente pour, par exemple, mutualiser certains champs de capteurs photovoltaïques pour, au final, obtenir un bilan à énergie positive à cette échelle. Par ailleurs, les futures réglementations auront probablement pour objectif d'intégrer autant que possible les aspects environnementaux. De nombreuses études ont montré l'intérêt environnemental des systèmes photovoltaïques (temps de retour énergétique inférieur à trois ans en moyenne), et un moyen de répondre aux nombreuses questions posées est de, par exemple, intégrer le photovoltaïque à un outil de simulation d'analyse du cycle de vie du bâtiment.

6.5 Bibliographie

Ben Nejma H. (2012). *Étude de l'interaction thermo-aéraulique entre un capteur PV et une pompe à chaleur (PAC) intégrés à un bâtiment basse énergie.* Thèse de doctorat, Mines Paris-Tech.

Brinkworth B. J., Marshall R. H., Ibarahim Z. (2000). « A validated model of naturally ventilated PV cladding ». *Solar Energy*, vol. 69, n° 1, p. 67-81.

Chow T.T., Tiwari G.N., Ménézo C. (2012). «Hybrid solar: a review of Photovoltaic and Thermal Power Generation Integration». *International Journal of Photoenergy*.

Dupeyrat P. (2011). *Experimental development and simulation investigation of Photovoltaic-Thermal hybrid solar collector*. Thèse de doctorat, Insa de Lyon.

Gaillard L., Giroux-Julien S., Ménézo C., Pabiou H. (2014). «Experimental evaluation of a naturally ventilated PV double-skin building envelope in real operating conditions». *Solar Energy*, vol. 103, may 2014, 223-241.

Guiavarch A. (2003). *Étude de l'amélioration de la qualité environnementale du bâtiment par intégration de composants solaires*. Thèse de doctorat, université de Cergy-Pontoise.

Gutschner M., Nowak S. & Toggweiler P. (2001). *Potential for Building Integrated Photovoltaics*. Report IEA-PVPS T7 - 04, 2001 (summary).

Muresan C. (2005). *Étude des transferts thermiques rayonnement spectral–conduction–convection naturelle dans des systèmes photovoltaïques hybrides en vue de leur integration au bâti*. Thèse de doctorat, Insa de Lyon.

Sandberg M., Moshfegh B. (2002). «Buoyancy-induced air flow in photovoltaic facades. Effect of geometry of the air gap and location of solar cell modules». *Building and Environment*, vol. 37, 211-218.

Sorensen H., Munro D. (2000). Hybrid PV/Thermal collectors». *2nd World Solar Electric Buildings Conference*, Sydney, Australia, 8th-10th March 2000.

Weiss L., Amara M., Ménézo C. (2015). «Impact of radiative heat transfer on photovoltaic module temperature». *Progress in Photovoltaics: Research and applications*.

Yohanis Y.G., Norton B. (1999). «Utilization factor for building solar-heat gain for use in a simplified energy model». *Applied Energy*, vol. 63 (4), 227-239.

CHAPITRE 7

Systèmes électriques

(R. Bennacer & M. Ruellan)

7.1   Introduction

Dans les bâtiments à basse consommation, les apports métaboliques et électriques internes peuvent devenir déterminants (apports de chaleur) pour une meilleure gestion de l'énergie globale.

L'intégration d'une modélisation de ces apports dus à la consommation des appareils électriques, associée à une modélisation thermique globale prenant en compte les différents autres apports, devient nécessaire à une meilleure compréhension du comportement et à une meilleure gestion de ces nouveaux bâtiments.

De nombreuses études se sont intéressées à la modélisation des apports internes, à savoir les apports solaires, les apports dus à la présence des occupants [1-2] ou encore à l'utilisation d'appareils électriques. La prise en compte du comportement des occupants et de l'influence de celui-ci sur l'utilisation (ou non) des appareils devient également nécessaire afin de mieux comprendre les diversités de comportement des bâtiments [3].

Alors que la modélisation « fine » de ces apports a été développée, la modélisation thermique des appareils électriques a été très peu étudiée, ceci en raison de l'incertitude de leur utilisation, de la densité de petites puissances ainsi que de la dynamique thermique relativement non maîtrisée et donc supposée négligeable relativement à la dynamique du bâtiment.

Seul un modèle statique de gains thermiques des appareils électriques en fonction de leur consommation d'énergie et leurs profils d'utilisation ont été adoptés dans plusieurs outils de simulation énergétique des bâtiments représentatifs [4 -5].

Cependant, le contexte évolue. En effet, le nombre d'appareils électriques augmente, leur fonction devient plus diversifiée et leur densité de puissance à l'intérieur d'un bâtiment se développe malgré leur efficacité supérieure [6].

Dans les bâtiments récents, ces apports devenant prépondérants, les gains doivent être modélisés de manière plus détaillée, et un pas de temps plus court de simulation est nécessaire. La puissance cumulée dépasse dans certains cas les puissances des taches solaires et devient donc du même ordre que le signal (chauffage).

Nous établissons un protocole de classification et de caractérisation des appareils électriques en premier lieu. Dans une seconde partie, nous nous concentrons sur l'impact thermique de la dissipation de chaleur des appareils électriques sur les bâtiments en appliquant un modèle thermique dynamique des appareils électriques. Alors qu'un modèle classique ne prend en considération que le profil de puissance ou la densité de puissance des appareils électriques, le modèle dynamique utilisé ici contient également des caractéristiques thermiques d'appareils électriques.

7.2   Classification et caractérisation

Dans un premier temps, une classification des appareils a été effectuée. Elle permet par la suite d'établir différents modèles thermiques des appareils en fonction de leur comportement.

Ces modèles sont ensuite intégrés à une simulation de bâtiment. L'impact thermique du modèle sur les bâtiments en termes de demande d'énergie de chauffage pendant l'hiver et de confort thermique des occupants est alors pris en compte.

7.2.1   Classification des appareils électriques

Un appareil électrique consomme de l'énergie électrique $P_{elec}(t)$ pour son fonctionnement. L'énergie électrique de l'appareil $E_{elec}(t)$ est convertie en d'autres formes d'énergie, à savoir la chaleur, la masse et le travail. Fondamentalement, tous les appareils électriques produisent de la chaleur par effet Joule. En outre, lorsque le travail implique un mouvement de translation ou de rotation, certains phénomènes sont irréversibles, comme un frottement mécanique par exemple. Un ventilateur électrique, un réfrigérateur ou encore une machine à laver génèrent de la chaleur correspondant au travail mécanique des moteurs électriques. Une partie de l'énergie peut être également transformée en ondes acoustiques ou électromagnétiques. Ces formes d'énergie peuvent également être converties en chaleur. Ainsi, les appareils pour lesquels $E_{elec}(t)$ est totalement convertie sous forme de chaleur sont classés comme étant des « systèmes de chauffage (**SC**) ».

Cependant, certains appareils voient une partie de leur énergie $E_{elec}(t)$ convertie en un travail tel que le broyage (concassage ou meulage). Dans ce cas, la forme définitive du travail n'est pas la chaleur. Par conséquent, ces appareils électriques, pour lesquels les formes finales de l'énergie ne sont pas seulement la chaleur, mais aussi un travail, sont classés comme « systèmes avec travail (**ST**) ».

Après avoir classé l'appareil électrique comme **SC** ou **ST**, on le caractérise du point de vue thermodynamique comme « système fermé (**SF**) » ou « système ouvert (**SO**) ». Ces définitions sont fondées sur l'échange de chaleur et de masse. Les deux systèmes échangent de la chaleur avec le local, mais seuls les systèmes ouverts échangent de la masse avec l'extérieur, *i.e.* de l'enthalpie.

Presque tous les appareils électriques échangent leur chaleur sans transfert de masse. Ils seront donc classés **SF**. On peut citer le réfrigérateur, la télévision, l'ordinateur ou encore le sèche-cheveux (une partie de l'énergie est perdue vers l'extérieur sous une forme acoustique mais supposée négligeable). Inversement, l'appareil classé **SO** peut transférer à la fois de l'énergie et de la «masse». C'est le cas du lave-vaisselle et de la machine à laver ou du sèche-linge, par exemple.

Tableau 7.1

	Énergie & masse	Travail	Fermé	Ouvert	Exemple
SCF	1		1		Ordinateur
STF		1	1		Robot ménager
SCO	1			1	Lave-vaisselle
STO		1		1	Machine à laver

7.2.2   Modèle thermique des appareils électriques

Selon la classification ci-dessus, les appareils électriques sont classés d'après deux caractéristiques : il y a les systèmes ouverts (**SO**)/fermés (**SF**) et les systèmes fournissant un travail (**SC/ST**). On obtient ainsi quatre combinaisons. Le flux d'alimentation d'un appareil électrique est décrit par l'équation ci-dessous :

$$P_{elec}(t) = \Phi_{chauff}(t) + P_{meca}(t) + \Phi_{ap_ouvert}(t) \tag{1}$$

$P_{elec}(t)$ est la puissance électrique absorbée par l'appareil électrique. $P_{meca}(t)$ est la puissance mécanique, $\Phi_{chauff}(t)$ et $\Phi_{ap\text{-}ouvert}(t)$ sont les flux thermiques surfacique et par échange de fluide à travers la paroi de l'appareil électrique. À partir de ces catégories, un modèle thermique générique d'appareil électrique a été proposé. De la première loi de la thermodynamique, nous pouvons établir que :

$$\Delta U_{ap} = \delta Q_{ap} - \delta W_{ap} \tag{2}$$

$$\frac{dU_{ap}}{dt} = P_{elec}(t) - \Phi_{ap}(t) - \Phi_{ap_ouvert}(t) - P_{meca}(t) \tag{3}$$

où U_{ap}, Q_{ap} et W_{ap} sont respectivement l'énergie, la quantité de chaleur et le travail de l'appareil électrique. $\Phi_{ap}(t)$ et $\Phi_{ap_ouvert}(t)$ sont les flux de chaleur et le flux de masse généré par l'appareil.

L'expression de l'échange de chaleur à la surface de l'appareil, $\Phi_{ap}(t)$, englobe les échanges conductif, convectif et radiatif :

$$\Phi_{ap}(t) = \Phi_{ap_cond}(t) + \Phi_{ap_conv}(t) + \Phi_{ap_rad}(t) = \frac{1}{R_{ap}}\left(T_{ap}(t) - T_i(t)\right) \tag{4}$$

L'expression de la puissance échangée en système ouvert, $\Phi_{ap_ouvert}(t)$, *i.e.* appareil traversé par un débit massique de fluide D_{flux}, est :

$$\Phi_{ap_ouvert}(t) = \frac{1}{R_{ap_ouvert}}\left(T_{ap}(t) - \xi T_e(t)\right) \tag{5}$$

où

$$\frac{1}{R_{ap_ouvert}} = \rho c_p D_{flux} = \rho c_p \int_S v_{flux} dS_{flux} \tag{6}$$

La puissance mécanique est donnée par l'équation suivante :

$$P_{meca}(t) = \eta P_{elec}(t) \tag{7}$$

où Φ_{ap_cond}, Φ_{ap_conv} et Φ_{ap_rad} sont respectivement le flux de chaleur provenant des phénomènes de conduction, de convection et de rayonnement. R_{ap_cond}, R_{ap_conv}, R_{ap_rad} sont les résistances thermiques de conduction, de convection et de rayonnement. R_{ap} est la résistance thermique totale de l'appareil. T_{ap} est la température de surface de l'appareil. T_i et T_e sont les températures interne et externe de la pièce dans laquelle l'appareil est placé. R_{ap_ouvert} est la résistance équivalente du flux de « masse ». ξ est le rapport entre la température externe de « masse » T_{em} et T_e. ρ, c_p, D_{flux} et v_{flux} sont respectivement la densité, la chaleur spécifique, le débit et la vitesse de la masse qui entre et sort de l'appareil. S_{flux} est la surface du tuyau dans le lequel la masse entre et sort de l'appareil. Enfin η est le rendement mécanique de l'appareil.

Des équations (3) à (7), un modèle générique est déduit :

$$C_{ap}\frac{dT_{ap}(t)}{dt} = (1-\eta)P_{elec}(t) - \frac{1}{R_{ap}}\left(T_{ap}(t)-T_i(t)\right) - \frac{1}{R_{ap_ouvert}}\left(T_{ap}(t)-\xi T_e(t)\right) \tag{8}$$

où C_{ap} est la capacité thermique de l'appareil. En suivant les analogies thermique-électrique, le modèle générique de l'appareil électrique (Éq. 8) peut être également décrit par le schéma de la figure 7.1.

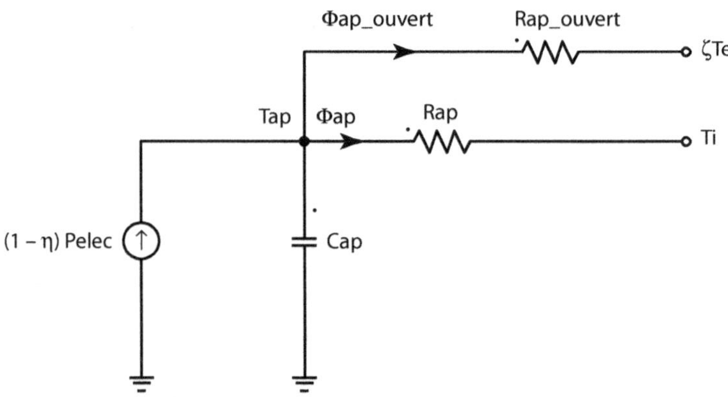

Figure 7.1 Modèle thermique générique des appareils électriques.

Le tableau 7.2 présente des exemples de valeurs possibles des paramètres thermiques R_{ap_ouvert} et η. Ces valeurs dépendent de la catégorie des appareils. Par exemple, si le système est fermé (**SF**), ce qui signifie que le flux de masse de l'appareil électrique est nul, la valeur de R_{ap_ouvert} est considérée comme infinie. Si le système est ouvert (**SO**), R_{ap_ouvert} a une valeur finie. En outre, dans le cas d'un système dégageant de la chaleur (**SC**), le rendement de l'appareil η est égal à zéro. Inversement, le rendement η d'un système « avec travail » **AT** est compris entre zéro et 1.

Tableau 7.2 Valeurs des paramètres thermiques selon la catégorie des appareils électriques.

	SF	**SO**
SC	$R_{ap_ouvert} \rightarrow \infty$ $\eta = 0$	$0 < R_{ap_ouvert} \ll \infty$ $\eta = 0$
ST	$R_{ap_ouvert} \rightarrow \infty$ $0 < \eta < 1$	$0 < R_{ap_ouvert} \ll \infty$ $0 < \eta < 1$

À partir du modèle générique établi ainsi que des paramètres détaillés dans le tableau 7.2, les modèles mathématiques de chaque classe d'appareils électriques, à savoir **SCF**, **STF**, **SCO** et **STO**, sont donnés ci-dessous :

SCF :

$$C_{ap}\frac{dT_{ap}(t)}{dt} = P_{elec}(t) - \frac{1}{R_{ap}}\left(T_{ap}(t) - T_i(t)\right) \tag{9}$$

STF :

$$C_{ap}\frac{dT_{ap}(t)}{dt} = (1 - \eta)P_{elec}(t) - \frac{1}{R_{ap}}\left(T_{ap}(t) - T_i(t)\right) \tag{10}$$

SCO :

$$C_{ap}\frac{dT_{ap}(t)}{dt} = P_{elec}(t) - \frac{1}{R_{ap}}\left(T_{ap}(t) - T_i(t)\right) - \frac{1}{R_{ap_ouvert}}\left(T_{ap}(t) - \xi T_e(t)\right) \tag{11}$$

STO :

$$C_{ap}\frac{dT_{ap}(t)}{dt} = (1 - \eta)P_{elec}(t) - \frac{1}{R_{ap}}\left(T_{ap}(t) - T_i(t)\right) \tag{12}$$

Les paramètres du modèle R_{ap}, C_{ap}, R_{ap_ouvert} sont directement calculés lorsque les propriétés physiques et les caractéristiques des appareils sont connues. Cependant, les propriétés physiques des appareils sont rarement connues. Il est donc difficile d'obtenir les valeurs exactes des paramètres, d'autant qu'elles peuvent varier suivant le fonctionnement de l'appareil, les conditions extérieures, l'usure de l'appareil, l'écoulement, etc.

7.2.3 Modélisation électrique – Thermique des courbes de charge des appareils électriques

Nous cherchons à estimer à la fois l'apport de chaleur des appareils électriques et la relation de cet apport par rapport au profil de puissance électrique consommée (déphasage, dans le cas le plus simple). Pour cela, nous avons installé un appareil électrique (en l'occurrence, un réfrigérateur) dans une salle quasi adiabatique [7-8]. Nous avons relevé la température au cours du temps en différentes positions de la salle et de l'appareil (figure 7.2). Les enregistrements ont concerné les températures internes au réfrigérateur (capteurs 1 et 2 : haut et bas), internes à la salle (capteurs 3 et 4 : proximité du réfrigérateur et au centre de la pièce) et la température externe (capteur 5). La consommation électrique est enregistrée à l'aide d'une prise-capteur de puissance SEM-NZR. Cette prise nous permet de relever l'intensité, la tension ainsi que la puissance active avec des pas de temps définis (une minute dans la présente étude).

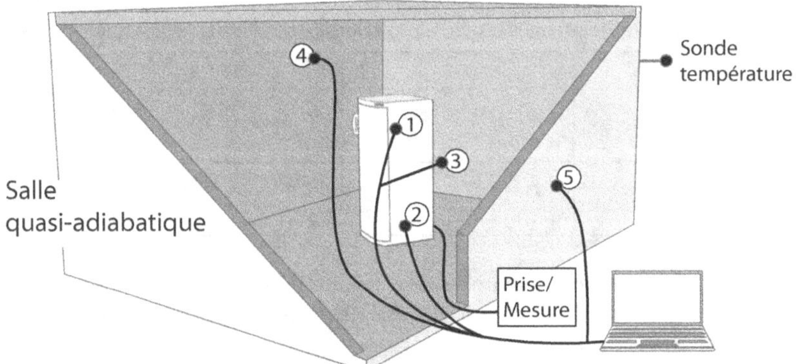

Figure 7.2 Dispositif expérimental et instrumentation pour les mesures
des profils de puissance électrique et des températures.

Un exemple de relevé des températures et de la puissance électrique consommée par le réfrigérateur est représenté sur la figure 7.3-a. Cette figure illustre clairement le type de régulation de l'appareillage, où les températures de mise en route et d'arrêt (sondes 1 et 2) de la PAC sont des consignes constantes dans le temps. Elles sont respectivement de l'ordre de 5 °C et de − 2,5 °C. Ces deux consignes coïncident bien avec la puissance enregistrée par la prise. Cette puissance injectée, afin d'assurer le fonctionnement du réfrigérateur, induit un échauffement de la pièce. Cet échauffement est illustré par la dérive en température (sondes 3 et 4) au cours du temps. Le caractère ondulatoire est dû, d'une part, à l'énergie produite lors du fonctionnement du réfrigérateur, qui génère un accroissement de la température à sa proximité immédiate, d'autre part, à la diffusion qui tend à homogénéiser le champ de température sur la salle (décroissance de T) lorsque l'appareil est à l'arrêt.

La régulation du réfrigérateur fait des appels de puissances cycliques qui engendrent un échauffement. L'échauffement est dû, d'une part, à l'énergie transférée de l'intérieur de l'appareil vers la salle, d'autre part, aux irréversibilités et échauffements au niveau du compresseur et du circuit. Nous pouvons observer un déphasage entre le moment où la puissance est consommée et le moment où la chaleur est dégagée (figure 7.3-b). À partir de ce relevé, nous pouvons estimer ce déphasage et définir l'échauffement dans la salle en fonction de la température ambiante.

Ainsi, nous supposons une équation de la forme : $P/P_0 \sim (1-e^{-\sigma\tau})$, où τ est le temps (en secondes) et σ le temps caractéristique (amortissement) qui exprime le déphasage entre la puissance électrique injectée et la puissance calorifique au sein de la pièce. Cet amortissement est dicté par la caractéristique de fonctionnement de la machine, la capacité calorifique de l'appareil et la capacité calorifique de l'air environnant. Il est donné par : $\sigma = C_{sys}/(m\,C_p)$. Pour le cas présent, $\sigma = 0,002$.

Nous signalons que lors du fonctionnement d'été, la puissance dégagée contribuera à l'accroissement de la température de la salle et donc à l'inconfort. Par ailleurs, cet échauffement induira un fonctionnement plus prononcé du réfrigérateur afin de maintenir la température de consigne. Cette interdépendance fâcheuse s'entretient, s'amplifie et engendre une consommation électrique plus importante, qui croît avec l'accroissement de température comme illustré sur la figure 7.4.

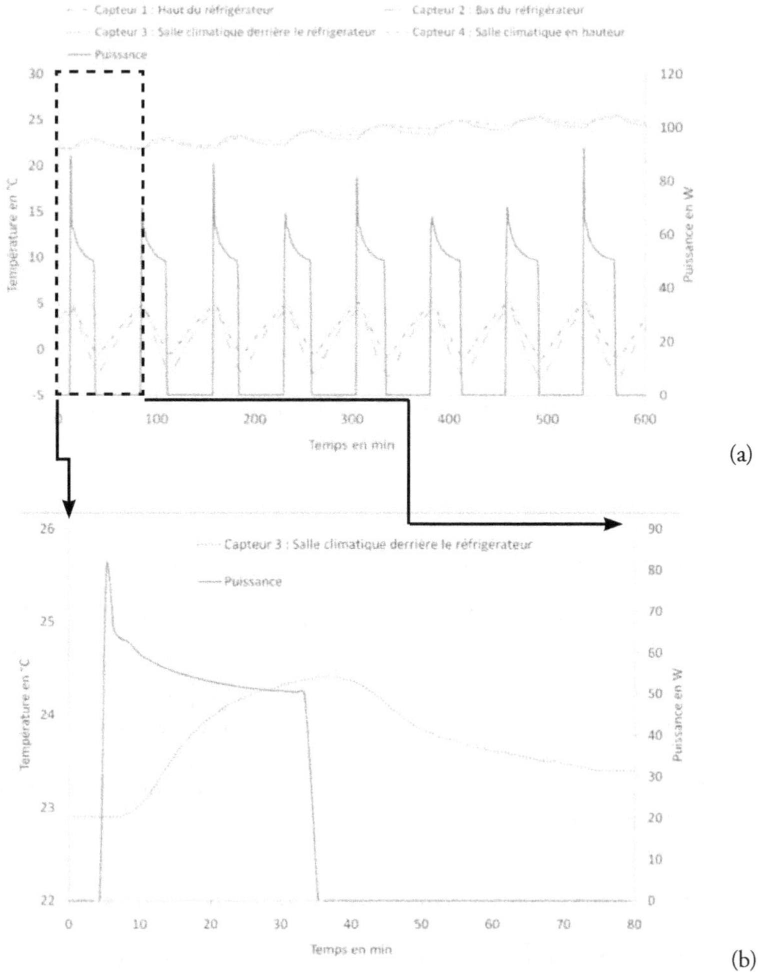

Figure 7.3 Puissance électrique du réfrigérateur et température dans la salle au cours du temps (a) et sur un seul cycle (b).

La détermination des valeurs de ces paramètres a été effectuée, dans notre cas, à l'aide des méthodes d'identification ARX et ARMAX [9]. Nous avons ainsi identifié les caractéristiques de quelques appareils : un réfrigérateur, un four, un ordinateur. Des exemples de puissances nominales pour les appareils communément présents dans les foyers sont donnés dans le § 13.6.

Nous avons sélectionné différents appareils électriques pour cette étude. Le total de leurs niveaux de consommation d'énergie est de 200 à 1 200 W.

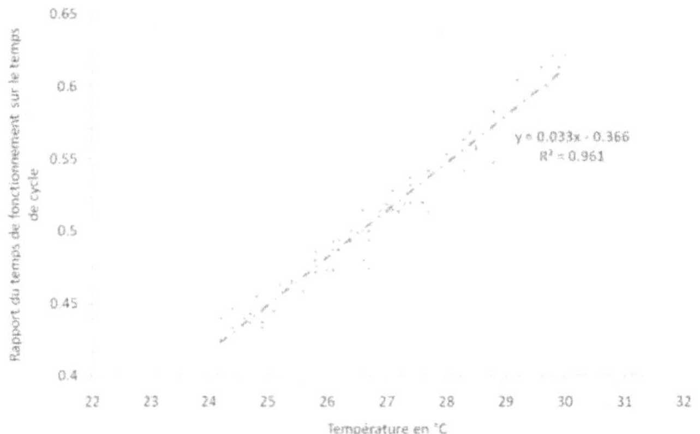

Figure 7.4 La puissance électrique effective consommée par le réfrigérateur
en fonction de la température de la salle.

7.3 Influence des appareils électriques sur les consommations du bâtiment

Nous étudions ici l'impact des consommations des appareils électriques sur le comportement du bâtiment en intégrant les modèles exposés précédemment à une simulation de bâtiment. Nous comparons cet impact sur deux types de bâtiments : un bâtiment correspondant aux critères de la RT 05, puis le même bâtiment en termes de dimensions mais avec des performances thermiques améliorées [10].

7.3.1 Description et propriétés du bâtiment

Le bâtiment choisi est présenté sur la figure 7.5 et ses dimensions sont résumées dans le tableau 7.3.

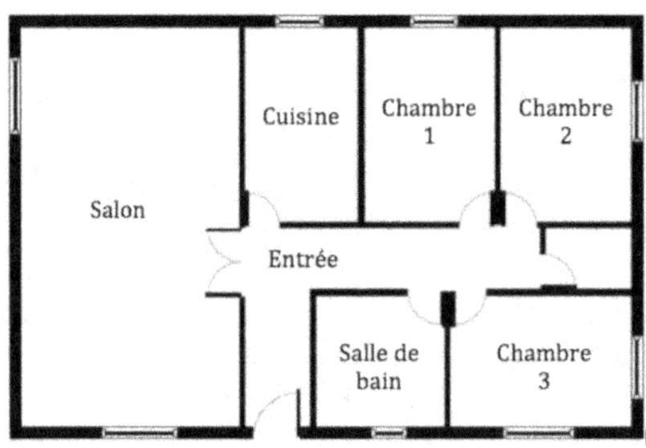

Figure 7.5 Plan de la maison.

Tableau 7.3 Dimensions de la maison.

Zone	Hauteur (m)	Surface (m²)	Volume (m³)	Fenêtre	
				Direction	Surface (m²)
Salon	2,5	36,90	92,25	Ouest	2,80
				Sud	2,90
Cuisine		9,52	23,79	Nord	1,04
Chambre 1		10,94	27,34	Nord	1,08
Chambre 2		11,14	27,84	Est	1,94
Chambre 3		10,50	26,25	Est	1,94
				Sud	2,58
Salle de bains		7,42	18,55	Sud	0,44
Entrée		14,45	36,13	-	-
Grenier		100,86	137,84	-	-

7.3.2   Occupation et appareils

Les constantes de temps des appareils électriques testés varient de 0 s à environ 1 800 s (pour les appareils testés). À partir de ce constat, nous allons réaliser des simulations intégrant des modèles dynamiques des appareils électriques.

L'occupation des locaux ainsi que l'utilisation des appareils sont modélisées de façon simpliste. Les profils sont présentés sur les figures 7.6 et 7.7 [11-13].

Plusieurs puissances et constantes de temps d'appareils électriques sont intégrées aux deux modèles de bâtiments (isolation renforcée et BBC), à savoir les bâtiments nommés B1 et B2. Ces appareils électriques sont placés uniquement dans le salon, d'une part, pour mieux comprendre les phénomènes physiques en jeu ; d'autre part, le salon est l'endroit le plus occupé dans les bâtiments résidentiels.

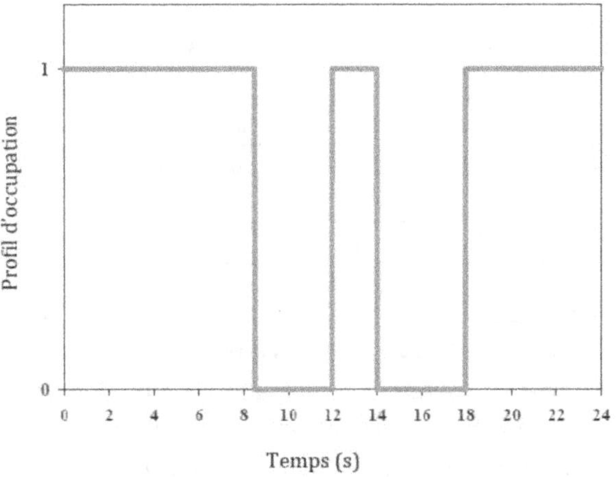

Figure 7.6 Profil d'occupation.

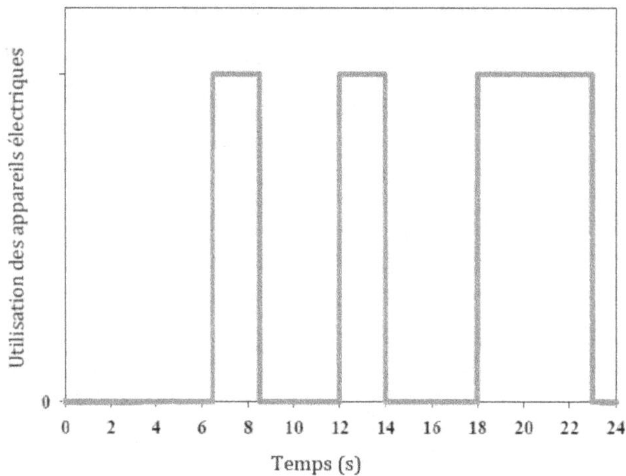

Figure 7.7 Profil d'utilisation des appareils électriques.

7.3.3   Résultats et discussions

La période de simulation présentée correspond à une période d'hiver (janvier-février). La maison est située en région parisienne.

Dans un premier temps, nous avons réalisé une simulation sans appareils, mais uniquement avec du chauffage. Cela nous permet d'évaluer les besoins en chauffage de ces bâtiments. Les températures de consigne pour le chauffage et les plages de temps correspondantes sont présentées dans le tableau 7.4.

Tableau 7.4 Profil d'utilisation du chauffage.

Mode	Température de régulation ± 1 (°C)	Horaires d'utilisation	Période d'utilisation
Confort	19	05:00 - 08:30 11:30 - 13:30 17:00 - 23:00	Du 15 octobre au 15 avril
Nuit	17	23:00 - 05:00	
Éco	11	08:30 - 11:30 13:30 - 17:00	
Arrêt	-	-	Du 16 avril au 14 octobre

Les besoins en chauffage (période de huit semaines) dans le salon sont de 57,43 kWhep/période/m^2 pour le bâtiment B1 et de 26,85 kWhep/période/m^2 pour le bâtiment B2.

Nous introduisons maintenant les modèles des appareils électriques avec des puissances allant de 200 à 2 000 W et des constantes de temps allant de 0 à 1 800 s.

La demande totale d'énergie, comprenant l'énergie de chauffage ainsi que les consommations des appareils électriques pour différentes puissances nominales (sans τ_{ap}), sont présentées figure 7.8.

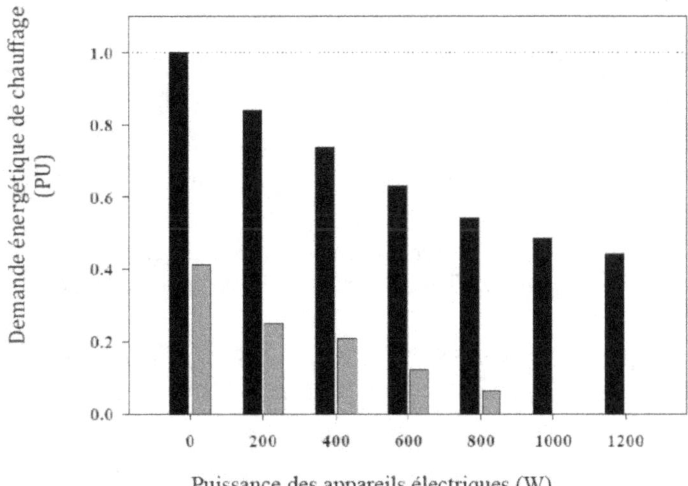

Figure 7.8 Demande énergétique de chauffage dans le salon en fonction de la puissance nominale des appareils électriques (■ : B1 ; ▨ : B2).

Nous confirmons que les consommations de chauffage diminuent lorsque les puissances nominales des appareils électriques augmentent. De plus, nous avons observé que les petites puissances peuvent compenser de façon ponctuelle les faibles demandes en chauffage. Cela permet de diminuer la demande totale en énergie. À l'inverse, l'utilisation d'appareils de forte puissance peut conduire à des situations de surchauffe.

Dans le cas des bâtiments très bien isolés, la demande énergétique est moindre, et la part des appareils électriques peut devenir significative, d'où l'importance d'un calcul relativement fin des besoins et des apports énergétiques.

7.4   Conclusion

Nous avons présenté un protocole de classification et de caractérisation des appareils électriques. Les caractéristiques ainsi obtenues alimentent le modèle thermique dynamique des appareils électriques. L'impact thermique de dissipation de chaleur de ces appareils électriques sur les bâtiments est analysé. Le modèle dynamique ainsi utilisé contient les couplages des modèles thermiques du bâtiment et d'appareils électriques.

Les consommations et la dérive de la température interne dépendent du niveau de puissance des appareils électriques et des caractéristiques dynamiques de ces appareils. Les résultats confirment le besoin de modéliser dynamiquement à la fois le bâtiment et les équipements.

En outre, avec le progrès des technologies de contrôle, d'information et de communication, la gestion de l'énergie en temps réel sera largement appliquée au bâtiment qui interagira avec les équipements.

7.5 Bibliographie

[1]   Yohanis Y.G., Norton B. « Utilization factor for building solar-heat gain for use in a simplified energy model ». *Applied Energy*, vol. 63 (4), 1999, p. 227-239.

[2]   La Gennusa M., Nucara A., Pietrafesa M., Rizzo G. « A model for managing and evaluating solar radiation for indoor thermal comfort ». *Solar Energy*, vol. 81(5), 2007, p. 594-606.

[3]   Vorger E. *Étude de l'influence du comportement des habitants sur la performance énergétique du bâtiment.* Thèse de doctorat, École nationale supérieure des Mines de Paris, 474 p.

[4]   Klein S.A. *et al. TRNSYS17-A TRaNsient SYstem Simulation program.* Solar Energy Laboratory, University of Wisconsin-Madison, Madison, USA, Usual Manual, 2009.

[5]   Husaundee A., Lahrech R., Vaezi-Nejed H., Viisier J.C. « SIMBAD : A simulation toolbox for the design and test of HVAC control systems ». *Proceedings of the 5th international IBPSA conference*, Czech Republic, 1997, p. 269-276.

[6]   Bertoldi P., Hirl B., Labanca N. *Energy efficiency status report 2012 : Electricity consumption and efficiency trends in the EU-27.* European Union, 2012, p. 34.

[7]   Park H., Ruellan M., Martaj N., Bennacer R., Monmasson E. « Generic Thermal Model of Electric Appliances Integrated in Low Energy Building ». *Proceedings IEEE IECON 2012*, Montréal, Canada, 2012, p. 3318-3323.

[8]   Park H., Ruellan M., Martaj N., Bennacer R., Monmasson E. « Generic thermal model of electrical appliances in thermal building. Application to the case of a refrigerator ». *Energy and Buildings*, vol. 62, 07, 2013, p. 335-342.

[9]   Park H., Ruellan M., Bouvet A., Monmasson E., Bennacer R. « Thermal parameter identification of simplified building model with electric appliance ». *11th International Conference on Electrical Power Quality and Utilisation*, 2011.

[10]   Hazyuk I., Ghiaus C., Penhouet D. « Optimal temperature control of intermittently heated buildings using Model Predictive Control. Part I : Building modeling ». *Building and Environment*, vol. 51, 05, 2012, p. 379-387.

[11]   Capasso A., Grattieri W., Lamedica R., Prudenzi A. « A bottom-up approach to residential load modeling ». *IEEE Transactions on Power Systems*, vol. 9 (2), 1994, p. 957-964.

[12]   Prinzie A., Van den Poel D. « Predicting home-appliance acquisition sequences. Markov/Markov for Discrimination and survival analysis for modeling sequential information in NPTB models ». *Decision Support Systems*, vol. 44 (1), 2007, p. 28-45. (http://yu.dcollection.net/jsp/common/DcLoOrgPer.jsp?sItemId=000001625252).

[13]   ASHRAE. *ASHRAE Standard 55-2010, thermal environmental conditions for human occupancy.* Atlanta, GA : American Society of Heating, Refrigerating and Air-Conditioning Engineers, Inc., 2010.

CHAPITRE 8

Énergie et cycle de vie

(B. Peuportier)

La réduction des consommations énergétiques durant l'étape d'utilisation des bâtiments – chauffage, climatisation, éclairage, ventilation… – fait augmenter, en valeur relative, l'importance de l'énergie «grise» liée aux autres étapes du cycle de vie d'un bâtiment: depuis la fabrication des produits et le chantier jusqu'à la déconstruction et la gestion des déchets, en passant par la vie en œuvre. La première thèse sur ce sujet a été soutenue en 1986 en Suisse [Kohler, 1986]. En France, l'outil Equer a été développé en associant l'analyse de cycle de vie (ACV) à la simulation thermique [Polster, 1995] et actualisé par la suite [Peuportier, 2008]. Ces travaux ont permis de montrer l'importance des aspects énergétiques dans le bilan environnemental global d'un bâtiment, en particulier en ce qui concerne le changement climatique. D'autres outils sont apparus ensuite, par exemple: TEAM Bâtiment[1], Cocon[2], Élodie[3] et e-licco[4].

8.1   Présentation de la méthode

La méthodologie de l'ACV donne lieu à des normes internationales [ISO, 2006]. La première étape consiste à définir les objectifs de l'étude, ce qui influence la manière d'appliquer la méthode et, en particulier, la définition des frontières du système étudié. Si, par exemple, l'objectif est de comparer différents sites pour une construction, il convient d'inclure les transports induits par le choix du site (par exemple, domicile-travail), la gestion des déchets ménagers (le système de collecte pour le recyclage peut différer selon les sites), les réseaux d'énergie (électricité, gaz, éventuellement chaleur…) et d'eau, l'exposition au soleil, etc. Par contre, si l'étude a pour objet l'aide à la conception de l'enveloppe et des équipements du bâtiment, le site et le terrain étant déjà choisis, alors il n'est pas nécessaire d'inclure le trans-

---

1.   https://ecobilan.pwc.fr
2.   http://www.eosphere.fr
3.   www.elodie-cstb.fr
4.   https://e-licco.cycleco.eu/

port des personnes dans le système étudié, dans la mesure où toutes les variantes comparées sont équivalentes de ce point de vue.

En phase de conception, il s'agit généralement de comparer plusieurs variantes. Celles-ci doivent alors correspondre à la même unité fonctionnelle, définie par une quantité (par exemple, la surface utile du bâtiment, le nombre d'occupants…), une fonction (par exemple, le logement), la qualité de cette fonction (par exemple, le niveau de confort thermique, visuel, etc.) et une durée (par exemple, quatre-vingts ans). Pour comparer les performances du projet étudié à des références, il est ensuite possible de calculer, par exemple, des impacts par mètre carré et par an.

La deuxième étape a pour objet d'élaborer l'inventaire de cycle de vie, c'est-à-dire de quantifier les substances émises (polluants émis dans l'air, l'eau et le sol) et puisées (matières premières, combustibles) dans l'environnement. Des indicateurs d'impact sont ensuite obtenus lors de l'étape d'évaluation des impacts : par exemple, le potentiel de réchauffement global, exprimé en kilogrammes d'équivalent CO_2, intègre la contribution des différents gaz à effet de serre. Pour chaque indicateur, un « facteur de caractérisation » est évalué pour chaque substance concernée. Par exemple, un facteur de 25 a été évalué par le Groupe d'experts intergouvernemental sur l'évolution du climat (GIEC) [Forster, 2007] pour le méthane (celui du CO_2 étant en référence égal à 1). L'indicateur d'impact environnemental est alors obtenu en sommant les quantités de substances émises pondérées par leur facteur de caractérisation. Par exemple, le potentiel de réchauffement global est obtenu en additionnant les contributions des différents gaz à effet de serre.

La dernière étape est l'interprétation des résultats. Lorsque plusieurs variantes architecturales ou techniques d'un projet sont comparées, il peut arriver que l'une des variantes soit plus performante sur certains indicateurs mais moins sur d'autres. Dans ce cas, il serait utile d'établir un ordre de priorité entre les indicateurs. L'un des critères pour établir ces priorités est lié à l'importance de la contribution du bâtiment aux différents problèmes (impacts) environnementaux. Par exemple, si le bâtiment contribue beaucoup plus au problème B qu'au problème A, alors la priorité pourrait être donnée à l'indicateur B par rapport à l'indicateur A. La variante minimisant l'impact B serait alors choisie, même si la performance est moins élevée sur l'indicateur A. Mais les unités et les ordres de grandeur des indicateurs étant différents, il n'est pas simple de comparer les différents impacts d'un bâtiment. Un procédé de normalisation est alors utilisé : il consiste à transformer les résultats d'indicateurs en les divisant par une valeur de référence, correspondant par exemple à leur valeur par habitant et par an. Si, par exemple, le bâtiment génère l'émission de 800 tonnes d'équivalent CO_2 sur son cycle de vie et si les émissions par habitant et par an sont de 8 tonnes, alors la contribution du bâtiment est équivalente à 100 habitants-année. Cette transformation peut être effectuée sur les indicateurs pour lesquels des moyennes par habitant et par an sont disponibles (par exemple, pour la France ou pour l'Europe). Une deuxième question souvent posée dans la phase d'interprétation est de savoir si la variante à moindre impact environnemental reste la même si des paramètres incertains (par exemple, la durée de vie du bâtiment) sont modifiés. Des analyses de sensibilité permettent alors de répondre à cette question.

L'ACV a conduit à s'interroger sur le choix des indicateurs pertinents pour évaluer les impacts environnementaux des bâtiments, compte tenu des objectifs de l'étude et du contexte local. En ce qui concerne l'énergie, la norme européenne sur l'ACV des bâtiments [CEN, 2012] définit plusieurs indicateurs (en énergie primaire), en distinguant l'énergie renouvelable et non renouvelable, l'énergie matière (par exemple, liée au pouvoir calorifique de matériaux comme le bois ou les plastiques) et l'énergie procédé, ainsi que l'énergie fournie à l'extérieur du bâtiment (en cas de production photovoltaïque, par exemple). Mais l'usage dans un bâtiment de certaines énergies renouvelables comme le bois limite la ressource pour les autres consommateurs, alors qu'intégrer des capteurs solaires sur un toit et utiliser l'énergie produite ne réduit pas la ressource. Ce n'est alors peut-être pas la distinction entre énergie renouvelable et non renouvelable qui est pertinente : peut-être serait-il plus approprié de comptabiliser les énergies non renouvelables et les consommations d'énergies renouvelables limitant les ressources (bois, production hydroélectrique et éolienne non locale…), comme c'est le cas dans la réglementation thermique. D'autre part, raisonner en cycle de vie n'implique-t-il pas d'intégrer l'ensemble des contributions (énergies matière et procédé, énergies consommée et produite), ce qui réduit le nombre d'indicateurs et simplifie ainsi l'aide à la décision ?

Certains indicateurs environnementaux sont liés à l'énergie ; c'est le cas, en particulier, du potentiel de réchauffement global [Forster, 2007]. Mais contrairement au bilan carbone, l'ACV intègre un ensemble d'indicateurs, avec pour objectif d'éviter de remplacer un problème environnemental par un autre. Ainsi, la norme européenne mentionnée précédemment inclut un indicateur comptabilisant les déchets radioactifs. Par contre, cette norme n'intègre pas d'indicateur sur les aspects de santé et de biodiversité, car les indicateurs correspondants ne font pas consensus aujourd'hui. Certains outils proposent tout de même des indicateurs sur ces sujets, auxquels les décideurs accordent une importance croissante, en intégrant l'état de l'art actuel.

Une autre question méthodologique concerne les matériaux biosourcés. Par exemple, le bilan énergétique du bois matériau est-il le même si ce bois provient d'une forêt bien gérée (l'arbre coupé est supposé remplacé par une nouvelle plantation, qui permettra de reconstituer la ressource en biomasse) ou s'il n'est pas certifié ? L'énergie matière (pouvoir calorifique du bois) est-elle comptée négativement si le bois est supposé recyclé en fin de vie, ou en cas de valorisation énergétique (l'incinération du bois alimente, par exemple, un réseau de chaleur) ? Les mêmes questions se posent pour le bilan en CO_2 (ou bilan carbone). Certains outils considèrent que le CO_2 absorbé lors de la croissance des arbres sera tôt ou tard réémis dans l'atmosphère, donc un bilan nul est comptabilisé. D'autres outils distinguent le cas d'un bois certifié ou non, et font apparaître l'intérêt du recyclage, de la réutilisation ou de la valorisation énergétique en fin de vie.

L'ACV repose sur des bases de données fournissant, pour différents procédés comme la fabrication de matériaux, la production d'eau et d'énergie, les transports et le traitement des déchets, des inventaires de cycle de vie, et des indicateurs d'impact. Il existe différentes bases de ce type. La base Ecoinvent [Frischknecht, 2007] est élaborée en Suisse, mais fournit des données européennes sur certains matériaux et même des données de différents pays, dont la France, pour certains procédés (production d'électricité, par exemple). La base INIES[1] inclut les fiches de données environnementales et sanitaires élaborées par des fabricants français de produits de construction. Les inventaires sont plus simplifiés dans cette base : de l'ordre de 168 flux, à comparer au millier dans Ecoinvent. Certaines substances sont regroupées dans des catégories plus globales : en particulier, les dioxines sont regroupées avec les composés organiques volatils, ce qui est peu précis pour évaluer des indicateurs sur la santé. Simplifier les inventaires rend l'approche plus accessible aux nombreuses PME présentes sur le marché des produits de construction, mais une validation serait utile pour vérifier la fiabilité des résultats.

---

1. INIES, base de données française concernant les caractéristiques environnementales et sanitaires des produits de construction : www.inies.fr.

La fabrication des produits requiert des matières premières et de l'énergie, la production d'énergie nécessite des matériaux pour la construction des infrastructures de production. Les impacts environnementaux doivent alors préférablement être évalués en résolvant un système matriciel prenant en compte cet ensemble d'interactions. Cette approche est mise en œuvre dans la base de données Ecoinvent. Les impacts environnementaux liés aux services (banques, assurances...) peuvent être affectés aux différents produits sur la base de systèmes matriciels utilisés en économie.

En France, les fabricants de matériaux et de composants de construction ont élaboré une norme permettant de caractériser la performance environnementale de ces produits selon une méthode harmonisée, mais ces données vont devoir évoluer pour correspondre à la norme européenne. Chaque fabricant connaît les émissions de polluants liées aux procédés de fabrication qu'il contrôle, mais doit faire appel à d'autres données (en général, issues de la base suisse indiquée précédemment) pour les matières premières et l'énergie qu'il consomme. Cette approche offre l'avantage d'une gestion décentralisée de ces évaluations, chaque industriel choisissant le prestataire de son choix, mais une réflexion plus globale sur la mutualisation de certaines informations et leur traitement matriciel pourrait être utile. L'approche matricielle permettrait, d'autre part, d'actualiser l'ensemble des données dès qu'un procédé est réévalué.

La base de données française INIES ne concerne que les produits de construction. Cependant, le choix d'un produit influence souvent la consommation d'énergie du bâtiment où il est mis en œuvre, donc des données sur les impacts liés à la production d'énergie sont nécessaires. Il faut aussi disposer de données sur les équipements. Or ces données sont fournies par une autre base, PEP[1], qui diffère d'INIES par certains aspects. Une base intersectorielle serait plus adaptée.

Pour éviter les déplacements de pollution, le système doit intégrer les phases amont éventuelles de certains procédés : par exemple, dans le cas du chauffage au gaz, non seulement la combustion dans la chaudière est considérée, mais aussi l'extraction, la purification, le transport et la distribution du gaz, même si les polluants sont émis loin du bâtiment. Les impacts liés aux transports doivent tenir compte de la construction et de l'entretien des réseaux. Les déchets ménagers peuvent être recyclés ou incinérés, avec ou sans récupération de chaleur. L'inventaire de cycle de vie correspondant est alors calculé en fonction du contexte local (rendement de la valorisation énergétique, énergie substituée, etc.). Ces exemples montrent l'intérêt des bases de données : il serait irréaliste d'analyser la chaîne gazière pour chaque projet de bâtiment étudié.

La plupart des outils se limitent à l'évaluation d'un bâtiment, mais l'outil Equer a été étendu à l'échelle des quartiers pour former NovaEquer. Cet outil est basé sur la simulation du cycle de vie et s'intègre dans un ensemble logiciel incluant aussi les calculs de thermique et d'éclairage, ainsi qu'un modeleur graphique, Alcyone. Les impacts environnementaux sont évalués sur une certaine durée d'analyse fixée par l'utilisateur : par exemple, quatre-vingts ans. Ils incluent la fabrication, le transport, le remplacement des composants en fonction de leur durée de vie, la fin de vie et le recyclage éventuel, ainsi que les procédés liés à la phase d'utilisation du bâtiment (chauffage, consommation d'eau et d'électricité, gestion des déchets d'activité, transports, etc.). La volonté de valoriser les solutions facilitant le démontage et le tri des déchets en fin de vie (*design for dismantling*) a conduit à prendre en compte les impacts évités

---

1. PEP Ecopassport, base de données sur les produits électriques, électroniques et de génie climatique : www.pep-ecopassport.org.

par le recyclage. Mais pour éviter le double comptage de ce « bonus », il est comptabilisé pour moitié au début (utilisation de produits recyclés en phase de construction) et à la fin du cycle de vie (recyclage des déchets). L'importance des aspects énergétiques, mentionnée plus haut, a conduit à chaîner ce modèle d'ACV à un outil de simulation thermique dynamique, Comfie, et à des calculs d'éclairage (outils Enelight et Radiance), ce qui permet de mener des analyses plus complètes, en particulier en termes de confort thermique et visuel.

La simulation permet aussi d'affiner l'évaluation des impacts environnementaux. En effet, la production d'électricité n'est pas assurée par les mêmes filières aux heures creuses et aux heures de pointe. La prise en compte de ces variations temporelles (ACV dynamique) permet de calculer les émissions de CO_2 et les autres impacts selon l'heure de la journée, le jour de la semaine et la saison, ce qui est plus précis que l'usage d'un mix de production moyen annuel. À titre d'exemple, le chauffage électrique induit une consommation plus forte en hiver, et les impacts environnementaux sont généralement plus élevés aux heures de pointe qu'aux heures creuses.

À partir des acquis à l'échelle des bâtiments, l'application de l'ACV a été étendue à l'échelle des quartiers. Le modèle prend en compte plusieurs types de bâtiments, ainsi que les espaces publics (voiries, stationnement, espaces verts, etc.) et les réseaux (eau, énergie). L'intérêt est double : d'une part, cette échelle permet d'étudier un certain nombre de choix urbanistiques ayant une influence très importante sur les performances environnementales, en particulier l'orientation des voiries (et donc des bâtiments) et la compacité des formes urbaines, liée à la densité ; d'autre part, certaines options techniques sont décidées à cette échelle, en ce qui concerne, par exemple, les réseaux de chaleur, les transports (entre lieu de vie, loisirs, travail) et le traitement des déchets.

8.2   Limites de la méthode

En ce qui concerne la santé, l'indicateur de toxicité humaine est évalué en considérant des effets moyennés sur le territoire européen : il ne dépend pas du lieu d'émission (densité de population, vents dominants, etc.). Mais celui-ci n'est, en général, pas connu, car le concepteur, en particulier en phase amont d'un projet, ne sait pas, par exemple, dans quelle usine les matériaux de construction qu'il prescrit seront fabriqués. Si l'objectif de l'étude est d'évaluer l'impact sanitaire sur les occupants du bâtiment ou sur les riverains, il est nécessaire d'utiliser d'autres types de modèles intégrant les transferts de masse dans les revêtements de sol et de murs, les mouvements d'air, etc.

Une limite commune à l'ensemble des indicateurs est l'imprécision des évaluations. Il est souvent difficile de connaître la marge d'incertitude sur les données et les résultats, mais elle peut être élevée. Dans des domaines comme la thermique, il est possible de comparer les résultats d'un calcul à une facture énergétique ou une mesure de température. Mais s'agissant d'émissions de CO_2 par exemple, la mesure ne peut s'effectuer que sur un procédé pris isolément, et non sur l'ensemble du cycle de vie d'un bâtiment. Un premier niveau d'imprécision concerne l'évaluation des flux de matière et d'énergie (données d'inventaire). Un deuxième niveau correspond à l'agrégation en effets (impacts potentiels) : par exemple, l'incertitude sur le potentiel de réchauffement global des gaz à effet de serre a été estimée par le GIEC à 35 %. Enfin, un troisième niveau concerne le passage des effets aux dommages (années de vie perdues, par exemple). Une autre cause d'erreur est liée à la durée de la période temporelle d'analyse. Il est, par exemple, difficile de prévoir l'évolution des techniques de traitement des déchets, en particulier pour la démolition qui peut se produire à une échéance lointaine. Peut-être vaudrait-il mieux envisager une analyse statistique, basée sur des scénarios affectés d'une probabilité. Le caractère multicritère de l'évaluation nécessite enfin d'aborder la question des priorités, qui dépendent du contexte local (rareté de l'eau dans certaines régions, par exemple) et des choix des décideurs.

Pour mieux cerner ces limites, huit outils européens ont été comparés dans le cadre du réseau thématique européen Presco [Peuportier, 2004]. Dans l'exemple d'une maison suisse à ossature bois, la contribution à l'effet de serre calculée sur quatre-vingts ans diffère de +/– 10 % selon les outils (cf. le graphe ci-dessous). Ces écarts sont du même ordre que ceux constatés entre les différents outils de simulation thermique.

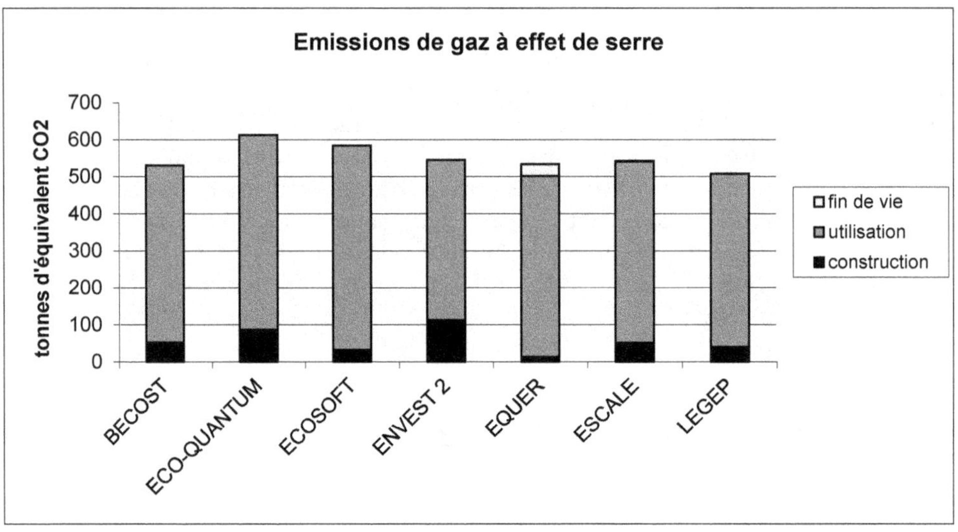

Figure 8.1 Comparaison de sept outils d'ACV sur la maison suisse Futura (projet européen Presco).

8.3 Exemple d'application

L'ACV a été mise en œuvre dans divers projets, en construction neuve et en réhabilitation, dans le secteur résidentiel mais aussi dans le tertiaire (bureaux, bâtiments scolaires…). Ces applications ont permis de montrer l'importance qui doit être accordée à la phase d'utilisation : dans une maison standard actuelle par exemple, la phase de construction ne représente qu'environ 20 % de l'énergie consommée, contre 80 % pour l'utilisation (chauffage, eau chaude sanitaire, éclairage et autres usages de l'électricité). Mais pour une maison correspondant aux meilleures pratiques actuelles en termes d'efficacité énergétique, la part de la construction peut monter jusqu'à plus de 50 %.

Les premières études ont également fait apparaître l'influence majeure du comportement des occupants sur la performance environnementale des bâtiments. L'écoconception ne suffit pas, la fourniture de modes d'emploi et la sensibilisation des habitants sont nécessaires pour une meilleure gestion du patrimoine bâti.

Afin d'illustrer la démarche, une application est présentée ci-dessous concernant les premières maisons certifiées, selon le label allemand, «maisons passives» (c'est-à-dire, à très basse consommation énergétique) construites en France, en 2007 à Formerie (Oise) par l'entreprise Les Airelles Construction. Il s'agit de deux maisons jumelles de surface, d'orientation et de disposition identiques (excepté le garage), comportant deux niveaux (cf. figure ci-dessous). Chaque maison a une surface habitable de 132 m^2.

Figure 8.2 Premières maisons passives labellisées en France (arch. : En Act architecture).

La construction est à ossature bois, et le niveau d'isolation correspond au label «Maison passive» (triple vitrage, par exemple). Des stores extérieurs assurent une protection solaire efficace. Les maisons sont équipées d'un puits climatique formé de tubes de 30 m de longueur enterrés à deux mètres de profondeur, permettant de rafraîchir l'air neuf en été en bénéficiant de la fraîcheur du sol. Un échangeur permet de récupérer à 80 % la chaleur de l'air vicié, mais une efficacité globale de 70 % a été retenue dans les calculs, car l'air entrant par les infiltrations ne transite pas par cet échangeur. Une pompe à chaleur réduit les consommations pour le chauffage et l'eau chaude sanitaire, un coefficient de performance annuel de 3 étant retenu (utilisation d'air extrait en source froide). Des capteurs solaires en toiture et un ballon de stockage constituent un système solaire thermique assurant de l'ordre de 50 % des besoins énergétiques pour l'eau chaude sanitaire.

Une maison passive mobilise davantage de matériaux qu'une maison standard (isolant plus épais, triple vitrage, chauffe-eau solaire, etc.). La démarche d'écoconception a alors été utile pour améliorer la performance environnementale de ce concept, en prenant en compte l'impact supplémentaire de la fabrication des produits mais aussi l'énergie économisée dans la durée. Les études ont porté, par exemple, sur les surfaces de fenêtre et l'inertie thermique (au niveau des cloisons intérieures et des planchers). Le climat de Trappes a été pris en compte pour les calculs thermiques. L'usage de la simulation dynamique a conduit à augmenter l'inertie thermique des maisons afin d'améliorer leur confort et de mieux stocker les apports solaires en hiver. Des cloisons intérieures lourdes ont alors été intégrées à l'ossature bois prévue pour l'enveloppe extérieure. Les besoins de chauffage annuels du bâtiment sont alors réduits à moins de 15 kWh/m^2, ce qui permet de satisfaire les critères du label «Maison passive».

Afin de mieux cerner la performance du bâtiment, une comparaison a été effectuée avec un bâtiment de forme identique mais comportant des technologies correspondant aux valeurs de référence de la réglementation thermique de l'époque (RT 2005, cf. tableau ci-dessous).

Tableau 8.1 Principales caractéristiques des maisons

Standard réglementaire	Maisons passives
Isolation : 13 cm (murs), 14 cm (plancher) et 22,5 cm (toit)	Isolation : 37 cm (murs), 20 cm (plancher) et 40 cm (toit)
Fenêtres double vitrage basse émissivité	Fenêtres triple vitrage
Renouvellement d'air de 0,6 volume par h (y compris les infiltrations)	Efficacité globale de la récupération de chaleur : 70 % (intègre les infiltrations)
Chaudière gaz (rendement 87 %)	Pompe à chaleur (COP 3), solaire thermique (fraction solaire de 50 %)

Dans le bilan environnemental global, qui inclut l'éclairage et l'électroménager, la phase de construction de la maison passive représente un tiers des consommations d'énergie primaire (cf. figure ci-dessous) et des émissions de gaz à effet de serre, pour une durée de vie estimée à quatre-vingts ans. Les matériaux constituent la plus grande part des déchets produits (surtout en phase de démolition), et contribuent de manière importante à la toxicité (années de vie perdues – indicateur DALY [Goedkoop, 2001] –, surtout en phase de fabrication).

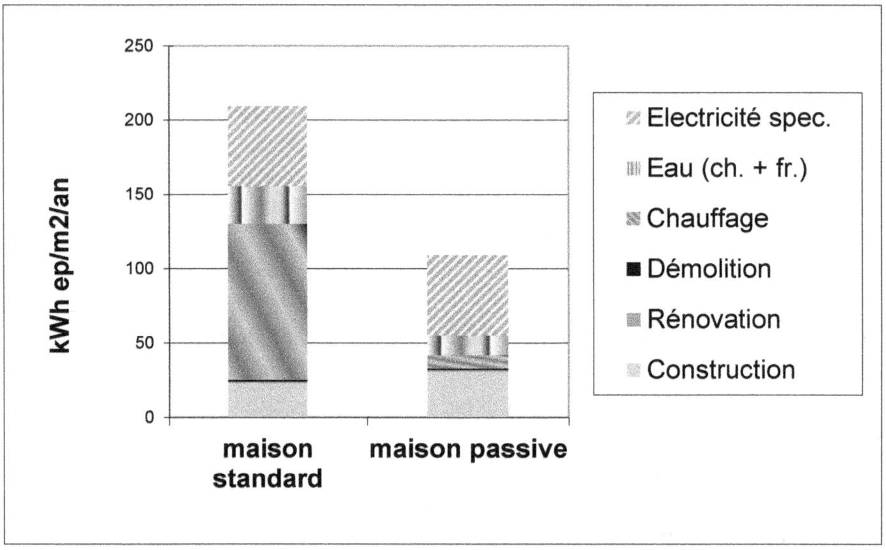

Figure 8.3 Bilan énergétique sur le cycle de vie du bâtiment (quatre-vingts ans, outil Equer).

La figure ci-dessous montre que, par rapport au standard réglementaire (placé en référence à 100 %, chaque axe du diagramme radar correspondant à un indicateur), la conception passive (valeurs relatives dans le diagramme) réduit globalement la plupart des impacts environnementaux : l'augmentation liée à la fabrication des matériaux est largement compensée par les économies d'énergie sur la durée de vie du bâtiment. La pompe à chaleur utilisée pour le chauffage et l'eau chaude sanitaire réduit les émissions de gaz à effet de serre (cela étant, la demande d'électricité de pointe lors des journées froides d'hiver oblige à recourir à des moyens de production thermiques, fortement générateurs de CO_2), mais génère une quantité plus importante de déchets radioactifs que la chaudière à gaz. La production d'électricité renouvelable, par exemple avec une toiture photovoltaïque, permettrait d'améliorer le bilan : de nombreuses études par ACV [Sherwani, 2010] montrent que la quantité d'électricité produite par un module photovoltaïque sur sa durée de vie est très supérieure à l'énergie nécessaire pour sa fabrication. Cette recherche du meilleur équilibre entre la réduction des consommations et la production locale renouvelable sera sans doute un élément important dans l'écoconception des futurs bâtiments.

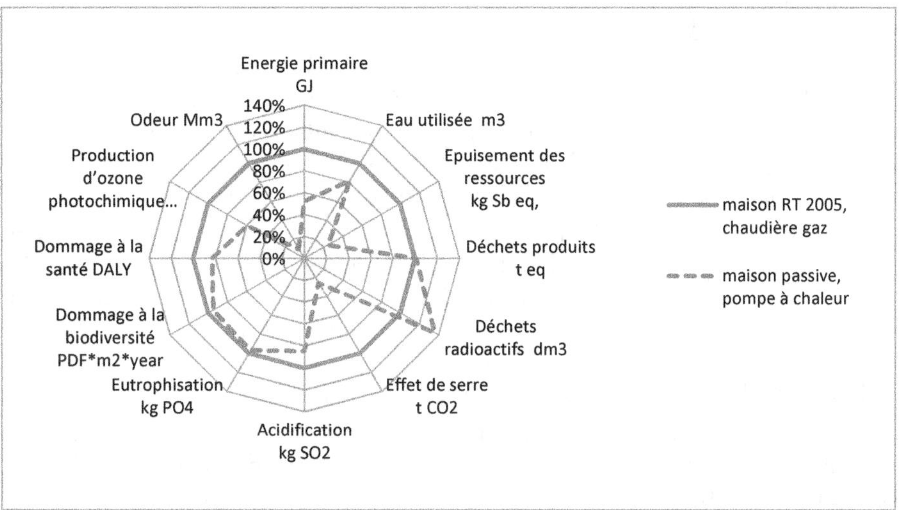

Figure 8.4 Comparaison des impacts environnementaux évalués sur quatre-vingts ans (outil Equer).

Des études de sensibilité ont été menées sur la durée de vie des bâtiments (entre cinquante et cent ans) et sur le comportement des habitants. Ces paramètres influent sur le bilan environnemental de manière très importante, mais ne remettent pas en question la comparaison des variantes illustrée ci-dessus.

Le label « Maison passive » correspond à des performances énergétiques très élevées, mais ce concept de maison très isolée inquiète certains acteurs en ce qui concerne le confort thermique, en été et même en mi-saison. Les pièces à l'étage orientées au sud sont susceptibles de profiter pleinement du soleil l'hiver mais aussi de surchauffer l'été. Il est donc pertinent de vérifier ces aspects, et la simulation thermique constitue un outil approprié, permettant d'étudier le comportement des bâtiments sur une année.

Des scénarios d'occupation ont été définis en considérant quatre habitants par logement, dans les séjours et cuisines (rez-de-chaussée) durant deux heures le matin et cinq heures le soir, dans les chambres à l'étage entre 22 h et 7 h. Ces scénarios de consommation d'électricité ont été établis sur la base d'enquêtes sur la consommation dans l'habitat (éclairage, électroménager…) [Sidler, 2002]. La consigne de chauffage est fixée à 19 °C sur l'ensemble de la saison de chauffe, dans toutes les pièces des logements (les garages n'étant pas chauffés). Il s'agit, bien entendu, d'une hypothèse : l'utilisation d'une horloge et d'une régulation par zone pourrait permettre de moduler cette température.

En ce qui concerne le renouvellement d'air, le débit hygiénique correspond à environ 0,5 volume par heure. Un débit de 0,1 vol./h a été ajouté pour tenir compte des infiltrations. Ce paramètre est difficile à estimer et doit être ajusté en fonction des résultats expérimentaux. Un test de porte soufflante a été effectué sur ces maisons et a permis de vérifier le seuil exigé par le label « Maison passive » : le débit d'infiltration mesuré sous une différence de pression de 50 Pa a été inférieur au seuil de 0,6 volume par heure. Mais cette différence de pression varie au cours du temps (selon le vent et les niveaux de température), donc une incertitude subsiste sur le débit moyen durant une saison de chauffe, pris en compte dans les calculs. Une surventilation nocturne de 10 vol./h, ce qui correspond à l'ouverture des fenêtres, a été considérée pour les logements de 23 h à 8 h en été. En été, l'air neuf n'est pas préchauffé dans l'échangeur de la ventilation double flux, qui est by-passé.

Les besoins de chauffage annuels estimés par ces calculs sont inférieurs au seuil de 15 kWh/m^2 exigé par le label, mais il existe des incertitudes importantes sur les ponts thermiques, les infiltrations d'air et le scénario d'occupation. La période de chauffe s'étale de la deuxième semaine de novembre jusqu'à la mi-mars. Une simulation avec des ponts thermiques deux fois plus importants aboutit à des besoins de chauffage supérieurs de 20 % environ.

Une autre variante a été testée afin d'évaluer la sensibilité des besoins de chauffage à la surface de vitrage sur la façade sud-est. Dans cette variante, la surface des portes-fenêtres a été divisée par deux à l'étage et par trois et demi au rez-de-chaussée. Les besoins de chauffage calculés augmentent alors d'environ 11,5 % : même avec une enveloppe très fortement isolée donc des besoins de chauffage réduits, les apports solaires sont utiles et les larges baies vitrées orientées au sud sont globalement plus performantes que des petites fenêtres.

Il convient de s'assurer que les variantes comparées correspondent à une unité fonctionnelle équivalente. Les revêtements sont, par exemple, choisis pour ne pas altérer la qualité de l'air [Déoux, 2002], le débit hygiénique étant respecté dans toutes les variantes. Le confort acoustique est également équivalent, et la surface vitrée permet un niveau élevé d'éclairage naturel. Pour l'étude du confort thermique, les simulations ont été effectuées sur une année type (Trappes), mais aussi sur une période de canicule afin de savoir si les logements restent confortables même lors de ces périodes extrêmes. Sur une période d'été type, et sous réserve d'un comportement adéquat des habitants (gestion des protections solaires, ouverture des fenêtres la nuit), les températures restent modérées dans les logements : même dans la zone la plus exposée (maison ouest, chambre sud à l'étage), le nombre d'heures où la température dépasse 21 °C est de l'ordre de cent par an, ce qui est raisonnable. Sur une période caniculaire d'une dizaine de jours, le bâtiment semble bien résister, puisque la température de la zone la plus exposée reste environ 10° en dessous de la température extérieure (avec des volets roulants extérieurs et un puits canadien). D'après ces calculs, le puits canadien réduit la température maximale des logements de 2,5 °C (cf. figure ci-dessous). Les mesures effectuées sur le site ont confirmé que le niveau de confort thermique était satisfaisant dans ces maisons.

À protections solaires équivalentes, une maison passive ne présente, d'après ces simulations, pas plus de risque de surchauffe en période de canicule qu'une maison au standard réglementaire. En effet, l'isolation renforcée protège du chaud autant que du froid, elle ralentit les échanges et permet de conserver la fraîcheur de la nuit obtenue par surventilation (la température extérieure se situait entre 21 et 25 °C la nuit en 2003, cf. le graphe ci-après).

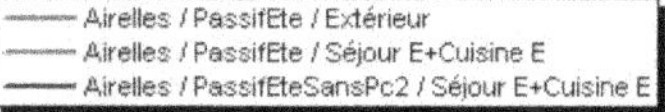

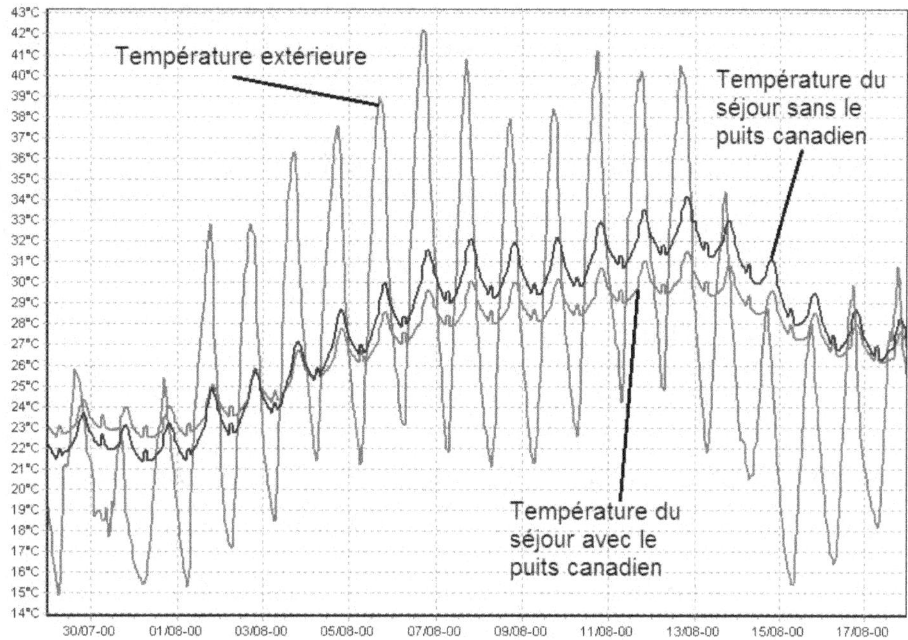

Figure 8.5 Températures évaluées par calcul pendant une période de canicule.

Plusieurs pistes peuvent être proposées pour améliorer encore ce bilan, par exemple la production locale d'énergie d'origine renouvelable, l'usage de matériaux à moindre impact et leur recyclage en fin de vie, les économies d'eau et/ou la récupération des eaux pluviales. Mais une interrogation plus globale concerne la pertinence de la maison individuelle par rapport à un habitat plus groupé permettant de réduire la consommation de matériaux et d'énergie par la compacité, ainsi que les besoins de transport liés à l'étalement urbain. D'autre part, l'exemple ci-dessus correspond à la construction neuve, qui ne représente par an qu'environ 1 % du parc existant. D'autres applications ont ainsi été menées concernant des opérations de réhabilitation [Peuportier, 2002] et des projets à l'échelle de quartiers [Herfray, 2011].

8.4 Conclusion

En complément de l'analyse énergétique, il est possible de mettre en œuvre dès aujourd'hui l'analyse de cycle de vie en s'appuyant sur les connaissances et les outils existants, ce qui contribue à l'amélioration des pratiques par le retour d'expérience. L'intégration d'objectifs environnementaux dans les programmes des maîtres d'ouvrage correspond à un enjeu de responsabilité sociétale, qui rend à terme incontournables ces démarches d'écoconception.

8.5   Références bibliographiques

CEN (Comité européen de normalisation). *Norme NF EN 15978 : Contribution des ouvrages de construction au développement durable - Évaluation de la performance environnementale des bâtiments - Méthode de calcul.* Mai 2012.

Déoux S. et P. *Le Guide de l'habitat sain.* Éd. Medieco, 2002.

Forster P.M. «Changes in Atmospheric Constituents and in Radiative Forcing». In Solomon S., Qin D., Manning M., Chen Z., Marquis M., Averyt K.B., Tignor M. & Miller H.L. (eds), *Climate Change 2007: The Physical Science Basis. Contribution of Working Group I to the Fourth Assessment Report of the Intergovernmental Panel on Climate Change*, Cambridge University Press, 2007.

Frischknecht R., Jungbluth N., Althaus H-J., Doka G., Dones R., Heck T., Hellweg S., Hischier R., Nemecek T., Rebitzer G., Spielmann M., Wernet G. *Overview and Methodology: ecoinvent report No. 1*, www.ecoinvent.ch, Dübendorf: Swiss Centre for Life Cycle Inventories, 2007.

Goedkoop M.J. & Spriemsma R. *The Eco-Indicator 99. A dammage oriented method for life cycle impact assessment, methodology report, methodology annex, manual for designers.* Amersfoort, juin 2001.

Herfray G., Vorger E. & Peuportier B. *Life cycle assessment applied to urban settlements and urban morphology studies.* CISBAT, Lausanne, septembre 2011.

ISO. Norme EN ISO 14040 : *Environmental management - Life cycle assessment - Principles and framework.* Et *EN ISO 14044 : Environmental management - Life cycle assessment - Requirements and guidelines.* International Organisation for Standardization, Genève, 2006.

Kohler N. *Analyse énergétique de la construction, de l'utilisation et de la démolition de bâtiments.* Thèse de doctorat, École polytechnique fédérale de Lausanne, 1986.

Peuportier B. *Assessment and design of a renovation project using life cycle analysis and Green Building Tool.* Sustainable Building 2002 Conference, Oslo, septembre 2002.

Peuportier B., Kellenberger D., Anink D., Mötzl H., Anderson J., Vares S., Chevalier J., König H. *Inter-comparison and benchmarking of LCA-based environmental assessment and design tools.* Sustainable Building 2004 Conference, Varsovie, octobre 2004.

Peuportier B. *Éco-conception des bâtiments et des quartiers.* Presses de l'École des mines, Paris, novembre 2008.

Peuportier B. & Thiers S. «Les maisons passives : sont-elles confortables ? écologiques ? *Chauffage, ventilation et climatisation*, n° 857, janvier-février 2009, p. 22-25.

Polster B. *Contribution à l'étude de l'impact environnemental des bâtiments par analyse du cycle de vie.* Thèse de doctorat, Mines ParisTech, décembre 1995.

Sherwani A.F., Usmani J.A., Varun. «Life cycle assessment of solar PV based electricity generation systems. A review». *Renewable and Sustainable Energy Reviews*, 14 (2010), 540-544.

Sidler O. *Connaissance et maîtrise des consommations des usages de l'électricité dans le secteur résidentiel.* Mai 2002, cf. www.enertech.fr.

CHAPITRE 9

Fonctionnalités des outils

(P. Tittelein)

Cette cartographie des outils n'a pas pour but d'être exhaustive, mais de donner quelques éléments sur certains des outils de simulation les plus utilisés en France.

	Thermique	Éclairage	Aéraulique	Transfert de masse/humidité	Équipement thermique	ACV	Interfaces
EnergyPlus	Modèle multizone. Fct. de transfert ou diff. finies dans murs	Suivi de rayon ou FLJ	Modèle nodal ou débit imposé	Prise en compte transferts dans les parois + humidité	Nombreuses possibilités	Non	Design builder, Archiwizard, SketchUp (via OpenStudio), Simergy
TRNSYS	Modèle multizone Fct. de transfert dans murs	Non	Modèle nodal (TRNFlow) ou débit imposé	Tampon hygro-scopique dans les parois + humidité	Nombreuses possibilités	Non	SketchUp (via OpenStudio)
Comfie	Modèle multizone volumes finis avec réduction modale	Suivi de rayon ou FLJ (Enelightet Radiance)	Modèle nodal ou débit imposé	Calcul de l'humidité dans l'air en post-traitement	Modèles simples à rendement variable	Oui (NovaEquer)	Pléiades + modeleur graphique Alcyone ou SketchUp
Cometh (RT2012)	Modèle à une constante de temps par zone	Calcul forfaitaire	Modèle nodal forfaitisé	Calcul de l'humidité dans l'air	Modèles simples à rendement variable	Non	Pléiades, Design Builder, ArchiWIZARD, Perennoud
Wufi Plus	Transferts couplés de masse et de chaleur, modèle multizone	Non	Modèle zonal	Spécificité du logiciel, calculs détaillés dans l'enveloppe + zones d'air	Modèles simplifiés	Non	SketchUp, import fichiers CAD (XML)
ClimaWin	Modèle multizone. Modèle diff. finies	Non	Débit saisi par pièce	Prise en compte transferts dans les parois + humidité	Nombreuses possibilités	Non	Interface intégrée, possibilité d'importer plan ArchiWIZARD
TAS	Modèle multizone	Suivi de rayon ou FLJ	Débit imposé ou calcul fct potentiel thermique et facteur de forme ouverture	Prise en compte transferts dans les parois + humidité	Nombreuses possibilités	Non	SketchUp Autocad via XML ou dwg3D
Virtual Environment	Modèle multizone. Fct. de transfert ou diff. finies dans murs	Lancer de rayons ou radiosité	Modèle nodal ou débit imposé	Calcul de l'humidité de l'air	Nombreuses possibilités. Customisation complète des systèmes	Oui (Impact)	Modeleur interne, PlugIn SketchUp, Revit, import gbXML, IFC, DXF

Il existe également des logiciels qui n'ont pas de cœur de calcul propre, mais qui sont des interfaces graphiques utilisant un ou plusieurs des cœurs de calcul des logiciels décrits ci-dessus.

Logiciels interface	
ArchiWIZARD	Utilise Energy Plus ou Cometh. Modeleur 3D puissant basé avec un rendu graphique utilisant les méthodes de lancer de rayon qui sont également utilisées pour les calculs d'éclairage
Design Builder	Utilise Energy Plus ou des modèles spécifiques de mécanique des fluides numérique (MFN)

PARTIE II

Validation des modèles

Mettre en œuvre la simulation numérique allonge la durée d'une étude, ce qui ne se justifie que si les résultats sont plus fiables que les calculs obligatoires. L'objet de cette partie est de présenter les connaissances sur la fiabilité des outils.

CHAPITRE 10

Bancs d'essais, comparaisons interlogicielles

10.1 BesTest de l'Agence Internationale de l'énergie (F. Munaretto)

10.1.1 Principes du banc d'essais numérique

Le banc d'essais numérique consiste à modéliser puis à simuler un cas d'étude fictif dont les caractéristiques ont été au préalable soigneusement spécifiées (météo, description physique de l'enveloppe, des systèmes du bâtiment et de leur régulation, mais aussi potentiellement certains paramètres de modélisation), puis à comparer les résultats obtenus avec d'autres modèles ayant suivi la même méthodologie. Celle-ci est utilisée notamment lorsqu'il n'est plus possible de formaliser le problème et de le résoudre de manière analytique (BRE et SERC, 1988). Elle partage, en revanche, avec cette dernière un avantage non négligeable : celui d'annihiler les incertitudes pesant sur les facteurs d'entrée en les fixant *a priori*. Une autre méthode de validation consiste à confronter directement le modèle à des mesures relevées dans des bâtiments réels, on parle alors de validation empirique ou expérimentale (Lomas, Eppel, Martin & Bloomfield, 1997 ; Palomo Del Barrio & Guyon, 2003). Cependant, cette méthodologie de validation, bien que très attractive, représente bien souvent une solution trop onéreuse, complexe et, par là même, rédhibitoire. On lui préfère ainsi fréquemment la validation numérique, beaucoup plus souple à mettre en œuvre. Malgré tout, certains projets de recherche concrétisent le besoin des chercheurs de confronter leurs modèles à la réalité. On peut notamment citer le projet de l'Agence nationale de la recherche (2006) « MAISONPASSIVE », qui a permis l'éclosion de la plate-forme expérimentale INCAS comportant aujourd'hui quatre maisons passives à taille réelle. La section suivante de l'ouvrage développera plus amplement ces aspects expérimentaux.

Il n'est pas anodin ici d'avoir défini la validation numérique en contraste avec les méthodes de validation analytique et expérimentale. Car, contrairement à ses deux consœurs, la validation numérique ne comporte aucun résultat de référence auquel se jauger, que ce soit des résultats analytiques ou des mesures expérimentales. Il est cependant possible de comparer les résultats du modèle considéré à ceux d'autres outils, sur la base d'un même cas d'étude fictif. C'est pour cela que le processus de validation numérique est souvent confondu, à juste titre, avec celui de validation par comparaisons inter-modèles.

Le degré de complexité des cas d'étude étant ajustable à souhait (paramètres du cas d'étude, sollicitations associées, paramètres de modélisation), la validation numérique comporte de nombreux avantages :

- neutralisation de certaines fonctionnalités du modèle STD afin de décomposer la validation globale de ce dernier en validation unitaire de ses sous-modèles élémentaires ;
- validation d'un phénomène particulier en le mettant en relief, c'est-à-dire en choisissant les paramètres du cas d'étude et les sollicitations associées afin de bien isoler et amplifier les effets dudit phénomène, quitte à forcer les traits et à s'éloigner de la réalité ;
- combinaison de plusieurs cas d'étude de complexité croissante afin de formaliser un schéma séquentiel de validation numérique et de valider les sous-modèles, leurs interactions, jusqu'à pouvoir déterminer la validité du modèle global.

Ainsi, en partant des cas d'étude les plus simples (peu de sollicitations, géométrie simple, peu de phénomènes physiques mis en jeu), il est possible d'augmenter la complexité des cas d'étude (combinaison des sollicitations et des sous-modèles sollicités, géométrie, scénarios opérationnels combinés), de sorte que les derniers soient suffisamment réalistes. Cependant, la complexité et le réalisme des cas d'étude ne sont pas des objectifs en soi, car bien souvent, plus le modèle est complexe, plus il est difficile d'identifier les potentielles sources d'erreurs. Bien au contraire, la plus-value du banc d'essais numérique réside dans la décomposition de ce processus complexe qu'est la validation d'un outil STD en une somme de processus unitaires, de complexité inférieure, de vérification de sous-modèles élémentaires. Lorsque les simulations correspondantes sont séquencées de manière raisonnée, il est alors plus aisé de détecter les erreurs internes (ou les erreurs externes dues à l'utilisateur, comme une mauvaise saisie de facteurs d'entrée) nécessitant un examen approfondi. Pour une description plus étayée de la notion de source d'erreurs, le lecteur est renvoyé aux travaux de Judkoff (1988), pionnier des procédures de validation des modèles STD.

La validation numérique impliquant fréquemment un panel d'outils STD, l'homogénéité de la description des paramètres du modèle et des données d'entrée émerge alors comme une difficulté particulière. En effet, chaque modèle a pour objectif de répondre à des besoins particuliers et se caractérise par une complexité construite en fonction du moyen le plus efficace de résoudre le problème : on parle aussi d'adaptation à l'usage ou de « *fit-for-purpose* ». Afin de ne pas écarter *de facto* les modèles STD intégrant des sous-modèles relativement simplifiés, certains paramètres sont décrits de manière à être compréhensibles et utilisables par tous (en proposant, par exemple, des coefficients d'échanges convectifs constants). Cependant, il est possible de laisser le choix aux modèles d'activer des fonctionnalités plus complexes (en permettant, par exemple, l'utilisation de coefficients d'échanges convectifs variables). Il ne faudrait pas en déduire qu'une meilleure homogénéité des modèles résoudrait le problème. Au contraire, les comparaisons doivent être réalisées autant que possible entre des modèles ayant des approches de modélisation diversifiées. En effet, si l'on compare deux outils STD semblables sur leur base théorique, alors il se peut que les deux outils aient des résultats proches mais que tous les deux aient des biais importants. En revanche, il est plus probable de s'approcher de la validité d'un modèle lorsque les résultats d'un ensemble d'outils STD ayant des approches différentes convergent.

La validation numérique, ou validation par comparaisons inter-modèles (aussi appelée «banc d'essais» ou «*benchmark*»), est sûrement la plus souple des méthodes de validation (rapide, bon marché, nombreuses comparaisons possibles, aucune incertitude sur les facteurs d'entrée), ce qui en fait une des méthodes de validation les plus appréciées. Elle a, en revanche, le désavantage de ne pas comporter de résultats de référence vers lesquels il faudrait tendre. La procédure de validation numérique la plus robuste et la plus reconnue internationalement en ce qui concerne les modèles STD est sans aucun doute le Building Energy Simulation Test, ou BesTest (R. Judkoff & Neymark, 1995), repris ensuite dans la norme ANSI/ASHRAE 140-2001 : Standard Method of Test for the Evaluation of Building Energy Analysis Computer Programs. Une description du BesTest est proposée dans la section suivante. Pour un aperçu plus global des procédures de validation (analytique, numérique et empirique), le lecteur pourra se référer aux travaux de référence en la matière de Jensen (1995) et de Judkoff *et al.* (2008), compilant et consolidant des travaux menés depuis le début des années 1980.

Description du BesTest

Les travaux du BesTest ont été réalisés dans le cadre d'un projet de l'Agence Internationale de l'énergie, par des experts des programmes «Solar Heating and Cooling» (tâche 12B) et «Energy Conservation in Buildings and Community Systems» (Annexe 21C) initiés par la même AIE à la fin des années 1970. Le BesTest est une procédure de validation numérique des modèles STD comportant un ensemble de quarante cas d'étude : trente-cinq cas d'étude monozone et un cas d'étude bizone, comportant une consigne de température, ainsi que quatre cas d'étude monozone en évolution libre, ou «*Free Floating*» (soit la notation FF), allant des cas les plus simples à des cas relativement réalistes. Ils ont été spécialement conçus afin d'examiner des modèles de transfert de chaleur pertinents pour simuler la performance énergétique des bâtiments. Un focus initial a été porté sur l'enveloppe des bâtiments. Des compléments au BesTest ont été publiés plus tardivement, notamment en ce qui concerne les équipements de chauffage et de ventilation (Judkoff *et al.*, 2001) et quelques points clés sur lesquels des besoins particuliers subsistaient, comme les transferts thermiques avec le sol (Judkoff & Neymark, 2009) ou entre différentes zones (Judkoff *et al.*, 2011). Le futur du BesTest a, par ailleurs, très récemment été mis en perspective par ses propres auteurs, souhaitant répondre aux exigences plus récentes des modélisateurs (Judkoff & Neymark, 2013).

Les cas d'étude du BesTest sont majoritairement monozones. La zone thermique se présente comme un parallélépipède de 8 mètres par 6 avec une hauteur de 2,7 mètres. Deux grandes baies vitrées de 3 mètres par 2 sont incluses dans la paroi verticale extérieure orientée au sud (cf. figure 10.1-a). Une variante monozone vise à étudier l'influence des orientations des mêmes baies vitrées dont l'une est orientée à l'est et l'autre à l'ouest (cf. figure 10.1-b). Une dernière variante, bizone, présente une véranda incluant deux baies vitrées orientées au sud, de dimensions identiques mais ayant une allège différente (cf. figure 10.1-c). La zone attenante à la véranda ne contient pas de baies vitrées. Les schémas de ces trois géométries sont regroupés dans la figure 10.1. Le climat est rigoureusement spécifié au moyen d'un fichier incluant des valeurs horaires de température extérieure, de rayonnement solaire, etc., données sur une année. Le type de climat est décrit comme clair et froid en hiver, et chaud et sec en été. L'amplitude des températures et les forts éclairements solaires en découlant permettent de fortement solliciter le bâtiment et les modèles correspondants. L'albédo du sol est considéré constant (*alb* = 0,2). Les échanges avec le sol sont négligeables, car une épaisseur d'un mètre d'isolant est présente sous le plancher.

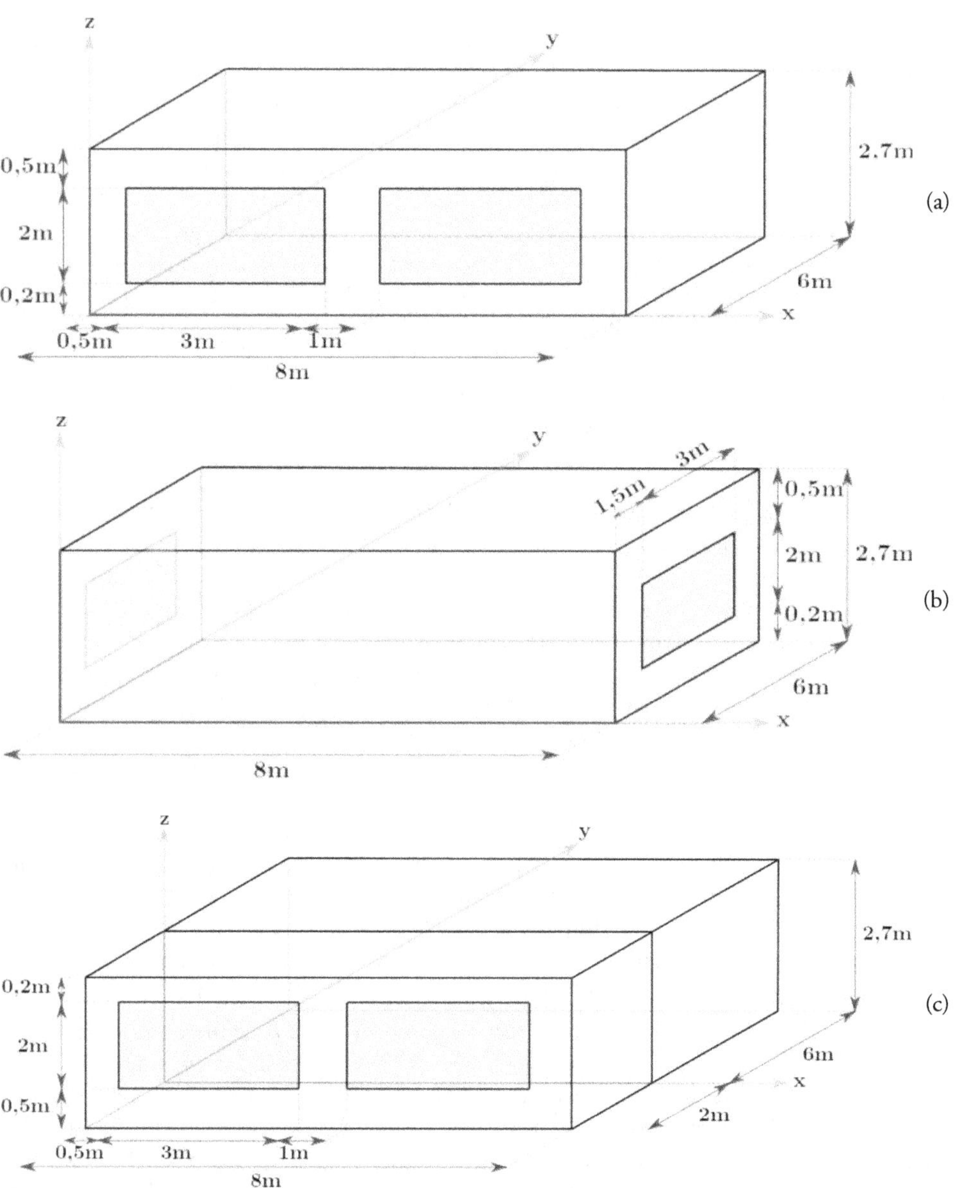

Figure 10.1 Présentation des trois géométries pouvant être rencontrées dans le BesTest : cas monozone avec deux baies vitrées orientées sud (a), cas monozone avec deux baies vitrées orientées est/ouest (b), cas bizone avec une véranda comportant deux baies vitrées orientées au sud (c).

Les cas d'étude du BesTest sont repérés par des numéros à trois chiffres. La première distinction qui peut être réalisée entre ces différents cas d'étude est le type de système constructif.

Lorsque le chiffre des centaines de l'identifiant du cas d'étude considéré est égal à 6 — resp. 9 —, le système constructif correspond à des systèmes constructifs légers (constante de temps du bâtiment $\tau_{bat} = 7,6$ h, au sens de Givoni (1998)) — resp. lourds ($\tau_{bat} = 40,5$ h). Le détail des matériaux constitutifs des parois opaques est présenté dans le tableau 10.1. En ce qui concerne les parois vitrées, ce sont des doubles vitrages dont les caractéristiques sont équivalentes quels que soient les cas d'étude : $S_{pv} = 6$ m², $U_{pv} = 3$ W.m^{-2}.K^{-1} et $\tau_\perp = 0,787$ ($\tau_\perp$ correspond au facteur solaire du double vitrage à incidence normale). L'unique cas multizone 960 comporte une véranda (notée *v*) intégrant deux baies vitrées orientées au sud et une zone attenante (notée *za*) sans baies vitrées (cf. figure 10.1-c). Ces deux zones sont séparées par une cloison en blocs béton (cf. tableau 10.1). La zone attenante est identique à celle du cas 600 (système constructif léger à faible inertie). Le système constructif de la véranda est, en revanche, identique au cas 900 (système constructif lourd à forte inertie). Le tableau 10.2 résume par ailleurs les scénarios d'exploitation ainsi que les géométries propres à chaque cas considéré.

Tableau 10.1 Description du système constructif des cas d'étude dont l'identifiant commence par 6·· (système constructif léger), 9·· (système constructif lourd) et 960 (cas bizone avec véranda).

Cas	Parois	Matériaux	λ $\left[\frac{W}{m.K}\right]$	ρ $\left[\frac{kg}{m^3}\right]$	C_p $\left[\frac{j}{m.K}\right]$	e $[m]$	R $\left[\frac{m^2.K}{W}\right]$	U $\left[\frac{W}{m^2.K}\right]$
		Plaque de plâtre	0,16	950	840	0,012	0,075	13,333
		Laine de verre	0,04	12	840	0,066	1,650	0,606
	Murs	Bardage bois	0,14	530	900	0,009	0,064	15,556
					Total	**0,087**	**1,789**	**0,559**
		Parquet bois	0,14	650	1 200	0,025	0,179	5,600
6··	*Plancher*	Isolant	0,04	min	min	1,003	25,075	0,040
					Total	**1,028**	**25,254**	**0,040**
		Plaque de plâtre	0,16	950	840	0,010	0,063	16
		Laine de verre	0,04	12	840	0,112	2,795	0,358
	Toiture	Couverture toiture	0,14	530	900	0,019	0,136	7,368
					Total	0,141	2,993	0,334
		Blocs béton	0,51	1 400	1 000	0,100	0,196	5,100
		Mousse isolante	0,04	10	1 400	0,062	1,538	0,650
	Murs	Bardage bois	0,14	530	900	0,009	0,064	15,556
					Total	**0,171**	**1,798**	**0,556**
		Chape béton	1,13	1 400	1 000	0,080	0,071	14,125
9··	*Plancher*	Isolant	0,04	min	min	1,007	25,175	0,040
					Total	**1,087**	**25,246**	**0,040**
		Plaque de plâtre	0,16	950	840	0,010	0,063	16,000
		Laine de verre	0,04	12	840	0,112	2,795	0,358
	Toiture	Couverture toiture	0,14	530	900	0,019	0,136	7,368
					Total	**0,141**	**2,993**	**0,334**
960	*Cloison*	Blocs béton	0,51	1 400	1 000	0,2	0,392	2,55

Tableau 10.2 Scénarios d'exploitation des cas d'étude du BesTest sélectionnés.

Cas	Géo.	Cons.	Syst.	q_{int} [W]	Q_{inf} [m³.h]	ϵ_{int} [–]	ϵ_{ext} [–]	α_{int} [–]	α_{ext} [–]	S_{pv} [m^2]	Or.
600	figure 10.1-a	20, 27	Lé	200	153,1	0,9	0,9	0,6	0,6	12	S
600FF	figure 10.1-a	–	Lé	200	153,1	0,9	0,9	0,6	0,6	12	S
620	figure 10.1-b	20, 27	Lé	200	153,1	0,9	0,9	0,6	0,6	6,6	E,O
640	figure 10.1-a	Ralenti	Lé	200	153,1	0,9	0,9	0,6	0,6	12	S
650	figure 10.1-a	27, V	Lé	200	153,1	0,9	0,9	0,6	0,6	12	S
650FF	figure 10.1-a	–	Lé	200	153,1	0,9	0,9	0,6	0,6	12	S
900	figure 10.1-a	20, 27	Lo	200	153,1	0,9	0,9	0,6	0,6	12	S
900FF	figure 10.1-a	–	Lo	200	153,1	0,9	0,9	0,6	0,6	12	S
920	figure 10.1-b	20, 27	Lo	200	153,1	0,9	0,9	0,6	0,6	6,6	E,O
940	figure 10.1-a	Ralenti	Lo	200	153,1	0,9	0,9	0,6	0,6	12	S
950	figure 10.1-a	27, V	Lo	200	153,1	0,9	0,9	0,6	0,6	12	S
950FF	figure 10.1-a	–	Lo	200	153,1	0,9	0,9	0,6	0,6	12	S
960 (v)	figure 10.1	–	Lo	0	153,1	0,9	0,9	0,6	0,6	12	S
960 (za)	figure 10.1	20, 27	Lé	200	153,1	0,9	0,9	0,6	0,6	-	-

Les propriétés optiques des surfaces sont constantes pour les cas d'étude sélectionnés. Les émissivités GLO intérieure et extérieure sont égales à $\epsilon = 0{,}9$ alors que les absorptivités CLO sont égales à $\alpha = 0{,}6$. En considérant les cas 600 et 900 comme les deux cas de base, on modifie une de leurs caractéristiques à la fois afin d'évaluer la capacité des modèles à prendre en compte l'orientation des baies vitrées (cas 620 et 920), les ralentis de chauffage (cas 640 et 940), ou encore la surventilation nocturne (cas 650 et 950). Pour les cas d'étude dont l'identifiant contient le label « FF », la température est dite en évolution libre, c'est-à-dire sans thermostat. Mis à part ces cas particuliers, le système de chauffage est un système 100 % aéraulique, avec un thermostat appliqué sur la température d'air. La puissance du système est théoriquement infinie et son efficacité est de 100 %. Les consignes de températures sont respectivement de 20°C et 27°C pour le chauffage et le rafraîchissement. Ces consignes sont actives tout au long de l'année. Les apports internes q_{int} sont égaux à 200 W et constants toute l'année. 40 % de ces apports sont dissipés par convection et 60 % par rayonnement GLO. Le taux de renouvellement d'air est égal à 0,41 vol.h⁻¹, soit 153,1 m³.h⁻¹. En sus des débits de renouvellement d'air, un scénario de surventilation nocturne consiste à appliquer un taux de renouvellement d'air de 13,14 vol.h⁻¹ entre 18 h et 7 h, en interrompant la consigne de chauffage et en maintenant la consigne de rafraîchissement (cas 650 et 950). Les cas d'étude ne comportent pas d'échangeur de chaleur aéraulique. Par ailleurs, le scénario de ralenti de nuit fait intervenir une température de consigne de chauffage de 10°C entre 23 h et 7 h (cas 640 et 940). Le reste du temps, c'est-à-dire entre 7 h et 23 h, la consigne de température de chauffage conventionnelle de 20°C s'applique. Des coefficients d'échanges superficiels globaux extérieurs et intérieurs sont renseignés dans le BesTest (Judkoff & Neymark, 1995, tab. 1.5). Le facteur solaire τ des vitrages, appliqué à la composante directe du rayonnement solaire, dépend de l'angle d'incidence θ. Le BesTest propose des valeurs $\tau(\theta)$ pour des angles d'incidence allant de 0 à 80° (Judkoff & Neymark, 1995, tab. 1.5). Le BesTest préconise, par ailleurs, de distribuer les apports solaires transmis à travers les vitrages de manière constante entre les différentes parois de la zone thermique, et ce en fonction de leur absorptivité intérieure et de l'orientation des baies vitrées. Ces distributions sont appliquées à la somme des composantes directe, diffuse et réfléchie du rayonnement solaire (Judkoff & Neymark, 1995, tab. 1.5). Il est important de comprendre que ces suggestions concernant certains paramètres clés de modélisation ne sont pas imposées par le BesTest. Ainsi, si certains outils STD possèdent des algorithmes calculant plus finement ces paramètres, ils sont libres de les utiliser.

10.1.2 Résultats du BesTest

Les résultats de l'étude historique du BesTest (publiée en 1995) sont représentés sous forme de boîtes à moustaches, mettant en relief leur distribution statistique (médiane, premier et troisième quartiles et extremums). De plus, des résultats plus récents d'outils STD de référence au niveau international ont été recueillis (EnergyPlus 8.1[1], TRNSYS 17.1[2] et ESP-r 11.10[3]). L'étendue des capacités de ces modèles peut notamment être appréciée et comparée dans les études de Crawley *et al.* (2008) et Mora (2009). Bien que les résultats de ces outils ne représentent pas des références absolues, un écart sensible et persistant avec ces derniers remettrait sérieusement en cause la fiabilité de l'outil analysé. Quant aux outils STD relatifs au contexte national, ils ont été sélectionnés selon des critères de reconnaissance du milieu professionnel, mais aussi de disponibilité des résultats du BesTest. Il s'agit de Comfie 3.4.7[4] et de CoDyBa 6.4[5]. De plus, l'outil réglementaire français du CSTB Th-BCE 2012[6] a été intégré à l'étude (cas monozones seulement), même s'il ne fait pas vraiment partie de la même catégorie de modèles STD.

Sur l'ensemble des grandeurs d'intérêt préconisées par le BesTest pour l'exploitation des résultats, six d'entre elles ont été sélectionnées :

- besoins de chauffage annuels surfaciques $B_{ch}\left[kWh.m_{SHAB}^{-2}\right]$ (figure 10.2-a) ;

- besoins de rafraîchissement annuels surfaciques $B_{clim}\left[kWh.m_{SHAB}^{-2}\right]$ (figure 10.2-b) ;

- puissance maximale surfacique appelée pour le chauffage $P_{\max,ch}\left[W.m_{SHAB}^{-2}\right]$ (figure 10.3-a) ;

- puissance maximale surfacique appelée pour le rafraîchissement $P_{\max,clim}\left[W.m_{SHAB}^{-2}\right]$ (figure 10.3-b) ;

- profils de températures d'air $T_{air}\left[°C\right]$ du 4 janvier pour le cas 600FF (figure 10.4-a) ;

- profils de températures d'air $T_{air}\left[°C\right]$ du 4 janvier pour le cas 900FF (figure 10.4-b).

1. Résultats tirés du rapport d'essais d'EnergyPlus ANSI/ASHRAE Standard 140-2011 Envelope (Henninger & Witte, 2013).
2. Résultats recueillis auprès de Marion Hiller, coresponsable des procédures de validation de TRNSYS (Aschaber, Hiller, Weber, & Gmbh, 2009) à TRANSSOLAR.
3. Résultats recueillis après des échanges avec Paul Strachan, responsable de la validation d'ESP-r (Strachan et al., 2008) à l'Université de Strathclyde, Glasgow, UK.
4. Résultats simulés sur la version commerciale la plus récente et disponible à ce jour. Les cas d'études utilisés ont été repris de travaux étudiant l'influence de modèles détaillés de convection et rayonnement CLO/GLO implémentés dans COMFIE (Munaretto, 2014).
5. Résultats tirés du document intitulé «CoDyBa BesTest Qualification» (Noël, 2004), et plus précisément des sections «V - 1 - 1 - BesTest and CoDyBa Results in tabular form» et «V - 2 - 9 - 2 - Case 900FF : hourly Free Float temperature».
6. Résultats tirés d'un projet de recherche auquel ont participé le CSTB et ARMINES.

Les résultats des cas d'étude à faible inertie (cas 6••) présentent des besoins de chauffage et de rafraîchissement plus importants que leur contrepartie à forte inertie. Le climat simulé étant caractérisé par de fortes amplitudes diurnes de la température extérieure et un fort ensoleillement annuel, il est en effet logique de constater ces résultats : l'inertie thermique permet globalement de valoriser les apports solaires en hiver et la fraîcheur des nuits en été. Le nombre d'heures où les systèmes de production de chaleur sont sollicités étant plus important pour les cas à faible inertie, cela accentue les divergences entre les différents outils de simulation, représentées visuellement par des boîtes à moustaches plus larges (cf. résultats historiques BesTest 1995 dans les figures 10.2-a et 10.2-b). On remarque aussi que les ralentis de nuit (cas 640 et 940) permettent de réduire les besoins thermiques, y compris avec une forte inertie. Cela augmente cependant notablement la puissance maximale appelée lors de la reprise du chauffage (cf. figure 10.3-a). L'orientation des vitrages a aussi un impact considérable : les cas 620 et 920 (vitrages orientés est/ouest) ont des besoins thermiques largement supérieurs aux cas 600 et 900 (vitrages orientés sud), l'effet étant cependant moins visible pour les cas à faible inertie (cf. figure 10.2). Cette observation met en relief l'interaction entre l'inertie thermique et l'orientation des vitrages. Finalement, la même remarque peut être formulée quant au rôle clé de l'inertie pour réduire les besoins de rafraîchissement lors des épisodes de surventilation nocturne (cas 650 et 950, cf. figure 10.2-b).

En comparaison avec les résultats historiques datant d'une vingtaine d'années, les outils de référence récents se situent fréquemment en deçà du premier quartile, voire du minimum. Il est difficile d'imputer la responsabilité de cette observation à tel ou tel modèle en particulier. Cependant, un nombre important d'études ont montré que la modélisation détaillée des échanges superficiels convectifs intérieurs et extérieurs, c'est-à-dire le calcul au pas de temps des coefficients d'échanges superficiels convectifs en fonction de facteurs environnementaux (vitesse de vent, différence de température air-surface de parois, débit de renouvellement d'air), entraîne une diminution significative des besoins de chauffage et de rafraîchissement (Bradley & Kummert, 2004 ; Brun, Spitz, Wurtz & Mora, 2009 ; Munaretto, 2014). En effet, les coefficients calculés à chaque pas de temps grâce à des corrélations adaptées (Beausoleil-Morrison, 2000) sont globalement inférieurs aux coefficients constants couramment utilisés dans les outils STD depuis plus de trente ans, ce qui entraîne un plus fort découplage entre l'air et les parois du bâtiment et, conséquemment, une diminution des besoins thermiques, lorsque le thermostat est appliqué à l'air.

Certains modèles, en particulier Comfie, ne découplent pas les échanges superficiels radiatifs GLO et convectifs. L'avantage est de réduire le temps de calcul, et de ne pas nécessiter de facteurs de forme difficiles à évaluer précisément pour certaines géométries. En revanche, la température intérieure calculée ne correspond plus à une température d'air, mais à une température intermédiaire entre celle de l'air et la moyenne des températures des surfaces (température résultante sèche). Cette dernière est elle-même proche de la température opérative, ressentie par les occupants. L'hypothèse sous-jacente est que les occupants règlent le thermostat en fonction de cette température ressentie, de manière à compenser l'effet de paroi froide, et non en fonction de la température d'air. Le calcul simplifié pourrait ainsi se révéler plus proche de la réalité. Il conduit à des besoins thermiques et des puissances maximales généralement plus importants, puisqu'il s'agit non seulement de chauffer l'air mais aussi les surfaces des parois. Afin de comparer les résultats du BesTest en considérant une régulation sur l'air, comme dans les autres outils, un modèle découplé a été développé dans Comfie (Munaretto, 2014). Les résultats sont alors proches des références internationales.

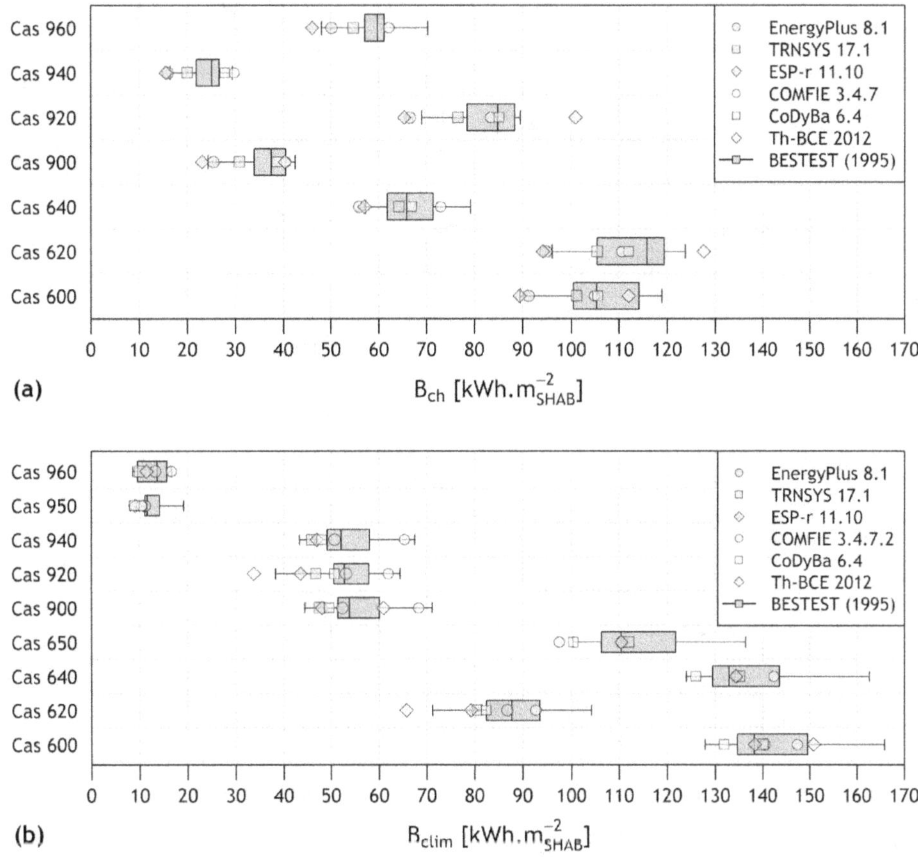

B_{ch} [kWh.m$_{SHAB}^{-2}$]

B_{clim} [kWh.m$_{SHAB}^{-2}$]

Figure 10.2 Besoins annuels en chauffage (a) et en rafraîchissement (b) en $\left[kWh.m_{SHAB}^{-2} \right]$ des cas 600, 620, 640, 650, 900, 920, 940, 950 et 960 du BesTest pour les différents outils STD étudiés.

On notera que les résultats des cas 650 et 950 pour l'outil Th-BCE ne sont pas disponibles. Les résultats de CoDyBa et Th-BCE 2012 ne sont pas non plus disponibles pour le cas bizone (cas 960). Ceux des références françaises se situent globalement dans la fourchette des résultats historiques du BesTest. Notons cependant des résultats anormalement éloignés des références internationales et en dehors de la fourchette des résultats historiques de l'outil Th-BCE 2012, notamment dans les cas avec une orientation est/ouest (cas 620 et 920), laissant penser à une mauvaise prise en compte du rayonnement solaire. Plus généralement, les écarts constatés entre les différents outils STD étudiés sur des cas aussi simples que ceux du BesTest, même ceux considérés comme les plus fiables (TRNSYS, par exemple, est relativement éloigné d'ESP-r et d'EnergyPlus dont les résultats sont très proches) montrent que des efforts substantiels sont encore à réaliser afin d'améliorer la fiabilité des outils STD.

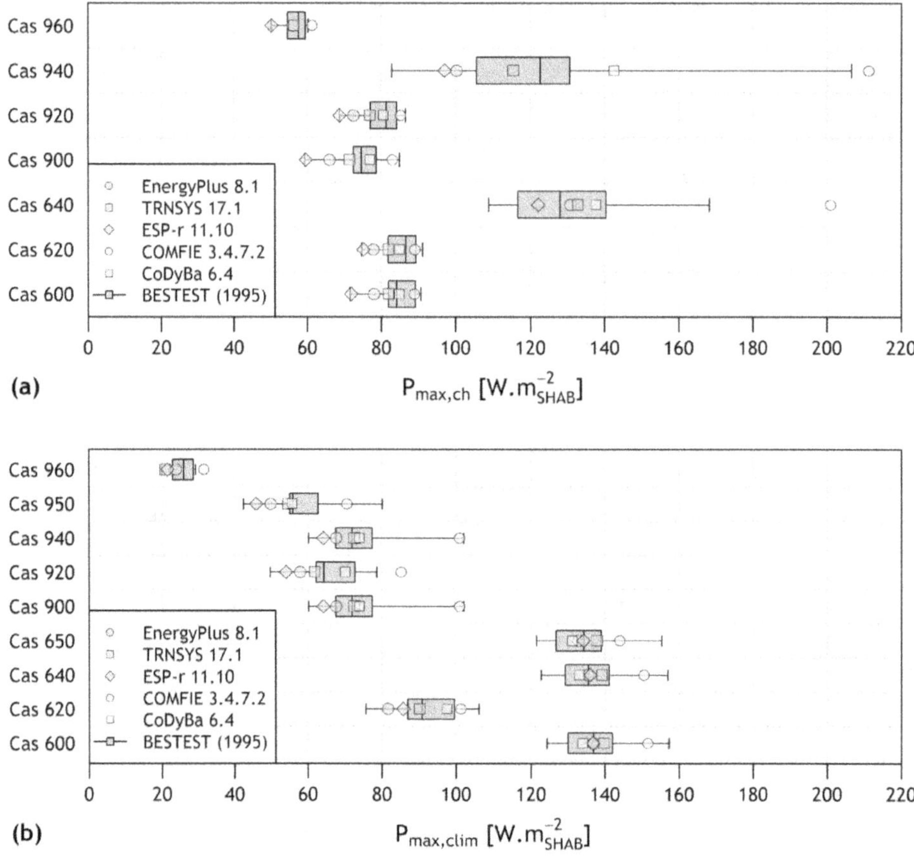

Figure 10.3 $P_{max,ch}$ (a) et $P_{max,clim}$ (b) en $\left[W.m_{SHAB}^{-2}\right]$ des cas 600, 620, 640, 650, 900, 920, 940, 950 et 960 du BesTest pour les différents outils STD étudiés.

Les remarques faites précédemment quant à l'influence du couplage entre transferts superficiels radiatifs et convectifs sont confirmées par la visualisation des puissances maximales appelées (cf. figure 10.3). En effet, Comfie et CoDyBa (les résultats de l'outil TH-BCE ne sont pas disponibles pour ces sorties) sont caractérisés par des puissances maximales appelées majoritairement supérieures à celles des références internationales. Cela est d'autant plus remarquable pour les cas avec ralenti de nuit (cas 640 et 940). En effet, au moment de la reprise du chauffage le matin, il s'agit en un pas de temps (le BesTest ne comporte pas de limite en termes de puissance des systèmes thermiques) de chauffer non seulement l'air, mais aussi la partie superficielle des parois, implicitement prises en compte dans la température résultante thermostatée. Les puissances de chauffage sont donc assez largement supérieures, tout particulièrement en ce qui concerne Comfie. Il paraît donc essentiel que la nature du thermostat soit explicitée de manière transparente aux utilisateurs.

L'observation de la figure 10.4 corrobore les remarques déjà faites précédemment. En effet, on peut voir que Comfie, CoDyBa et Th-BCE 2012 présentent une inertie plus importante que Design Builder (basé sur EnergyPlus) et TRNSYS, illustrée par des amplitudes de variation de température plus faibles (52,0 et 43,4 en moyenne respectivement pour les outils de référence et les outils français pour le cas 600FF — 12,8 et 11,1 pour le cas 900FF —, soit approximativement 15 % de différence).

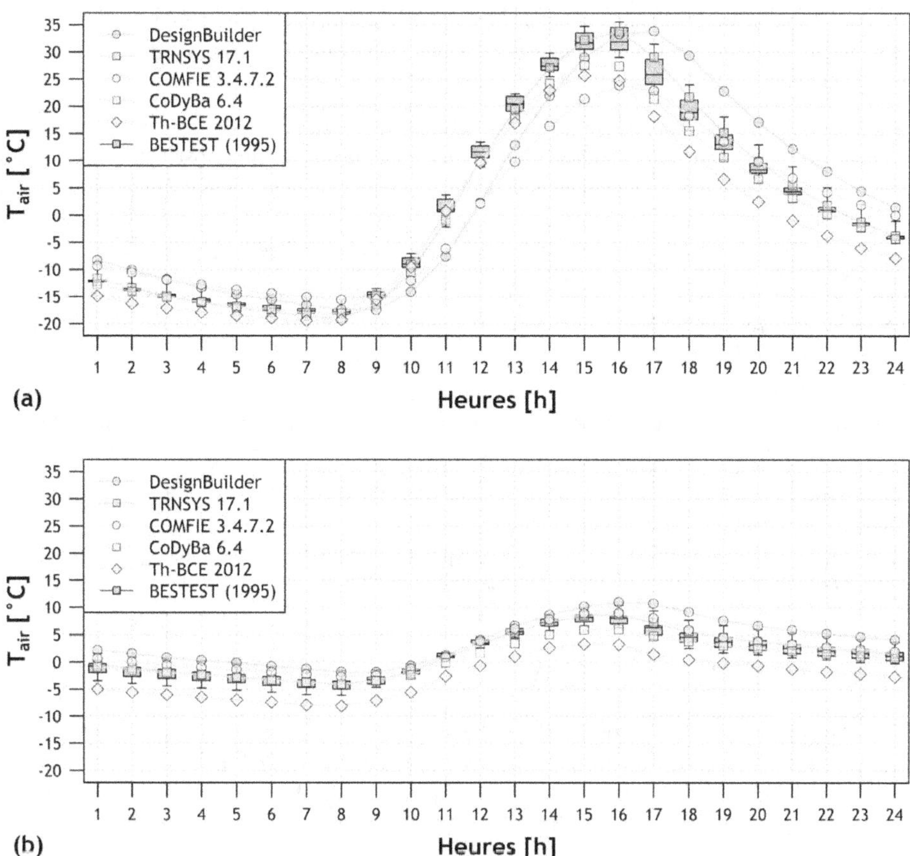

Figure 10.4 Profils de température d'air de la journée du 4 janvier pour les cas 600FF (a) et 900FF (b).

10.1.3 Conclusions

Les résultats du BesTest présentés dans cette section ont fait émerger un certain nombre de constatations :

- les outils STD de référence au niveau international (EnergyPlus, TRNSYS et ESP-r) se caractérisent par des besoins thermiques globalement inférieurs (autant pour le chauffage que pour le refroidissement) aux résultats historiques du BesTest, alors même que ces derniers faisaient déjà partie du panel de l'étude en 1995 ;

- les outils français se situent dans la fourchette haute des résultats de besoins thermiques et des puissances appelées, ce qui peut être lié aux hypothèses sur la régulation ou à d'autres simplifications.

Les outils internationaux étudiés utilisent des modèles plus détaillés que les outils français. Cependant, la fiabilité des outils ne réside pas seulement dans la complexité et le raffinement des modèles (une plus grande complexité peut entraîner un surcroît d'incertitudes et, éventuellement, des biais plus importants) mais bien dans leur confrontation permanente avec la réalité, dans des conditions réalistes d'utilisation et de régulation des bâtiments. Or, il a été démontré que les résultats des logiciels de simulation sous-estiment très fréquemment les besoins thermiques des bâtiments, ce qui ne va pas dans le sens des résultats des outils de référence étudiés ici.

Le BesTest permet en tout cas, grâce à des cas d'étude simplifiés, de focaliser l'analyse sur des modèles élémentaires de transfert de chaleur, facilitant le diagnostic des potentielles sources de divergence entre les différents modèles. Toutefois, tous les cas d'étude n'ont pas été présentés ici. La problématique de la disponibilité publique des résultats du BesTest ainsi que la transparence des hypothèses particulières à chaque outil STD reste entière.

Les perspectives d'évolution du BesTest ont été discutées durant la conférence IBPSA 2013 (International Building Performance Simulation Association, Chambéry, 25-28 août 2013). En complément de la vision des auteurs (en charge de sa traduction normative), voici quelques pistes d'améliorations :

- augmenter la résistance thermique des parois opaques et vitrées pour se rapprocher des standards à basse consommation d'énergie ;

- introduire une variante avec un thermostat sur une température résultante sèche ou opérative ;

- formaliser une plate-forme en ligne mettant à la disposition du public les résultats et les hypothèses d'une large» sélection d'outils STD.

10.1.4   Références bibliographiques

Agence nationale de la recherche (2006). *Programme de Recherche sur l'Énergie dans le Bâtiment (PREBAT) : PREBAT - volet technologique (PREBAT) 2006 : projet MAISONPASSIVE.* http://www.agence-nationale-recherche.fr/projet-anr/?tx_lwmsuivi bilan_pi2%5BCODE%5D=ANR-06-PBAT-0006

Aschaber J., Hiller M. & Weber R. (2009). *TRNSYS17 : new features of the multizone building model.* Présenté à BS2009, Glasgow, Scotland. http://citeseerx.ist.psu.edu/ viewdoc/summary?doi=10.1.1.172.3972

Beausoleil-Morrison I. (2000). *The adaptive coupling of heat and air flow modelling within dynamic whole-building simulation.* University of Strathclyde, Glasgow, Scotland. http://www.esru.strath.ac.uk/Documents/PhD/beausoleil-morrison_thesis.pdf

Bradley D.E. & Kummert M. (2004). *Converging on a recommended set of interpretations and assumptions in applying standard tests to energy analysis tools.* http://strathprints. strath.ac.uk/6584/

BRE & SERC (1988). *An Investigation Into Analytical and Empirical Validation Techniques for Dynamic Thermal Models of Buildings.* BRE/SERC Collaboration at BRE.

Brun A., Spitz C., Wurtz E. & Mora L. (2009). *Behavioural comparison of some predictive tools used in a low-energy building.* Présenté à BS2009, Glasgow, Scotland. http://www. ibpsa.org/proceedings/BS2009/BS09_1185_1190.pdf

Crawley D.B., Hand J.W., Kummert M. & Griffith B.T. (2008). «Contrasting the capabilities of building energy performance simulation programs». *Building and Environment*, 43(4), 661-673. http://dx.doi.org/10.1016/j.buildenv.2006.10.027

Givoni B. (1998). *Climate considerations in building and urban design*. New York, Van Nostrand Reinhold.

Henninger R.H. & Witte M.J. (2013). *EnergyPlus Testing with Building Thermal Envelope and Fabric Load Tests from ANSI/ASHRAE Standard 140-2011 (p. 132)*. Arlington Heights, USA, U.S. DOE. http://apps1.eere.energy.gov/buildings/energyplus/pdfs/energyplus_ashrae_140_envelope.pdf

Jensen S.Ø. (1995). «Validation of building energy simulation programs: a methodology». *Energy and Buildings*, 22(2), 133-144. http://dx.doi.org/10.1016/0378-7788(94)00910-C

Judkoff R.D. (1988). «Validation of building energy analysis simulation programs at the Solar Energy Research Institute». *Energy and Buildings*, 10(3), 221-239. http://dx.doi.org/10.1016/0378-7788(88)90008-4

Judkoff R. & Neymark J. (1995). *International Energy Agency Building Energy Simulation Test (BesTest) and Diagnostic Method (No. NREL/TP- 472-6231)*. Golden, CO, USA : NREL. http://www.nrel.gov/docs/legosti/old/6231.pdf

Judkoff R. & Neymark J. (2009). *IEA BesTest In-Depth Diagnostic Cases for Ground Coupled Heat Transfer Related to Slab-on-Grade Construction: Preprint*. Présenté à BS2009, Glasgow, Scotland. http://www.nrel.gov/docs/fy09osti/45742.pdf

Judkoff R. & Neymark J. (2013). *Twenty years on! Updating the IEA BesTest building thermal fabric test cases for ASHRAE standard 140*. Présenté à BS2013, Chambéry, France. http://www.nrel.gov/docs/fy13osti/58487.pdf

Judkoff R., Neymark J., Alexander D., Felsmann C., Strachan P. & Wijsman A. (2011). IEA BesTest Multi-Zone Non-Airflow In-Depth Diagnostic Cases. Présenté à BS2011, Sydney, Australia. http://www.nrel.gov/docs/fy12osti/51589.pdf

Judkoff R., Neymark J., Knabe G., Durig M., Glass A. & Zweifel G. (2001). *HVAC BesTest. A Procedure for Testing the Ability of Whole-Building Energy Simulation Programs to Model Space Conditioning Equipment (No. NREL/CP-550-29828)*. Golden, CO, USA, NREL. http://www.nrel.gov/docs/fy01osti/29828.pdf

Judkoff R., Wortman D., O'Doherty B. & Burch J. (2008). *A Methodology for Validating Building Energy Analysis Simulations (No. NREL/TP-550-42059)*. Golden, CO, USA, NREL. http://www.stanford.edu/group/narratives/classes/08-09/CEE215/ReferenceLibrary/BIM%20and%20Building%20Simulation%20Research/A%20Methodology%20for%20Validating%20Building%20Energy%20Analysis%20Simulations.pdf

Lomas K.J., Eppel H., Martin C.J. & Bloomfield D.P. (1997). «Empirical validation of building energy simulation programs». *Energy and Buildings*, 26(3), 253-275. http://dx.doi.org/10.1016/S0378-7788(97)00007-8

Mora L. (2009). *État de l'art en termes de modèles et d'outils de simulation*. Livrable Projet "SIMBIO". Bordeaux, France, CNRS.

Munaretto F. (2014). *Étude de l'influence de l'inertie thermique sur les performances énergétiques des bâtiments*. Mines ParisTech, France. http://pastel.archives-ouvertes.fr/pastel-01068784

Noël J. (2004). *CoDyBA BesTest Qualification (No. 0401) (p. 37)*. Lyon, France. http://www.jnlog.com/pdf/codyba_bestest.pdf

Palomo Del Barrio E. & Guyon G. (2003). « Theoretical basis for empirical model validation using parameters space analysis tools ». *Energy and Buildings*, 35(10), 985-996. http://dx.doi.org/10.1016/s0378-7788(03)00038-0

Strachan P.A., Kokogiannakis G. & Macdonald I.A. (2008). « History and development of validation with the ESP-r simulation program ». Building and Environment, 43(4), 601-609. http://dx.doi.org/10.1016/j.buildenv.2006.06.025

10.2 Étude en phase de conception d'une des maisons INCAS
(A. Brun & C. Spitz)

10.2.1 Introduction

Les cas d'étude considérés dans les bancs d'essais logiciels présentés précédemment correspondent à des bâtiments peu isolés. Certains phénomènes physiques, peu influents dans ces configurations, pourraient se révéler importants dans le cas de bâtiments à très basse consommation. Il est alors intéressant d'évaluer la fiabilité des modèles en étudiant une construction très performante[1]. Le travail que nous présentons ici est extrait d'une communication présentée au CIFQ 2009[2] (Colloque interuniversitaire franco-québécois). Il s'agit d'une comparaison de plusieurs outils de simulation avec, comme cas d'étude, une maison expérimentale de la plate-forme INCAS. Nous avons sélectionné cinq outils utilisés par les professionnels et la communauté scientifique française, décrits dans la première partie de cet ouvrage. La maison étudiée présente de faibles besoins de chauffage (de l'ordre de 15 kWh/m²) et soulève la question de la validité/cohérence des outils pour des cas d'étude où la sensibilité aux sollicitations (rayonnement incident, apports internes, systèmes HVAC...) est accrue. Pour mener cette comparaison, nous avons défini des hypothèses de modélisation qui puissent être communes à l'ensemble des outils. La description du bâtiment a donc été simplifiée afin de correspondre aux possibilités des outils utilisés. Nous présentons tout d'abord les outils qui ont été utilisés, listés ci-dessous. Nous rappelons les caractéristiques principales du bâtiment INCAS étudié et les hypothèses de modélisation retenues. Les évolutions de température et des puissances de chauffage ainsi que les besoins de chauffage et indicateur de surchauffe sont ensuite présentés.

10.2.2 Outils considérés

Les cinq outils que nous avons sélectionnés (cf. la description plus précise des modèles et des outils en partie 1 de cet ouvrage) correspondent à un panel très large d'utilisateurs :

---

1. Ce fut l'objet du projet ANR MAISONPASSIVE, cf. http://www.agence-nationale-recherche.fr/projet-anr/?tx_lwmsuivibilan_pi2[CODE]=ANR-06-PBAT-0006.
2. Adrien Brun, Clara Spitz, Étienne Wurtz, « Analyse du comportement de différents codes de caicul dans le cas de bâtiments à haute efficacité énergétique ». IXe Colloque interuniversitaire franco-québécois sur la thermique des systèmes, 18-20 mai 2009, Lille.

EnergyPlus, **TrnSys**, **Pléiades+Comfie** et **CoDyBa** sont des instruments de simulation énergétique dynamique.

PHPP emploie une méthode de calcul statique basée sur un bilan énergétique mensuel défini dans la norme européenne EN 13790.

Le tableau ci-dessous précise les versions des logiciels utilisés.

EnergyPlus	TrnSys	CoDyBa	Pléiades+Comfie	PHPP
V.3	16.01.003	V.6.50c	V2.8.1.0	PHPP2007

10.2.3   Bâtiment étudié et modèle retenu

Figure 10.5 Bâtiment expérimental.

L'objet de cette étude est le bâtiment expérimental dit «double mur» de la plate-forme INCAS situé sur le site de l'INES au Bourget-du-Lac (73). Sa géométrie est identique à celle des autres bâtiments INCAS : elle reprend la forme d'un bâtiment individuel de dimensions extérieures 7,50 m × 8,50 m et se compose de deux niveaux. Du point de vue thermique, il s'agit d'un bâtiment à haute performance énergétique, avec des épaisseurs d'isolation comprises entre 20 cm pour les parois verticales et 40 cm pour le plancher haut. La façade sud est largement vitrée et protégée en période estivale par l'avancée de toit ainsi que le balcon et des brise-soleil extérieurs. Un soin particulier a été apporté lors de la conception et de la mise en œuvre des matériaux afin de limiter au maximum les ponts thermiques et les infiltrations d'air. Le système de ventilation avec récupérateur de chaleur est équipé d'une épingle électrique qui fournit l'apport de chaleur nécessaire pour assurer la consigne de chauffage. Il s'agit d'un bâtiment dont l'occupation peut être simulée (dégagement de chaleur, CO_2 et humidité), et le pilotage entièrement automatisé (ouverture des fenêtres pour la ventilation naturelle, brise-soleil, débit de ventilation et position *by-pass* de l'échangeur récupérant la chaleur de l'air vicié).

Voici la liste des hypothèses de modélisation qui ont été retenues. Le besoin de simplification a été conditionné par les limitations des logiciels et la volonté sous-jacente d'homogénéiser les hypothèses de calcul.

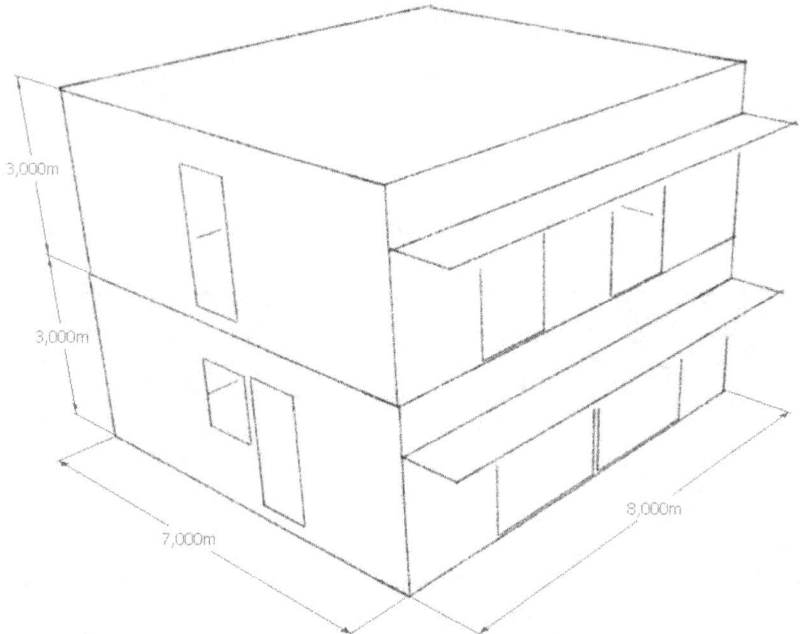

Figure 10.6 Description géométrique du modèle.

- *Discrétisation* : Il s'agit d'un modèle à deux zones, chacune représentant un étage. Nous avons supposé que la température dans les combles et le vide sanitaire était égale à la température extérieure.
- *Ponts thermiques* : Les ponts thermiques ne sont pas pris en compte.
- *Surfaces vitrées* : Les surfaces vitrées sont de type double vitrage basse émissivité avec lame d'argon.
- *Surface énergétique* : Nous considérerons pour chacun des outils une surface intérieure égale à 97,5 [m²].
- *Protections solaires* : Seules les protections solaires sud fixes sont considérées.
- *Échanges convectifs* : Les coefficients d'échange retenus sont indiqués dans le tableau ci-dessous en W/(m².K) :

Plancher bas		Parois verticales		Parois vitrées		Plancher intermédiaire		Plancher haut	
Int	Ext	Int	Ext	Int	Ext	Plaf	Plan	Int	Ext
1,8	3,3	3,3	14,9	3,3	14,9	3	3	4,6	18,9

- *Échanges aérauliques* : La majorité des outils utilisés ne permet pas d'effectuer des calculs de ventilation naturelle. Ainsi, les échanges aérauliques entre zones et avec l'environnement l'extérieur n'ont pas été calculés.

- *Échangeur double flux* : Comme un des outils n'intègre pas de modèle de ventilation double flux avec récupération d'énergie, les déperditions correspondantes sont prises en compte par le biais d'une ventilation simple flux dont le débit est réduit.
- *Gestion de l'énergie, ventilation et infiltrations* : Deux scénarios ont été définis :
  - un scénario pour la période hivernale, avec une température de consigne de 19 °C, aucune limite de puissance de chauffage et une récupération de chaleur d'une efficacité de 75 % sur l'air extrait (0,5 vol/h).
  - Pour le deuxième scénario, nous imposons un renouvellement d'air de 2 vol/h. Pour ce scénario, seuls les résultats au cours de la période estivale seront observés.
- *Scénario d'occupation* : Il correspond à une famille de quatre personnes ayant une activité extérieure chaque jour de la semaine : deux personnes présentes de 17 h à 18 h, et quatre personnes présentes de 18 h à 8 h. On suppose un dégagement de chaleur sensible de 80 W/pers, soit 1 690 kWh/an. Nous supposerons que cette puissance est dégagée sous forme convective uniquement.
- *Scénario de puissance dissipée* : Il est établi en supposant l'utilisation d'appareils économes en énergie et conduit à un dégagement annuel de 1 600 kWh échangé sous forme convective. Les gains internes sont répartis uniformément entre les zones.
- *Sollicitations* : Les données météo sont communes à tous les outils. La synchronisation des données météo, des calculs solaires (hauteur solaire et azimut) ainsi que les scénarios de charges internes ont été contrôlés sous TrnSys et EnergyPlus. Les contrôles concernant Pléiades et CoDyBa sont limités aux sorties proposées.

10.2.4 Résultats

La figure 10.7 présente les besoins de chauffage annuels en considérant une année climatique type pour Chambéry. Ils sont compris dans une fourchette de 15 à 20 kWh/m².an, et la puissance de chauffage maximale entre 21 et 23,5 W/m², ce qui est tout à fait satisfaisant étant donné le niveau d'incertitude existant tant sur les paramètres physiques choisis que sur les imperfections des modèles. CoDyBa montre des besoins de chauffage légèrement plus faibles que les autres outils. En ce qui concerne la puissance maximale appelée, la méthode statique (PHPP) donne une valeur plus faible que les outils dynamiques.

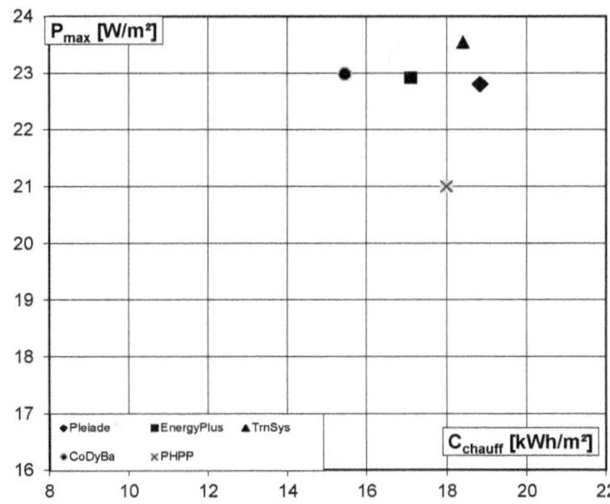

Figure 10.7 Besoins de chauffage et puissance maximale appelée.

Les figures 10.8, 10.9 et 10.10 présentent, pour deux journées d'hiver et au rez-de-chaussée :
– les sollicitations météorologiques et les charges internes ;
– les profils de température intérieure ;
– les puissances de chauffage correspondantes.

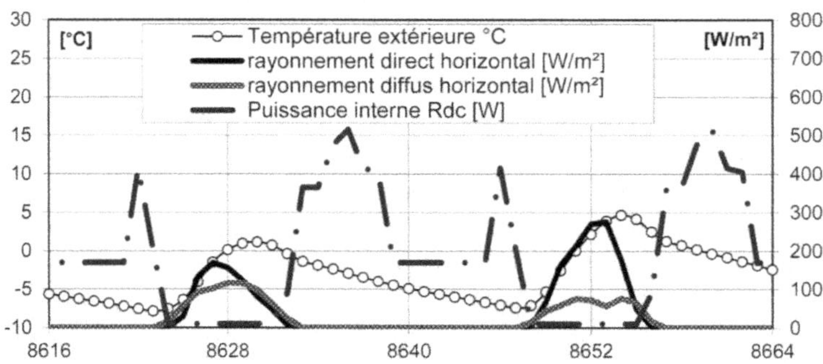

Figure 10.8 Sollicitations météorologiques et charges internes au rez-de-chaussée.

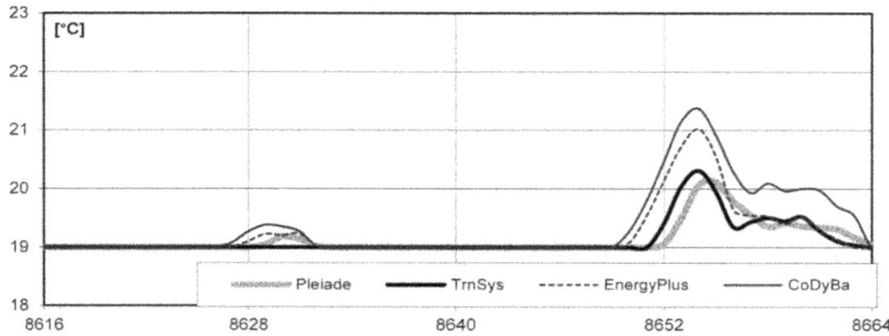

Figure 10.9 Évolution de la température d'air au rez-de-chaussée durant l'hiver
(débit d'air 0,5 vol/h, rendement échangeur 75 %).

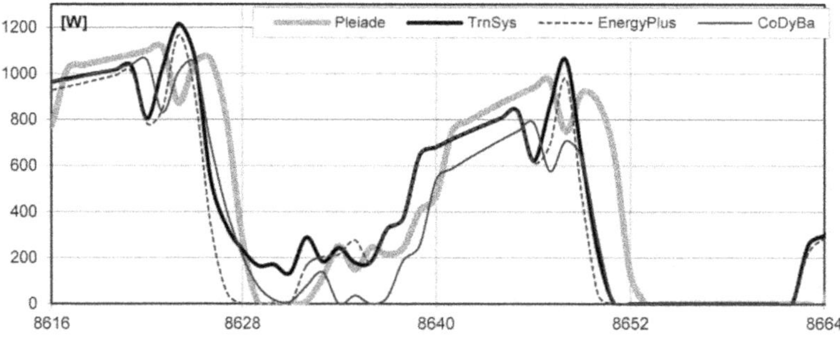

Figure 10.10 Évolution de la puissance de chauffage.

Durant les douze premières heures (8616 à 8628), la température d'air correspond à la température de consigne de chauffage, soit 19 °C. La puissance de chauffage correspondante est non nulle et oscille jusqu'à atteindre une puissance de 1 200 W. On observe par la suite une température interne qui dépasse 19 °C, la puissance de chauffage est alors nulle. Durant cette période, les gains internes ainsi que les apports solaires compensent majoritairement les déperditions.

Les figures 10.11, 10.12 et 10.13 montrent les sollicitations et les températures obtenues en été.

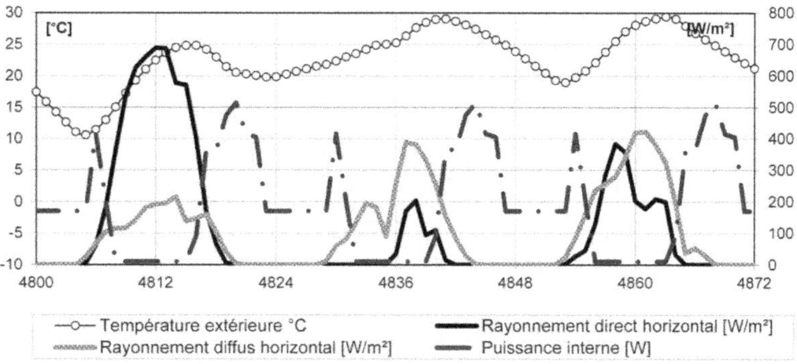

Figure 10.11 Sollicitations météorologiques et charges internes au rez-de-chaussée pour la période estivale.

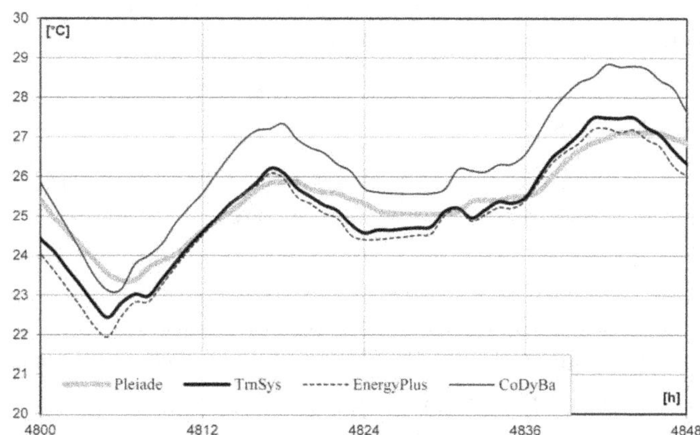

Figure 10.12 Évolution de la température d'air au rez-de-chaussée pour la période estivale
(débit d'air neuf de 2 vol/h).

Les profils de température et de puissance de chauffage sont semblables, particulièrement entre TrnSys, EnergyPlus et Comfie. La réponse de CoDyBa se distingue par une sensibilité plus importante aux apports avec une température intérieure supérieure de 1 à 2 °C à celle des autres outils.

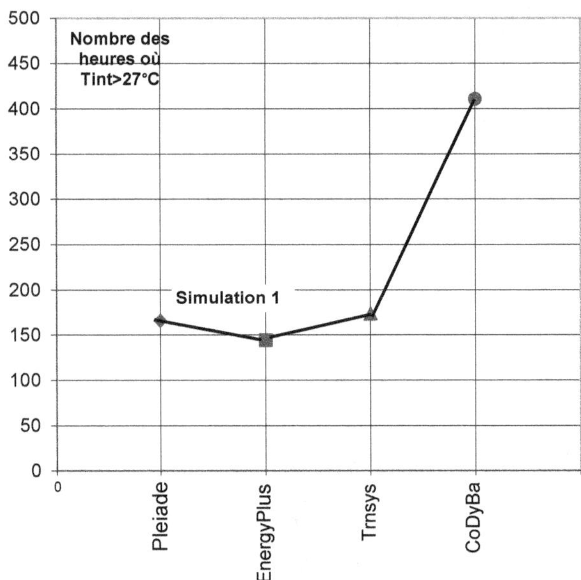

Figure 10.13 Nombre d'heures durant lesquelles la température d'air intérieur est supérieure à 27 °C.

Les outils de simulation ont ensuite été utilisés avec leurs paramètres par défaut (en particulier, les coefficients d'échange par convection). Les besoins de chauffage sont alors de 14,4 kWh/m².an pour EnergyPlus, de 17,3 kWh/m².an pour Trnsys et de 20 kWh/m².an pour PHPP. En se servant des paramètres par défaut, l'intervalle des résultats est donc bien plus étendu que lors de la simulation montrée précédemment.

10.2.5   Conclusions

Le but de cet exercice était de comparer les résultats de simulation d'un bâtiment à haute efficacité énergétique à l'aide du panel d'outils majoritairement utilisé en France.

Tout d'abord, la mise au point d'une définition qui devait être commune à tous les outils s'est traduite par une simplification de la description retenue. Cette contrainte nous a amenés à ne pas considérer de ponts thermiques ni de systèmes de gestion énergétique autres qu'un thermostat actionnant une résistance électrique (système mis en œuvre dans la maison réelle).

Il serait alors utile de compléter ce banc d'essais avec l'intégration d'un volet de régulation/contrôle, pour les outils prenant en compte ces aspects. Afin de pallier cette limitation, le comportement a été évalué en hiver et en été en effectuant deux simulations durant lesquelles les débits de ventilation appliqués étaient différenciés.

L'observation de deux extraits de simulation a montré une réelle concordance dans la dynamique d'évolution des températures d'air et des puissances de chauffage maximum (entre 21 et 23,5 W/m²) quels que soient les outils utilisés. Il en est de même pour les indices globaux retenus, tels que la consommation de chauffage (entre 15 et 20 kWh/m².an) ainsi que le nombre d'heures dépassant une température donnée de 27 °C.

CHAPITRE 11

Validation expérimentale

11.1 Annexe 43 de l'Agence Internationale de l'énergie
(B. Peuportier)

Ce banc d'essais a consisté à comparer des résultats de simulation à des mesures effectuées sur une cellule test de l'EMPA (Dübendorf, Suisse) visualisée sur la figure ci-dessous.

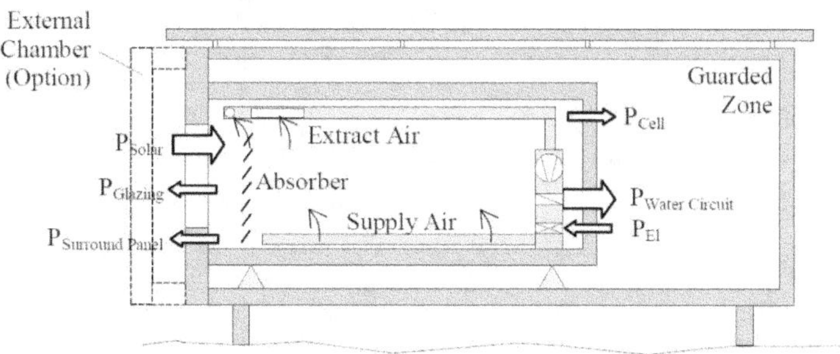

Une source de chaleur située dans la zone intérieure a été mise en marche de manière aléatoire : à l'arrêt pendant cinquante-cinq heures, puis cent heures de fonctionnement, arrêt de cinquante heures et cinq heures de marche, etc. Les propriétés thermophysiques et les conditions aux limites (zone gardée) étant données, des simulations ont été effectuées sur une période de six cents heures. La comparaison avec les évolutions de températures mesurées (températures de l'air et des surfaces) permet de vérifier la prise en compte du comportement dynamique du système par les modèles.

Dans le descriptif fourni par l'EMPA, certaines propriétés physiques varient en fonction de la température. Une valeur moyenne a été considérée par la plupart des outils. Les résultats du modèle Comfie sont donnés ci-dessous à titre d'illustration.

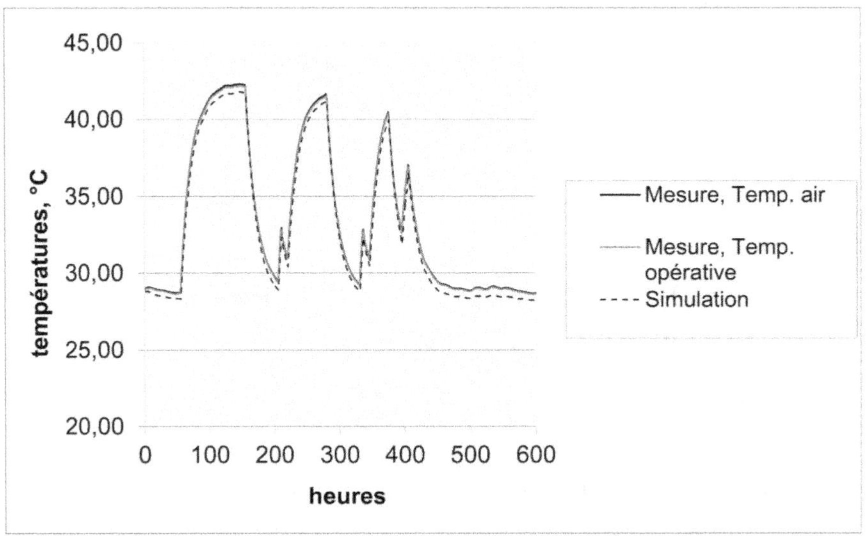

On constate une légère sous-estimation des températures : la différence Tsimulation – Tconfort (température opérative) varie entre – 1,3 °C et + 0,2 °C, avec une moyenne de – 0,4 °C. Les autres outils ayant participé à ce test sont : DOE 2 (États-Unis), EnergyPlus (États-Unis), ESP (Grande-Bretagne), Helios, IDA (Suède), Simbad (France) et TRNSYS (États-Unis). Avec le même jeu de données d'entrée, les résultats de Comfie, EnergyPlus et TRNSYS sont très voisins. D'autres séries de tests ont ensuite été effectués en prenant des données d'entrée affinées (en particulier, en ce qui concerne les ponts thermiques), ce qui a permis de réduire les écarts entre simulations et mesures, mais seuls les participants à l'annexe 43 de l'AIE ont pu mener ces travaux (l'agence qui gère ce programme en France n'a pas souhaité participer).

11.2 Validation expérimentale sur les maisons INCAS
(C. Spitz & T. Recht)

11.2.1 Introduction

Apparu dans les années 1980 avec l'informatisation de la modélisation énergétique des bâtiments, le recours à des outils de simulation thermique dynamique est progressivement devenu incontournable dans le processus de conception d'un projet de construction neuve ou de réhabilitation. Ces outils offrent, en effet, la possibilité d'évaluer différentes variantes au regard de la performance énergétique et du confort des occupants, fournissant ainsi une aide à la décision majeure aux bureaux d'études, architectes et entreprises du secteur.

Ces codes de calcul ont fait l'objet de campagnes approfondies d'intercomparaison (Judkoff & Neymark, 1995) et de validation (Jensen, 1995) ayant démontré leur capacité à évaluer de manière satisfaisante le comportement thermique des bâtiments de cette époque. Aujourd'hui, la progression vers des bâtiments à très haute performance énergétique, incluant des ruptures technologiques, invite à questionner à nouveau la fiabilité de ces logiciels. Différentes hypothèses de modélisation pourraient être en effet mises en défaut du fait de la prépondérance nouvelle de phénomènes physiques jusqu'à présent négligés ou mal pris en compte (Duforestel, 2008). De plus, le secteur du bâtiment souhaite progresser vers la garantie de performance énergétique qui consiste à vérifier que les performances en exploitation sont bien en adéquation avec celles prévues en phase de conception. Or il est bien souvent constaté des écarts entre consommations mesurée et estimée, en grande partie dus aux incertitudes sur la mise en œuvre, le comportement des occupants, ou encore les conditions météorologiques. Il reste néanmoins essentiel de valider que la précision des codes de calcul soit suffisante pour améliorer le processus de conception et d'évaluation.

La validation expérimentale, également appelée «validation empirique», permet de confronter la simulation numérique à la réalité du terrain. La mise en œuvre de cette procédure de validation nécessite des moyens importants (cellule test, capteurs, etc.) et une attention particulière quant à la rigueur du protocole expérimental comparé à d'autres méthodes comme par exemple la méthode BesTest (cf. § 10.1). Dans le cadre du projet ANR FIABILITÉ[1], deux démarches de validation empirique ont pu être mises en œuvre. L'une sur le modèle EnergyPlus (cf. § 11.2.3), l'autre sur le modèle Comfie (cf. § 11.2.4). Les maisons de la plate-forme expérimentale INCAS, située à l'INES[2] au Bourget-du-Lac (73), ont servi de supports pour obtenir des données de mesure (cf. § 11.2.2.1). Pour les comparer aux résultats de simulation, des méthodes d'analyse de sensibilité et d'incertitudes ont été appliquées.

---

1. http://www.agence-nationale-recherche.fr/projet-anr/?tx_lwmsuivibilan_pi2[CODE]=ANR-10-HABI-0004.
2. INES : Institut national de l'énergie solaire.

11.2.2   Plate-forme INCAS

Pour réaliser les études de validation expérimentale, la plate-forme expérimentale INCAS située au Bourget-du-Lac et gérée par l'INES a été utilisée. Elle est dédiée à la recherche sur l'efficacité énergétique du bâtiment. Elle est actuellement composée de quatre maisons à haute performance énergétique, de dix bancs expérimentaux d'intégration de toiture photo-voltaïque et de quatre cellules (issues du programme européen PASSYS) dont deux orien-tables (cf. figure 11.1).

Figure 11.1 Plate-forme INCAS (en haut), maison I-BB (en bas à gauche) et maison I-DM (en bas à droite).

Les quatre maisons, d'environ 90 m² de surface habitable, sont basées sur une géométrie très proche, simple et compacte. Elles diffèrent par leur mode de construction : la première est en blocs de béton en double mur avec isolation intégrée (I-DM), la seconde en béton banché avec isolation extérieure (I-BB), la troisième en ossature bois (I-OB) et la plus récente en briques monomur sur lesquelles un enduit isolant a été rajouté (I-MA). Orienté vers le sud, chaque prototype a la moitié de son toit recouvert de panneaux photovoltaïques, et est équipé de quelques panneaux solaires thermiques. Les maisons ont été conçues pour correspondre à la performance du label « PassivHaus », notamment grâce à une forte isolation, à de très faibles ponts thermiques, à des vitrages performants, ou encore à une étanchéité à l'air de l'enveloppe particulièrement soignée.

Ces bâtiments sont expérimentaux, fortement instrumentés (plus d'une centaine de capteurs par maison) et inhabités afin de s'affranchir de l'incertitude liée au comportement des occupants. Ainsi, ces bâtiments servent à :

- valider les codes de simulation ;
- évaluer les performances de différents modes constructifs ;
- tester l'efficacité de différents systèmes énergétiques ou de régulation.

Dans le cas présent, les maisons I-DM et I-BB ont permis de réaliser une validation expérimentale des modèles thermiques EnergyPlus et Comfie. Ces deux bâtiments expérimentaux sont présentés ci-dessous.

11.2.2.1 Présentation des maisons Double Mur et Béton Banché

Géométrie

La géométrie de ces deux maisons est très similaire. À l'étage, la hauteur sous plafond est de 2,40 m et de 2,70 m au rez-de-chaussée avec les faux plafonds. Les dimensions intérieures sont de 7,50 m en longueur et de 6,50 m en largeur (cf. figure 11.2). Les maisons sont bâties sur un vide sanitaire de 0,80 m de hauteur et comportent deux niveaux habitables surmontés par des combles indépendants du volume chauffé. L'orientation des façades nord est décalée de 15,3 ° par rapport à l'axe nord/sud dans le sens antihoraire. La toiture est à deux pans avec une orientation nord/sud et un débord de 0,60 m à l'est, à l'ouest et au nord. La façade sud présente de larges baies vitrées protégées du soleil estival par un balcon d'une largeur de 1,30 m et d'une avancée de toiture de 1 m. La façade nord présente deux petites ouvertures équipées de menuiseries à triple vitrage afin de minimiser les pertes thermiques durant la période hivernale. Les surfaces vitrées correspondent à 12 % de la surface totale des parois verticales extérieures. La répartition des vitrages pour les quatre orientations correspond à 28 % au sud, 10 % à l'ouest, 5 % à l'est et 2,5 % au nord.

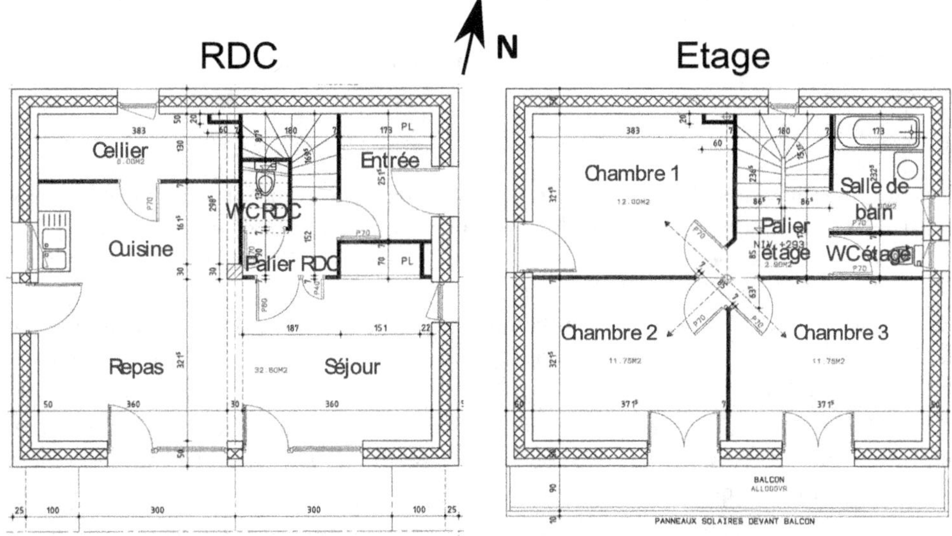

Figure 11.2 Plans de la maison I-DM (RdC à gauche, et R+1 à droite).

Enveloppe

La maison I-DM a été conçue selon un mode constructif à double mur. Le mur extérieur est constitué de deux murs en blocs de béton de 15 cm d'épaisseur prenant en «sandwich» une isolation en panneaux semi-rigides de laine de verre à haute densité d'épaisseur 20 cm et de conductivité 0,035 W/(m.K). Le plancher sur vide sanitaire est isolé avec du polystyrène extrudé. Les parois verticales du vide sanitaire sont isolées par 20 cm de polystyrène extrudé de conductivité 0,029 W/(m.K). Le plancher intermédiaire est réalisé en poutrelles hourdis béton non isolé, les combles sont isolés par 40 cm de laine de verre et les murs pignons sont isolés par une épaisseur de 10 cm à l'intérieur en plus des 20 cm du double mur.

La maison I-BB a été construite avec une isolation par l'extérieur. Le mur extérieur est constitué de 15 cm de béton banché et de 20 cm de polystyrène extrudé constitué de deux couches croisées de 10 cm. Le plancher bas est constitué d'une dalle en béton coulé sur place de 16 cm surmontée d'une chape en béton de 8 cm. Un retour d'isolant de 80 cm de hauteur et 20 cm d'épaisseur sur les faces intérieures des murs verticaux du vide sanitaire limite par ailleurs le pont thermique au niveau du plancher bas. La dalle du plancher bas s'appuie sur une série de plots liés aux murs verticaux du vide sanitaire par des chaînages verticaux. Entre ces plots, une partie de l'isolant (la moitié de l'épaisseur totale, soit 10 cm) en sous-face du plancher bas revient vers l'isolant des parois verticales extérieures. Le plancher haut est, quant à lui, constitué d'un faux plafond et de deux couches superposées de 20 cm de laine de verre.

Pour les deux maisons, les menuiseries ont des cadres en PVC dont le coefficient de déperdition thermique est égal à 1,45 W/(m².K). Les façades sud, est et ouest possèdent des doubles vitrages 4-16-4 à faible émissivité avec remplissage d'argon. Ces vitrages ont un coefficient de déperdition thermique égal à 1,1 W/(m².K) et un facteur solaire annoncé de 0,6. La façade nord est équipée de triples vitrages 4-12-4-12-4 à faible émissivité avec remplissage d'argon. Ces vitrages ont un coefficient de déperdition thermique égal à 0,7 W/(m².K) et un facteur solaire égal à 0,45.

Pour limiter les fuites d'air au niveau des dormants des fenêtres, du silicone a été employé pour obturer les extrémités et une attention particulière a été apportée au passage de câbles pour ne pas percer les parois verticales. Des rupteurs de ponts thermiques ont été utilisés à la liaison toiture/murs pignons ainsi qu'au niveau des coffres des volets roulants afin de réduire les déperditions.

Systèmes

Les maisons sont équipées d'une ventilation double flux. Au niveau de la centrale, il y a deux ventilateurs : l'un pour le circuit d'air neuf et l'autre pour le circuit d'air vicié. Une batterie électrique est présente pour le chauffage par air, et l'échangeur de chaleur est à plaques air/air. Ce dernier permet une récupération de chaleur jusqu'à 92 % (donnée constructeur). Un by-pass permet le rafraîchissement par ventilation directe. Il fonctionne en pilotage automatique avec des sondes sur l'air neuf et l'air extrait. La résistance électrique pour la batterie de chauffage est de 1,2 kW.

Les maisons sont chauffées par un système à air. Cependant, d'autres systèmes peuvent être implantés dans les maisons : par exemple, dans la maison I-DM, un plancher chauffant/rafraîchissant hydraulique peut être couplé au chauffe-eau solaire.

Les toitures sont couvertes d'une surface d'environ 40 m² de panneaux photovoltaïques. Pour la maison I-DM, le matériau est du silicium polycristallin, et pour la maison I-BB, les panneaux sont en cuivre-indium-sélénium. D'après l'engagement des constructeurs, ces installations produiront environ 5 400 kWh/an.

Sur chaque maison, des capteurs plans sont installés. Sur la maison I-DM, il s'agit de 8 m² de panneaux solaires thermiques plans vitrés (dont 4 m² pour le chauffage). Sur la maison I-BB, on a disposé 3 m² (surface des absorbeurs) de capteurs à tubes sous vide installés verticalement sur le balcon au sud, dédiés à l'eau chaude sanitaire.

Instrumentation associée aux maisons I-DM et I-BB

Pour permettre le suivi énergétique dans le temps de la plate-forme expérimentale, une instrumentation spécifique autour et dans les maisons a été installée. Environ cent cinquante capteurs sont reliés à la maison I-DM, et cent à la maison I-BB. De plus, pour valider les codes de simulation, il est crucial de connaître le plus précisément possible les conditions météorologiques auxquelles sont soumises les maisons ainsi que l'évolution de leur comportement thermique.

Dans cet objectif, des stations météo locales ont été implantées autour des maisons. Ainsi, température, rayonnement, humidité, pression, pluviométrie, albédo, vitesse et direction du vent sont suivis par un ensemble de capteurs (pyranomètre, pyrhéliomètre, albédomètre, etc.). La température extérieure est mesurée à l'aide d'une sonde placée dans une coque en plastique ventilée naturellement pour éviter que le rayonnement solaire direct ne perturbe les mesures.

À l'intérieur des maisons, des capteurs permettent de suivre l'évolution temporelle des températures d'air, températures de surface, températures radiatives, vitesse d'air, humidité et consommations électriques. Les températures d'air sont mesurées avec des sondes de platine protégées par un bouclier thermique pour éviter que le rayonnement n'influence la mesure. Les températures d'air sont mesurées dans chacune des pièces, au centre du volume, à une hauteur de 1,10 m. Pour chaque niveau (RdC et étage), la température est mesurée à trois hauteurs différentes : à 0,10 m du sol (hauteur des chevilles), à 1,10 m (hauteur des hanches) et à 1,70 m du sol (hauteur de la tête). Pour effectuer la comparaison entre les outils de simulation et l'expérimentation, une bande d'incertitude de ± 1 °C a été estimée sur la mesure, en raison des incertitudes intrinsèques des capteurs, des effets induits par le bouclier thermique et de l'hétérogénéité de température dans les pièces (Spitz, 2012).

Les anémomètres à fil chaud installés ne sont pas assez précis pour mesurer des mouvements d'air convectifs éventuels dans une pièce et sont davantage adaptés à des mesures de vitesses d'air plus élevées, comme lors d'une ouverture de fenêtre par exemple.

Les débits d'air sont mesurés à l'aide de débitmètres à ultrason, et confirmés par des campagnes de mesure ponctuelles réalisées avec un balomètre. Les incertitudes sur ces appareils sont d'environ 10 %.

Principales hypothèses de modélisation des maisons I-DM et I-BB

Il est impossible de reproduire numériquement à l'identique un bâtiment réel, ainsi le choix des hypothèses de modélisation a de l'importance. Les principales hypothèses qui ont été faites en se servant des outils EnergyPlus et Comfie dans ces études sont décrites ci-dessous.

Le zonage thermique de la maison I-DM, réalisé avec EnergyPlus, est un modèle bizone concernant les espaces chauffés (RdC et étage). Il permet de s'affranchir des incertitudes des mouvements d'air entre les pièces d'un niveau. Deux zones thermiques tampons ont été considérées afin de modéliser le vide sanitaire et les combles, ce qui est également le cas du zonage thermique de la maison I-BB, réalisé avec Comfie. Dans ce cas-là, un zonage thermique pièce par pièce a été considéré afin de pouvoir apprécier la différence de comportement thermique des pièces suivant leur exposition au soleil, par exemple. Les faux plafonds n'ont pas été modélisés comme une zone thermique. Leurs volumes sont considérés dans les zones du rez-de-chaussée ou de l'étage comme étant de l'air.

Les outils de simulation dynamique comme EnergyPlus, Trnsys et Comfie sont basés sur des modèles 1D au niveau des parois. Le choix d'une convention de surface est donc essentiel lorsque les dimensions d'un bâtiment sont décrites sur l'un de ces modèles numériques. En convention extérieure, le volume chauffé sera fortement surévalué tandis qu'en convention intérieure, la surface des parois déperditives sera sous-estimée. Afin de réduire l'erreur de modélisation, une convention au milieu des murs a été considérée pour la maison I-DM, et au milieu du béton pour la maison I-BB.

Les masques générés par le balcon, l'avancée de la toiture ainsi que le retrait des fenêtres ont été pris en compte. Le garde-corps du balcon (modélisé par un brise-soleil au vu de la nature des panneaux solaires thermiques en tube transparent) a été considéré pour la partie basse des menuiseries des chambres 2 et 3. Il n'y a aucun masque proche (arbres, bâtiment) et les masques lointains dus aux montagnes n'ont pas été considérés car ils sont déjà pris en compte dans les mesures météo.

Sur la base des résultats d'un test d'étanchéité à l'air avec une porte soufflante réalisé par le CETE de Lyon à la réception des maisons, le débit moyen d'infiltration considéré dans la modélisation est de 0,115 vol/h pour la maison I-DM et de 0,05 vol/h pour la maison I-BB. Les pertes par infiltration sont modélisées par un débit constant. Or les pressions exercées par l'effet du vent sur les surfaces extérieures du bâtiment ont un impact sur le débit d'infiltration, et de nombreuses incertitudes subsistent sur la valeur à considérer dans les codes.

Les maisons étant inhabitées, les apports internes sont exclusivement dus aux équipements des maisons et des centrales d'acquisition. Les consommations énergétiques et l'emplacement des appareils (onduleur, baie informatique, transformateurs, centrales d'acquisition) étant connus, une puissance interne constante d'environ 200 W a été injectée dans les différentes zones thermiques modélisées.

Le sol jouxtant les maisons est du sable blanc et de l'herbe à proximité. Or la valeur de l'albédo est différente entre ces deux revêtements. Celle qui a été considérée dans les codes de simulation est celle du sable blanc, prédominant autour des maisons, à hauteur de 0,35. Cette valeur a été mesurée au cours de l'été 2011, mais peut être sujette à des variations au cours de l'année (neige ou changement de végétation, par exemple). Une incertitude relativement élevée pèse ainsi sur ce paramètre d'entrée des modèles.

L'efficacité de la ventilation double flux est indiquée par le constructeur égale à 0,92. Cette valeur correspond à une efficacité maximum pour des conditions particulières. Dans la modélisation, une valeur de 0,90 a été considérée pour se rapprocher des conditions moyennes réelles.

Le système énergétique de la maison a été modélisé sous EnergyPlus par un échangeur, une résistance électrique de 1 150 W et deux ventilateurs : l'un pour l'extraction et l'autre pour l'insufflation. La répartition des débits injectés entre le rez-de-chaussée et l'étage peut être modulée, et un débit d'air forcé est appliqué entre les deux niveaux. La consigne de chauffage est régulée par la zone du rez-de-chaussée. Sous Comfie, la puissance de chauffage est directement injectée dans les différentes zones thermiques où il y a une insufflation au prorata des surfaces de ces zones. Au cours de la période d'étude, aucune régulation n'a été modélisée, car les températures de consigne n'ont jamais été atteintes en pratique. La puissance de chauffage était donc maximale dans tous les scénarios où le chauffage était allumé.

Le constructeur indique que la puissance de la résistance électrique installée dans les maisons est de 1 200 W. Après des mesures, une puissance de 1 150 W est considérée pour la maison I-DM et de 1 200 W pour la maison I-BB, avec un rendement égal à 1.

11.2.3 Validation expérimentale d'EnergyPlus sur la maison I-DM

11.2.3.1 Démarche effectuée

Dans cette partie, afin de valider expérimentalement l'outil EnergyPlus, une démarche en trois étapes a été mise en place et a porté sur la température d'air de la maison I-DM. Elle a aussi permis d'évaluer et de hiérarchiser les incertitudes sur les résultats des simulations en phase de conception. Ces travaux sont issus de la thèse de Clara Spitz soutenue en mars 2012 (Spitz, 2012).

1. L'analyse de sensibilité locale consiste à identifier parmi l'ensemble des paramètres du modèle ceux qui ont une influence sur le résultat qui nous intéresse. Cette méthode a été appliquée parce qu'elle est simple à mettre en place et permet de connaître le signe de l'effet du paramètre sur la sortie du modèle. C'est la méthode de perturbation d'un paramètre à la fois qui a été suivie, et la valeur de la perturbation est égale à 1 % de la valeur nominale du paramètre. Nous avons déterminé les paramètres influents des températures d'air des zones du rez-de-chaussée et de l'étage de la maison I-DM. Nous avons aussi étudié les corrélations des paramètres pour définir des groupes de paramètres influents.

2. L'analyse d'incertitude consiste à évaluer les incertitudes associées aux paramètres les plus influents afin de propager cette incertitude dans le code de calcul et évaluer l'incertitude sur le résultat. Cette étape est effectuée au moyen de l'approche probabiliste de Monte-Carlo, avec laquelle deux mille simulations sont effectuées pour obtenir un résultat fiable. Cette analyse a permis d'établir une comparaison de la température d'air du rez-de-chaussée et de l'étage entre la mesure et la simulation tout en tenant compte des différentes incertitudes.

3. L'analyse de sensibilité globale consiste à évaluer la responsabilité de chacun des paramètres quant aux incertitudes associées au résultat. La méthode de Sobol a été suivie. Cette méthode se base sur l'étude de la variance consistant à déterminer quelle part de la variance de la réponse est due à la variation de chaque paramètre. Cette analyse a déterminé les paramètres influents en considérant leur plage d'incertitude.

On s'est intéressé à une période en particulier du 5 au 25 février 2011. Le scénario de la maison est présenté sur la figure 11.3.

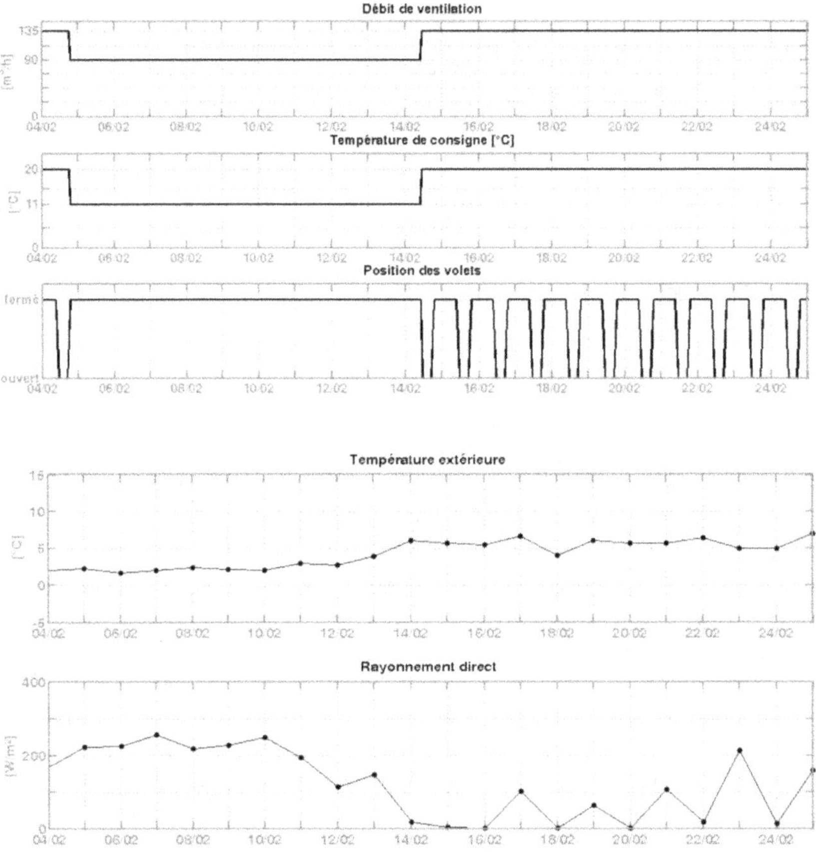

Figure 11.3 Scénario de la maison I-DM en février.

11.2.3.2   Outil : EnergyPlus

L'outil de simulation choisi pour cette étude est EnergyPlus version 6 (Crawley *et al.*, 2001). Il s'agit d'un outil de simulation dynamique permettant de prévoir le comportement énergétique de bâtiments. Il peut être utilisé par des ingénieurs, des architectes et des chercheurs, et c'est le département de l'Énergie des États-Unis (DOE) qui le finance, le LBNL (Lawrence Berkeley National Laboratory) coordonnant le développement. Il est disponible librement sur le site du département de l'Énergie.

11.2.3.3   Cas d'étude

Le bâtiment étudié correspond à la maison double mur (I-DM) de la plate-forme INCAS. Des hypothèses propres à cette étude ont été examinées, qui sont :

Ponts thermiques : Dans EnergyPlus, la modélisation des ponts thermiques n'est pas directement prévue. Le calcul d'une surface équivalente thermique doit être effectué afin d'intégrer le pont thermique. Dans notre cas, aucun pont thermique n'a été pris en compte. Cette hypothèse peut engendrer une enveloppe thermique plus performante que la réalité.

Débit de ventilation : Le débit de ventilation réglementaire imposé pour les maisons INCAS est égal à 135 m³/h. D'après les mesures effectuées dans la maison I-DM à l'aide des débit-mètres durant les mois de février et mars, on a considéré un débit égal à 135 m³/h en période normale et de 80 m³/h en période hors gel. En période normale, nous avons estimé un débit soufflé au rez-de-chaussée égal à 73 m³/h et à l'étage de 62 m³/h, et un débit de 15 m³/h a été considéré entre les deux niveaux allant du rez-de-chaussée vers l'étage. Dans la modélisation, il est nécessaire d'avoir un débit soufflé égal au débit aspiré, ce qui explique que l'air aspiré à l'étage est plus important qu'au rez-de-chaussée. Les mêmes rapports de répartition du débit ont été pris en compte en période hors gel.

Modèle numérique : L'algorithme utilisé est celui des fonctions de transfert qui se sert de deux équations définissant les flux intérieur et extérieur en fonction des températures de surface intérieure et extérieure au pas de temps présent et au pas de temps précédent. Les fonctions de transfert sont particulièrement adaptées et fiables pour les transferts thermiques.

Coefficients de convection : Dans EnergyPlus, il y a plusieurs choix pour la modélisation des coefficients de convection. Nous avons pris l'algorithme TARP proposé par l'ASHRAE pour l'extérieur et l'intérieur, lequel a été créé par Walton (1983). EnergyPlus propose quatre corrélations pour les surfaces intérieures et six pour les extérieures.

La tache solaire : Elle est représentée par un modèle qui considère la quantité de rayonnement direct éclairant chaque surface (plancher, mur, vitrage) en projetant les rayons du soleil à travers les vitrages extérieurs tout en tenant compte des protections solaires fixes et mobiles. Cette hypothèse induit une répartition du flux solaire dans toute la zone.

11.2.3.4 Analyse de sensibilité locale

La première étape a consisté à appliquer la méthode d'analyse de sensibilité locale qui permet avec un grand jeu de paramètres et un faible nombre de simulations d'obtenir une information qualitative sur les paramètres influençant le plus la sortie du modèle. Dans cette méthode, un seul paramètre varie à la fois, les autres restant à leur valeur nominale, ce qui évite les problèmes d'effets d'annulation (lorsque les effets de deux facteurs ayant des influences sur la sortie s'annulent entre eux). Cette grandeur permet de connaître l'effet du paramètre i, sachant que sa variation autour de sa valeur nominale (x_{io}) est faible, ce qui permet de garantir le critère de linéarité.

L'approximation numérique est définie comme :

$$S_i(t) = X_i \frac{\Delta y_k(t)}{\Delta X_i} = X_i \frac{\left[Y\left(X_1, X_2, \ldots, X_{i+\Delta_i}, \ldots X_k\right) - Y\left(X_1, X_2, \ldots, X_i, \ldots X_k\right)\right]}{\Delta X_i}$$

où X_i représente la valeur nominale du paramètre i et ΔX_i la valeur de la perturbation de ce paramètre. L'indice de sensibilité réduit permet d'obtenir un indice homogène à la sortie, d'où le facteur X_i.

Cette méthode est simple à mettre en place, car elle ne demande pas de procédure mathématique complexe. Par contre, elle ne tient pas compte des effets dus aux interactions entre les paramètres et peut demander un temps de simulation élevé si le nombre de paramètres est grand et le temps de simulation long. Dans cette étude, environ cent cinquante paramètres ont été étudiés.

La figure 11.4 représente les résultats des indices de sensibilité pour les températures d'air. La température d'air varie dans le temps, et nous en avons étudié les indices de sensibilité à chaque heure de la journée en calculant l'indice de sensibilité réduit de chaque paramètre $S_i(t)$. Pour classer les résultats des sorties variant dans le temps par ordre d'importance, la moyenne $S_{i,m}$, l'écart type $S_{i,std}$ et la distance Si,d ont été calculés sur la période étudiée. La distance est définie comme :

La distance est une donnée plus intéressante que la moyenne, car elle permet de repérer les indices de sensibilité pour lesquels la moyenne est faible, mais présente une grande variabilité.

Le calcul de la distance permet de classer les paramètres influents par ordre d'importance. Pour sélectionner les paramètres les plus influents, seuls les paramètres ayant une valeur de distance supérieure à 0,5 ont été sélectionnés.

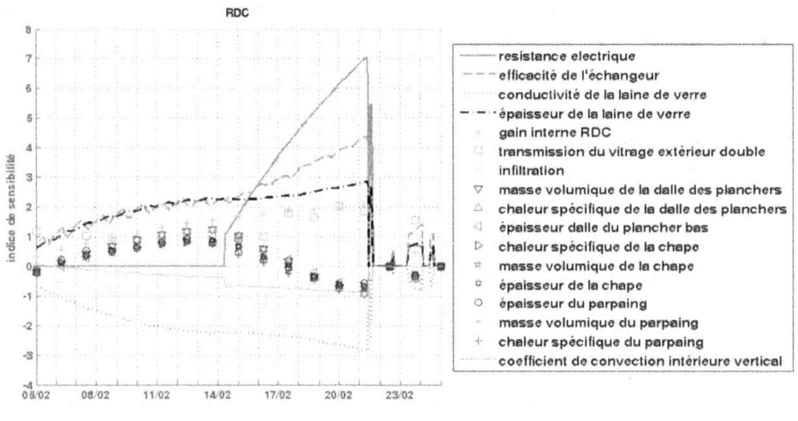

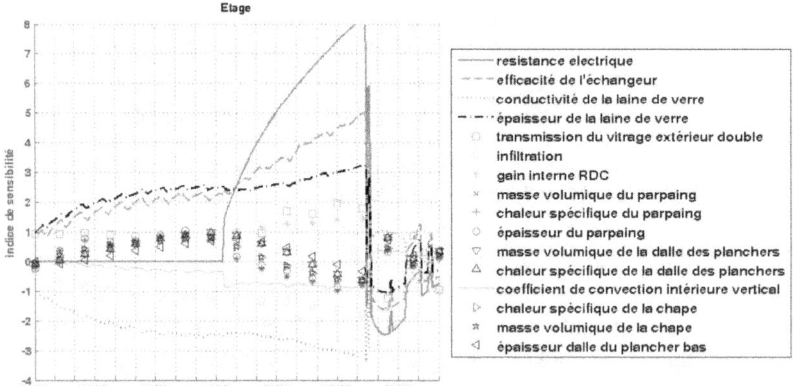

Figure 11.4 Résultats de l'analyse de sensibilité locale pour la maison I-DM pour la température d'air du RdC et de l'étage du 5 au 24 février 2011.

La figure 11.4 représente respectivement les indices de sensibilité de la température d'air pour le rez-de-chaussée et l'étage pour la maison I-DM du 5 au 25 février 2011, qui varient en fonction du scénario. Entre les niveaux, on remarque que les indices de sensibilité des paramètres ont les mêmes tendances. Du 5 au 13 février, on a un scénario hors gel, et du 14 au 25 février, c'est un scénario normal. Lorsque la température d'air est égale à la température de consigne, les indices de sensibilité sont nuls, car la modification de la valeur d'un paramètre ne modifie pas la température d'air. À partir du 21 février, l'étude des indices de sensibilité locale n'est donc plus exploitable.

Cette analyse de sensibilité locale a permis d'identifier dix-sept paramètres influents. Néanmoins, il est possible de réduire ce nombre de paramètres, car certains sont corrélés entre eux. Pour cette étude, on peut dégager dix groupes de paramètres sur les dix-sept paramètres influents considérés, et pour caractériser l'incertitude du groupe du paramètre, il est possible de sélectionner seulement un paramètre par groupe. Le tableau ci-dessous représente les dix groupes de paramètres.

N°	Groupe	Paramètre(s)
1	Résistance électrique	Résistance électrique
2	Efficacité de l'échangeur	Efficacité de l'échangeur
3	Conduction dans l'isolant	Conductivité et épaisseur de la laine de verre
4	Gains internes RdC	Gains internes RdC
5	Transmission du vitrage extérieur double	Transmission du vitrage extérieur double
6	Débit d'infiltration	Débit d'infiltration
7	Inertie de la dalle des planchers	Masse volumique, chaleur spécifique et épaisseur de la dalle
8	Inertie de la chape	Masse volumique, chaleur spécifique et épaisseur de la chape
9	Inertie du parpaing	Masse volumique, chaleur spécifique et épaisseur du parpaing
10	Coefficient de convection intérieure verticale	Coefficient de convection intérieure verticale

11.2.3.5 Analyse d'incertitude

La deuxième étape a consisté à effectuer une comparaison entre la simulation et la mesure tout en tenant compte des différentes incertitudes. Une analyse d'incertitude permet de caractériser la réponse d'un modèle dans un intervalle de confiance, connaissant l'incertitude des paramètres d'entrée. C'est la méthode de Monte-Carlo qui a été suivie. À l'aide de l'analyse de sensibilité locale sur les résultats de la température d'air du rez-de-chaussée et de l'étage de la maison I-DM, dix paramètres considérés comme influents ont été sélectionnés.

Ces paramètres sont : la puissance de la résistance électrique, l'efficacité de l'échangeur, l'épaisseur de la laine de verre, la conductivité de la laine de verre, les gains internes du rez-de-chaussée, la transmission du vitrage extérieur, le débit d'infiltration, l'épaisseur de la dalle, l'épaisseur du parpaing et le coefficient de convection intérieure verticale.

La figure 11.5 représente l'incertitude et l'échantillonnage des paramètres influents pour la maison I-DM.

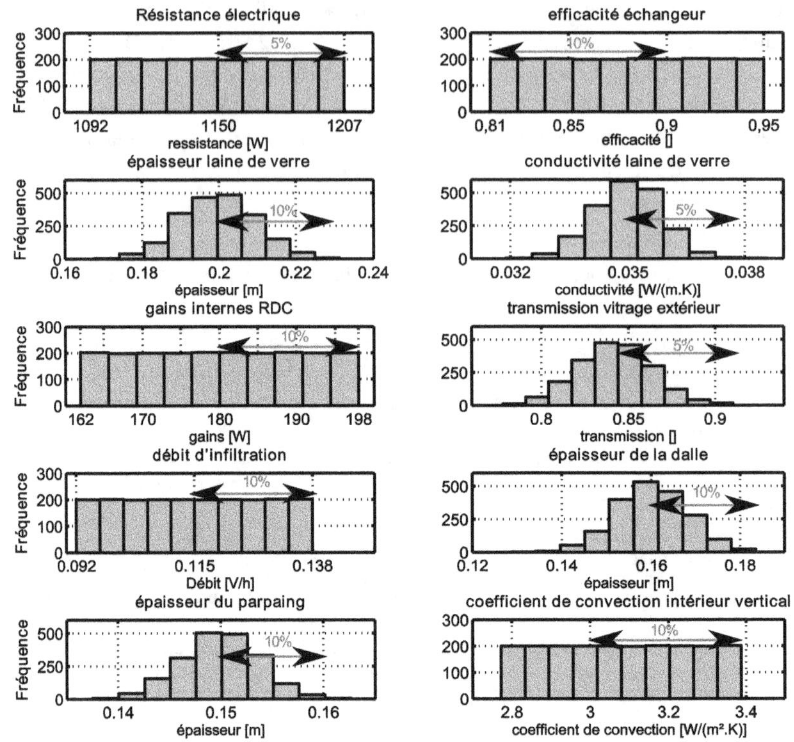

Figure 11.5 Incertitude et échantillonnage des paramètres influents pour la maison I-DM.

La figure 11.6 représente le résultat de l'analyse d'incertitude pour la température d'air du rez-de-chaussée et de l'étage pour deux mille simulations du 5 au 24 février 2011. Sur la même figure est représentée la plage d'incertitude de la mesure de la température d'air du rez-de-chaussée et de l'étage.

En tenant compte des plages d'incertitude de la mesure et de la simulation, pour le cas de la température d'air du rez-de-chaussée, il y a constamment recoupement entre les résultats de mesure et ceux de simulation. Pour le cas de l'étage, avant le 14 février il n'y a aucun recoupement entre la modélisation et l'expérimentation, et après le 14 février, la plage d'incertitude de la simulation est en partie comprise dans la plage d'incertitude de la mesure. Le modèle numérique représente donc correctement le rez-de-chaussée de la maison I-DM en considérant les incertitudes, mais ce n'est pas le cas pour l'étage.

L'analyse d'incertitude a permis de définir une plage d'incertitude pour les résultats de modélisation de la température d'air du rez-de-chaussée et de l'étage du 5 au 25 février 2011 en considérant les dix paramètres les plus influents au cours de cette période. Mais cette étude ne permet pas de connaître l'effet de l'incertitude des paramètres sur la température d'air de la maison I-DM, c'est pourquoi l'analyse de sensibilité globale est utilisée.

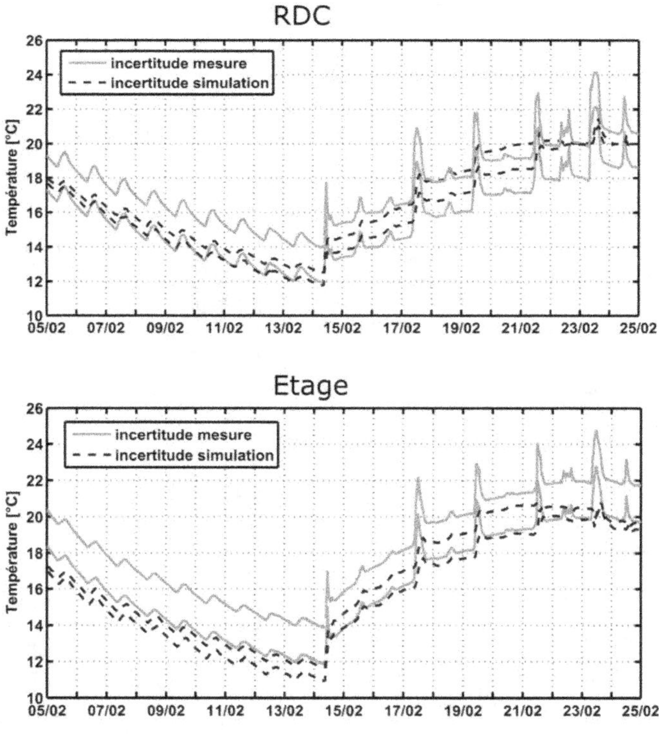

Figure 11.6 Comparaison de l'analyse d'incertitude pour la maison I-DM
pour la température d'air du RdC et de l'étage du 5 au 24 février 2011.

11.2.3.6 Analyse de sensibilité globale

La dernière étape de cette méthode est l'utilisation de l'analyse de sensibilité globale qui a été effectuée en prenant les dix paramètres sélectionnés à l'aide de l'analyse de sensibilité locale. C'est la méthode de Sobol qui a été appliquée avec un nombre de simulations égal à 6 669. On a étudié les indices de sensibilité de la température d'air du rez-de-chaussée et de l'étage de la maison I-DM pour la période de février.

La figure 11.7 représente les indices du premier ordre pour la température d'air du rez-de-chaussée et de l'étage du 5 au 24 février. Les paramètres ayant leurs indices de sensibilité élevés à un temps donné sont facilement identifiables. Le changement de scénario qui a lieu le 14 février implique une modification de la tendance des valeurs des indices de sensibilité.

Période de baisse de la température : Du 5 au 14 février, les paramètres les plus influents de la température d'air pour le rez-de-chaussée et l'étage sont : le débit d'infiltration, l'épaisseur de la laine de verre, l'efficacité de l'échangeur, les gains internes du rez-de-chaussée et la conductivité de la laine de verre.

Tous les indices de sensibilité de ces paramètres ont une amplitude jour/nuit. Durant cette période, le temps est ensoleillé et la température d'air intérieure varie quotidiennement, les indices de sensibilité étant directement influencés par ces variations.

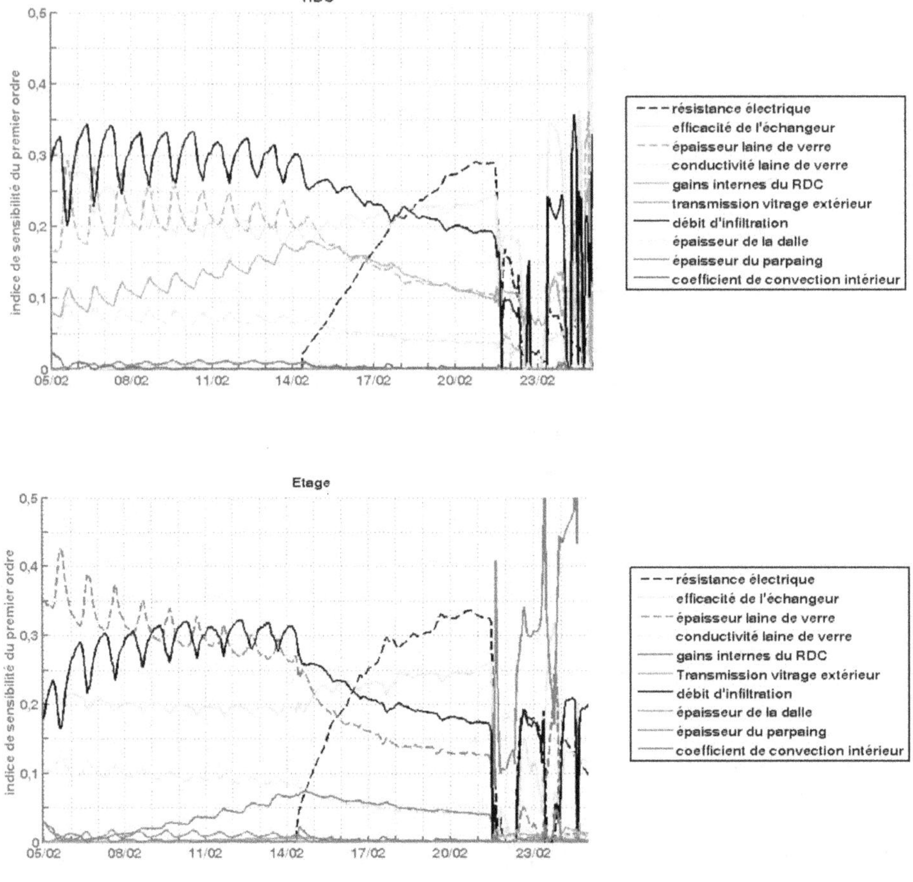

Figure 11.7 Indices de sensibilité du premier ordre pour la température d'air du RdC
et de l'étage de la maison I-DM du 5 au 25 février 2011.

Période de remontée en température : À partir du 14 février, la consigne de chauffage est augmentée, la résistance électrique se met en route et son indice de sensibilité augmente jusqu'au 21 février, jour où la consigne est atteinte.

Après le 14 février, les indices du premier ordre des paramètres du débit d'infiltration, de l'épaisseur de la laine de verre, des gains internes du rez-de-chaussée et de la conductivité de la laine de verre diminuent, et seuls les paramètres de la résistance électrique et de l'efficacité de l'échangeur ont leur indice du premier ordre qui augmente après le 14 février.

L'analyse de sensibilité globale appliquée aux températures d'air du rez-de-chaussée et de l'étage de la maison I-DM du 5 au 25 février, a permis de définir six paramètres influents dans leurs plages d'incertitude, qui sont le débit d'infiltration, l'épaisseur de la laine de verre, l'efficacité de l'échangeur, les gains internes du rez-de-chaussée, la conductivité de la laine de verre et la résistance électrique. À partir du 21 février, les indices de sensibilité sont biaisés, car la température respecte la consigne de chauffage. Deux scénarios distincts caractérisent cette période : le scénario hors gel et le scénario dit normal. Durant ces deux scénarios, six paramètres sont influents ; mais en fonction du scénario, les indices de sensibilité du premier ordre n'ont pas les mêmes tendances. Les indices de sensibilité du premier ordre varient en fonction de la variation de la température d'air. Les incertitudes de ces six paramètres sont responsables de la majeure partie des incertitudes sur la température d'air pour le cas de la maison I-DM et selon le scénario du mois de février.

11.2.3.7 Conclusion

Dans cette étude, une démarche de validation expérimentale du modèle EnergyPlus a été effectuée. Démarche en trois étapes : une analyse de sensibilité locale, une analyse d'incertitude et une analyse de sensibilité globale. Ce sont les mesures de température d'air du bâtiment expérimental double mur (I-DM) de la plate-forme INCAS qui ont été prises en compte. L'analyse a montré une bonne adéquation entre l'expérimentation et la simulation pour le cas de la température d'air du rez-de-chaussée, mais pas pour le cas de l'étage. Une meilleure connaissance des paramètres de l'efficacité de l'échangeur, du débit de ventilation et du débit d'infiltration permettrait de réduire l'incertitude sur le résultat de simulation et permettrait ainsi de pouvoir améliorer la méthode de validation expérimentale.

11.2.4 Validation expérimentale de COMFIE sur la maison I-BB

11.2.4.1 Démarche

L'outil Comfie, développé à Mines ParisTech depuis 1988, a passé plusieurs processus de validation sur des cas d'étude datant des années 1990 (Peuportier, 2005). Plus récemment, il a été comparé à d'autres logiciels durant la conception de la maison INCAS « Double mur » (Brun, Spitz & Wurtz, 2009). Après la construction des maisons, une validation empirique du modèle sur la maison INCAS « Béton banché » (Recht *et al.*, 2014) a été menée.

La démarche a consisté à comparer des mesures de température d'air intérieur avec les températures évaluées par le modèle. Il convient de prendre en compte les incertitudes qui pèsent sur les facteurs d'entrée du modèle : par exemple, les débits d'air entre les différents locaux ou la valeur de réflexion du sol (albédo) autour de la maison. En effet, ces incertitudes induisent une variabilité quant aux réponses du modèle qu'il est utile de quantifier afin d'évaluer la fiabilité des résultats. Cette analyse a été réalisée au moyen d'une propagation d'incertitudes. En complément, une analyse de sensibilité globale a été menée. Elle a permis d'évaluer la part de responsabilité de chaque facteur incertain dans l'incertitude globale associée aux résultats. Comme cette méthode est coûteuse en temps de calcul, elle a été menée sur les paramètres les plus influents : ceux-ci ont été identifiés par une méthode de criblage présentée dans la suite de ce chapitre.

11.2.4.2 Méthodologie

La méthode employée dans cette étude est détaillée ci-dessous. Le modèle thermique Comfie est décrit de manière succincte, puis les principaux éléments de modélisation de la maison « Béton banché » sont explicités. Enfin, les méthodes d'analyse de sensibilité et d'incertitude utilisées sont présentées. Pour rendre possible ces analyses, un couplage spécifique entre Comfie et le logiciel de statistiques R[1] a été développé.

---

1. http://www.r-project.org/

11.2.4.3 Modèle thermique dynamique du bâtiment

Comfie, modèle thermique dynamique de bâtiment (Peuportier & Blanc-Sommereux, 1990), repose sur le concept de « zone thermique », sous-ensemble du bâtiment considéré à température homogène dans lequel les murs sont divisés en mailles et l'air, le mobilier et les cloisons légères sont regroupés dans une maille unique. Un bilan thermique est appliqué sur chaque maille et prend la forme suivante :

$$C_{maille} \frac{dT_{maille}}{dt} = Gains - Pertes \qquad (1)$$

C_{maille} étant la capacité thermique de la maille, T_{maille} sa température, *Pertes* comprenant les transferts thermiques par conduction, convection et rayonnement, et *Gains* les apports solaires et internes ainsi que les puissances de chauffage ou de refroidissement des équipements. Certains paramètres peuvent varier dans le temps, par exemple les débits d'air ou la résistance thermique des baies en cas de fermeture des volets. Des valeurs moyennes sont considérées dans l'équation ci-dessous, et les variations par rapport à la moyenne sont intégrées dans les sollicitations. D'autre part, les transferts radiatifs sont linéarisés. L'ensemble des équations peut alors être représenté sous la forme d'un système linéaire continu et invariant :

$$\begin{cases} C\dot{T}(t) = AT(t) + EU(t) \\ Y(t) = JT(t) + GU(t) \end{cases} \qquad (2)$$

avec T le champ discrétisé des températures, C la matrice diagonale des capacités thermiques, U le vecteur des sollicitations, Y le vecteur des sorties (température intérieure prenant en compte l'air et les surfaces des murs) et A, E, J, G les matrices reliant les vecteurs $T(t)$ et $U(t)$ aux dynamiques du système. Ce système d'ordre élevé est réduit par analyse modale pour rendre sa résolution plus rapide. Sa simulation nécessite de connaître les sollicitations, en particulier les émissions de chaleur par les occupants et les équipements, mais également les données météorologiques locales concernant la température extérieure et le rayonnement solaire.

11.2.4.4 Cas d'étude

Le bâtiment étudié est la maison en béton banché (I-BB) de la plate-forme INCAS. La période d'étude considérée correspond à un protocole expérimental subdivisé en six scénarios (figure 11.8), avec une prise en compte séparée ou combinée de différents phénomènes physiques. Ainsi, selon les scénarios, la consigne de chauffage, le régime et le débit de la VMC (Ventilation Mécanique Contrôlée), l'ouverture/fermeture des volets et la séparation aéraulique de l'étage d'avec le rez-de-chaussée sont modifiés. L'échangeur de la VMC double flux a été by-passé (BP sur la figure 11.8) durant toute la période d'étude.

Un fichier de données météorologiques au pas de temps horaire a été établi pour la période d'étude à l'aide de mesures (température extérieure, rayonnement solaire global et diffus horizontal) provenant de l'aéroport du Bourget-du-Lac, situé à quelques centaines de mètres de la maison I-BB.

Un zonage thermique pièce par pièce a été défini, et les ponts thermiques ont été calculés par discrétisation en éléments finis (logiciel Trisco). Les températures des zones ont été initialisées sur celles des mesures de la première heure (le bâtiment ayant été chauffé à 20°C les semaines précédentes), et les profils de température des parois correspondent à ceux en régime permanent avec les températures d'air extérieur et de zone comme conditions aux limites. Les mouvements d'air intérieur ont été estimés par un calcul aéraulique (logiciel Contam).

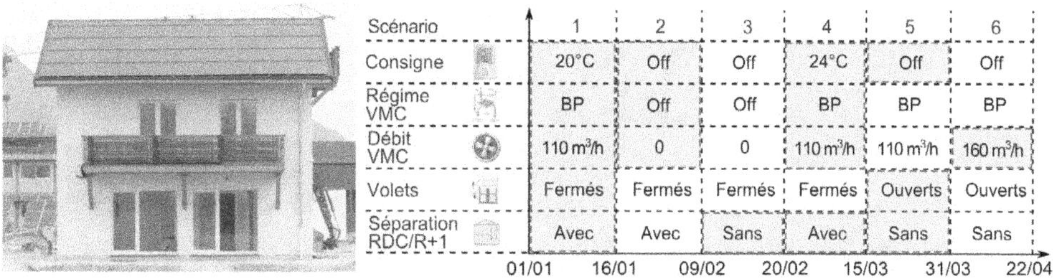

Scénario		1	2	3	4	5	6
Consigne		20°C	Off	Off	24°C	Off	Off
Régime VMC		BP	Off	Off	BP	BP	BP
Débit VMC		110 m³/h	0	0	110 m³/h	110 m³/h	160 m³/h
Volets		Fermés	Fermés	Fermés	Fermés	Ouverts	Ouverts
Séparation RDC/R+1		Avec	Avec	Sans	Avec	Sans	Sans
		01/01	16/01	09/02	20/02	15/03	31/03	22/04

Figure 11.8 Maison I-BB (à gauche) et protocole appliqué du 01/01/2012 au 22/04/2012 (à droite) (tiré de Recht et al., 2014).

11.2.4.5 Méthode de criblage

Principe

Afin d'identifier les facteurs incertains les plus influents de l'étude, une opération de criblage a été menée. La méthode de Morris (1991) a été retenue parce qu'elle est peu coûteuse en temps de calcul (par rapport aux méthodes d'analyse de sensibilité globale) et prend en compte les interactions entre les paramètres (contrairement aux méthodes d'analyse de sensibilité locale).

Un intervalle d'incertitude est tout d'abord à considérer sur chaque paramètre incertain, en fixant une valeur haute et basse. L'intervalle est alors discrétisé en un nombre Q satisfaisant de niveaux (2 à 8 typiquement), puis normalisé pour obtenir une gamme de variation de la forme $\left[\!\left[0;\dfrac{1}{Q-1};\dfrac{2}{Q-1};\cdots;1\right]\!\right]$. Cette transformation linéaire rend adimensionnelles les variations effectuées en entrée afin de comparer des paramètres de nature physique différente.

Le principe de la méthode consiste à répéter *r* fois (de cinq à dix, généralement) un plan OAT (pour « *One At a Time* » en anglais) aléatoirement dans l'espace discrétisé des entrées (correspondant aux paramètres incertains). Un plan OAT est un plan d'expérience où la valeur d'un seul paramètre à la fois est modifiée, et ce une seule fois. « Aléatoirement » signifie que les valeurs de départ des paramètres d'entrée sont tirées de manière aléatoire, ainsi que l'ordre dans lequel les paramètres sont modifiés.

L'espace des entrées peut être alors vu comme une « grille » de nœuds de dimension K (nombre de facteurs incertains), un plan OAT comme une « trajectoire » dans l'espace des entrées, et une modification d'un facteur *j* comme un « saut » entre deux nœuds de la dimension *j* de la grille. La longueur du saut Δ est proportionnelle à $\delta = \dfrac{1}{Q-1}$. Une illustration est donnée en figure 11.9. Pour garantir l'uniformité dans la distribution des points échantillonnés, Morris suggère une longueur de saut valant $\Delta = \dfrac{Q}{2} * \delta$, avec Q pair.

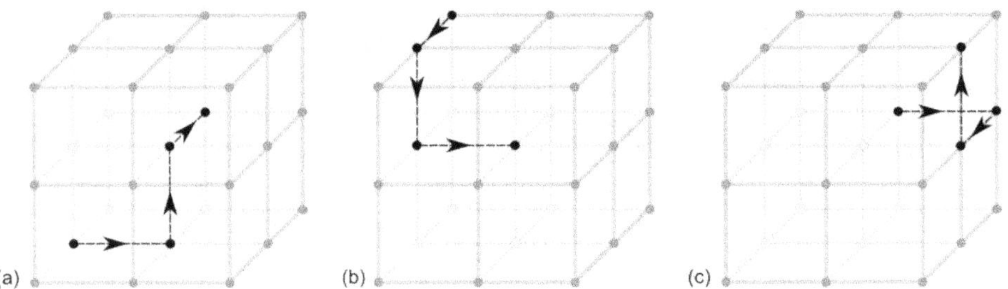

Figure 11.9 Exemple d'échantillonnage pour le criblage de Morris obtenu avec K = 3 facteurs étudiés Q = 3 niveaux, Δ = 1/2, et r = 3 trajectoires (a), (b) et (c) (adapté de Munaretto, 2014).

À chaque répétition, la valeur de tous les paramètres d'entrée aura donc été modifiée une et une seule fois. La méthode requiert ainsi $r \times (K + 1)$ évaluations du modèle. Chaque répétition (ou trajectoire) i permet de calculer un « effet élémentaire » pour le facteur j :

$$E_j^i = \pm \frac{\mathscr{F}\left(x_1^i,\dots,x_j^i \pm \Delta,\dots,x_K^i\right) - \mathscr{F}\left(x_1^i,\dots,x_j^i,\dots,x_K^i\right)}{\Delta} \tag{3}$$

avec $\mathscr{F}$ le modèle étudié, et $x_1,\dots,x_K$ les K facteurs incertains. Une fois les r répétitions effectuées, chaque facteur incertain (ou entrée) possède r effets à partir desquels sont calculés la moyenne des valeurs absolues de ces effets μ_j^* et l'écart type de ces effets σ_j :

$$\mu_j^* = \frac{1}{r}\sum_{i=1}^r \left|E_j^i\right| \tag{4}$$

$$\sigma_j = \sqrt{\frac{1}{r-1}\sum_{i=1}^r \left(E_j^i - \mu_j\right)^2} \tag{5}$$

Pour éviter que des effets élémentaires de signe opposé ne se compensent, μ_j^* est préférée à μ_j, la moyenne des effets. Plus μ_j^* est élevée, plus l'entrée j contribue à une sortie incertaine. σ_j donne, quant à lui, une information sur les interactions et la linéarité du modèle. Plus σ_j est élevé, plus les effets de non-linéarité et d'interactions sont marqués.

Les facteurs incertains peuvent alors être placés sur un graphique de Morris (figure 11.10) et classés selon trois catégories :

- ceux ayant des effets négligeables (groupe n° 1) ;
- ceux ayant des effets linéaires (groupe n° 2) ;
- ceux ayant des effets non linéaires et/ou avec interactions (groupe n° 3).

Cette classification graphique reste subjective. Aussi, dans cette étude, la distance euclidienne entre l'origine et le point $\left(\mu_j^*, \sigma_j\right)$ relatif à chaque facteur j est calculée pour chaque scénario s, puis normalisée selon l'équation 6.

$$D_{j,s}^* = \frac{d_{j,s}^* - \min_j\left(d_{j,s}^*\right)}{\max_j\left(d_{j,s}^*\right) - \min_j\left(d_{j,s}^*\right)} \tag{6}$$

Le maximum des $D_{j,s}^*$ sur les six phases du protocole est choisi pour classer les paramètres. Les phénomènes physiques mis en avant dans chaque scénario étant différents, le but est de retenir tout facteur qui serait influent, ne serait-ce que sur une seule phase du protocole.

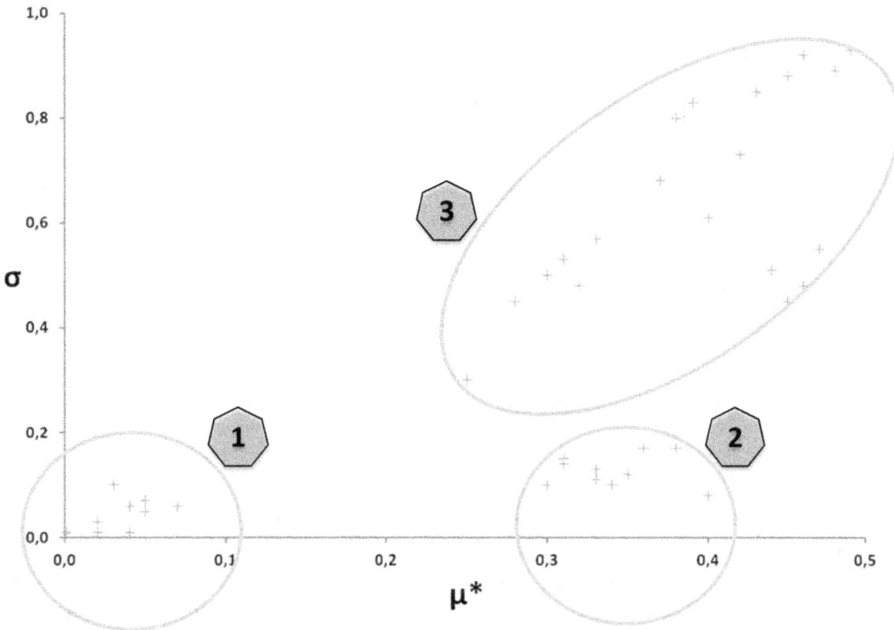

Figure 11.10 Exemple de résultats de la méthode de Morris (adapté de Iooss, 2009).

Selon ce principe, l'influence de cent cinquante-trois paramètres incertains a été évaluée dans ces travaux. Ces paramètres concernent le site (albédo du sol aux abords du bâtiment), les données météorologiques, les dimensions du bâtiment, les consignes de température, les débits de ventilation et d'infiltration, les puissances de chauffage et dissipée (apports internes), les propriétés des menuiseries et des occultations, les états de surface, les caractéristiques des matériaux, les coefficients d'échanges superficiels convectifs et radiatifs, et les ponts thermiques. L'incertitude considérée sur chaque facteur est consultable dans l'annexe B.5 du manuscrit de thèse de Munaretto (2014). Les autres caractéristiques du criblage mis en œuvre sont : $r = 30$, $Q = 6$ et $\Delta = \dfrac{Q}{2 \times (Q-1)} = 0,6$.

Résultats du criblage de Morris

Les vingt premiers paramètres classés à la suite du criblage de Morris sont présentés sur la figure 11.11. Les onze premiers sont retenus pour la propagation d'incertitudes, car ils se détachent nettement des autres. Il s'agit de $P_{ch,nom}$ (puissance de chauffage nominale), $Q_{v,nom1}$ et $Q_{v,nom2}$ (débits nominaux de renouvellement d'air), ΔT_{ext} (delta constant de température ajouté à la température extérieure mesurée), $h_{cePvExt}$ (coefficient d'échanges superficiels convectifs du côté extérieur des parois verticales), R_{occ} et F_{occ} (résistance thermique additionnelle et facteur d'occultation des volets roulants), $\% \, Gh$ (pourcentage constant ajouté au rayonnement solaire global horizontal), Alb (albédo), $\lambda_{polystMur}$ (conductivité thermique du polystyrène des parois verticales), $C_{vol\text{-}BB}$ (capacité thermique volumique du béton banché).

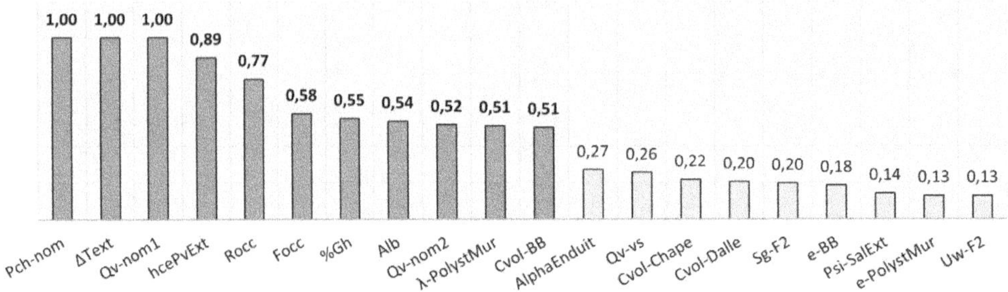

Figure 11.11 Classement des facteurs incertains selon $\max_k\left(D_{j,k}^*\right)$ (tiré de Recht *et al.*, 2014).

11.2.4.6 Propagation d'incertitudes

Principe

Cette méthode vise à évaluer le degré d'incertitude des résultats induit par les incertitudes pesant sur les données d'entrée du modèle. Une illustration est donnée en figure 11.12, avec un modèle y à deux entrées $z = (z_1, z_2)$. Un profil d'incertitudes est défini pour les entrées z_1 et z_2 (en gris foncé), et l'objectif est de déterminer le profil d'incertitudes de la sortie $y(z)$ (en gris clair).

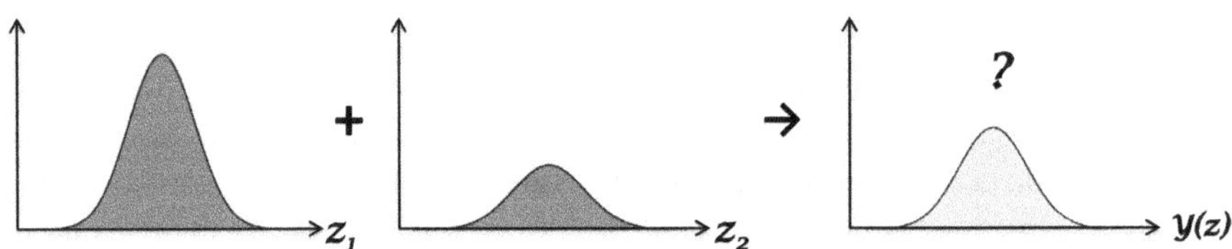

Figure 11.12 Illustration du principe d'une propagation d'incertitudes (d'après Makowski, 2014).

Pour atteindre cet objectif, il s'agit de réaliser un grand nombre de simulations avec différents jeux de valeurs pour les données incertaines. La dispersion des sorties est alors analysée, ce qui permet d'évaluer le degré de fiabilité des résultats.

La mise en œuvre de la méthode se déroule en quatre étapes :

1. l'incertitude sur chaque donnée d'entrée est caractérisée par une loi de probabilité (loi normale ou loi uniforme, par exemple) ;
2. un échantillonnage de ces entrées est ensuite effectué, c'est-à-dire qu'un nombre N de jeux de valeurs est tiré aléatoirement dans ces lois de probabilité ;
3. N simulations sont effectuées à partir de ces jeux de données d'entrée ;
4. le profil d'incertitudes de chaque sortie est finalement évalué à partir des résultats des simulations.

Dans cette étude, des lois uniforme et normale tronquée (pour éviter des valeurs non physiques) ont été choisies. La construction de l'échantillon a été optimisée *via* un tirage par hypercube latin (échantillonnage stratifié).

Les sorties de Comfie étudiées ici sont les températures des différentes zones thermiques de la maison. Les simulations sont menées sur une année complète avec un pas de temps horaire. Pour chaque zone thermique z, N températures à chaque heure sont donc obtenues suite à la propagation d'incertitudes. À chaque heure h, le profil de distribution de ces N températures peut être approché par une loi normale d'espérance $\mu_{z,h}$ et d'écart type $\sigma_{z,h}$. Graphiquement, on peut représenter une bande d'incertitude entre $\mu_{z,h} - 2 \cdot \sigma_{z,h}$ et $\mu_{z,h} + 2 \cdot \sigma_{z,h}$ correspondant à un intervalle de confiance à 95 %.

Une fonction de densité de probabilité (FDP) a été définie pour les onze facteurs incertains retenus pour la propagation d'incertitudes (tableau 11.1).

Tableau 11.1 Incertitudes considérées sur les facteurs incertains (d'après Recht *et al.*, 2014).

Facteurs	FDP	μ	σ	a	b
$P_{ch\text{-}nom}$	Normale tronquée à l'intervalle [a,b]	1200	20	1140	1260
$Q_{v\text{-}nom1}$	Normale tronquée à l'intervalle [a,b]	110,0	11,0	93,5	126,5
$Q_{v\text{-}nom2}$	Normale tronquée à l'intervalle [a,b]	160	16	136	184
ΔT_{ext}	Normale tronquée à l'intervalle [a,b]	0,5	0,5	-1,0	2,0
Alb	Uniforme sur l'intervalle [a,b]	-	-	0,3	0,4
$\%Gh$	Normale tronquée à l'intervalle [a,b]	0,0	2,5	-5,0	5,0
R_{occ}	Uniforme sur l'intervalle [a,b]	-	-	0,1	0,3
F_{occ}	Uniforme sur l'intervalle [a,b]	-	-	95	100
$\lambda_{PolystMur}$	Normale tronquée à l'intervalle [a,b]	0,030	0,003	0,027	0,033
$C_{vol\text{-}BB}$	Normale tronquée à l'intervalle [a,b]	2116	210	1906	2326
$h_{cePvExt}$	Normale tronquée à l'intervalle [a,b]	14,9	3,0	5,6	24,7

Résultats de la propagation d'incertitudes

La figure 11.13 présente les résultats concernant le profil de température du séjour, pièce principale de la maison. La série temporelle des températures mesurées est entourée d'une enveloppe d'incertitude de $\pm 1°C$ (Spitz, 2012). La série moyenne des températures simulées C_μ est entourée d'une enveloppe d'incertitudes ($C_{\mu\text{-}2\sigma}$ et $C_{\mu\text{+}2\sigma}$) définie dans le paragraphe précédent.

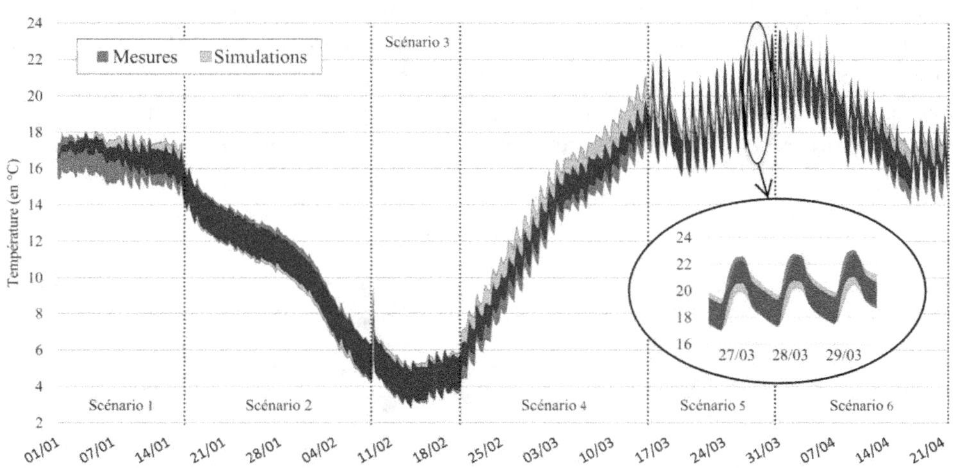

Figure 11.13 Bandes d'incertitudes des températures mesurées et simulées dans le séjour (d'après Recht *et al.*, 2014).

Les températures de consigne n'ont pas été atteintes, car l'échangeur de la ventilation méca-nique double flux a été by-passé. L'air neuf n'a donc pas été préchauffé par l'air vicié extrait. Dans le scénario 1, la température intérieure simulée semble surestimée.

Dans les scénarios 2 et 3, une dynamique fortement similaire est observable entre simulation et mesure. Les bandes d'incertitudes sont quasiment confondues. Bien que peu visible sur la figure ci-dessus, un « pic » de température est à noter au tout début du scénario 3. Il s'agit d'une ouverture des volets pendant quelques heures, probablement pour une intervention. Cette activité ayant été signalée avec précision, elle a ainsi pu être reproduite par la simulation.

Dans le scénario 4, les températures simulées s'élèvent plus rapidement que les mesures, et un décalage se crée. Les bandes d'incertitudes ne sont toutefois pas disjointes.

Dans le scénario 5 correspondant à l'ouverture des volets, les amplitudes journalières de varia-tion des températures augmentent sensiblement. Celles simulées sont plus réduites que celles des mesures (2,6 °C contre 3,4 °C), mais les dynamiques observées sont similaires.

Dans le scénario 6, l'augmentation du débit de renouvellement d'air conduit à des résultats comparables au scénario précédent : des profils simulé et mesuré relativement proches avec des amplitudes plus faibles concernant les résultats de simulation.

Écart moyen entre simulations et mesures

Les écarts entre températures simulées et mesurées sont quantifiés en considérant la racine carrée de l'erreur quadratique moyenne, moyenne des carrés des écarts entre les températures simulées et mesurées. L'erreur type de chaque zone thermique z à chaque scénario s de chaque simulation i est notée (pour « *Root Mean Square Error* » en anglais) et vaut ainsi :

$$RMSE_{i,s,z} = \sqrt{\frac{1}{N} \sum\nolimits_{k=N_{d_s}}^{N_{f_s}} \left(T_{i,z}^{sim}(k\Delta t) - T_{i,z}^{mes}(k\Delta t) \right)^2} \qquad (7)$$

avec Δt le pas de temps de la simulation, N_{d_s} et N_{f_s}, respectivement les nombres de pas de temps correspondant au début et à la fin du scénario s, N le nombre de pas de temps sur le scénario s, soit $N_{f_s} - N_{d_s} + 1$, $T_{i,z}^{sim}(k\Delta t)$ et $T_{i,z}^{mes}(k\Delta t)$ les températures respectivement simulée et mesurée à l'instant $k\Delta t$.

Pour connaître l'influence des paramètres sur le comportement du bâtiment dans son ensemble, une agrégation sur l'ensemble des zones thermiques, notée $RMSE_{i,s}$, est effectuée au prorata des surfaces intérieures.

Pour quantifier les résultats, l'erreur type entre la courbe $\mathcal{C}_\mu$ et celle des mesures a été calculée pour le séjour, sur les six scénarios du protocole expérimental. Elle se situe entre 0,2 °C et 0,8 °C.

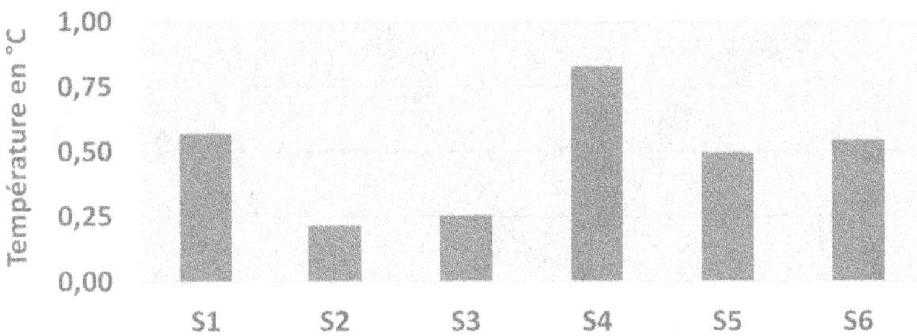

Figure 11.14 Erreur type entre $\mathcal{C}_\mu$ et la courbe des mesures, pour les six scénarios (d'après Recht *et al.*, 2014).

Les figures 11.13 et 11.14 proposent ainsi une interprétation respectivement qualitative et quantitative des résultats, permettant d'observer que, pour une même typologie de bâtiment (maison passive, en l'occurrence), les écarts entre les mesures et Comfie sont comparables, et parfois inférieurs, à des références internationales comme EnergyPlus (cf. la thèse de Clara Spitz citée précédemment).

11.2.4.7   Analyse de sensibilité globale

Principe

En complément de la propagation d'incertitudes, une analyse de sensibilité globale a été réalisée afin de connaître la part imputable à chaque facteur incertain dans l'incertitude globale observée sur les températures simulées. La technique retenue est basée sur l'étude de la décomposition de la variance. L'analyse s'effectue par le biais d'indices de sensibilité que sont les indices de sensibilité principal (SI) et total (TSI) :

$$SI_j = \frac{\mathbb{V}ar\left(\mathbb{E}\left[Y \mid X_j\right]\right)}{\mathbb{V}ar(Y)} \tag{8}$$

$$TSI_j = \frac{\mathbb{E}\left(\mathbb{V}ar\left[Y \mid X_{\sim j}\right]\right)}{\mathbb{V}ar(Y)} \tag{9}$$

où Y est la réponse du modèle étudié (sorties, ici les températures) à un vecteur (d'entrées) aléatoire $X = (X_1,...,X_K)$, $\mathbb{V}ar(Y)$ sa variance, $\mathbb{E}(Y)$ son espérance et où $X_{\sim j}$ désigne l'ensemble des facteurs à l'exclusion de X_j.

L'indice principal mesure la variabilité des résultats du modèle moyennés sur les facteurs incertains autres que X_j. L'indice total intègre, en plus de l'effet principal de X_j, l'effet de l'ensemble des interactions de ce facteur avec tous les autres. Par définition, ces indices sont compris entre 0 et 1. Plus ils sont proches de 1, plus le facteur est prépondérant.

Pour estimer la valeur de ces indices, la méthode de Sobol (1993), améliorée par Saltelli *et al.* (2010), est reprise avec une taille d'échantillon de $N = 7\,000$.

Résultats de l'analyse de sensibilité globale

L'analyse de sensibilité globale a permis de connaître l'influence de chacun des facteurs incertains, en prenant en compte leurs interactions. Les indices totaux sont présentés à la figure 11.15. Il apparaît que sur l'ensemble des scénarios, le facteur ΔText est le responsable majeur de l'incertitude associée aux résultats et rend l'influence des autres facteurs peu significative à l'exception du scénario 1. Cet écart constant ajouté à la température extérieure mesurée correspond à l'incertitude qui peut entourer la prise de mesure (incertitudes intrinsèques des capteurs, effets induits par les boucliers thermiques, inhomogénéité du champ de températures). Pour étudier une réelle incertitude concernant les grandeurs météorologiques, entrées présentant des corrélations temporelles, il faudrait s'orienter vers des méthodes plus sophistiquées, comme celle récemment développée dans les travaux de thèse de Goffart (2013).

Le fait que les volets soient continuellement fermés dans les quatre premiers scénarios de cette étude explique en partie le rôle notable de la résistance thermique additionnelle des volets. L'incertitude associée à ce paramètre a probablement été surestimée, ce qui amplifie aussi son influence. La puissance nominale de chauffage apparaît bien comme un facteur influant sur les scénarios 1 et 3 lorsqu'une consigne de température est appliquée. Dans les scénarios 2 et 4, une sensibilité résiduelle du modèle est observée. En effet, à cause du phénomène d'inertie thermique, les températures durant ces périodes sont en partie conditionnées par celles des scénarios précédents. Ainsi, par exemple, une variabilité sur la puissance du chauffage lors du scénario 1 peut expliquer une partie de la variance constatée au scénario 2.

Les valeurs de l'albédo et du rayonnement global horizontal représentent des variables relativement sensibles pour le modèle lorsque les volets sont ouverts (scénarios 5 et 6). Les valeurs des indices étant estimées, elles peuvent être très légèrement non nulles pour les scénarios précédents. Concernant le débit nominal en valeur basse ($Q_{v,nom1}$), il est bien le plus influent dans les scénarios où une consigne est appliquée (scénarios 1, 4 et 5) et présente des influences résiduelles sur les autres scénarios. De même, le débit nominal en valeur haute ($Q_{v,nom2}$) apparaît logiquement comme influent dans le dernier scénario (le n° 6) où il est appliqué. L'ampleur de l'influence du coefficient d'échanges superficiels convectifs des parois verticales extérieures peut s'expliquer par la forte variabilité de l'orientation et la vitesse du vent. Pour rappel : un écart type de 3 W/(m².K) a été considéré (cf. tableau 11.1).

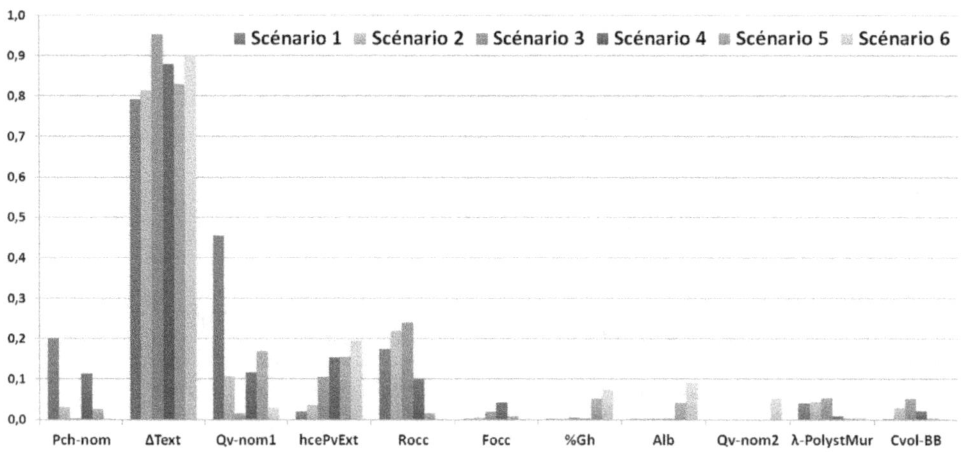

Figure 11.15 Indices de Sobol totaux (d'après Recht *et al.*, 2014).

11.2.4.8 Conclusion

Une démarche de validation empirique du modèle Comfie a été menée. Elle a exploité des mesures de température intérieure de la maison INCAS « Béton banché ». Des méthodes d'analyses de sensibilité et d'incertitude ont été utilisées pour évaluer le degré d'incertitude des résultats de simulation et en identifier les principales sources. Les résultats de l'étude montre une bonne adéquation entre les mesures et le modèle, similaire à des références internationales comme EnergyPlus, mais restent fortement liés aux fonctions de densité de probabilité considérées. L'inférence bayésienne, méthode de calibrage permettant d'estimer ces fonctions à partir des mesures, a été menée par la suite. Elle permet d'améliorer encore la précision des simulations en réduisant les incertitudes sur les paramètres d'entrée.

11.2.5 Conclusion

Cette section a présenté la validation expérimentale de deux modèles (EnergyPlus et Comfie) sur les maisons INCAS. Ce type de démarche nécessite la maîtrise d'un ensemble de processus : de l'exploitation des mesures au contrôle des hypothèses de modélisation en passant par l'évaluation du degré d'incertitude sur les paramètres d'entrée et l'utilisation de méthodes d'analyses de sensibilité et d'incertitude.

Avec deux méthodologies similaires, des bandes de confiance ont été déterminées, et les sources d'incertitudes majoritaires identifiées. Une bonne adéquation entre les températures mesurées et simulées a pu être observée, même si des écarts existent et sont comparables pour les deux modèles. Caractériser plus finement les paramètres incertains, notamment ceux identifiés comme étant les plus influents, permettrait de consolider les résultats obtenus. Le calibrage, méthode permettant d'estimer le profil des entrées à partir de mesures, permet d'affiner encore les résultats grâce à un retour sur les lois de probabilité *a priori* considérées.

Sur la base des deux études menées, les modèles EnergyPlus et Comfie semblent en mesure de reproduire de manière satisfaisante le comportement thermique de bâtiments à haute performance énergétique. De plus, des méthodes d'analyses de sensibilité et d'incertitude ont été couplées avec succès à ces outils, ouvrant la voie à de nouvelles utilisations de la simulation durant tout le processus de conception d'un bâtiment, des premières esquisses à son exploitation ou sa réhabilitation :

1. Les analyses de sensibilité offrent la possibilité d'identifier les principaux leviers de la performance afin d'optimiser la conception, que ce soit en construction neuve ou en réhabilitation. En garantie de performance, elles pourraient servir à choisir une métrologie adaptée. Une meilleure connaissance des paramètres les plus responsables de la dérive de la performance énergétique d'un bâtiment réduirait l'incertitude sur le résultat.

2. Les analyses d'incertitude offrent, quant à elles, la possibilité d'aller vers une approche probabiliste de la performance, et non plus déterministe. Dans le cadre d'une garantie de performance, un engagement sur des seuils de consommation pourrait être fixé, avec un risque de dépassement associé. Enfin, avec l'augmentation de la puissance de calcul des ordinateurs, l'optimisation robuste (méthode d'optimisation intégrant les incertitudes) devient envisageable.

11.2.6 Références bibliographiques

Brun, Adrien, Clara Spitz & Étienne Wurtz (2009). «Analyse du comportement de différents codes de calcul dans le cas de bâtiments à haute efficacité énergétique». In *IXe colloque interuniversitaire franco-québécois sur la thermique des systèmes*. http://www.lamaisonpassive.fr/forum/publi_CIFQ_2009.pdf.

Duforestel, Thierry (2008). «Les outils de modélisation énergétique des bâtiments très basse consommation». http://www.valerie.urbicoop.eu/documentation/duforestel-bs08-les-outils-de-modlisation-nergtique-.pdf.

Goffart, Jeanne (2013). *Impact de la variabilité des données météorologiques sur une maison basse consommation. Application des analyses de sensibilité pour des entrées temporelles*. Thèse de doctorat, Université de Grenoble.

Iooss, Bertrand (2009). « Analyses d'incertitudes et de sensibilité de modèles complexes. Applications dans des problèmes d'ingénierie ». Présenté à Rencontres « Maths-Météo », Toulouse. http://www.math.univ-toulouse.fr/~baehr/meteo_SMAI/Pres/Pres_Iooss.pdf.

Jensen, Søren Østergaard (1995). « Validation of building energy simulation programs : a methodology ». *Energy and buildings*, 22 (2) : 133-144.

Judkoff, Ron, & Joel Neymark (1995). *International energy agency building energy simulation test (BesTest) and diagnostic method*. National Renewable Energy Lab., Golden, CO (US). http://www.osti.gov/scitech/biblio/90674.

Makowski, David (2014). « Analyse d'incertitudes, analyse de sensibilité. Objectifs et principales étapes. » Présenté à l'École-chercheurs ASPEN (Analyse de sensibilité, propagation d'incertitudes, et exploration numérique de modèles en sciences de l'environnement), Les Houches, mai.

Morris, Max D. (1991). « Factorial sampling plans for preliminary computational experiments ». *Technometrics*, 33 (avril) : 161-74. doi:10.2307/1269043.

Munaretto, Fabio (2014). « Étude de l'influence de l'inertie thermique sur les performances énergétiques des bâtiments ». Paris, Mines ParisTech.

Peuportier, Bruno (2005). « Bancs d'essais de logiciels de simulation thermique ». Journée SFT-IBPSA « *Outils de simulation thermoaéraulique du bâtiment* », *La Rochelle*. http://perso.univ-lr.fr/fcherqui/IBPSAmars/textes/PM-04-Peuportier.pdf.

Peuportier, Bruno, & Isabelle Blanc-Sommereux (1990). « Simulation tool with its expert interface for the thermal design of multizone buildings ». *International Journal of Sustainable Energy*, 8 (2) : 109-120. doi:10.1080/01425919008909714.

Recht, Thomas, Fabio Munaretto, Patrick Schalbart & Bruno Peuportier (2014). « Analyse de la fiabilité de COMFIE par comparaison à des mesures. Application à un bâtiment passif ». In *IBPSA France*, Arras.

Saltelli, Andrea, Paola Annoni, Ivano Azzini, Francesca Campolongo, Marco Ratto & Stefano Tarantola (2010). « Variance based sensitivity analysis of model output. Design and estimator for the total sensitivity index ». *Computer Physics Communications*, 181 (2) : 259-270.

Sobol, Ilya M. (1993). « Sensitivity indices for nonlinear mathematical models ». *Mathematical Modelling and Computational Experiment*, no 1 : 407-414.

Spitz, Clara (2012). *Analyse de la fiabilité des outils de simulation et des incertitudes de métrologie appliquée à l'efficacité énergétique des bâtiments*. Thèse de doctorat, Université de Grenoble. http://hal.archives-ouvertes.fr/tel-00768506/.

Mise en œuvre de la simulation

Les principes de la modélisation et les éléments sur la fiabilité des modèles étant acquis, l'utilisateur doit savoir modéliser un bâtiment, le contexte climatique du site et les scénarios d'usage. Il devra aussi savoir interpréter les résultats. L'objet de cette troisième partie est de partager les connaissances sur ces différents aspects.

CHAPITRE 12

Adéquation aux objectifs de l'étude

(B. Peuportier & E. Wurtz)

Le choix d'un outil et la manière de le mettre en œuvre dépendent des objectifs de l'étude. Si l'objectif est de vérifier le respect de la réglementation, la liste des logiciels agréés est donnée sur le site RT-bâtiment[1]. Ces outils fournissent une consommation conventionnelle. Dans un objectif de garantie de performance énergétique, des modèles plus détaillés peuvent être plus appropriés. En effet, le modèle utilisé pour les calculs réglementaires n'a été validé que dans des configurations monozone, les échanges par conduction entre zones n'étant pas modélisés. D'autre part, des simplifications concernant, par exemple, la prise en compte de l'inertie thermique induisent des écarts importants, par rapport aux références internationales, lors de l'évaluation des températures. Les calculs d'éclairage sont également très sommaires, les pièces n'étant pas décrites, ce qui rend impossible le suivi de rayons. Si l'étude doit aborder des aspects de confort thermique ou visuel, il est alors préférable de choisir des outils plus précis.

Dans la catégorie des modèles détaillés, les principaux outils utilisés en France (EnergyPlus, TRNSYS, Pléiades+Comfie) donnent des résultats très proches en ce qui concerne les besoins de chauffage et de rafraîchissement (cf. le § 10.1) ainsi que les températures dans les locaux (en moyenne spatiale). Les tests de validation n'ont pas concerné les équipements, ni l'évaluation de champs de températures dans un local. Si l'objectif de l'étude est d'évaluer le confort de manière fine – par exemple, en prenant en compte la stratification des températures dans un espace ou l'effet d'une bouche de soufflage –, alors il est nécessaire de recourir à des outils encore plus détaillés, faisant appel à la mécanique des fluides numérique (MFN). Certains outils comme EnergyPlus intègrent ce type de modèle, mais la définition de conditions aux limites reste problématique.

---

1. http://www.rt-batiment.fr/batiments-neufs/reglementation-thermique-2012/logiciels-dapplication.html.

12.1 Utilisation de la simulation à différentes étapes d'un projet

Les outils de simulation peuvent être employés à différentes étapes d'un projet. En phase amont, l'objectif est, par exemple, de comparer différentes morphologies urbaines en termes de densité, de compacité et/ou d'orientation. En phase d'esquisse architecturale, il convient aussi d'étudier, par exemple, des proportions de surfaces vitrées par façade. À ces étapes, des valeurs par défaut peuvent être considérées pour les compositions des parois, les types de vitrage, les ponts thermiques, selon le niveau de performance visé : par exemple, un niveau basse consommation ou passif. Des scénarios d'usage types peuvent être envisagés dans les différents locaux, correspondant par exemple à des bureaux, des logements, etc. L'environnement extérieur (climat, masques) doit être renseigné.

En phase de conception détaillée, des variations paramétriques peuvent être effectuées pour étudier des améliorations en termes de performance énergétique du projet et/ou de confort. Il s'agit alors de comparer différents niveaux d'isolation, d'inertie thermique, de protection solaire, de ventilation, etc. Des techniques d'optimisation peuvent également être mises en œuvre.

En phase d'audit, un modèle peut être calibré sur la base de mesures afin d'évaluer de manière plus précise l'intérêt de différentes mesures de réhabilitation.

12.2 Définition de zones thermiques

Au sein d'un même outil, le bâtiment peut être décrit de manière plus ou moins détaillée : en particulier, certains locaux peuvent être regroupés dans une même zone thermique si leur niveau de température est similaire. Pour que cette condition soit satisfaite, il faut que les scénarios d'usage soient semblables, c'est-à-dire que les locaux regroupés soient chauffés et/ou rafraîchis à des températures voisines, que les débits de ventilation et les apports internes soient proches, et que l'exposition au soleil (orientation, masques) soit semblable. Diminuer le nombre de zones peut faciliter ensuite l'interprétation des résultats, mais trop simplifier la modélisation d'un bâtiment peut masquer un risque d'inconfort dans certains locaux par des effets de moyenne. Par exemple, dans les maisons de la plate-forme INCA présentées en partie 2, des écarts de température de plusieurs degrés ont été mesurés entre une chambre au sud et une autre au nord, même si les portes intérieures étaient ouvertes. De même, la définition des zones influence le calcul des débits d'air entre les locaux.

Ce zonage thermoaéraulique fait appel à la compétence du thermicien et doit être adapté aux objectifs de la simulation et cohérent avec le niveau de description des phénomènes physiques des modèles utilisés (par ex., avec ou sans prise en compte de la stratification, des modèles de grande ouverture, etc.). Pour des modèles nodaux classiques, le confinement relatif des zones peut également être pris en compte par le modélisateur en fonction du taux d'ouverture d'une zone sur l'autre, comme illustré figure 12.1.

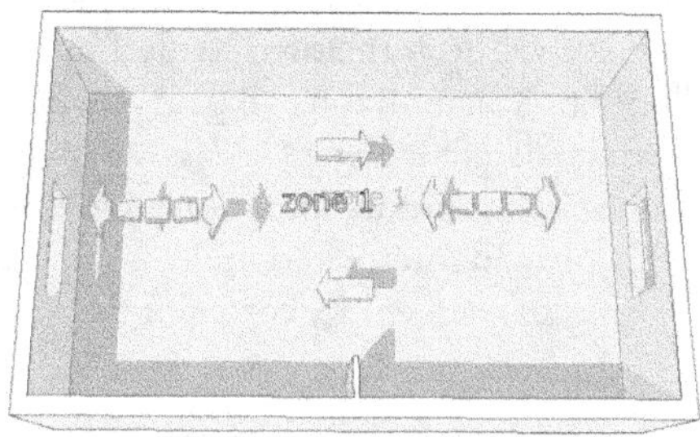
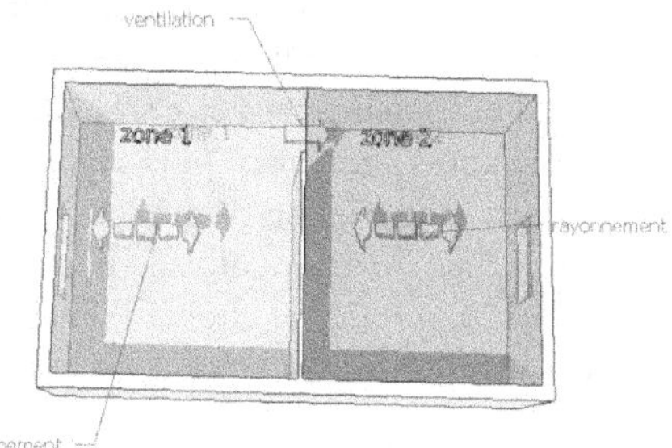

Figure 12.1 Confinement relatif d'une zone à une autre et choix du modélisateur.

Le regroupement par zone thermique doit donc particulièrement prendre en compte les éléments suivants :

– les taux d'occupation, les charges intérieures ;

– l'exposition des façades extérieures, vis-à-vis des apports solaires par zone ;

– les différences éventuelles sur les dispositifs de traitement des ambiances, la différenciation locaux conditionnés ou non ;

– les systèmes de ventilation et la prise en compte correcte des transferts aérauliques, même avec la simplification par zone ;

– l'importance et l'impact de la précision des résultats sur la zone considérée : par ex., un ensemble de zones de circulation (cage d'escalier, etc.) ou des espaces tampons peuvent être considérés de façon plus globale que des espaces fortement occupés.

12.3   Autres aspects

Le choix du pas de temps de la simulation dépend également des objectifs : un pas de temps d'une heure peut être suffisant pour évaluer des besoins de chauffage annuels, mais des calculs plus fins sont nécessaires pour évaluer les niveaux de température (par exemple, 1/4 h) ou étudier des systèmes de régulation (prise en compte de dynamiques rapides).

Certains outils permettent le choix de paramètres comme les coefficients de transfert convectifs, ce qui peut avoir une influence dans certaines configurations (évaluation des besoins thermiques dans des bâtiments peu isolés par exemple, ou étude de l'amélioration du confort en surventilation).

Certaines études nécessitent d'intégrer les transferts de masse : par exemple, à cause d'une humidité élevée dans certains climats, de risques de condensation et de détérioration (en particulier, en réhabilitation), ou pour évaluer la qualité de l'air dans les locaux. L'usage de logiciels spécialisés est alors nécessaire : par exemple, WUFI permet la prise en compte des transferts hygriques.

En ce qui concerne l'éclairage, des calculs par suivi de rayon sont proposés dans différents outils comme ArchiWIZARD, Enelight (basé sur Radiance, et chaîné à Pléiades+Comfie) et EnergyPlus (basé sur Radiance).

L'ergonomie des logiciels entre également dans les critères de choix : les liens avec des modeleurs graphiques simplifient la saisie géométrique, l'existence de formations et de forums internet d'utilisateurs peut être très utile. La durée d'une étude étant limitée, il peut être préférable de choisir un outil plus ergonomique, permettant de comparer plusieurs variantes d'un projet, plutôt qu'un outil plus sophistiqué mais dont la complexité induit une durée de saisie supérieure, limitant alors le nombre de calculs et la phase d'interprétation des résultats. Il est ainsi important de choisir l'outil approprié aux objectifs de l'étude, correspondant au meilleur compromis entre fiabilité et ergonomie.

CHAPITRE 13

Données d'entrée

13.1 Climat
(Jeanne Goffart)

Le bâtiment est conçu pour s'adapter et répondre aux sollicitations qu'il subit. Les conditions météorologiques sont les sollicitations extérieures du bâtiment et, par conséquent, une des principales conditions limites du système bâtiment en simulation thermique dynamique.

La simulation thermique dynamique consiste à évaluer le comportement du bâtiment sous des sollicitations temporelles fines, intérieures avec les profils d'occupation (section 3.2.6) et extérieures avec les données météorologiques représentatives du climat à long terme. La simulation nécessite une quantité importante de données météorologiques de par le pas de temps assez fin exigé, de l'ordre de l'heure voire en dessous. Il s'agit de données issues des données brutes mesurées dans les stations météorologiques. Ces variables météo sont la température et l'humidité de l'air extérieur, la direction et la vitesse du vent ainsi que des composantes du rayonnement solaire.

13.1.1 Variables météo requises pour la STD

Établir un bilan énergétique proche de la réalité par simulation thermique dynamique implique une bonne connaissance de son environnement et, notamment, des phénomènes et des variables climatiques tels que la température extérieure, l'humidité de l'air, le vent et le rayonnement solaire. Chaque variable impacte différents aspects et sous-modèles du bâtiment. Pour les bâtiments type basse consommation, la température seule n'est plus suffisante pour évaluer les besoins énergétiques. Ci-après, un bref descriptif des différentes variables nécessaires à la simulation est fourni ; pour plus de détails, se référer au document complet sur les « Données climatiques utilisées dans le bâtiment » dans les *Techniques de l'ingénieur* (Bertolo & Bourges, 1992).

13.1.1.1 La température

La température extérieure conditionne les déperditions des bâtiments en hiver et induit une part souvent non négligeable des apports de chaleur en été, soit par renouvellement d'air soit par transmission au travers des parois. La température de l'air, dite « température sèche », est corrélée aux autres variables météorologiques et dépend fortement de la latitude, de la quantité du rayonnement solaire et des courants atmosphériques de la zone considérée. La température décroît en fonction de l'altitude ; certains logiciels de STD permettent de prendre en compte cette corrélation par interpolation en fonction de l'altitude du site renseigné.

La température est également impactée par la topographie du site (montagne et/ou étendue d'eau proche(s), etc.), ainsi que par le revêtement du sol aux alentours du site de mesure. En effet, le revêtement du sol conditionne la part de rayonnement solaire réfléchi par le sol (l'albédo), mais également la part de rayonnement absorbé par le sol qui est ensuite retransmis dans l'air. Ces mécanismes impactent la température d'air. Les règles de Météo France sur l'implantation de stations de météo préconisent ainsi d'éviter les zones goudronnées pour s'affranchir de leur impact sur la mesure de la température.

Dans le cadre de la recherche en thermique du bâtiment, une problématique forte est la modélisation et la quantification de l'impact de ce type d'effets microclimatiques pour l'estimation des performances énergétiques. À plus large échelle, le phénomène de chaleur provoqué par l'ensemble d'une ville sur les températures d'air est nommé « effet de chaleur de l'îlot urbain » et est un microclimat spécifique à la ville décrit en section 3.2.2.

Comme en témoignent les anciennes méthodes de calcul dites « statiques » des degrés jours, la température extérieure est une des variables les plus influentes sur la réponse du bâtiment. Dans l'approche dynamique, la prise en compte des autres variables météorologiques est primordiale, notamment celle du rayonnement solaire.

13.1.1.2 Rayonnement solaire

Le rayonnement solaire amène des apports énergétiques supplémentaires au bâtiment que l'on voudra maximiser en hiver et dont il faudra se protéger en été afin d'optimiser le confort thermique de l'habitat à moindre coût. Le rayonnement solaire visible est également pris en considération dans les simulations d'éclairage permettant, par exemple, d'estimer le confort visuel.

Un bâtiment reçoit plusieurs composantes du rayonnement solaire : le rayonnement solaire direct, le diffus et le réfléchi. Ces différentes composantes sont illustrées en figure 13.1 : le rayonnement solaire extraterrestre, i.e. le rayonnement solaire avant la traversée de l'atmosphère, est relativement stable, car il varie peu au cours de l'année. À la traversée de l'atmosphère, le rayonnement solaire interagit avec l'atmosphère et subit un affaiblissement dont les causes sont liées aux phénomènes d'absorption, de réflexion et de diffusion des particules. Le rayonnement solaire qui arrive au sol est composé du rayonnement direct et du rayonnement diffus.

Le rayonnement direct provient du disque solaire après avoir traversé l'atmosphère, alors que le rayonnement diffus résulte de la diffusion du rayonnement direct par les particules composant l'atmosphère ainsi que par les nuages. Le rayonnement diffus est prélevé sur le rayonnement direct. Ainsi, plus la couverture nuageuse est importante et plus le rayonnement diffus l'est également, alors que le direct est de plus en plus amoindri. Selon leur nature, leur altitude, leurs dimensions, les nuages jouent un rôle non négligeable dans l'absorption et la diffusion du rayonnement solaire.

Le rayonnement solaire global sur un plan horizontal est la somme du rayonnement solaire direct et diffus eux aussi sur un plan horizontal. Ce rayonnement est partiellement réfléchi par la surface du sol, en une part directe et diffuse, selon la nature, la couleur, l'inclinaison ou encore la rugosité de celle-ci. On définit l'albédo comme la proportion de rayonnement solaire réfléchie à la surface terrestre pour une zone irradiée. L'albédo varie considérablement suivant diverses composantes terrestres : il est supérieur à 0,8 dans le cas de la neige fraîche, et inférieur à 0,1 dans le cas des mers et océans. La valeur de 0,2 est représentative en moyenne des autres cas. Il faut cependant être vigilant sur la valeur de l'albédo utilisée dans la simulation thermique dynamique. La couleur seule de l'asphalte peut faire varier du simple au double cette valeur : de 0,2 à 0,4 (pour un ciment clair). Sur des bâtiments dits passifs, ce type de variation peut impacter les performances énergétiques de manière significative ; de même, la présence de surface végétalisée diminue l'albédo et la diffusion du rayonnement solaire.

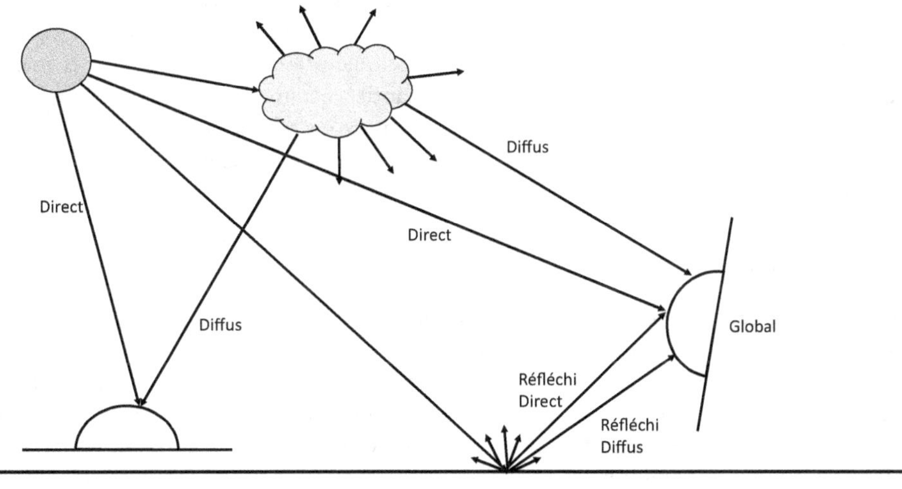

Figure 13.1 Schéma de principe des différents rayonnements.

Le rayonnement direct normal et le rayonnement diffus horizontal sont nécessaires aux calculs des logiciels de STD. Cependant, il est difficile de mesurer le rayonnement direct : le plus souvent, on mesure le rayonnement global horizontal et le rayonnement diffus horizontal, puis on détermine le rayonnement direct horizontal et on en déduit le rayonnement direct normal. Le rayonnement direct peut également être déterminé à partir de la couverture nuageuse du ciel, qui se mesure en octas, et du rayonnement global. La part de rayonnement réfléchi est estimée par la STD à partir du rayonnement global à partir de l'environnement local renseigné à travers les entrées statiques du modèle tel que l'albédo.

13.1.1.3 Rayonnement solaire visible

Les données de rayonnement visible peuvent être mesurées ou déduites des données de rayonnement énergétique.

Dans le premier cas, les stations de mesure[1] enregistrent tout ou partie des grandeurs suivantes : éclairements visibles globaux et diffus, verticaux et horizontaux, et la répartition des luminances de la voûte céleste.

Dans le second cas, la conversion d'un rayonnement énergétique en un rayonnement lumineux se fait en utilisant la définition de l'efficacité lumineuse[2], qui représente le ratio entre le flux lumineux et le flux énergétique d'un rayonnement, et qui s'exprime en lumens par watt (lm/W). Ainsi, l'éclairement lumineux E_l (en lux) sera déduit de l'éclairement énergétique E_e (en W/m²) à l'aide de la formule :

$$E_l = 683 \int E_e(\lambda) \cdot V(\lambda) \cdot d\lambda$$

où $V(\lambda)$ est la fonction spectrale relative qui traduit la réponse visuelle de l'œil humain à un rayonnement énergétique[3].

13.1.1.4 Humidité

L'humidité de l'air correspond à la quantité d'eau sous forme gazeuse contenue dans l'air, cette quantité est caractérisée par l'humidité relative. L'humidité relative est le rapport de la masse de vapeur d'eau contenue dans une certaine quantité d'air humide, et de la masse de vapeur d'eau quand celui-ci est saturé en eau (quantité maximale d'eau que l'air peut contenir). Lorsque l'air devient saturé en eau, sa température est définie comme étant la température de rosée, ou « point de rosée », car c'est la température à laquelle on observe le début de la condensation.

13.1.1.5 Vent

Le vent a une action déterminante dans les transferts de chaleur à la surface des parois des constructions ainsi que sur les infiltrations d'air. Les deux composantes du vent prises en compte dans la simulation thermique dynamique sont la vitesse du vent à dix mètres de hauteur et sa direction. Le cœur de calcul de la simulation thermique dynamique estime à partir de la vitesse à 10 m une vitesse de vent locale au sol. Cette estimation implique la rugosité du sol, laquelle dépend du terrain environnant du bâtiment. Un bâtiment sur un terrain ouvert, comme au bord de la mer ou dans un champ, dispose de moins d'obstacles et donc de moins de rugosité qu'un bâtiment en ville. La vitesse de vent près du sol sera alors moins atténuée si le terrain est dégagé. La direction du vent permet de déterminer les surfaces face au vent et sous le vent. Des coefficients de pression peuvent alors être définis pour déterminer la pression exercée par le vent sur chaque paroi en fonction de la géométrie afin d'en déduire des infiltrations d'air.

13.1.1.6 Les précipitations

Les précipitations peuvent être de la pluie ou de la neige. Elles sont définies par leur quantité et leur durée. C'est cette dernière caractéristique que la simulation thermique dynamique utilise pour ses calculs. La présence de neige amène une modification de l'albédo proche de 0,8 et la présence de pluie augmente les coefficients de convection.

---

1. Par exemple, les stations de mesure du programme IDMP : http://idmp.entpe.fr.
2. http://fr.wikipedia.org/wiki/Efficacité_lumineuse.
3. http://fr.wikipedia.org/wiki/Efficacité_lumineuse_spectrale.

13.1.2 Type de fichier utilisé. Méthode de création des fichiers

La météo dispose d'une forte variabilité annuelle, puisqu'elle varie d'une année sur l'autre. Afin de limiter le temps de calcul et le traitement des sorties, la communauté de la thermique du bâtiment a développé ces quarante dernières années différentes méthodes permettant de générer des fichiers annuels types au pas de temps horaire, représentatifs du climat à long terme.

Selon l'Organisation mondiale de la météorologie (OMM), trente ans de données mesurées permettent aux fichiers d'être représentatifs de la variabilité du climat à long terme pour un site donné. Ainsi, pour évaluer le comportement moyen du bâtiment en simulation thermique dynamique, on se sert d'un fichier météorologique annuel moyen représentatif du climat à long terme, *i.e.* sur trente ans de données mesurées. Ce fichier annuel, appelé «année type ou de référence», est constitué de données météorologiques horaires sélectionnées à partir des données mesurées sur une longue période.

13.1.2.1 Principe de construction des fichiers météo «types»

Au cours des quarante dernières années, l'élaboration de fichiers types a connu différentes approches et améliorations. Cependant, le principe de génération reste inchangé: pour constituer ces fichiers typiques, chaque mois est sélectionné dans une base de données météorologiques mesurées sur des dizaines d'années. Ainsi, sur vingt ans d'observations météorologiques, le choix d'un mois de janvier typique se fait parmi les vingt mois de janvier mesurés. Ce choix se fait en fonction de la statistique extraite des vingt ans d'observations. Cette statistique est composée des valeurs moyennes, des distributions fréquentielles de chaque variable et des corrélations entre chaque variable. Ces informations permettent de sélectionner le mois le plus représentatif des mois de janvier sur vingt ans. Douze mois typiques sont choisis individuellement parmi les années d'observations, puis ces douze mois sont concaténés en une année à l'aide d'un algorithme de lissage pour obtenir une transition continue entre les mois. Une des méthodes de sélection les plus communes se base sur la méthode statistique de Filkenstein-Schafer (Filkenstein & Schafer, 1971). Les paramètres qui servent de base pour la sélection sont des indices calculés à partir des valeurs horaires de la température sèche, du point de rosée, de l'humidité relative, de la vitesse du vent et de l'intensité du rayonnement solaire global. La statistique de chaque mois mesuré est calculée à partir de ces indices. Le mois qui a la somme des indices la plus proche des indices du mois typique est sélectionné. Ces indices sont journaliers et sont calculés pour chaque mois de chaque année.

Les évolutions de chaque donnée climatique sont fortement corrélées entre elles (un rayonnement solaire important produira une élévation de la température). Il n'est pas envisageable de choisir un mois moyen pour la température sèche indépendamment de l'intensité du rayonnement solaire ou bien de l'humidité relative ainsi que des autres variables définies dans le processus de sélection.

La définition de la représentativité du mois dépend d'une pondération assignée à chacune de ces variables ou bien à chacune des grandeurs issues de ces variables (la moyenne de la température, la moyenne des températures maximales, etc.). Celle-ci permet en fonction des poids de favoriser un mois proche du comportement moyen du rayonnement solaire sur le long terme ou bien de favoriser un mois proche du comportement moyen de la température sur le long terme, mais où le rayonnement solaire de ce mois est plus éloigné de la moyenne sur le long terme. La sélection dépend donc de l'importance associée à chaque variable météorologique dans le processus de sélection. Ces pondérations varient en fonction du type de format et sont détaillées ci-après en fonction de chaque format.

13.1.2.2 Différents fichiers types rencontrés en STD

Il existe de nombreux formats de fichier météo type pour la STD. On peut citer le TRY (pour « *Test Reference Year* »), le TMY (pour « *Typical Meteorological Year* »), le EPW, l'IWEC, etc. Les différences observées entre ces fichiers peuvent être basées sur les informations fournies pour la sélection des données : soit par les poids assignés à chaque variable soit par la période des données mesurées utilisées pour la sélection. La différence peut être également informatique : il peut s'agir d'une manière différente d'agencer les données brutes afin que le format soit adapté à un logiciel de STD spécifique (exemple du EPW pour EnergyPlus). Le TMY combine les deux aspects, puisqu'il est à la fois un type de fichier défini selon un processus de sélection spécifique au niveau des indices pris en compte et des pondérations, mais aussi le fichier météo adapté au format du logiciel TRNSYS.

Parmi ce type de fichiers artificiels, on peut citer les TRY européens, mais également les TMY (pour « *Typical Meteorological Year* ») (Hall *et al.*, 1978), les TMY2 (Marion & Urban, 1995) et les TMY3 (Wilcox & Marion, 2008).

En Europe, le standard de construction des années de référence en simulation thermique dynamique répond à la norme EN ISO 15927-4 et est appelé « *Test Reference Year* » ($\mathrm{TRY}_{\mathrm{EN}}$). La norme prend en compte quatre variables météorologiques pour la sélection des mois moyens : la température sèche, le rayonnement global, l'humidité relative et la vitesse de vent. La norme attribue le même poids et donc la même importance dans la sélection pour la température, le rayonnement et l'humidité. La variable vitesse de vent est utilisée dans le cas où la première phase de sélection aurait retenu plusieurs candidats. Les huit fichiers météorologiques associés à la RT 2012 (RT 2012) sont construits à partir de la norme EN ISO 15927-4 (ISO 15927-4).

Aux États-Unis, la première approche du fichier type est également un TRY (« Test Reference Year »), élaboré par le National Climatic Data Center en 1976 pour soixante localités américaines. Contrairement à ce qui a été décrit en amont, la sélection du TRY américain se fait sur l'année entière et non mois par mois. Le principe de sélection n'est basé que sur la température sèche. L'utilisation de ce type de fichiers est déconseillée : il a été montré qu'ils ne sont pas représentatifs du climat à long terme (Crawley, 1998), contrairement aux fichiers dits « artificiels » basés sur une sélection mois par mois, comme décrit ultérieurement.

Le processus de sélection des TMY s'effectue sur plus d'indices définis à partir des variables de base (température, humidité, radiation et vent) que l'EN ISO 15927-4. Les poids associés à chaque variable sont également différents. Pour le cas du TMY et le TMY2, le rayonnement solaire représente la moitié de la pondération à lui seul, et la température, l'humidité et la vitesse de vent se partagent à égalité le reste de la pondération.

Le choix des pondérations est un sujet de recherche actuel et constitue donc une réelle problématique dans le cadre de la représentativité sur le long terme des fichiers météo types. Certaines études montrent l'impact des pondérations choisies en fonction du type de climat et d'application du bâtiment considéré (Pernigotto *et al.*, 2014). Ainsi, certains auteurs mettent en place des méthodes de détermination de pondération en fonction de la sensibilité du cas d'étude aux différentes variables météorologiques (Kalamees *et al.*, 2012).

D'un point de vue informatique, des convertisseurs de fichiers météo sont disponibles avec les divers logiciels de simulation thermique dynamique pour permettre la compatibilité entre les formats logiciels. On peut ainsi convertir l'écriture (et non les données source) d'un fichier type à l'écriture d'un autre fichier type – par exemple, du .tmy2 au .epw (convertisseur associé à Eplus), ou *via* l'utilitaire MeteoCalc pour Comfie –, mais on peut également obtenir un .epw ou .tmy2 à partir d'un fichier txt (convertisseur associé à TRNSYS) contenant les données brutes. Dans l'hypothèse de leur utilisation, il est important de bien se renseigner sur les conditions d'usage et notamment les hypothèses sous-jacentes par défaut lors de la conversion. En effet, d'un format à un autre, d'autres variables météorologiques ou données de site et de station peuvent être nécessaires. Il faut se méfier des valeurs par défaut et de ce qui peut être recalculé par le convertisseur de données météo.

13.1.3   Développements futurs des fichiers types

13.1.3.1   Prise en compte du changement climatique

La question de la prise en compte du changement climatique dans les fichiers types de STD a mené à plusieurs travaux de recherche sur le sujet. Une équipe anglaise (Jentsch *et al.*, 2013) a ainsi développé un logiciel qui permet de prendre en compte l'impact du changement climatique : CCWorldWeatherGen (en anglais) (Ccworldweathergen). Il s'agit d'un générateur de fichiers météo avec effet du changement climatique directement utilisable pour les fichiers de la simulation thermique dynamique tels que les EPW (Eplus), TMY2 (Trnsys).

Le logiciel estime, à partir d'un fichier météo de thermique du bâtiment dont on dispose, un fichier météo compatible avec différents formats en prenant en compte l'impact du changement climatique sur la température. Les coefficients associés à ce calcul doivent être téléchargés ; cela est expliqué dans la documentation accompagnant le logiciel ainsi que l'ensemble des références associées à ce travail de recherche. Les auteurs du logiciel conseillent fortement aux utilisateurs de se familiariser avec les hypothèses de changement climatique prises en compte afin d'être conscients des limitations et des incertitudes associées aux données générées par le logiciel.

13.1.3.2   Prise en compte des incertitudes

Dans la problématique de la garantie de performance énergétique, le travail des chercheurs porte sur la prise en compte des incertitudes constituant les différentes entrées du modèle (voir le § 14.2). La prise en compte des incertitudes associées aux entrées météorologiques est un challenge de par la complexité des corrélations temporelles et entre variables, mais également par le fait que la météo est un phénomène complexe à part entière avec des variations spatiales et temporelles (îlot de chaleur urbain, changement climatique ou, tout simplement, la variabilité annuelle et les phénomènes de microclimat).

Afin d'être représentatif de la variabilité temporelle sur trente ans, une étude récente (Wang *et al.*, 2012) préconise ainsi de propager les trente années de mesures des données météorologiques afin d'obtenir une incertitude sur les performances énergétiques du bâtiment. Le concepteur dispose ainsi de plus d'informations sur le comportement du bâtiment.

13.1.4   Disponibilité des fichiers types et des données brutes météo

Le but de cette partie est de fournir à l'utilisateur une liste non exhaustive des bases de fichiers types et de données brutes. La première base de données de fichiers types est celle fournie avec le logiciel de simulation utilisé.

13.1.4.1   Fichiers types

Huit profils climatiques RT 2012

Les huit profils climatiques définissant la France selon la RT 2012 (MeteoRT 2012) sont générés au format TRY selon la norme EN ISO 15927-4 pour la génération des années de référence et ont pour but d'établir des zones représentatives. Une correction sur l'altitude est faite afin de permettre l'utilisation des profils en fonction de l'altitude du site considéré (RT 2012).

Simulateurs de données

Les simulateurs de données dédiés à la simulation thermique dynamique constituent des bases de données importantes et peuvent fournir des fichiers types. Il faut cependant être prudent lors de l'utilisation de simulateurs de données météo. Des algorithmes d'extrapolation et d'interpolation peuvent modifier les données. Il est donc important de connaître les mécanismes sous-jacents lors de la génération d'un fichier météo.

Données mesurées brutes

Dans certaines situations, il peut être nécessaire de se procurer des données météorologiques brutes. Il peut s'agir de la volonté d'obtenir des données plus proches du site de construction que les fichiers types existants, ou bien de vouloir évaluer le bâtiment autrement que sur des années types en ayant une base de données plus conséquente, en obtenant trente ans de mesures par exemple. Il faut, dans ce cas, vérifier la qualité des données mesurées, mais également se renseigner sur les clauses d'utilisation de ces données qui peuvent exclure une utilisation commerciale.

13.1.4.2   Météo France

Météo France dispose d'un nombre important de stations météo à travers la France. En fonction du type de station météo, le niveau de finesse de mesure et le nombre de variables mesurées varient (Meteo-France).

13.1.4.3   Autres bases de données

National Climatic Data Center

La base de données du NOAA's National Climatic Data Center (NCDC) est conséquente et regroupe un nombre important de stations météo mondiales avec l'aide d'une carte interactive (NOAA). Cette base de données regroupe tous les types de stations météo, il est donc primordial de vérifier les informations des stations météo et des données récupérées, notamment au niveau des données manquantes et de la qualité des données. Pour la France, on retrouve l'ensemble des données des stations de Météo France, mais sans traitement des données manquantes. La qualité des données et le nombre de variables disponibles dépendent de la station sélectionnée.

Le réseau IDMP

Le réseau IDMP est constitué de quarante-huit stations dans le monde, dont deux en France gérées par l'ENTPE, et dispose d'un niveau important de mesure et de qualité des données (IDMP). Celle-ci est renseignée et contrôlée. Le pas de temps des données mesurées est de l'ordre de la minute, et de nombreuses composantes du rayonnement sont mesurées. Pour le cas de la France, deux stations sont répertoriées : Nantes et Vaulx-en-Velin.

Autres

Un des programmes de recherche du Joint Research Center concerne les outils pour l'évaluation de la ressource solaire. Dans le cadre de ces recherches, le site (JRC) répertorie un ensemble de liens qui permettent l'accès à des données météorologiques solaires et autres.

13.1.5 Références

13.1.5.1 Articles scientifiques

(Bertolo & Bourges, 1992) Bertolo L. & Bourges B. « Données climatiques utilisées dans le bâtiment ». *Les Techniques de l'Ingénieur*, 1992.

(Crawley, 1998) Crawley D.B. « Which weather data should you use for energy simulations of commercial buildings? ». *ASHRAE Transactions*, Vol. 104, Pt. 2, 1998, p. 498-515.

(Filkenstein & Schafer, 1971) Filkenstein J.M. & Schafer R.E. « Improved goodness to fit tests. *Journal Biometrica*, 58, 1971.

(Hall *et al.*, 1978) Hall I.J., Richard R.P., Herbert E.A. & Eldon C.B. *Generation of Typical MeteorologicalYears for 26SOLMET Stations. Technical Report SAND – 78-1601.* Albuquerque, NM, Sandia Laboratories, 1978.

(Jentsch *et al.*, 2013) Jentsch M.F., James P.A.B., Bourikas L. & Bahaj A.S. « Transforming existing weather data for worldwide locations to enable energy and building performance simulation under future climates ». *Renewable Energy*, vol. 55, 2013, p. 514-524.

(Kalamees *et al.*, 2012) Kalamees T., Jylhä K., Tietäväinen H., Jokisalo J., Ilomets S., Hyvönen R. & Saku S. « Development of Weighting Factors for Climate Variables for Selecting the Energy Reference Year According to the ENISO 15927-4 Standard ». *Energy and Buildings*, 47, 2012, 53–60.

(Marion & Urban, 1995) Marion W. & Urban K. *User's Manual for TMY2 – Typical Meteorological Years.* Golden, CO, National Renewable Energy Laboratory, 1995.

(Pernigotto *et al.*, 2014) Pernigotto G., Prada A., Gasparella A. & Hensen J.L.M. « Analysis and improvement of the representativeness of EN ISO 15927-4 reference years for building energy simulation ». *Journal of Building Performance Simulation*, 2014.

(Wang *et al.*, 2012) Wang L.P., Mathew P. Pang X.P. « Uncertainties in energy consumption introduced by building operations and weather for a medium-size office building ». *Energy and Buildings*, 53, 2012, 152-158.

(Wilcox & Marion, 2008). Wilcox S.M. & Marion W. *Users Manual for TMY3 Data Sets. Golden, CO, National Renewable Energy Laboratory*, 2008.

13.1.5.2   Normes

(ISO 15927-4) NF EN ISO 15927-4 (janvier 2006) : Performance hygrothermique des bâtiments. Calcul et présentation des données climatiques. Partie 4 : Données horaires pour l'évaluation du besoin énergétique annuel de chauffage et de refroidissement (Indice de classement : P50-772 4).

(RT2012) RT 2012 : Méthode de calcul Th-BCE (août 2011). Annexe à l'arrêté du 20 juillet 2011 portant approbation de la méthode de calcul Th-BCE.

13.1.5.3   Sites internet

(Ccworldweathergen) http://www.energy.soton.ac.uk/ccworldweathergen/

(IDMP)   http://idmp.entpe.fr/

(JRC)   http://re.jrc.ec.europa.eu/pvgis/

(Meteo-France) https://donneespubliques.meteofrance.fr/?fond=rubrique

(MeteoRT 2012) http://www.rt-batiment.fr/batiments-neufs/reglementation-thermique-2012/donnees-meteorologiques.html

(NOAA)   http://www.ncdc.noaa.gov/

13.2   Microclimat et environnement proche
(M. Musy & E. Bozonnet)

13.2.1   Introduction

Avec la densification des villes, il devient nécessaire de prendre en compte le contexte urbain dans la conception énergétique des bâtiments construits en ville. Les modèles de thermique du bâtiment considèrent plus ou moins bien la manière dont l'environnement construit et naturel, propre au site étudié, influe sur le comportement thermique du bâtiment. Cependant, cette problématique a fait l'objet de travaux de recherche ces dernières années, lesquels commencent à être intégrés dans les outils de simulation.

En parallèle de cette prise en compte dans les approches de thermique du bâtiment, d'autres thématiques de recherche se sont développées : la microclimatologie urbaine et l'énergétique urbaine. Ces deux thématiques de recherche, dont les échelles d'application vont de l'échelle du quartier à celle de la ville, doivent interagir pour intégrer le comportement thermique des bâtiments dans les modèles climatiques et les résultats des approches climatiques pour une meilleure prise en compte de l'environnement urbain dans les simulations thermiques. On a donc assisté ces dernières années à un rapprochement de ces approches et à des couplages de modèles.

Pour cet état de l'art, nous avons choisi de classer les approches par les types de questions qu'elles permettent de traiter : la conception des formes urbaines, le confort dans les espaces urbains, l'impact des aménagements et des formes urbaines sur le confort dans les bâtiments et leur demande énergétique, l'évaluation de l'impact des politiques urbaines sur la demande énergétique de la ville. En effet, objectifs et échelles d'appréhension variant, la prise en compte des phénomènes physiques diffère, elle aussi. Il s'agit donc de bien distinguer les objectifs des simulations pour voir quels sont les outils appropriés.

S'il s'agit d'évaluer l'impact de la forme urbaine sur les potentiels climatiques d'un quartier vis-à-vis des ressources naturelles (apports solaires, rafraîchissement nocturne, potentiel de ventilation naturelle, potentiel d'éclairage naturel), des approches simplifiées, dites «bioclimatiques», pourront suffire. Des simulations solaires, d'écoulement du vent, ou des calculs de facteur de vue du ciel, appliqués aux volumes formés par le quartier, peuvent alors être réalisés de manière indépendante et éventuellement superposés pour qualifier les espaces d'une manière multicritère.

Dès que l'on veut approcher plus finement l'impact des aménagements sur les conditions de confort à l'extérieur, il est nécessaire d'étudier les hétérogénéités des facteurs physiques d'ambiance. Les modèles doivent alors permettre d'investiguer l'impact local des écoulements d'air, de l'ombrage, etc., dans des configurations urbaines réalistes. S'il est important d'avoir accès aux températures des surfaces extérieures des bâtiments, une connaissance du bilan thermique du bâtiment n'est pas nécessaire.

Les questions d'impact des aménagements urbains sur la thermique du bâtiment et les conditions de confort à l'intérieur, quant à elles, peuvent nécessiter non seulement des approches fines des conditions climatiques extérieures, mais aussi des transferts environnement-bâti impliquant l'emploi d'approches couplées microclimat urbain-comportement thermique. Cela permet non seulement de prendre en compte l'effet des conditions climatiques locales sur le comportement thermique du bâtiment, mais aussi l'effet des bâtiments et de leurs équipements de contrôle des ambiances sur le microclimat. Si, en environnement peu dense, cette rétroaction est souvent négligeable, dans un contexte de densification des villes, il devient important de la prendre en considération.

Enfin, l'enjeu actuel étant de répondre aux impératifs à la fois d'atténuation du changement climatique et d'adaptation à ses conséquences, il est indispensable d'évaluer l'impact des stratégies de planification urbaine, tant en termes d'occupation des sols que de réhabilitation du bâti, sur la demande énergétique à l'échelle de la ville. Pour cela, il est nécessaire d'avoir une approche couplée du climat à l'échelle de la ville et du comportement thermique de l'ensemble des bâtiments.

Nous faisons, dans ce chapitre, un état de l'art de ces approches.

13.2.2   Données climatiques

Tandis qu'à l'échelle d'un bâtiment isolé les données climatiques usuelles de simulation thermique dynamique (STD) sont représentatives du site en l'absence de perturbations, ou microclimat particulier, il faut au contraire tenir compte de perturbations temporelles et spatiales importantes en milieu urbain.

13.2.2.1   Le microclimat comme biais de mesure du climat

Les villes sont caractérisées par un microclimat spécifique dont la manifestation principale est le phénomène d'îlot de chaleur urbain, qui se traduit par des températures plus élevées en ville que dans les alentours. La modification du climat urbain est liée à la forme urbaine, aux matériaux et aux charges anthropiques dissipées dans le tissu urbain. Les dissipations thermiques des bâtiments participent aussi à l'amplification du réchauffement urbain, et les systèmes de climatisation peuvent représenter une part significative des charges anthropiques, d'autant plus que leur charge augmente avec le réchauffement. Toutefois, la prise en compte des conditions climatiques aux abords des bâtiments est souvent limitée aux seules données de stations météorologiques de référence pour le site de la construction, ou réglementaires, sans prise en compte du couplage entre le climat et le bâti.

L'un des pionniers des mesures du microclimat urbain est certainement Luke Howard avec son étude du climat de Londres au début du XIXe siècle [1]. Howard est plus connu pour sa classification des nuages dès 1803, y compris l'identification du smog urbain. Mais son travail sur la précision des mesures météorologiques le mène à l'identification des différences de mesures météorologiques entre le centre de Londres, faites par la Royal Society, et les siennes en différents sites ruraux autour de la ville (Plaistow à 6,4 km à l'est, Tottenham, Stratford et Clapton). Malgré l'imprécision des mesures réalisées, en partie due au placement des sondes de température, Howard identifie clairement l'effet d'îlot de chaleur urbain avec une différence de température moyenne annuelle de presque 1 K sur dix ans de mesures, comme le montre la figure suivante (figure 13.2).

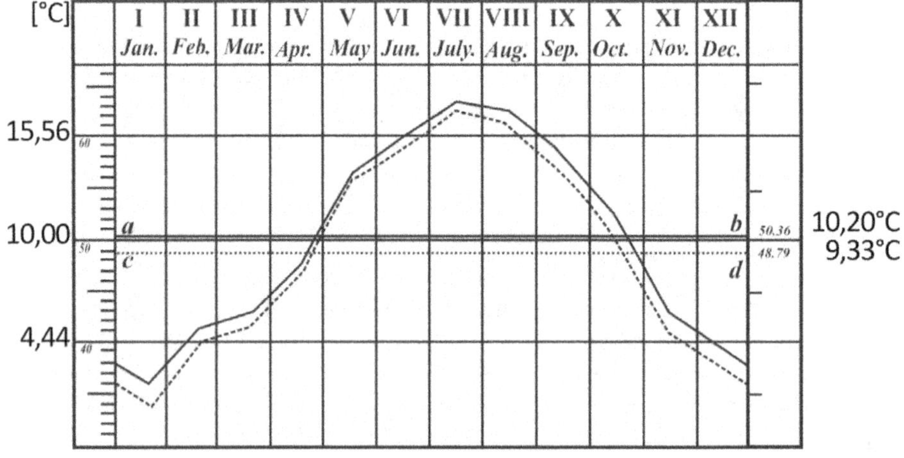

Figure 13.2 Températures moyennes mensuelles (dix années de 1807 à 1816) au centre de Londres (trait continu) et en milieu rural (tirets), d'après Howard (1).

Cette évolution illustre également le fait que l'écart de température $\Delta T_{u\text{-}r}$, entre le milieu urbain (u) et le milieu rural (r), est toujours positif tout au long de l'année. Si la valeur plus importante de $\Delta T_{u\text{-}r}$ en hiver peut être expliquée par les apports anthropiques liés aux dispositifs de chauffage, l'explication de son amplification en été, après un minimum au printemps, est plus complexe. Howard identifie les principales caractéristiques de la formation de ce microclimat urbain en été que sont le piégeage radiatif, le confinement des rues par rapport aux vents dominants, et la plus faible évapotranspiration des surfaces du fait de l'absence de terrains naturels et de végétaux. Cette analyse sera reprise de façon plus précise par différents travaux d'étude des microclimats urbains avec, par la suite, Renou pour la ville de Paris (2) qui a effectué des mesures comparées de 1854 jusqu'à la fin du xixe siècle, puis pour de nombreuses autres villes avec des mesures, des analyses et des synthèses de plus en plus précises, en particulier depuis les années 1930 par Kratzer (3) et depuis les années 1970 par Oke (4), etc.

Ces nombreuses études des microclimats urbains sur de grandes villes ont également montré que les cycles de stockage et déstockage de la chaleur entraînaient des effets sur $\Delta T_{u\text{-}r}$ d'autant plus importants en période nocturne en été (1–4).

Les campagnes expérimentales à l'échelle de la ville sont coûteuses et complexes à mettre en œuvre, mais leur développement a permis de cartographier et de localiser plus précisément ces îlots de chaleur urbains. Des mesures effectuées par vingt-trois stations (points sur la carte) pour la métropole de New York en juin 1955 montrent clairement la corrélation entre les niveaux de température minimums et la zone urbaine dense, carte figure 13.3 d'après Clarke (5), où la zone grisée représente les territoires des villes de plus de 50 000 habitants.

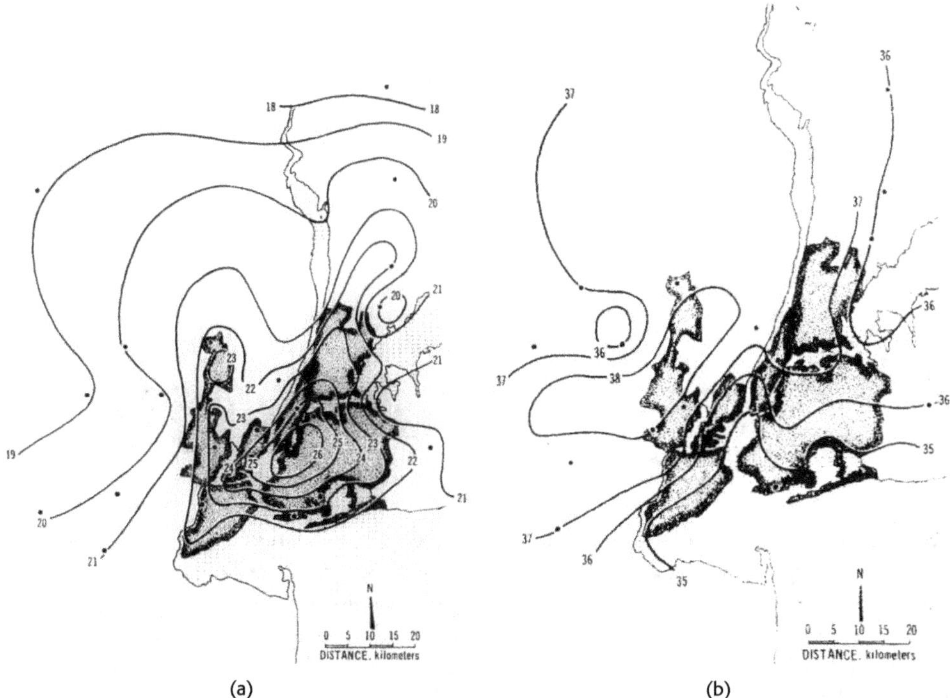

Figure 13.3 Cartographie des moyennes de températures [°C] minimums (a) et maximums (b), pour la métropole de New York en juin 1955, pour six journées de mesures situées sur les repères (points) de la carte – d'après Clarke (5).

Ce sont les températures minimums moyennes, représentées ici figure 13.3-a, qui correspondent aux écarts $\Delta T_{u\text{-}r}$ maximums (de plus de 5 °C dans ce cas). En revanche, le lien entre températures maximums moyennes et la densité de population n'est plus évident, figure 13.3-b. Cela s'explique par la configuration de la ville, qui est située en bordure d'océan et bénéficie du rafraîchissement côtier, les niveaux de température s'amplifiant naturellement à l'intérieur des terres.

Comme le montrent la figure 13.3-a et la figure 13.3-b, l'îlot de chaleur urbain se visualise sur les cartographies de température, mais pour le quantifier précisément il faudrait retrancher les variations de température liées à l'espace naturel. Cela reviendrait à effectuer des mesures en l'absence de la ville, ce qui n'est pas directement possible, mais l'analyse des relevés d'une trentaine de villes en Californie (États-Unis) entre 1920 et 1997 (6) a montré que celles-ci constituaient des zones plus froides que le milieu rural environnant jusqu'en 1940, avec un réchauffement progressif et, en 1997, un écart $\Delta T_{u\text{-}r}$ de l'ordre de 2,5 °C en moyenne.

13.2.2.2 Le bilan thermique de la canopée urbaine

En milieu urbain, les mouvements d'air sont fortement perturbés par de nombreux obstacles de formes diverses. Cette perturbation atmosphérique peut être abordée à différentes échelles, selon la représentation simplifiée de la figure 13.4.

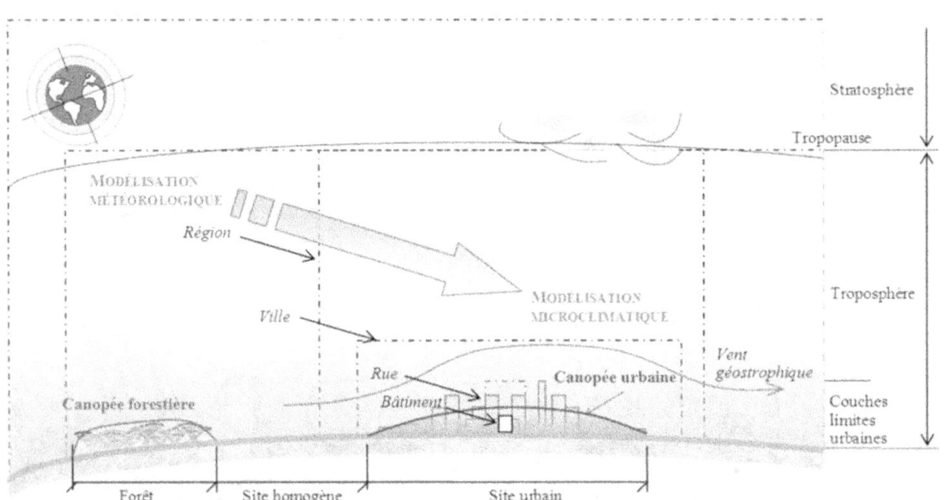

Figure 13.4 De la modélisation météorologique à la modélisation microclimatique, jusqu'à l'interface entre le bâti et son environnement proche.

L'écoulement d'air entre les bâtiments est très affaibli et la modélisation empirique de ces écoulements s'est inspirée de l'écoulement d'air sous la canopée forestière (7). La limite d'obstruction de l'écoulement en milieu urbain est appelée par analogie « canopée urbaine », figure 13.4. De nombreuses études se sont intéressées à la caractérisation aéraulique, par les paramètres de rugosité, des différentes zones urbaines rencontrées. Ces échelles climatiques sont utiles pour définir les limites des niveaux de modélisation, depuis les mouvements atmosphériques à l'échelle régionale, modifiés à l'échelle des villes, jusqu'à la connaissance de ces phénomènes locaux nécessaire pour une description correcte de l'écoulement autour des bâtiments.

Les conditions thermoaérauliques et hydriques autour des bâtiments sont donc modifiées par la formation de cette canopée urbaine. L'intensité d'îlot de chaleur urbain décrit précédemment est un indicateur approché des conditions microclimatiques environnant le bâtiment. Cependant, c'est l'ensemble des flux qui sont modifiés. Le territoire urbain, considéré comme une surface modifiée par la présence des constructions et de la formation d'une canopée urbaine, voit ses niveaux de température d'air accrus liés à l'amplification des flux de chaleur dans cette sous-couche atmosphérique. L'analyse énergétique, présentée en particulier par Oke (4), considère les différentes densités de flux rapportées à la surface au sol du milieu urbain :

— augmentation de l'éclairement solaire E_S [W/m²] absorbé par interréflexions sur des surfaces développées plus grandes, comme dans le cas des formes de canyons urbains ;

— augmentation de l'éclairement de grande longueur d'onde de la voûte céleste lié à la pollution atmosphérique, donc plus d'absorption et de réémission ;

— diminution du rafraîchissement nocturne par rayonnement de grande longueur d'onde des surfaces confinées vis-à-vis de la voûte céleste ;

— la densité d'apports anthropiques φ_{anth} [W/m²], liés en particulier aux bâtiments et au trafic ;

— la densité de stockage de chaleur $\Delta\varphi_{abs}$ [W/m²] accru dans les matériaux de construction urbains et les bâtiments ;

— diminution des densités de flux latents φ_E [W/m²] du fait, en partie, de l'imperméabilisation des surfaces ;

— diminution des densités de flux de chaleur, sensible et latente, de par les renouvellements d'air atténués dans les rues confinées, type canyon.

Chacun de ces différents effets se retrouve dans les termes du bilan d'un élément de surface urbaine considérée comme une surface rugueuse et incluant un ensemble de bâtiments comme représenté figure 13.5.

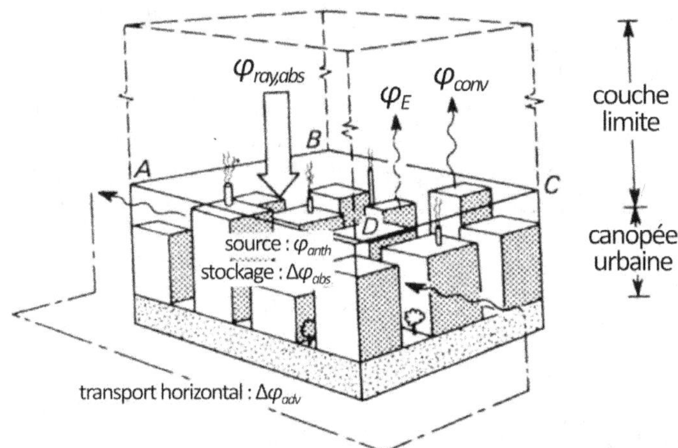

Figure 13.5 Représentation des différents termes du bilan énergétique pour une surface urbaine (projection ABCD), d'après Oke (8).

13.2.2.3 Les outils de modélisation

Le comportement dynamique thermoaéraulique et hydrique de la ville et des bâtiments peut être approché à différentes échelles. Pour le comportement du bâtiment dans la canopée urbaine, le premier niveau consiste à représenter l'environnement proche à l'échelle de la rue ou du quartier avec une description physique et géométrique précise (tridimensionnelle) des bâtiments, du sol, de la végétation, etc. Le second niveau de modélisation à l'échelle de la ville est, d'une part, utile pour étudier sur une plus grande échelle les interactions avec la performance énergétique des bâtiments et, d'autre part, il permet d'améliorer la précision des modèles locaux par emboîtement d'échelles (9). À cette échelle de la ville, la description de la scène urbaine devient bidimensionnelle avec des indicateurs d'occupation des sols ou de morphologie moyenne à l'échelle de mailles plus grossières (de l'ordre de quelques dizaines de mètres). L'une des principales difficultés pour la combinaison de l'utilisation de ces outils de modélisation est alors d'adapter les données aux différents niveaux de finesse. Les parties suivantes décrivent certains outils et méthodes actuellement développés pour intégrer ces données du microclimat.

13.2.3 Formes urbaines et approches bioclimatiques

13.2.3.1 Principes

Dans le cadre de projets à l'échelle du quartier, qu'il s'agisse de nouveaux quartiers ou d'opérations de renouvellement urbain, une évaluation de l'impact des formes urbaines sur les conditions de confort et les potentiels énergétiques des bâtiments peut être réalisée afin d'éviter tout choix de forme préjudiciable au fonctionnement ultérieur du quartier. On procède alors, dans un premier temps, à une approche dite « bioclimatique », ou « approche découplée ».

Les approches découplées consistent à procéder à une analyse phénomène par phénomène des impacts des formes urbaines. Elles sont beaucoup plus simples à mettre en œuvre que les approches couplées, et le lien avec la conception est également facilité, car les phénomènes manipulés (vent et ensoleillement) sont facilement appropriables. On peut ainsi qualifier les espaces en regard de leur exposition aux vents dominants (figure 13.6), par rapport à leur ensoleillement par saison (figure 13.7), puis superposer ces résultats pour mettre en évidence des zones plus ou moins confortables (figure 13.8). Ces approches qui peuvent également être entreprises pour l'acoustique sont particulièrement efficaces pour analyser des plans masse, prévoir des protections, vérifier que les usages sont bien répartis en fonction des conditions d'ambiance (10-12).

Figure 13.6 En haut, zones exposées (rouge) ou protégées (bleu), aux vents de sud-ouest ;
en bas, aux vents de nord-est. Simulations réalisées avec FLUENT et représentées dans ArcView.
(Voir cahier hors-texte en couleurs.)

Figure 13.7 Zones ensoleillées moins de 2 h par jour en décembre en violet, et plus de 4 h 30 en jaune.
(Voir cahier hors-texte en couleurs.)

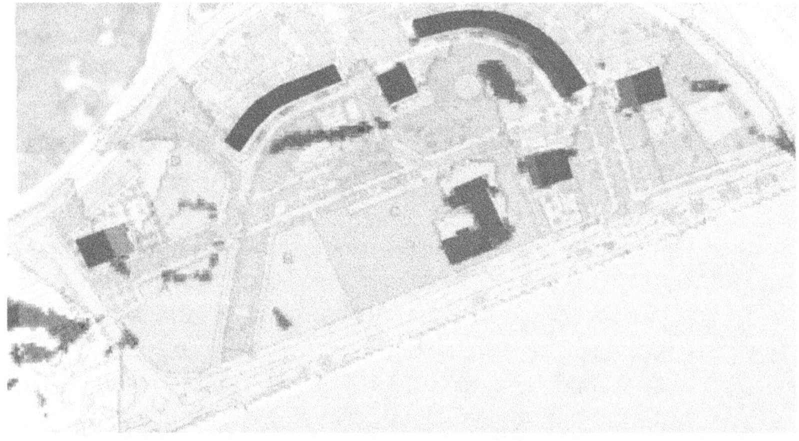

Figure 13.8 En haut : zones ensoleillées (jaune) plus de 4 h 30 en décembre et protégées (bleu) pour les deux directions de vent. L'intersection donne les zones toujours confortables. En bas : zones toujours ventées (rouge) et ensoleillées (violet) moins de 2 h en décembre. L'intersection donne les zones toujours inconfortables. (Voir cahier hors-texte en couleurs.)

13.2.3.2 Les outils

Les outils disponibles pour de telles analyses sont nombreux. Nous n'en citons ici que quelques-uns en indiquant leurs avantages et leurs limites. En effet, cet exercice est délicat non pas tant en raison du nombre d'outils disponibles qu'en raison de leur évolution rapide.

Évaluation solaire

Il existe désormais des tracés d'ombre dans de nombreux outils de modélisation 3D comme SketchUp[1] et même dans des systèmes d'information géographique comme ArcGIS[2]. Ces outils sont très utiles dans une première analyse du plan masse, car ils permettent de mettre en évidence les effets d'ombrage d'une manière très rapide. Cependant, ils ne permettent pas,

1. http://www.sketchup.com/fr.
2. http://resources.arcgis.com/fr/home.

à l'heure actuelle, de mener une analyse plus détaillée aboutissant, par exemple, à des durées d'ensoleillement sur une période donnée ou à un calcul d'apports solaires incluant les effets des réflexions. Pour cela, il faut passer à des outils qui maillent les surfaces et effectuent les calculs de flux solaire incident et les interréflexions. C'est le cas entre autres de l'outil Héliodon 2[1], d'ArchiWIZARD[2] et de Solene[3] (figure 13.9). Ils permettent tous de représenter des géométries réalistes, et les deux premiers permettent même de représenter de nombreux détails d'architecture. Ce sont, en premier lieu, les modèles radiatifs qui distinguent tous ces outils (lancers de rayons ou modèles de radiosité) et, de ce fait, leur capacité à représenter des surfaces dont la réflexion est spéculaire. En termes d'usage, ce sont également leur capacité d'import de maquettes venant d'outils de modélisation 3D et les possibilités d'exploitation des résultats, pour la thermique du bâtiment ou le calcul de dispositifs de valorisation des apports solaires, qui font la différence. Ainsi, les outils commerciaux qui ont bénéficié d'un fort développement numérique et ergonomique permettent d'obtenir des résultats très en prise avec les demandes actuelles des bureaux d'études. Ils souffrent cependant d'une relative opacité quant aux méthodes utilisées.

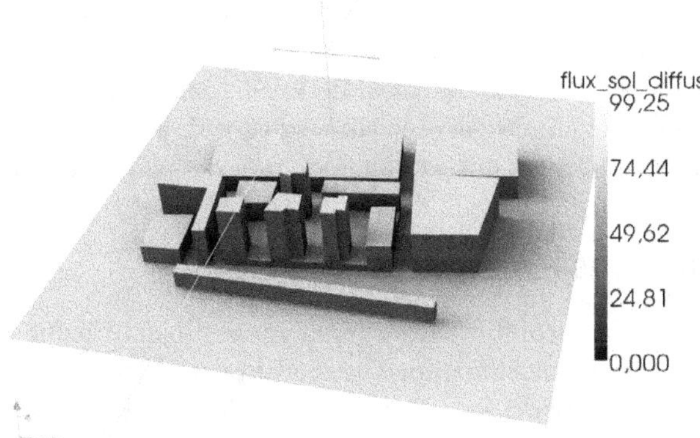

Figure 13.9 Calcul de flux solaires diffus avec SOLENE.

Évaluation du vent

S'agissant d'évaluer les écoulements d'air dans un quartier, ce sont les outils de dynamique des fluides qui ont fait une forte percée ces dernières années. Des outils commerciaux spécifiques comme Vasari Wind Tunnel Tool[4] existent. Cependant, comme cela est d'ailleurs souligné dans le site internet de cet outil, aucune validation n'a été réalisée. Ici encore, il est difficile de savoir quels sont les modèles utilisés. Les autres outils génériques de mécanique des fluides sont également utilisables, par la représentation d'une soufflerie numérique (figure 13.10) et la mise en place de conditions aux limites et l'utilisation de modèles de turbulence appropriés au cas traité.

1. Software Heliodon 2, B. Beckers & L. Masset, 2006-2010, http://heliodon.net/

2. http://www.archiwizard.fr/

3. https://groupes.renater.fr/wiki/solenetb/

4. http://sustainabilityworkshop.autodesk.com/buildings/vasari-wind-tunnel-exterior-flows.

Figure 13.10 Principe de la soufflerie numérique. Simulation réalisée dans Code Saturne – source : Malys (13).

Le modèle QuicUrb[1] développé par le laboratoire de Los Alamos appartient à une autre famille de modèles, que l'on pourrait rapprocher des modèles zonaux utilisés à l'intérieur des bâtiments, puisqu'ils s'appuient sur la représentation à l'aide de lois empiriques des effets aérodynamiques autour des bâtiments et des profils de vent et lois de continuité pour les autres zones.

13.2.3.3 Exploitation : les indicateurs

L'exploitation des résultats sur la base de cartographies de champs de valeurs permet de mettre en évidence des effets locaux, mais pour comparer des variantes d'un même projet sur des bases objectives, on procède souvent au calcul de valeurs intégrées pour obtenir des indicateurs. Il en a été proposé de nombreux (14–16), qui vont de simples valeurs d'orientation à des durées d'ensoleillement ou des flux exploitables pour des panneaux solaires.

13.2.4 Confort dans les espaces extérieurs

Les demandes d'évaluation du confort dans les espaces des projets urbains sont assez récentes. Elles succèdent aux approches bioclimatiques qui consistaient à analyser les performances des espaces successivement par rapport au vent et à l'ensoleillement. La distinction que l'on peut faire est que ces dernières reposaient sur un raisonnement par phénomène alors qu'on cherche maintenant à évaluer une performance qui les intègre dans un indice de confort. Cela permet de prendre en compte des phénomènes qui ont une influence sur la température de l'air et des surfaces urbaines comme l'évapotranspiration liée à la présence de sols naturels, d'eau et de végétation, le stockage dans les matériaux urbains, les charges thermiques liées aux usages de la ville…

Aux modèles monophénomènes ont succédé des modèles qui couplent tout ou partie des phénomènes thermoradiatifs, aérauliques, hydrologiques et énergétiques, comme ENVI-met (17), SOLENE-microclimat (18), « *coupled simulation* » (19). Ils permettent de calculer les flux radiatifs, les températures de surface, la vitesse du vent, le taux d'humidité et la température de l'air dans une géométrie urbaine même complexe et en présence de végétation. Si ces trois modèles issus de la recherche semblent similaires dans les applications qu'ils permettent, ils ne le sont pas dans leur mise en œuvre. En effet, les équipes de développement d'ENVI-met et de « coupled simulation » ont opté pour la mise en place d'un modèle complet qui intègre directement tous les phénomènes. Dans « *coupled simulation* », les géométries traitées doivent être décrites dans une trame orthogonale. Les bâtiments sont donc « casés » dans une grille de sorte que leurs formes ne sont pas toujours respectées (figure 13.11, gauche). *A*

---

1. http://www.lanl.gov/projects/quic/quicurb.shtml.

contrario, le couplage d'outils a été retenu par les développeurs de SOLENE-Microclimat[1], qui ont réalisé un couplage entre SOLENE (pour les aspects radiatifs et thermiques) et Code_ Saturne (pour les aspects aérauliques) (figure 13.11, droite).

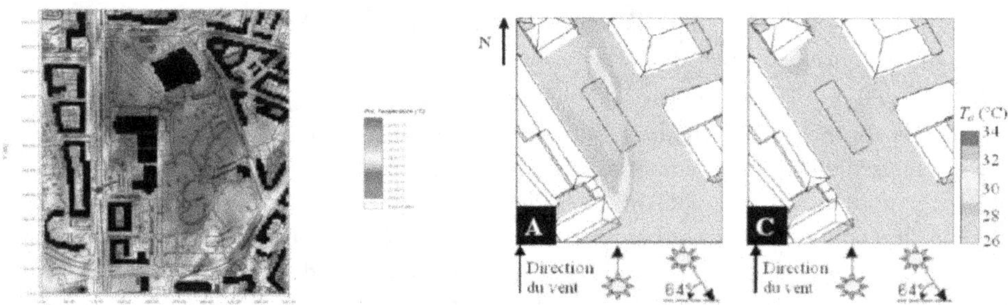

Figure 13.11 À gauche, simulation de la température d'air (°C) dans et autour d'un parc urbain avec ENVI-met (17). À droite, simulation de la température d'air dans une place avec SOLENE, sans bassin d'eau (A) et avec bassin d'eau (B) (18).

Ces outils ont fait l'objet de validations partielles. Leur validation rigoureuse reste problématique compte tenu de la complexité des couplages qu'ils représentent et des objets d'étude. On peut cependant regretter le manque actuel de procédure de validation sur des cas simples comme pour les outils de simulation de thermique du bâtiment.

13.2.5 Approches climat-STD

Les modèles de Simulation Thermique Dynamique (STD) du bâtiment se sont fortement perfectionnés en prenant en compte des transferts tridimensionnels, des interactions bâtiment-équipements, des matériaux complexes et les transferts d'humidité. Ils doivent être utilisés pour étudier des bâtiments de plus en plus performants. De ce fait, la prise en compte des conditions climatiques locales et des effets de masque devient indispensable pour une évaluation correcte des consommations énergétiques de bâtiments en milieu urbain.

Il s'agit alors d'évaluer l'impact de l'environnement sur les différents flux à l'interface bâti-environnement :

— flux de chaleur par convection (modifié par la vitesse de l'air à proximité des parois et les variations locales de la température extérieure) ;

— flux solaire (direct, diffus, réfléchi) ;

— flux de chaleur par rayonnement infrarouge échangé avec la voûte céleste et les surfaces environnantes ;

— flux dus à la ventilation et aux infiltrations.

Les modèles physiques qui traitent à la fois de thermique du bâtiment et de thermique de l'environnement urbain sont rares. Deux approches sont possibles : l'évaluation de l'impact de l'environnement (masques, effet d'ICU) ou l'évaluation des interactions entre le bâtiment et son environnement.

La première approche est celle sur laquelle reposent, par exemple, SUNtool et CitySim (20,21), qui prennent en compte les effets de masque solaires et lumineux de l'environne-

---

1. http://www.urban-modelling.org/fr/galerie-des-modeles/parcourir-la-galerie/article/solene-microclimat-interactions.html

ment urbain pour le calcul de la consommation énergétique des bâtiments. C'est également l'option prise par l'équipe de recherche en thermique du bâtiment de l'université de Séville dans le projet européen «Greencode», qui, par le développement du modèle de rue canyon «GreenCanyon», s'est dotée d'un outil d'estimation de l'influence de l'environnement sur le comportement énergétique des bâtiments (22). À une autre échelle, Skelhron *et al.* (23) prennent en compte les effets climatiques locaux obtenus avec ENVI-met comme conditions aux limites pour des calculs avec le logiciel IES-VE 2012.

La seconde approche nécessite de résoudre des problématiques d'échelle. En effet, il est difficile de représenter l'environnement urbain, les bâtiments et leurs usages avec des échelles spatiales et temporelles identiques. Ainsi, l'étude des interactions passe soit par une réduction de la zone de l'environnement urbain étudiée, comme l'étude d'un bâtiment dans une rue canyon (24), soit par une simplification du modèle thermique du bâtiment (25,26), soit par des méthodes de raccordement au niveau de l'interface.

Ce couplage complet bâtiment-environnement présente cependant l'intérêt de permettre simultanément l'évaluation de l'impact de l'environnement sur le comportement thermique du bâtiment et de l'impact des usages du bâtiment sur le microclimat urbain (27,28). Cette dernière prise en compte devrait permettre une meilleure estimation de la partie des charges anthropiques du bilan de chaleur urbain liée à la maîtrise des ambiances intérieures (29). L'utilisation et le couplage de modèles aux différentes échelles permettent cette approche sans redévelopper un modèle complet, ce qu'illustre par exemple Asawa (30) avec le couplage d'un modèle énergétique des équipements du bâtiment (éclairage, eau chaude sanitaire, systèmes de chauffage, ventilation et climatisation), d'un modèle d'enveloppe (transferts thermoaérauliques, charges internes et externes) et d'un modèle de bilan global urbain (rayonnement solaire et grande longueur d'onde, flux latents et sensibles, conduction). La simulation couplée lui permet notamment de différencier la contribution de chaque bâtiment sur le microclimat. C'est également ce qui est fait dans les modèles Solene-microclimat (figure 13.12) (31) et EnviBatE (32).

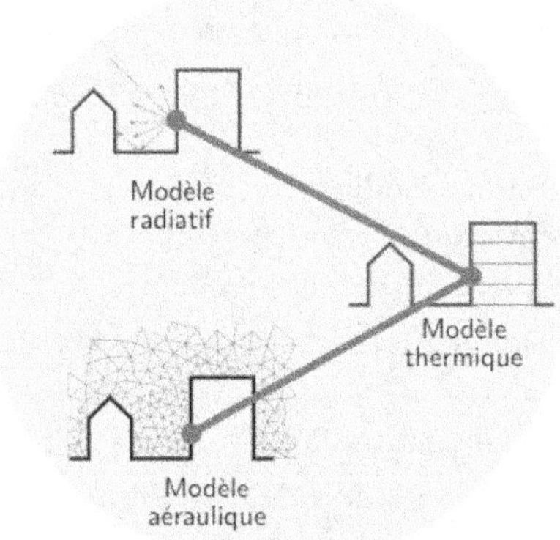

Figure 13.12 Principe du couplage utilisé dans Solene-microclimat.

Ces modèles permettent également de mettre en évidence l'importance d'une bonne prise en compte des flux à l'interface bâtiment-environnement urbain. Ainsi, Bouyer (25) et Malys (33) aboutissent à une hiérarchisation de leur importance en fonction du type de bâtiment et du climat. Si la prise en compte des apports solaires d'une manière précise est la plus importante, Bouyer(25) et Malys (33) montrent que celle des échanges radiatifs de grandes longueurs d'onde avec la scène urbaine peut également modifier significativement les calculs de besoin énergétique et de confort dans les bâtiments. Cela dépend également de la densité urbaine, et des études sont en cours pour affiner cette hiérarchisation dans le projet ANR MERUBBI.

13.2.6 Approches climat-STD, échelle Ville

À l'échelle de la ville également, des approches couplées climat-thermique du bâtiment existent. On citera, en particulier, le modèle développé par Météo France : TEB[1] (34,35). À cette échelle, où il s'agit d'évaluer l'impact de stratégies urbaines d'aménagement, la maille (de l'ordre d'une centaine de mètres de côté) est représentée par une rue canyon et les bâtiments du quartier par un modèle de bâtiment monozone en contact avec cette rue (figure 13.13). De telles approches permettent d'aborder les grandes questions concernant l'impact énergétique de la densification et de comparer, par exemple, les gains hivernaux en matière de chauffage et les surcoûts de climatisation dus au phénomène d'îlot de chaleur urbain (36).

De tels couplages permettent également de prendre en compte les charges anthropiques liées aux bâtiments et à leurs usages dans les modèles climatiques.

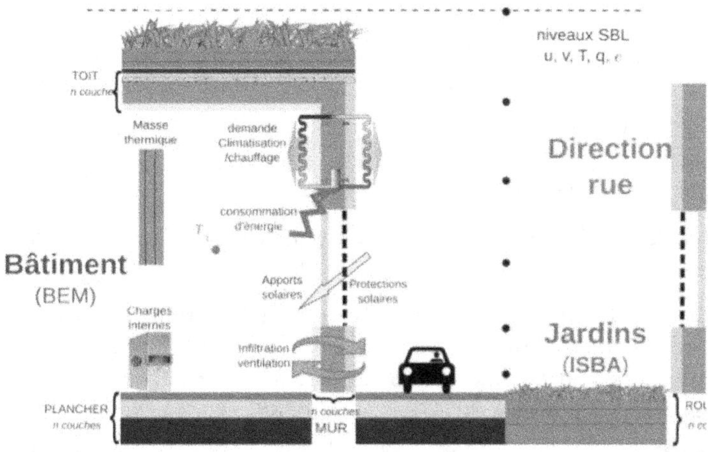

Figure 13.13 Principe de modélisation de la rue dans TEB – source (37).

13.2.7 Conclusion

Les différents niveaux de modélisation et les outils présentés montrent les différentes approches envisageables pour la prise en compte d'interactions complexes. La prise en compte du microclimat urbain pour la STD à l'échelle du bâtiment fait intervenir de nombreuses interdépendances dans l'environnement plus ou moins confiné de la canopée urbaine. Néan-

---

1. http://www.urban-modelling.org/fr/galerie-des-modeles/parcourir-la-galerie/article/town-energy-balance-teb-le-climat.html.

moins, des niveaux d'approche simplifiée permettent d'estimer les flux solaires et les vents dominants, mais aussi l'interaction microclimat et performance énergétique à l'échelle du bâtiment ou de la ville qui devraient progressivement enrichir le niveau de modélisation du bâtiment et les outils de calcul de STD (par ex., (38)). Simultanément, des modèles simplifiés du comportement thermique des bâtiments sont intégrés et couplés aux modèles de climatologie urbaine.

13.2.8 Bibliographie

1. Howard L. *The Climate of London: Deduced from Meteorological Observations, Made at Different Places in the Neighbourhood of the Metropolis*. London, U.K. W. Phillips, sold also by J. and A. Arch, 1818,,376 p.

2. Renou É.J. *Instructions météorologiques, et tables usuelles*. Paris, Société météorologique de France, 1858, 222 p.

3. Kratzer A. *The Climate of Cities*. Air Force Cambridge Research Laboratories, 1956, 221 p.

4. Oke T.R. *Boundary layer climates*. Second Edition. Cambridge University Press, 1987.

5. Clarke J.F. « Some effects of the urban structure on heat mortality ». *Environmental Research*, mars 1972, 5(1), 93-104.

6. Akbari H., Pomerantz M., Taha H. « Cool surfaces and shade trees to reduce energy use and improve air quality in urban areas ». *Solar Energy*, 2001, 70(3),295-310.

7. Nicholson S.E. « A pollution model for street-level air ». *Atmospheric Environment*, janv. 1975, 9(1), 19-31.

8. Oke T.R. *Boundary layer climates*. Second Edition. Cambridge University Press, 1987.

9. Chen F., Kusaka H., Bornstein R., Ching J., Grimmond C.S.B., Grossman-Clarke S. *et al.* « The integrated WRF/urban modelling system. Development, evaluation, and applications to urban environmental problems ». *International Journal of Climatology*, 2011, 31(2), 273-388.

10. Bensalma A. *Caractérisation de la qualité d'ambiances architecturales et urbaines des grands ensembles par une approche pluridisciplinaire*. Thèse de doctorat, École centrale de Nantes, 2012.

11. Bensalma A., Musy M., Simonnot N. « Caractérisation des ambiances dans les grands ensembles : entre modélisation architecturale, physique et sensible ». Paris, 2011.

12. Bensalma A., Musy M., Simonnot N. « Caractérisation des ambiances dans les grands ensembles : entre modélisation architecturale, physique et sensible ». Références, sept. 2012, 254-257.

13. Malys L. *Évaluation des impacts directs et indirects des façades et des toitures végétales sur le comportement thermique des bâtiments*. École centrale de Nantes, 2012.

14. Cherqui F. *Méthodologie d'évaluation d'un projet d'aménagement durable d'un quartier – Méthode ADEQUA*. Thèse de doctorat, Université de La Rochelle, 2005.

15. Musy M., Molines N., Pham T.T., Siret D., Groleau D. *ADEQUA. Aménagement durable d'un quartier. Élaboration d'une méthodologie d'aide à la décisison lors de la réalisation ou de la réhabilitation d'un quartier résidentiel (rapport final)*. Nantes, CERMA UMR CNRS 1563, 2006, 119 p. + annexes.

16. Rey E., Lufkin S. *Green density*. 1re édition. Lausanne, PPUR presses polytechniques, 2013, 192 p.

17. Lahme E., Bruse M. «Microclimatic effects of a small urban park in densely built-up areas: measurements and model simulations». *ICUC5, Fifth international conference on urban climate*, Lodz, 2003.

18. Robitu M. *Étude de l'interaction entre le bâtiment et son environnement urbain. Influence sur les conditions de confort en espaces extérieurs*. Thèse de doctorat, École polytechnique de l'université de Nantes, 2005.

19. Chen H., Ookab R., Huang H., Tsuchiyab T. «Study on mitigation measures for outdoor thermal environment on present urban blocks in Tokyo using coupled simulation». *Building and Environment*, 2009, 44, 2290-9.

20. Robinson D., Campbell N., Gaiser W., Kabel K., Le-Mouele A., Morel N. *et al.* «SUNtool – a new modelling paradigm for simulating and optimising urban sustainability». *Solar Energy*, 2007, 81(9), 1196-1211.

21. Robinson D., Haldi F., Kämpf J., Leroux P., Perez D., Rasheed A. *et al.* «CitySim: Comprehensive micro-simulation of resource flows for sustainable». Glasgow, 2009, p. 1083-1090.

22. Sanchez de la Flor, Salmeron Lissen, Dominguez A. «A new methodology towards determining building performance under modified outdoor conditions». *Building and Environment*, 2006, 41 (9), 1231-8.

23. Skelhorn C., Levermore G., Lindley S.J. «Impacts on Cooling Energy Consumption Due to the UHI and Vegetation Changes in Manchester». Venise, 2014.

24. Bozonnet E. *Impact des microclimats urbains sur la demande énergétique des bâtiments. Cas de la rue canyon*. Université de La Rochelle, 2005.

25. Bouyer J. *Modélisation et simulation des microclimats urbains. Étude de l'impact de l'aménagement urbain sur les consommations énergétiques des bâtiments*. Thèse de doctorat, École polytechnique de l'université de Nantes, 2009.

26. Gros A. *Modélisation de la demande énergétique des bâtiments à l'échelle d'un quartier*. Thèse de doctorat, Université de La Rochelle, 2013.

27. Chen H., Ooka R., Huang H., Nakashima M. «Study on the impact of buildings on the outdoor thermal environment based on a coupled simulation of convection, radiation, and conduction». *ASHRAE Transactions*, Long Beach, CA, 2007. p. 478-485.

28. Bozonnet E., Belarbi R., Allard F. «Thermal Behaviour of buildings: modelling the impact of urban heat island». *Journal of Harbin Institute of Technology*, 2007, 14 (Sup.), 19-22.

29.   Sailor D.J., Lu L. «A top-down methodology for developing diurnal and seasonal anthropogenic heating profiles for urban areas». *Atmospheric Environment*, juin 2004, 38(17), 2737-48.

30.   Asawa T., Yamamura S., Hoyano A. «Prediction of sensible heat flux from buildings and urban spaces using detailed geometry model of a substantial urban area. Introduction of a prediction model of anthropogenic heat into an urban heat balance simulation model». Yokohama, Japan, 2009.

31.   Musy M., Malys L., Morille B., Inard C. «The use of SOLENE-microclimat to assess adaptation strategies at the district scale». Venise, 2014.

32.   Gros A., Bozonnet E., Inard C. «Cool materials impact at district scale. Coupling building energy and microclimate models». *Sustainable Cities and Society*, 2014, 13(0), 254-266.

33.   Malys L., Musy M., Inard C. «Microclimate and buildings energy consumption: sensitivity analysis of coupling methods». *8th International Conference on Urban Climate and 10th Symposium on the Urban Environment*, 2012.

34.   De Munck C., Lemonsu A., Masson V. «Green roofs for cities: modelling with TEB-Veg and validation at building scale». Dublin, 2012.

35.   Masson V. «A physically-based scheme for the urban energy budget in atmospheric models». *Boundary Layer Meteorology*, 2000, 94, 357-397.

36.   Bonhomme M. *Contribution à la génération de bases de données multi-scalaires et évolutives pour une approche pluridisciplinaire de l'énergétique urbaine.* Thèse de doctorat, Université de Toulouse, 2013.

37.   De Munck C., Brun J.-M., Lemonsu A., Chancibault K. *Un modèle climatique urbain pour l'évaluation de politiques de végétalisation à grande échelle.* CNRM/GAME & IFSTTAR, 2013.

38.   Djedjig R., Bozonnet E., Belarbi R. «Analysis of thermal effects of vegetated envelopes. Integration of a validated model in a building energy simulation program». *Energy and Buildings*, janv. 2015, 86, 93-103.

13.3   Géométrie, liens avec la maquette numérique
(B. Brangeon & E. Bozonnet)

La géométrie du bâtiment et, par extension, toutes les propriétés intrinsèques aux éléments constructifs constituent une maquette numérique, appelée aussi BIM (*Building Information Model*). Pour les outils de modélisation thermique, il s'agit principalement de passer du BIM au BEM (*Building Energy Model*, ou «modèle énergétique du bâtiment»), ce qui est détaillé ici en considérant la problématique du modeleur thermique, de la standardisation des formats de données, de la gestion des flux de données et enfin toutes les perspectives ouvertes par les développements sur l'interopérabilité et la maquette numérique.

13.3.1 Modeleur thermique et géométrie 3D

Les phénomènes thermoaérauliques et de transport/diffusion de masse (eau ou polluants) dans le bâtiment sont modélisés dans les outils de simulation selon différentes approches et donc différents niveaux de définition géométrique des ouvrages constructifs et de leurs propriétés thermophysiques correspondantes. La gestion des données est adaptée aux modèles qui considèrent soit des zones aérauliques, soit des surfaces d'échange, soit des transferts à l'intérieur même des matériaux. La description complète des ouvrages constructifs en 3D constitue la maquette numérique qu'il faut enrichir et adapter selon les différentes perspectives des outils, et en particulier du point de vue de la thermique du bâtiment : zonage thermoaéraulique, couplage aux parois et description détaillée de l'enveloppe. La sémantique du modeleur thermique est liée aux modèles utilisés dans les codes de simulation qui définissent des objets (zones, parois multicouches, ponts thermiques, etc.) et leurs attributs calculés (variables d'état, flux, etc.).

En pratique, le modeleur permet de passer du plan d'architecte à l'outil de calcul, de la description géométrique et physique à une description des ambiances thermiques.

13.3.1.1 Zonage thermique et maquette numérique

Pour le modèle de thermique du bâtiment, les ambiances intérieures sont d'abord définies par des volumes habités délimités par des parois, soit adjacentes à un autre volume soit à l'interface avec l'extérieur. Les parois adjacentes à deux ambiances sont donc communes aux deux éléments du modèle thermique. Au contraire, la maquette numérique du bâtiment est définie par l'enveloppe et les ouvrages constructifs.

La maquette numérique est enrichie par les résultats, mais aussi repensée et reconstruite pour la STD selon une volumétrie particulière qui n'est pas toujours systématisable et donc non automatisable de façon générique. De plus, des contraintes géométriques doivent être gérées avec l'utilisation d'une maquette numérique tridimensionnelle, comme les parois adjacentes qui sont attribuées à chaque zone (donc redondantes à des zones adjacentes) et qui peuvent aussi être définies de différentes façons pour les métrés (au nu intérieur, sur une ligne médiane, etc.).

13.3.1.2 Outils de Description géométrique pour la STD

Du fait de l'utilisation courante de modèles de transfert monodimensionnels, de nombreux outils ne nécessitent que des données de métrés surfaciques et linéaires sans données tridimensionnelles précises, excepté l'orientation pour les apports solaires. Les outils de calcul solaire et une meilleure prise en compte du rayonnement se sont développés également et font, eux, une exploitation plus complète des données géométriques.

On distingue donc différents types de modeleurs dont l'historique d'évolution (lien au type de simulation ou d'application) explique les fonctionnalités, et qui présentent chacun des avantages et inconvénients à l'utilisation :

– Autour des moteurs de calcul de STD ont été développés des outils de saisie intégrés ou spécifiques à l'outil de calcul, qui ont l'avantage d'une très bonne compatibilité avec le moteur de calcul (robustesse). Cependant, l'interfaçage avec d'autres outils de DAO ou d'autres outils en entrée ou sortie (par ex., tableurs) est très réduit, voire inexistant, et ils restent moins généralistes. Au-delà des interfaces de saisie classiques, des interfaces de

DAO spécifiques ont été parfois développées telles que Alcyone[1] pour l'outil de calcul Comfie, ou encore SimCAD pour TRNSYS[2], qui a été abandonné depuis quelques années.

– Parallèlement, des outils de DAO, d'architecture, ont progressivement intégré le calcul solaire et des interfaces intégrées vers des moteurs de calcul thermiques (réglementaires le plus souvent, mais aussi en simulation parfois). On peut citer quelques exemples tels qu'Autodesk avec l'intégration d'Ecotect[3], ArchiWIZARD[4] avec l'intégration du calcul de réglementation thermique et d'Energy Plus, et aussi OpenStudio[5] comme interface sous SketchUp pour EnergyPlus. Ce type d'interfaçage a l'avantage de permettre l'utilisation d'un outil de DAO ou de conception architecturale déjà connu d'une communauté d'utilisateurs, mais les spécificités du modeleur thermique et les simplifications propres aux modèles ne se retrouvent pas toujours dans une interface plus complète avec une géométrie détaillée pas toujours pertinente (et donc parfois plus complexe à gérer).

Que ce soit pour les outils de dessin ou les outils de calcul, on retrouve dans les développements actuels deux grandes tendances : d'une part, l'intégration croissante d'outils multiples qui répondent aux nombreux besoins des bureaux d'études au sein d'une même interface, et, d'autre part, des fonctions d'import et d'export avec des formats standardisés de données ou des protocoles de pilotage de programme pour leur interfaçage (API ou interface de programmation).

Pour la première tendance, il faut en particulier citer les besoins systématiques en calcul réglementaire, et donc le lien avec le moteur de calcul (Cometh pour la RT 2012[6]) ; l'intégration d'outils de STD, tels qu'EnergyPlus qui se retrouve dans de nombreux logiciels ; et de nombreux outils spécialisés en mécanique des fluides (CFD[7]), pour la modélisation des systèmes énergétiques, pour l'analyse de cycle de vie ou la qualité environnementale, pour l'utilisation d'algorithmes d'optimisation, etc.

La seconde tendance nécessite d'utiliser des standards, par exemple, pour les formats de fichiers comme décrits dans la partie suivante.

13.3.2 Géométrie et sémantique. Formats informatiques des données

La gestion logicielle des informations géométriques et des données liées au bâtiment commence par la définition géométrique depuis l'esquisse (travail de l'architecte) jusqu'aux détails à réaliser *via* des outils de DAO spécialisés dans la définition géométrique tridimensionnelle des objets. Au contraire des outils spécialisés en simulation thermique, ceux-ci ont très rapidement intégré la gestion du BIM et de l'export vers le standard IFC (*Industrial Foundation Classes*, décrit dans la suite). L'exploitation de la maquette numérique définie dans ces outils de DAO peut alors se faire soit de façon traditionnelle, par saisie manuelle ou conversion

---

1. http://www.izuba.fr/logiciel/alcyone.

2. SimCAD - http://trnsys.wikia.com/wiki/Additional_software.

3. Ecotect - http://www.autodesk.fr/adsk/servlet/pc/index?siteID=458335&id=15062033.

4. Archiwizard - http://www.archiwizard.fr/.

5. OpenStudio - https://www.openstudio.net/.

6. RT 2012 - http://www.rt-batiment.fr/.

7. CFD : *Computational Fluid Dynamics*.

dans des formats spécialisés (par ex., NBDM[1], gbXML[2], etc.) soit par l'adaptation progressive des outils de calcul de thermique au standard IFC. La saisie des données d'enveloppe et des systèmes est toujours de mise pour tous les outils de calcul *via* l'interface spécifique à chacun des outils. Certaines de ces données pourraient et devraient être intégrées au flux des entrées et des sorties depuis et vers la maquette numérique (import et export). L'import de la géométrie (tridimensionnelle) *via* des programmes spécifiques devrait normalement être enrichi par les nouvelles possibilités d'import de la maquette numérique qui se diffusent dans ces outils de simulation. Pourtant, on constate qu'il n'y a encore que très peu d'information (en plus de la donnée géométrique) qui transite dans ce nouveau standard de fichier, *i.e.* la maquette numérique n'est souvent qu'un format de fichier géométrique supplémentaire pour fournir le métré. De plus, la partie «export IFC» des outils de simulation, pour enrichir la maquette numérique à la suite du travail de calcul thermique, est encore très peu développée.

Cette partie présente des standards spécifiques pour la simulation thermique et les besoins de développement de formats d'échanges entre outils, et le développement de standards multimétiers de maquette numérique.

13.3.2.1 Standards spécifiques pour la STD

Le besoin d'intégration des outils a fait émerger des besoins de standardisation des formats de fichier qui se sont traduits, par exemple, en France par le projet *Neutral Building Data Model* ou format NBDM (format XML spécifique) qui a été adopté par quelques outils (réglementaires et STD) et permettant une interopérabilité améliorée en évitant la double saisie de la géométrie simplifiée. Ce format, qui reste peu développé, est similaire au gbXML qui, lui, s'est beaucoup plus répandu, plus complet mais aussi plus complexe, et qui peut être assimilé à une maquette numérique spécialisée (*i.e.* moins généraliste que le BIM multimétier). Enfin, le format des données d'EnergyPlus est également très répandu du fait des nombreuses utilisations de son cœur de calcul, et son format IDF (*Input Data File*) peut être utilisé comme format d'export pour de nombreux outils[3].

13.3.2.2 Maquette numérique et Standards multimétiers

Les besoins de formats de données interopérables au-delà des outils spécifiques se sont développés en parallèle avec une standardisation portée au niveau international par l'association BuildingSMART International, et Mediaconstruct[4] en France. La structure des données normalisée, appelée *Industry Foundation Classes* (IFC), a été initiée dès le milieu des années 1990.

Développé entre 1985 et 1993 et normalisé en 1994 à l'ISO, le langage EXPRESS est un langage informatique servant à spécifier formellement les données afin de les échanger entre les systèmes intégrés de production provenant du domaine de l'industrie (EXPRESS, STEP ou Standard for the Exchange of Product model data, [ISO 10303-11, 2004]). Ce langage permet de définir une représentation non ambiguë des données, interprétable par un système

---

1. NBDM ou *Neutral Building Data Model* : format de fichier XML de description du bâtiment pour la simulation thermique.
2. gbXML, ou Green Building XML : format de fichier XML de description du bâtiment pour les outils de calcul thermiques et environnementaux.
3. De nombreux outils permettent de créer des fichiers IDF http://apps1.eere.energy.gov/buildings/energyplus/energyplus_input.cfm.
4. http://www.mediaconstruct.fr/.

informatique. Il est utilisé dans de nombreux domaines, que ce soit pour représenter des produits industriels ou pour spécifier des bases de données dans des domaines divers (industries du pétrole, du gaz, de l'automobile, de l'aéronautique, de l'aérospatiale, etc.). Depuis peu, il sert à ordonner les données d'une maquette numérique au format IFC (2) dans le domaine de la construction, et règle énormément de problèmes d'interopérabilité sur les données géométriques entre les outils numériques.

La définition du zonage thermique d'un bâtiment évoqué précédemment nécessite alors de retravailler la maquette numérique. Ainsi, l'outil Space Boundary Tool (3) (SBT) a été développé pour importer un modèle de bâtiment généré au format IFC2x3 et appliquer des règles de transformation de données pour simplifier la géométrie. Le format d'export du zonage thermique est compatible avec EnergyPlus. L'outil permet également à l'utilisateur final de définir interactivement les propriétés thermiques des matériaux de construction qui ont été précédemment définies pour le bâtiment dans la syntaxe IDF.

13.3.2.3 Différents niveaux de granulométrie de la maquette numérique et différentes échelles

L'architecture finale du bâtiment est généralement considérée comme un plan très détaillé, mais dans la pratique, de l'esquisse à la phase projet ou du bâtiment à l'échelle urbaine, différents niveaux de détail doivent être définis en fonction de l'échelle spatiale ou de l'évolution du projet ou encore du type d'application métier considéré. Ces niveaux de détail, ou plus exactement de développement, sont appelés LOD (*Level Of Development*) et sont définis pour le cas du bâtiment seul selon différents niveaux, de l'esquisse des volumes à la précision progressive des composants d'enveloppe, jusqu'au détail des produits de construction (fournisseurs, caractéristiques, etc.). Cinq niveaux de développement sont définis par l'AIA ou American Institute of Architects (LOD100, LOD200, LOD300, LOD400 et LOd500), mais le besoin d'un niveau intermédiaire LOD350 a été introduit plus récemment ; les définitions précises et détaillées de ces LOD étant régulièrement actualisées[1].

À l'échelle de la ville, le format CityGML[2] est un standard pour la maquette numérique tridimensionnelle, équivalant au format IFC pour un bâtiment seul. Au contraire du modèle de représentation IFC, qui recourt à un système de coordonnées cartésiennes avec un repère orienté sur le site, le format CityGML utilise un système global de géolocalisation. Il permet une représentation tridimensionnelle des bâtiments (*building module* équivalent du conteneur *IfcBuilding*) à quatre niveaux de LOD, le cinquième niveau LOD0 du CityGML représentant les données d'occupation des sols sur un modèle numérique de terrain (MNT, donc sans bâtiment 3D) :

- LOD1 : bâtiment représenté sous forme de boîte, de surface au sol et d'une hauteur issues du cadastre ;
- LOD2 : l'enveloppe extérieure est représentative du bâtiment réel, les façades et les toitures sont identifiées ;
- LOD3 : l'enveloppe extérieure est détaillée avec l'intégration des portes et ouvrants ;
- LOD4 : la description de l'intérieur du bâtiment est ajoutée.

---

1. https://bimforum.org/lod/
2. http://www.citygml.org/ : format tridimensionnel de représentation de la ville, ouvert et basé sur un format XML, format officiel de l'Open Geospatial Consortium (OGC).

La convergence des normes et une meilleure interopérabilité de la représentation IFC et CityGML est en développement (4), la problématique du bâtiment à l'échelle du quartier étant de plus en plus abordée dans les études. Du point de vue de la description de la maquette numérique, l'une des principales différences entre IFC et CityGML vient du fait que chaque composant d'enveloppe constitue un objet dans le format IFC, alors que pour le format CityGML (*Building module*), le local est l'objet principal et les éléments d'enveloppe sont des attributs de ce dernier.

13.3.3　Gestion des flux de données et bases de données

La gestion des flux de données au travers de la maquette numérique doit être facilement utilisable par les acteurs des projets de construction ou de réhabilitation avec leurs outils dédiés. Les programmes tels que Solibri Model Viewer, Tekla BIMsight, EveBIM, BIMServer, etc., permettent de visualiser les fichiers IFC et de récupérer les données disponibles au corps de métier. La maquette numérique décrit largement la topologie et la géométrie d'un projet, ce qui permet un relevé efficace des métrés. Cependant, en ce qui concerne les définitions détaillées des matériaux et des produits, cela reste insuffisant pour, par exemple, envisager une étude thermique ou acoustique. Afin de répondre au manque d'informations techniques présentes dans les maquettes numériques, des logiciels compatibles permettent d'améliorer la qualité et l'efficacité des échanges, avec le couplage directement à des bases de données ou à des e-catalogues. La notion de configurateurs de maquette numérique est plus appropriée que celle de logiciels de visualisation. La partie suivante présente quelques bases de données fortement mises en œuvre dans les outils de simulation et leurs interactions avec la maquette numérique.

13.3.3.1　Les bases de données de matériaux, équipements et autres composants de la construction

Propriétés thermophysiques des matériaux ou de performance des systèmes

Les bases de données disponibles par défaut dans les logiciels de STD constituent un capital de base directement exploitable. Ces logiciels de STD permettent en général d'étendre ces bases de données par les utilisateurs, ce qui permet aux bureaux d'études de capitaliser leurs connaissances des produits. Cependant, les sources d'information pour définir précisément des caractéristiques thermophysiques d'un matériau ou d'un composant complexe de construction sont souvent difficiles à obtenir au-delà des caractéristiques purement liées au calcul réglementaire. En STD, pour une composition de paroi multicouche, il faut, par exemple, connaître la capacité calorifique qui n'est pas toujours disponible. De même, le comportement d'un système en dehors des conditions nominales peut être utile pour une simulation dynamique complète.

Par exemple, EDIBATEC[1] est une base de données très riche servant pour les outils de STD (Clima-Win, ArchiWIZARD, Pléiades, Perrenoud, Lessosai, etc.) et une référence commune au domaine du bâtiment. Mais, pas véritablement harmonisée avec les standards d'échange de données, elle ne permet pas d'utilisation complètement automatisée.

1.　http://www.edibatec.com.

Bases de données d'impacts environnementaux et coûts

Destinées aux acteurs de la construction préoccupés de répondre au mieux aux exigences de la démarche HQE, les bases de données d'impacts environnementaux sont largement utilisées (INIES[1], Ecoinvent[2]).

Par exemple, le logiciel eveBIM–Elodie[3] permet l'import des calculs d'impacts environnementaux dans un projet réalisé avec le logiciel Elodie et favorise l'interopérabilité entre les acteurs d'un projet de construction, grâce au format de fichiers IFC communément employé dans l'industrie du bâtiment. On associe des fiches de déclaration environnementale et sanitaire (FDES) aux objets de la maquette numérique et on récupère automatiquement des quantités de métrés IFC associés aux FDES avec possibilité d'ajustement et de modification par l'utilisateur. Ce travail permet de diminuer le temps passé à la saisie dans le logiciel d'analyse de cycle de vie Elodie. Les FDES sont issues de la base de données INIES[4] (1554 FDES), couvrant plus de 27 481 produits du marché et sont actuellement disponibles sur le site internet. Les industriels, les fabricants et les syndicats professionnels sont à la manœuvre pour remplir les FDES, dont l'instruction est réalisée par le CSTB avant leur mise en ligne au public. Ces fiches intègrent les impacts environnementaux et sanitaires des produits, équipements et services pour l'évaluation de la performance environnementale des ouvrages.

D'autres logiciels d'analyse de cycle de vie d'un bâtiment ou d'un quartier existent, tel Nova-Equer[5], qui développe une passerelle avec la maquette numérique (format GBxml). Pour le moment, l'usage d'un modeleur graphique dédié, Alcyone, est jugé plus pratique qu'un import depuis un fichier IFC décrit dans le paragraphe précédent, qui nécessite de cliquer sur chaque paroi pour lui affecter une composition. La saisie d'un projet est ainsi beaucoup plus simple. D'autre part, les évaluations sont plus utiles si elles interviennent en phase amont des projets (en particulier, étude d'un plan masse par un aménageur, esquisse architecturale), car les décisions prises durant ces phases ont plus d'influence sur les performances que le choix entre différents produits de construction. À ce stade, il n'est pas utile de choisir, par exemple, entre quatre-vingts types de laines de verre, car les variantes comparées portent plutôt, par exemple, sur la densité et la mixité d'un quartier, la forme architecturale ou le pourcentage d'ouvertures par façade. Dans ce cas, il est préférable de se servir des données génériques, par exemple : les impacts environnementaux de la laine de verre «générique» correspondent à la moyenne des quatre-vingts laines de verre. La base Ecoinvent est interrogée, car les inventaires de cycle de vie comportent des milliers de substances émises ou puisées dans l'environnement, ce qui permet d'évaluer des indicateurs environnementaux sur la santé et la biodiversité de manière plus précise qu'une base comme INIES, limitée à 168 flux.

De même, l'enrichissement des données intégrant les coûts peut être un paramètre important à intégrer avec l'étude de performance énergétique et environnementale. Les données sont issues de BDD telles que l'Annuel des prix[6], qui est une base qui permet d'évaluer le coût d'un ouvrage sur la base d'une décomposition de celui-ci en ses différents composants (30 000 produits ou articles suivant le niveau de détail nécessaire). Elle intègre le coût d'achat public moyen de ces composants ainsi que la quantité de chacun de ces composants avec une unité

---

1. http://www.inies.fr.
2. http://www.ecoinvent.org/database/.
3. http://logiciels.cstb.fr/BIM-ELODIE.
4. http://www.inies.fr.
5. http://www.izuba.fr/logiciel/novaequer.
6. http://www.annueldesprix.com.

d'ouvrage courant (m^2, m^3, kg ou ml suivant l'ouvrage). Chaque entreprise dispose d'un fichier de configuration afin d'évaluer le prix d'achat, le prix de revient ainsi que le prix de la main-d'œuvre applicable aux ratios de temps de chaque composant.

13.3.3.2 Gestion des objets et sémantique

La prolifération importante des terminologies différentes, du vocabulaire non standardisé, qui frappe les acteurs de la construction est un inconvénient majeur dans l'interopérabilité entre les outils numériques et les bases de données. Ce phénomène typique se produit généralement quand il y a beaucoup d'acteurs différents qui travaillent sur des problèmes similaires abordés sous des angles différents et avec des horizons différents, tel qu'on peut le constater dans le domaine du bâtiment. L'Association des industries de produits de construction (AIMCC[1]), qui rassemble la quasi-totalité des organisations professionnelles des industries et des produits entrant dans la construction (gros œuvre, second œuvre et équipements), oriente ses travaux vers une méthode de description et de gestion normalisée des bases de données produits. En dehors d'une définition partagée des propriétés, la complexité d'interconnexion de ces différentes bases réside dans les niveaux de définition des contenus entre ouvrage (BIM), système (ou partie d'ouvrage), produit (ou composant d'un système), article (ou variante d'un produit), et des liens hiérarchiques, qui devraient être définis au moment de la production de ces données par les industriels afin de constituer leurs e-catalogues (5). L'ensemble de ces travaux a été formalisé par l'AIMCC et Pluristop[2], en XML dans le format dit DTHX (nom créé par Pluristop en relation avec les travaux sur les dictionnaires techniques harmonisés (DTH) de l'AIMCC). Le format DTH a succédé au format SDC (GS1, format international centré sur les caractéristiques commerciales et logistiques) suite à l'évolution des travaux sur la définition des propriétés produits et systèmes. Aujourd'hui, suite aux travaux de l'AFNOR[3] et de l'AIMCC, une norme sur la définition des propriétés, la méthodologie de création et de gestion des propriétés dans un référentiel harmonisé a été publiée en décembre 2014 (6). Celle-ci devrait aboutir à la création du dictionnaire *France PPBIM*, projet porté dans le cadre de la mission numérique présidé par B. Delcambre.

13.3.4 Concepts et liens sémantiques d'une ontologie relative à la maquette numérique et aux BDD

Le langage d'ontologie issu du Web sémantique peut être un moyen de résoudre les problèmes d'interconnexion entre les bases de données et de favoriser l'interopérabilité des outils numériques entre eux. Ces développements en cours permettent d'envisager une utilisation beaucoup plus fluide et plus simple des outils en décloisonnant les données.

13.3.4.1 Web sémantique appliqué au domaine du bâtiment

L'initiative du Web sémantique a été motivée par les problèmes liés aux formats de données hétérogènes dans des configurations de collaboration entre systèmes. Bien que le format XML ait été décrit comme mettant fin aux problèmes d'interopérabilité, le Web sémantique a pour but d'améliorer la lisibilité et l'interprétation de l'information diffusée et, éventuellement,

---

1. http://www.aimcc.org.
2. http://www.pluristop.com.
3. http://œuww.afnor.org.

incomplète et de standardiser la manière dont cette information est échangée entre les éléments logiciels. Pour y parvenir, plusieurs nouvelles méthodes et technologies sont activement développées (7). Dans le Web sémantique, on définit deux spécifications : «*Resource Description Framework*» (RDF) et le «*Web Ontology Language*» (OWL) (8). Le RDF est au cœur de la plupart des travaux du Web sémantique (ou intelligent). Il permet de relier les ressources entre elles ou des relations entre ressources, en leur affectant des métadonnées. Pour ce faire, RDF procède par une description de savoirs en triplets à l'aide d'expressions composées d'un sujet, d'un prédicat et d'un objet (exemple : <#1234> <est> <Fenêtre>). Un ensemble de tels triplets est appelé «graphe RDF». Avec le RDF, il est impossible de raisonner et de mener des raisonnements automatisés sur les modèles. C'est cet inconvénient, entre autres, que se propose de combler le format OWL. Celui-ci est un langage pour définir des ontologies Web structurées. Basé sur le RDF et écrit en langage informatique de balisage générique XML, le format OWL permet de spécifier ce qui peut être compris par un ordinateur. L'objectif premier d'une ontologie est de modéliser un ensemble de connaissances dans un domaine donné. Une ontologie définit les objets de base (individus), les types d'objets (classes) et les propriétés que les objets peuvent posséder et partager (attributs) ainsi que les liens que les objets peuvent avoir entre eux (relations) et les changements subis par les attributs ou les relations (événements). En définissant ces règles, un logiciel peut faire des analogies et donc créer automatiquement de la connaissance. Par exemple, soit un objet fenêtre et un objet mur. L'objet fenêtre sait qu'il doit être inséré dans l'objet mur, alors le raisonneur peut déduire de lui-même que l'objet mur sait qu'il doit créer une ouverture pour accueillir l'objet fenêtre. Ce mécanisme simple et logique pour l'utilisateur doit être défini comme une règle d'interopérabilité des programmes. On peut retrouver l'ensemble de ces règles dans le synopsis du langage OWL[1] dans la recommandation du W3C. Combinées, les spécifications RDF et OWL forment une partie de la base du Web sémantique. Celui-ci part des concepts suivants :

*   un schéma de nommage global (les URI) ;
*   une syntaxe standard pour décrire une information (RDF) ;
*   un moyen standard de décrire les propriétés de cette information (RDF Schema) ;
*   un moyen standard de décrire les relations entre informations (OWL) ;
*   un moyen de créer un réseau (graphe) de confiance sécurisé à propos de ces informations (SPARQL).

13.3.4.2 Mise en œuvre en lien avec la maquette numérique

Dans cette partie, les principes de mise en œuvre de cette sémantique et, surtout, leur applicabilité aux problèmes dans le domaine de modélisation des données du bâtiment, sont examinés. Beetz *et al.* (9) introduisent le développement d'une ontologie (IfcOWL) pour le secteur du bâtiment et de la construction basée sur le langage EXPRESS. Un des avantages pratiques de modélisation OWL/RDF par rapport aux méthodes STEP/EXPRESS traditionnelles devient apparent quand elles sont utilisées pour la création de connaissance fonctionnelle. Le tableau 13.1 montre les équivalences entre le formalisme IFC et le Web sémantique, et le tableau 13.2 illustre les données d'une maquette numérique avec le format EXPRESS et en OWL appliquée ici pour l'objet fenêtre. Le tableau 13.3 est un exemple simple d'une représentation de l'entité fenêtre des données IFC avec le format RDF/XML appliquée pour l'objet fenêtre.

---

1. http://www.w3.org/TR/2004/REC-owl-features-20040210/#s2.

Tableau 13.1 Équivalences entre le format IFC et le Web sémantique.

	BIM	**Web sémantique**
Schéma	EXPRESS	OWL/RDFS
Représentation des données	IFC	RDF graphe
Identifiants	GUID	URI
Export	STEP, IFCXML	RDF/XML, N3, Turtle, JSON-LD
Règles		SWRL[1], RIF[2], JENA Rules
Langage de requête	BIMQL	SPARQL[3]

Le formalisme RDF de la maquette numérique et des bases de données permet l'emploi d'une plate-forme de technologie appropriée pour le partage des informations pertinentes à l'exploitation d'un bâtiment. Ce concept de plate-forme d'après (10), comme représenté sur la figure 13.14, exige que toutes les données pertinentes à l'exploitation du bâtiment soient exprimées dans un format commun (RDF), le rendant facilement accessible aux utilisateurs finaux, notamment au niveau des outils métiers numériques. En effet, ces outils peuvent récupérer simplement des informations (métrés, propriétés, etc.) avec des requêtes et des règles de cohérence.

Tableau 13.2 Représentation de l'entité fenêtre dans le format EXPRESS (à gauche)
et dans le format OWL en XML (à droite).

```
ENTITY IfcWindow
SUPERTYPE
OF(IfcWindowStandardCase)
SUBTYPE OF IfcBuildingElement;
OverallHeight :OPTIONAL
IfcPositiveLengthMeasure;
OverallWidth :OPTIONAL
IfcPositiveLengthMeasure;
[...]
END_ENTITY;
```

```
<!--ontology/IFC#IfcWindowStandardCase-->
<owl:Class rdf:about="...ontology/IFC#IfcWindowStandardCase">
<ns0:subClassOf rdf:resource="...ontology/IFC#IfcWindow"/>
</owl:Class>
<!-- ontology/IFC#IfcWindow -->
<owl:Class rdf:about="...ontology/IFC#IfcWindow">
<ns0:subClassOf rdf:resource="...ontology/
IFC#IfcBuildingElement"/>
<ns0:subClassOf>
<owl:Restriction>
<owl:onProperty rdf:resource="...ontology/IFC#OverallHeight"/>
<owl:allValuesFrom rdf:resource="...ontology/
IFC#IfcPositiveLengthMeasure"/>
</owl:Restriction>
</ns0:subClassOf>
<ns0:subClassOf>
<owl:Restriction>
<owl:onProperty rdf:resource="...ontology/IFC#OverallWidth"/>
<owl:allValuesFrom rdf:resource="...ontology/
IFC#IfcPositiveLengthMeasure»/>
</owl:Restriction>
</ns0:subClassOf>
[...]
</owl:Class>
```

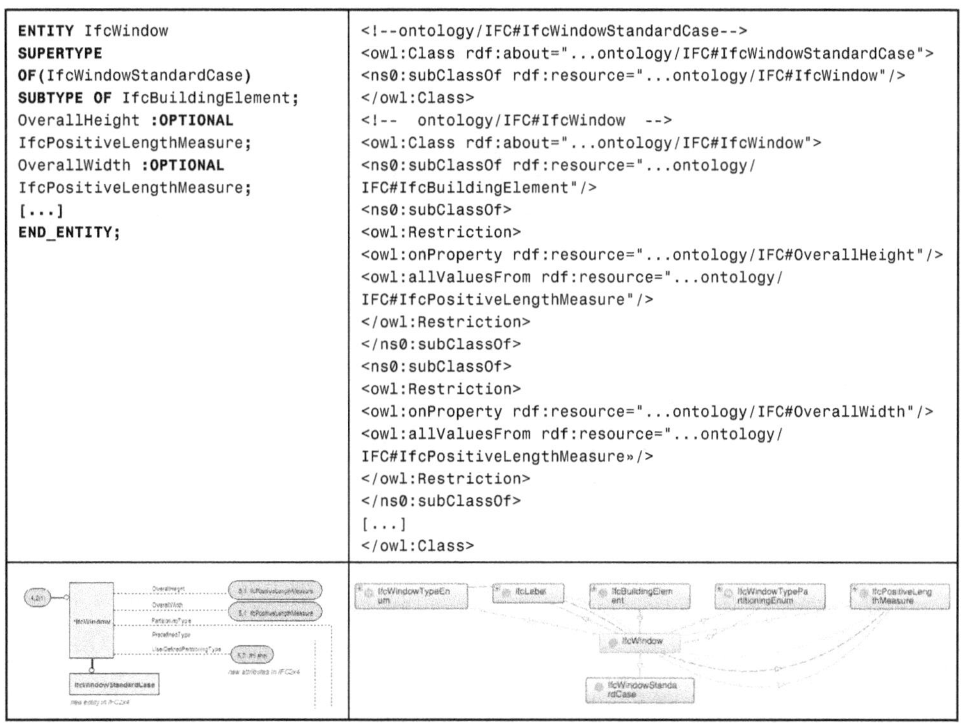

---

1. *Semantic Web Rule Language.*
2. *Rule Interchange Format.*
3. *SPARQL Protocol and RDF Query Language* est un langage de requête et un protocole qui permet de rechercher, d'ajouter, de modifier ou de supprimer des données RDF.

Tableau 13.3 Représentation de l'entité fenêtre dans le format RDF/XML d'un cas d'étude.

```
<rdf:Description rdf:about="http://linkedbuildingdata.net/model/GUID_bPt7kz1wSCe2NzQuW5ZCVQ">
    <ifc:ownerHistory rdf:nodeID="A742"/>
    <ifc:lineNumber rdf:datatype="http://www.w3.org/2001/XMLSchema#long">45629</ifc:lineNumber>
    <ifc:name rdf:datatype="http://www.w3.org/2001/XMLSchema#string">Fen-002</ifc:name>
    <ifc:tag rdf:datatype="http://www.w3.org/2001/XMLSchema#string">6CFB7B93-3D70-482</ifc:tag>
    <ifc:overallWidth rdf:datatype="http://www.w3.org/2001/XMLSchema#double">1.0</ifc:overallWidth>
    <ifc:objectPlacement rdf:nodeID="A17834"/>
    <ifc:overallHeight rdf:datatype="http://www.w3.org/2001/XMLSchema#double">
        1.35</ifc:overallHeight>
    <ifc:representation rdf:nodeID="A17835"/>
    <ifc:globalId rdf:datatype="http://www.w3.org/2001/XMLSchema#string">
        6cfb7b93-3d70-482</ifc:globalId>
    <rdf:type rdf:resource="http://linkedbuildingdata.net/IFC2X3#IfcWindow"/>
</rdf:Description>
```

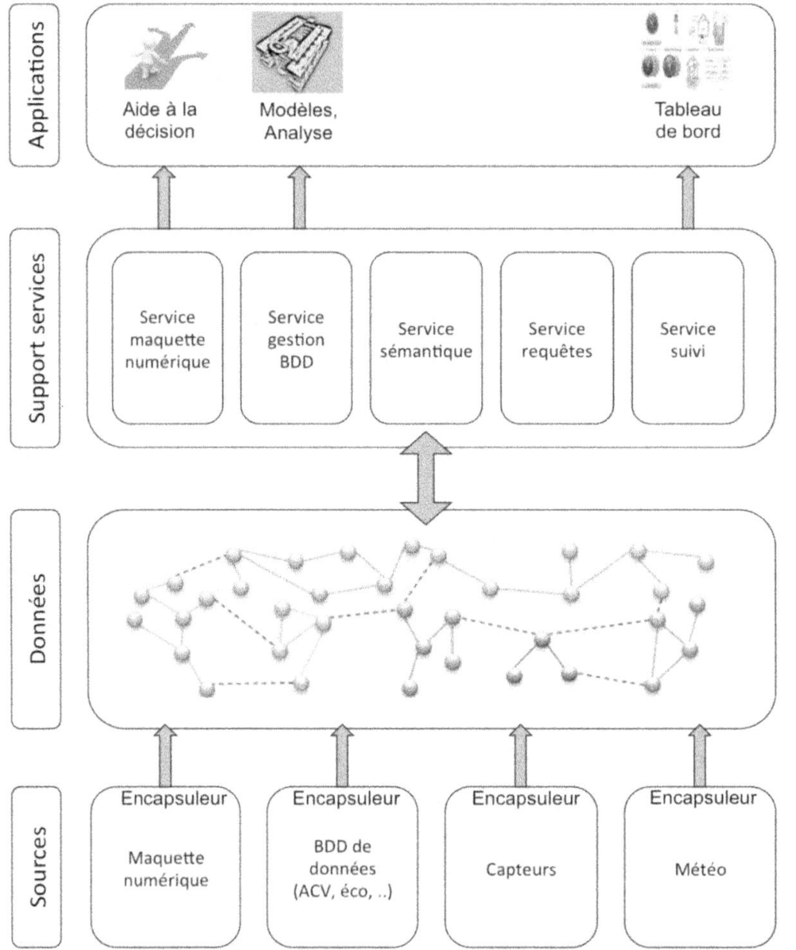

Figure 13.14 Plate-forme appropriée pour le partage des informations pertinentes à l'exploitation d'un bâtiment en web sémantique, d'après (10).

13.3.4.3 Interopérabilité et règles de cohérence

La convergence des technologies liées à la dématérialisation des processus de la filière construction (conception, construction, maintenance, économie…), accentuée par l'utilisation de la maquette numérique, facilite le recours à la modélisation multiphysique par la cosimulation pour concevoir et réhabiliter en traitant simultanément les ambiances (acoustique, visuelle, qualité de l'air et thermique) et l'efficacité énergétique, environnementale et économique. Par ces méthodes, les différents outils doivent interagir à différentes étapes du calcul pour permettre des simulations multicritères.

En revanche, leur applicabilité reste encore difficile, puisque l'on rencontre des problèmes d'interopérabilité entre les bases de données lorsque l'on a recours à des simulations multicritères comme, par exemple, l'optimisation énergético-économico-environnementale d'un ouvrage. Le problème majeur rencontré est qu'il n'existe pas de concordance entre les produits des bases de données afin de pouvoir récupérer les propriétés relatives au calcul énergétique (propriétés thermophysiques des produits), au calcul du coût de construction (prix publics moyens des produits) et au calcul environnemental (performance environnementale des produits).

En effet, les professionnels de la construction sont de plus en plus sollicités pour l'utilisation des bases de données hébergeant les informations sur les produits et les systèmes mis en œuvre dans la construction (Edibatec, Ines, Annuel des prix, etc.). Pour être fonctionnelles et interopérables, les propriétés renseignées dans ces bases de données doivent être précises et harmonisées (6). Cependant, à l'heure actuelle, la sémantique utilisée dans les BDD n'est soumise à aucune norme et dépend fortement de la volonté des éditeurs à participer aux actions d'harmonisation qui sont devenues indispensables pour éviter les risques d'erreurs et augmenter l'interopérabilité entre les bases de données et les outils métiers. L'exemple du Web sémantique, appliqué aux bases de données hétérogènes, permet de pallier partiellement les différents problèmes rencontrés notamment dans l'harmonisation des produits de construction et pour leur utilisation dans des méthodes de conception intégrées.

La figure 13.15 est une représentation graphique d'une descente dans une arborescence des bases de données Annuel des prix (à gauche, lot «second œuvre») et dans Edibatec (à droite, sous-lot «menuiseries extérieures»). L'objectif est de créer de la cohérence entre ces bases de données afin de permettre à l'utilisateur de lier les produits similaires d'une base à l'autre. Le raisonneur utilisant les règles de cohérence vise à créer des informations logiques RDF afin de fournir un modèle de données communes pour exprimer l'information. La base de coûts étant moins conséquente en produits, la relation existante entre les bases est (1-N) : pour 1 produit ADP, il existe N produits dans Edibatec. Plus le nombre de filtres est important dans la règle de cohérence, plus N diminue. Par exemple, le langage SPARQL permet de représenter les règles de cohérence (cf. tableau 13.4). La règle du tableau 13.4 permet de naviguer dans les bases de données en format RDF (cf. figure 13.15) afin de lier les menuiseries extérieures type fenêtres possédant des hauteurs et largeurs similaires ainsi que le même format de menuiseries (ici, «PVC»). Le raisonneur sémantique applique cette règle, et il en résulte un fichier de sortie (CSV, RDF, N3) qui répertorie les produits liés.

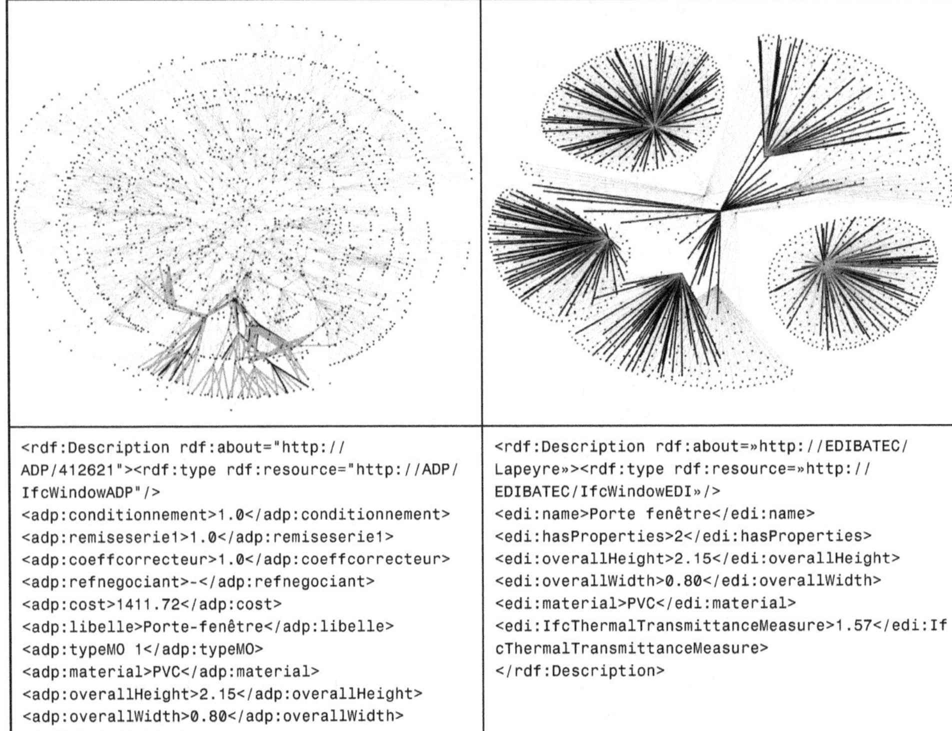

```
<rdf:Description rdf:about="http://          <rdf:Description rdf:about=»http://EDIBATEC/
ADP/412621"><rdf:type rdf:resource="http://ADP/   Lapeyre»><rdf:type rdf:resource=»http://
IfcWindowADP"/>                               EDIBATEC/IfcWindowEDI»/>
<adp:conditionnement>1.0</adp:conditionnement>    <edi:name>Porte fenêtre</edi:name>
<adp:remiseserie1>1.0</adp:remiseserie1>      <edi:hasProperties>2</edi:hasProperties>
<adp:coeffcorrecteur>1.0</adp:coeffcorrecteur>    <edi:overallHeight>2.15</edi:overallHeight>
<adp:refnegociant>-</adp:refnegociant>        <edi:overallWidth>0.80</edi:overallWidth>
<adp:cost>1411.72</adp:cost>                  <edi:material>PVC</edi:material>
<adp:libelle>Porte-fenêtre</adp:libelle>      <edi:IfcThermalTransmittanceMeasure>1.57</edi:If
<adp:typeMO 1</adp:typeMO>                    cThermalTransmittanceMeasure>
<adp:material>PVC</adp:material>              </rdf:Description>
<adp:overallHeight>2.15</adp:overallHeight>
<adp:overallWidth>0.80</adp:overallWidth>
</rdf:Description>
```

Figure 13.15 Représentation de la base de données Annuel des prix (à gauche)
et de la base de données Edibatec (à droite). Les traits forts gris représentent les menuiseries
extérieures (fenêtres) et les traits forts noirs représentent les menuiseries extérieures en PVC.
Le bas du tableau est une représentation d'un produit en RDF.

Tableau 13.4 Représentation d'une règle de cohérence permettant l'interopérabilité.

```
PREFIX adp:        <http://ADP/>
PREFIX edi:        <http://EDIBATEC/>

SELECT ?windowADP ?windowEDI ?Cost ?Uw
WHERE {
  ?windowADP a adp:IfcWindowADP .
  ?windowADP adp:overallHeight ?heightADP .
  ?windowADP adp:overallWidth ?widthADP .
  ?windowADP adp:quantite ?quantite .
  ?windowADP adp:material ?propADP .
  ?windowADP adp:libelle ?libelle .
  ?windowADP adp:cost ?Cost .
  ?windowADP adp:conditionnement ?conditionnement .
  ?windowADP adp:remiseserie1 ?remiseserie1 .
  ?windowADP adp:coeffcorrecteur ?coeffcorrecteur .
  ?windowADP adp:formatMenuiserie ?formatMenuiserieADP .

  ?windowEDI a edi:IfcWindowEDI .
  ?windowEDI edi:overallHeight ?heightEDI .
  ?windowEDI edi:overallWidth ?widthEDI .
  ?windowEDI edi:material ?propEDI .
  ?windowEDI edi:IfcThermalTransmittanceMeasure ?Uw .
```

Tableau 13.4 (suite) Représentation d'une règle de cohérence permettant l'interopérabilité.

```
    FILTER (?formatMenuiserieEDI="Fenetre") .
    FILTER (?formatMenuiserieADP="Fenetre") .
    FILTER (?widthEDI=?widthADP) .
    FILTER (?heightEDI=?heightADP) .

    FILTER (?propEDI = "PVC") .
    FILTER (?propADP = "PVC") .
}
```

13.3.5   Conclusion

La géométrie tridimensionnelle du bâtiment constitutive de la maquette numérique ne se résume plus, à l'heure actuelle, à la définition du métré de construction. Mais, avec l'émergence du BIM, ce sont la gestion des flux de données et leur localisation qui doivent être gérées par les outils et les modélisateurs. La standardisation IFC qui se développe de plus en plus dans les outils, apporte une richesse d'information complexe à manipuler et à maîtriser que les développements d'outils pour l'interopérabilité devraient progressivement résoudre.

13.3.6   Bibliographie

1.   ISO 10303-11. Industrial automation systems and integration -- Product data representation and exchange -- Part 11: Description methods: The EXPRESS language reference manual. 2004.

2.   ISO 16739. Classes de fondation d'industrie (IFC) pour le partage des données dans le secteur de la construction et de la gestion des installations. 2013.

3.   Rose C.M., Bazjanac V. «An algorithm to generate space boundaries for building energy simulation». *Engineering with Computers*, 6 déc. 2013, 31 (2), 271-280.

4.   Geiger A., Benner J., Haefele K.H. «Generalization of 3D IFC Building Models. In: Breunig M., Al-Doori M., Butwilowski E., Kuper P.V., Benner J., Haefele K.H. (eds). *3D Geoinformation Science [Internet]*. Springer International Publishing, 2015 [cité le 19 mars 2015], p. 19-35. Disponible sur: http://link.springer.com.gutenberg.univ-lr.fr/chapter/10.1007/978-3-319-12181-9_2

5.   Lebègue E., Celnik O. *BIM & maquette numérique: pour l'architecture, le bâtiment et la construction*. Paris, Eyrolles, 2014, 624 p.

6.   XP P07-150. Propriétés des produits et systèmes utilisés en construction – Définition des propriétés, méthodologie de création et de gestion des propriétés dans un référentiel harmonisé. 2014.

7.   McGuinness D.L., Fikes R., Hendler J., Stein L.A. «DAML+OIL: an ontology language for the Semantic Web». IEEE Intelligent Systems, sept. 2002, 17 (5), 72-80.

8.   Borderie X. «Deux des principaux langages du futur «Web intelligent» ou «Sémantique»: le RDF et le OWL [Internet]. «Deux des principaux langages du futur "Web intelligent" ou "Sémantique": le *Resource Description Framework* et le *Web*

Ontology Language », 2004. Disponible sur : http://www.journaldunet.com/deve-loppeur/tutoriel/xml/040322-xml-web-semantique-rdf-owl1a.shtml

9. Beetz J., Van Leeuwen J., De Vries B. « IfcOWL : a case of transforming EXPRESS schemas into ontologies ». *AI EDAM.*, févr 2009, 23 (Special Issue 01), 89-101.

10. Curry E., O'Donnell J., Corry E., Hasan S., Keane M., O'Riain S. « Linking building data in the cloud. Integrating cross-domain building data using linked data ». *Advanced Engineering Informatics*, avr. 2013, 27 (2), 206-219.

13.4 Données sur l'enveloppe
(P. Tittelein, P. Salagnac, B. Peuportier & M. Woloszyn)

L'enveloppe du bâtiment est entendue ici au sens de la peau qui sépare l'air extérieur du bâtiment de l'air intérieur. De nombreuses données ont donc besoin d'être renseignées. L'objectif de cette partie est d'alerter sur la façon d'utiliser les logiciels en fonction des modèles dont ils se servent et de donner des astuces, des bonnes pratiques pour réaliser des simulations les plus correctes possibles.

13.4.1 Parois opaques

13.4.1.1 Murs – Planchers intermédiaires – Toitures-terrasses

Comme décrit dans le chapitre 1, les deux principales méthodes utilisées pour modéliser les transferts conductifs dans les murs sont la méthode des fonctions de transfert et celle des différences finies (éventuellement couplée à une réduction de modèle pour réduire les temps de calcul). Les données à saisir pour décrire les murs sont, bien entendu, les mêmes dans les deux cas (épaisseur des couches, conductivité etc.), mais il faut être attentif aux résultats de calcul dans le cas de la méthode des fonctions de transfert (voir chapitre 9 pour les logiciels qui l'utilisent). Le procédé de calcul passe par une phase préliminaire d'évaluation des coefficients de fonctions de transfert, qui consiste en une série de coefficients représentant la dynamique du mur. Ces coefficients sont échantillonnés en temps ; ils dépendent donc du pas de temps de calcul choisi. Pour des murs de forte inertie ou de forte isolation et pour des pas de temps de simulation courts, les calculs peuvent poser problème. Certains logiciels limitent donc le pas de temps de calcul possible en fonction de la composition du mur. Par exemple, dans le type 56 de TrnSys, on ne peut pas descendre en dessous d'un pas de temps de 1 h avec un mur de 20 cm de béton et de 15 cm d'isolant.

Des solutions existent pour contourner ce problème tant qu'un modèle plus performant n'est pas implémenté[1]. Il est parfois possible de signifier au logiciel que les couches d'isolant doivent être prises en compte sans dynamique, en considérant uniquement la résistance thermique et non pas la capacité. On peut également, même si c'est à éviter, couper le mur artificiellement en deux parties reliées *via* une zone thermique très fine avec des coefficients de

---

[1] Pour plus de détails, lire par exemple (en anglais) : Benoît Delcroix, Michaël Kummert. « Conduction transfer function in TRNSYS multizone building model : current implementation, limitations and possible improvements ». In *Proceedings of Simbuild*, 2012, Madison, Wisconsin.

convection imposés très importants. Certains logiciels (EnergyPlus, par exemple) laissent le choix d'employer la méthode des différences finies, ce qui semble particulièrement adapté dans ce genre de cas.

En ce qui concerne l'introduction des paramètres physiques d'un mur, les logiciels proposent en général deux techniques pour renseigner les parois :

— soit le modélisateur a une connaissance détaillée de la composition de la paroi. Il peut alors introduire les propriétés physiques (conductivité thermique, masse volumique, chaleur massique) ainsi que les dimensions et le positionnement de chaque couche (épaisseur, largeur, hauteur). L'exemple d'une paroi est donné par la figure suivante ;

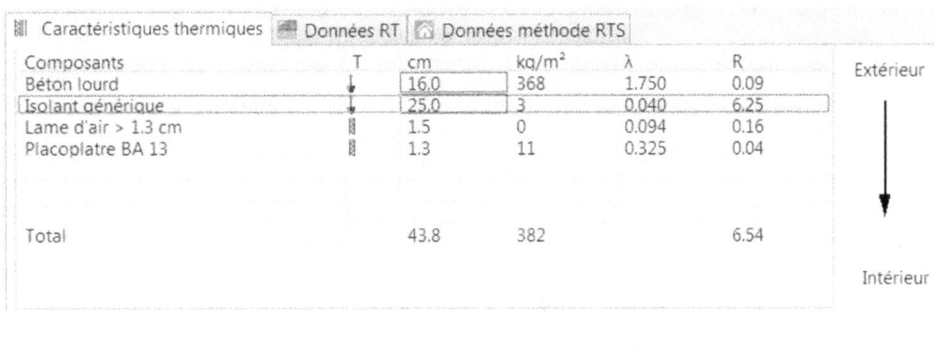

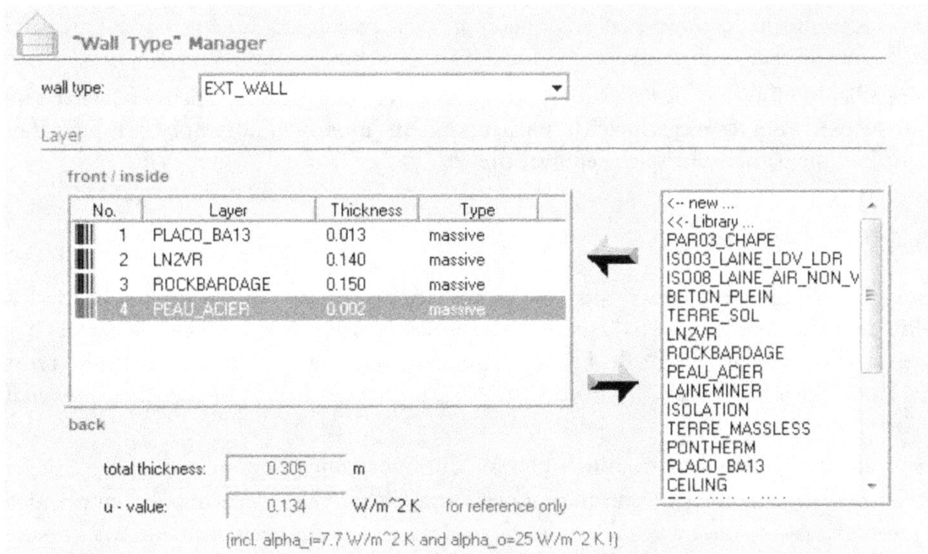

Figure 13.16 Exemples de descriptions détaillées de murs (logiciels Comfie et TrnSys).

— soit le modélisateur n'a une connaissance que partielle de la paroi et, dans ce cas, il introduira un coefficient de transmission U et, éventuellement, une capacité thermique si le mur possède une inertie.

Aux caractéristiques intrinsèques du mur, il faut ajouter ses propriétés de surface qui traduisent les échanges convectifs avec l'air ambiant et, par rayonnement, avec les parois proches ou la voûte céleste. En général, ces coefficients (coefficient d'échange par convection h, absorptivité solaire α_{CLO}, émissivité ambiante ε_{GLO}) sont déjà prédéfinis dans le logiciel, mais certains logiciels permettent de modifier ces coefficients et d'introduire des dépendances à certains paramètres (température, vitesse d'air, orientation…).

13.4.1.2 Ponts thermiques

Dans les logiciels de simulation thermique dynamique, la conduction dans les parois étant prise en compte en une seule dimension, on doit donc introduire la notion de ponts thermiques pour intégrer les effets 2D et 3D. Ces ponts thermiques, qui correspondent à des corrections vis-à-vis de la véritable géométrie du bâti, se font de façon découplée de la paroi elle-même. Dans les logiciels commerciaux, ces ponts thermiques, qu'ils soient linéaires ou ponctuels, sont pris en compte par l'intermédiaire d'un coefficient de déperdition en $W.m^{-1}.K^{-1}$ ou en $W.K^{-1}$ calculé à partir d'une modélisation 2D ou 3D statique. Cette méthode ne permet donc pas de représenter le comportement dynamique du pont thermique.

Imaginons, par exemple, un mur en béton isolé par l'intérieur et sur lequel se connecte un mur de refend formant ainsi un pont thermique. Imaginons que la température intérieure soit maintenue constante par le système de chauffage et qu'on ait une brusque variation de température extérieure. Physiquement, cette brusque variation va être amortie par le béton placé à l'extérieur, et la variation de flux qui sera engendrée se fera sentir à l'intérieur avec un déphasage (qui peut être important dans le cas du béton). Numériquement, ce phénomène sera correctement reproduit au niveau de la partie courante de la paroi, mais pas au niveau du pont thermique qui, comme il est pris en compte de manière statique, engendrera une variation de flux de chaleur instantanée.

Pour pallier ce problème, des modèles spécifiques doivent être introduits dans les logiciels qui le permettent. Pour les autres logiciels, plusieurs auteurs proposent de remplacer le pont thermique par une paroi multicouche équivalente[1].

13.4.2 Menuiseries

Le terme «menuiserie» recouvre aussi bien les fenêtres et les baies que les portes. La modélisation de la menuiserie passe par la modélisation de la partie opaque, celle de la partie vitrée et celle de l'entrée d'air éventuelle. Elle a donc une influence sur le bilan thermique de la zone avec laquelle elle est en contact *via* à la fois la partie aéraulique et la partie rayonnement solaire et infrarouge.

Les paramètres habituellement utilisés pour définir une menuiserie sont :
- le coefficient de transmission thermique d'une fenêtre U_w, qui correspond en première approximation à la moyenne pondérée par les surfaces des coefficients de transmission thermique de chacun de ces éléments :

$$U_w = \frac{A_g U_g + A_p U_p + A_f U_f + l_g \Psi_g + l_p \Psi_p}{A_g + A_p + A_f}$$

---

1. Pour plus de détails, on pourra lire en français l'article suivant : Julien Quinten et Véronique Feldheim. «Proposition d'une méthode simplifiée de prise en compte des ponts thermiques dans la simulation dynamique de bâtiments». In *Actes de la conférence IBPSA France*, 2014, Arras. http://ibpsa.fr/jdownloads/Conferences_et_Congres/IBPSA_France/2014_conferenceIBPSA/Articles/quinten-1141.pdf.

avec U_g, U_p, U_f et A_g, A_p, A_f, les coefficients de transmission thermique et surfaces respectifs du vitrage, du panneau et du cadre ; L_g et L_p, les périmètres du vitrage et du panneau ; ψ_g et ψ_p, les coefficients de transmission linéique du vitrage et du panneau (aux liaisons). Les normes NF EN 673, NF EN 10077-1 et -2 définissent les méthodes de calcul de U_g et de U_w ;

— le facteur solaire S_w, qui représente le rapport entre la densité de flux solaire incident et la somme des densités de flux de chaleur directement transmise et réémise à l'intérieur du bâtiment. Le facteur solaire s'exprime ainsi :

$$S_w = \frac{A_g S_g + A_p S_p + A_f S_f}{A_g + A_p + A_f}$$

Un calcul préliminaire de ces coefficients est donc nécessaire et peut se faire à l'aide de certains logiciels tels que Window (http://windows.lbl.gov/software/window/window.html).

À cela, il faut intégrer les protections solaires qui modifient les valeurs de U_w et S_w.

13.4.2.1   Impact de la tache solaire

Dans la plupart des logiciels, le flux solaire entrant dans une pièce est réparti forfaitairement. On peut considérer qu'il est projeté entièrement sur le sol ou alors qu'une partie impacte le sol et que le reste est réparti sur les autres parois verticales au prorata de leur surface. D'autres logiciels propose de calculer la part de la tache solaire sur chacune des parois. Elle est alors répartie uniformément sur ces parois. Ce modèle alourdit un peu les calculs, et il est donc intéressant de l'employer uniquement dans certains cas particuliers. Les cas les plus significatifs sont ceux dans lesquels on a affaire à des bâtiments bien isolés. La différence est plus notable sur l'évolution des températures l'été, qui pourraient être sous-estimées ou surestimées.

13.4.2.2   Cas particulier des fenêtres pariéto-dynamiques (ventilées)

Le principe d'une fenêtre pariéto-dynamique (également appelée « fenêtre ventilée ») est de faire circuler l'air de renouvellement entre ses vitrages avant d'entrer dans le bâtiment. L'air récupère ainsi le flux de chaleur passant à travers les vitrages. Les performances de ces fenêtres peuvent être très bonnes, mais leur modélisation est rarement disponible dans les logiciels de STD. Une façon de prendre en compte simplement ce type de fenêtres est de considérer une valeur de coefficient de déperdition de vitrage redéfinie (U_{eq}) et une valeur de facteur solaire (S_w) précalculées *via* des logiciels de mécanique des fluides numériques ou prémesurés. Le problème réside dans le fait que ces grandeurs dépendent du débit de ventilation qui passe au travers de la fenêtre. Cette modélisation simplifiée n'est donc valable que pour un débit constant. Dans une fenêtre pariéto-dynamique à trois vitrages, pour un débit de l'ordre de 15 m³/h, l'ordre de grandeur du coefficient U_{eq} pour le vitrage est de 0,2 W.m^{-2}.K^{-1} et celui du coefficient S_w est 70 %[1].

---

1. Pour plus d'informations en français, lire : François Gloriant. *Caractérisation et modélisation d'une fenêtre pariéto-dynamique à trois vitrages*. Thèse de doctorat, Béthune, Université d'Artois, 2014.

13.4.3   Contact avec le sol

La modélisation du contact entre le plancher bas d'un bâtiment et le sol est toujours délicate. Il est nécessaire de bien étudier les modèles pris par les logiciels. La difficulté réside dans le fait que le sol possède une inertie très importante et que sa température en surface est perturbée par la présence du bâtiment. Il y a donc une interaction thermique entre plancher bas et sol qui n'est pas toujours prise en compte dans les calculs. Plusieurs cas de figure sont à considérer.

Dans le cas d'un **contact direct entre le plancher et le sol** (terre-plein), pour augmenter la précision des calculs, on peut intégrer à la composition du plancher bas une épaisseur de sol (une norme américaine conseille de considérer deux mètres de profondeur). Le calcul prendra donc en compte la dynamique et l'interaction sur ces deux mètres d'épaisseur. Attention, cependant, pour les logiciels appliquant la méthode des coefficients de fonctions de transfert pour la conduction dans les parois, cela risque de poser problème (voir paragraphe 13.4.1.1 sur les murs). Une solution peut consister à séparer le sol en deux zones : une première zone, sur une faible épaisseur, pour laquelle le logiciel prend en compte la dynamique et le calcul des coefficients de fonctions de transfert, et une seconde zone où est introduit un coefficient U. Certains logiciels, par ailleurs, intègrent un modèle de sol 3D réalisé en éléments finis ou différences finies (cas de TrnSys). Cela permet d'éliminer des problèmes de convergence du logiciel, mais entraîne un calcul supplémentaire coûteux en termes de mémoire et de puissance de calcul.

Dans le cas d'un **vide sanitaire** ou d'un espace entre le plancher et le sol, certains logiciels proposent une option permettant de prendre en compte cet espace sans définir de zone thermique particulière (c'est le cas de Pléiades-Comfie, par exemple). On considère alors que la peau inférieure du plancher bas est en contact avec de l'air à température extérieure. Cette hypothèse est valable si l'espace est très fortement ventilé (un vide sanitaire est souvent plus frais que l'extérieur en été et plus chaud en hiver). Il vaut donc mieux prendre en compte cet espace comme une zone thermique à part entière, le problème étant alors de définir le débit de ventilation. Ce débit dépend des ouvertures de cet espace. Il pourra être éventuellement recalé à partir d'une mesure de température d'air.

Notons que le problème soulevé pour le vide sanitaire est exactement identique à celui d'un **comble** et qu'il peut être résolu de la même façon.

13.4.4   Inertie

Que ce soit pour la partie vitrée ou la partie opaque, dans la plupart des logiciels, on ne prend pas en compte les effets d'inertie. Les constantes de temps des vitrages étant de l'ordre de quelques dizaines de secondes à quelques minutes, cette hypothèse est parfaitement justifiée pour des simulations d'un pas de temps de plus de cinq minutes (ce qui est bien souvent le cas). Pour les parties opaques (cadre), les constantes de temps peuvent être un peu plus importantes. Dans le cas où on voudrait connaître finement les apports dus à une menuiserie ayant une inertie particulièrement importante vis-à-vis de celle de la pièce (cas très particulier), on pourrait la prendre en compte en ajoutant une paroi équivalente de même surface totale qui tienne compte des caractéristiques d'inertie complètes.

13.4.5   Masques solaires

Il peut être utile de diviser une grande façade en plusieurs surfaces, de manière à étudier plus précisément l'effet d'un masque (par exemple, un bâtiment voisin) en fonction de l'étage et/ou de la position latérale. Certains outils (par exemple, Alcyone) génèrent les masques automatiquement à partir d'une saisie graphique.

13.4.6   Aéraulique

13.4.6.1   Infiltration d'air

Le débit d'infiltration d'air peut être évalué en fonction de la différence de pression ΔP entre l'intérieur et l'extérieur d'un local par une mesure d'infiltrométrie, par exemple avec la technique de la porte soufflante. La différence de pression dépend du vent (vitesse et orientation) et de la différence de température entre l'intérieur et l'extérieur. L'effet du vent dépend de la géométrie du bâtiment étudié, mais aussi d'éventuels obstacles au vent (bâtiments voisins, par exemple). Ces conditions extérieures sont souvent représentées par des « coefficients de pression », qui permettent d'estimer la pression extérieure au voisinage des différentes façades en fonction de la vitesse et de l'orientation du vent. Ces données étant mesurées dans une station météorologique située en général assez loin du bâtiment étudié, elles sont adaptées en fonction de paramètres comme la rugosité du sol (par exemple, la rugosité est plus élevée en présence de bâtiments de grande hauteur que dans le cas d'un terrain agricole).

La fonction reliant le débit d'infiltration à ΔP est généralement exprimée sous la forme d'un « coefficient de décharge » Cd multiplié par ΔP^n. L'exposant n est généralement voisin de 0,5. Si le local comporte plusieurs parois en contact avec l'extérieur, Cd doit être réparti sur ces parois : ce peut être au prorata de leur surface ou en fonction des liaisons avec des menuiseries, par exemple.

Des valeurs par défaut de Cd et de n sont généralement fournies pour différents types d'orifices et d'ouvertures, par exemple dans le cas d'une fenêtre ouverte. La position de ces orifices (élévation par rapport au sol) doit également être renseignée de manière à évaluer les effets de tirage thermique. Dans le cas d'une ouverture de grande taille (fenêtre ouverte, par exemple), le modèle peut considérer un débit dans chaque sens (par exemple, un débit d'air froid entrant par le bas de l'ouverture et un d'air chaud sortant par le haut).

13.4.6.2   Transferts aérauliques entre zones

Les ouvertures entre zones – par exemple, les portes intérieures – doivent être également décrites. Les portes peuvent être soit ouvertes, ce qui correspond à une grande ouverture avec un débit dans les deux directions, soit fermées, ce qui correspond à un orifice de petite taille. Cela renvoie ainsi à la modélisation des usages et des comportements.

Un mur solaire peut être relié au local adjacent par deux orifices situés à des hauteurs différentes, la circulation d'air étant induite par le tirage thermique.

13.4.6.3 Choix des coefficients de convection aux parois

Certains modèles évaluent les coefficients de transfert convectif aux surfaces des parois en fonction d'une vitesse d'air, et donc du taux de renouvellement d'air dans la zone du côté intérieur, de la vitesse du vent du côté extérieur et de la différence de température entre l'air et la surface. Il faut alors choisir parmi différentes corrélations empiriques. Dans d'autres modèles, les coefficients de transfert convectifs sont constants, avec éventuellement une classe d'exposition au vent pour le côté extérieur. Ces paramètres sont peu influents sur les besoins de chauffage dans le cas des bâtiments bien isolés, car la résistance thermique superficielle est faible par rapport à la résistance thermique de l'isolant. Le coefficient du côté extérieur est le plus incertain, à cause des incertitudes sur les vitesses d'air à proximité des parois, ce qui peut induire une incertitude sur l'évaluation des températures intérieures (cf. le § 11.2).

13.4.7 Éclairage

La principale différence avec les calculs thermiques est que les calculs d'éclairage nécessitent une modélisation par pièce. En effet, une partie des rayons lumineux arrive sur le plan étudié après réflexion sur les parois. On ne peut donc plus étudier globalement une zone regroupant plusieurs pièces. D'autre part, l'éclairement varie beaucoup selon la distance aux baies vitrées : on doit alors considérer un maillage alors que l'évaluation d'une température moyenne est généralement considérée comme suffisante en thermique. Cela impose alors une description plus détaillée du bâti, et éventuellement une expertise pour élaborer un maillage représentatif. La convention est, en général, d'éviter de placer des points de la grille à moins de 50 cm des parois périphériques du local. En fonction de la taille du local, le maillage est classiquement compris entre 50 cm et 1 m. Un mailleur automatique est parfois proposé, par exemple dans le logiciel Enelight chaîné à Pléiades+Comfie, ce qui simplifie beaucoup la saisie d'un projet en amont d'un outil comme Radiance, qui demande de définir par des coordonnées géométriques chaque local, chaque paroi, chaque masque et chaque plan de travail à étudier. Enelight fait ensuite appel à Radiance pour les calculs, mais constitue en quelque sorte une interface utilisateurs simplifiée.

En thermique, l'épaisseur des parois est parfois considérée comme nulle, ce qui ne peut être le cas pour les calculs d'éclairage, car les murs extérieurs représentent une obstruction à la lumière naturelle. Omettre de modéliser l'épaisseur des murs (et des menuiseries) entraînera une surestimation de l'éclairage naturel. L'éclairage électrique n'est pas impacté par l'épaisseur des murs si la source d'éclairage se trouve dans le local que l'on étudie.

En ce qui concerne les données climatiques, la donnée heure par heure de l'éclairement extérieur est parfois demandée pour une année type. Les fichiers de données climatiques utilisés en thermique peuvent, en général, convenir pour les calculs d'éclairage naturel (voir le § 13.1 pour la conversion de données énergétiques en données lumineuses). Certains outils (par exemple, Enelight) utilisent ainsi les mêmes données que celles de la simulation thermique, et reconstituent la distribution des luminances du ciel à partir des rayonnements diffus et direct en W/m². L'albédo du sol pourrait varier en fonction de la longueur d'onde du rayonnement, mais en pratique la même valeur est considérée en thermique et en éclairage.

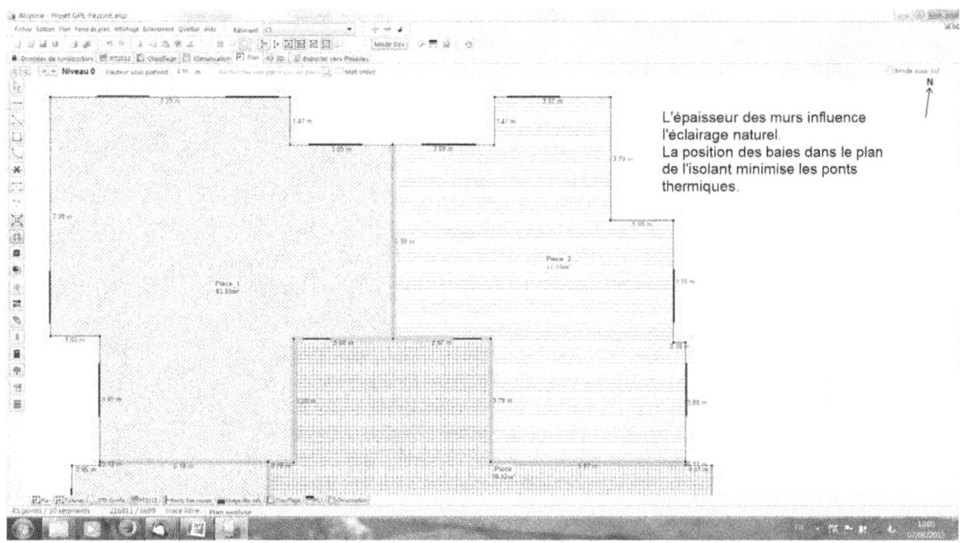

Figure 13.17 Exemple de modélisation graphique tenant compte de l'épaisseur des murs pour la thermique et l'éclairage.

En thermique, les propriétés optiques des surfaces sont rarement très influentes, sauf dans le cas particulier d'espaces capteurs (murs solaires, vérandas…). Ces propriétés sont, par contre, essentielles dans les calculs d'éclairage. Il faut donc renseigner soigneusement les facteurs de réflexion des parois selon différentes longueurs d'onde : les valeurs de transmission et d'absorption sont différentes en éclairage (longueurs d'onde visibles) et en thermique. Certains outils, comme Radiance, permettent une définition précise des propriétés photométriques des matériaux : par exemple, il faut indiquer si une surface est de type métallique, ce qui influencera la diffusion du rayonnement réfléchi (spécularité). La figure 13.18 montre une interface simplifiée permettant de définir ces caractéristiques (logiciel Alcyone). En phase de conception architecturale, la couleur et la texture des parois sont généralement inconnues (le choix de la peinture ou du papier peint dépend de l'occupant). Des valeurs types sont alors considérées, correspondant par exemple à un revêtement blanc cassé.

La transmission lumineuse des vitrages diffère du facteur solaire utilisé en thermique. Ce paramètre est essentiel, il convient donc de le renseigner soigneusement, ainsi que la proportion de vitres et de cadres dans les baies. Le nombre de vitres doit également être renseigné dans certains logiciels, une interface simplifiée considérant un facteur de réfraction fixé par défaut. Le type de vitrage, clair ou diffus, doit également être modélisé. Dans le cas d'un vitrage diffus, l'utilisateur devra s'assurer de la manière dont on modélise ce type de vitrage dans l'outil qu'il utilise, car c'est une spécificité parfois complexe à renseigner dans certaines interfaces. Il peut être nécessaire d'aller modifier la définition du vitrage dans les fichiers sources (c'est parfois le cas dans certaines interfaces qui utilisent Radiance).

En général, l'éclairement souhaité dépend de l'heure et du jour de la semaine : la figure 13.19 (logiciel Alcyone) montre un scénario où un éclairement de base de 200 lux est demandé aux heures de bureau, sur un plan de travail situé à 0,90 m de hauteur dans le local étudié.

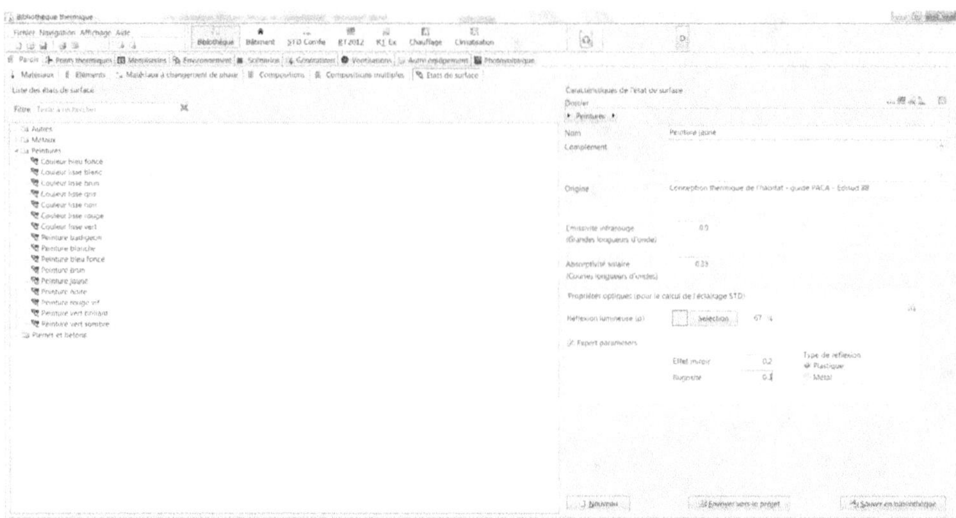

Figure 13.18 Exemple de description simplifiée des propriétés optiques des surfaces (logiciel Alcyone).

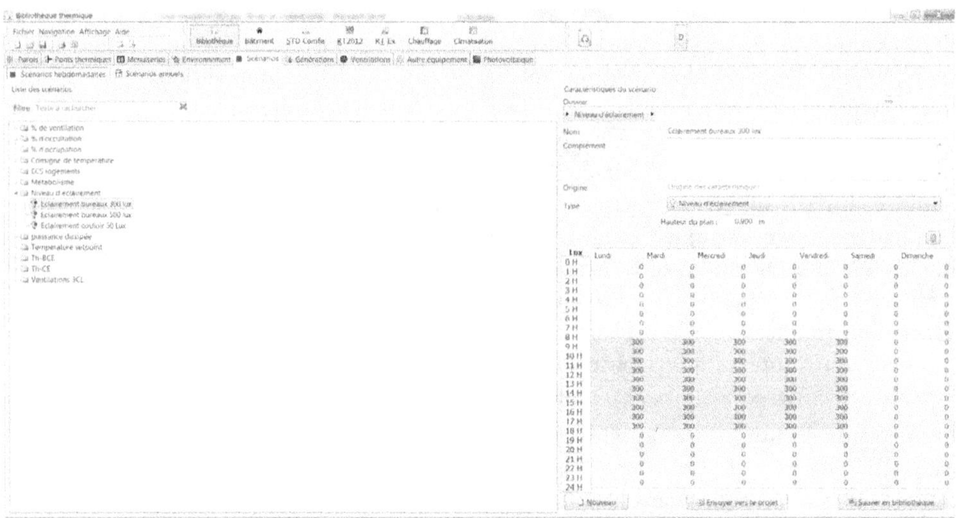

Figure 13.19 Exemple de description d'un scénario d'usage (logiciel Alcyone).

Étant donné les différences listées ci-dessus entre thermique et éclairage, il convient donc d'être prudent lorsqu'un logiciel propose des simulations thermiques et lumineuses, car la modélisation et le paramétrage doivent être appropriés. Certains recommandent alors, lorsque c'est possible, de prendre un modèle dédié aux simulations thermiques et un autre pour les simulations d'éclairage naturel. D'autres considèrent que l'analyse énergétique globale est plus pertinente en couplant les deux modélisations, car l'énergie consommée pour l'éclairage artificiel constitue un apport de chaleur qui doit être pris en compte dans les calculs thermiques.

Les algorithmes de simulation de la propagation de la lumière ainsi que l'influence des paramètres de modélisation et de simulation sont détaillés dans le chapitre de cet ouvrage dédié aux simulations d'éclairage (chapitre 2).

Outre la description du climat, de l'enveloppe et du scénario d'usage, un outil comme Radiance demande d'entrer des paramètres de simulation : par exemple, le nombre de rebonds pris en compte dans le suivi des rayons influence à la fois la précision et la durée des calculs. Des valeurs par défaut sont parfois proposées dans le but d'optimiser la précision et la durée des calculs (De Luminae, 2010[1]), un tel compromis étant forcément délicat : ces valeurs sont issues de nombreux tests comparatifs permettant d'évaluer l'erreur par rapport à une référence détaillée (mais coûteuse en temps de calcul).

13.4.8 Paramètres Hygrothermiques

Comme nous l'avons vu dans le chapitre 4 de ce livre, les codes de simulation hygrothermiques peuvent produire des résultats intéressants. Une modélisation correcte des transferts de masse nécessite de fournir au code des données d'entrée adéquates. En particulier, une bonne connaissance des débits d'air est très importante.

L'utilisateur doit également renseigner les sources d'humidité, qui sont étroitement liées aux activités des occupants. Rappelons qu'une personne produit en moyenne entre 2 et 4 kg d'eau par jour. Le séchage du linge constitue une des activités les plus productrices de vapeur, avec un impact energétique non négligeable.

Une autre entrée importante est constituée par les propriétés hygrothermiques des matériaux en contact avec l'air intérieur (parois et/ou mobilier). Ces propriétés (coefficients de transferts de vapeur, de liquide, isotherme de sorption) ne sont pas toujours faciles à trouver, et la fiabilité des informations figurant sur les pages internet facilement accessibles doit absolument être vérifiée. Certains logiciels, par exemple Wufi et WufiPlus, incluent des bases de données relativement importantes. Comme nous l'avons déjà signalé, il ne faut pas oublier les peintures et les autres revêtements, qui peuvent être très importants lors des études liées à l'humidité. Une alternative intéressante, si on s'intéresse uniquement à l'humidité dans l'air et non pas dans les parois, consiste à utiliser des modèles de tampon hygroscopique.

13.5 Données sur les systèmes
(G. Fraisse & P. Schalbart)

Chacun des composants permettant de répondre aux besoins énergétiques doit être défini avec précision pour réaliser une simulation thermique dynamique. La difficulté est liée au nombre important de données nécessaires ; il faut souvent se référer aux fournisseurs ou fabricants pour avoir toutes les informations. Certains logiciels de simulation ont un lien direct avec des bases de données (exemple : http://www.edibatec.com/), ce qui facilite le paramétrage des composants. Cette difficulté à définir le « bon » modèle oblige à toujours vérifier la cohérence des résultats grâce à un niveau d'expertise suffisant.

---

1. Projet ANR PACIBA, *Progiciels d'aide à la conception intégrée des bâtiments*, Rapport final, 2010.

Les données nécessaires à la modélisation des systèmes peuvent finalement être classées en deux catégories. Il s'agit de grandeurs connues qui sont soit constantes au cours d'une simulation (les paramètres), soit variables au cours du temps (les entrées) :

- les **paramètres** :
    - caractéristiques thermophysiques,
    - caractéristiques des composants : coefficient de perte, couple puissance-rendement, puissance des appareils électriques…,
    - dimensionnement : géométrie, puissance maximale…,
    - initialisation des températures dans le cas du régime dynamique,
    - données de régulation : différentiel lié à la gestion « tout ou rien » ;
- les **entrées** :
    - données météorologiques : température extérieure, ensoleillement, vent…,
    - sollicitations internes : apports internes…,
    - sorties d'autres composants : température, débit, état de fonctionnement (marche, arrêt),
    - caractéristiques thermophysiques en fonction de la température si ces valeurs varient beaucoup,
    - scénarios prédéfinis : consigne de température, scénarios d'occupation.

À partir des grandeurs connues, la simulation permet alors de calculer les sorties qui sont variables au cours du temps :

- les différentes grandeurs caractérisant le fonctionnement des systèmes : températures, débits, puissances (utile, stockée, perdue…) ;
- les grandeurs intégrées : énergie consommée… ;
- les performances : rendement, coefficient de performance, critères de confort…

Les simulations dynamiques peuvent considérer un fonctionnement idéal en termes de régulation de la température de consigne. La puissance est alors une inconnue ; elle est limitée par le paramètre de dimensionnement de l'installation (puissance maximale). Une autre possibilité consiste à calculer la température « réelle » (variable) compte tenu de la consigne souhaitée et de la puissance définie par le système de contrôle-commande.

13.5.1   Exemple d'un chauffe-eau solaire thermique

À titre d'exemple, nous proposons le cas d'un chauffe-eau solaire individuel que nous modélisons afin de connaître ses performances annuelles. Le lien avec le modèle de bâti (enveloppe) peut se faire assez simplement à travers une température ambiante des pièces dans lesquelles sont situés le ballon de stockage et les canalisations entre le capteur, le stockage, l'appoint et les points de puisage. Les principales données relatives à la simulation sont les suivantes.

Les paramètres de simulation :

Début (0 h) / fin (8 760 h pour une année) / pas de temps (0,25 h, par exemple).

Les paramètres des composants :

Capteur solaire : surface, inclinaison, azimut, coefficients caractérisant les performances (a0, a1 et a2).

Régulateur : température maximale dans le ballon (100 °C), différentiel de température d'enclenchement et d'arrêt de la circulation du fluide caloporteur.

Circulateur : débit nominal.

Ballon de stockage : volume, diamètre, coefficient de pertes, caractéristiques des échangeurs et de l'appoint, nombre de couches (stratification), températures initiales.

Canalisations : diamètre, longueur, coefficient de pertes.

<u>Les entrées :</u>

Capteur solaire : débit, température extérieure, éclairement solaire direct et diffus, vent, albédo.

Régulateur : température du ballon à mi-hauteur de l'échangeur solaire, température en sortie du capteur.

Circulateur : signal de fonctionnement issu du régulateur.

Ballon de stockage : profil de température de l'eau du réseau (sur 8 760 h), profil de soutirage (débit d'eau chaude sur 24 h, une semaine ou 8 760 h), température/débit d'entrée de la boucle solaire, température du local.

Canalisations : température/débit du fluide à l'entrée.

<u>Les sorties :</u>

Capteur solaire : température du fluide caloporteur en sortie.

Régulateur : signal de fonctionnement de la boucle solaire.

Circulateur : débit circulant dans la boucle solaire.

Ballon de stockage : température/débit en sortie (boucle solaire et ECS), puissances fournies par l'appoint et le solaire, pertes thermiques, variation d'énergie interne, température de chaque nœud (stratification).

Canalisations : température en sortie, débit du fluide à l'entrée (de façon à fixer facilement la valeur du débit sur une même boucle de circulation), pertes thermiques, variation d'énergie interne.

Sur cet exemple, il est facile de voir que l'assemblage des composants conduit à un modèle global qui est résolu en tenant compte des interactions «logiques» entre les composants. Les liens entre les composants se font ainsi en connectant les sorties d'un modèle (comme la température/débit en sortie du capteur solaire) vers les entrées d'un autre modèle (dans ce cas, une canalisation allant du capteur au ballon de stockage). C'est le principe retenu de modélisation dans le logiciel TRNSYS (figure 13.20).

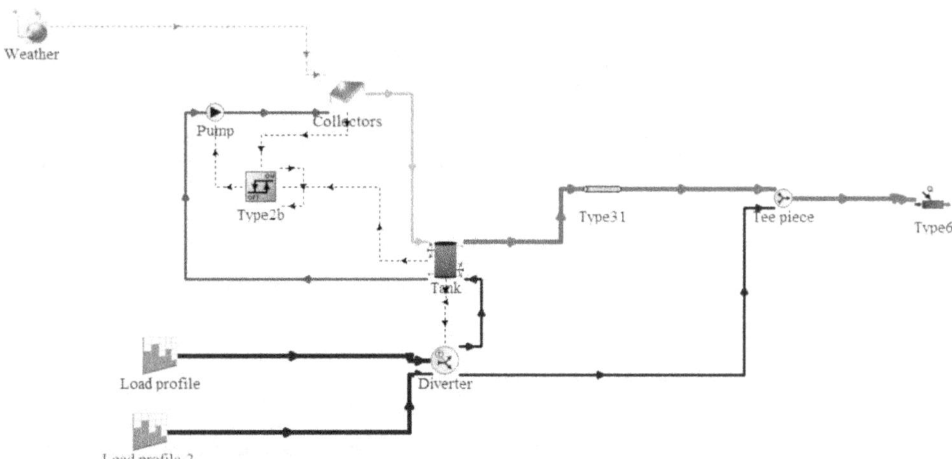

Figure 13.20 Interface graphique du logiciel TRNSYS permettant de lier les composants d'un système.

À l'issue de la simulation, il est possible de déterminer la productivité thermique des capteurs solaires et le taux de couverture solaire en utilisant d'autres outils de calcul du logiciel TRNSYS : intégration des puissances au cours du temps, écriture des équations donnant directement les calculs à réaliser… Il est important de vérifier le comportement de l'installation en termes de stratification (figure 13.21-a) et de gestion (figure 13.21-b). La stratification est importante à modéliser sachant qu'un ballon de stockage à appoint intégré présente différents niveaux de température qui vont conditionner les performances de l'installation dans sa globalité. Ainsi, on cherche à maintenir un niveau de température bas en partie inférieure du stockage pour améliorer les échanges thermiques avec la boucle solaire, et un niveau de température élevé en partie haute afin de limiter le recours à l'appoint. Il y a ainsi deux sondes de température (régulateur de la boucle solaire + appoint de chaleur) dans le stockage et il est nécessaire que le modèle de ballon prédise correctement la stratification thermique.

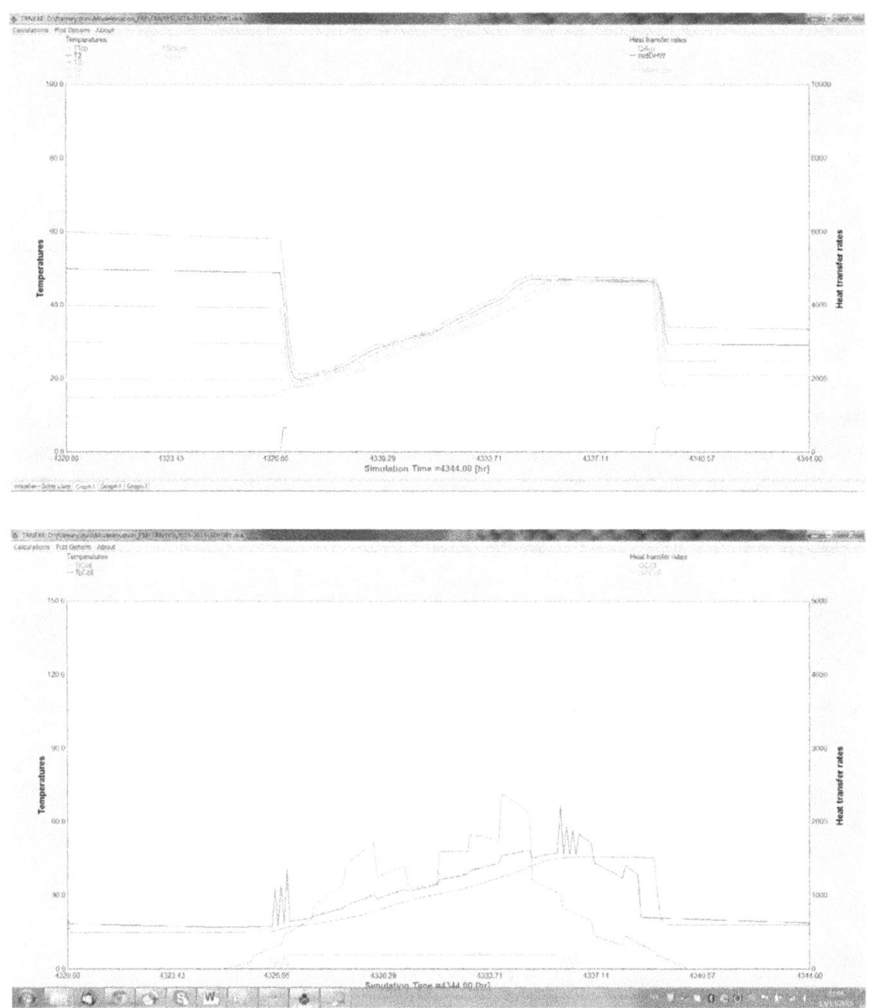

Figure 13.21 Exemple de sortie graphique montrant la stratification thermique dans le stockage et le fonctionnement du régulateur (*i.e.* mise en route le matin et arrêt le soir).

13.5.2 Ressources – Bibliothèque de modèles

Les données d'entrée liées à la modélisation des systèmes peuvent être obtenues directement auprès des fabricants, au travers d'organisations professionnelles (ex. : http://www.uniclima.fr/ ou http://www.edibatec.com/) ou d'organismes de certification (ex. : http://www.certita.org/).

En phase de conception, une difficulté majeure consiste à définir les hypothèses de fonctionnement. Surévaluer des besoins d'eau chaude pour les systèmes solaires thermiques, par exemple, peut avoir des conséquences désastreuses en termes de rentabilité financière. Dans l'existant ou le neuf, la définition des sollicitations météorologiques constitue également une difficulté importante pour évaluer correctement les besoins, sachant que les stations météorologiques disponibles (http://meteonorm.com/) ne sont pas toujours à proximité du cas d'étude. Une localisation en milieu urbain est ainsi difficile à prendre en compte du fait des îlots de chaleur. Par ailleurs, les apports solaires et les écoulements d'air sont, dans cette configuration, fortement influencés par la présence d'immeubles dans le voisinage.

Les outils de simulation des systèmes énergétiques les plus couramment utilisés en France dans le bâtiment sont certainement :

— Matlab-Simulink (http://fr.mathworks.com/products/simulink/) ;

— TRNSYS (http://www.trnsys.com/) ;

— EnergyPlus (http://apps1.eere.energy.gov/buildings/energyplus/).

Le logiciel Pléiades+Comfie (http://www.izuba.fr/) qui était plutôt orienté vers la simulation dynamique de l'enveloppe des bâtiments intègre maintenant des modèles physiques simplifiés des systèmes (chaudières, pompes à chaleur, solaire thermique, PV), en lien notamment avec la réglementation (RT 2102).

L'environnement Dymola, qui s'appuie sur le langage Modelica (http://www.3ds.com/products-services/catia/capabilities/modelica-systems-simulation-info/dymola), est également en forte expansion au niveau R&D compte tenu de son intérêt en termes de facilité d'écriture des modèles.

Concernant les bibliothèques de modèles disponibles, Matlab-Simulink contient des composants bâtiment/CVC/régulation dans SIMBAD (http://www.simbad-cstb.fr/).

Pour des raisons historiques, c'est certainement le logiciel TRNSYS qui bénéficie du plus grand nombre de modèles de systèmes énergétiques, notamment solaires (http://www.trnsys.com/features/libraries.php) :

— bibliothèque Standard livrée avec le logiciel (environ cent cinquante modèles) : *Controllers, Electrical, Heat Exchangers, HVAC, Hydrogen System, Hydronics, Load and Structures, Outputs, Physical Phenomena, Solar Thermal Collectors, Thermal Storage, Utility* ;

— bibliothèque TESS (250 composants) qui se sert d'une classification analogue à la bibliothèque Standard avec en plus : *Geothermal Heat Pump (GHP), Ground Coupling, Optimization, Cogeneration (CHP), High Temperature Solar Components* ;

— bibliothèque TRNLIB, qui est un ensemble de modèles développés par la communauté scientifique ;

— bibliothèque TRNAUS : bibliothèque australienne (*Solar collector, Solar boosted heat pump, Stratified tank model, Thermosyphon solar water heater, Stratified tank,...*) ;

— bibliothèque Transsolar : *District Heating, Seasonal Ground Heat Storage, Indoors and Outdoors Pool Model, Hypocaust Thermal Storage, Static / Dynamic Radiator Model / PID-Controller, Air-to-soil heat exchanger...*

Face à un nombre important de modèles disponibles, il n'est pas toujours facile de choisir des modèles de composants du système à modéliser. Un certain nombre de critères peuvent aider à cet effet :

- cohérence du niveau de simplification entre les modèles utilisés ;
- cohérence entre la modélisation physique et l'objectif de la simulation. Par exemple, pour un système solaire thermique, il est indispensable de tenir compte de la stratification dans le ballon de stockage, d'où l'utilisation d'un modèle non homogène en température (multicouche, par exemple) ;
- temps de calcul : privilégier des modèles simplifiés si les moyens de calcul sont limités, comme dans un régulateur par exemple ;
- privilégier des modèles validés ;
- données disponibles : en cas de données expérimentales limitées, privilégier l'identification d'un modèle de type Boîte noire qui permet de reproduire le comportement du système. Cependant, si on dispose de données expérimentales suffisantes, le calibrage des paramètres de modèles de type Boîte blanche a plus de capacités de prédiction.

Nous n'avons pas évoqué la modélisation fine des transferts de masse et de chaleur par CFD, qui nécessite des temps de calcul très longs. Elle peut s'avérer très utile pour comprendre avec précision certains phénomènes de convection dans les systèmes de stockage, par exemple (Souza, 2012). Néanmoins, ce type de modèle ne permet pas d'étudier le comportement du ballon sur de longues périodes. Des approches analytiques basées sur l'analogie électrique sont privilégiées dans ce cas pour évaluer les performances annuelles. Même si la modélisation au sein même du ballon n'est pas aussi précise que pour des modèles CFD, le comportement aux bornes du composant (par exemple, la température en sortie de ballon) s'avère généralement très satisfaisant.

13.6 Scénarios d'usage
(É. Vorger)

Les occupants influencent les consommations énergétiques et les conditions d'ambiance intérieure des bâtiments. Ainsi :

- la présence est à l'origine de dégagements de chaleur, d'humidité et de CO_2 liés au métabolisme. Elle est aussi une condition préalable à la réalisation des actions énumérées ci-dessous ;
- les ouvertures/fermetures de fenêtres modifient la température et la qualité de l'air intérieur ;
- la gestion des dispositifs d'occultation influence les apports solaires, ainsi que l'éclairement intérieur et, par conséquent, l'utilisation de l'éclairage artificiel ;
- l'utilisation de l'éclairage artificiel et des appareils électriques est synonyme de consommations d'électricité et d'apports internes par effet Joule ;
- la gestion des consignes de température détermine les consommations de chauffage et de climatisation ;
- les puisages d'eau chaude sanitaire (ECS) engendrent des consommations d'énergie et modifient les conditions intérieures de température et d'humidité.

Les bâtiments à faible consommation d'énergie, fortement isolés et conçus pour valoriser les apports solaires et internes, sont particulièrement sensibles aux interactions listées ci-dessus.

13.6.1 L'approche stochastique pour pallier les limites des scénarios déterministes

13.6.1.1 Les modèles déterministes

À l'heure actuelle, les outils (en particulier, la réglementation thermique en vigueur) intègrent les aspects relatifs à l'occupation par l'intermédiaire de modèles déterministes. En fonction du type de bâtiments (logements, bureaux, etc.), des scénarios horaires prédéfinis fixent le nombre d'occupants, les apports internes et les consignes de température, tandis que des actions telles que l'ouverture des fenêtres ou l'abaissement des stores sont négligées ou dictées par des franchissements de seuils de température. La figure ci-dessous présente le scénario issu de la méthode de calcul réglementaire, pour les apports internes dus aux équipements ménagers sur une journée de semaine dans une maison de 90 m². Ce scénario suppose une utilisation des appareils électriques essentiellement au cours de la matinée et de la soirée avec un niveau de base identique la nuit et en journée.

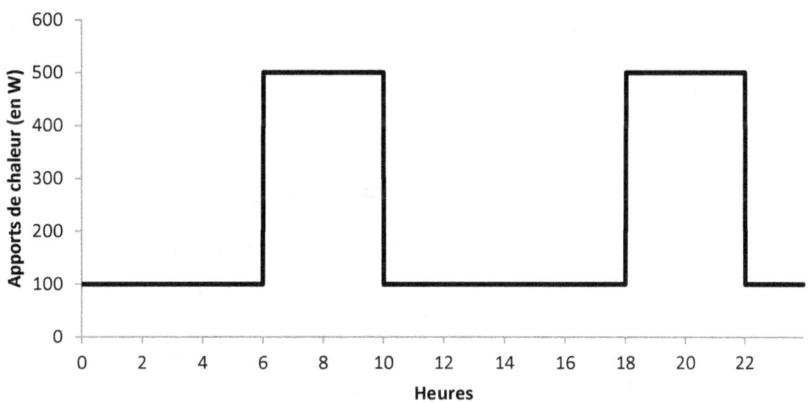

Figure 13.22 Niveaux d'apports internes dus aux équipements ménagers sur une journée de semaine dans une maison de 90 m² (source : Méthode de calcul Th-BCE 2012).

À l'aune de l'exigence croissante de précision des outils de simulation, les limites de ces représentations simplifiées sont de plus en plus visibles. En particulier :

— elles sont fondées sur des hypothèses qui ne décrivent pas l'occupation réelle moyenne. Ainsi, des retours d'expérience nombreux font état de consommations mesurées *in situ* quasiment systématiquement supérieures aux prévisions des outils de simulation (voir, par exemple, les travaux de Sidler (2011)) ;

— elles ne rendent pas compte de la diversité des manières d'habiter. Pourtant, des logements identiques présentent des consommations énergétiques variées, comme l'illustre la figure 13.23 tirée d'une étude portant sur 290 logements similaires (Andersen, 2012). La consommation de chauffage moyenne se situe autour de 100 kWh/(m².an), mais certains logements consomment moins de 50 kWh/(m².an) et d'autres plus de 150 kWh/(m².an).

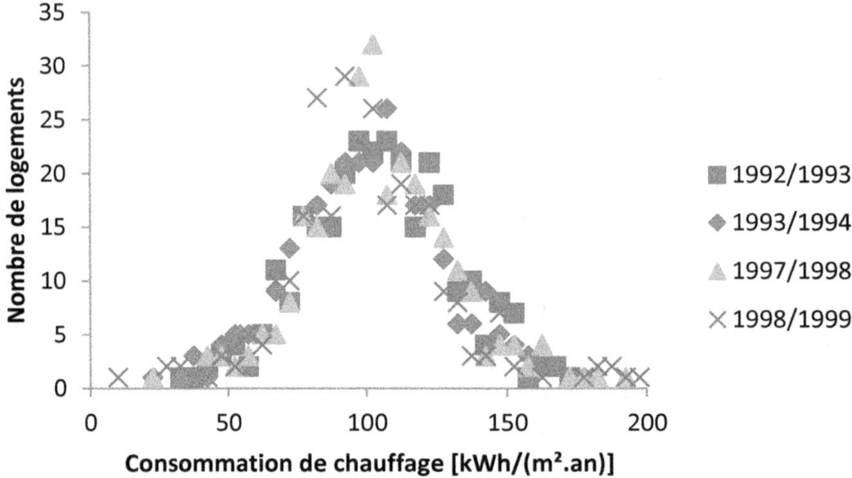

Figure 13.23 Distribution des consommations de chauffage pour 290 maisons identiques (Andersen, 2012).

Les modèles décrits ci-après, visant à améliorer la représentation du comportement des occupants dans les bâtiments, sont destinés à perfectionner les logiciels de STD et à fournir de nouvelles fonctionnalités, comme l'évaluation des incertitudes liées à l'occupation. Pour plus de détails, le lecteur peut se référer à la thèse d'Éric Vorger (2014).

13.6.1.2 Les alternatives aux modèles déterministes

Pour remplacer les scénarios déterministes conventionnels, les recherches se déclinent en deux grandes approches.

Dans le cadre de la première, que nous qualifions «d'orientée agent-basée sur le confort», les actions des agents sont pensées comme des moyens de maintenir ou de restaurer leur confort. Par exemple, un occupant ouvrira une fenêtre s'il perçoit son environnement comme inconfortable et s'il sait (après apprentissage et mémorisation) qu'ouvrir une fenêtre est susceptible d'améliorer son confort. Cette méthodologie nécessite donc de modéliser le confort et de définir des seuils au-delà desquels l'inconfort est tel qu'il engendre une réaction.

Suivant la seconde approche, que nous appelons «stochastique statistique», les processus physiques et psychologiques ayant conduit à la réalisation des actions ne sont pas explicités. Les comportements sont simulés directement à partir de lois de probabilité issues de l'observation de la réalité. Les modèles stochastiques de comportement sont généralement établis à partir de campagnes de mesures au cours desquelles les états des contrôles étudiés (par exemple, l'état ouvert ou fermé d'une fenêtre ou la position d'un dispositif d'occultation) sont enregistrés en même temps que des variables explicatives permettant de décrire l'environnement (températures intérieures et extérieures, rayonnement, etc.). Suivant une approche statistique brute (bien qu'aiguillée par une connaissance préalable du sujet), les liens entre les variables explicatives et la variable d'intérêt sont analysés, et le modèle est construit sur la base des relations significatives décelées. On obtient, par exemple, un modèle de gestion des fenêtres dans lequel la probabilité d'ouverture dépend de l'état de présence (est-ce que l'individu arrive dans une pièce ? Y est-il présent depuis un certain temps ou en sort-il ?) et des températures intérieures et extérieures, alors que l'influence d'autres variables peut être négligée. La simulation consiste à comparer cette probabilité à un nombre aléatoire compris entre 0 et 1 : si le nombre est inférieur à la probabilité, alors l'action est réalisée.

Les travaux présentés dans ce chapitre suivent l'approche stochastique statistique, qui selon nous présente plusieurs avantages :

- elle s'affranchit d'une délicate modélisation du confort, laquelle nécessiterait de définir plusieurs critères (thermique, visuel, qualité de l'air), puis de les hiérarchiser pour gérer leurs contradictions ou adopter une logique multicritère par définition subjective. À cette difficulté s'ajouteraient les lacunes intrinsèques des modèles de confort thermique ainsi que le manque de connaissance sur le lien entre sensation d'inconfort et action adaptative ;

- les phénomènes liés au confort sont saisis implicitement par les lois de probabilité dérivées de mesures. Si, par exemple, la probabilité d'ouvrir la fenêtre augmente avec la température intérieure, il y a bien un lien avec le confort thermique même si celui-ci n'est pas modélisé explicitement ;

- suivant l'approche « orientée agent-basée sur le confort », la modélisation des étapes intermédiaires (que sont la perception, la mémorisation ou l'apprentissage) peut induire des incertitudes supplémentaires et elle accroît les temps de calcul ;

- les modèles stochastiques reflètent une certaine diversité, deux états identiques pouvant conduire à des comportements différents au gré des tirages aléatoires. De plus, des actions peu probables et *a priori* illogiques du strict point de vue du confort thermique (par ex., l'ouverture d'une fenêtre lorsque la température extérieure est très faible) ne sont pas écartées.

Remarque :

Les deux approches de modélisation ne sont pas foncièrement antinomiques. Des hybridations peuvent être envisagées afin de tirer parti d'atouts de l'approche « orientée agent-basée sur le confort » (modèles de connaissance moins dépendants des données de calibrage que les modèles statistiques purs), et d'atouts des modèles stochastiques statistiques (notamment, la représentation de la diversité des comportements).

13.6.2 Proposition d'une modélisation stochastique

13.6.2.1 Architecture de la modélisation

L'architecture de la modélisation retenue est représentée sur la figure 13.24. Elle est rapidement décrite ici pour permettre au lecteur d'en avoir une vision d'ensemble avant d'en aborder les différentes composantes.

Les modèles présentés ont été programmés au sein du logiciel Pléiades+Comfie, mais la méthodologie est applicable à n'importe quel outil de STD. L'ensemble des modèles d'occupation est regroupé au sein d'un module couplé au modèle de bâtiment. L'interface utilisateur a été adaptée afin de permettre la saisie d'informations utiles au module[1]. Une partie des modèles constitue un pré-process qui s'exécute avant la simulation thermique, lui fournissant des entrées qui remplacent les scénarios déterministes classiques. Le sous-modèle dédié à la gestion des fenêtres ne peut pas être intégré au pré-process, puisqu'il nécessite d'échanger des données à chaque pas de temps avec le cœur de calcul thermique.

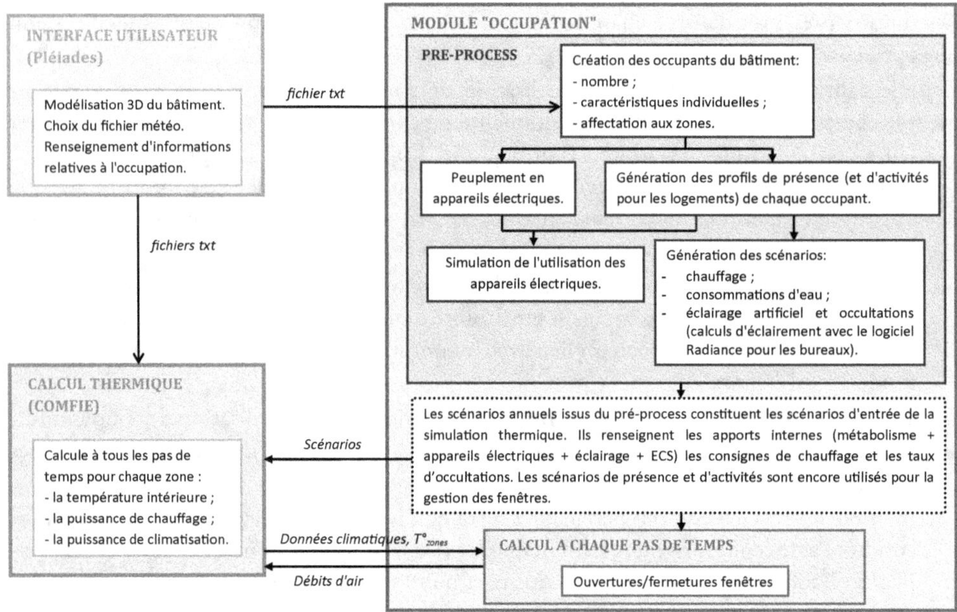

Figure 13.24 Schéma d'ensemble du modèle de comportement des occupants couplé à l'outil de STD.

Un des objectifs principaux de la modélisation proposée est de permettre l'obtention de distributions des consommations énergétiques du bâtiment (chauffage, rafraîchissement, électricité spécifique), en lieu et place de valeurs uniques obtenues sous l'hypothèse d'un scénario d'occupation déterminé. Pour ce faire, nous employons la méthode de Monte-Carlo[2], entendue au sens large, consistant à réaliser des séries de simulations. À partir des mêmes entrées issues de l'interface, les nombreux processus stochastiques contenus dans le modèle d'occupation assurent l'unicité de chaque simulation. Deux exécutions successives génèrent des scénarios et des actions différentes, conduisant à des consommations énergétiques différentes. Un logement, par exemple, pourra être habité au cours de la première simulation par une famille nombreuse abondamment équipée en appareils électroménagers et audiovisuels, puis, au cours de la seconde simulation, par un individu seul faiblement équipé. Au cours des simulations, les individus de la première famille pourront être peu actifs vis-à-vis des fenêtres et des stores tan-

---

1. Certaines informations sont obligatoires comme le type de zone (« logement », « bureaux » ou « autre »). D'autres, comme le nombre d'occupants, les caractéristiques individuelles dans le cas des logements, les types d'horaires dans le cas des bureaux ou encore les caractéristiques des appareils électriques, sont facultatives. Si elles ne sont pas renseignées, elles sont déterminées par des procédures probabilistes ne nécessitant aucune entrée.

2. En mathématiques, on appelle « méthodes de Monte-Carlo » les techniques permettant d'évaluer une quantité à l'aide de tirages aléatoires. C'est de cette idée de recours au hasard que vient la dénomination « Monte-Carlo », par allusion au célèbre quartier de Monaco réputé pour son casino… Dans notre cas, la méthode est employée pour évaluer l'espérance de la sortie (par exemple, les besoins annuels de chauffage), mais l'ensemble des points de sortie obtenus nous intéressent en ce qu'ils fournissent un écart type et un intervalle d'incertitude.

dis que le second habitant sera particulièrement actif. En reproduisant la simulation un certain nombre de fois (l'ordre de grandeur est de plusieurs centaines), on obtient alors la distribution des consommations pour ce logement. Cette approche est schématisée sur la figure 13.25.

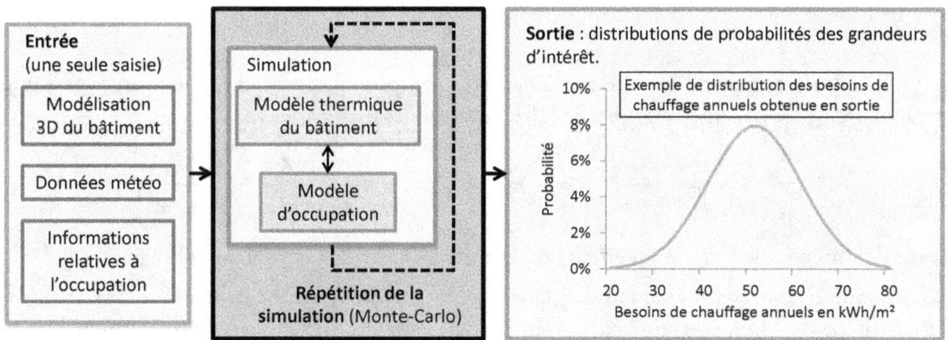

Figure 13.25 Méthodologie pour l'obtention des distributions de probabilités des sorties.

13.6.2.2 Quelques outils mathématiques des modèles stochastiques

Les modèles décrits par la suite reposent fréquemment sur l'utilisation de chaînes de Markov, de modèles *logit* et de la méthode de la transformée inverse (MTI). Ces éléments employés de manière récurrente sont présentés ci-dessous.

Chaînes de Markov

Les chaînes de Markov sont utilisées pour caractériser des probabilités de transition, par exemple : absence -> présence, éteint -> allumé ou ouvert -> fermé. Une chaîne de Markov du premier ordre est une série chronologique qui vérifie les conditions de Markov, selon lesquelles l'état à l'instant t dépend uniquement de l'état à l'instant $t-1$ (mémoire d'un pas de temps, toute l'information nécessaire pour prévoir l'état futur est contenue dans le pas de temps présent). Si l'on considère Ω comme l'ensemble des états possibles de la variable X et $t \in \{0,1,...,N\}$ un instant en temps discret, alors $\{X_t\}$ est une chaîne de Markov si :

$$\forall k \text{ tel que } t+k < N \text{ et } \forall A \in \Omega, \mathbb{P}(X_{t+k} \in A \,|\, X_0, X_1, ..., X_t) = \mathbb{P}(X_{t+k} \in A \,|\, X_t) \quad (1.1)$$

Ainsi, une chaîne de Markov avec M états est complètement caractérisée à un instant t par une matrice de probabilités de transition :

$$T_{i,j}(t) = \mathbb{P}(X_{t+1} = j \,|\, X_t = i), i,j \in \{1,...,M\} \quad (1.2)$$

Chaque ligne de cette matrice contient la distribution des transitions depuis un état de la chaîne de Markov. La somme des termes d'une ligne est donc égale à 1.

$$\forall i \in \{1,...,M\}, \sum_{j=1}^{M} T_{i,j}(t) = 1 \quad (1.3)$$

Dans le cas d'un système binaire, il suffit donc de connaître deux probabilités de transition[1] (par exemple T_{00} et T_{11}) pour décrire l'ensemble du système. La chaîne de Markov est dite homogène si les probabilités de transitions sont constantes dans le temps, et inhomogène dans le cas contraire.

---

1. Puisque $T_{10}(t) + T_{11}(t) = T_{00}(t) + T_{01}(t) = 1$.

Le processus stochastique consiste à générer à chaque pas de temps un nombre aléatoire suivant une loi uniforme sur [0,1]. Si la probabilité de changement d'état est supérieure à ce nombre, l'état est modifié, sinon il reste inchangé. Cette méthode est souvent nommée « chaîne de Markov Monte-Carlo » ou MCMC (pour *Markov Chain Monte-Carlo*).

Modèle logit

Le modèle linéaire généralisé utilisant le lien logit propose d'exprimer la fonction *logit* d'une variable $p \in]0,1[$ par une fonction linéaire de variables explicatives x_n :

$$\text{logit}(p) = \log\left(\frac{p}{1-p}\right) = a + \sum b_n \cdot x_n \Leftrightarrow p = \frac{\exp\left(a + \sum b_n \cdot x_n\right)}{1 + \exp\left(a + \sum b_n \cdot x_n\right)} \tag{1.4}$$

Avec : a, l'interception ; b_n les coefficients de régression ; x_n les variables explicatives.

Dans les modèles présentés par la suite, la variable p représentera une probabilité de transition d'une chaîne de Markov. L'application du modèle *logit* pour calculer les probabilités de certaines actions des occupants est intuitivement pertinente, comme l'illustre la figure 13.26. La proportion de fenêtres ouvertes en fonction de la température intérieure, par exemple, est quasiment nulle lorsque la température est faible, puis augmente autour d'un seuil qui constitue un début d'inconfort, pour devenir pratiquement égale à 1 lorsque la température est très élevée.

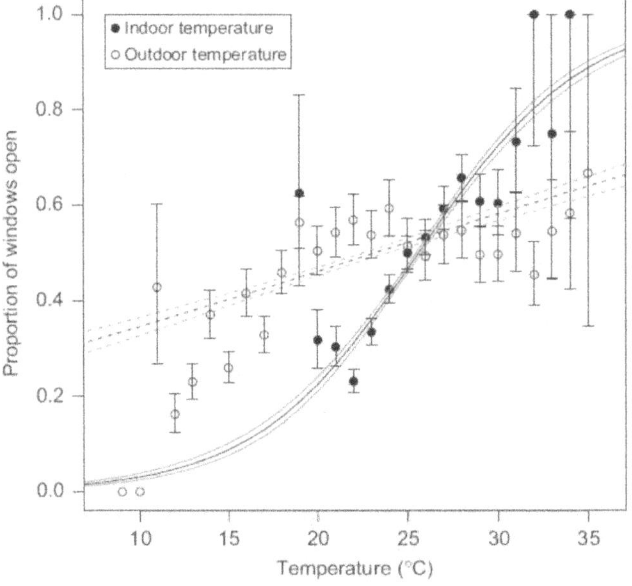

Figure 13.26 Résultats de régressions logistiques tirés de (Haldi & Robinson, 2008).

Méthode de la transformée inverse (MTI)

La méthode de la transformée inverse permet de tirer aléatoirement une valeur d'une variable aléatoire V dont on connaît la distribution de probabilité, ou *PDF* (*Probability Distribution Function*). À partir de la *PDF* de V, définie par $PDF_V(x) = Probabilité(V = x)$, on construit la fonction de distribution cumulée *CDF* (*Cumulative Distribution Function*) de V, définie par $CDF_V(x) = Probabilité(V \leqslant x)$. Si la *PDF* est continue et strictement positive sur son intervalle de définition, alors la *CDF* décrit une bijection de cet intervalle sur $[0,1]$. En générant un nombre aléatoire u suivant une loi uniforme sur $[0,1]$ et en prenant son antécédent par la *CDF* de la variable V (autrement dit, son image par la fonction inverse de la *CDF*), on tire une valeur de V avec la probabilité correspondant à sa distribution de probabilité. Dans l'exemple ci-dessous, on tire aléatoirement la valeur $u = 0,88$, ce qui correspond à $V = 62$. La méthode est transposable avec une distribution discrète.

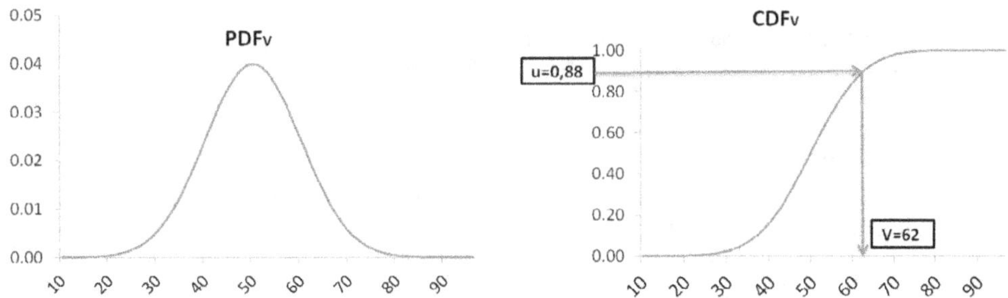

Figure 13.27 Illustration de la méthode de la transformée inverse.

La modélisation stochastique proposée s'adresse aux bâtiments résidentiels et de bureaux, avec des différences notables entre les modèles. Ce chapitre se focalise sur le cas des logements.

13.6.3 Description des modèles dans le cas des logements

13.6.3.1 Création des ménages virtuels

La première étape de la simulation d'un logement consiste à créer ses habitants virtuels. Il s'agit de renseigner le nombre de membres du ménage ainsi que leurs caractéristiques socio-démographiques (âge, genre, revenu, retraité ou non, temps de travail, niveau d'études, état de santé…). Ces éléments influenceront les emplois du temps des habitants, l'équipement du ménage en appareils électriques et le choix des températures de consigne. Les données utilisées à cette étape proviennent pour l'essentiel du recensement de la population française de 2010. La définition des caractéristiques s'effectue de manière séquentielle et s'efforce de faire appel autant que possible aux propriétés du logement. À partir du type de logement (maison ou appartement), du nombre de pièces et de la localisation (rurale ou urbaine), le modèle fournit les probabilités pour le nombre de membres du ménage. À titre d'exemple, la figure 13.28 présente ces probabilités pour un appartement de trois pièces situé en zone urbaine. Le nombre tiré aléatoirement vaut 0,70, et la MTI fixe donc à deux le nombre d'habitants du logement pour cette simulation.

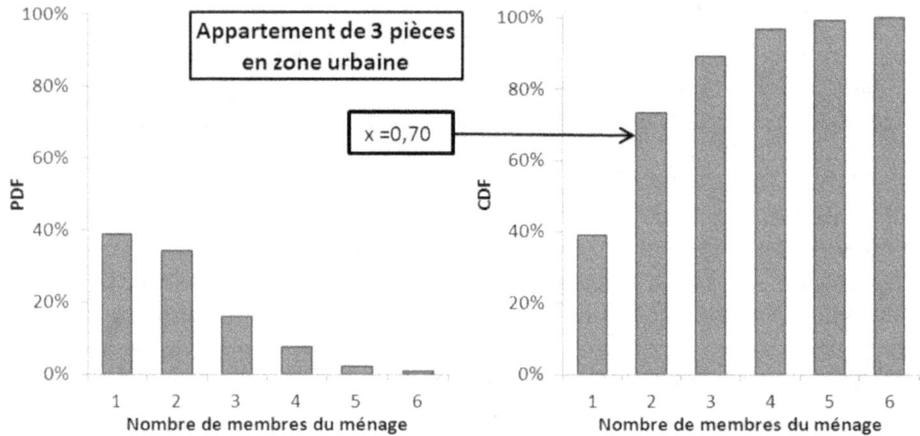

Figure 13.28 Distribution du nombre de membres des ménages habitant des appartements
de trois pièces en zone urbaine.

Pour un nombre de membres donné, le modèle fournit ensuite les probabilités des types de ménages possibles. Si, poursuivant l'exemple précédent, on sait que le ménage compte deux membres, alors il ne peut s'agir que d'une famille monoparentale ou d'un couple seul. Supposons que soit tiré le nombre 0,35 (figure 13.29), alors les habitants du logement pour cette simulation seront un couple.

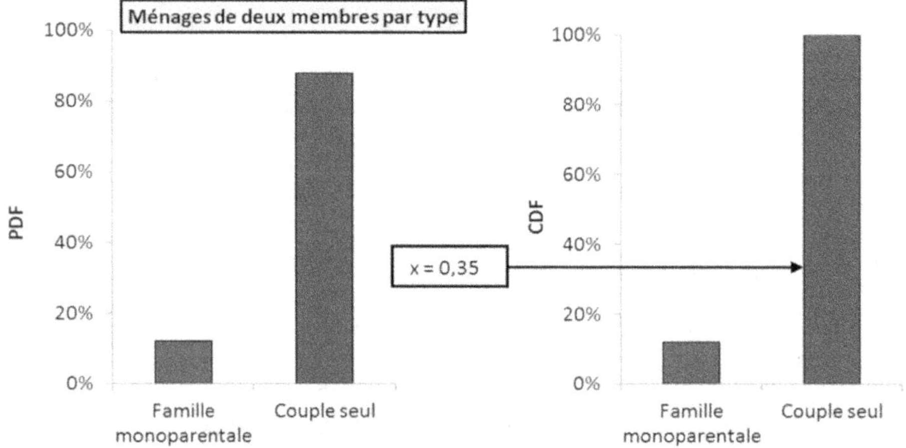

Figure 13.29 Distribution des types de ménages pour les ménages de deux membres.

Toujours d'après le recensement de la population, nous connaissons la distribution des âges des personnes suivant leur type de ménage. Pour filer l'exemple précédent, nous obtenons par la MTI que le premier membre du couple a entre 50 et 54 ans (figure 13.30).

Le processus se poursuit de cette manière, étape par étape, jusqu'à ce que tous les membres du ménage soient décrits par un jeu de caractéristiques sociodémographiques cohérentes.

Lors d'une prochaine simulation, le même logement sera peut-être habité par une famille nombreuse ou une personne seule…

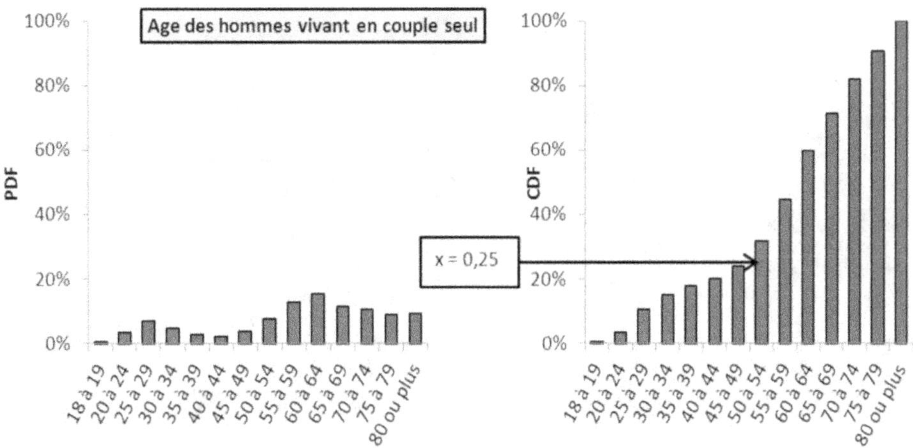

Figure 13.30 Distribution des âges des hommes vivant en couple seul.

13.6.3.2 Scénarios d'activités des habitants

La modélisation de la présence et des activités est utile pour simuler l'usage des appareils électriques, les puisages d'eau et les actions adaptatives (gestion des fenêtres, des stores, de l'éclairage artificiel et des consignes de température). Elle permet également de localiser les habitants dans les différentes pièces et d'assigner les apports métaboliques correspondants.

Pour prévoir les activités des habitants, les enquêtes emploi du temps (EET) issues de la sociologie sont de plus en plus couramment utilisées. Les répondants, décrits en termes sociodémographiques, y renseignent dans un carnet dédié l'enchaînement précis de leurs activités pendant une journée complète.

Le modèle utilisé est une adaptation d'un modèle stochastique développé par Wilke *et al.* (2013) qui repose sur un important travail d'analyse statistique des résultats de l'EET 1999 de l'INSEE, portant sur 15 441 individus. Basé sur des processus de Markov inhomogènes et un modèle *logit* multinomial, le modèle génère des scénarios d'activités hebdomadaires pour chaque habitant avec une résolution de dix minutes. Les probabilités de débuter les différentes activités et les probabilités de leurs durées sont fonction des caractéristiques sociodémographiques. La figure 13.31 illustre l'intérêt de cette désagrégation de la population. Elle compare les profils d'activités journaliers moyens générés par le modèle pour deux sous-catégories de la population : les employés et les retraités. Les retraités sont globalement plus présents en journée, ce qui signifie notamment qu'ils utiliseront davantage d'appareils électriques (pour cuisiner à midi, par exemple), et auront moins tendance à réduire la consigne de chauffage.

La figure 13.32 présente un exemple de scénario d'activités généré par le modèle pour un individu aléatoire. Pour cette journée (un lundi), l'individu considéré se douche ou fait sa toilette de 0 h 00 à 0 h 10, puis dort jusqu'à 8 h 40. Il déjeune ensuite (longuement) jusqu'à 10 h 00, puis s'absente pour ne revenir qu'à 21 h 00. Il dîne jusqu'à 22 h 20, s'absente 10 minutes, puis revient, prend une douche ou fait sa toilette avant de se coucher à minuit (l'activité non représentée après minuit le mardi matin est l'activité « sommeil »).

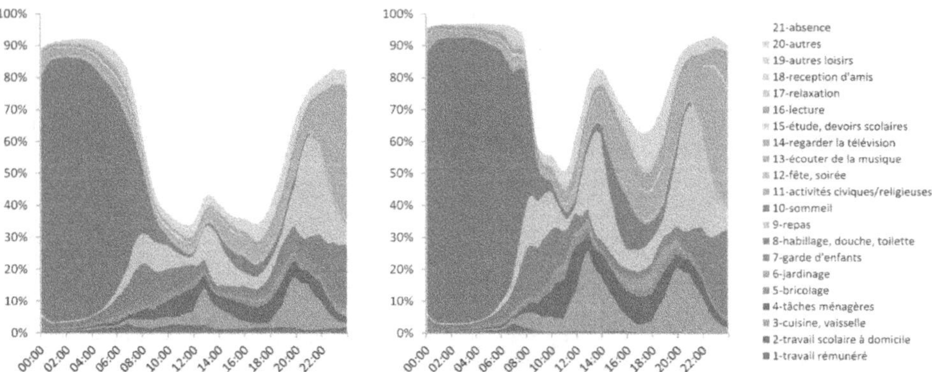

Figure 13.31 Profils simulés de présence et d'activités moyens journaliers
de deux catégories de la population : les employés (à gauche) et les retraités (à droite).

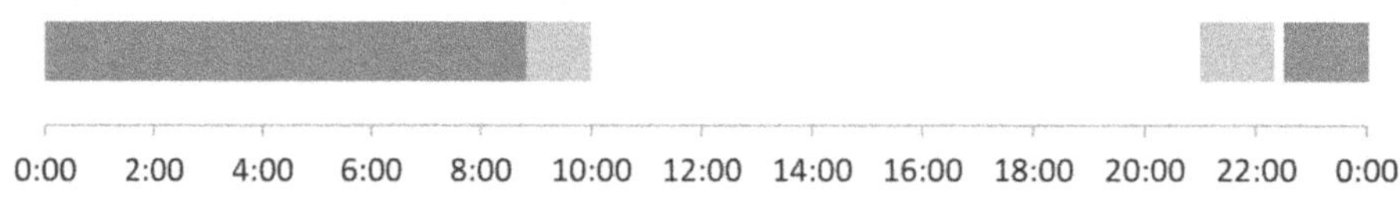

Figure 13.32 Exemple de scénario d'activités journalier généré par le modèle.

Sur la figure 13.33, le profil de présence de la méthode de calcul réglementaire est comparé au profil de présence généré par le modèle pour les 15 441 individus de l'EET 1999. Il apparaît que le scénario réglementaire sous-estime largement le taux de présence durant la journée en semaine (qui ne descend quasiment jamais sous la barre des 40 %) et le surestime tout aussi largement le week-end. D'ailleurs, les résultats du modèle indiquent que les journées de week-end (en moyenne sur l'ensemble des individus) ne sont pas si différentes des jours de semaine. Le taux de présence y est plus faible le soir et la nuit, et plus élevé dans le courant de la matinée et de l'après-midi, mais les habitants ne restent pas cloîtrés à leur domicile.

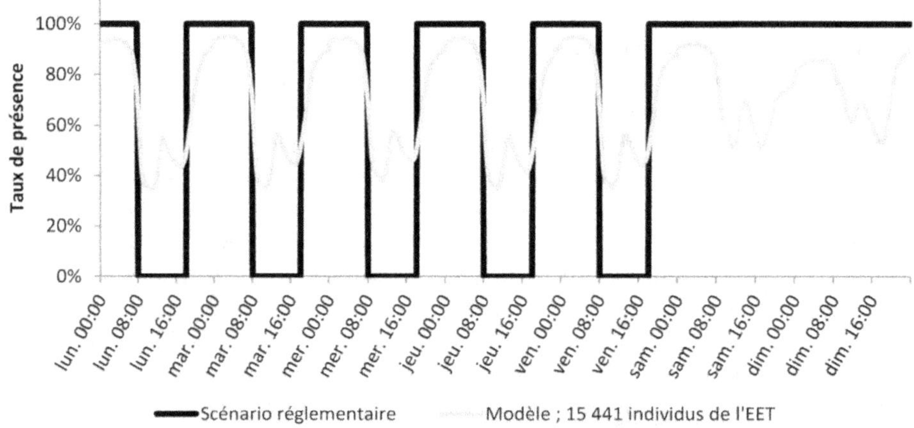

Figure 13.33 Profils de présence hebdomadaire, générés pour les 15 441 individus de l'enquête
par le modèle (en gris) et d'après le scénario réglementaire (en noir).

On remarque aussi que le taux de présence n'atteint jamais 100 %, mais plafonne aux environs de 90 % pendant la nuit. Cela est dû au fait que certaines personnes ne dorment pas à leur domicile, effectuent des horaires de travail fortement décalés le soir ou le matin ou bien travaillent de nuit.

13.6.3.3 Utilisation des appareils électriques et de l'éclairage

Connaissant les activités des occupants, il devient possible de simuler l'utilisation des appareils électriques. Si un habitant fait la cuisine, il est, par exemple, susceptible d'utiliser un four. Une trentaine de types d'appareils correspondant à plusieurs postes de consommation (lavage, cuisson, froid, informatique, audiovisuel, etc.) sont intégrés. Les différentes étapes du modèle sont présentées ici à travers l'exemple du lave-vaisselle, mais un travail similaire a été réalisé pour l'ensemble des types d'appareils.

Les logements doivent préalablement être équipés, et les caractéristiques de fonctionnement des appareils présents doivent être décrites. Les probabilités d'équipement dépendent des caractéristiques des ménages (âge de la personne de référence[1], type de ménage, revenu) ou sont fixées au niveau du taux d'équipement moyen national. Les données utilisées proviennent pour l'essentiel de l'enquête «Équipement des ménages» de l'INSEE, de sondages commandés par des industriels ou d'inventaires réalisés lors de campagnes de mesures. Dans le cas des lave-vaisselle, la probabilité d'équipement est fonction du type du ménage et de son revenu (tableau 13.5).

Tableau 13.5 Probabilités d'équipement des ménages en lave-vaisselle.

Lave-vaisselle	Revenu du ménage			
	1er quartile (inférieur)	2e quartile	3e quartile	4e quartile
Personnes seules	25 %	30 %	35 %	40 %
Couples sans enfants	60 %	65 %	70 %	80 %
Couples avec enfants	65 %	80 %	85 %	90 %
Autres ménages	45 %	50 %	50 %	70 %
Familles monoparentales	35 %	45 %	45 %	55 %

Suivant l'exemple considéré précédemment, nous avions un logement occupé par un couple sans enfant. Supposons que ce ménage appartienne au 3e quartile de revenu (nous avions interrompu la description de la «création» du ménage avant de fixer son niveau de revenu), il a alors 70 % de chances de posséder un lave-vaisselle. Pour déterminer si ce ménage est équipé ou non d'un lave-vaisselle, un nombre aléatoire est tiré sur [0,1] et comparé à la valeur 0,70.

Les appareils sont placés dans les zones adéquates (par ex., le lave-vaisselle est associé à la cuisine ou à la zone qui englobe la cuisine) afin d'allouer précisément les apports internes. Chaque appareil se voit attribuer une puissance de veille et une puissance en fonctionnement (ou un cycle de fonctionnement constitué d'une succession de créneaux pour les lave-linge, sèche-linge et lave-vaisselle). En fonction de leurs spécificités techniques ou technologiques ou bien selon leurs dimensions, des appareils d'un type donné peuvent avoir des caractéris-

---

1. La «personne de référence» est un concept utilisé en démographie et en sociologie pour désigner une sorte de «chef de famille».

tiques diverses. Cette variété des puissances de fonctionnement est modélisée grâce à des données issues de campagnes de mesures.

Les cycles de lave-vaisselle comptent quatre phases principales : de l'eau est chauffée durant les phases 1 et 2 tandis que les phases 3 et 4 utilisent de l'eau froide. Une cinquième phase, de séchage, est optionnelle. D'un appareil à l'autre, les phases sont associées à des puissances et des durées différentes (tableau 13.6), dont les valeurs sont calibrées à partir des mesures des consommations de soixante-cinq lave-vaisselle durant un an avec une résolution de dix minutes (Enertech, 2008a).

Tableau 13.6 Paramètres du modèle pour les cycles de lave-vaisselle.

Puissance maximale (W)	Phases	1	2	3	4	5*
[1 500 ; 2 120]	Puissance (% de Pmax)	100	[10 ; 30]	[50 ; 90]	[10 ; 20]	10
	Durée (min)	20	[10 ; 50]	20	10	10
* Une cinquième phase est ajoutée pour 50 % des appareils.						

La figure 13.34 indique que la plupart des lave-vaisselle consomment entre 1 100 Wh et 1 500 Wh par cycle, mais certains consomment moins de 800 Wh ou plus de 1 700 Wh.

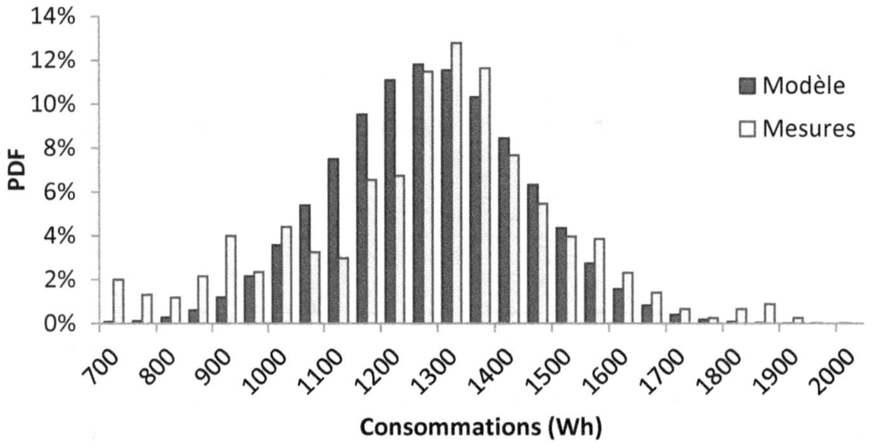

Figure 13.34 Distribution des consommations des cycles de fonctionnement des lave-vaisselle.

L'utilisation des appareils est reliée aux activités des occupants par des hypothèses pragmatiques. Il est, par exemple, supposé que les lave-vaisselle sont utilisés immédiatement après les repas. Ainsi, à chaque fois que s'achève une période de repas, un nombre aléatoire tiré sur [0,1] est comparé à la probabilité de déclenchement pour déterminer si un cycle débute. Un des objectifs principaux du modèle est de reproduire précisément la variation des appels de puissance (et des apports internes associés) au cours de la journée. Pour y parvenir, les probabilités de déclenchement sont calibrées en fonction de l'heure, de sorte que la courbe de charge (*i.e.* la courbe des appels de puissance) journalière moyenne, obtenue sur un grand nombre de simulations, coïncide avec la courbe de charge journalière moyenne issue des mesures. Les probabilités calibrées pour les lave-vaisselle sont présentées dans le tableau 13.7 et les courbes de charge journalières moyennes mesurées et simulées sont comparées sur la figure 13.35.

Tableau 13.7 Probabilité de déclenchement d'un lave-vaisselle à la fin d'une période de repas.

0 h - 8 h 30	8 h 30 - 13 h	13 h - 14 h	14 h - 19 h	19 h - 21 h	21 h - 24 h
0,10	0,16	0,22	0,17	0,25	0,15

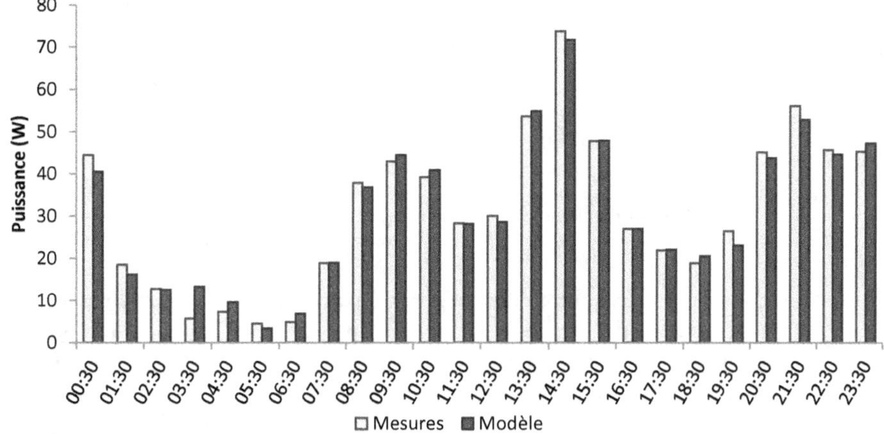

Figure 13.35 Courbe de charge moyenne journalière des lave-vaisselle, mesurée pour 65 appareils pendant une année (gris clair) et simulée pour 10 000 appareils sur une semaine (gris foncé).

Remarque : certains appareils sont équipés de fonctions permettant de différer le déclenchement. Dans le cas des lave-vaisselle, les délais sont utilisés essentiellement après le dîner pour bénéficier des tarifs en heures creuses de la nuit. Sur la base d'enquêtes, nous supposons que 25 % des cycles déclenchés entre 18 h et 23 h sont différés et débutent à un instant aléatoire entre 23 h et 3 h du matin.

Selon la période de l'année, les appareils sont plus ou moins sollicités ou nécessitent plus ou moins de puissance pour remplir leur fonction. Ces phénomènes ont été pris en compte à travers des coefficients de saisonnalité qui affectent :
– les probabilités d'utilisation des appareils de cuisson et des lave-linge et sèche-linge ;
– les puissances appelées par les sèche-linge, les lave-vaisselle et les appareils de froid.

La capacité du modèle à produire une diversité réaliste est également évaluée. Dans le cas des lave-vaisselle, conformément aux mesures, les 20 % d'appareils les plus consommateurs consomment plus de 400 kWh/an tandis que les 20 % d'appareils les moins consommateurs consomment moins de 200 kWh/an (figure 13.36).

L'utilisation des dispositifs d'éclairage artificiel est modélisée suivant une méthode différente de celle des autres appareils électriques. Les probabilités d'utilisation dépendent toujours des activités des occupants et de l'heure de la journée, mais elles dépendent également de la localisation géographique et du mois de l'année (qui définissent des heures de lever et de coucher du soleil). Elles sont calibrées à partir de données d'une campagne de mesures durant laquelle les consommations de l'intégralité des luminaires de cent logements ont été suivies avec un pas de temps de 10 min (Enertech, 2004a).

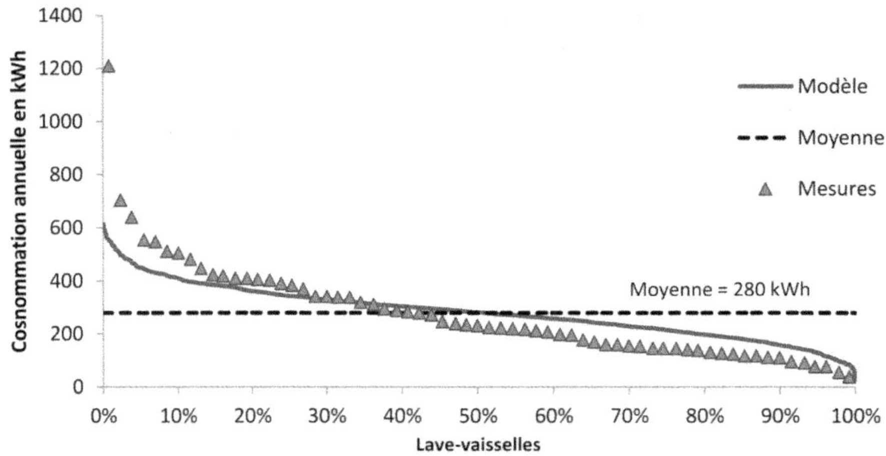

Figure 13.36 Distribution des consommations annuelles par lave-vaisselle,
mesurées pour 65 appareils (triangles gris) et simulées pour 1 000 appareils (courbe grise).

La figure 13.37 présente une courbe de charge générée par le modèle pour un logement aléatoire sur la première semaine de l'année. Les différents appareils sont regroupés par poste (par ex., les lave-vaisselle font partie du groupe « lavage » aux côtés des lave-linge, sèche-linge, fers à repasser et aspirateurs). Pour cette semaine et ce logement, on constate des consommations régulières des postes éclairage et audiovisuel en soirée ainsi que deux consommations marquées du poste cuisine se produisant le mardi midi et le dimanche midi. Les cycles de lavage se distinguent également, le fonctionnement par paires pour les cycles du mercredi et du samedi indique qu'il s'agirait de cycles de lave-linge suivis par des cycles de sèche-linge.

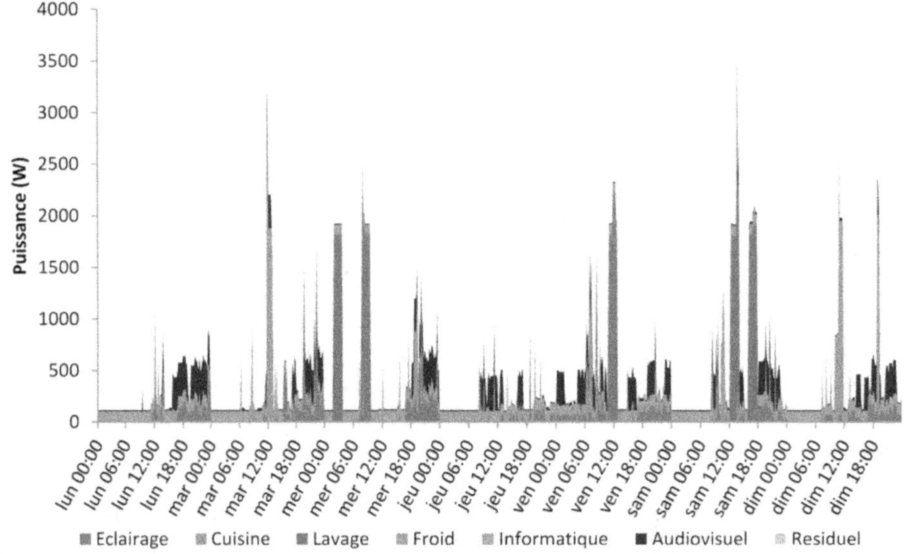

Figure 13.37 Courbe de charge détaillée par usage sur la première semaine
de l'année pour un logement aléatoire.

L'électricité consommée est transformée en chaleur à l'intérieur du logement moyennant des pertes dues notamment à l'évacuation des eaux grises (appareils de lavage) et à l'évaporation (appareils de cuisson et de lavage). Sur la figure 13.38, la courbe de charge du logement (*i.e.* l'enveloppe de la courbe de la figure 13.37) est représentée en pointillé, et le scénario d'apports internes correspondant est tracé en ligne continue. C'est ce scénario qui sera utilisé pour la STD. Notons que si le logement est constitué de plusieurs zones thermiques, les apports sont répartis en fonction de l'emplacement des appareils.

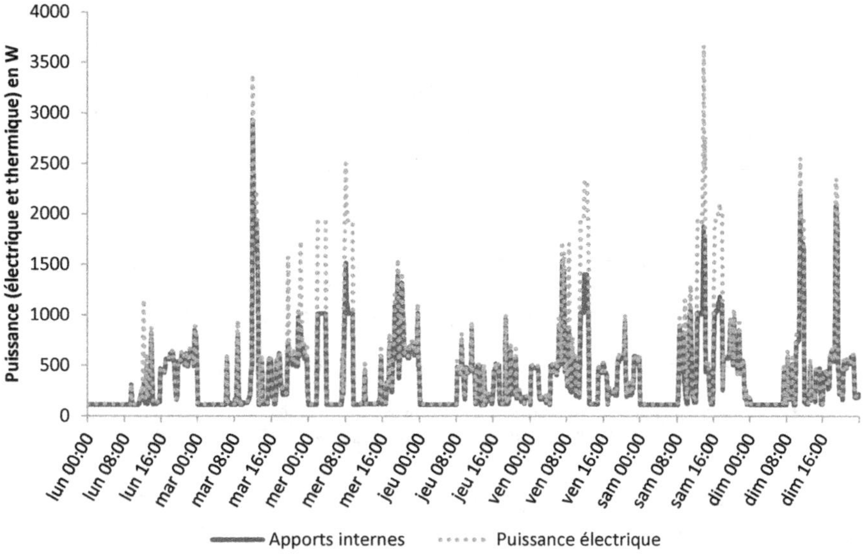

Figure 13.38 Courbe de charge hebdomadaire d'un logement aléatoire et apports internes correspondants.

Si l'on agrège les consommations d'électricité spécifiques de plusieurs logements, la courbe de charge globale tend à se lisser sous l'effet du foisonnement (effet dû au décalage temporel des appels de puissance). Le scénario hebdomadaire d'apports internes obtenu en moyenne pour cent logements aléatoires[1] est comparé au scénario de la réglementation thermique sur la figure 13.39. Comme pour les taux de présence, le scénario réglementaire sous-estime les apports internes en journée pendant la semaine et les surestime le week-end. Il surestime également les apports durant la matinée (entre 6 h et 10 h) et durant la soirée (entre 18 h et 22 h) en semaine, et sous-estime les consommations nocturnes.

13.6.3.4 Puisages d'eau

Dans le même esprit que pour les usages électriques, les puisages d'eau chaude et froide peuvent être simulés en associant les activités des occupants aux différents postes de consommation (par ex., «douche» ou «ménage»). Le calibrage repose sur une enquête et des modélisations des consommations unitaires réalisées par le Centre d'information sur l'eau. La moyenne et l'écart type des consommations d'ECS par habitant (respectivement 50 et 30 l/jour) ont été validés

---

1. Les probabilités en termes de type de logement, nombre de pièces et localisation sont représentatives du parc national (statistiques INSEE).

grâce aux données d'une campagne de mesures dans trois cents logements. Ce modèle est couplé à des modèles de production solaire, de stockage et de distribution de l'ECS.

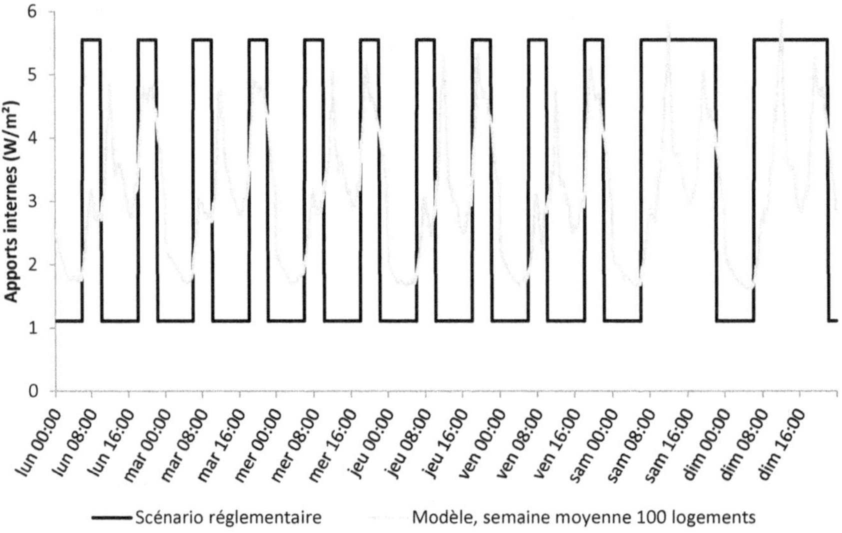

Figure 13.39 Scénario hebdomadaire d'apports internes, moyenne pour 100 logements
sur une année d'après le modèle (gris) et d'après la RT 2012 (noir).

La figure 13.40 illustre la répartition par poste des volumes puisés en distinguant eau chaude (température du ballon) et eau froide.

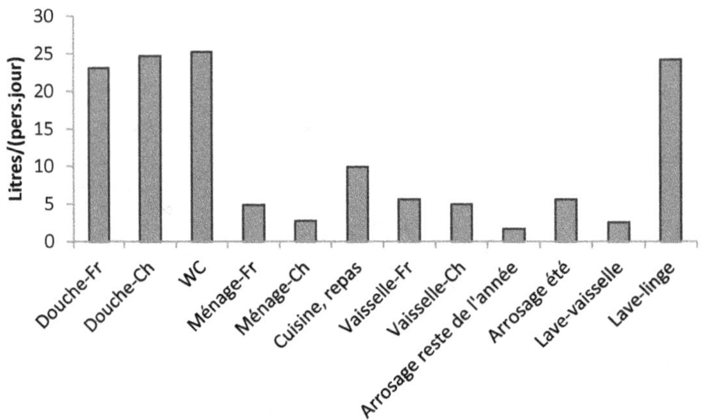

Figure 13.40 Répartition par poste de la consommation d'eau journalière
moyenne d'un individu (Fr pour « froid » et Ch pour « chaud »).

Si l'on moyenne les scénarios de puisages générés par le modèle pour cent logements, on constate que le profil journalier moyen présente un pic principal le matin et un pic secondaire en soirée (figure 13.41). Par rapport au scénario réglementaire, les consommations sont plus réparties au long de la journée[1].

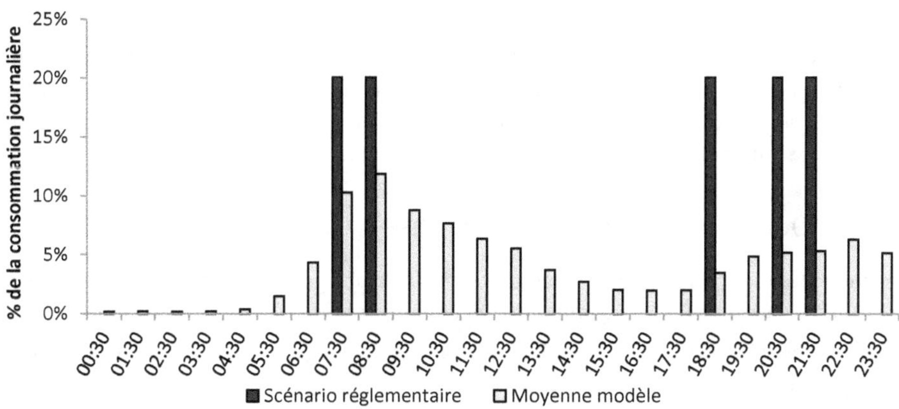

Figure 13.41 Profil journalier moyen (100 logements) de puisage d'eau chaude généré par le modèle.

13.6.3.5 Gestion des consignes de chauffage

Suivant la réglementation thermique en vigueur, la consigne de chauffage est de 19 °C lors des périodes d'occupation et de 16 °C le reste du temps (avec, toutefois, des variations spatiales et temporelles conduisant à une augmentation de ces valeurs de l'ordre de 1 °C). Il est avéré que ces hypothèses représentent mal les consignes réelles dans les bâtiments et notamment dans les logements.

Nous proposons ici un modèle simple plus conforme à la réalité, intégrant une diversité en termes de :

— température de confort. La température de consigne des pièces principales est tirée au sort suivant une loi normale de moyenne 21 °C et d'écart type 2 °C (valeurs définies d'après des mesures de températures dans un grand nombre de logements en France et dans d'autres pays européens). De plus, sur la base d'observations qualitatives recensées dans la littérature scientifique, les températures dépendent de l'âge, du sexe et du statut d'occupation (propriétaire ou locataire) des habitants, ainsi que du type de pièce (par ex., les chambres sont moins chauffées que les séjours) ;

— gestion des réduits temporels. Des probabilités variables sont affectées aux ménages pour décrire leur propension à réduire la consigne lorsqu'ils quittent le logement ou se couchent.

13.6.3.6 Gestion des dispositifs d'occultation

La littérature scientifique fait état de plusieurs modèles stochastiques de gestion des dispositifs d'occultation, mais tous sont construits à partir de données collectées dans des bâtiments de bureaux. Dans ces modèles, l'aspect visuel du confort prédomine, un manque de luminosité ou un éblouissement appelant une réaction rapide de la part d'une personne qui est en

---

1. En moyenne. Pour un logement simulé sur une journée, les puisages peuvent être très localisés (p. ex. 100 % entre 6h et 7h).

train de travailler. Dans le cas des logements cependant, l'exigence en termes de confort visuel dépend des activités effectuées, et les problématiques de confort thermique et d'intimité deviennent prépondérantes. En conséquence, l'extrapolation de ces modèles à des habitations paraît difficile.

En l'absence de modèles spécifiques aux logements et de mesures permettant d'en développer un nouveau, la gestion des occultations dans les logements est intégrée de manière simplifiée. Pour chaque logement, trois taux d'occultation correspondant à la nuit, au jour en été et au jour en hiver sont tirés aléatoirement (sur des plages prédéfinies).

13.6.3.7 Ouvertures/fermetures des fenêtres

L'ensemble des modèles présentés jusqu'ici constitue le pré-process exécuté avant la STD proprement dite, qui peut être vu comme un générateur de scénarios d'usages uniques.

Les ouvertures et fermetures de fenêtres, en revanche, interagissent avec le calcul thermique à chaque pas de temps, puisque ces actions dépendent des températures intérieures et modifient les débits d'air entrants. Le modèle implémenté est un modèle de Markov dont les probabilités de transitions sont calculées par un modèle *logit* en fonction de l'état de présence (arrivée, intermédiaire, départ) et des températures intérieures et extérieures (Haldi & Robinson, 2009). Les prédictions portent sur l'état ouvert ou fermé des fenêtres sans indication sur les angles d'ouverture. Par conséquent et pour réduire les temps de calcul, les débits d'air sont directement déduits à partir de corrélations et d'un coefficient aléatoire, et sont considérés comme constants durant toute la durée d'ouverture.

13.6.4 Application à une maison à énergie positive

La modélisation proposée est à présent appliquée à la maison I-BB (INCAS - Béton banché), l'une des trois maisons expérimentales construites au sein de la plate-forme INCAS de l'INES (Institut national de l'énergie solaire) à Chambéry (figure 13.42).

Figure 13.42 Vues 3D du modèle (logiciel Alcyone) de la maison I-BB et photographie de la façade sud.

La maison I-BB est conçue pour produire plus d'énergie primaire qu'elle n'en consomme globalement sur une année. Cet objectif est atteint par l'effet cumulé d'une performance thermique de niveau «bâtiment passif» (besoins de chauffage annuels inférieurs à 15 kWh/m² en énergie primaire) et d'une production d'énergie renouvelable, assurée dans le cas présent par 43 m² de panneaux solaires photovoltaïques en toiture et des panneaux solaires thermiques intégrés sur le garde-corps du balcon orienté au sud.

Suivant la méthodologie décrite précédemment, à chaque simulation un nouveau ménage est généré, ainsi que de nouveaux scénarios par zones pour les activités, les apports internes dus aux appareils électriques et à l'éclairage, les consignes de chauffage, les occultations et les puisages d'ECS. À chaque simulation, les comportements vis-à-vis des ouvertures/fermetures de fenêtres sont également uniques. Un millier de simulations sont réalisées pour obtenir les distributions de la figure 13.43 et de la figure 13.44.

Les besoins annuels de chauffage varient entre 0 et 44 kWh/m² en fonction de l'occupation (la moyenne est de 11,9 kWh/m² et l'écart type de 8,1 kWh/m²). La distribution peut être interprétée comme une incertitude, si on ignore tout des habitants de la maison[1], ou comme une variabilité entre différents ménages occupant des maisons identiques. On observe une dispersion importante et on note, à titre indicatif, que l'objectif en termes de besoins de chauffage (marqué par le pointillé noir) a 73 % de chances d'être atteint (ou est atteint avec 73 % des ménages).

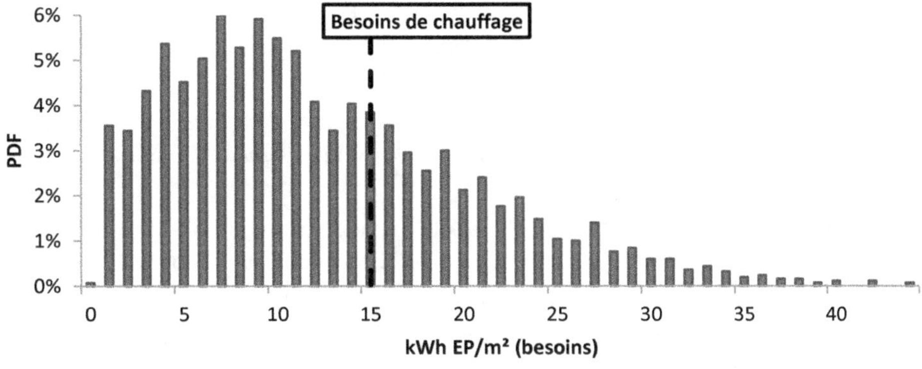

Figure 13.43 Distribution des besoins de chauffage de la maison I-BB.

Si l'on s'intéresse à présent aux consommations totales d'énergie de la maison (chauffage, électricité spécifique et ECS), on observe que l'objectif de bilan en énergie primaire positif (qui correspond à notre définition de la maison à énergie positive) est atteint dans 70 % des cas (figure 13.44).

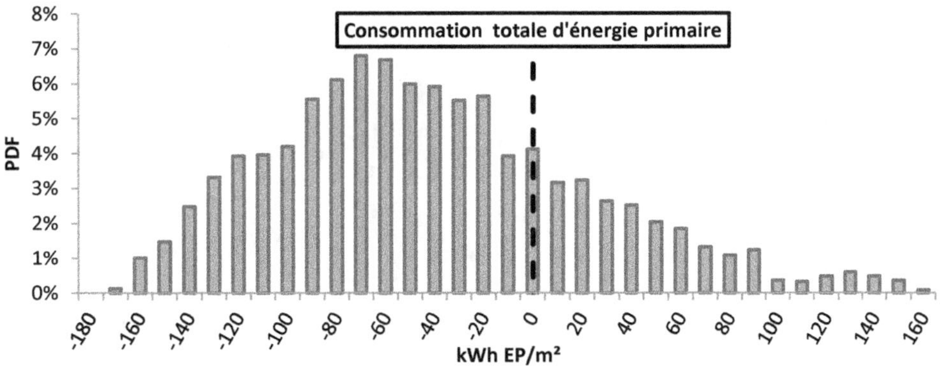

Figure 13.44 Distribution des consommations annuelles d'énergie primaire de la maison I-BB.

---

1. Si l'on possède des informations sur les habitants (par exemple, leur nombre) et qu'on les renseigne dans le modèle, les résultats des simulations seront alors moins dispersés.

13.6.5   Conclusion

Ce chapitre a permis de souligner l'intérêt d'une modélisation stochastique du comportement des occupants par rapport aux scénarios déterministes conventionnels. Si, dans le cadre de cette présentation, le détail des modèles n'a été abordé que pour les logements, une approche similaire a été développée pour les bâtiments de bureaux. Enfin, une étude de cas a, par ailleurs, pu montrer comment la méthode de Monte-Carlo permettait d'évaluer l'influence de l'occupation sur les sorties de la simulation.

13.6.6   Bibliographie

Andersen R. (2012). « The influence of occupants' behaviour on energy consumption investigated in 290 identical dwellings and in 35 apartments ». Brisbane.

Enertech (2004). *Campagne de mesures de l'éclairage dans 100 logements en France*. ADEME, EDF. www.enertech.fr.

———. 2008. *Campagne de mesures des appareils de production de froid et des appareils de lavage dans 100 logements. Projet AEE2008. Rapport Final*. ADEME, EDF. www.enertech.fr.

Haldi Fr. & Robinson D. (2008). « On the behaviour and adaptation of office occupants ». *Building and Environment*, 43 (12), 2163-77. doi:10.1016/j.buildenv.2008.01.003.

Sidler O. (2011). « De la conception à la mesure, comment expliquer les écarts ? ». In CSTB/CETE de l'Ouest, *Évaluer les performances des bâtiments basse consommation*, Angers, France.

Vorger É. (2014). *Étude de l'influence du comportements des occupants sur la performance énergétique des bâtiments*. École nationale supérieure des mines de Paris.

Wilke U., Haldi Fr., Scartezzini J.-L. & Robinson D. (2013). « A bottom-up stochastic model to predict building occupants' time-dependent activities ». *Building and Environment*. 60, 254-264. doi:10.1016/j.buildenv.2012.10.021.

CHAPITRE 14

Utilisation de la simulation et exploitation des résultats

14.1 Analyse des résultats – performance et confort
(É. Wurtz)

14.1.1 Contexte

Après avoir présenté les différents modes de description des données d'entrée et les incertitudes qui y sont liées, on va s'attacher à l'interprétation que l'on peut faire des résultats de simulation dynamique. En effet, on a pu décrire l'impact des erreurs liées à la simulation concernant les entrées de données et les modèles de calcul, et on va présenter une troisième source importante d'erreurs qui correspond à l'analyse des résultats, sachant qu'elle devient bien plus importante que l'impact des approximations numériques dans les outils d'aujourd'hui avec le développement des nouveaux moyens de calcul. Il y a deux enjeux dans l'interprétation des résultats : le premier étant d'avoir conscience des incertitudes issues des calculs, le second dans l'aptitude à traduire les résultats numériques obtenus en solutions techniques fiables sur le terrain.

Pendant longtemps, on a considéré les résultats de simulation dynamique comme une référence absolue et, bien souvent, on réalisait des optimisations de solutions de confort d'été uniquement en fonction de la valeur de l'évolution de la température au cours de la saison estivale, ce qui a pu impliquer des investissements très lourds sans aucune garantie quant aux résultats. Or la modélisation est nécessairement une simplification de la réalité, et si on ne peut pas garantir une valeur exacte et unique comme solution, il est important d'évaluer la pertinence de la valeur obtenue par la simulation. À cet effet, on distingue le cas du calcul des consommations de celui de l'évaluation du confort, qui ne présentent pas tout à fait les mêmes caractéristiques en matière de fiabilité de représentation de la réalité.

14.1.2 Performance energétique

Le calcul des consommations énergétiques en saison hivernale a été longtemps relativement sommaire en considérant le bâtiment comme un élément homogène à température de consigne constante qui échange essentiellement par les parois et le renouvellement d'air. L'ensoleillement était pris en compte par une méthode équivalente, les ponts thermiques comme un pourcentage de la consommation des parois, et en considérant des scénarios de charges internes moyennés, on représentait avec une bonne fiabilité les consommations dans le cas d'un bâtiment moyennement déperditif. On obtenait ainsi des valeurs de consommations moyennes en fonction du fichier météorologique utilisé, avec une valeur de bilan global relativement fiable, pour calculer les besoins globaux et qui permettait de comparer différentes options destinées à améliorer l'efficacité énergétique du bâtiment.

La situation devient très différente avec l'évolution de la performance énergétique des bâtiments récents, qui ont davantage tendance à alterner apports et déperditions liés à l'environnement proche et dont, en conséquence, la température intérieure va évoluer de part et d'autre de la température de consigne en fonction de la variation des sollicitations extérieures. Dans ce type de fonctionnement, l'influence des charges internes devient très importante et les consommations énergétiques vont être fortement influencées par le choix des charges. Et si l'on souhaite une évaluation fiable des consommations réelles, il sera nécessaire de connaître le type de comportement des futurs usagers du bâtiment, qui vont avoir une forte influence sur les résultats des consommations énergétiques.

La situation est encore plus complexe en période intermédiaire, où, pendant une même journée, alternent d'importants besoins de chaud et de froid. Les conséquences sur l'évaluation de la consommation annuelle du bâtiment en sont limitées, car les conditions extérieures ne sont pas particulièrement sévères, mais une bonne compréhension du comportement du bâtiment va permettre de limiter la période de la saison de chauffe, ce qui sera également une source d'économie sur le temps de fonctionnement du matériel. Il faudra notamment maîtriser la compréhension des phénomènes d'inertie du bâtiment et la dynamique des échanges de chaleur entre l'enveloppe et l'ambiance, de manière à justifier l'absence de système de chauffage.

L'augmentation de la performance des bâtiments a d'autres conséquences indirectes sur les consommations et le confort des bâtiments qu'il va falloir prendre en compte par une interprétation pertinente des résultats de simulation thermique dynamique en rendant prépondérants des phénomènes dont l'influence était jusqu'à présent limitée. Le niveau de performance de paroi opaque devient excellent, les parois vitrées bien orientées arrivent à un bilan énergétique équilibré sur l'année, les pertes par renouvellement d'air deviennent très faibles grâce à un bon niveau de perméabilité à l'air de l'enveloppe et à la possibilité de la récupération de l'énergie sur l'air extrait. Les pertes liées aux ponts thermiques, qui jusqu'à présent comptaient relativement peu dans le bilan global du bâtiment, pourront atteindre jusqu'à 40 % des consommations, et il faudra donc être particulièrement vigilant sur la façon dont ces phénomènes seront pris en compte dans la simulation et comment ils apparaîtront dans les résultats pour éviter des investissements mal répartis sur le bâtiment.

Un autre point de vigilance dans l'interprétation des résultats se situe au niveau de la valeur de la température opérative, qui pourra avoir de fortes conséquences sur les consommations énergétiques. En effet, une variation d'un degré sur la température de sortie pourra avoir de fortes conséquences sur les consommations pendant la saison de chauffe si l'augmentation de température n'est pas liée aux apports gratuits avec un chauffage à l'arrêt. La tendance est de considérer une température réduite comme proposée par la réglementation, mais la demande de confort fait que la température réelle est souvent bien plus élevée que la valeur réglementaire choisie.

Enfin, on va terminer par un dernier phénomène dont on a déjà parlé et qui devient toujours plus important c'est-à-dire la prise en compte des scénarios d'utilisation. En effet, selon que l'on va déclarer des occupants plus ou moins gourmands en termes de consommation électrique des différents usages du bâtiment, on pourra considérer le bâtiment comme énergivore ou, à l'inverse, particulièrement sobre, et il sera important de parler de la performance intrinsèque du bâtiment, c'est-à-dire sans considérer les charges liées aux usages mais en prenant en compte le pilotage, qu'il soit manuel ou automatisé, et les conditions climatiques moyennes du lieu de construction.

14.1.3 Confort

La prise en compte du confort dans les simulations thermiques dynamiques a également beaucoup évolué de par la meilleure homogénéité des ambiances. Ainsi, les écarts entre température d'air et température de paroi se sont réduits, les effets de paroi froide ou de courants d'air liés aux systèmes se sont bien atténués et, dans la majorité des cas, le confort peut se caractériser par la seule connaissance de la température opérative moyenne entre la température de l'air et celle des parois, l'écart entre ces deux valeurs étant par ailleurs de plus en plus resserré. Pour la période hivernale, il s'agit d'être attentif à trois éléments pour une interprétation pertinente :

- être attentif au fait que si la température dans le bâtiment se situe au niveau de la température réglementaire, on risque un fort inconfort ;
- être attentif à l'évolution de la température, car si elle dépasse nettement la température de consigne, cela peut entraîner de l'inconfort ;
- prendre en compte un modèle de confort adaptatif qui va faire varier la température de consigne en fonction des températures extérieures, notamment en cas de grand froid.

Des températures excessives peuvent être liées à des simplifications dans la modélisation multizone, et les raisons doivent en être analysées avec précision pour s'assurer qu'elles correspondent à une réalité avant d'évoquer des mesures coûteuses pour les éviter.

Pendant les périodes intermédiaires et estivales, la difficulté consiste à évaluer les problèmes d'inconfort liés aux surchauffes avec la possibilité d'avoir de fortes dynamiques, notamment au printemps. Il sera essentiel de savoir comment ont été pris en compte les apports solaires ou gratuits et de penser aux conditions de vie dans le bâtiment. Ainsi, il ne sera pas cohérent de considérer de fortes surchauffes dans un bâtiment occupé avec une température extérieure inférieure à la température intérieure et un scénario de volets ouverts et fenêtres fermées. Sans prendre en compte ces scénarios dans la simulation dynamique, une interprétation pertinente permettra de distinguer ce qui relève d'une lecture directe des résultats de la simulation de ce qui correspond aux conditions réelles d'utilisation d'un bâtiment.

De plus, pendant les périodes estivales, il est essentiel de bien prendre en compte les phénomènes de surchauffe qui sont reprochés aux bâtiments performants. Dans ce contexte, l'interprétation va jouer un rôle prépondérant. Il est relativement aisé de montrer qu'on obtient des conditions de confort satisfaisantes pendant l'été en considérant un scénario de volets fermés en permanence alors qu'on conçoit aisément que la situation n'est pas cohérente, les usagers ne pouvant accepter de vivre sans éclairage.

De la même manière, une ouverture des volets sans protection solaire pour une pièce fermée va entraîner des niveaux de température très importants et totalement intolérables par la simulation, alors que, dans la réalité, les échanges même limités avec le reste de la maison, qui ne sont pas pris en compte dans une simulation classique, vont atténuer ces phénomènes.

Un point encore plus délicat concerne la réaction des bâtiments aux phénomènes de coups de chaleur ou de canicule. Et si, à l'issue de plusieurs jours de canicule, on continue à considérer dans la simulation un renouvellement d'air du bâtiment à des conditions réglementaires, on sera surpris par le niveau élevé de la température dans les bâtiments, alors que dans la « vraie vie » on aurait ouvert les fenêtres. Ce phénomène, accentué dans le cas d'une canicule, est à prendre en compte de manière générale dans l'interprétation des résultats, car l'ouverture des fenêtres en été (comme en hiver et avec d'autres conséquences) n'est pas prise en compte dans un outil de simulation et peut avoir des incidences fortes à la fois sur le confort et les consommations.

Enfin, il faut rester prudent quant à la caractérisation du confort dans des espaces multizones avec d'importantes différences de température ou dans des espaces de grand volume avec de forts gradients de température, car la description des écoulements d'air dans ce type de configurations reste toujours délicate.

Pour faciliter l'interprétation des résultats, de nouveaux outils apparaissent visant soit à proposer des probabilités de solutions en regardant le résultat que l'on obtient en faisant varier les données d'entrée de la simulation en fonction de leur incertitude, soit en présentant des nuages de points plutôt que des valeurs déterminées, ce qui permet d'évaluer les tendances attendues comme résultats en donnant ainsi plus de place à l'interprétation des résultats obtenus par l'homme de l'art. On va détailler cette stratégie dans la partie suivante concernant les incertitudes.

14.2 Analyse de sensibilité et propagation d'incertitudes
(L. Mora & B. Durand-Estèbe)

14.2.1 Introduction

Nous avons observé que l'analyse des résultats de simulation se limitait habituellement à des grandeurs macroscopiques telles que les besoins ou consommations de chauffage/rafraîchissement sur l'année ou des indicateurs d'inconfort (surchauffe). Or un grand nombre de données d'entrée sont nécessaires pour mettre en œuvre une simulation, et la plupart d'entre elles sont entachées d'incertitudes ou de méconnaissance en fonction du niveau d'avancement du projet.

Ce chapitre expose des techniques qui permettent de rendre compte des incertitudes sur les paramètres de conception (propagation d'incertitudes) et d'identifier et hiérarchiser la liste des paramètres qui sont responsables de ces incertitudes (analyse de sensibilité).

Cette étude a été menée conjointement par I2M et le centre technologique Nobatek dans le but d'une appropriation par les bureaux d'études des méthodes et outils développés par I2M dans le cadre du projet ANR Fiabilité (2010-2014).

De manière à étudier quelle peut être l'influence de ces méthodes sur la conception d'un bâtiment neuf et à fournir des recommandations aux utilisateurs, un cas test est proposé. Il s'agit d'un projet de logement de petite taille, et deux variantes sont étudiées :

- une variante « maçonnerie » : l'enveloppe et les systèmes employés permettent de répondre aux exigences de la RT 2012 ;
- une variante « béton » : l'enveloppe et les systèmes permettent d'aller au-delà des exigences de la RT 2012

Les variables d'intérêt observées sont les besoins de chauffage du bâtiment et l'indice de confort se basant sur le nombre d'heures où la température de l'air à l'intérieur du bâtiment dépasse 28 °C.

L'objectif du cas test est d'appliquer l'analyse de sensibilité (méthode de Morris) de manière à identifier, pour chacune des variantes, les paramètres qui influent le plus sur les indicateurs calculés. Dans un second temps, l'incertitude sur ces variables d'entrée est propagée sur les indicateurs de sortie. L'application des méthodes permet d'obtenir pour chaque variante la liste des paramètres prépondérants ainsi que le niveau de confiance des résultats.

14.2.2 Présentation du bâtiment

Le bâtiment fait partie d'un ensemble de douze bâtiments de logement collectif construit sur la commune de Bussy-Saint-Georges (Île-de-France). La construction s'élève sur un étage et possède une surface SHON de 209 m². Elle est divisée en deux appartements de type T5 de surface équivalente. Les bâtiments voisins sont suffisamment éloignés du projet pour ne pas engendrer de masques.

14.2.3 Modélisation des phénomènes physiques

Le bâtiment est modélisé à l'aide du logiciel Open-Studio et du code de calcul EnergyPlus. Ces outils sont reconnus dans le monde de la simulation et permettent de réaliser une estimation précise des caractéristiques du projet. Ils tiennent compte :

- de la morphologie du bâtiment, de ses orientations et des protections solaires passives (casquettes, brise-soleil) ;
- du comportement de ses occupants et de leurs usages des équipements (éclairage, informatique, cuisine) ;
- des conditions climatiques grâce au fichier météo horaire de la station Paris-Orly ;
- de l'environnement extérieur, en simulant les ombres portées par les bâtiments alentour sur le projet.

La figure 14.1 ci-dessous propose une perspective 3D du cas test.

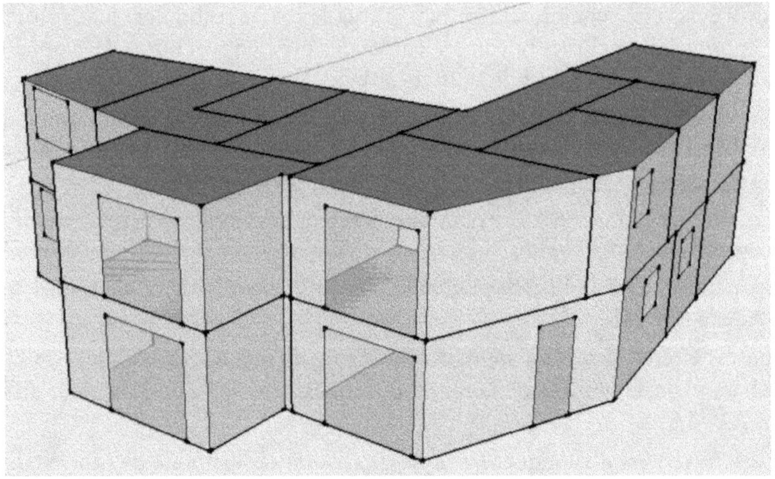

Figure 14.1 Modélisation Open-Studio.

14.2.4   Hypothèse de simulation

14.2.4.1 Climatologie de l'étude

Le fichier météo utilisé est issu de la base de données de l'ASHRAE et correspond à la zone climatique de Paris-Orly. Il est généré à partir d'informations météorologiques relevées sur la période de 2000 à 2009 et correspond à une année climatique moyenne.

Sur la figure ci-dessous, la courbe en trait plein avec les croix présente le profil de température d'une journée moyenne pour chacun des douze mois de l'année, tandis que la surface délimite les températures extrêmes. La droite en pointillé indique une température limite de confort (28 °C).

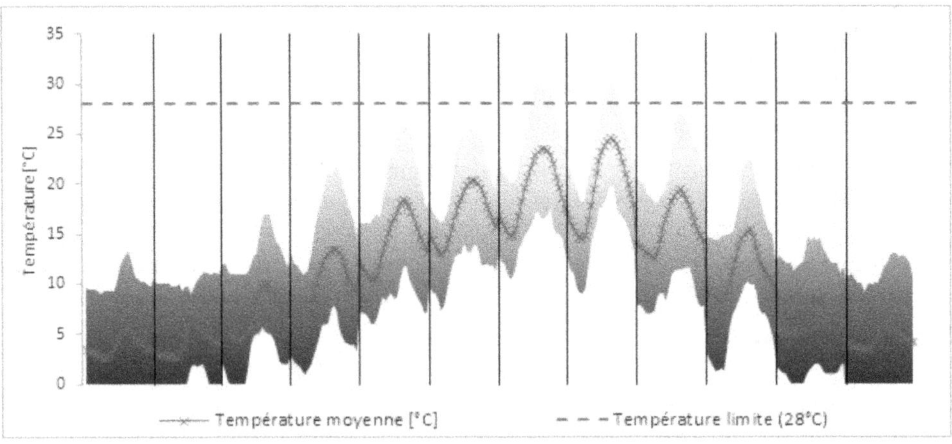

Figure 14.2 Profil de température extérieure annuelle (Paris-Orly).

La figure ci-dessous présente un graphe cumulé des températures extérieures :

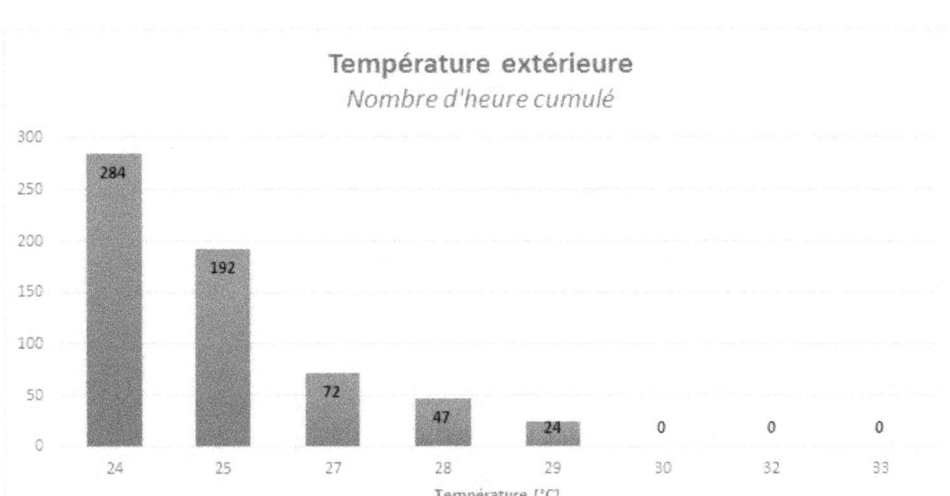

Figure 14.3 Température extérieure, nombre d'heures cumulées.

Selon le fichier météo, la température annuelle moyenne est de 11,15 °C, et les températures minimale et maximale sont respectivement de − 5,70 °C et de 30,00 °C. On note par ailleurs que la température dépasse 28 °C durant quarante-sept heures au cours de l'année. Concernant le rayonnement solaire, son évolution est présentée dans le graphique ci-dessous :

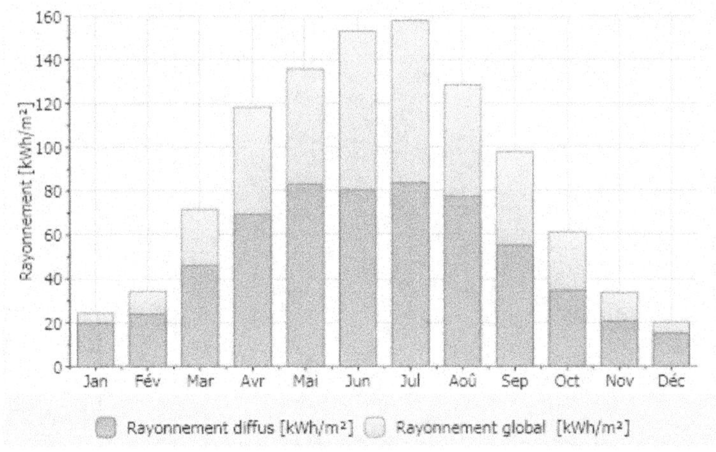

Figure 14.4 Rayonnement solaire mensuel (Paris-Orly).

14.2.4.2 Zones thermiques

Le bâtiment est décomposé en zones thermiques, définies selon les critères suivants :
- orientation principale de la zone ;
- occupation/fonctionnement.

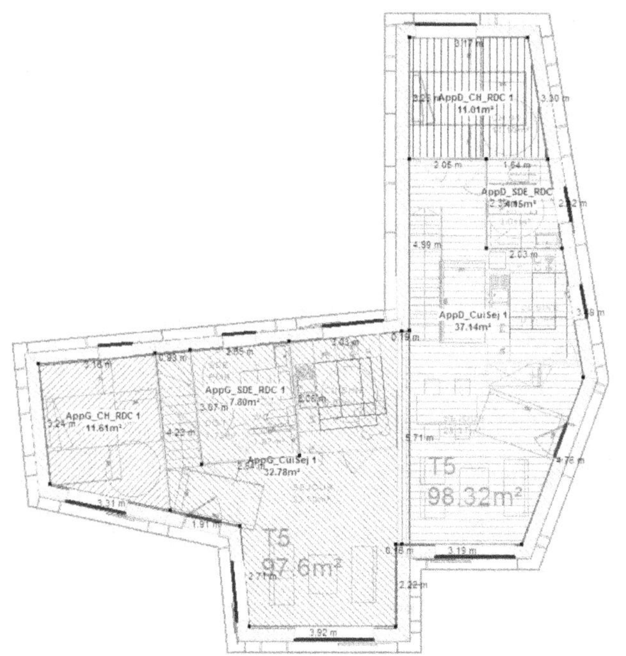

Figure 14.5 Zones du RdC du cas test.

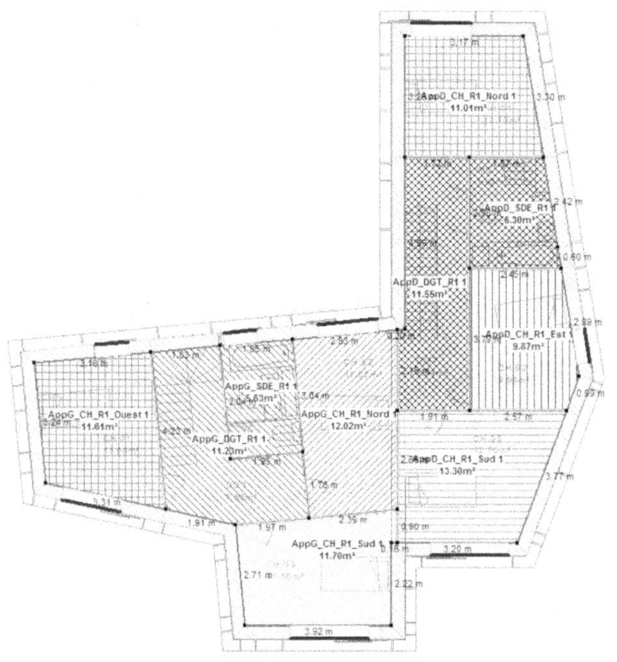

Figure 14.6 Zones du R+1 du cas test.

14.2.4.3 Composition des parois opaques

Les compositions des parois opaques ont été définies en fonction des informations transmises par le bureau d'études responsable du projet. Elles sont donc identiques à celles employées dans le calcul RT 2012 et permettent d'obtenir le niveau de performance souhaité.

Les variantes «béton» et «maçonnerie» possèdent les compositions de parois suivantes en commun :

- plancher sur terre-plein : composé d'une dalle en béton lourd de 20 cm, isolée par 8,2 cm de polystyrène et recouverte de 8 cm de chappe flottante. $U = 0{,}259$ W/m².K ;
- mur lourd intérieur : composé d'un voile de 20 cm de béton agrémenté de parements en plâtre sur les deux faces. $U = 4{,}902$ W/m².K ;
- plancher intermédiaire : composé d'une dalle en béton de 20 cm et muni d'un faux plafond avec une lame d'air de 70 cm. $U = 3{,}818$ W/m².K ;
- mur intérieur léger : composé de 5 cm de laine de roche comprise entre deux plaques de plâtre. $U = 0.756$ W/m².K.

Pour la variante béton, les caractéristiques des parois en contact avec l'air extérieur sont les suivantes :

- mur extérieur lourd isolé par l'extérieur : composé d'un voile en béton épais de 20 cm et isolé par 18 cm de polystyrène. $U = 0{,}160$ W/m².K ;
- toiture extérieure légère : isolée par deux matelas de laine de verre d'une épaisseur de 14 cm. $U = 0{,}123$ W/m².K

Pour la variante maçonnerie, les caractéristiques des parois en contact avec l'extérieur sont les suivantes :

- mur extérieur en briques alvéolées isolé par l'intérieur (10 cm de polystyrène). $U = 0{,}218$ W/m².K ;
- toiture extérieure légère : isolée par deux matelas de laine de verre d'épaisseurs respectives de 12 cm et de 14 cm. $U = 0{,}133$ W/m².K.

14.2.4.4 Caractéristiques des ouvrants

Pour la variante béton, les ouvrants extérieurs sont équipés de menuiseries en aluminium possédant un U de 2,54 W/m².K et de doubles vitrages 4/16/4 avec lame d'argon possédant un $Ug = 1{,}05$ W/m².K. Pour la totalité de l'ouvrant, $Uw = 1{,}50$ W/m².K et son facteur solaire est de 0,45.

Pour la variante maçonnerie, les menuiseries sont également en aluminium avec un U de 3,00 W/m².K, et le double vitrage 4/16/4 possède un Ug de 1,38 W.m².K. Pour la totalité de l'ouvrant, $U = 1{,}95$ W/m².K et son facteur solaire est de 0,45

Les portes extérieures des habitations sont non vitrées. Dans le cas de la variante béton, $U = 1{,}00$ W.m².K. Dans le cas de la variante maçonnerie, $U = 1{,}60$ W.m².K.

14.2.4.5 Récapitulatif des ponts thermiques

Élément	Ψ [W/(m.K)]
Angle sortant	0,02
Angle rentrant	0,08
Plancher haut	0,04
Plancher intermédiaire	0,19
Plancher bas sur terre-plein	0,09

Figure 14.7 Ponts thermiques du cas test.

14.2.4.6 Infiltration et perméabilité de l'enveloppe

De manière à simplifier les hypothèses, il a été fait le choix de modéliser les infiltrations par un renouvellement d'air constant. La valeur considérée est de 0,10 vol/h pour la variante maçonnerie et de 0,06 vol/h pour la variante béton.

14.2.4.7 Apports internes et scénarios

Chacun des deux logements est habité par une famille de cinq personnes. Dans la simulation, on considère un apport de chaleur de 80 W/personne. En semaine et en journée, l'occupation varie de 0 à 50 % selon l'heure. Le soir et les week-ends, les logements sont occupés à 100 % et les habitants sont répartis entre les pièces de vie.

Un apport de 5 W/m² variable au cours de la semaine en fonction de l'occupation simule la puissance dégagée par les équipements électriques. Ponctuellement, un apport de 5 W/m² supplémentaire modélise le fonctionnement des équipements de cuisine.

Finalement, un système de chauffage idéalisé maintient la température intérieure des habitations à une consigne de 19 °C entre 7 h et 21 h. La nuit, le thermostat réduit la consigne à 17 °C.

14.2.4.8 Ventilation

Les débits d'air sont définis en fonction des arrêtés du 24 mars 1982 et du 28 octobre 1983. Pour un appartement de type T5, le débit prescrit est de 210 m³/h, ce qui correspond à un renouvellement d'air de 0,86 vol/h.

Dans la variante maçonnerie, la ventilation est de type VMC hygroréglable B et permet de moduler le débit en fonction de l'occupation. Pour modéliser le système, le renouvellement d'air est indexé sur le scénario d'occupation global défini ci-dessous.

Dans la variante béton, la ventilation est de type double flux avec échangeur de chaleur rotatif (rendement de 80 %). Le système est modélisé en diminuant artificiellement le taux de renouvellement d'air de 80 % par rapport à la variante hygroréglable B.

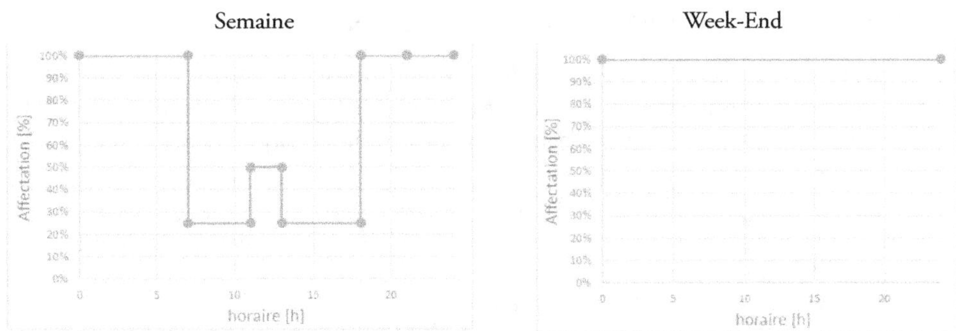

Figure 14.8 Modulation de ventilation pour prise en compte de l'hygro B.

14.2.5   Définition des variables d'intérêt

14.2.5.1   Besoins de chauffage du bâtiment

Les besoins de chauffage représentent la quantité d'énergie qu'il est nécessaire d'apporter aux zones du bâtiment pour maintenir la température de consigne souhaitée. Ces valeurs ne tiennent pas compte du rendement ou de la performance des systèmes de production et des émetteurs.

Les besoins annuels ont été calculés grâce à l'outil EnergyPlus pour les deux variantes étudiées en considérant les paramètres à leur valeur nominale. Les résultats sont présentés dans la figure ci-dessous :

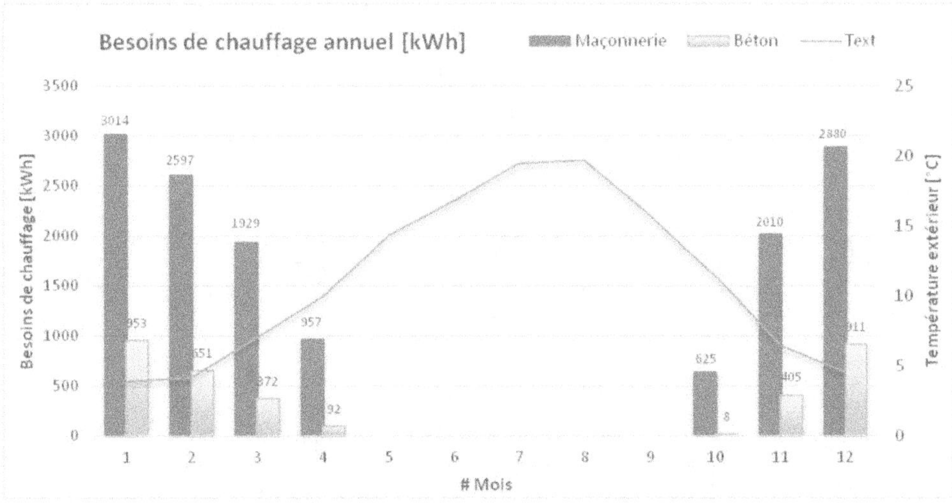

Figure 14.9 Répartition annuelle des besoins de chauffage (variantes maçonnerie et béton).

Les besoins calculés sont de l'ordre de 14 000 kWh pour la variante maçonnerie (soit 67 kWh/m²/an) et de 3 400 kWh pour la variante béton (soit 16 kWh/m²/an). L'écart entre les besoins de chauffage des deux variantes est de 75 %.

14.2.5.2 Indicateur de niveau de confort d'été global

Le confort hygrothermique des usagers est une notion complexe et il existe plusieurs indicateurs permettant de l'évaluer. Dans le cadre de ce travail, il est nécessaire de fournir un indicateur global pour l'ensemble du bâtiment de manière à étudier sa variation.

Nous avons fait le choix de nous baser sur un indicateur de dépassement employé notamment par le référentiel HQE®. Le nombre d'heures où la température de l'air intérieur dépasse 28 °C est comptabilisé dans chaque zone du bâtiment. L'indicateur global est défini comme la somme de ces heures :

$$I_{inconfi} = \sum_{i=1}^{NbZone} \sum_{h=1}^{8760} T > 28°C$$

Pour les deux variantes, le calcul des indicateurs a été réalisé sans ajouts de protections solaires. Le nombre d'heures de dépassement est donc élevé par rapport aux exigences du référentiel HQE® :

- variante maçonnerie : l'indicateur I_{inconf} est de 739 h (soit 62 h/zone). La pièce la plus inconfortable est la chambre exposée au sud et située au R+1 de l'appartement gauche, avec 338 h de dépassement ;
- variante béton : l'indicateur I_{inconf} est de 1 326 h (soit 110 h/zone). La pièce la plus inconfortable est la même chambre exposée au sud et située au R+1 de l'appartement gauche, avec 602 h de dépassement.

La figure ci-dessous présente les résultats des prédictions de température et d'apport solaire pour les deux variantes. Le graphe montre une journée moyenne pour chaque mois de la période « estivale » :

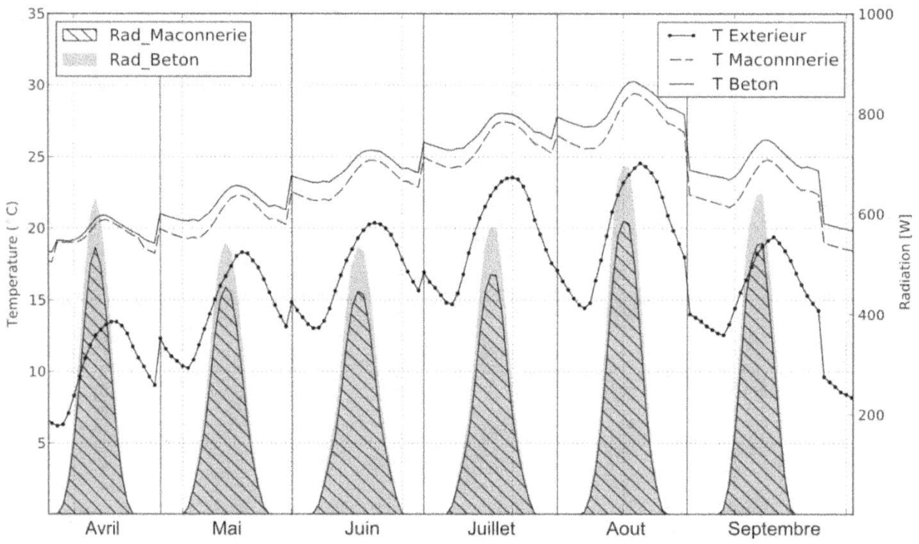

Figure 14.10 Température et radiation de jours types durant la période estivale.

D'après les résultats des simulations, la variante béton présente une température intérieure supérieure de 1 °C en moyenne dans la zone la plus chaude (pendant la période estivale).

L'observation des apports solaires quotidiens indique que ce phénomène est probablement dû au facteur solaire du vitrage (maçonnerie = 0,45 ; béton = 0,50). L'analyse de sensibilité devrait permettre de mieux répondre à cette question. Enfin, les niveaux d'inconfort demeurent importants dans cette étude, dans la mesure où aucune protection solaire mobile n'a été mise en œuvre à ce stade.

14.2.6 Analyse de sensibilité

Selon Bertrand Ioos (2010), « l'analyse de sensibilité (AS) permet notamment de déterminer quelles sont les variables d'entrée du modèle qui contribuent le plus à la variance d'une quantité d'intérêt donnée en sortie du modèle, quelles sont celles qui n'ont pas d'influence et quelles sont celles qui interagissent au sein du modèle ».

Dans le cadre de la simulation thermique de bâtiment, les variables d'entrée sont les paramètres incertains utilisés pour modéliser le bâtiment et son environnement. Ils peuvent être classés en quatre grandes catégories :

- paramètres d'environnement : météo, bâtiments alentour, température du sol, etc. ;
- paramètres du modèle numérique : valeurs des constantes et hypothèses ;
- paramètres de conception : caractéristiques des matériaux et performances des systèmes ;
- paramètres d'usage : occupation des locaux, fonctionnement des équipements.

Dans cet ouvrage, il est fait le choix d'adopter le point de vue d'un « bureau d'études » dans le cadre d'un projet « marché ». Ainsi, seuls les paramètres d'usage fournis par la maîtrise d'ouvrage (MOA) et de conception dépendant de la maîtrise d'œuvre (MOE) seront étudiés. Les effets des paramètres liés à l'environnement ou aux modèles numériques sur les indicateurs de confort ou de besoins de chauffage peuvent être très importants. Toutefois, étant donné leur nature « non maîtrisable », ils ne seront pas considérés dans ce chapitre.

14.2.6.1 Sélection des paramètres incertains

La modélisation des bâtiments et de leur environnement dans le cadre d'une simulation thermique dynamique introduit de très nombreux paramètres incertains. Par ailleurs, il est souvent difficile d'avoir accès ou de pouvoir estimer les gammes d'incertitude. Les intervalles d'incertitude sont donc estimés par le modélisateur en fonction de son expérience. Le tableau ci-dessous recense les hypothèses en les classant par catégories :

Tableau 14.1 Recensement des paramètres incertains et des intervalles d'incertitude associés.

Paramètre	Unité	Maçonnerie	Béton	Incertitude
Matériaux				
Épaisseur mur béton	[m]	0,2	0,2	± 5 %
Conductivité mur béton	[W/(m.K)]	2	2	± 10 %
Densité mur béton	[kg/m^3]	2 350	2 350	± 10 %
Chaleur spécifique mur béton	[J/(kg.K)]	1 000	1 000	± 10 %
Épaisseur briques	[m]	0,2	-	± 5 %
Conductivité briques	[W/(m.K)]	0,182	-	± 10 %
Chaleur spécifique briques	[J/(kg.K)]	1 000	-	± 10 %

Tableau 141 (suite) Recensement des paramètres incertains et des intervalles d'incertitude associés.

Paramètre	Unité	Maçonnerie	Béton	Incertitude
Matériaux				
Épaisseur laine de verre 20	[m]	0,12	-	± 10 %
Épaisseur laine de verre 40	[m]	0,14	0,14	± 10 %
Conductivité laine de verre	[W/(m.K)]	0,035	0,035	± 5 %
Chaleur spécifique laine de verre	[J/(kg.K)]	1 000	1 000	± 10 %
Épaisseur isolant plancher	[m]	0,082	0,082	± 5 %
Conductivité isolant plancher	[W/(m.K)]	0,022	0,022	± 5 %
Chaleur spécifique isolant plancher	[J/(kg.K)]	1 000	1 000	± 10 %
Épaisseur isolant mural	[m]	0,101	0,18	± 5 %
Conductivité isolant mural	[W/(m.K)]	0,03	0,03	± 5 %
Chaleur spécifique isolant mural	[J/(kg.K)]	1 000	1 000	± 10 %
Assemblage				
Facteur solaire double vitrage	[-]	0,45	0,5	± 5 %
Conductivité assemblage menuiserie + DV	[W/(m².K)]	1,95	1,5	± 5 %
Conductivité porte	[W/(m².K)]	1,6	1	± 5 %
Système				
Consigne de chauffage haute	[°C]	19	19	± 5 %
Consigne de chauffage basse	[°C]	17	17	± 5 %
Renouvellement d'air mécanique	[vol/h]	0,86	0,17	± 10 %
Performance de l'enveloppe				
Infiltration d'air	[vol/h]	0,1	0,06	± 15 %
Usages				
Nombre d'occupants	Ratio occupation [pers/m²]	0,05	0,05	± 10 %
Puissance des équipements électriques	Ratio puissance [W/m²]	5	5	± 10 %

14.2.6.2 Réalisation des analyses de sensibilité

L'analyse de sensibilité est réalisée en employant la méthode de Morris décrite en détail au § 11.2 par C. Spitz & T. Recht)

L'étude se base sur $r = 10$ répétitions de plans OAT (*One At a Time*) appliqués aux vingt-six paramètres incertains sélectionnés en entrée du modèle. Pour rappel (§ 11.2), la génération d'un plan OAT se fait de la manière suivante :

- les intervalles d'incertitude de chacun des paramètres sont discrétisés en huit niveaux ;
- un tirage initial de valeur est réalisé pour chaque paramètre selon une densité de probabilité pseudo-uniforme :

- chacun des paramètres incertains varie ensuite aléatoirement de plus ou moins un niveau, et une simulation est réalisée à chaque variation.

L'indicateur de distance normalisé D_i qui combine l'action propre du paramètre et ses interactions sert à produire une représentation graphique des résultats sous la forme d'un diagramme «barre».

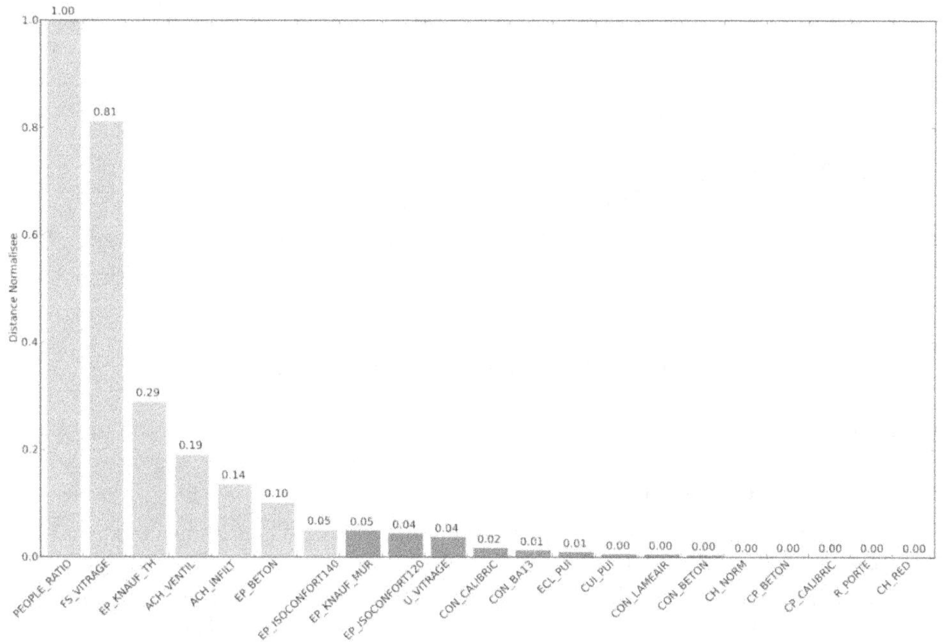

Figure 14.11 Représentation graphique d'un classement de Morris.

Au total, quatre études de sensibilité sont réalisées : pour chacune des deux variantes (maçonnerie et béton), on étudie l'impact des paramètres incertains sur les deux variables d'intérêt (besoins de chauffage et indicateur d'inconfort). Le nombre de simulations nécessaires et les temps de calcul requis sont récapitulés dans le tableau ci-dessous.

Tableau 14.2 Ressources analyse de sensibilité.

Variante	Nb de paramètres	Nb de simulations	Temps de calcul
Maçonnerie (besoins/inconfort)	26	270	45 min
Béton (besoins/inconfort)	22	230	38 min

14.2.6.3 Analyse de sensibilité : Besoins de chauffage

Les résultats obtenus sont traités selon la méthode de Morris ; seul le classement global (ou par distance) est observé :

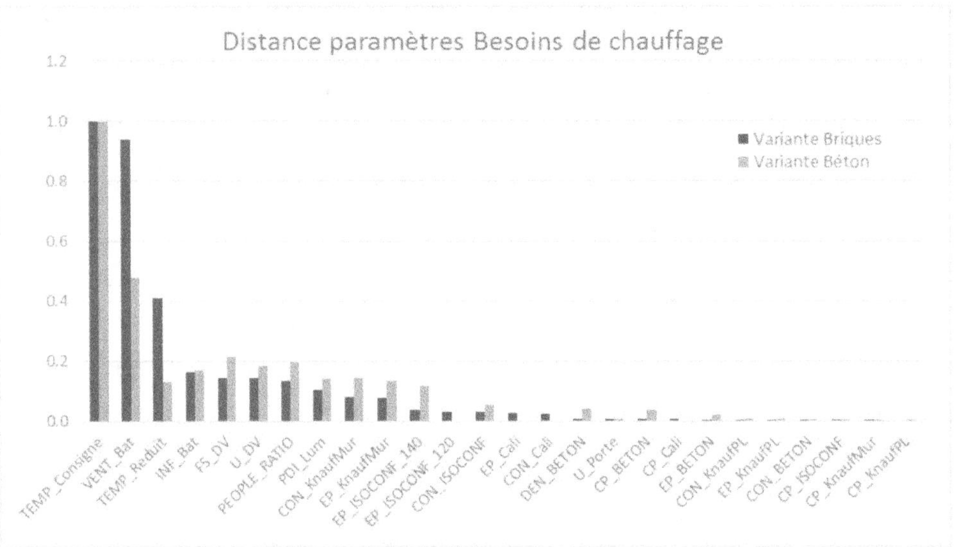

Figure 14.12 Besoins de chauffage, distance des paramètres incertains.

La figure précédente présente les distances des paramètres incertains résultant des analyses de sensibilité des besoins de chauffage pour les variantes maçonnerie et béton. Les variables d'entrée sont classées par ordre d'importance d'après les résultats de la variante maçonnerie.

Selon les variantes, on remarque que le classement diffère peu. Dans les deux cas, les paramètres «consigne de température haute» et «débit de ventilation» sont les variables qui ont le plus d'impact sur les besoins de chauffage. Parmi les paramètres restants, les deux analyses de sensibilité mettent en avant les mêmes variables tout en les classant dans des ordres différents. Pour chacune des variantes, les figures ci-dessous présentent les distances des paramètres retenus :

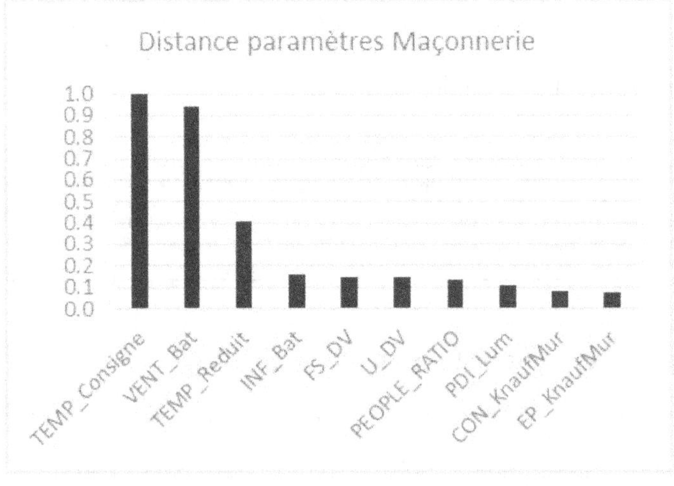

Figure 14.13 Distance variante maçonnerie (besoins).

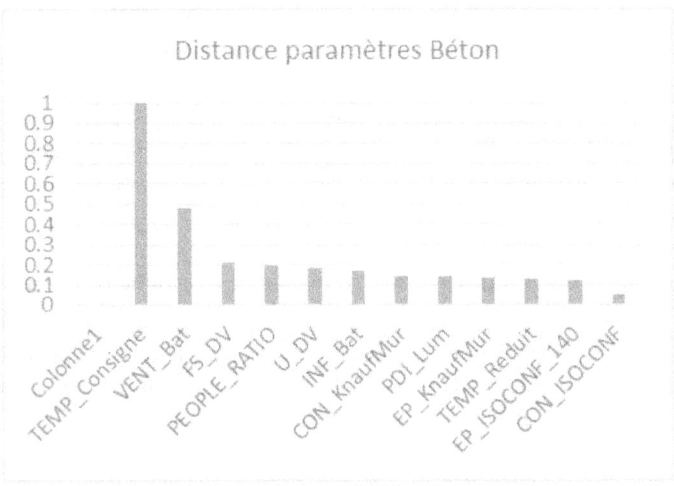

Figure 14.14 Distance variante béton (besoins).

Variante Maçonnerie

Dans cette configuration, la valeur de la «consigne haute de température» est le paramètre le plus influent, immédiatement suivie du «débit mécanique d'air neuf». Viennent ensuite la «consigne de température réduite» et le «débit d'infiltration d'air extérieur». La maîtrise du couple température d'air intérieur/renouvellement d'air semble primordiale pour une bonne maîtrise des besoins de chauffage.

Parmi les paramètres sélectionnés restants, on trouve les apports internes et externes avec les variables «facteur solaire des vitrages», «puissance dissipée» et «nombre de personnes». Finalement, ce sont les caractéristiques thermiques de l'isolant mural et des vitrages qui arrivent en dernier.

Au total, ce sont dix paramètres parmi les vingt-six initiaux qui sont retenus et considérés comme fortement influents sur les besoins de chauffage du bâtiment.

Variante Béton

Comme pour la variante maçonnerie, l'analyse de sensibilité classe le couple «consigne haute de température»/«débit mécanique d'air neuf» en tête de la liste. Toutefois, ce sont les apports internes et externes qui suivent avec le «facteur solaire des vitrages», la «puissance dissipée» et le «nombre de personnes». Cette différence est probablement due au fort niveau d'isolation qui valorise les gains internes.

Parmi les paramètres sélectionnés restants, on trouve le «débit d'infiltration d'air extérieur» et les caractéristiques thermiques des vitrages et des isolants (muraux et de toiture).

Au total, ce sont douze paramètres parmi les vingt-six initiaux qui sont retenus et considérés comme fortement influents sur les besoins de chauffage du bâtiment.

14.2.6.4 Interprétation des résultats et impact sur la conception

- Pour les deux variantes, la maîtrise des températures et des débits d'air neuf semble indispensable. L'AS va permettre alors d'orienter la MOE vers des systèmes au fonctionnement maîtrisé, et vers la mise en place de thermostats spécifiques. Des exigences de performance sur le réglage du débit des bouches de soufflage/extraction peuvent être spécifiées dans le CCTP.

- Le facteur solaire (FSw) et le coefficient de déperditions (Uw) des vitrages sont mis en avant dans les analyses des deux variantes. Une attention particulière devra être apportée à la qualité et aux spécificités des vitrages. La MOA peut exiger des produits aux propriétés certifiées.

- Les conductivités et les épaisseurs des isolants (notamment, muraux et en toiture) ont un impact fort sur les besoins de chauffage. L'analyse de sensibilité peut permettre de justifier la mise en place d'isolants dont les caractéristiques sont certifiées (ACERMI).

Finalement, les deux analyses de sensibilité ont permis de réduire par deux le nombre de paramètres incertains et ainsi d'attirer l'attention du modélisateur sur les variables qui ont une action forte sur la sortie étudiée.

14.2.6.5 Analyse de sensibilité : confort estival

La méthode de Morris est employée pour étudier l'impact des paramètres sur l'indicateur de confort estival.

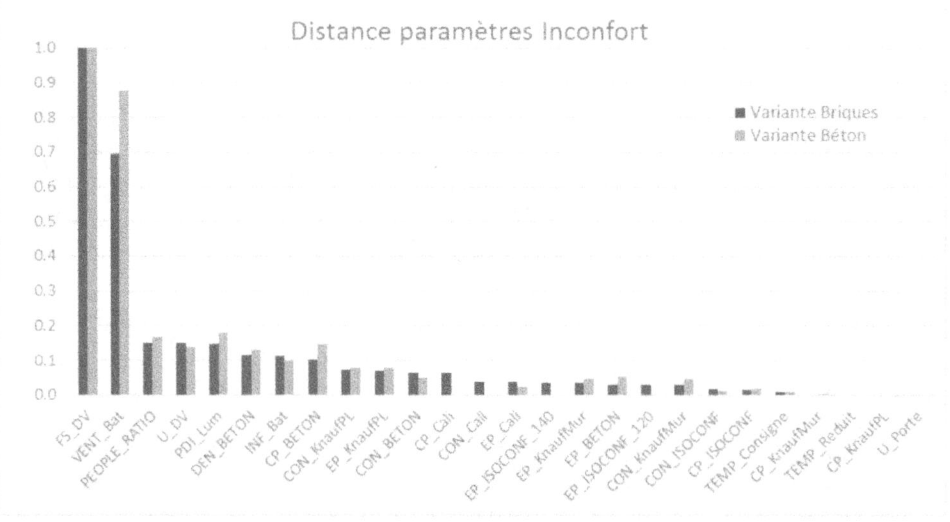

Figure 14.15 Indice de confort, distance des paramètres incertains.

Comme pour les besoins de chauffage, le classement des paramètres incertains selon l'indicateur de confort fournit des résultats similaires pour les deux variantes. Dans le cas du confort, ce sont les apports extérieurs (« facteur solaire des vitrages ») et le taux de renouvellement d'air mécanique qui ont le plus fort impact. Pour les autres variables, le classement est très similaire pour les deux variantes.

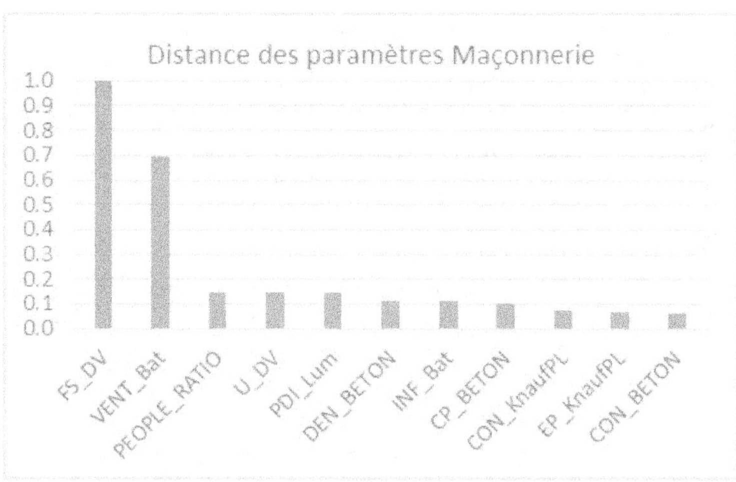

Figure 14.16 Distance variante maçonnerie (confort).

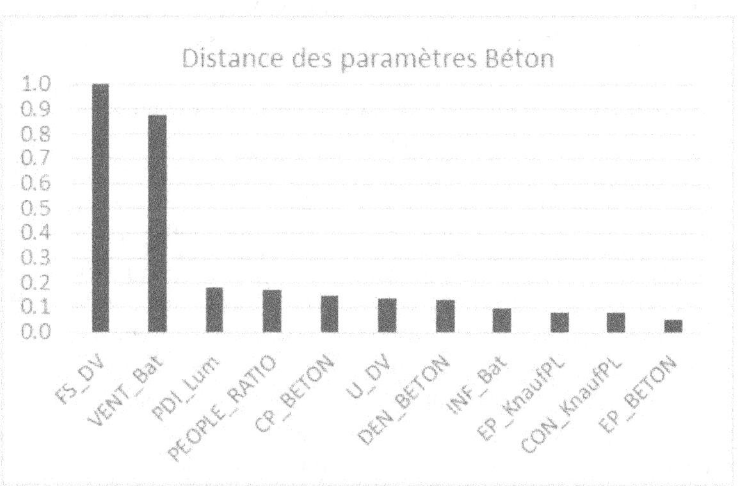

Figure 14.17 Distance variante béton (confort).

Variante Maçonnerie

Les deux facteurs les plus influents sur le confort des occupants sont le facteur solaire (FSw) des ouvrants et le taux de renouvellement d'air. Ces résultats s'expliquent en observant les courbes de température des jours moyens, où le graphe montre une température intérieure en moyenne supérieure à la température extérieure. Tout au long de la période estivale, la ventilation mécanique permet d'évacuer la chaleur vers l'extérieur.

Concernant les apports solaires, l'augmentation du FSw de 0,45 à 0,50 entre les deux variantes engendre une augmentation moyenne de la température dans la zone la plus chaude de l'ordre 1 °C. Ce résultat tend à confirmer la forte sensibilité de la température de l'air au facteur solaire du vitrage.

La catégorie des apports internes arrive en suivant avec la puissance dissipée par les équipements et le taux d'occupation des logements. Finalement, ce sont les caractéristiques des matériaux du lot «gros œuvre» (GO) (béton, briques) et de l'isolant de plancher qui agissent sur le niveau d'inconfort. Ce résultat peut s'interpréter comme résultant de l'action de l'inertie de l'enveloppe et du déphasage de température qu'elle crée entre l'air intérieur et l'air extérieur.

Variante Béton

Les remarques notées pour la variante maçonnerie sont entièrement valables pour la variante béton. On remarque toutefois une importance plus forte du taux de renouvellement d'air. Ce résultat est probablement dû à la plus forte inertie de l'enveloppe béton qui valorise l'action du rafraîchissement par ventilation.

14.2.6.6 Interprétation des résultats et impact sur la conception (variantes Maçonnerie et Béton)

- La maîtrise des performances des vitrages et des apports solaires est essentielle au contrôle du confort estival. Cette information peut inciter la MOA à exiger des produits aux propriétés certifiées pour les éléments suivants : vitrages, stores intérieurs ou extérieurs, menuiseries.
- Pour les deux variantes, les températures de l'air intérieur sont en moyenne supérieures à celle du climat. L'action de la ventilation mécanique pour déstocker les calories est donc importante, et une bonne maîtrise des débits permettra de garantir un certain niveau de performance. Comme pour l'analyse des besoins de chauffage, cela peut se traduire dans les CCTP par des exigences de résultats sur les débits de soufflage mesurés à la réception.
- L'inertie du bâtiment possède une influence non négligeable sur l'indicateur de confort. Toutefois, il est difficile de contrôler les épaisseurs de béton ou d'isolant. Cependant, il est possible d'exiger que l'entreprise GO fournisse les caractéristiques des bétons employés (densité) ou celles de l'isolant de plancher sur terre-plein (ACERMI).
- Les analyses de sensibilité ont permis de restreindre le nombre de paramètres à contrôler. Pour la variante maçonnerie, onze variables sont retenues parmi les vingt-six. Pour la variante béton, dix variables sont retenues parmi les vingt-deux.

14.2.6.7 Synthèse des résultats des Analyses de sensibilité

Pour chacune des deux variantes et chacun des deux indicateurs, les analyses de sensibilité ont permis :
- de diminuer le nombre de paramètres incertains en identifiant les facteurs les plus influents et de focaliser l'attention du modélisateur sur les variables prépondérantes ;
- de faire des recommandations pertinentes sur le choix des matériaux et des systèmes, ou du niveau de qualité exigée lors de la réalisation du bâtiment ;
- d'identifier des leviers d'optimisation pour les indicateurs observés. L'amélioration de la performance des paramètres identifiés comme influents aura probablement un fort impact sur l'indicateur concerné ;
- de sensibiliser et de communiquer auprès de la maîtrise d'ouvrage. D'après les résultats des AS, le comportement des usagers et l'utilisation des équipements électriques

influencent fortement les besoins de chauffage et le confort estival. La mise en avant de ce résultat peut inciter la MOA à fournir plus d'informations sur l'utilisation et le mode de fonctionnement de son futur bâtiment. Ces données permettraient d'obtenir des simulations d'une plus grande qualité.

14.2.7 Génération des métamodèles

Les résultats des analyses de sensibilité ont permis d'identifier les paramètres de conception qui ont le plus d'influence sur les indicateurs étudiés. Toutefois, afin de «chiffrer» leurs impacts et d'obtenir un intervalle de confiance pour la sortie étudiée, une étude de propagation d'incertitude est nécessaire. Pour ce faire, plusieurs milliers de simulations sont réalisées en tirant aléatoirement les valeurs des paramètres incertains dans leurs intervalles d'incertitude et selon leurs lois de probabilité. Or selon la complexité du modèle, la réalisation de ces calculs peut nécessiter un temps considérable.

Une solution envisageable consiste à construire une surface de réponse (ou métamodèle) capable de représenter le comportement du modèle de bâtiment. Il existe de nombreuses méthodes pour construire un métamodèle : krigeage, polynômes locaux, splines cubiques, réseaux de neurones, etc. Dans le cadre de cet ouvrage, nous suivons la méthode des polynômes de chaos (Merheb I2M). Une description mathématique précise de cette technique est disponible dans les ouvrages suivants : (Lebrun, 2009), (Sudret, 2007).

L'enjeu lors de la construction d'une surface de réponse est de trouver un bon compromis entre la précision des prédictions du métamodèle et le nombre de simulations nécessaires à sa construction. Un algorithme programmé en Python et utilisant la librairie Open-Turns permet d'optimiser le couple «précision/temps de calcul» en se basant sur les erreurs L_2 et L_{inf} définies par :

$$L_2 = \sqrt{\frac{\sum_{i=1}^{i=Ntest}\left(Rsim_i - Rmeta_i\right)^2}{\sum_{i=1}^{i=Ntest} Rsim_i^{\,2}}}$$

$$L_{\text{inf}} = \max_{i=1,Ntest} \frac{\left\|Rsim_i - Rmeta_i\right\|}{\left\|Rsim_i\right\|}$$

où *Ntest* est le nombre de simulations testées, *Rsim* le résultat fourni par le code de calcul et *Rmeta* l'interpolation du métamodèle.

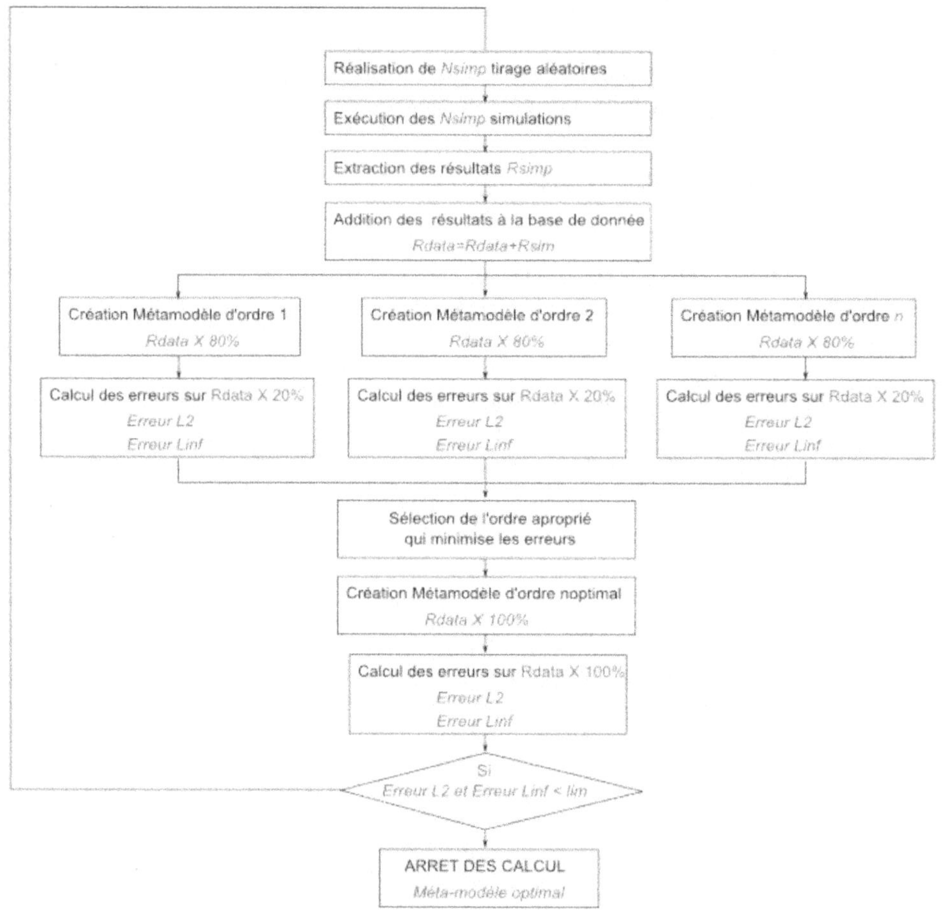

Figure 14.18 Algorithme de création du métamodèle.

Le fonctionnement décrit figure 14.18 est le suivant :

- Une série de *Nsimp* simulations est réalisée à partir d'un tirage aléatoire des paramètres incertains dans leurs intervalles d'incertitude.
- Les résultats sont ajoutés à la base principale *Rdata* composée des résultats des itérations précédentes.
- n métamodèles d'ordre 1 à *n* sont générés à partir de 80 % de la base principale. Pour chacune des surfaces de réponse, les erreurs *Linf* et *L2* sont calculées par rapport au 20 % de la base *Rdata* restants.
- L'ordre optimal est déterminé en fonction des résultats des erreurs *L2* et *Linf* pour les *n* métamodèles. Une surface de réponse d'ordre *n* optimal est créée à partir de 100 % de la base principale *Rdata*.
- Si les erreurs du métamodèle optimal sont considérées comme acceptables, l'algorithme stoppe le calcul. Sinon, une nouvelle série de *Nsimp* simulations est réalisée.

La figure 14.19 présente l'évolution des erreurs *Linf* et *L2* lors du processus de création d'un métamodèle avec $Nsimp = 100$:

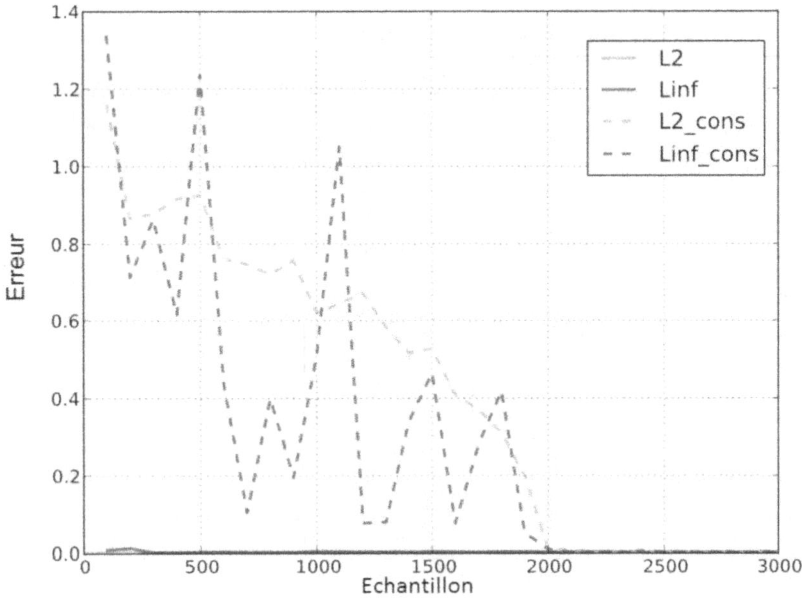

Figure 14.19 Évolution des erreurs *L2* et *Linf* pour *Nsimp* = 100.

De manière à accélérer le processus, des métamodèles sont créés pour chacune des variantes (maçonnerie et béton) et pour les deux indicateurs (besoins de chauffage et inconfort). Les paramètres incertains retenus, leurs lois de probabilité et leurs intervalles d'incertitude sont récapitulés dans le tableau ci-dessous :

Tableau 14.3 Lois de probabilité des paramètres pour créer le métamodèle.

Variante Maçonnerie Besoins de chauffage				
Paramètre	**Unité**	**Valeur nominale**	**Incertitude**	**Lois (méta-modèle)**
Consigne de chauffage haute	[°C]	19	± 5 %	Uniforme
Renouvellement d'air mécanique	[vol/h]	0,86	± 10 %	Uniforme
Consigne de chauffage basse	[°C]	17	± 5 %	Uniforme
Infiltration d'air	[vol/h]	0,1	± 15 %	Uniforme
Facteur solaire double vitrage	[-]	0,45	± 5 %	Uniforme
Conductivité assemblage menuiserie + DV	[W/(m².K)]	1,95	± 5 %	Uniforme
Nombre d'occupants	Ratio occupation [pers/m²]	0,05	± 10 %	Uniforme
Puissance des équipements électriques	Ratio puissance [W/m²]	5	± 10 %	Uniforme
Conductivité isolant mural	[W/(m.K)]	0,03	± 5 %	Uniforme
Épaisseur isolant mural	[m]	0,101	± 5 %	Uniforme

Tableau 14.3 (suite) Lois de probabilité des paramètres pour créer le métamodèle.

Variante Maçonnerie Indicateur de confort				
Paramètre	**Unité**	**Valeur nominale**	**Incertitude**	**Lois (méta-modèle)**
Facteur solaire double vitrage	[-]	0,45	± 5 %	Uniforme
Renouvellement d'air mécanique	[vol/h]	0,86	± 10 %	Uniforme
Nombre d'occupants	Ratio occupation [pers/m²]	0,05	± 10 %	Uniforme
Conductivité assemblage menuiserie + DV	[W/(m².K)]	1,95	± 5 %	Uniforme
Puissance des équipements électriques	Ratio puissance [W/m²]	5	± 10 %	Uniforme
Densité mur béton	[kg/m³]	2 350	± 10 %	Uniforme
Infiltration d'air	[vol/h]	0,1	± 15 %	Uniforme
Chaleur spécifique mur béton	[J/(kg.K)]	1 000	± 10 %	Uniforme
Conductivité isolant plancher	[W/(m.K)]	0,022	± 5 %	Uniforme
Épaisseur isolant plancher	[m]	0,082	± 5 %	Uniforme
Conductivité mur béton	[W/(m.K)]	2	± 10 %	Uniforme
Variante Béton Besoins de chauffage				
Consigne de chauffage haute	[°C]	19	± 5 %	Uniforme
Renouvellement d'air mécanique	[vol/h]	0,17	± 10 %	Uniforme
Facteur solaire double vitrage	[-]	0,5	± 5 %	Uniforme
Nombre d'occupants	Ratio occupation [pers/m²]	0,05	± 10 %	Uniforme
Conductivité assemblage menuiserie + DV	[W/(m².K)]	1,50	± 5 %	Uniforme
Infiltration d'air	[vol/h]	0,06	± 15 %	Uniforme
Conductivité isolant mural	[W/(m.K)]	0,03	± 5 %	Uniforme
Puissance des équipements électriques	Ratio puissance [W/m²]	5	± 10 %	Uniforme
Épaisseur isolant mural	[m]	0,18	± 5 %	Uniforme
Consigne de chauffage basse	[°C]	17	± 5 %	Uniforme
Épaisseur laine de verre 40	[m]	0,14	± 10 %	Uniforme
Conductivité laine de verre	[W/(m².K)]	0,035	± 5 %	Uniforme

Tableau 14.3 (suite) Lois de probabilité des paramètres pour créer le métamodèle.

Variante Béton Indicateur de confort				
Paramètre	**Unité**	**Valeur nominale**	**Incertitude**	**Lois (méta-modèle)**
Facteur solaire double vitrage	[-]	0,5	± 5 %	Uniforme
Renouvellement d'air mécanique	[vol/h]	0,17	± 10 %	Uniforme
Puissance des équipements électriques	Ratio puissance [W/m²]	5	± 10 %	Uniforme
Nombre d'occupants	Ratio occupation [pers/m²]	0,05	± 10 %	Uniforme
Chaleur spécifique mur béton	[J/(kg.K)]	1 000	± 10 %	Uniforme
Conductivité assemblage menuiserie + DV	[W/(m².K)]	1,50	± 5 %	Uniforme
Densité mur béton	[kg/m³]	2 350	± 10 %	Uniforme
Infiltration d'air	[vol/h]	0,06	± 15 %	Uniforme
Épaisseur isolant plancher	[m]	0,082	± 5 %	Uniforme
Conductivité isolant plancher	[W/(m.K)]	0,022	± 5 %	Uniforme
Épaisseur béton	[m]	0,2	± 5 %	Uniforme

Note 1 : L'ordre des paramètres incertains dans les tableaux correspond au classement réalisé par les analyses de sensibilité.

Note 2 : La plupart des paramètres incertains possèdent des lois de probabilité de type « normale ». Or les lois employées pour la génération des métamodèles sont de type « uniforme », ce qui permet d'avoir une surface de réponse avec une erreur de prédiction équitablement répartie sur les intervalles d'incertitude des paramètres. Toutefois, il est important de noter que ce choix a un impact sur le calcul des indices de Sobol.

Pour les quatre métamodèles correspondant aux deux variantes avec deux indicateurs (besoins et indice d'inconfort), les simulations sont exécutées par pack de cent. Pour chaque pack, un métamodèle est généré, et les erreurs L_2 et L_{inf} sont observées. Si leurs valeurs sont supérieures au niveau acceptable, un nouveau pack est créé et s'ajoute au précédent pour augmenter la base d'apprentissage. L'algorithme s'arrête lorsque les erreurs ont convergé et sont devenues acceptables. Les figures ci-dessous présentent l'évolution des erreurs en fonction du nombre de simulations dans la base d'apprentissage pour chacun des quatre métamodèles.

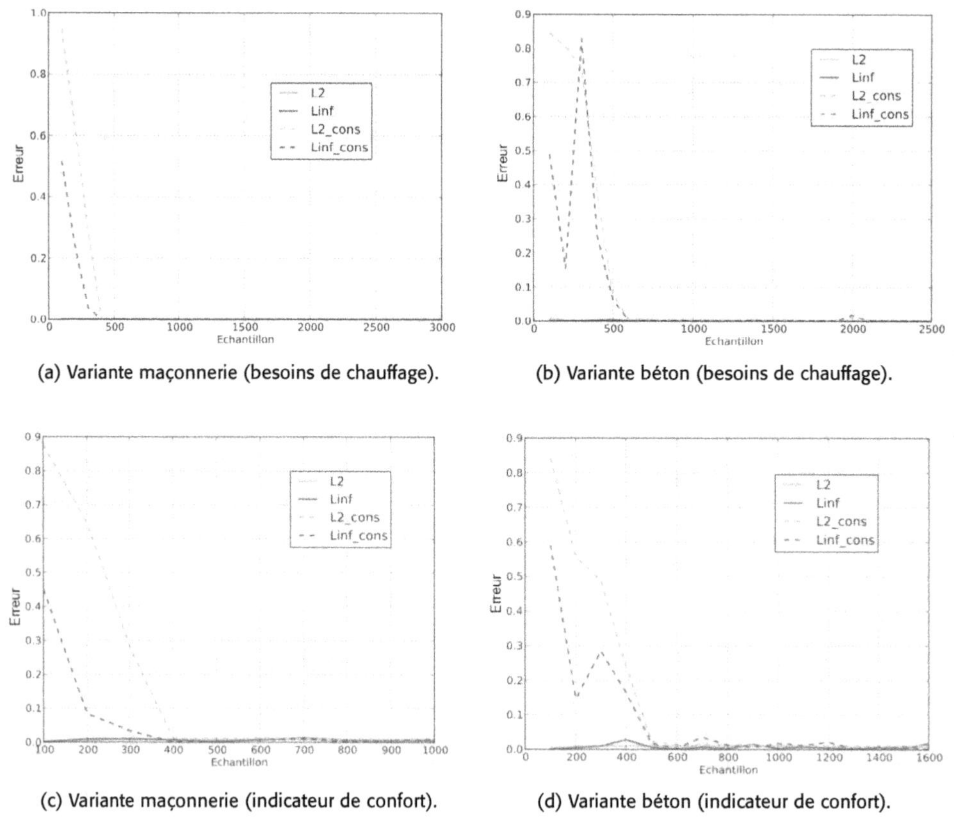

(a) Variante maçonnerie (besoins de chauffage).

(b) Variante béton (besoins de chauffage).

(c) Variante maçonnerie (indicateur de confort).

(d) Variante béton (indicateur de confort).

Figure 14.20 Convergence des erreurs L2 et Linf au cours de la génération du métamodèle.

Les temps de calcul requis pour chaque surface de réponse et les estimations des erreurs sont récapitulés dans le tableau ci-dessous :

Tableau 14.4 Temps de calcul et erreurs du métamodèle.

Variable modélisée	Dimension de la base	Temps de calcul	Erreur
Besoins de chauffage variante maçonnerie	500	1 h 20	< 1 %
Besoins de chauffage variante béton	700	2 h	< 1 %
Indicateur de confort variante maçonnerie	900	2 h 30	≈ 2,5 %
Indicateur de confort variante béton	1 000	2 h 45	≈ 2,5 %

Pour les deux variantes, les métamodèles prédisant les besoins de chauffage convergent plus rapidement que ceux modélisant les indicateurs de confort. La précision obtenue est également meilleure pour les surfaces de réponse servant à prédire les besoins. Ces résultats proviennent de la forte «sensibilité» de l'indicateur de confort aux paramètres incertains. Les erreurs résultantes restent toutefois très faibles et acceptables.

14.2.8   Observation des indices de Sobol

Un des avantages majeurs des métamodèles sous forme de polynômes du chaos est de pouvoir extraire facilement les indices de Sobol du premier ordre et d'ordre total. Ces coefficients nommés «mesures d'importance basées sur la variance», ou indices de Sobol, sont compris entre 0 et 1, et leur somme vaut 1. Ils sont particulièrement faciles à interpréter en termes de pourcentage de la variance de la réponse.

Les indices d'ordre total sont présentés dans les figures ci-dessous et superposés aux résultats de «distance normalisée D» calculés selon l'analyse de sensibilité de Morris. Ce type de comparaison est à établir avec beaucoup de prudence, car si les deux méthodes estiment l'importance de chaque paramètre, les indices calculés n'ont pas la même signification. C'est pourquoi nous les représentons sur deux axes différents.

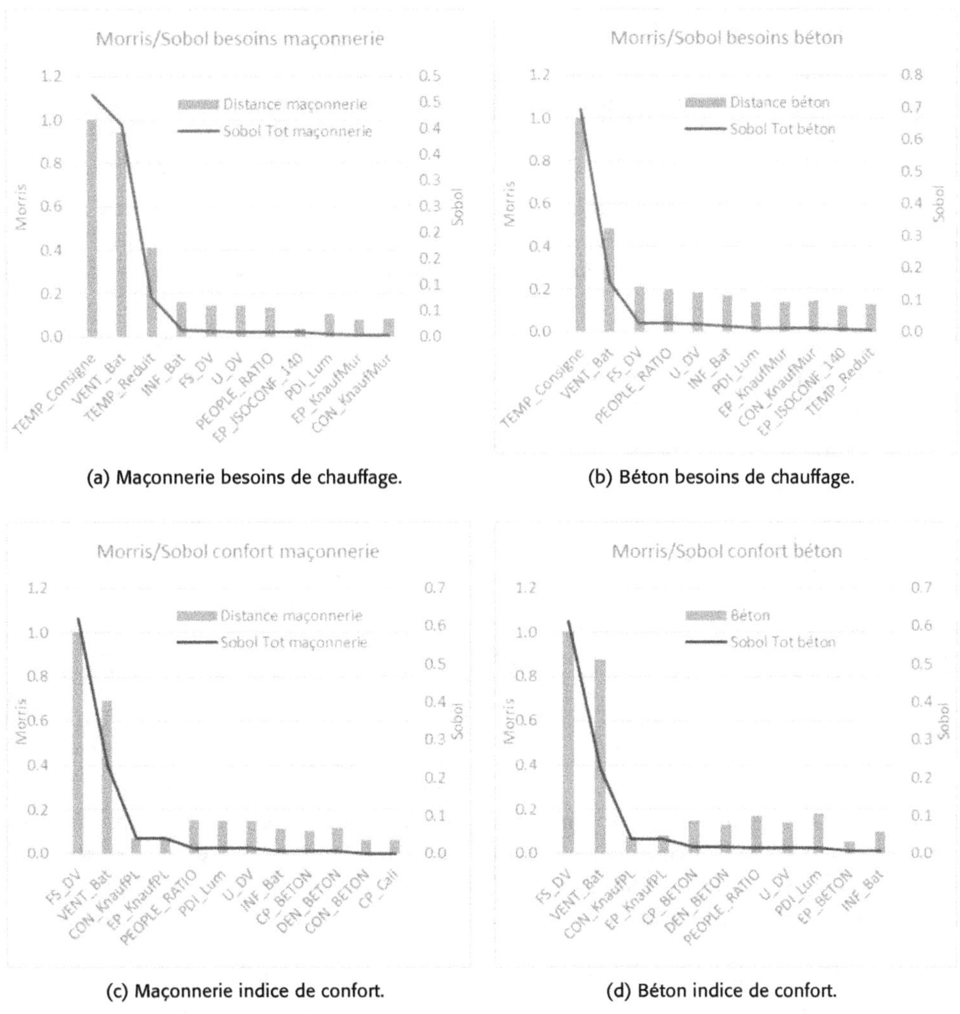

(a) Maçonnerie besoins de chauffage.

(b) Béton besoins de chauffage.

(c) Maçonnerie indice de confort.

(d) Béton indice de confort.

Figure 14.21 Comparaison des résultats des AS (Morris) avec les indices de Sobol.

Pour les besoins de chauffage, l'observation des figure 14.21 indique que les deux méthodes d'AS (Sobol et Morris) fournissent des résultats et des classements de paramètres très comparables. Concernant l'indicateur de confort, les paramètres les plus influents sont correctement identifiés par les deux méthodes, mais le classement des variables moins influentes diffère sensiblement. Ces différences sont probablement liées à la nature dite «globale» de l'analyse de sensibilité de type Sobol qui tient compte de la dimension des intervalles de variation de chaque paramètre.

14.2.9   Propagation d'incertitude sur le cas test

Grâce à l'analyse de sensibilité, les paramètres incertains ont été filtrés et seules les variables ayant une forte influence sur la sortie observée ont été conservées. À partir de cette sélection, quatre métamodèles ont été créés de manière à accélérer le processus de propagation d'incertitude. Ils ont également permis d'obtenir les indices de Sobol qui donnent une information quantitative quant à l'influence du paramètre sur la variation de la sortie considérée.

La dernière étape de l'étude a donc pour objectif d'observer l'impact de l'incertitude des paramètres d'entrée sur les variables d'intérêt observées. Pour chacune des analyses, 10 000 simulations sont effectuées au moyen des métamodèles. Les échantillons de paramètres d'entrée sont tirés de manière aléatoire dans leurs intervalles d'incertitude en respectant leurs lois de probabilité.

Dans ce cas d'étude, quelle que soit la variable d'entrée, on considère que sa valeur respecte une loi normale centrée autour de sa valeur nominale. La valeur de l'incertitude spécifiée correspond à deux écarts types (la probabilité que la valeur du paramètre soit contenue dans l'intervalle $[V_{nom} - In \times V_{nom} ; V_{nom} + In \times V_{nom}]$ est de 0,95).

Pour les indicateurs «besoins de chauffage» et «indice de confort», les résultats des propagations d'incertitude sur chacune des deux variantes sont présentés dans les graphes et tableaux ci-après.

14.2.9.1   Besoins de chauffage

Tableau 14.5 Statistiques propagation d'incertitude. Indicateur : besoins de chauffage.

	Maçonnerie	**Béton**	
Consommation moyenne	14 029	3 410	kWh
Consommation minimale	11 463	2 437	kWh
Consommation maximale	16 648	4 441	kWh
Consommation écart type	757	302	kWh
Incertitude	± 11 %	± 18 %	2 σ / moyenne

L'observation des figure 14.22-a et figure 14.22-b montre des répartitions de consommation centrées autour des valeurs moyennes (maçonnerie : 14 000, béton : 3 400), et qui semblent suivre la tendance d'une loi normale. Pour la variante maçonnerie, il est ainsi possible de considérer que la probabilité d'obtenir une consommation comprise entre [12 515 ; 15 543] est de 0,95. La précision obtenue est donc de ± 1 514 kWh. Pour la variante béton, l'intervalle est de [2 806 ; 4 618] et la précision de ± 604 kWh. Si l'on raisonne en valeur absolue, l'incertitude est donc plus faible dans le cas de la variante béton. Toutefois, au regard des valeurs moyennes des consommations, l'erreur commise est plus importante avec le modèle de bâtiment performant.

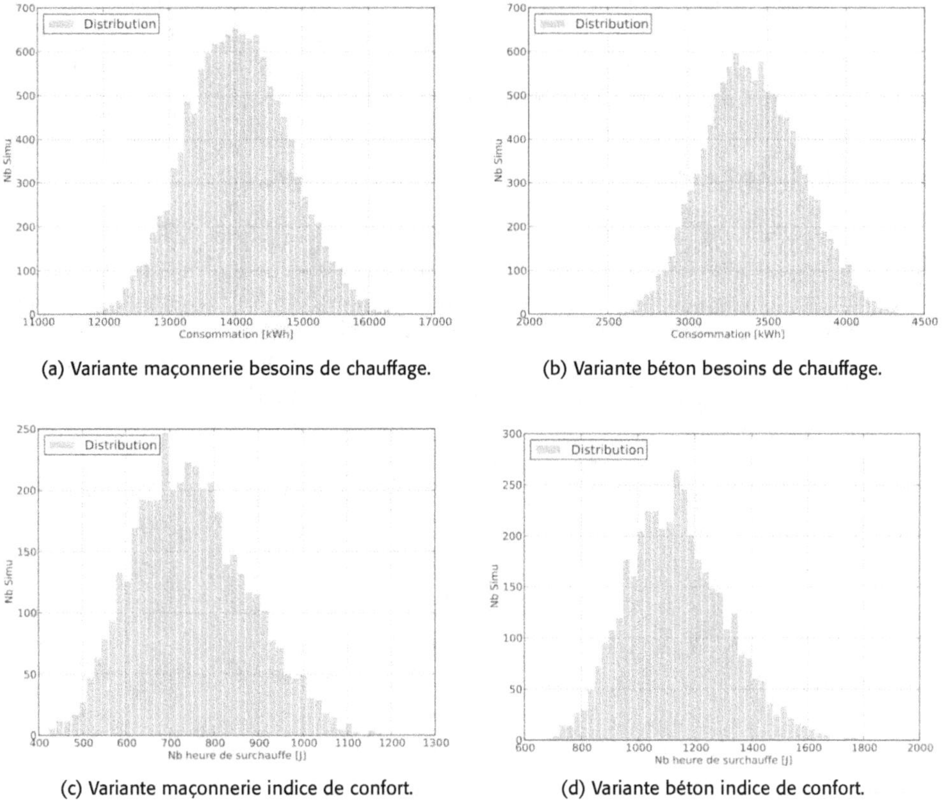

(a) Variante maçonnerie besoins de chauffage.

(b) Variante béton besoins de chauffage.

(c) Variante maçonnerie indice de confort.

(d) Variante béton indice de confort.

Figure 14.22 Histogramme de répartition des simulations.

14.2.9.2 Indice de confort

Tableau 14.6 Statistiques propagation d'incertitude. Indicateur : indicateur de confort.

	Maçonnerie	**Béton**	
Indice moyen	744	1 137	h
Indice minimal	408	671	h
Indice maximal	1 272	1 929	h
Écart type	132	176	h
Incertitude	± 35 %	± 38 %	2 σ / moyenne

Les figures 14.22-c et 14.22-d montrent des histogrammes possédant l'allure d'une loi normale, légèrement décentrée par rapport à la moyenne. Si on considère la répartition des résultats de simulation comme gaussienne, il est possible d'estimer que les paramètres incertains retenus génèrent une incertitude sur la prédiction de l'indicateur de confort de ± 35 % pour la variante maçonnerie, et de ± 38 % pour la variante béton.

Pour l'indice d'inconfort, on observe une incertitude relative plus deux fois supérieure à celle obtenue pour les besoins de chauffage. En effet, cet indicateur est beaucoup plus sensible aux incertitudes des variables d'entrée sélectionnées dans cette étude.

Note: Les valeurs obtenues ne tiennent compte que des paramètres incertains identifiés comme influents sur l'indicateur considéré et sélectionné PARMI LES PARAMÈTRES DE CONCEPTION. Cette incertitude est donc entièrement liée aux choix de conception et n'intègre pas les paramètres d'environnement (météo, masques, etc.).

14.2.10 Influence de la maîtrise des incertitudes

L'étude de propagation d'incertitude est un bon moyen d'estimer l'impact de la mauvaise maîtrise de certains paramètres. Nous prenons comme exemple les besoins de chauffage du bâtiment avec la variante béton. Les analyses de sensibilité (Morris + Sobol) ont mis en avant l'importance d'une maîtrise de la température de consigne de chauffage et des débits de ventilation. Il est alors possible d'observer l'évolution de l'incertitude du résultat en fonction de l'amélioration de la qualité de la régulation du chauffage et de la mise en œuvre de la ventilation.

Tableau 14.7 Évolution et amélioration de l'incertitude.

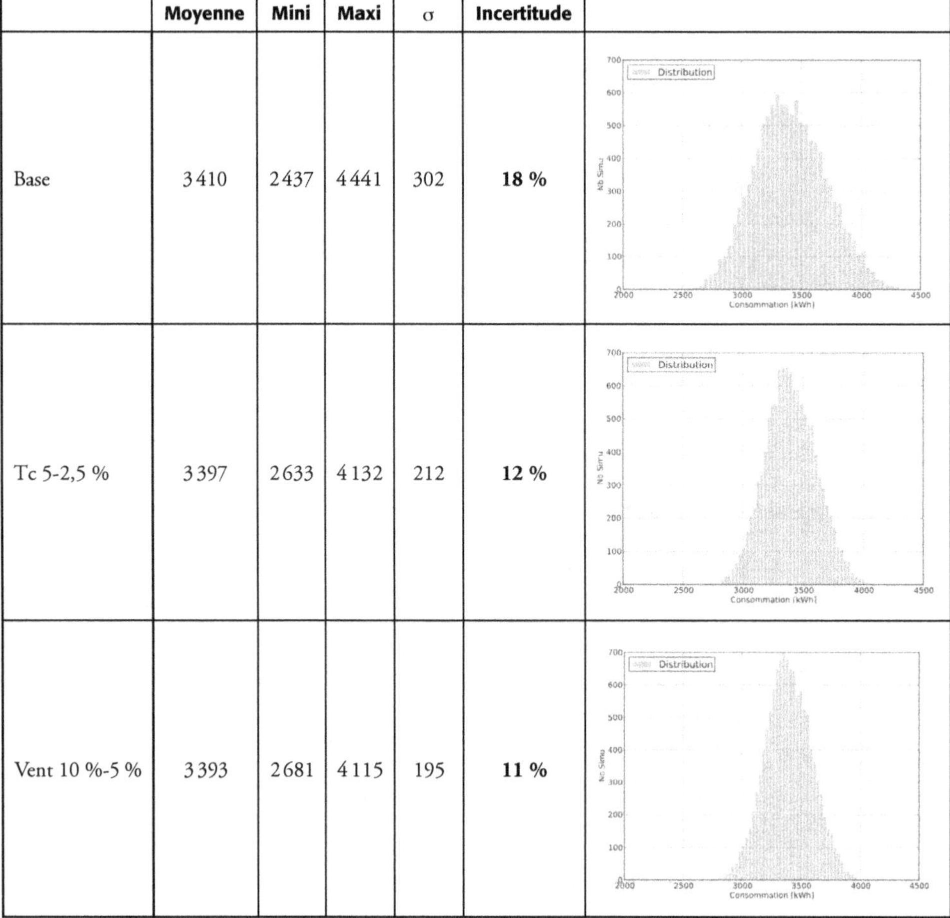

	Moyenne	Mini	Maxi	σ	Incertitude	
Base	3 410	2 437	4 441	302	**18 %**	
Tc 5-2,5 %	3 397	2 633	4 132	212	**12 %**	
Vent 10 %-5 %	3 393	2 681	4 115	195	**11 %**	

En considérant un système de régulation plus performant permettant de contrôler la température intérieure des logements en période hivernale avec une précision de 2,5 %, l'incertitude sur les besoins de chauffage est réduite de l'ordre de 6 % (± 180 kWh). Par la suite, une meilleure maîtrise du débit de ventilation permet d'améliorer de 1 % supplémentaire la précision des résultats en diminuant l'incertitude de ± 34 kWh.

Un bon traitement des deux paramètres les plus influents sur les besoins de chauffage a donc permis de réduire l'incertitude de sept points. La consommation prédite du bâtiment est désormais de 3 393 kWh ± 390 kWh, alors qu'elle était de 3 410 ± 602 kWh.

14.2.11 Synthèse propagation d'incertitude

L'analyse d'incertitude permet de quantifier l'impact d'une mauvaise connaissance des paramètres d'entrée sur une sortie étudiée. Les résultats obtenus se présentent ainsi sous la forme d'une valeur moyenne associée à un intervalle de confiance. Les applications en sont multiples.

- Elle permet de mettre en perspective les résultats obtenus : l'exemple de l'indice d'inconfort au chapitre précédent montre la grande incertitude associée à cet indicateur.
- Elle permet de quantifier l'effet de l'amélioration de la qualité des produits, ou celui de l'emploi de matériaux certifiés, ou celui de la qualité de mise en œuvre des systèmes lors de la réalisation.
- Finalement, à condition que les incertitudes des paramètres d'entrée soient maîtrisées, elle peut permettre à la MOE de s'engager sur la performance du bâtiment, en garantissant un niveau de performance associé à une incertitude calculée.

14.2.12 Conclusions et Perspectives

La recherche de la performance énergétique dans le bâtiment incite les maîtres d'ouvrage à exiger des niveaux de performance précis en termes de besoins ou de confort des occupants. Ces contraintes sont souvent exprimées au travers des programmes environnementaux des bâtiments.

Afin de répondre au mieux à cette demande, les équipes de maîtrise d'œuvre ont souvent recours au calcul STD de manière à simuler le comportement thermique/énergétique du futur bâtiment. Ces calculs complexes permettent d'avoir accès à de très nombreux indicateurs et d'optimiser les performances du bâtiment. Toutefois, le nombre d'informations requises pour modéliser l'ouvrage est très important et leurs influences sur la sortie étudiée sont souvent méconnues. Il est alors difficile d'estimer la pertinence d'un résultat ou l'importance d'un gain réalisé lors d'une optimisation au regard de l'incertitude du calcul.

L'analyse de sensibilité par la méthode de Morris a pour principal intérêt d'aiguiller l'ingénieur en charge de l'étude et d'attirer son attention sur les paramètres qui influencent majoritairement les indicateurs étudiés. Toutefois, elle ne permet pas de quantifier l'impact des incertitudes sur les sorties. C'est le rôle de l'étude de propagation d'incertitude que de « chiffrer » la précision d'un calcul. Les résultats sont obtenus sous la forme d'une densité de probabilité ou d'une moyenne associée à un intervalle d'incertitude. Leur interprétation permet alors d'estimer la qualité du résultat obtenu et de proposer des solutions pour une meilleure maîtrise des indicateurs étudiés.

L'application de ces méthodes à un cas test a fourni un aperçu de leur potentiel et de l'interprétation possible des résultats. Cependant, de nombreux efforts doivent encore être menés afin de transférer efficacement ces méthodes vers des applications de type « marché » :

- Le degré d'incertitude des paramètres d'entrée est difficile à caractériser et dépend fortement du produit ou du système employé. Or sa valeur conditionne les résultats des études de sensibilité et de propagation d'incertitude.
- La pertinence des méthodes et des indicateurs présentés dépend fortement du projet considéré et de son stade d'avancement (esquisse, APS, APD, etc.). Un guide d'utilisation des méthodes serait utile pour simplifier leur emploi par les bureaux d'études. Celui-ci aboutirait in fine au cahier des charges d'une interface graphique permettant la configuration et l'exécution rapide des analyses. Les résultats seraient fournis sous une forme facilement interprétable.
- Une interface graphique serait enfin nécessaire pour rendre ces méthodes opérationnelles dans un temps raisonnable compatible avec une mission de bureau d'études.

14.3 Techniques d'optimisation
(F. Wurtz & G. Fraisse)

14.3.1 Préambule

Cette section se veut une introduction pédagogique à ce qu'est l'optimisation et à la façon dont les méthodes et techniques liées à cette approche peuvent être employées en lien avec la simulation dynamique pour la conception des bâtiments. On passera ainsi successivement en revue un point de vue sur l'histoire et le développement de cette approche, l'aspect méthodologie, la mise en situation dans le contexte du bâtiment, les outils disponibles et les perspectives. L'ensemble sera étayé par des références offrant les points d'entrée nécessaires aux approfondissements que pourra souhaiter le lecteur. Cette partie est inspirée, et reprend des parties, du livrable 1 d'un projet ANR (INTENSE, 2014).

14.3.2 L'optimisation : une nouvelle révolution des méthodes et outils de conception par ordinateur des bâtiments ?

Historiquement, les activités de conception ont été fondamentalement bouleversées par le développement de méthodes et d'outils implantés dans les ordinateurs. Ces approches ont permis de traiter :

- d'une part, ce qu'on peut appeler **la résolution du problème direct**, à savoir «pour des caractéristiques données (structure, dimensions et conditions d'utilisation), déterminer les performances». Ce problème est typiquement abordé par les méthodes et outils de simulation faisant l'objet du présent ouvrage ;
- d'autre part, ce qu'on peut appeler **la résolution du problème inverse**, à savoir «pour des performances exigées, trouver les caractéristiques d'une solution (structure, dimensions et conditions d'utilisation)». Ce problème peut typiquement être traité par les méthodes et outils d'optimisation.

Les méthodes et outils de simulation numérique ont été les vecteurs d'une première vague de numérisation massive, comme en témoigne la multitude de méthodes et d'outils de simulation qui instrumentent à présent de manière opérationnelle et effective les bureaux d'études (Comfie-Pléiades, E+, IDA-ICE, TRNSYS…).

Les méthodes et outils d'optimisation ne connaissent pas à ce jour le même niveau de maturité et de déploiement. Mais on peut arguer qu'ils constituent sans doute les vecteurs d'une nouvelle vague de numérisation apte à accélérer le processus d'innovation et de conception en permettant d'automatiser, en partie, le processus de résolution du problème inverse, au cœur même de ces processus de conception et d'innovation.

Un indicateur de cette très probable seconde révolution numérique en marche, pour la conception, est la récente accélération du nombre de recherches publiées sur l'optimisation des bâtiments. La figure 14.23 montre cette dynamique avec un nombre de publications qui a considérablement augmenté depuis 2005.

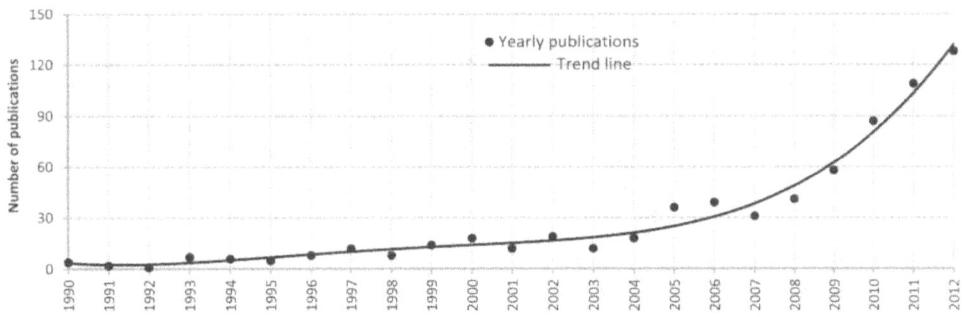

Figure 14.23 La tendance à la hausse du nombre d'études d'optimisation dans le bâtiment (Nguyen, 2014).

On se doit ici de citer des études récentes ayant mesuré et confirmé cette évolution en ayant fait la synthèse des centaines de publications qui ont ainsi émergé dans le domaine de l'optimisation des bâtiments depuis quelques années : (Evins, 2013), (Nguyen, 2014), (Machairas, 2014).

14.3.3   Méthodologies d'optimisation

14.3.3.1   Définition d'un problème d'optimisation mono-objectif

Mathématiquement, un problème général d'optimisation se définit ainsi (Baudoui, 2012) :

$$\underset{d\in D}{\text{minimiser }} f(d,e),$$

$$\text{s.c.} \begin{cases} g(d,e) \le 0, \\ h(d,e) = 0, \end{cases} \tag{1}$$

avec :

- $f : \mathfrak{R}^{nx} \to \mathfrak{R}^{nf}, f(d,e) = \left(f_1(d,e), f_2(d,e), f_3(d,e),\dots,f_{nf}(d,e) \right) \in \mathfrak{R}^{nf}$;

- $x = \left(x_1, x_2, x_3,\dots,x_{nx} \right) \in \mathfrak{R}^{nx}$;

- $d = \left(d_1, d_2,\dots,d_{nd} \right) \in \mathfrak{R}^{nd}$ paramètres de décision ;

- $e = \left(e_1, e_2,\dots,e_{ne} \right) \in \mathfrak{R}^{ne}$ paramètres environnementaux fixés ;

- $x = (d,e), n_x = n_d + n_e$;

- $D \subseteq \mathfrak{R}^{nd}$ espace de recherche;

- $g(d,e) = \left(g_1(d,e), g_2(d,e), \ldots, g_{ng}(d,e) \right) \in \mathfrak{R}^{ng}$ contraintes d'inégalité;

- $h(d,e) = \left(h_1(d,e), h_2(d,e), \ldots, h_{nh}(d,e) \right) \in \mathfrak{R}^{nh}$ contraintes d'égalité.

Ce formalisme permet d'exprimer des contraintes sur les paramètres d'entrée et de sortie, et de définir un objectif, l'ensemble permettant ni plus ni moins que d'exprimer un cahier des charges pour lequel il s'agit de trouver une solution optimale.

La figure 14.24 montre les entrées et les sorties du système à optimiser. Ce système sera représenté par un modèle permettant de calculer les fonctions de sortie f, g et h, qui sont typiquement les performances. Dans le contexte évoqué dans cet ouvrage, les fonctions f, g et h sont pour partie évaluées par des outils de simulation dynamique pour évaluer des grandeurs évoluant au cours du temps (températures, puissances…) ainsi que des grandeurs intégrales qui en résultent (énergie…). Elles sont, pour une autre partie, constituées par des équations analytiques, comme les calculs de coûts économiques. L'ensemble permet de résoudre le problème direct, et la résolution du problème inverse est par suite réalisée par les méthodes d'optimisation, automatisant un processus d'itération sur cette résolution du problème direct.

Les variables de décision *d* et les paramètres *e* (dits «paramètres environnement» d'un point de vue du contexte de l'optimisation) constituent les entrées du modèle et sont relatifs, le plus souvent, à la structure, aux dimensions et aux conditions d'utilisation; ils peuvent être rassemblés sous la forme d'une seule variable $x = (d,e)$ de paramétrage du modèle. Les paramètres de décision évoluent au cours de la phase d'optimisation afin de minimiser la fonction objectif, tandis que les paramètres correspondent à des valeurs fixées *a priori*, pour un processus d'optimisation donné, mais peuvent varier d'un processus d'optimisation à l'autre (introduisant ainsi la notion d'optimisation paramétrée).

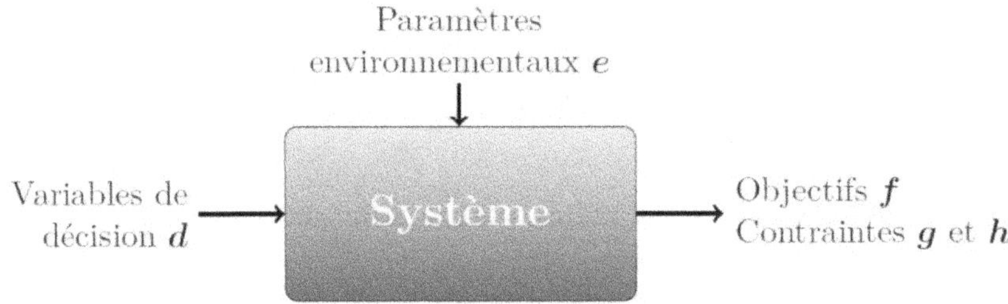

Figure 14.24 Entrées et sorties d'un système à optimiser (Baudoui, 2012).

14.3.3.2 Un exemple simple de problème d'optimisation mono-objectif

À titre pédagogique, on introduit un problème simple et théorique, à une fonction objectif, une contrainte et un paramètre.

Un problème d'optimisation mono-objectif implique habituellement une solution unique, appelée «solution optimale». Un exemple de fonction mono-objectif *f* dépendant d'une seule variable de décision *d1* ($nx = nd = 1$) est présenté par Baudoui (2012) sur la figure 14.25.

Une contrainte d'inégalité $g1$ peut être ajoutée si l'on souhaite restreindre l'espace des solutions possibles. Le problème d'optimisation peut s'écrire sous la forme suivante :

$$\underset{d\in[0,8]}{\text{minimiser}}\ f\left(d_1\right),$$
$$\text{s.c.}\ g_1(d_1) = 1 - d_1 \leq 0 \tag{2}$$

Le minimum global de f correspond au paramètre de conception $d1 = 3$ pour lequel le système présentera une performance optimale. Un enjeu important de l'optimisation est de ne pas retenir le minimum local de la fonction, ici $d1 = 6$.

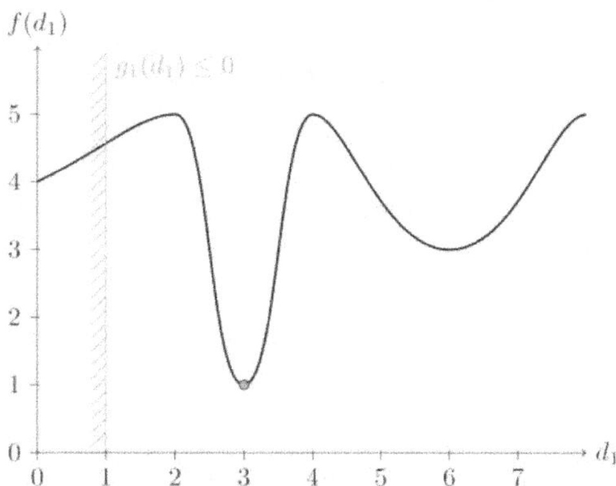

Figure 14.25 Exemple de problème d'optimisation mono-objectif (Baudoui, 2012).

14.3.3.3 Les méthodes d'optimisation

Les méthodes d'optimisation sont très nombreuses et font l'objet de nombreuses publications et articles de synthèse comme indiqué précédemment.

Une première approche de classification est de considérer deux grandes catégories :
1.	les méthodes d'optimisation **déterministes** ;
2.	les méthodes d'optimisation **probabilistes** ou **stochastiques**.

Méthodes déterministes

Les méthodes d'optimisation déterministes sont basées sur une approche mathématique permettant de définir des algorithmes s'appuyant sur les propriétés mathématiques de l'espace d'optimisation et de son paramétrage. Elles permettent ainsi de définir des algorithmes itératifs dont les propriétés de convergence et d'optimalité peuvent être définies mathématiquement. On citera ici, à titre d'exemple :
–	les approches pour résoudre des problèmes linéaires, comme les familles de méthodes de la programmation linéaire (évoquées dans (Nguyen, 2014)), les méthodes de type *simplex method* Nelder-Mead (évoquées dans (Evins, 2013)) ;
–	les approches pour résoudre des problèmes non linéaires, pouvant adopter des approches avec gradients (Wurtz, 2014) (approches de type « minimisation séquentielle quadratique » (*Sequential Quadratic Programming*) proches dans l'esprit de méthodes dites du « point intérieur » (*Interior Point Method*)) ;
–	les approches comme la programmation dynamique (Rivallain, 2013 ; Favre, 2014).

On notera que, dans l'état de l'art actuel, l'emploi des méthodes d'optimisation de type déterministe reste marginal dans les études d'optimisation dans le domaine du bâtiment. Ainsi, Nguyen (2014), sur plus de deux cents études d'optimisation publiées, recense seulement cinq études utilisant la programmation linéaire, cinq études utilisant la méthode de Hooke et Jeeves et une approche utilisant le simplex.

Cela s'explique par différentes raisons :

- ces méthodes sont plus complexes à implémenter :
  - exigeant, par exemple, de pouvoir s'assurer d'un certain nombre de propriétés mathématiques sur les modèles à optimiser (cf. linéarité et/ou non-linéarité),
  - ou de pouvoir réaliser des opérations de type dérivation du modèle pour exploiter tout le potentiel des approches de type gradient ;
- ces méthodes sont souvent réputées moins efficaces, sous l'argument qu'elles peuvent « être trompées par des optima locaux ».

Pour autant, elles ont de très grands avantages, qui devraient être très utiles aux problématiques de conception dans la filière bâtiment :

- elles sont rapides tout en garantissant des critères mathématiques de convergence ;
- elles sont aptes à pouvoir gérer des optimisations avec un très grand nombre de paramètres et de contraintes (plusieurs centaines à plusieurs centaines de milliers).

Ces algorithmes avec ces propriétés peuvent se révéler particulièrement utiles dans les phases de conception initiale s'approchant de l'esquisse (Wurtz, 2014) ou du *« preliminary design »* (Machairas, 2014), dans lesquelles il s'agit, comme dans (Diakaki, 2008) :

- de se servir plutôt de modèles macroscopiques analytiques, offrant un niveau de finesse compatible avec les phases initiales du problème ;
- se traduisant par des problèmes qui peuvent néanmoins devenir complexes de par le nombre de paramètres et de contraintes à traiter, surtout si l'on veut avoir une vision système (multi-physique, dimensionnement simultané des caractéristiques des enveloppes, des systèmes avec prise en compte des cycles de fonctionnement comme cela est proposé dans (Wurtz, 2014) et pouvant aboutir rapidement à des problèmes avec des centaines et des milliers de variables).

Méthodes stochastiques

L'analyse de l'état de l'art dans le domaine du bâtiment indique clairement qu'à ce jour, les méthodes les plus employées dans le secteur du bâtiment sont les méthodes stochastiques. Ainsi, dans (Nguyen, 2014), elles représentent largement plus de 80 % des méthodes employées dans les deux cents études analysées, tendance qui est confirmée dans (Evins, 2013) ayant analysé plus de soixante-quatorze références.

On pourra se référer à ces publications pour voir que ces algorithmes existent sous de multiples formes : les « algorithmes génétiques » (*genetic algorithms*), les approches par « essaims particulaires » (*particle swarm optimization*), les approches par colonies de fourmis (*ant colony algorithms*), etc.

On va se focaliser ici sur l'approche la plus populaire (près de 40 % selon (Evins, 2013)) : la méthode des algorithmes génétiques (AG). Cette méthode est d'ailleurs tout à fait représentative de l'esprit des algorithmes stochastiques, s'inspirant d'une part de processus naturels et évolutionnaires, le plus souvent biologiques, et introduisant d'autre part une dimension de hasard dans ce même processus.

Les AG ont été popularisés dans les années 1960 par des chercheurs tels que J. Holland et E. Goldberg (Goldberg, 1994). Comme le montre la figure 14.26, les opérations de reproduction s'appliquent sur les génotypes (binaires) des individus alors que les valeurs des fonctions objectifs sont calculées sur la base de leurs phénotypes (valeurs concrètes du problème réel) dans l'espace de recherche. Ces algorithmes utilisent ensuite des principes de la biologie, comme le croisement, la mutation, la sélection naturelle et la survie des « solutions » les plus aptes.

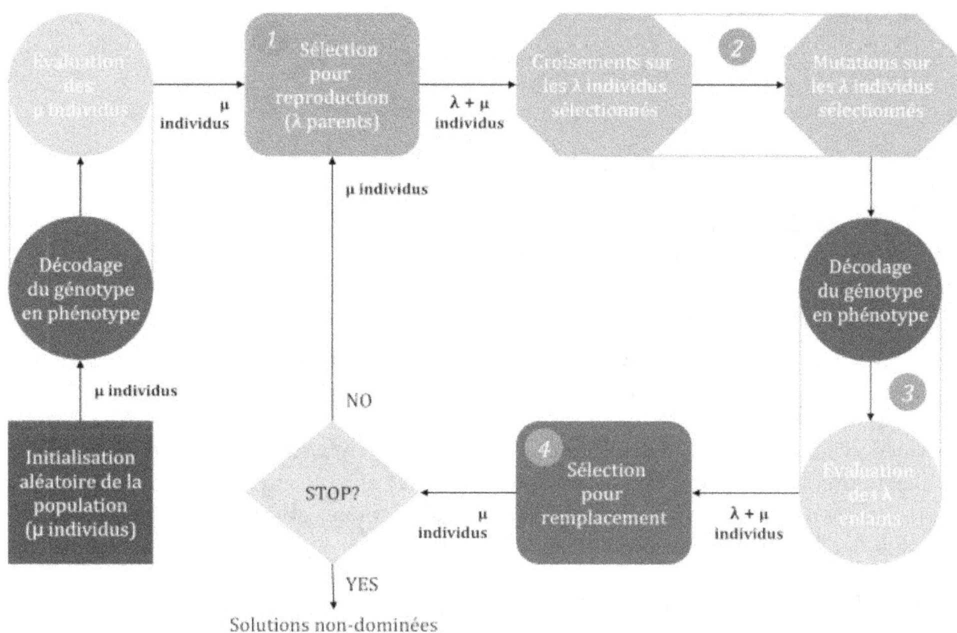

Figure 14.26 Principe d'un algorithme génétique (Rivallain, 2013).

Le grand succès de ces méthodes d'optimisation tient en :
— leur grande facilité d'implémentation ;
— des propriétés intéressantes, comme une capacité à explorer des espaces avec de multiples optima, pouvant comporter des discontinuités, avec une facilité naturelle à gérer les paramètres discrets…

Ces aspects ne doivent cependant pas faire perdre de vue un certain nombre de difficultés pratiques que l'on rencontrera dans leur mise en œuvre :
— les temps de réponse et d'exploration peuvent être longs. Les coûts d'exploration augmentent considérablement avec le nombre de paramètres d'optimisation du problème (en pratique, ces algorithmes permettent de traiter des problèmes avec une dizaine de paramètres et de contraintes) ;
— les algorithmes peuvent être délicats à configurer ;
— il peut être difficile de s'assurer de leur convergence, laquelle peut être malaisée si un grand nombre de contraintes sur les paramètres de sortie doivent être prises en compte ;
— une erreur de formulation dans le problème d'optimisation (comme l'introduction de contraintes incompatibles amenant à un espace de solutions non valide) peut être plus difficile à détecter.

Problème d'optimisation multi-objectif

La formulation de problèmes concrets d'optimisation est très souvent multi-objectif (47 % dans les soixante-quatorze références étudiées dans (Evins, 2013)). Il s'agit en réalité de formuler et de pouvoir intégrer plusieurs objectifs qui se révèlent le plus souvent contradictoires, comme le coût d'investissement initial et le coût d'exploitation *in situ*.

Mathématiquement, un problème d'optimisation multi-objectif (Baudoui, 2012) se formule de la manière suivante :

$$\underset{d \in D}{\text{minimiser}} \; f(d,e) \tag{3}$$

avec :

- $f : \Re^{nx} \to \Re^{nf}, f(d,e) = \left(f_1(d,e), f_2(d,e), f_3(d,e), \ldots, f_{nf}(d,e) \right) \in \Re^{nf}$;

- $x = \left(x_1, x_2, x_3, \ldots, x_{nx} \right) \in \Re^{nx}$;

- $x = (d,e), n_x = n_d + n_e$;

- $d = \left(d_1, d_2, \ldots, d_{nd} \right) \in \Re^{nd}$ paramètres de décision ;

- $e = \left(e_1, e_2, \ldots, e_{ne} \right) \in \Re^{ne}$ paramètres environnementaux fixés ;

- $D \subseteq \Re^{nd}$ espace de recherche.

La fonction $f(d,e)$ correspond aux n_f objectifs. L'espace de recherche a pour dimension n_x. Le problème multi-objectif est, par nature, plus complexe et peut être traité par de multiples approches, dont les plus classiques sont la formulation mono-objectif par pondération des objectifs, et l'approche par fronts de Pareto.

Formulation mono-objectif par pondération des objectifs

Cette approche est intuitivement la plus simple et sans doute la plus spontanément mise en œuvre par les concepteurs. Elle consiste à ramener tous les objectifs à un seul, qui est la somme linéaire pondérée de chacun des objectifs :

$$f_{pond}(d,e) = \sum_{i=1}^{nf} C_i \times f_i(d,e) \tag{4}$$

La difficulté pratique sera alors la détermination des coefficients C_i qui devront notamment refléter le poids relatif que le concepteur souhaite affecter à chacun des objectifs. Cette approche correspond à 8 % des soixante-quatorze études recensées dans (Evins, 2013).

Notion de fronts de Pareto

Un problème d'optimisation multi-objectif compte donc plusieurs objectifs, le plus souvent concurrents. Dans ce cas, un outil qui devient de plus en plus communément utilisé est le concept de « front de Pareto », basé sur la notion de « dominance » (39 % des soixante-quatorze études recensées dans (Evins, 2013)). Un point a domine un point b selon la définition suivante (Baudoui, 2012) :

$$\text{« } a \text{ domine } b \text{ »} \Leftrightarrow a \prec b \Leftrightarrow \begin{cases} \forall i \in \left\{ 1, 2, \ldots, n_{fi} \right\}, f(a)_i \leq f(b) \\ \exists j \in \left\{ 1, 2, \ldots, n_{fi} \right\} / f(a_j) < f(b) \end{cases} \tag{5}$$

Un des algorithmes les plus populaires pour déterminer ces fronts de Pareto est l'algorithme NSGA-II (Deb, 2002 ; Zhou, 2011) de type AG qui est notamment utilisé dans (Gholap, 2007 ; Rivallain, 2013). Les auteurs (Evins, 2013) et (Nguyen, 2014) citent un grand nombre d'études empruntant cette approche.

14.3.4 Contexte du bâtiment

14.3.4.1 Les fonctions de performance

Pour l'optimisation des bâtiments, les critères d'évaluation sont généralement orientés autour de la consommation énergétique, du coût, de la satisfaction de l'occupant (confort) et de l'analyse du cycle de vie. Le travail mené par Evins (2013) montre que les objectifs les plus couramment étudiés sont la consommation d'énergie, puis les différentes évaluations des coûts (construction, annuel, cycle de vie) et enfin l'ensemble des objectifs liés au confort des occupants.

Consommation énergétique

Réduire la consommation d'énergie dans le secteur du bâtiment est très important dans la lutte contre le changement climatique et l'amélioration de la sécurité de l'approvisionnement (European Commission, 2013). En effet, les bâtiments représentent environ 40 % de la demande énergétique. L'optimisation de la consommation énergétique conduit nécessairement à la réduction des besoins (isolation, protection solaire en été...), à l'amélioration de l'efficacité des systèmes et au recours aux énergies renouvelables. Plus de 45 % des cas étudiés dans (Evins, 2013) choisissent comme objectif le coût énergétique.

Coût économique

L'investissement initial est la performance la plus souvent introduite comme objectif à optimiser après l'énergie : plus de 10 % des études, selon (Evins, 2013). Cela peut concerner des études de conception de bâtiments neufs comme des études de rénovation (Rivallain, 2013 ; Martinaitis, 2004).

Un coût économique de type « coût global actualisé » (CGA) sur la durée de vie est une fonction de performance qui est souvent considérée. Il prend en compte l'investissement initial, les coûts annuels et la valeur finale (Boermans, 2011) :

$$C_g(\tau) = C_I + \sum_j \left[\sum_{i=1}^{r} \left(C_{a,i}(j) \times R_d(i) \right) - V_{f,\tau}(j) \right] \tag{6}$$

avec :
- $C_g(\tau)$: coût global (en référence à l'année de départ : τ_0) ;
- C_I : coûts d'investissement initiaux ;
- $C_{a,i}(j)$: coûts liés à l'année i et au composant j (coûts de l'énergie, coûts opérationnels, coûts périodiques ou de remplacement, coûts d'entretien et coûts supplémentaires) ;
- $R_d(i)$: taux d'actualisation pour l'année ;
- $V_{f,\tau}(i)$: valeur finale (= résiduelle) du composant j à la fin de la période de calcul (en référence au temps écoulé à compter de τ_0).

Le CGA est ainsi utilisé dans (Malatji, 2013 ; Fraisse, 2009 ; Wang, 2014 ; Wurtz, 2014). Il est important de noter que son évaluation reste néanmoins très délicate, car il suppose des hypothèses sur un certain nombre de paramètres clés (évolution du prix de l'énergie, inflation…). Dans ce contexte, la notion d'optimisation robuste prenant en compte l'incertitude propre à certains paramètres est particulièrement intéressante.

On citera encore d'autres formulations de coût économique qui peuvent être utilisées : le gain résultant des économies d'énergie (Malatji, 2013 ; Wang, 2014), le temps de retour sur investissement (Malatji, 2013), la valeur actuelle nette (VAN) des investissements (Martinaitis, 2004), le taux de rentabilité interne (TRI) des investissements (Martinaitis, 2004), le taux d'enrichissement en capital apparent – méthode TEC (Chabot, 2005).

Cycle de vie

Il existe une interaction très complexe entre le bâtiment et l'environnement. L'analyse du cycle de vie (ACV, ou LCA pour « *Life Cycle Analysis* ») représente une approche globale de l'évaluation des impacts environnementaux liés au bâtiment tout au long de sa vie. Cette thématique est ainsi abordée dans (Rivallain, 2013).

Confort des occupants

L'étude des interactions thermiques entre l'individu et son environnement est complexe et nécessite l'intervention de plusieurs disciplines. Le confort apparaît comme un objectif pour près de 8 % des études citées par (Evins, 2013). Les critères de confort peuvent être des indices classiques (PMV-PPD) ou basés sur un nombre d'heures d'inconfort (température à ne pas dépasser en été, plage de température admissible comme dans le cas de la notion de confort adaptatif).

14.3.4.2 Les paramètres de décision liés à l'optimisation

Les études d'optimisation portent soit sur la conception optimisée de l'enveloppe et/ou des systèmes, soit sur la mise en œuvre d'une gestion « intelligente » des systèmes énergétiques. Concernant l'optimisation, le concepteur doit définir un ensemble de paramètres de décision.

- Réduction des besoins :
  - architecture bioclimatique (Diakaki, 2008) : ventilation naturelle (débit), inertie (capacité thermique), isolation thermique (positionnement dans la paroi, épaisseur et choix des matériaux), couleur (propriétés radiatives), positionnement des portes et fenêtres, forme du bâtiment (hauteur, profondeur, géométrie, compacité) ;
  - contrôle passif (orientation, inertie thermique, type de vitrage) et/ou actif des gains solaires (stores).
- Utilisation de systèmes performants (Wang, 2014) :
  - ventilation mécanique avec récupération de chaleur : débit, efficacité d'échangeur ;
  - performance des chaudières, des systèmes de climatisation, de cogénération, de l'éclairage artificiel ;
  - prise en compte de la stratégie de gestion (Wurtz, 2014).
- Utilisation des énergies renouvelables :
  - solaire thermique et photovoltaïque : volume de ballon, surface, type, consigne de température (Fraisse, 2009) ;

— capteur hybride PV-Th : surface, type (Fraisse, 2007) ;

— production de chaleur et de froid par absorption : volume de ballon, surface, inclinaison.

Dans les problèmes concrets d'optimisation, les paramètres de décision sont très souvent discrets (volume d'un ballon de stockage) ou continus (orientation...).

14.3.4.3 Les outils d'optimisation

Le site du ministère américain de l'énergie propose une page de référencement des outils d'aide à la conception pour le bâtiment recensant, en particulier, des outils pour l'optimisation des bâtiments ou des systèmes, dédiés aux performances économiques, énergétiques et environnementales : http://apps1.eere.energy.gov/buildings/tools_directory/subjects_sub.cfm.

Issus de cette liste, on retiendra ici des outils proposant des solutions d'optimisation :

— *AFT Mercury optimization, pipe optimization, pump selection, duct design, duct sizing, chilled water systems, hot water systems.*

— *BEopt Residential Buildings, Energy Simulation, Optimization, Retrofit, New Construction, EnergyPlus, DOE2.2.*

— *CHP Capacity Optimizer CHP, cogeneration, capacity optimization, distributed generation.*

— *EA-QUIP building modeling, energy savings analysis, retrofit optimization (work scope development), investment analysis, online energy analysis tool, multifamily building analysis.*

— *EnerCAD Building Energy Efficiency; Early Design Optimization; Architecture Oriented; Life Cycle Analysis.*

— *HAMLab Heat air and moisture, simulation laboratory, hygrothermal model, PDE model, ODE model, building and systems simulation, MatLab, SimuLink, Comsol, optimization.*

— *HOMER remote power, distributed generation, optimization, off-grid, grid-connected, stand-alone.*

— *TOP Energy Simulation and optimization of energy systems, energy efficiency, time series analysis, variant comparison, Sankey diagrams, material and energy flow analysis, process optimization.*

— *Umberto material and energy flow analysis, process optimization, environmental impact assessment, material flow cost accounting, life cycle assessment (LCA), life cycle costing (LCC).*

— *MyVerdafero Utility Optimization, building performance, portfolio analysis.*

— *GenOpt system optimization, parameter identification, nonlinear programming, optimization methods, HVAC systems.*

Les logiciels Matlab, Octave et Scilab sont des outils incluant des bibliothèques d'optimisation. Le logiciel Matlab est très couramment utilisé dans l'optimisation, en particulier dans les laboratoires (Baudoui, 2012).

On se rappellera que l'optimisation est en pleine émergence et que les solutions offrant des fonctionnalités d'optimisation ne vont cesser de se multiplier, y compris en provenance d'autres domaines (citons l'exemple du logiciel CADES (http://www.cades-solutions.com/cades/) venant du monde de la mécatronique et utilisé dans (Wurtz, 2014) pour de l'optimisation simultanée de caractéristiques d'enveloppes, de taille de systèmes et de stratégie de gestion optimale).

14.3.5 Exemple de problème d'optimisation sur un bâtiment

On pourra se reporter aux multiples références bibliographiques pour trouver des exemples de problèmes formulés, résolus et analysés. On se contentera ici de donner un aperçu d'un exemple issu de (Rivallain, 2013), travail qui par ailleurs traite exhaustivement de la plupart des aspects évoqués ici sur une problématique de réhabilitation énergétique. Ainsi, la figure 14.27 donne un aperçu du type de paramètres qui peuvent être considérés, du paramétrage de l'AG et des résultats qui peuvent être obtenus sous forme de fronts de Pareto, entre coût d'investissement et consommation en énergie primaire.

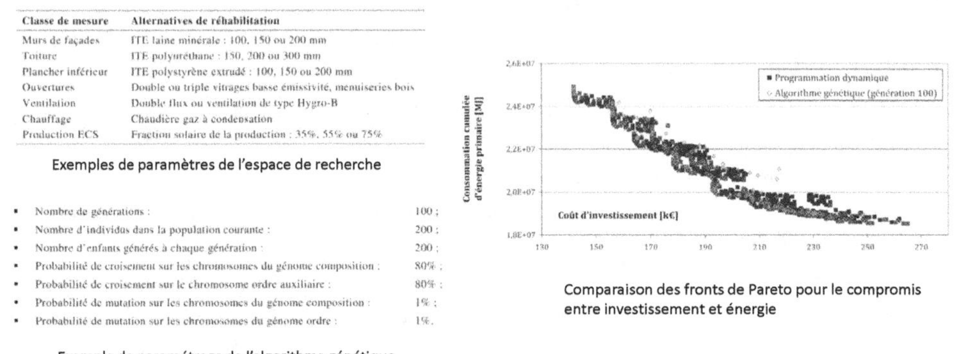

Classe de mesure	Alternatives de réhabilitation
Murs de façades	ITE laine minérale : 100, 150 ou 200 mm
Toiture	ITE polyuréthane : 150, 200 ou 300 mm
Plancher inférieur	ITE polystyrène extrudé : 100, 150 ou 200 mm
Ouvertures	Double ou triple vitrages basse émissivité, menuiseries bois
Ventilation	Double flux ou ventilation de type Hygro-B
Chauffage	Chaudière gaz à condensation
Production ECS	Fraction solaire de la production : 35%, 55% ou 75%

Exemples de paramètres de l'espace de recherche

- Nombre de générations : 100 ;
- Nombre d'individus dans la population courante : 200 ;
- Nombre d'enfants générés à chaque génération : 200 ;
- Probabilité de croisement sur les chromosomes du génome composition : 80% ;
- Probabilité de croisement sur le chromosome ordre auxiliaire : 80% ;
- Probabilité de mutation sur les chromosomes du génome composition : 1% ;
- Probabilité de mutation sur les chromosomes du génome ordre : 1%.

Exemple de paramétrage de l'algorithme génétique

Comparaison des fronts de Pareto pour le compromis entre investissement et énergie

Figure 14.27 Exemple d'optimisation typique illustré sur une problématique de rénovation (Rivallain, 2013) – Exemple de paramétrage de l'espace de recherche, de paramétrage d'un algorithme génétique, de front de Pareto obtenu par algorithme génétique comparé avec une approche par programmation dynamique.

14.3.6 Pour aller plus loin et perspectives de recherche

Pour être complets, nous nous devons d'indiquer qu'au-delà des aspects évoqués, d'autres questions connexes à l'optimisation font l'objet d'un intérêt croissant en termes de recherche, et se traduiront donc par des outils opérationnels pour les bureaux d'études.

On évoquera rapidement ici :
- l'optimisation robuste et la prise en compte des incertitudes (Baudoui, 2012) ;
- l'optimisation par modèles de substitution : remplacement des modèles coûteux en temps par des modèles de substitution (des polynômes, des réseaux de neurones, modèles de krigeage…) permettant ensuite de rendre l'optimisation plus rapide, ce qui est particulièrement pertinent lorsqu'on s'appuie sur des logiciels de simulation dynamique (Machairas, 2014 ; AMMIS, 2012).

14.3.7 Conclusion

Au terme de ce passage en revue des méthodologies d'optimisation, de leur application au contexte du bâtiment, on peut affirmer que l'optimisation est à présent une réelle problématique de recherche en passe de se traduire par le développement et la mise à disposition de solutions opérationnelles pour les bureaux d'études. Pour ces bureaux d'études, cette réalité va se traduire :

— à très court terme par l'utilisation possible de méthodes de type stochastique (certainement de type algorithme génétique), somme toute assez bien adaptées pour les optimisations s'appuyant sur des logiciels de simulation dynamique, boîte noire, explorant un espace de recherche

  • pouvant comporter des paramétrages discrets dans des bases de données,

  • avec des problèmes d'optimisation comportant de l'ordre d'une dizaine de paramètres et de contraintes ;

— en attendant qu'à moyen et long terme, des outils logiciels offrent aussi des environnements et solutions logicielles permettant de profiter des propriétés complémentaires des propriétés des algorithmes déterministes (aptes à converger rapidement, avec un grand nombre de paramètres et de contraintes), en offrant aussi des solutions d'hybridation de ces algorithmes.

La deuxième révolution numérique de la conception, instrumentant et automatisant en partie la résolution du problème inverse par des méthodes et outils d'optimisation, est donc en marche. Nul doute que les processus de conception et d'innovation ne peuvent en être qu'accélérés, tout en ne perdant pas de vue que si automatisation il y a, elle n'est que partielle : l'utilisation des approches d'optimisation implique des tâches telles que la formulation du problème, les hypothèses sur les modèles et paramètres considérés, l'analyse critique des résultats obtenus… qui resteront toujours de la responsabilité des concepteurs. Cette révolution implique donc de bien comprendre la place relative et complémentaire des concepteurs et des outils, les seconds ne se substituant en aucun cas aux premiers, mais leur offrant au contraire des opportunités pour augmenter leur efficacité, leur recul et leur capacité à prendre des décisions en ayant exploré un nombre toujours plus grand de formulations et de solutions au problème dans le temps imparti pour la conception.

14.3.8   Bibliographie

(AMMIS, 2012) Projet AMMIS. *Analyses multicritères et méthode inverse en simulation énergétique du bâtiment.* Rapport technique final, avril 2012, n° ANR-08-HABI-SOL-001.

(Baudoui, 2012) Baudoui V. (2012). *Optimisation robuste multiobjectif par modèles de substitution.* Université de Toulouse.

(Boermans, 2011) Boermans T., Bettgenhäuser K., Hermelink A. & Schimschar,S (2011). *Cost optimal building performance requirements.* European Council for an Energy Efficient Economy.

(Chabot, 2005) Chabot B. (2005). *La Méthode TEC d'analyse économique.* ENSAM mastère SYSER.

(Deb, 2002) Deb K., Pratap A., Agarwal S., Meyarivan T. (2002). « A fast and elitist multiobjective genetic algorithm : NSGA-II ». *IEEE Trans. Evol. Comp.*, 2002, 6 (2), 181-197.

(Diakaki, 2008) Diakaki C., Grigoroudis E. & Kolokotsa D. (2008). « Towards a multiobjective optimization approach for improving energy efficiency in buildings ». *Energy and Buildings*, 40 (9), 1747-1754.

(Evins, 2013) Evins R. (2013). «A review of computational optimisation methods applied to sustainable building design». *Renewable and Sustainable Energy Reviews*, 22, 230-245.

(Favre, 2014) Favre B., Peuportier B. (2014). «Application of dynamic programming to study load shifting in buildings». *Energy and Buildings*, 82, 57-64.

(Fraisse, 2007) Fraisse G., Ménézo C., Johannes K. (2007). «Energy performance of water hybrid PV/T collectors applied to combisystems of Direct Solar Floor type». *Solar Energy*, vol. 81, 11, nov. 2007, 1426-1438.

(Fraisse, 2009) Fraisse G., Bai Y., Le Pierrès N. & Letz, T. (2009). «Comparative study of various optimization criteria for SDHWS and a suggestion for a new global evaluation». *Solar Energy*, 83 (2), 232-245.

(Hooke, 1961) Hooke R., Jeeves T.A. (1961). «Direct search solution of numerical and statistical problems». *Journal of the Association for Computing Machinery* (ACM), 8 (2), 212–229. doi:10.1145/321062.321069

(Goldberg, 1994) Goldberg D.E. (1994). *Algorithmes génétiques, exploration, optimisation et apprentissage automatique*. Addison-Wesley France, 1994.

(Gholap, 2007) Gholap A.K. & Khan J.A. (2007). «Design and multi-objective optimization of heat exchangers for refrigerators». *Applied Energy*, 84 (12),1226-1239.

(INTENSE, 2014) INTENSE. *INTégration ENergétique des Systèmes et de l'Enveloppe des bâtiments : développement d'une méthodologie et d'un outil de conception optimisant la performance globale*. Projet ANR-VBD (2014-2017), partenaires : LOCIE, LGCB, ARMINES, ENSE3, CEA-INES, ALBEDO, FAURE.

(Machairas, 2014) Machairas V., Tsangrassoulis A. & Axarli K. (2014). «Algorithms for optimization of building design. A review». *Renewable and Sustainable Energy Reviews*, 31, 101-112.

(Malatji, 2013) Malatji E.M., Zhang J. & Xia X. (2013). «A multiple objective optimisation model for building energy efficiency investment decision». *Energy and Buildings*, 61, 81-87.

(Martinaitis, 2004) Martinaitis V., Rogoza A. & Bikmaniene I. (2004). «Criterion to evaluate the "twofold benefit" of the renovation of buildings and their elements». *Energy and Buildings*, 36 (1), 3-8.

(Nguyen, 2014) Nguyen A., Reiter S. & Rigo P. (2014). «A review on simulation-based optimization methods applied to building performance analysis». *Applied Energy*, 113, 1043-1058.

(Rivallain, 2013) Rivallain M. (2013). *Étude de l'aide à la décision par optimisation multicritère des programmes de réhabilitation énergétique séquentielle des bâtiments existants*. Thèse de doctorat, Université Paris-Est.

(Wang, 2014) Wang B., Xia X. & Zhang J. (2014). «A multi-objective optimization model for the life-cycle cost analysis and retrofitting planning of buildings». *Energy and Buildings*, 77, 227-235.

(Wurtz 2014) Wurtz F., Delinchant B. , Van Binh D. , Pouget J. , Brunotte X. *Les enjeux de la conception en phase d'esquisse pour les systèmes du génie électrique : illustration sur le cas des systèmes énergétiques pour les bâtiments.* Symposium de Génie électrique 2014, Cachan. http://hal.archives-ouvertes.fr/hal-01024644

(Zhou, 2011) Zhou A., Qu B., Li H., Zhao S., Suganthan P. & Zhang Q. (2011). « Multiobjective evolutionary algorithms. A survey of the state of the art ». *Swarm and Evolutionary Computation*, 1, 32-49.

PARTIE IV

Exemples d'applications

Cette quatrième partie montre comment la simulation a été utilisée dans des projets de construction neuve et en réhabilitation. Différents outils ont été employés.

Tableau 2.1 Résultats des simulations pour les cinq cas modélisés.

	Cas 0	Cas 1	Cas 2	Cas 3	Cas 4	Cas 5	Échelle
Modèle							
FLJ							
FLJ_{moyen} (%)	3,8	4,3	3,3	2,1	2	2,2	
Pourcentage de surface du plan utile avec FLJ > 2 % (%)	59,6	78,8	57	33,3	32	33,6	

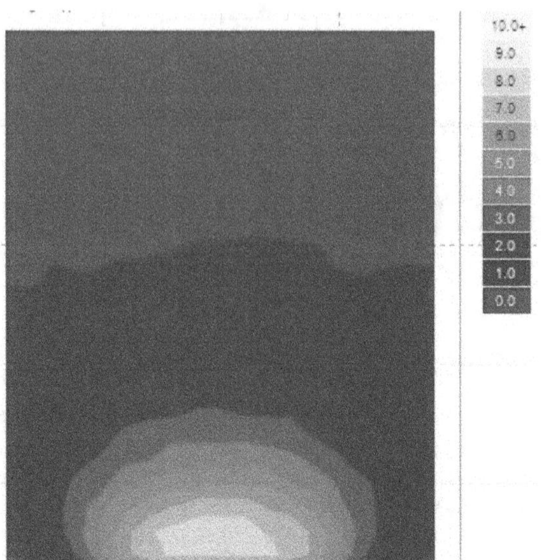

Figure 2.11 Répartition du facteur de lumière du jour
pour les paramètres de modélisation et de simulation
optimaux.

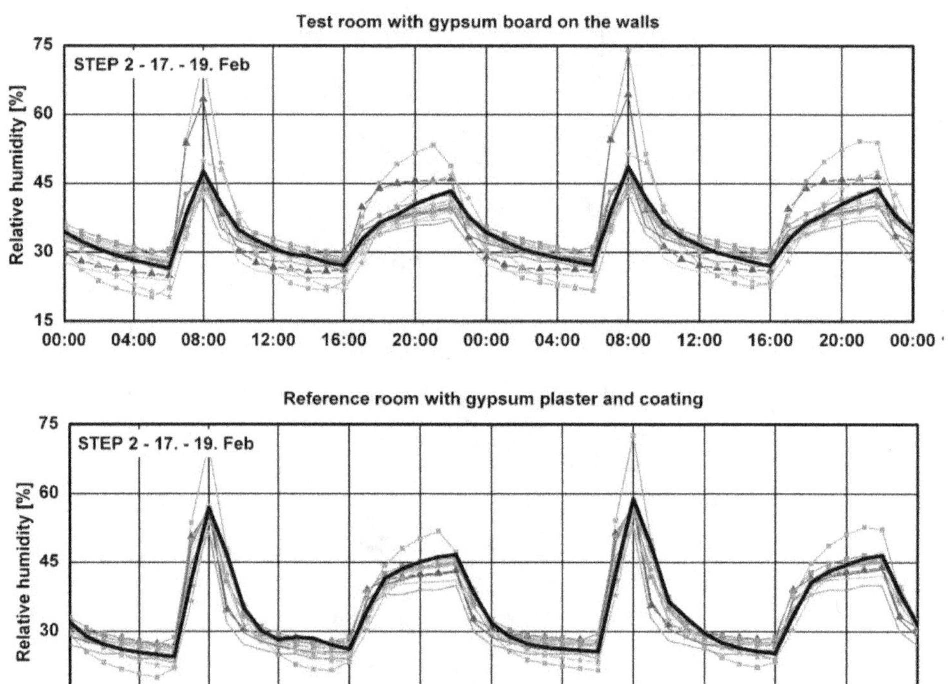

Figure 4.11 L'humidité relative de l'air intérieur mesurée (trait noir épais) et simulée par les treize codes participants
(traits fins colorés) dans la cellule test (configuration avec plaque de plâtre sur les parois latérales)
et la cellule de référence (d'après Holm & Lengsfeld, 2007).

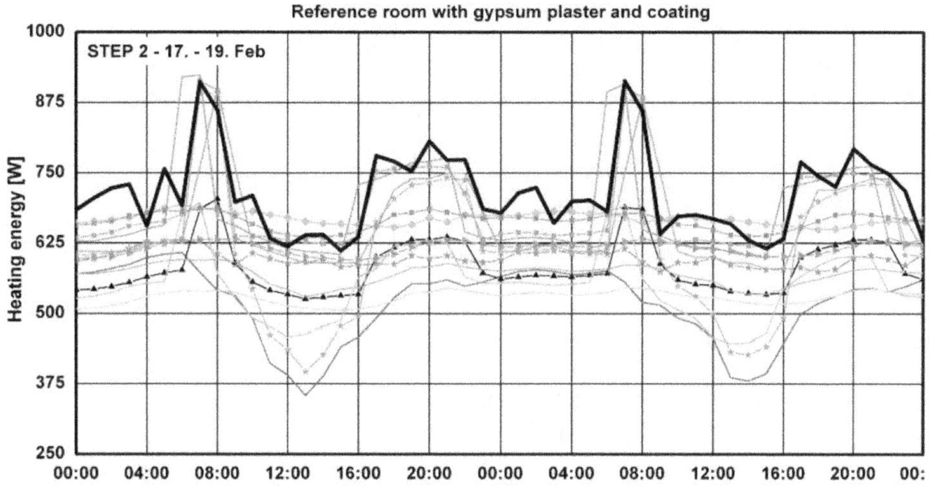

Figure 4.12 Puissance de chauffage mesurée et simulée dans la cellule de référence
(d'après Holm & Lengsfeld, 2007).

Figure 13.6 En haut, zones exposées (rouge) ou protégées (bleu), aux vents de sud-ouest ;
en bas, aux vents de nord-est. Simulations réalisées avec FLUENT et représentées dans ArcView.

Figure 13.7 Zones ensoleillées moins de 2 h par jour en décembre en violet,
et plus de 4 h 30 en jaune.

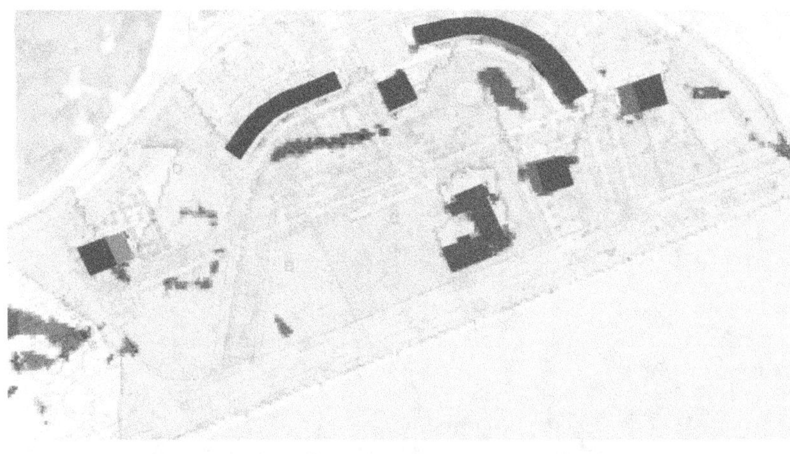

Figure 13.8 En haut : zones ensoleillées (jaune) plus de 4 h 30 en décembre et protégées (bleu)
pour les deux directions de vent. L'intersection donne les zones toujours confortables.
En bas : zones toujours ventées (rouge) et ensoleillées (violet) moins de 2 h en décembre.
L'intersection donne les zones toujours inconfortables.

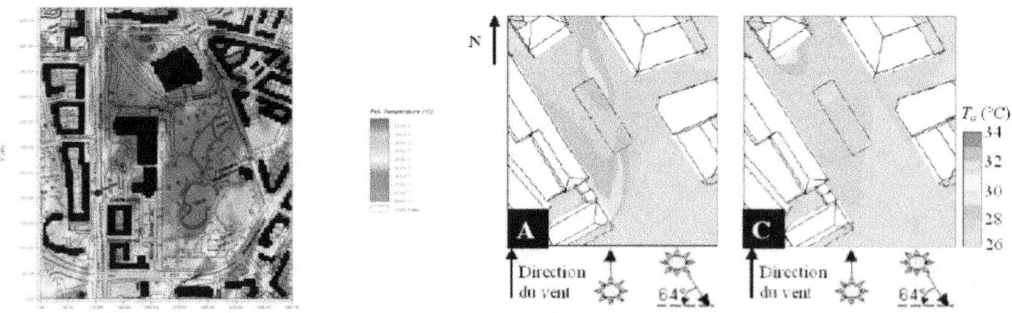

Figure 13.11 À gauche, simulation de la température d'air (°C) dans et autour d'un parc urbain avec ENVI-met (17). À droite, simulation de la température d'air dans une place avec SOLENE, sans bassin d'eau (A) et avec bassin d'eau (B) (18).

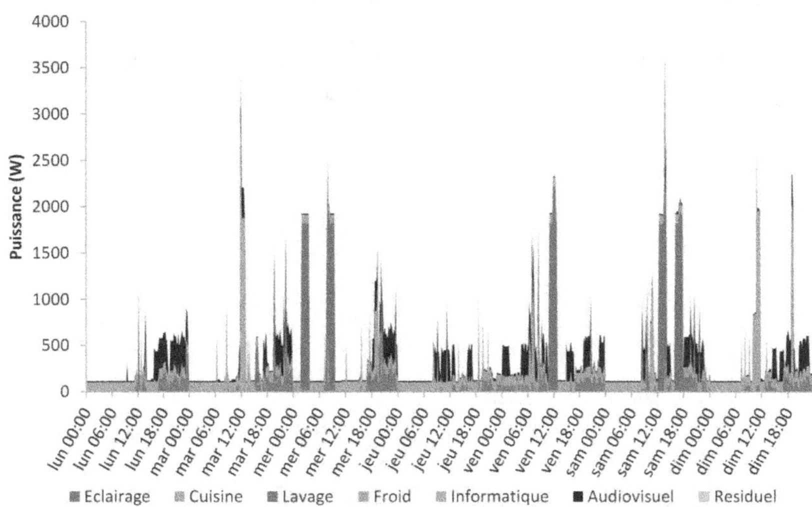

Figure 13.37
Courbe de charge détaillée par usage sur la première semaine de l'année pour un logement aléatoire.

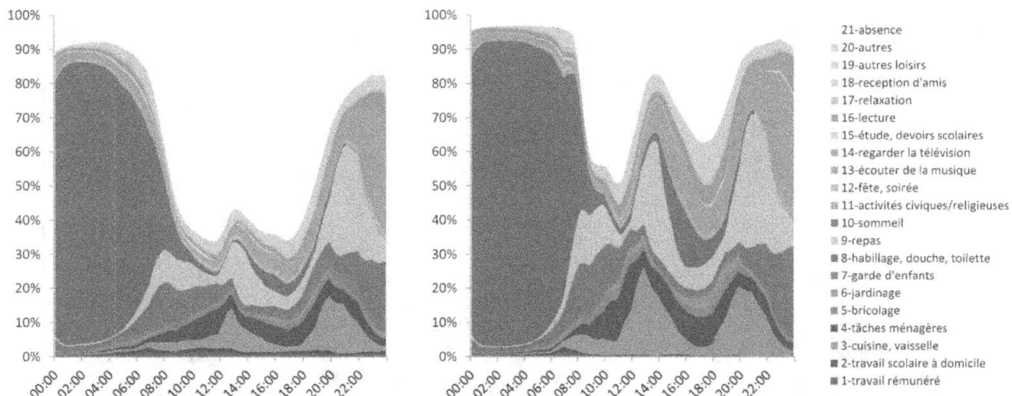

Figure13.31 Profils simulés de présence et d'activités moyens journaliers de deux catégories de la population : les employés (à gauche) et les retraités (à droite).

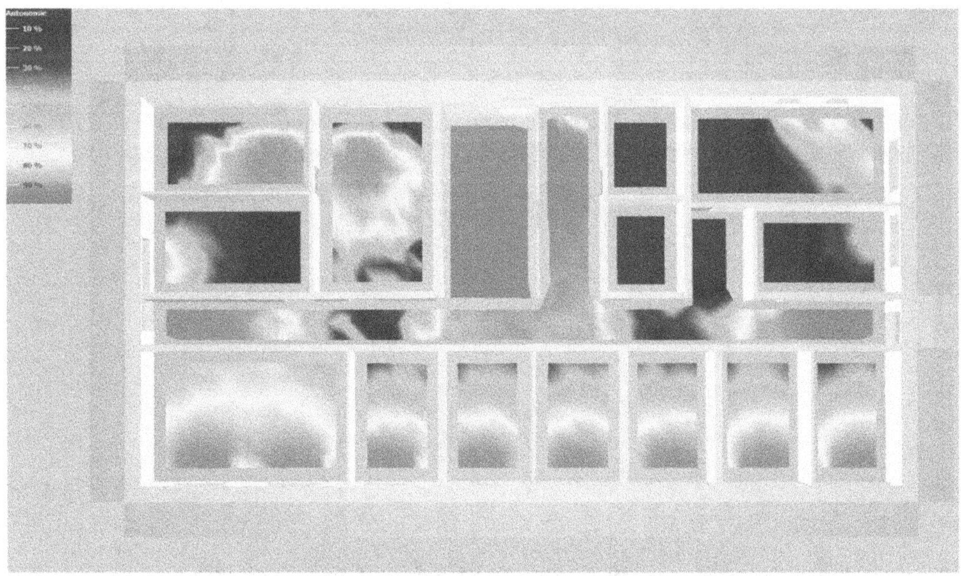

Figure13.32 Exemple de scénario d'activités journalier généré par le modèle.

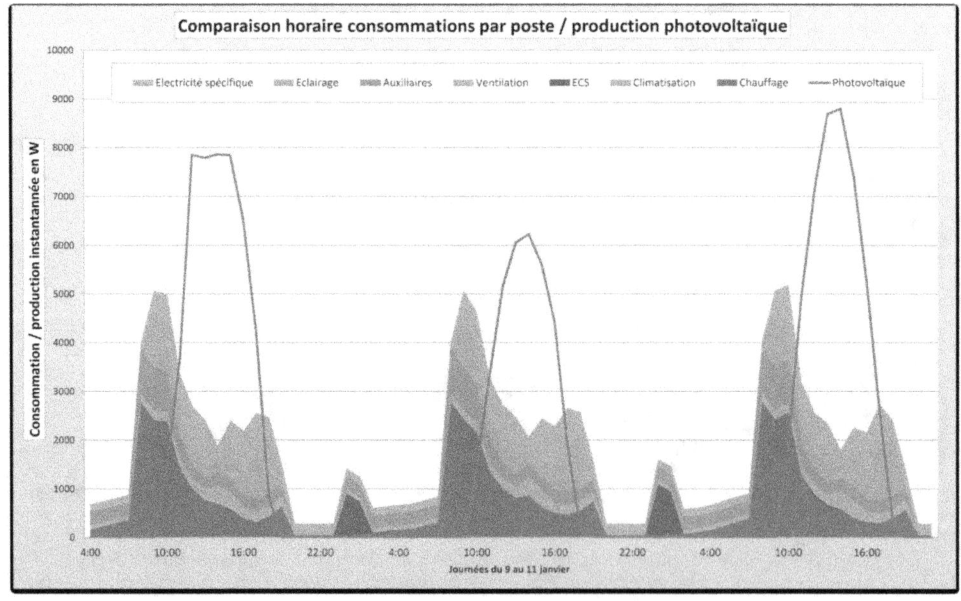

Figure 15.19 Calcul de l'autonomie en éclairement naturel dans Alcyone.
Le niveau d'éclairement requis dans les bureaux est de 300 lux. (Crédit image : IZUBA énergies)

Figure 15.26 Consommations/production horaires. (Crédit image : IZUBA énergies)

Caméra infra-rouge

Besoins thermiques

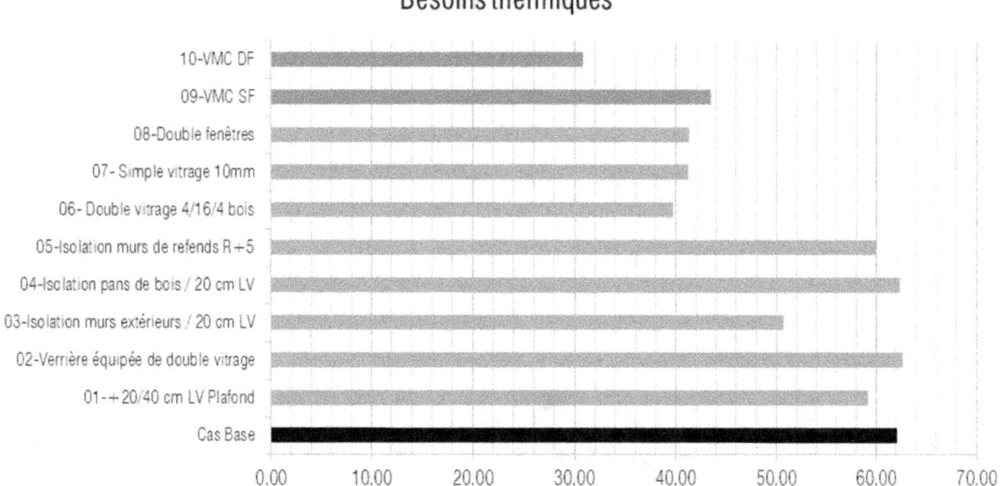

Figure 16.16 Simulations des besoins thermiques selon les optimisations préconisées
(résultats exprimés en kWh/m²).

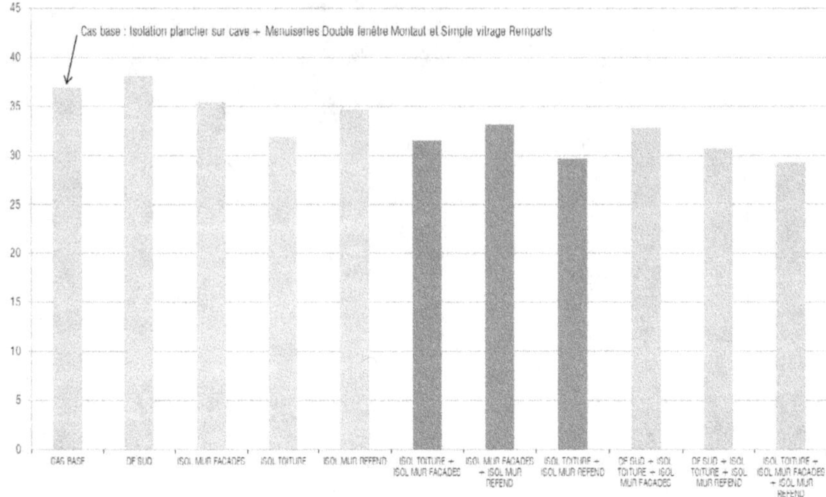

Figure 16.17
Simulations des besoins thermiques pour différents bouquets de travaux (résultats exprimés en kWh/m²).

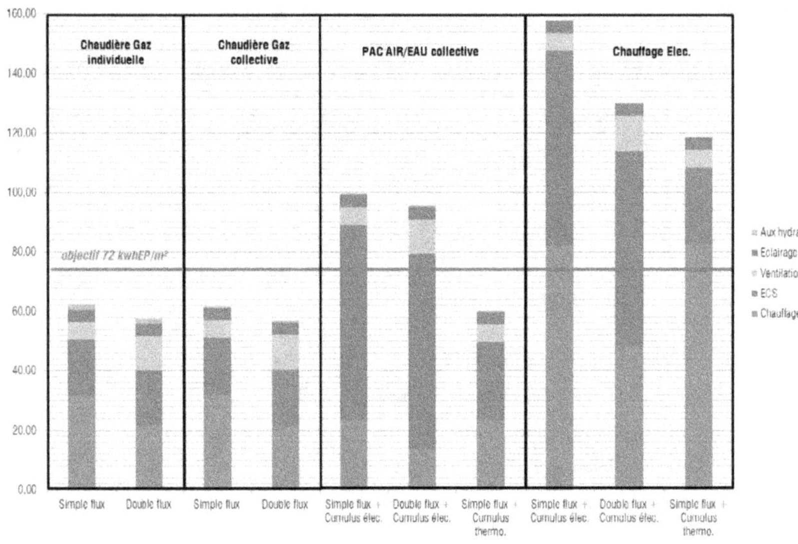

Figure 16.18
Résultats d'étude sur la consommation conventionnelle d'énergie primaire (Cep).

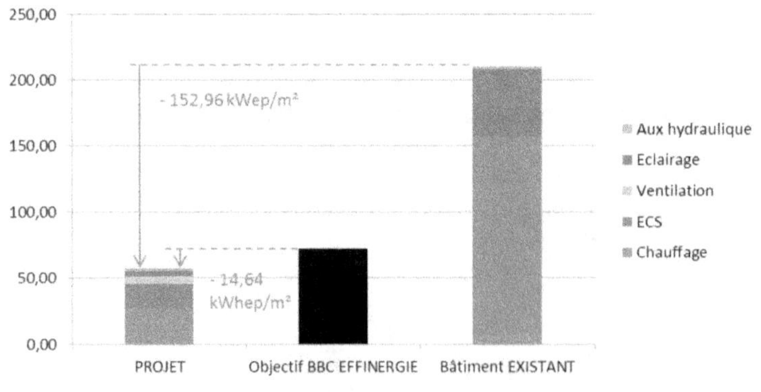

Figure 16.25
Résultat Cep de la solution finale.

CHAPITRE 15

Construction neuve

15.1 Évaluation du besoin énergétique d'un centre de recherche en écotoxicologie et toxicologie environnementale de 13 000 m²
(C. Spitz, C. Marin & B. Cinquin-Lapierre)

15.1.1 Contexte et objectifs

Albédo Énergie a été missionné pour évaluer les charges énergétiques dynamiques du futur pôle Écotox qui sera basé sur l'Écoparc Rovaltain à proximité de la gare TGV de Valence.

La stratégie énergétique de l'Écoparc se veut plus volontariste que la simple application de la réglementation thermique en vigueur et la construction de bâtiments basse consommation. Elle part notamment de la prise de conscience que l'énergie électrique est une ressource limitée et que les besoins en puissance doivent dorénavant être maîtrisés. C'est dans cette stratégie de sobriété, de discrétion énergétique et de gestion des besoins que le projet pôle Écotox s'intègre.

Cette limitation ne doit pas se voir comme une contrainte : on constate aujourd'hui que la plupart des abonnements électriques sont surdimensionnés par rapport aux appels de puissance réels, ce qui se traduit par des charges financières inutilement élevées.

Composé d'un ensemble de trois bâtiments, le pôle recense à lui seul une trentaine de zones climatiques dotées de plus d'une cinquantaine d'équipements scientifiques, d'activités très variées, parmi lesquelles : amphithéâtre, cafétéria, bureaux, laboratoires, halles expérimentales, salles de CTA, salles d'hébergement pour rongeurs…

À partir d'hypothèses de travail, une simulation thermique dynamique et une étude approfondie des équipements ont été réalisées, afin d'effectuer une analyse fine des besoins électriques des différents bâtiments. L'étude a montré que l'enjeu était important car le pôle avait une grande demande d'énergie électrique. Cette étude a aussi soulevé un point financier important : l'évolution des prix de l'énergie électrique nécessite de rationaliser les consommations mais aussi les appels de pointes de puissance. Celles-ci sont sources de perturbations sur le réseau et entraînent des pénalités financières de plus en plus importantes. Enfin, cette étude a ouvert des pistes d'optimisations possibles en matière de pointes énergétiques et de consommations.

15.1.2 Démarche adoptée : la simulation thermique dynamique

La mission confiée à Albédo Énergie consiste en la détermination d'une courbe de charge électrique en stade APD (avant-projet définitif) du pôle Écotox. Pour ce faire, une simulation thermique dynamique a été réalisée, et c'est le moteur de calcul « EnergyPlus » version 8 qui a été utilisé, couplé à l'interface DesignBuilder V2.6.

Ce logiciel permet à partir d'une maquette numérique 3D d'appréhender le comportement thermique et fluide d'un bâtiment. Pour réaliser cette simulation, de nombreuses hypothèses ont dû être prises afin de définir des scénarios d'occupation, de ventilation et d'éclairage au plus proche de la réalité. Néanmoins, c'est le cas le plus défavorable qui a été envisagé : tous les occupants sont présents et les appareils électriques fonctionnent en continu durant les jours ouvrés.

Pour définir les hypothèses, il est important de se baser sur les documents officiels du projet comme les plans d'architecte, l'étude thermique RT 2012, les CCTP du lot CVC et les documents relatifs à l'occupation, aux équipements spécifiques, à l'informatique et à l'éclairage. De plus, il est important d'avoir un échange régulier avec le maître d'ouvrage afin qu'il valide les hypothèses. Cette étape est décisive dans la réalisation d'une telle étude.

La démarche adoptée pour la simulation dynamique a été la suivante :
- modélisation des bâtiments à partir des plans d'architecte ;
- définition des hypothèses les plus proches possibles de l'utilisation des locaux (zonage, scénarios d'activité) ;
- description des systèmes et saisie de l'enveloppe ;
- à partir des hypothèses de départ concernant l'enveloppe et les systèmes : analyse des besoins électriques relatifs aux consommations de la climatisation et de l'éclairage.

Les simulations ont été réalisées sur un ordinateur Intel i5 2,5Gh 4Go de Ram.

15.1.3 Hypothèses de simulation du pôle écotox

15.1.3.1 Fichier météo

La simulation thermique dynamique s'appuie sur un fichier météo horaire et est réalisée du dimanche 1er janvier au dimanche 31 décembre sur un pas de temps de 6 min. Le fichier météo utilisé est obtenu par le logiciel Meteonorm pour la ville de Valence dans la Drôme (26). Située dans le sud-est de la France, c'est une zone H2d qui bénéficie d'un ensoleillement de 2 677 kWh/m²/an sur un total de 2 161 heures. Les masques solaires du lieu sont également pris en compte dans le fichier météo.

Les températures sont issues des moyennes relevées sur les années 1996-2005 et les valeurs de rayonnement solaire sur les périodes de 1981 à 2000.

15.1.3.2 Zonage

Le pôle Écotox est composé de quatre bâtiments et d'une surface totale de 13 000 m²
(figure 15.1) :

- Le bâtiment B1, pôle expérimental, contient des locaux techniques, analytiques, labora-
  toires et animalerie.
- Le bâtiment B2a est composé de laboratoires et d'une plate-forme analytique.
- Le bâtiment B2bB3 est composé d'une plate-forme pédagogique et tertiaire.
- Le bâtiment B4, local technique, contient les équipements de CVC.

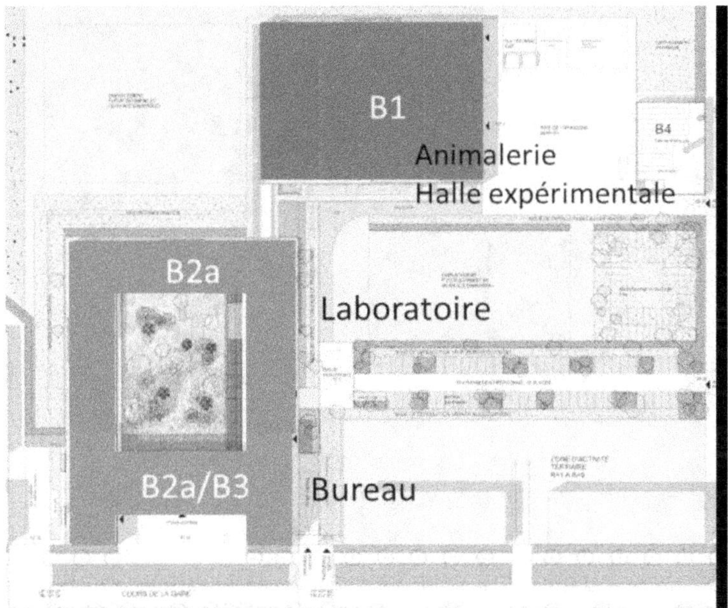

Figure 15.1 Plan de masse du pôle Écotox.

La simulation thermique dynamique de bâtiments complexes nécessite de faire des simplifications du zonage du bâtiment pour obtenir des résultats réalistes en un temps de simulation
« acceptable ». Ainsi, il est nécessaire d'adapter le zonage en fonction des caractéristiques du
projet.

Pour chaque zone sont définies des températures de consigne de chauffage et de climatisation
qui permettront de connaître les besoins énergétiques pour assurer ce confort de manière
dynamique en faisant intervenir les charges internes.

Chaque bâtiment – B1, B2A et B2bB3 – a fait l'objet d'une simulation thermique distincte.
Cette démarche permet d'obtenir des temps de simulation raisonnables et ainsi de pouvoir
modifier et optimiser les hypothèses de simulation par bâtiment sans avoir à attendre la
modélisation complète du pôle.

Le bâtiment B4 n'a pas été modélisé ; seule la consommation électrique des équipements a été
considérée.

Bâtiment B2bB3

Bâtiment tertiaire d'une surface SHON de 5 450,5 m², il est composé de deux ailes de configurations similaires qui s'élèvent sur trois étages : parking au sous-sol, bureaux, salles de restauration, salles de réunion, atelier, amphithéâtre… L'activité est le facteur principal de variation du comportement thermique des zones. Le zonage a été effectué par type d'activité, avec comme paramètres d'entrée les apports internes, le débit de ventilation et le scénario d'occupation. Le zonage de ce bâtiment comprend dix-neuf zones et la simulation dure quarante minutes.

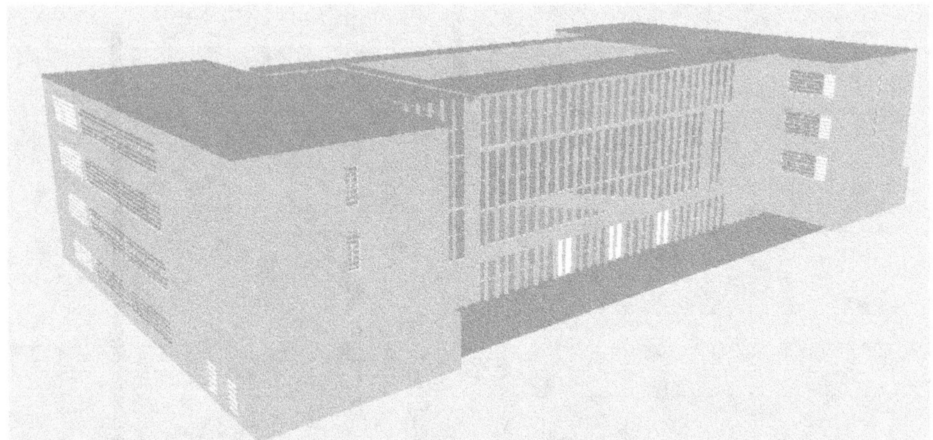

Figure 15.2 Vue 3D de la modélisation du bâtiment B2bB3.

Bâtiment B2a

Plate-forme scientifique d'une surface SHON de 2 429 m², le bâtiment B2a est réservé à l'expérimentation. Un zonage par type d'activité n'est donc pas judicieux. Toutefois, chaque laboratoire requiert une température de consigne de chauffage et de climatisation spécifique 24 h/24 et 7 j/7.

C'est donc sur le paramètre température que le zonage du bâtiment a été effectué. Chaque zone vérifie ses propres conditions de température, et les débits de ventilation et gains internes équivalents sont l'addition de ceux de chaque salle composant la zone. Le zonage de ce bâtiment comprend dix-huit zones et la simulation dure moins de deux minutes.

Bâtiment B1

Le bâtiment B1 regroupe des locaux d'activités différentes : une animalerie au sous-sol, des halles expérimentales et salles de stockage au rez-de-chaussée, des bureaux, laboratoires et plate-forme logistique au 1er étage, et des salles de conditionnement de traitement d'air pour le 2e étage.

Au sein du bâtiment B1 sont réalisées des études reprenant des conditions climatiques réelles ; il est contrôlé en température et en ventilation 24 h/24 et 7 j/7.

Le zonage de ce bâtiment est déterminé par deux paramètres : la température de l'enceinte et l'activité qui y est exercée. Le zonage de ce bâtiment comprend vingt-neuf zones et la simulation dure environ trente minutes.

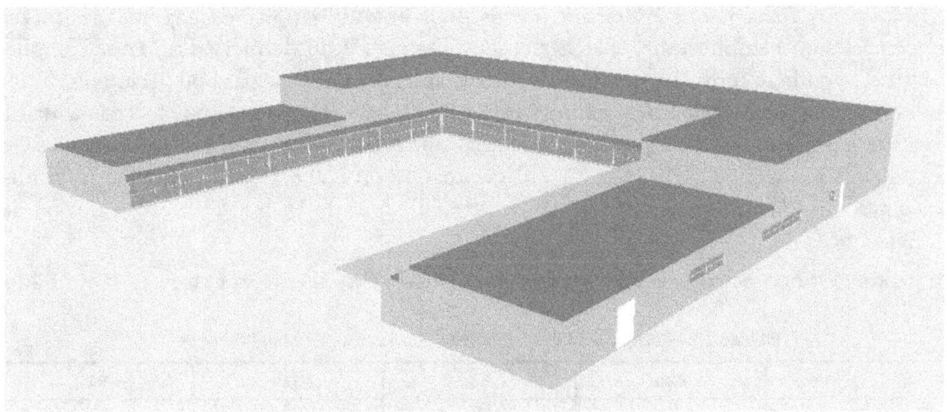

Figure 15.3 Modélisation 3D du bâtiment B2a.

Figure 15.4 Modélisation 3D du bâtiment B1.

15.1.3.3 Charges internes

Occupants

Pour décrire les charges internes dues aux occupants, un scénario « Bureaux » a été considéré. Ce scénario a été pondéré avec le pourcentage de présence de l'utilisateur :
— 100 % de 9 h à 12 h et de 14 h à 17 h ;
— 50 % de 8 h à 9 h, de 12 h à 14 h et de 17 h à 18 h ;
— 0 % de 18 h à 8 h et les week-ends.

Deux types d'occupants ont été définis : des personnes administratives et des scientifiques. Les personnes administratives sont présentes 100 % de leur temps à leur bureau dans le bâtiment B2bB3, tandis que le personnel scientifique est présent dans le bâtiment administratif B2b à 60 % de leur temps, et les 40 % restants ils travaillent dans les laboratoires des bâtiments B2a et B1. Le tableau 15.1 récapitule les hypothèses considérées pour les personnels scientifiques et administratifs par bâtiment.

Les bâtiments B2bB3 sont également prévus pour une utilisation pédagogique ; les pièces concernées sont l'amphithéâtre, l'atelier et les salles de TP du dernier étage. Pour l'amphithéâtre, l'hypothèse considère qu'une fois par semaine, il est occupé par 300 personnes. L'atelier est supposé occupé par 150 personnes et la salle TP par 40 personnes une fois par semaine le même jour. Les salles de repas et de cafétéria sont occupées pendant les pauses, et la salle des serveurs fonctionne 24 h/24 et 7 j/7. L'occupation du hall d'accueil se fait par intermittence avec un fonctionnement à 100 % de 9 h à 12 h et de 14 h à 17 h avec un total de 50 personnes.

Le parking est occupé entre 8 h et 9 h durant la pause de midi et le soir entre 17 h et 18 h.

Tableau 15.1 Récapitulatif des hypothèses sur l'occupation par bâtiment.

	B2b	**B3**	**B2a**	**B1**
Nbre	110 pers	110 pers	20 pers	50 pers
Type d'occupants	60.5 scientifiques (55 %)	100 % administratifs	100 % scientifiques	20 scientifiques
	49.5 administratifs (45 %)			30 permanents
% présence de l'occupant	Scientifiques 60 %	100 %	40 %	Scientifiques 40 %
	Administratifs 100			Permanents 100 %

Ordinateurs

Un poste informatique produit $P_{ORDI} = 100$ W de charge interne, auquel un coefficient de foisonnement de 0,7 pour tous les postes a été appliqué.

Par bâtiment, un nombre d'ordinateurs a été défini. Dans le bâtiment B2bB3, pour le personnel administratif, l'ordinateur est utilisé tout au long de la journée ; par contre, pour les scientifiques présents seulement à 60 % de leur temps dans ce bâtiment, les charges internes ont été pondérées par ce coefficient.

Dans les bâtiments B1 et B2a, les ordinateurs sont utilisés à des fins scientifiques ; ils ne le sont donc pas en fonction des utilisateurs mais en fonction des expérimentations en cours. En moyenne, le chiffre d'un, voire deux ordinateurs par local fonctionnant selon le scénario « Bureaux » pendant la journée a été retenu. Et un coefficient de 0,7 a été appliqué pour faire apparaître la non-simultanéité des expérimentations. De plus, sur la globalité du parc informatique, il a été considéré que 20 % des ordinateurs restaient allumés pendant la nuit pour des manipulations en cours d'acquisition.

Ces ordinateurs sont affectés par le coefficient de simultanéité égal à 0,7, car l'expérimentation ne nécessite pas la présence d'un utilisateur. Le coefficient de simultanéité transcrit le fait que les machines ne sont pas utilisées en même temps. C'est le cas de toutes les machines qui sont dépendantes d'une mise en route par un utilisateur : les ordinateurs pour acquisition de données, les machines variables et les équipements.

Le tableau 15.2 récapitule les hypothèses des scénarios pour les ordinateurs par bâtiment.

Tableau 15.2 Récapitulatif des hypothèses sur les ordinateurs par bâtiment.

		Bureautique		Expérimental	
		B2b	**B3**	**B2a**	**B1**
Nombre		110	110	1 par local	1 par local
Puissance maximale	Scientifiques :	0.7 x P	0.7 x 0.7 x P	0.7 x 0.7 x P	
	55 % x 60 % x 0.7 x P				
	Administratifs :				
	45% x 0.7 x P				
Scénario		BUREAU	BUREAU	BUREAU et 20 % la nuit	BUREAU et 20 % la nuit

Équipements

Les équipements correspondent aux appareils de reprographie. Lorsque les occupants sont présents, c'est-à-dire de 8 h à 18 h, les machines fonctionnent à 100 % de leur puissance ; le reste du temps, elles sont en veille, soit à 5 %.

La puissance maximale est pondérée par un coefficient de foisonnement de 0,7 et un coefficient de simultanéité de 0,7 pour traduire le fait que les machines ne fonctionnent pas toutes en même temps.

Machines

Les machines concernent exclusivement les bâtiments B2a et B1.

Deux types de machines ont été considérés : celles qui fonctionnent 24 h/24, comme les congélateurs, aquariums, automates, armoires de stockage et autres équipements de laboratoire, et les machines pour lesquelles la mise en route dépend d'un utilisateur : « les machines variables ».

Le planning de fonctionnement des machines variables est celui du scénario « Bureaux » ; la puissance électrique utilisée est P_{ELEC}, et P_{CHARGE} pour les charges internes. Ces deux puissances sont pondérées par des coefficients de foisonnement.

De plus, dans certains laboratoires, il serait possible que des expérimentations se prolongent pendant la nuit. Dans ce cas, les charges internes relatives à l'ordinateur qui permet l'acquisition des données et celles de la machine expérimentale sont à prendre en compte. Une part de 20 % de la puissance maximale des machines pendant la nuit a donc été considérée.

Un coefficient de simultanéité de 0,7 pour les machines variables a été également appliqué.

Éclairage

La puissance électrique retenue est :
- 6 W/m² pour les circulations, locaux techniques, salles de stockage ;
- 10 W/m² pour les laboratoires, bureaux, et autres salles à occupation continue ;
- 15 W/m² pour les SAS de laboratoires.

Pour les salles à occupation continue comme les bureaux et les laboratoires, le scénario « Bureaux » est appliqué, mais des capteurs de luminosité sont ajoutés pour permettre de prendre en compte l'éclairage naturel.

Répartition des charges internes par bâtiment

La figure 15.5 représente les charges internes par bâtiment. Pour le bâtiment B2b/B3, il y a une augmentation des charges internes le mercredi due à l'occupation de l'amphithéâtre et de la salle de TP/atelier.

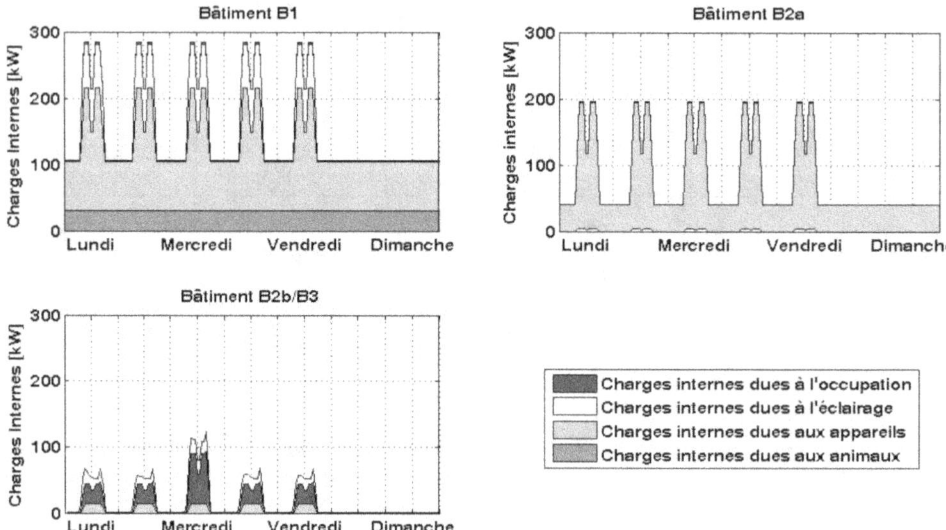

Figure 15.5 Répartitions des charges internes pour chaque bâtiment.

15.1.3.4 Débit de Ventilation

Pour la ventilation, le débit de soufflage est réduit à 10 % la nuit et les week-ends. De plus, un échangeur avec un rendement de 55 % a été considéré dans certaines zones en fonction des systèmes CVC.

15.1.3.5 Auxiliaires, prises électriques et coefficients de foisonnement et de simultanéité

La puissance électrique foisonnée des auxiliaires sera ajoutée à la courbe de charge électrique globale avec un scénario de fonctionnement de 25 % pendant la nuit et de 100 % de 8 h à 18 h.

Les puissances foisonnées des prises électriques seront également ajoutées avec un coefficient de foisonnement de 0,3, auxquelles le scénario « Bureaux » a été appliqué.

Le tableau 15.3 répertorie les coefficients de foisonnement et de simultanéité ainsi que les scénarios considérés pour les différents équipements qui seront installés dans les différents bâtiments.

Tableau 15.3 Foisonnement et simultanéité des différents équipements.

Matériel	Foisonnement F	Simultanéité S	Scénario
Equipements	0,7	0,7	100% le jour +5% la nuit
Ordinateurs expérimentaux	0,7	0,7	BUREAUX + 20% la nuit
Ordinateurs bureautiques	0,7	-	BUREAUX
Prises électriques	0,3	0,7	BUREAUX + 20% la nuit
Machines 24h/24	0,7	-	24h/24
Machines variables	F	0,7	BUREAUX + 20% la nuit
Auxiliaires	0,7	0,7	100% le jour + 25% la nuit

15.1.4 Résultats

15.1.4.1 Courbe de charge électrique

Les cinq usages ont été clairement identifiés, et un code couleur a été mis en place par usage :
- la climatisation : couleur gris foncé
- les appareils électriques : couleur grise
- l'éclairage : couleur gris clair
- les auxiliaires : couleur noire
- le chauffage : couleur blanche

15.1.4.2 Résultat en été

Pour le pôle Écotox, le pic de consommation d'électricité se situe en été durant le mois d'août. La figure 15.6 représente la puissance électrique par usage durant la semaine du 14 au 21 août. Le pic de consommation a lieu le vendredi 18 août (cette date correspond au fichier météo utilisé) à 15 h et est égal 3,4 MW.

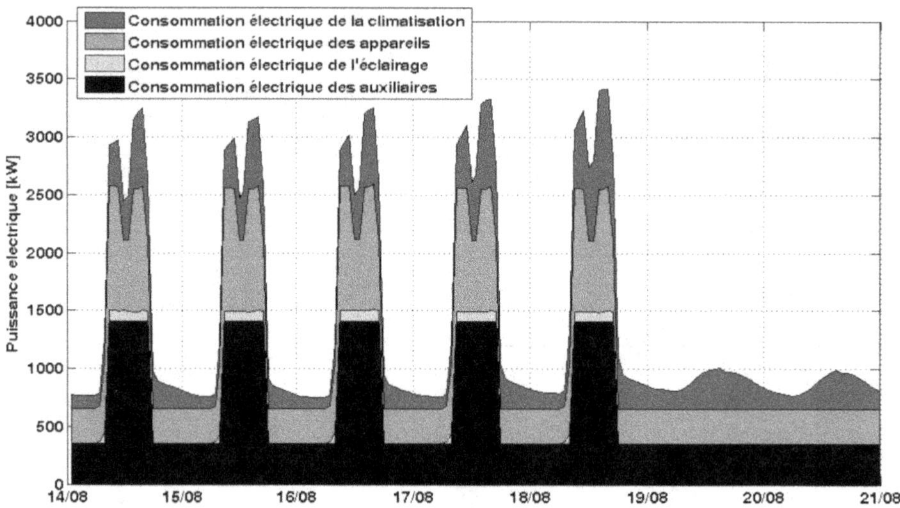

Figure 15.6 Courbe de charge électrique lors de la semaine la plus chaude.

15.1.4.3   Résultat en hiver

La figure 15.7 représente les conditions météorologiques pour les deux premières semaines de décembre (température extérieure et rayonnement solaire) et la figure 15.8 représente la courbe de charge énergétique pendant les deux premières semaines de décembre ; la consommation de chauffage et les consommations électriques ont été différenciées. Le pic de consommation énergétique durant ces deux premières semaines a lieu le lundi 11 décembre et est égal à 3,3 MW.

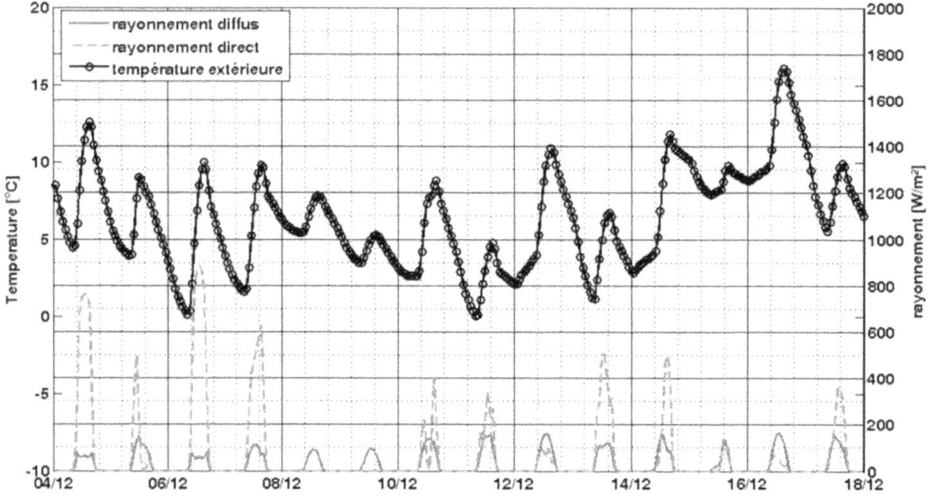

Figure 15.7 Conditions météorologiques durant les deux premières semaines de décembre.

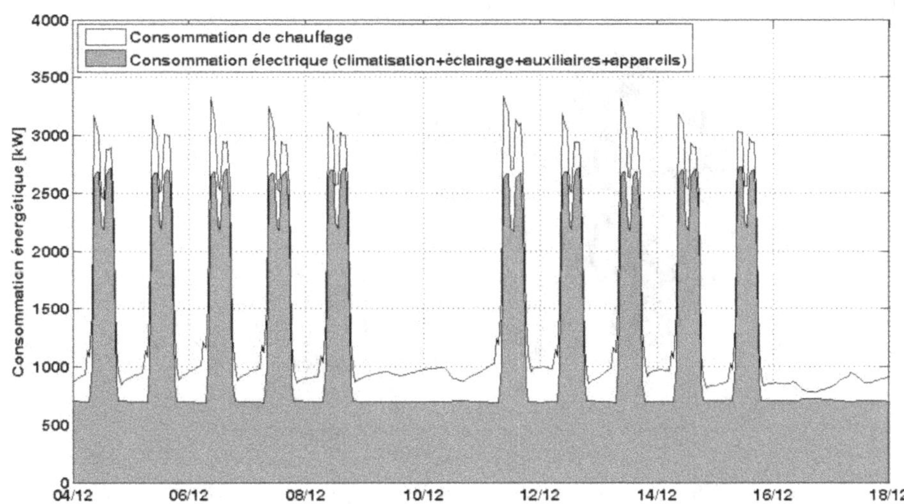

Figure 15.8 Courbe de charge énergétique pour les deux premières semaines de décembre pour l'ensemble du pôle Écotox.

15.1.4.4 Consommation annuelle

La figure 15.9 représente la consommation journalière du pôle sur l'année. Les jours où la consommation d'énergie est la plus importante apparaissent durant la période froide de novembre à mars. Plus de 60 MWh d'énergie sont consommés par jour en plein hiver.

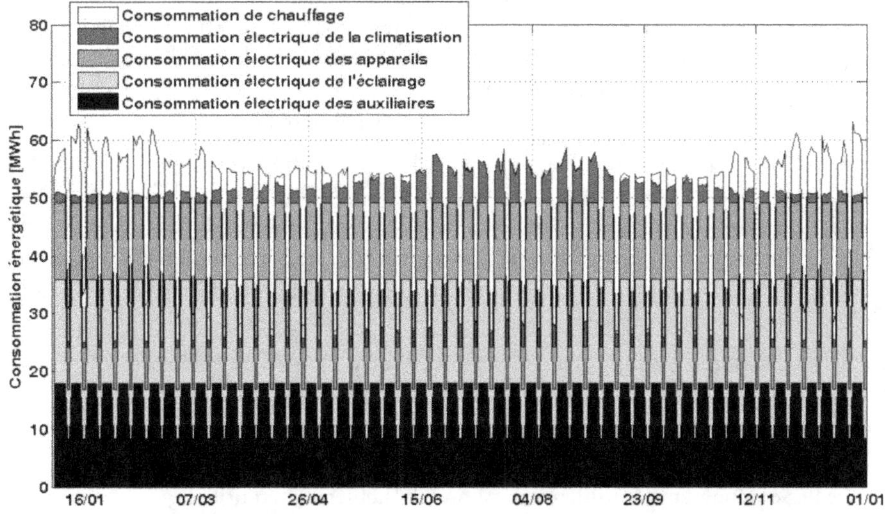

Figure 15.9 Consommation énergétique journalière sur l'année du pôle Écotox.

La consommation totale annuelle d'énergie pour le pôle Écotox est égale à 12,3 GWh. La figure 15.10 représente la répartition des consommations annuelles par usage et par bâtiment. Les appareils électriques représentent 33 % de l'énergie consommée, la climatisation 9 %, le chauffage 9 %, les auxiliaires 46 %, quant à l'éclairage 2 %.

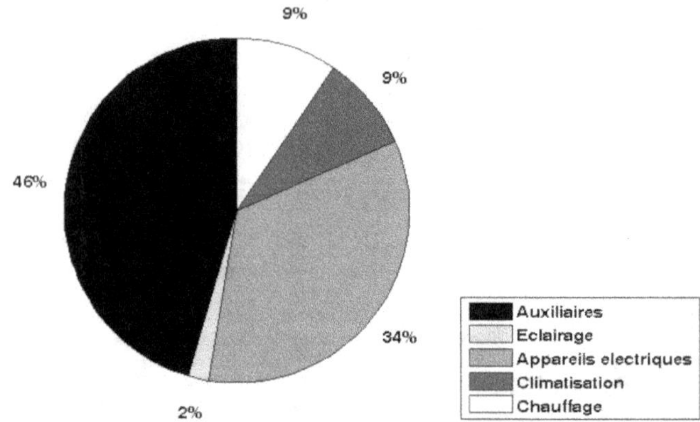

Figure 15.10 Répartition des consommations par usage.

15.1.4.5   Discussion des résultats

Une simulation thermique dynamique a permis de connaître précisément la puissance appelée pour les besoins de climatisation des trois bâtiments B1, B2a et B2b/B3 contrôlés en température.

Pour définir précisément les besoins de climatisation, de nombreuses données d'entrée sont nécessaires : la géométrie et l'orientation du bâtiment, les matériaux utilisés, mais aussi les scénarios d'occupation et de fonctionnement des appareils électriques pour permettre d'identifier les charges internes qu'ils dégagent. Plusieurs hypothèses ont dû être prises pour les scénarios d'occupation et de fonctionnement des équipements. Le cas le plus défavorable a été envisagé : tous les occupants sont présents et les appareils électriques fonctionnent en continu durant les jours ouvrés. Pour déterminer une courbe de charge électrique, un inventaire détaillé des équipements a été effectué, et l'hypothèse que la puissance nominale des machines est la même que la puissance électrique appelée a été faite.

La puissance électrique maximum appelée sans la climatisation (regroupant l'éclairage, les appareils électriques et les auxiliaires) est égale à 2,5 MW durant les heures de bureau (9 h-12 h et 14 h-17 h). La consommation de climatisation dépend des conditions climatiques : c'est durant la journée du 18 août que la puissance de climatisation est la plus importante, égale à 0,9 MW ; le maximum de température atteint durant la journée du 18 août est de 33 °C.

La puissance électrique maximum appelée pour le site d'Écotox est de 3,4 MW le 18 août à 15 h. Les appareils électriques représentent 38 %, la climatisation 30 %, les auxiliaires 27 %, quant à l'éclairage 5 %.

Cette valeur de 3,4 MW dépend des hypothèses d'occupation, et de fonctionnement et de puissance des équipements considérés, ainsi que du fichier météo utilisé.

Dans la suite du projet, l'intérêt s'est porté sur la réalisation d'une étude d'incertitude afin d'estimer dans un intervalle de confiance le coût énergétique annuel du pôle Écotox.

15.1.5 Fiabilité des résultats et analyses d'incertitude

15.1.5.1 Méthodologie

L'utilisation de la simulation thermique dynamique des bâtiments permet d'obtenir une évaluation de leurs consommations énergétiques. Comme toute méthode de simulation, elle fait intervenir un grand nombre de paramètres, et donc autant d'hypothèses avec leur part d'incertitude : puissances des équipements installés, des luminaires, scénarios d'occupation des locaux, de fonctionnement de ces équipements, etc. L'enjeu est donc d'associer aux résultats obtenus une estimation de leur fiabilité.

Cette estimation est obtenue en s'appuyant sur les conventions internationales du domaine de la métrologie, notamment sur le *Guide pour l'expression de l'incertitude de mesure* du Bureau international des poids et mesures. Pour éviter toute confusion, il faut distinguer deux notions lorsque l'on évalue l'incertitude d'une mesure :

- l'incertitude type u, qui a essentiellement un sens mathématique et est utilisée dans les calculs de propagation d'incertitude. Elle correspond généralement à l'écart type de la distribution des valeurs de mesure : $u = \sigma$;
- l'incertitude élargie U, définissant un intervalle de confiance pour la valeur mesurée, avec une probabilité associée. Elle est généralement un multiple de l'incertitude type : $U = k.u$.

Exemple sur une distribution normale : la valeur mesurée a pour moyenne μ, avec une incertitude $u = \pm\sigma$, c'est-à-dire que cette valeur mesurée est située dans l'intervalle de confiance $[\mu - 2\sigma ; \mu + 2\sigma]$ avec une probabilité de 95 % ($U = 2\sigma$).

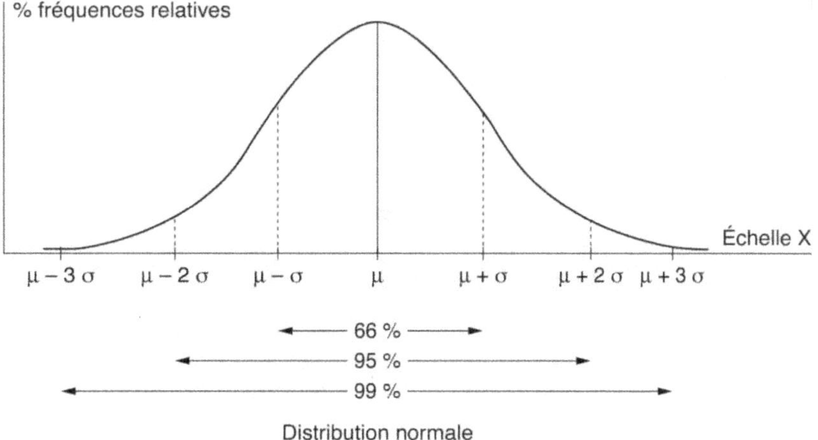

Figure 15.11 Distribution normale.

15.1.5.2 Incertitude sur les puissances moyennes horaires

Le résultat des simulations numériques se présente sous la forme d'une courbe de charge énergétique horaire : pour une année de simulation, on calcule pour chaque heure les puissances électriques ou thermiques moyennes des différents usages :

$$P_j = f(X), \text{ avec } X = (x_1, x_2, ..., x_n) \text{ le vecteur des paramètres d'entrée.}$$

Afin d'évaluer la précision de chacune de ces valeurs, il faut faire appel à une méthode de propagation des incertitudes : les incertitudes $u(x_i)$ des valeurs de X étant définies, la méthode de propagation permet de calculer l'incertitude de P_j. Deux cas sont alors à considérer, suivant que l'on connaît explicitement f ou non.

1. Lorsque f est une relation fonctionnelle connue, l'incertitude $u(P_j)$ de P_j se détermine par la formule approchée suivante (lorsque les grandeurs e sont pas corrélées entre elles) :

$$u^2(P_j) = \sum_{i=1}^{n} u^2(x_i)\left(\frac{\partial f}{\partial x_i}\right)^2$$

Ce cas s'applique ici, par exemple, au calcul des puissances électriques des équipements ou des auxiliaires.

2. Lorsqu'on ne peut pas expliciter la fonction f ou que le calcul ci-dessus n'est pas réalisable, on peut procéder par simulation stochastique en suivant la méthode de Monte-Carlo. Cette méthode a été utilisée dans la thèse[1] de Clara Spitz et décrite dans la section 11.2. Elle consiste à effectuer un grand nombre de simulations à partir d'échantillons artificiels des n variables de X, et à réaliser une analyse statistique des valeurs de P_j obtenues par ces simulations. Les échantillons des variables x_i sont construits en leur associant une distribution de probabilité adaptée à leurs caractéristiques et au niveau d'information dont on dispose (loi uniforme si on connaît seulement les valeurs limites, loi normale s'il s'agit d'une mesure avec moyenne et écart type, etc.).

Ce cas s'applique aux puissances de climatisation, chauffage et éclairage déterminées par la simulation thermique dynamique.

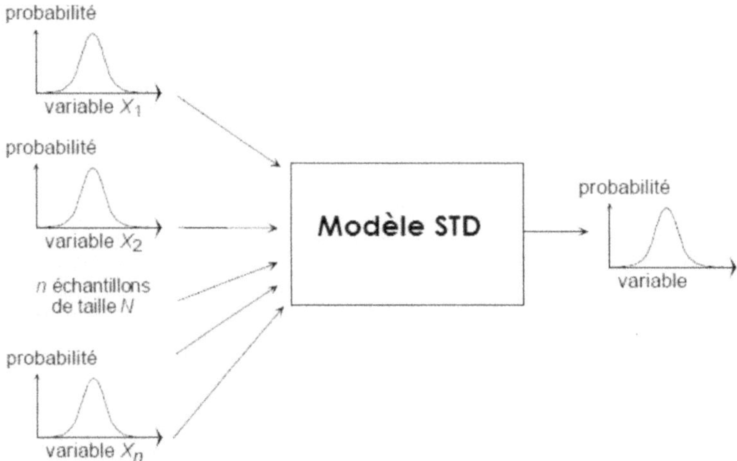

Figure 15.12 Principe de la méthode de Monte-Carlo.

---

1. C. Spitz. *Analyse de la fiabilité des outils de simulation et des incertitudes de métrologie appliquée à l'efficacité énergétique des bâtiments.* Thèse de doctorat, Université de Grenoble, 2012.

15.1.5.3 Incertitude sur les consommations énergétiques annuelles

Dans un deuxième temps, les courbes de charge horaires obtenues nous permettent d'estimer les consommations énergétiques annuelles du pôle Écotox. L'incertitude quant à ce résultat se calcule aisément avec la première méthode ci-dessus :

- la consommation énergétique est obtenue par :

$$C = \sum_{année} P_j$$

- incertitude associée est donc définie par :

$$u^2(C) = \sum_{année} u^2(P_j)\left(\frac{\partial C}{\partial P_j}\right)^2 \text{, avec } \frac{\partial C}{\partial P_j} = 1$$

$$\text{c'est-à-dire : } u(C) = \sqrt{\sum_{année} u^2(P_j)}$$

- intervalle de confiance à 95 % sera alors défini par $[C-2u(C), C+2u(C)]$.

15.1.5.4 Hypothèses

Afin d'estimer les incertitudes présentées ci-dessus, nous avons défini une plage d'incertitude uniforme de ± 10 % pour les paramètres d'entrée suivants :

- la puissance électrique des équipements et des machines (utilisation plus ou moins intensive des appareils) ;
- la puissance électrique des luminaires (incertitude sur les performances des luminaires ou sur leur utilisation) ;
- le taux d'occupation (variation du nombre d'occupants ou du scénario de présence).

Cela signifie que toutes les valeurs situées dans cette plage d'incertitude sont considérées équiprobables. Dans la méthode de Monte-Carlo, cela revient à attribuer une distribution uniforme à ces paramètres d'entrée, illustrée sur la figure ci-dessous.

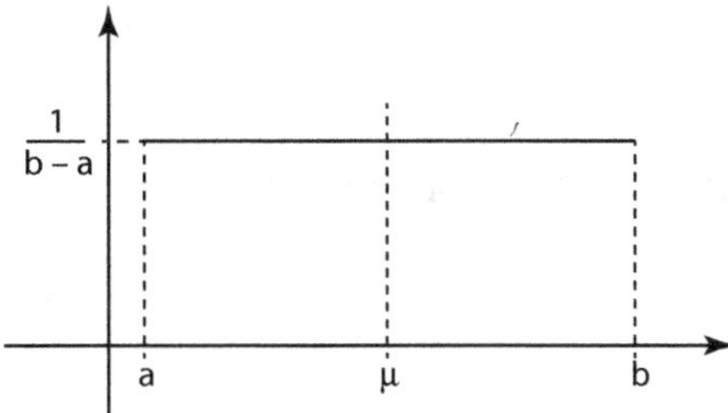

Figure 15.13 Distribution uniforme.

Sur le schéma ci-dessus, $\dfrac{b-a}{2}$ représente les 10 % de confiance autour de la valeur moyenne,

l'écart type associé à cette distribution est $\sigma = \dfrac{b-a}{2\sqrt{3}} = \dfrac{10\% \cdot u}{\sqrt{3}}$.

L'application de la méthode de propagation de Monte-Carlo se traduit dans cette étude par la réalisation de 230 simulations pour les bâtiments B2a et B1. Le bâtiment B2b a un temps de simulation trop élevé pour effectuer un nombre important de simulations ; de plus, nous avons considéré que ce bâtiment était le moins consommateur d'énergie par rapport aux bâtiments B1 et B2a.

15.1.5.5 Représentation des résultats

Pour chaque simulation, nous obtenons une consommation énergétique, donc au total 230 résultats. Un moyen rapide pour représenter ces résultats et se figurer le profil des séries statistiques obtenues est la boîte à moustaches (figure 15.14). Le diagramme représente un rectangle allant du premier quartile, valeur au-dessous de laquelle se situent 25 % des données, au troisième quartile, valeur au-dessous de laquelle se situent 75 % des données, et coupé par la médiane. Les deux « moustaches », inférieure et supérieure, représentées de part et d'autre de la boîte, délimitent les valeurs dites adjacentes qui sont déterminées à partir de l'écart interquartile (Q75-Q25). Les valeurs dites extrêmes ou atypiques situées au-delà des valeurs adjacentes sont individualisées. Elles sont représentées par des marqueurs. Cette représentation est choisie pour un seul pas de temps, au moment du pic de consommation d'électricité le 18 août à 15 h.

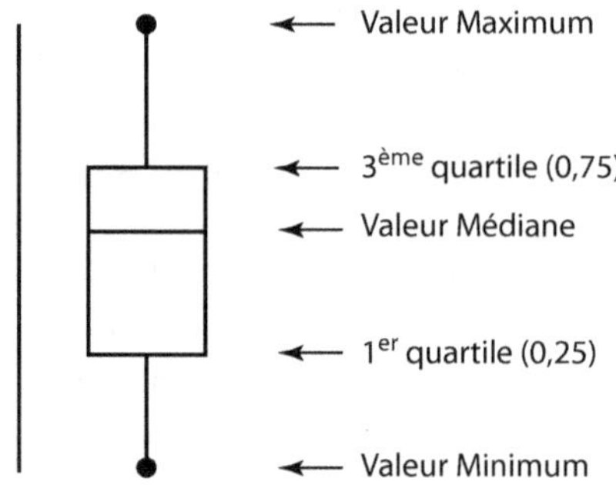

Figure 15.14 Schéma de principe d'une boîte à moustaches.

15.1.5.6 Résultats pour le pic de consommation de climatisation

L'analyse d'incertitude a été réalisée pour le bâtiment B1 et B2a.

Incertitude pour le B2a

La figure 15.15 représente la plage d'incertitude pour le pic d'appel de puissance de la climatisation du 18 août à 15 h pour le bâtiment B2a ; la puissance de la climatisation se situe entre 329 et 339 kW. Une valeur extrême est égale à 343 kW (valeur exceptionnelle qui est omise dans le calcul de la moyenne). La moyenne est $\mu = 334$ kW, l'incertitude u = ± σ = 2,1 kW, et l'intervalle de confiance à 95 % est $\mu \pm 1,5$ %.

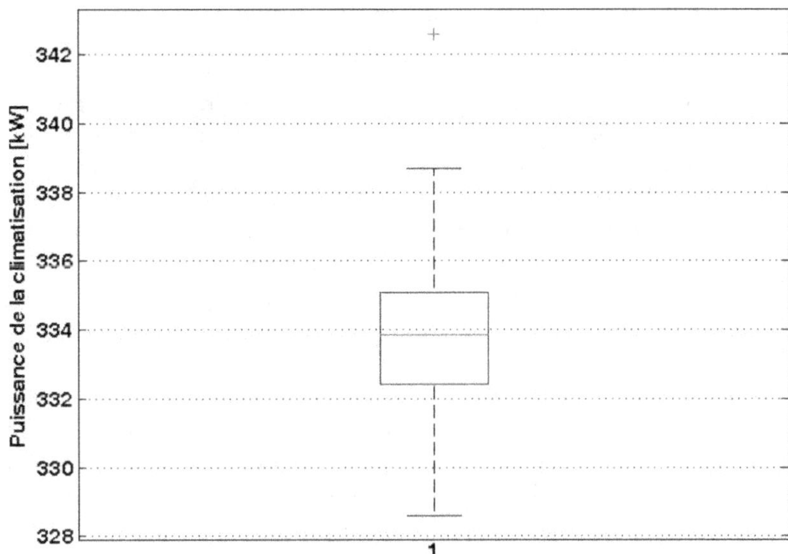

Figure 15.15 Plage d'incertitude de l'appel de puissance de la climatisation
pour le 18 août à 15 h pour le bâtiment B2a.

Incertitude pour le B1

La figure 15.16. La moyenne de la puissance de la climatisation est $\mu = 367$ kW et l'incertitude u = $\pm\ \sigma = 3,5$ kW, et l'intervalle de confiance à 95 % est $\mu \pm 1,9$ %.

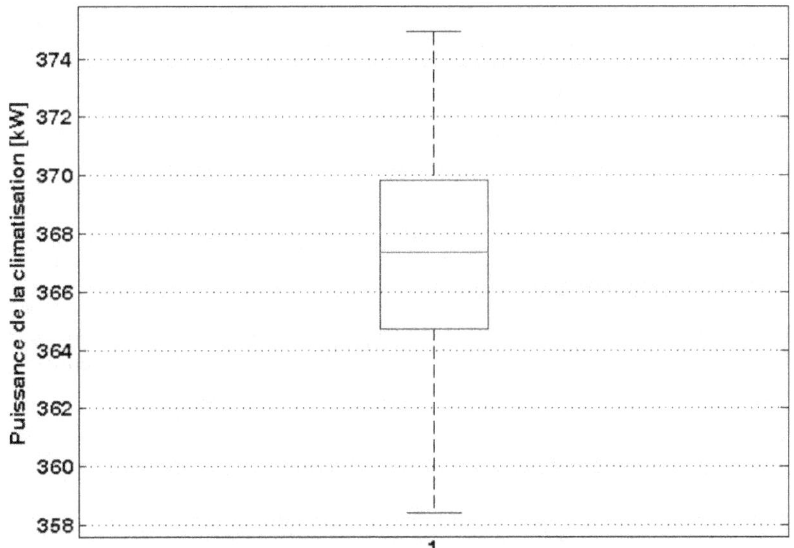

Figure 15.16 Plage d'incertitude de l'appel de puissance de la climatisation
pour le 18 août à 15 h pour le bâtiment B1.

15.1.5.7 Résultats pour la consommation annuelle d'énergie du pôle

La consommation d'énergie annuelle du pôle est égale à 12,3 GWh, répartie en cinq usages : auxiliaires, climatisation, chauffage, appareils électriques et éclairage. Le tableau 15.4 représente le bilan énergétique électrique avec le coût par usage et l'incertitude sur ce coût. Pour le bâtiment B2b, l'analyse d'incertitude n'ayant pas été effectuée, ce sont des valeurs forfaitaires d'incertitude qui ont été retenues : 5 % pour la consommation de chauffage et de climatisation et 10 % pour l'éclairage et les appareils électriques. Pour les auxiliaires, une incertitude de 10 % a été admise.

Pour le calcul du coût électrique, on s'est basé sur un abonnement au tarif vert A5 Base, composé de cinq tranches tarifaires (heures pleines/creuses, été/hiver, heures de pointe). Le calcul avec la courbe de charge électrique horaire montre que la version tarifaire LU (Longues Utilisations) est la plus intéressante, en fonction de la puissance souscrite. Au total, on obtient un coût pour le site en électricité de 718,5 k€ HT (hors TVA, mais avec CSPE et TICFE), compris dans un intervalle de confiance à 95 % de +/- 10 %. À cette valeur, il faut ajouter le coût de la prime fixe estimé à 165 k€ HT, le coût de la CTA inférieur à 10 k€ HT, et le coût des éventuels dépassements et consommations de puissance réactive.

Tableau 15.4 Bilan énergétique et coûts annuels du pôle Écotox pour l'électricité.

	MWh/an	k€HT/an	incertitude-type k€HT	incertitude-type relative
Auxiliaires	5 575	364,6	30,0	8%
Appareils électriques	4 175	270,9	24,7	9%
Climatisation	1 104	66,1	2,5	4%
Eclairage	240	16,9	0,7	4%
Total	11 093	718,5	38,9	5%

version tarifaire la plus intéressante : LU

Puissance souscrite été : 3,4 MW

Puissance souscrite hiver : 2,8 MW

Puissance réduite : 3,02 MW

Prime fixe   165 000 € HT

Pour le chauffage, l'énergie utilisée est le gaz, le tarif considéré est un tarif B2S pour une consommation annuelle de 1,15 GWh. Il se caractérise par seulement deux tranches tarifaires : été (avril à octobre) et hiver (novembre à mars). Le tableau 15.5 représente le détail du calcul ; au total, le coût de la consommation de chauffage s'élève à 55,5 k€ HT avec un intervalle de confiance à 95 % de +/- 8 %.

Tableau 15.5 Bilan énergétique et coûts annuels du pôle Écotox pour le gaz.

Prix de l'abonnement (€/an) hors CTA	988,92
Prix du gaz naturel (€/ kWh) (y compris TICGN) : Hiver	0,05085
Prix du gaz naturel (€/ kWh) (y compris TICGN) : Eté	0,03622

	MWh/an	k€HT/an	incertitude-type k€HT	incertitude-type relative
Consommation gaz en hiver	938	47,7	1,8	4%
Consommation gaz en été	216	7,8	0,3	4%
Total	1154	55,5	2,1	4%

Finalement, le **coût énergétique total du pôle Écotox** pour les cinq usages, hors abonnement électrique, **s'élève à 775 k€ HT** avec un intervalle de confiance de +/- 10 %.

15.1.6   Conclusions et optimisations possibles

Cette étude a permis d'établir de manière fiable le modèle numérique de fonctionnement du pôle Écotox sur la base des hypothèses validées par le maître d'ouvrage. Le coût énergétique total du pôle Écotox pour les cinq usages, hors abonnement électrique, s'élève à 775 k€ HT avec un intervalle de confiance de +/- 10 %. L'estimation de l'abonnement électrique est fortement dépendante des puissances souscrites. Cette étude a aussi fait apparaître un potentiel d'amélioration.

La figure 15.10 qui représente la répartition des consommations annuelles par usage montre clairement que les auxiliaires et les appareils électriques représentent 80 % des consommations totales du site. Or, d'après les CCTP, l'utilité de certains auxiliaires pourrait être discutée et leur économie permettrait de compenser le surcoût de certains équipements plus performants. La consommation annuelle pourrait être diminuée sans difficultés de 2 %, ce qui correspondrait à environ 15 k€ HT par an.

Par ailleurs, l'amélioration de la performance de certains appareils électriques pourrait permettre davantage d'économies d'énergie. Par exemple, pour les réfrigérateurs qui fonctionnent 24 h/24, il serait intéressant de choisir des appareils de classe énergétique A+, en mettant en regard le surcoût engendré par ce choix avec les économies d'énergie.

D'autres postes importants méritent d'être vérifiés. Une réflexion plus approfondie sur les coefficients de foisonnement et de simultanéité devrait entraîner une baisse considérable des pics de puissance.

Les résultats de cette étude sont grandement dépendants des hypothèses considérées alors que le projet était en phase APD. La suite de cette étude sera une mise en place de capteurs en phase exploitation afin de suivre les consommations énergétiques. Les mesures permettront la mise à jour du modèle numérique et ainsi il sera possible à l'aide des prévisions météorologiques de prévoir les pics de consommations. En modifiant les scénarios d'exploitation, il serait possible d'éviter les surconsommations d'énergie et donc de réduire les coûts énergétiques.

15.2 La simulation thermique dynamique comme outil d'aide à la décision pour la conception d'un bâtiment à énergie positive
(E. Serodio & S. Thiers)

Cette section présente l'utilisation de la simulation thermique dynamique lors de la conception d'un bâtiment de bureaux performant soumis au climat méditerranéen : le bâtiment IZUBA. Les données et les résultats présentés sont ceux qui ont été obtenus durant le processus de conception du bâtiment. Les résultats de l'étude menée sur le bâtiment tel qu'il a été livré sont diffusés sur le site web dédié au projet[1].

15.2.1 Le bâtiment IZUBA : intentions, usages, calendrier

Le bâtiment IZUBA est un bâtiment de bureaux destiné à accueillir les salariés de la société IZUBA énergies, livré en avril 2015. Il est localisé sur l'écoparc de Fabrègues (Hérault), à une dizaine de kilomètres au sud-ouest de Montpellier. Il est constitué de deux niveaux représentant une surface utile totale de 424 m².

Il a été dimensionné pour dix-huit occupants et dispose également d'une salle de réunion, de locaux de rangement, d'un local serveur et d'une cuisine destinée aux repas du personnel. Enfin, la salle de formation, constituant une partie « établissement recevant du public », peut accueillir une quinzaine de personnes.

Figure 15.17 Vue générale du bâtiment IZUBA.
(Crédit photo : Steven Morlier pour IZUBA énergies ; architecte : Vincent Rigassi)

---

1. http://batiment.izuba.fr.

IZUBA énergies, maître d'ouvrage de ce projet, est un bureau d'études thermiques et développeur d'outils d'aide à la conception des bâtiments. Par conséquent, l'entreprise a souhaité faire de ce bâtiment la vitrine de son savoir-faire. C'est la raison pour laquelle l'objectif visé pour ce projet est celui du bâtiment à énergie positive et à hautes performances environnementales.

Pour y parvenir, l'équipe d'IZUBA énergies s'est appuyée notamment sur la démarche énergétique « négaWatt » avec ses trois volets : sobriété, efficacité et énergies renouvelables, associée à une approche globale intégrant le confort hygrothermique, l'énergie grise des matériaux de construction, le comportement des usagers, la qualité de l'air intérieur et le transport des salariés.

15.2.2   Les outils d'aide à la conception : Alcyone, Pléiades+COMFIE, Enelight, novaEQUER

La démarche de conception énergétique du bâtiment IZUBA s'est appuyée sur plusieurs outils d'aide à la conception développés et diffusés par IZUBA énergies.

Alcyone : Ce logiciel a permis la saisie des caractéristiques du bâtiment de manière simple et rapide. Son affichage 3D facilite la vérification de la saisie et évite ainsi les erreurs.

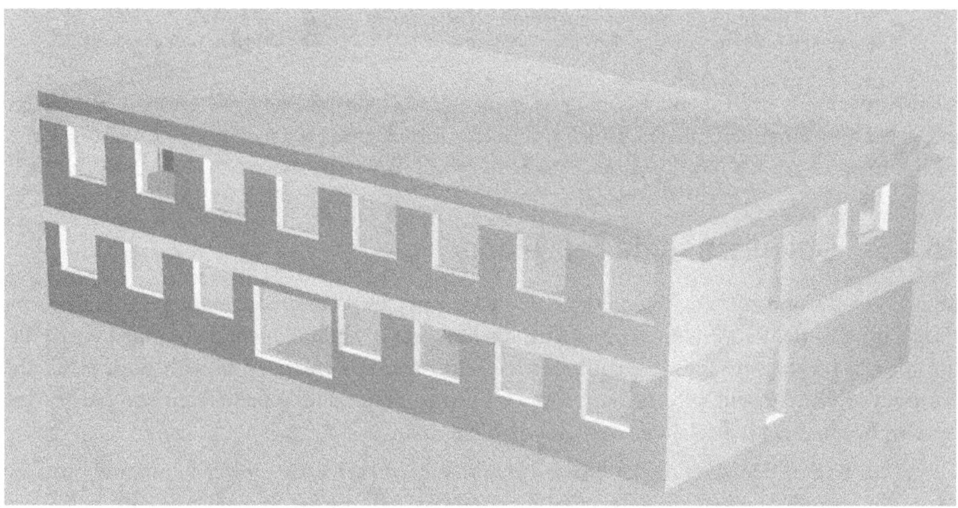

Figure 15.18 Saisie graphique du projet sous Alcyone. (Crédit image : IZUBA énergies).

Pléiades + Comfie : Pléiades est l'interface qui permet de lancer les simulations, de traiter et d'analyser leurs résultats à travers des sorties graphiques, tableurs, rapports, etc. La simulation thermique dynamique multizone a été réalisée par Comfie, moteur de calcul développé depuis 1990 par le Centre Efficacité énergétique des Systèmes (CES) de Mines ParisTech.

Enelight : Ce module de calcul d'éclairement naturel et de facteur de lumière du jour, développé par De Luminae à partir du moteur Radiance, est intégré à Alcyone. Il a été utilisé pour évaluer le niveau d'éclairement en différents points de chaque pièce à chaque heure de l'année. Le couplage à Comfie a permis de calculer la consommation d'électricité heure par heure pour l'éclairage artificiel.

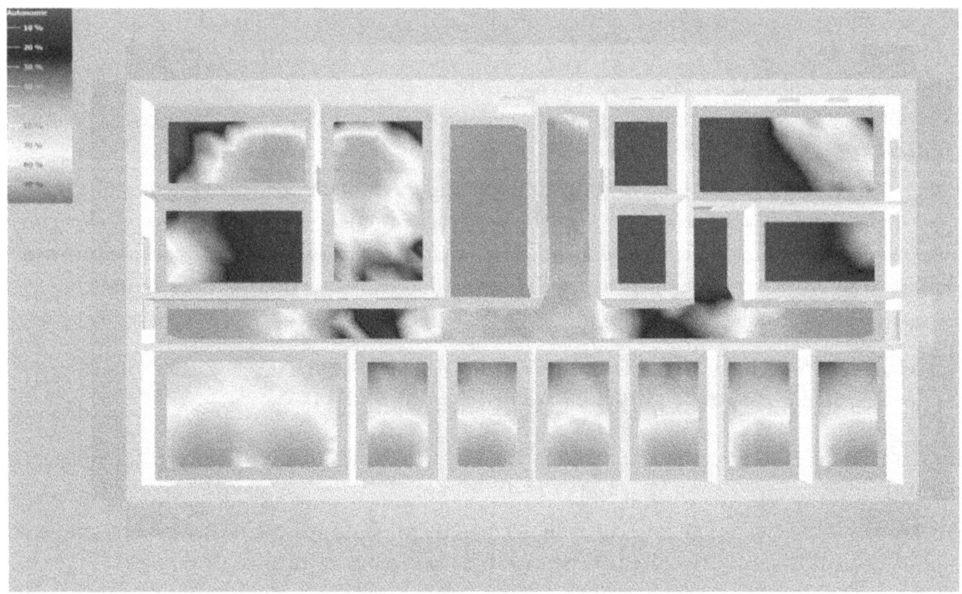

Figure 15.19 Calcul de l'autonomie en éclairement naturel dans Alcyone.
Le niveau d'éclairement requis dans les bureaux est de 300 lux. (Crédit image : IZUBA énergies)

NovaEquer : Cet outil d'analyse de cycle de vie (ACV) du bâtiment a permis d'évaluer les impacts environnementaux du projet sur douze indicateurs. Il est développé depuis 1995 conjointement par le CES de Mines ParisTech et IZUBA énergies.

15.2.3 Optimisation de l'enveloppe

Le processus d'optimisation énergétique de l'enveloppe est la première étape pour la conception d'un bâtiment sobre en énergie. Limiter les besoins énergétiques en amont permet de limiter à la fois la puissance des équipements à installer et l'énergie à fournir pour satisfaire ces besoins. En travaillant sur l'enveloppe, le concepteur peut faire fortement baisser les besoins de chauffage, d'éclairage et de rafraîchissement.

Ce processus doit démarrer dès l'esquisse et se poursuivre de l'avant-projet sommaire jusqu'au dépôt du permis de construire. En effet, à cette étape-ci, l'apparence extérieure du bâtiment est figée, ce qui limite fortement les évolutions ultérieures de l'enveloppe.

Durant cette phase, la simulation n'est pas la seule boussole qui guide le concepteur. Ici, les grands choix de conception de l'enveloppe du bâtiment ont été faits dès le départ, avant tout calcul, en se fondant sur les principes du bioclimatisme : compacité, orientation nord/sud, etc., ou découlant de contraintes ou d'opportunités spécifiques.

Par exemple, le choix de l'ossature bois/paille a été retenu dès le départ en raison de son faible impact environnemental, avec toutes les conséquences sur le comportement thermique de l'enveloppe que cela implique : forte isolation et faible inertie.

À partir de ces choix de conception initiaux, la simulation thermique dynamique sert à affiner précisément différents paramètres. Dans le cas du bâtiment IZUBA, elle a été employée pour :

–   dimensionner les ouvertures ;

–   quantifier l'inertie à mettre en œuvre à l'intérieur de l'enveloppe ;

–   déterminer les niveaux d'isolation de certaines parois.

15.2.3.1   Vitrages et apports solaires et lumineux

L'optimisation des surfaces vitrées est menée sous une triple contrainte :

–   capter des apports solaires gratuits en hiver ;

–   favoriser l'éclairement naturel toute l'année ;

–   éviter les surchauffes en été.

La simulation a notamment permis de dimensionner les menuiseries en comparant deux variantes du projet. Initialement dessinées comme un carré de 1,6 m de côté (soit 2,56 m²), ces ouvertures, présentes dans toutes les pièces en façade sud et dans certaines pièces au nord, ont été réduites à une dimension de 1,3 × 1,5 m (soit 1,95 m²).

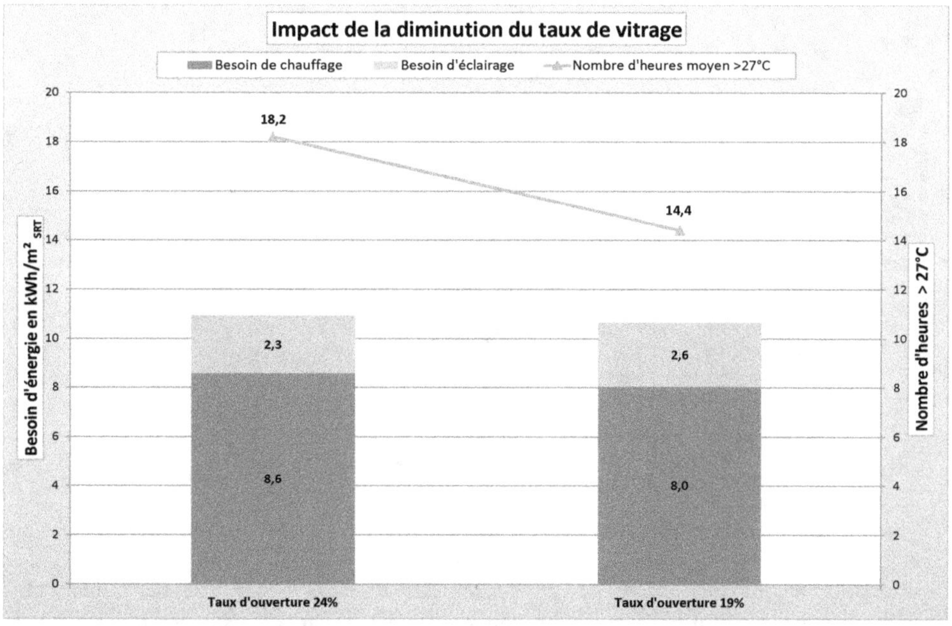

Figure 15.20 Résultat simulation taille des menuiseries. (Crédit image : IZUBA énergies)

La diminution des ouvertures entraîne :

–   une augmentation des besoins d'éclairage ;

–   une diminution du besoin de chauffage, liée à l'amélioration du niveau d'isolation[1] ;

–   une amélioration du confort estival.

Le taux d'ouverture global du projet (total des surfaces des menuiseries/surface utile) est ainsi ramené de 24 % à 19 %, afin de limiter l'inconfort estival sans pénaliser le bilan thermique.

---

1.   Le mur en paille étant dix fois plus isolant que la menuiserie, la réduction des pertes thermiques en saison de chauffage compense largement la réduction des apports solaires à travers les vitrages.

15.2.3.2 Parois internes et inertie

Les bâtiments à ossature bois sont caractérisés par une inertie faible pouvant être pénalisante pour le confort d'été. Soumis à un climat méditerranéen, le bâtiment IZUBA a fait l'objet d'une attention particulière concernant ses performances d'été. Les conséquences du choix d'une ossature bois, plutôt guidé par le critère du faible impact environnemental, ont donc dû être compensées par un renforcement important de l'inertie thermique du bâtiment : dalle béton sur terre-plein, murs intérieurs lourds à base d'enduits terre et de briques de terre crue.

La simulation thermique dynamique a permis de quantifier l'inertie à ajouter. En pratique, cette approche a permis de déterminer le nombre de cloisons lourdes à mettre en œuvre en remplacement des cloisons initialement prévues majoritairement en structure légère.

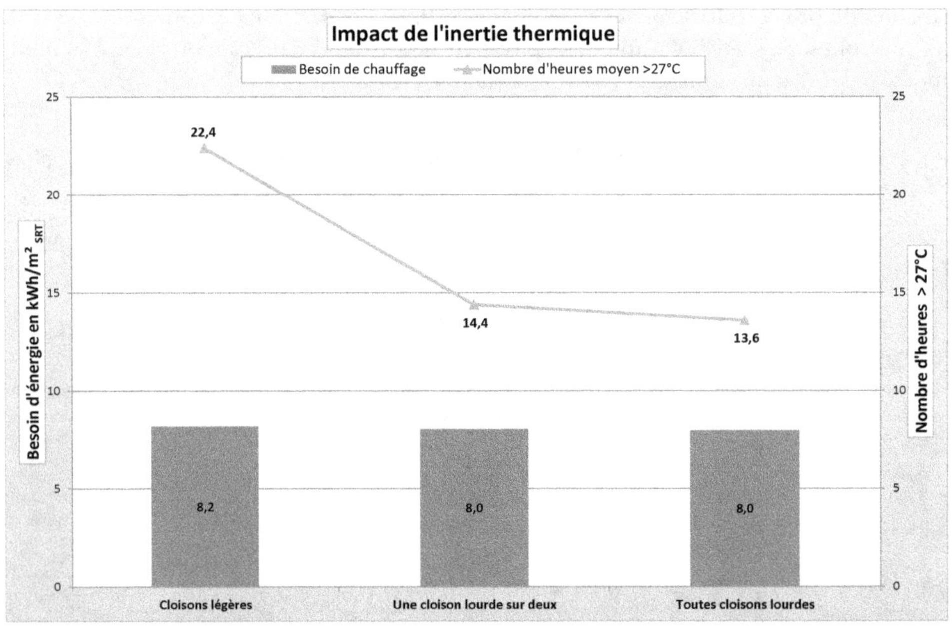

Figure 15.21 Simulation impact de l'inertie thermique. (Crédit image : IZUBA énergies)

La simulation a confirmé l'intérêt de l'apport d'inertie d'une cloison lourde par bureau, tant du point de vue du confort d'été que du besoin de chauffage. Par contre, passer toutes les cloisons en inertie lourde apporte peu. Moins coûteuse et plus efficiente du point de vue du confort thermique, c'est finalement la mise en œuvre d'une cloison séparative sur deux en enduit terre qui a été retenue.

15.2.3.3 Parois externes et isolation

Le niveau d'isolation des parois déperditives est, bien évidemment, un élément que la simulation thermique permet d'affiner. Pour le déterminer, le concepteur vise principalement un niveau de besoin de chauffage cohérent avec les objectifs de performance du projet.

Dans le cas du bâtiment IZUBA, le choix de l'isolation des murs et de la toiture en bottes de paille rend caduque cette réflexion, la nature du matériau limitant les choix d'épaisseur. Les bottes sont des pavés droits et l'on retient, dans la majorité des cas, une épaisseur de 37 cm.

Par contre, la dalle en béton du plancher bas a été isolée par une plaque de polystyrène expansé, dont l'épaisseur a été étudiée par simulation thermique dynamique.

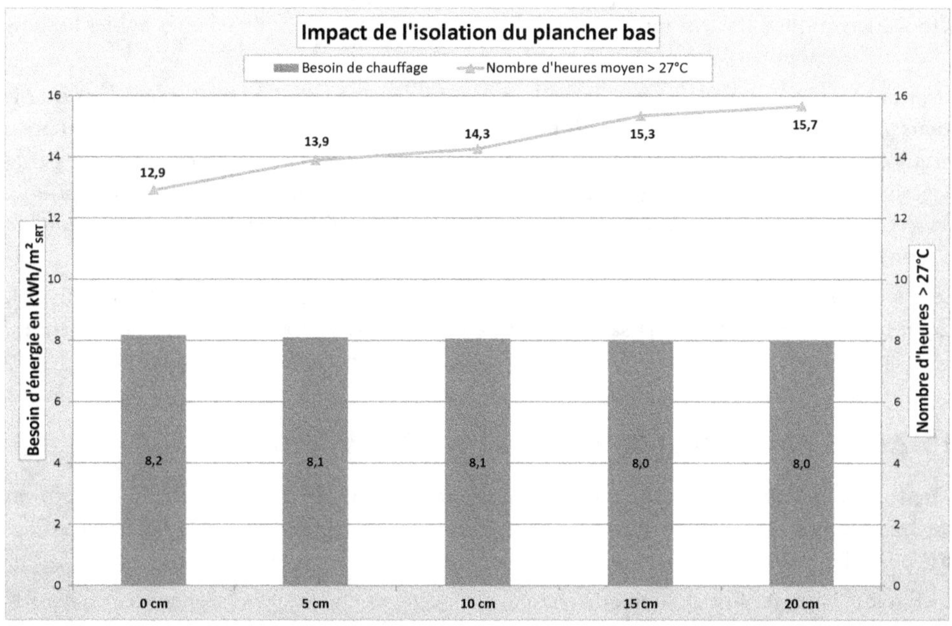

Figure 15.22 Courbe besoin de chauffage isolation du plancher bas. (Crédit image : IZUBA énergies)

L'analyse montre que l'isolation du plancher bas a peu d'influence sur le besoin de chauffage. Ce résultat n'intègre toutefois pas le plancher chauffant qui, en élevant la température de la dalle, génère davantage de pertes vers le sol. Le confort d'été est, quant à lui, pénalisé par l'effet « bouteille Thermos » : plus l'enveloppe est performante, plus la chaleur est piégée à l'intérieur, ce qui constitue une source de surchauffe estivale.

Compromis entre un confort d'été satisfaisant et un traitement correct des déperditions hivernales, c'est finalement un isolant d'une épaisseur de 10 cm qui a été retenu.

15.2.3.4 Bilan de l'optimisation de l'enveloppe

L'optimisation de l'enveloppe thermique du projet a figé les choix sur la structure générale du bâtiment : dimensions des menuiseries, nature des parois intérieures et extérieures. Cette étape de la conception du projet se termine au moment du dépôt du permis de construire.

Au-delà des points qui ont été présentés ici, la STD peut intervenir pour optimiser la position ou l'orientation précise du bâtiment sur la parcelle, le choix des matériaux constructifs et des revêtements de surface, la localisation et le dimensionnement des protections solaires (casquettes, brise-soleil, etc.), la position de puits de lumière, etc.

À ce stade, la réglementation thermique RT 2012 impose un calcul de l'indicateur de « besoin bioclimatique » (le *Bbio*) attestant de la bonne prise en compte des exigences réglementaires pour l'enveloppe en termes de besoins de chauffage, de rafraîchissement et d'éclairage. Avec un Bbio de 78,9 points (le Bbio max. étant de 168 points), déterminé en parallèle de la simulation thermique dynamique par Pléiades, le bâtiment IZUBA satisfait largement l'exigence, confirmant sa position sur une trajectoire de hautes performances énergétiques.

Les résultats obtenus sur l'enveloppe conditionnent l'étape suivante de réflexion sur les systèmes énergétiques. Ils démontrent ici que les choix opérés conduisent à de très faibles besoins en chauffage pour le bâtiment IZUBA.

Les résultats montrent également qu'un bon niveau de confort peut être obtenu dans quasiment tous les locaux hors système actif de rafraîchissement, pour un été moyen. Peut-on pour autant se passer complètement d'un tel système ? Deux éléments ont amené à répondre par la négative à cette question : la présence d'une salle de formation équipée en informatique, caractérisée par de forts apports internes, et un niveau de confort beaucoup moins acceptable pour un été caniculaire.

Le système retenu devra donc présenter la sécurité d'un rafraîchissement actif, fût-il limité. Celui-ci permettra de traiter la salle de formation et d'écrêter les périodes les plus chaudes, dont la fréquence et l'intensité pourront être accrues par le changement climatique.

15.2.4 Optimisation énergétique sur les systèmes

Une fois les besoins limités par une enveloppe sobre, le concepteur concentre son attention sur les systèmes qui vont fournir les services énergétiques demandés avec la meilleure efficacité possible.

À ce stade, l'analyse fine des taux de charge, des pertes énergétiques et des modes de régulation des systèmes s'appuie sur le calcul horaire des appels de puissance du bâtiment. Ce couplage entre la simulation du bâtiment et des systèmes permet d'obtenir un calcul précis des consommations énergétiques associées.

15.2.4.1 Ventilation

Le très haut niveau d'isolation de l'enveloppe fait du renouvellement d'air une partie majeure du bilan thermique, de l'ordre de 60 % du total des déperditions, hors récupération d'énergie sur l'air extrait. Du fait de la faible perméabilité à l'air de l'enveloppe (n_{50} mesuré à 0,8 vol/h), le traitement efficace de ces déperditions passe naturellement par le choix d'une ventilation double flux à récupération de chaleur performante (échangeur à roue de rendement 81,5 %). Comme à l'étape précédente, ce choix s'est imposé avant tout calcul, mais la simulation a permis d'en affiner les détails.

Ainsi, le pilotage de la ventilation peut être effectué par une simple horloge qui coupe le renouvellement d'air globalement sur tout le bâtiment en dehors d'horaires d'occupation prédéfinis, ou par une détection de présence pièce par pièce qui permet un ajustement au plus près des besoins de ventilation. La description fine du comportement des occupants et la liberté de paramétrage qui caractérisent la simulation thermique dynamique ont permis de quantifier l'apport de la solution avec détection de présence.

Le gain apporté par la détection de présence a été jugé faible (0,2 kWh/m² de réduction des besoins, pas d'influence sur le confort d'été). De plus, la solution est coûteuse en investissement et en maintenance, notamment à cause des clapets à installer et à piloter pour chaque bureau. Cette solution a finalement été écartée pour les bureaux au profit d'une simple programmation. Elle a cependant été conservée pour les locaux à occupation ponctuelle (salle de formation, de réunion, et cuisine), où elle conserve une réelle pertinence.

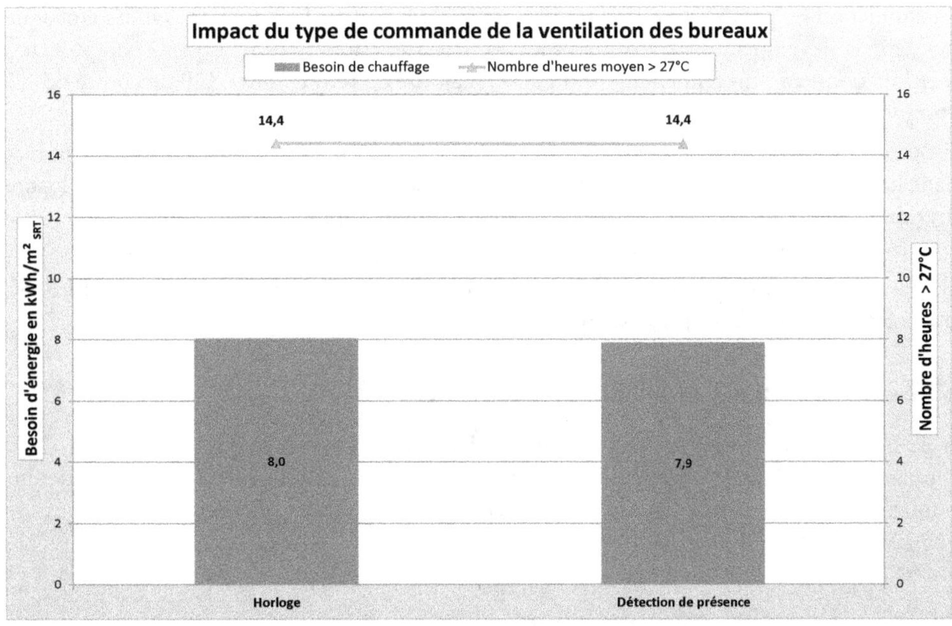

Figure 15.23 Résultat en besoin de chauffage double flux sur horloge/double flux
sur détection de présence. (Crédit image : IZUBA énergies)

15.2.4.2   Système de chauffage-rafraîchissement

Le comportement simulé de l'enveloppe a posé deux contraintes pour le choix du système de chauffage-rafraîchissement : puissance de chauffage faible et nécessité d'un apport de rafraîchissement.

L'étendue des gammes de puissance et la réversibilité des systèmes thermodynamiques répondent de façon satisfaisante à ces contraintes. Afin d'atteindre l'objectif de performance énergétique maximale, le choix s'est porté sur une source amont de type sondes géothermiques et une émission par plancher chauffant rafraîchissant.

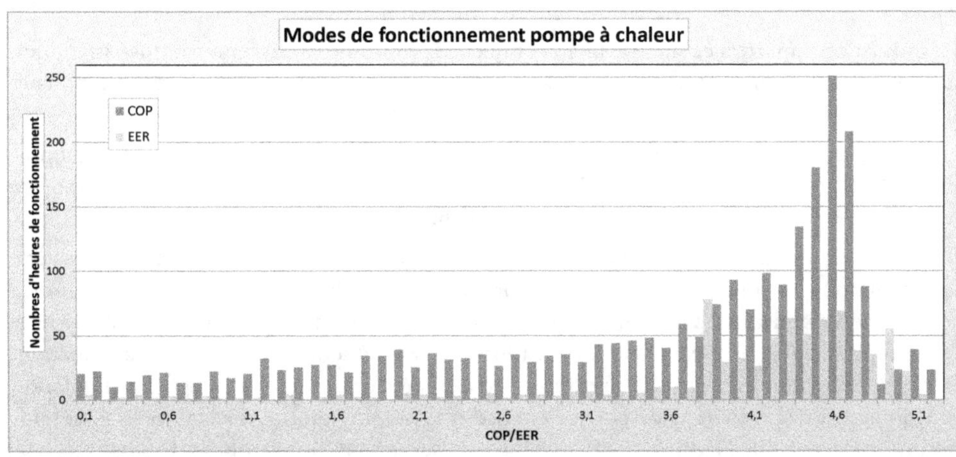

Figure 15.24 Modes de fonctionnement de la pompe à chaleur. (Crédit image : IZUBA énergies)

La simulation au pas de temps horaire des températures attendues dans les sondes ainsi que des régimes de température prévus pour les planchers a permis de vérifier que la pompe à chaleur fonctionnera à un rendement optimal : la majorité du temps à un COP de l'ordre de 4,5 en mode chaud.

En été, il est prévu un passage direct de la fraîcheur puisée dans les sondes géothermiques dans le plancher, sans fonctionnement de la pompe à chaleur. Ce mode « geocooling » assure un rafraîchissement avec une consommation énergétique minimale.

Enfin, si les conditions de température rendent nécessaire le fonctionnement de la pompe à chaleur en mode froid, la simulation montre qu'elle pourra fonctionner avec un EER du même ordre de grandeur que le COP.

15.2.4.3   Bilan de la simulation des systèmes

À ce stade, le choix des systèmes est finalisé. Pléiades permet de vérifier en parallèle de la simulation la conformité à la réglementation thermique RT 2012. Le Cep hors production photovoltaïque du projet est de 56,8 kWhEP/m², largement inférieur au Cepmax de 132 kWhEP/m².

15.2.5   Énergies renouvelables

15.2.5.1   Photovoltaïque

Les choix opérés sur l'enveloppe et les systèmes ont abouti à des consommations énergétiques minimales, mais non nulles. Cette approche permet de limiter la production locale d'énergie à mettre en œuvre pour atteindre l'objectif du bâtiment à énergie positive : produire annuellement autant d'énergie que celle qui est consommée.

De manière classique pour un bâtiment, c'est une production d'électricité photovoltaïque qui a été retenue. Dans notre cas, le dimensionnement de l'installation a été davantage basé sur la surface disponible en toiture que sur la production attendue. Le bâtiment est ainsi conçu pour produire largement plus que toutes ses consommations et compenser également l'énergie grise liée à sa fabrication et une partie des consommations liées aux transports de ses occupants.

La simulation apporte à ce stade le bilan complet des consommations énergétiques attendues, d'une part, et de la production photovoltaïque, d'autre part. Pour les comparer, deux approches sont ici possibles.

Dans un premier temps, la comparaison en bilan annuel (total consommé annuel – total produit annuel) est celle qui définit habituellement un bâtiment à énergie positive. Elle montre que l'objectif est largement atteint pour le bâtiment IZUBA.

La simulation dynamique permet aussi de mener cette comparaison des consommations et de la production électriques au pas de temps horaire. À chaque heure, on peut ainsi connaître la part des consommations du bâtiment qui peut être couverte par la production locale, le reste étant appelé depuis le réseau électrique. Et lorsque la production dépasse la consommation, la part autoconsommée et celle injectée au réseau sont également calculées. La simulation fournit ainsi une précieuse aide pour le choix d'une part du contrat d'achat mais aussi pour le contrat de vente de l'électricité photovoltaïque : vente totale ou vente du surplus.

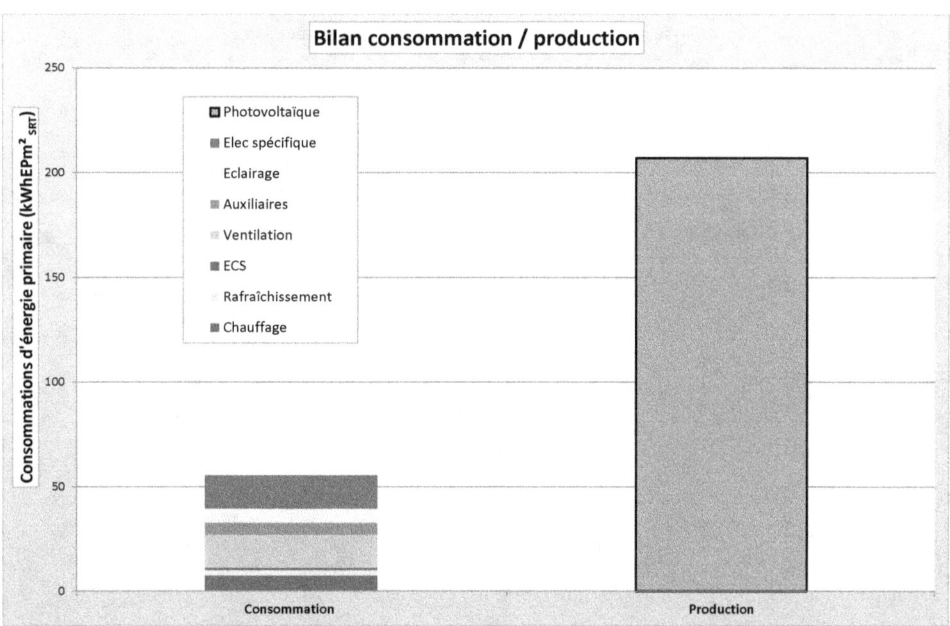

Figure 15.25 Bilan consommations/production. (Crédit image : IZUBA énergies)

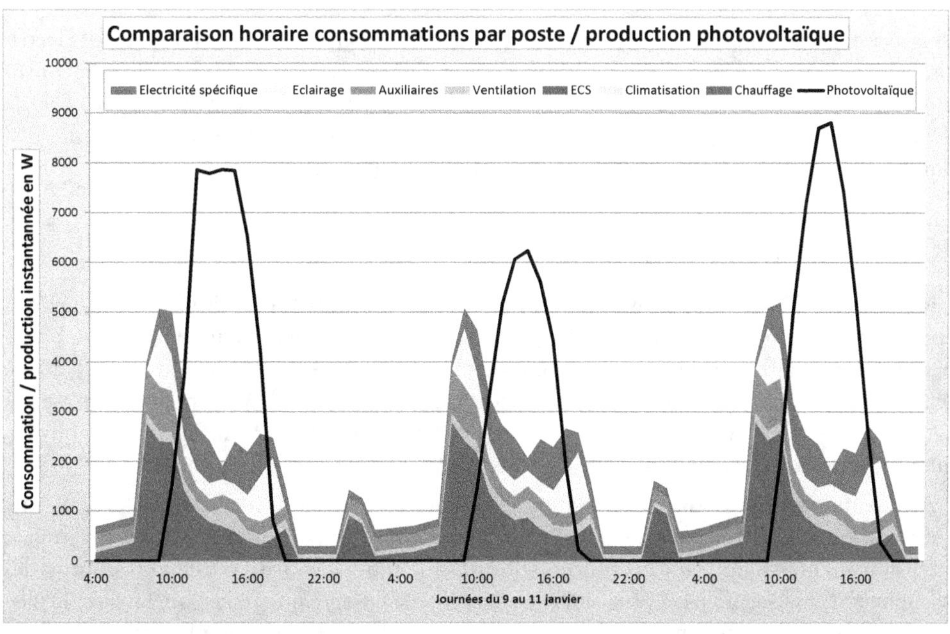

Figure 15.26 Consommations/production horaires. (Crédit image : IZUBA énergies)

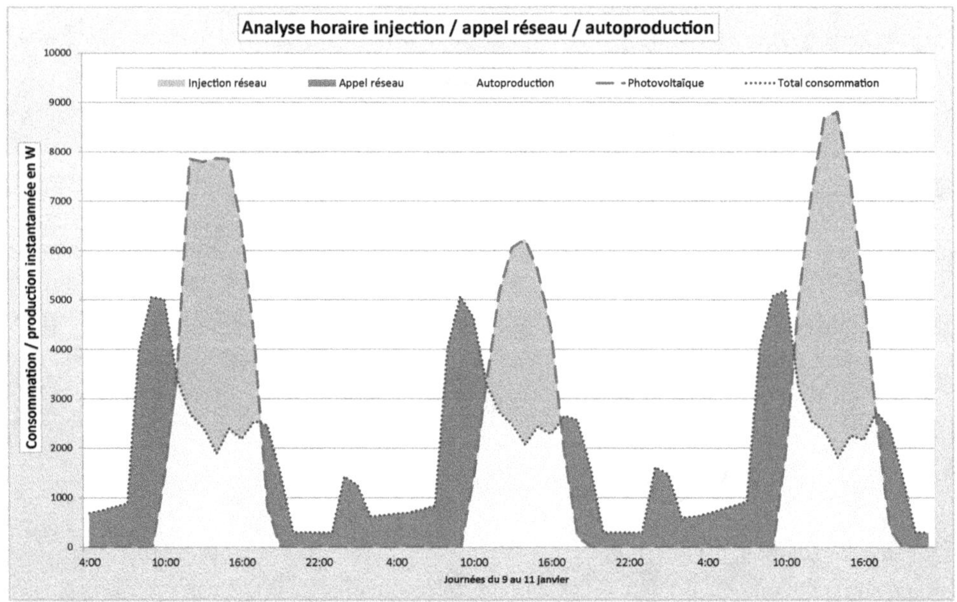

Figure 15.27

Avec cette approche, on a pu déterminer une autoproduction de 5 682 kWh (soit 57 %), complétée par 4 360 kWh d'appel au réseau. Le surplus injecté au réseau représenterait environ 32 MWh.

Plus avantageuse du point de vue économique, avec les tarifs de vente et d'achat de l'électricité en vigueur au moment de la décision, c'est finalement la vente totale de l'électricité produite qui a été retenue. Cette option est également en parfaite cohérence avec le parti pris de départ de l'installation photovoltaïque : produire le maximum avec la surface de toiture disponible, sans se limiter à la seule production pouvant être autoconsommée.

15.2.6 Analyse du Cycle de Vie

Les bâtiments à très basse consommation d'énergie et, à plus forte raison, les bâtiments à énergie positive posent la question du périmètre de l'étude énergétique. Celle-ci se limite habituellement aux consommations du bâtiment en lui-même et ne prend en compte que la phase d'utilisation. Or, on voit que dans le cas du bâtiment IZUBA, ce périmètre n'est pas suffisant pour déterminer le niveau de compensation apporté par l'installation photovoltaïque : l'énergie grise et les transports des occupants ne sont pas pris en compte.

L'analyse du cycle de vie permet d'élargir le périmètre étudié en y incorporant les étapes de construction et de fin de vie du bâtiment, ainsi que toutes les utilisations ayant un impact environnemental significatif : consommation d'eau, production de déchets, transport des occupants. L'analyse ne peut plus alors être seulement énergétique, mais fait intervenir plusieurs impacts environnementaux, comme le potentiel de réchauffement climatique, l'eau utilisée, les déchets produits.

Menée sur le logiciel novaEquer, couplé à l'étude de simulation énergétique dynamique Pléiades+Comfie, l'analyse du bâtiment IZUBA a permis de quantifier ces impacts :
- l'énergie grise des matériaux de construction représente 515 MWh d'énergie primaire ;
- les transports quotidiens des salariés représentent 44 MWh d'énergie primaire par an.

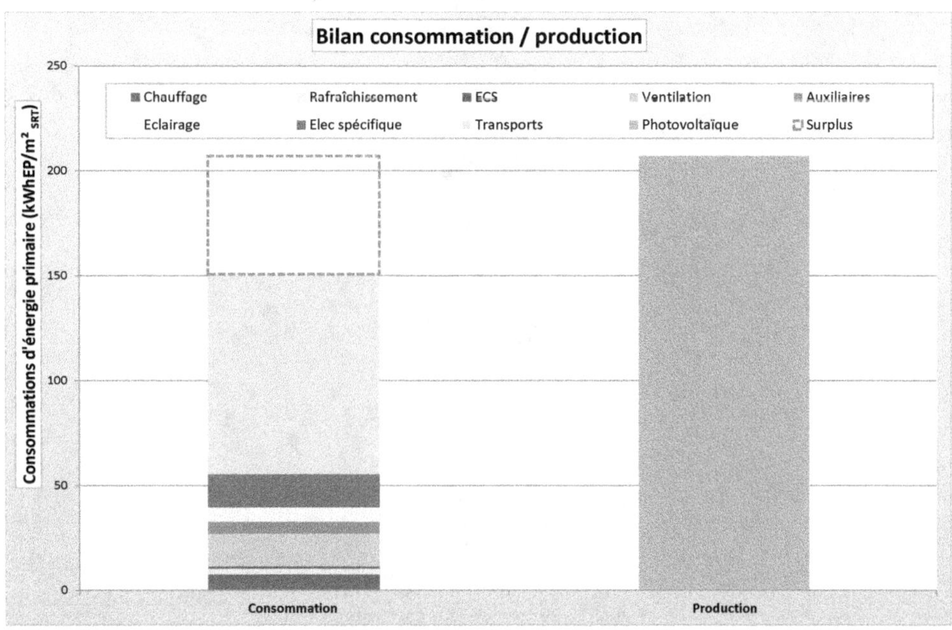

Figure 15.28 Bilan consommation/production intégrant les transports. (Crédit image : IZUBA énergies)

En intégrant les transports au bilan consommation/production annuel, on constate tout de même un surplus qui permettra de compenser l'énergie grise du bâtiment au bout d'une vingtaine d'années.

Cette approche a également permis de valider *a posteriori* le choix des matériaux biosourcés retenus pour sa construction. Le stockage de carbone représenté par le bois et la paille utilisés dans la construction réduit sa contribution au réchauffement climatique.

Le CO_2 stocké par le bois et la paille des murs et de la toiture (38 tCO_2eq.) compense une grande partie des émissions générées par la fabrication et le transport des autres matériaux de construction (48 tCO_2eq.). Des procédés appropriés devront être mis en œuvre en fin de vie pour les matériaux biosourcés afin d'éviter la réémission des gaz à effet de serre : par exemple, compost avec récupération de méthane ou incinération avec valorisation énergétique.

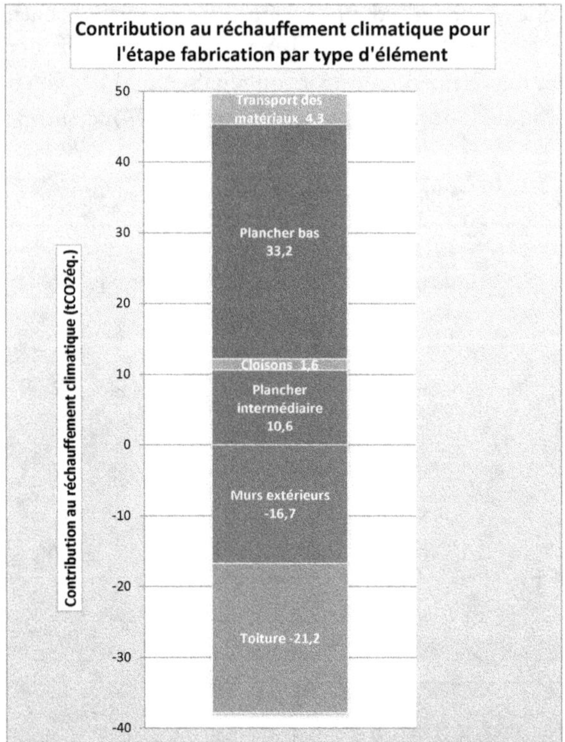

Figure 15.29 Impacts CO_2 construction

15.2.7   Conclusions

15.2.7.1   La pratique appuyée par l'expertise, validée par la simulation

La simulation thermique dynamique est un outil précieux de quantification des impacts des choix de conception. Elle représente une aide à la décision dont le concepteur peut difficilement se passer pour des bâtiments à hautes performances énergétiques dont le comportement thermique est très sensible aux choix de conception.

Il convient cependant de ne pas rester les yeux rivés sur les calculs en oubliant les principes bioclimatiques, la confrontation à la pratique du chantier et de l'exploitation ou les considérations économiques. Cette expertise reste la meilleure grille d'analyse des résultats de la simulation, comme on l'a vu dans l'exemple décrit ci-dessus.

15.2.7.2   Les outils : limites et marges de développement

Les outils de calcul (STD et ACV) évoluent régulièrement, autant pour intégrer de nouvelles fonctionnalités que pour affiner certains modèles et tenir compte des dernières connaissances scientifiques issues des laboratoires de recherche.

Dans ces cas d'études, les logiciels utilisés sont appelés à évoluer dans un avenir proche afin d'enrichir encore l'analyse sur les points suivants :

— calculs aérauliques. La simulation fine du tirage thermique, des infiltrations et de la ventilation naturelle en fonction du vent et de la perméabilité à l'air du bâtiment est indispensable pour réduire l'incertitude sur les déperditions thermiques induites par le renouvellement d'air ;

— qualification du confort estival par des indicateurs plus fins qu'un nombre d'heures d'inconfort. La prise en compte de l'humidité relative, d'une vitesse d'air et d'un niveau d'activité et d'habillement des occupants permettra de déterminer des indicateurs d'inconfort plus précis, tels que PPD[1] et PMV[2] ;

— calculs d'une consommation améliorée des systèmes, notamment par le couplage entre bâtiment et systèmes et une évaluation précise des pertes thermiques récupérées par l'ambiance du bâtiment. Des systèmes pourront être ajoutés (centrale de traitement d'air, notamment) ;

— simulation plus réaliste du comportement des occupants. Ce comportement a de forts impacts sur les résultats (présence, consignes de température, gestion des ouvrants et des protections solaires…). Le modèle stochastique de comportement présenté au § 13.6 permettra de mieux connaître la robustesse des résultats vis-à-vis de ces données d'entrée ;

— ACV dynamique : meilleure prise en compte de l'évolution du mix énergétique en fonction du temps.

Références :

Site internet IZUBA énergies : http://www.izuba.fr

Site internet dédié à la construction du bâtiment IZUBA : http://batiment.izuba.fr

---

1. PPD : *Predicted Percentage of Dissatisfied*, « pourcentage prévisible d'insatisfaits ».
2. PMV : *Predicted Mean Vote*, « vote moyen prévisible ».

CHAPITRE 16

Projets de réhabilitation

16.1 Le rôle de la simulation thermique dynamique dans un projet de rénovation énergétique
(C. Plantier)

Le projet pour lequel notre compétence en simulation thermique dynamique a été sollicitée concerne la rénovation énergétique d'un bâtiment de bureaux dans le sud-est de la France. La construction de ce bâtiment d'environ 1 700 m² chauffés date des années 1990. L'ambition du maître d'ouvrage était d'obtenir un « vrai » bâtiment à énergie positive, dans le sens où tous les usages devaient être pris en compte, y compris la bureautique.

La première étape du projet a été d'étudier la faisabilité technico-économique d'une telle rénovation, en se basant sur la simulation thermique dynamique afin d'avoir une approche physique la plus réaliste possible. Le but de l'étude était d'élaborer et de proposer des scénarios de rénovation à la maîtrise d'ouvrage afin que celle-ci choisisse le scénario le mieux adapté servant de cahier des charges à la conception de maîtrise d'œuvre puis aux travaux.

La simulation thermique dynamique a donc été utilisée comme un véritable outil d'aide à la décision dans le cadre d'un projet concret de rénovation énergétique.

16.1.1 Démarche adoptée pour l'étude

C'est le logiciel TRNSYS, version 16.1, qui a été utilisé pour cette étude. Le pas de temps de simulation était l'heure. Les résultats exploités concernaient les besoins de chauffage et de rafraîchissement. Les systèmes n'ont pas été modélisés, ils ont été abordés indépendamment par des outils internes à notre bureau d'études.

La démarche suivie a été, dans un premier temps, de modéliser le bâtiment existant en se basant sur :

- les plans de récolement et les CCTP de la construction initiale ;

- des observations et relevés effectués lors de visites sur site ;
- l'interview des occupants afin d'aborder au mieux l'usage du bâtiment ;
- des hypothèses lorsque les données n'étaient pas connues (étanchéité à l'air, notamment).

Les résultats de la simulation du modèle initial ont été comparés aux factures énergétiques (électricité et gaz) des années précédentes. Le modèle a été ajusté afin de rapprocher au mieux les résultats des simulations des factures réelles. Le paramètre principal d'ajustement a été le taux de renouvellement d'air par infiltrations.

Ce modèle ajusté a servi de référence pour l'étude paramétrique de la rénovation. La première variante étudiée a été de pousser loin les performances énergétiques de l'enveloppe et des systèmes afin de quantifier le potentiel d'économie d'énergie. En parallèle, nous avons étudié le potentiel de production d'énergie sur site afin de comparer production et consommation, et donc d'en déduire la faisabilité technique d'un bilan énergétique positif. Si les conclusions de cette première étape avaient été que le bilan énergétique positif n'était techniquement pas possible, le projet se serait arrêté là.

Heureusement, cette étude a montré que l'objectif était techniquement atteignable, avec de la marge. La seconde étape a donc consisté à étudier l'impact énergétique de chaque élément de rénovation (isolation de l'enveloppe opaque, rénovation des menuiseries, traitement de l'étanchéité à l'air, systèmes de ventilation, de chauffage, de rafraîchissement, etc.) afin d'en déduire les travaux prioritaires ainsi que les compromis économiques.

Il est à noter qu'une variante tout à fait essentielle, mais qui peut paraître saugrenue au premier abord pour les non-initiés, a été simulée et présentée à la maîtrise d'ouvrage : il s'agit de la sobriété d'usage du bâtiment. En effet, lors des interviews des usagers, nous avions constaté que l'usage courant n'était pas un modèle de sobriété, ce qui est, hélas, un constat habituel de nos jours : chauffage à 23-24 °C (alors que la loi impose une température maximale de 19 °C...), climatisation entre 21 et 23 °C (alors que la loi impose une température minimale de 26 °C), bureautique en fonctionnement 24 h/24, y compris le week-end... Nous avons simulé le bâtiment avec les paramètres raisonnables suivants :

- température de chauffage de 20 °C (température négociée avec la maîtrise d'ouvrage) ;
- température de climatisation de 26 °C ;
- extinction de la bureautique la nuit et les week-ends ;

et montré l'impact énergétique suivant :

Tableau 16.1 Besoins annuels de chauffage et de climatisation. Application de la sobriété énergétique.

	Besoins annuels en [kWh]		
	initiaux	**sobres**	**différence**
Chauffage	153 904	121 321	-21.2 %
Climatisation	13 175	5 490	-58 %

La maîtrise d'ouvrage a été surprise par ces résultats et tout à fait enthousiaste à l'idée de faire tant d'économies d'énergie sans dépenser un euro !

Enfin, l'analyse de l'étude paramétrique, conjointe entre la maîtrise d'ouvrage et le simulateur, a permis de construire plusieurs scénarios de rénovation menant tous à l'objectif énergétique. Bien entendu, une étude économique de ces différents scénarios a été menée pour conclure sur le meilleur scénario de rénovation à adopter comme base des travaux.

16.1.2 Les difficultés rencontrées

16.1.2.1 Comment fixer les limites de l'étude

Comme tout projet professionnel, une telle étude était limitée par un budget et des délais. Il est deux sujets sur lesquels le simulateur doit être particulièrement attentif pour pouvoir mener une telle étude dans la limite de ces contraintes :

L'équilibre entre précision et simplification

Il est concrètement impossible de modéliser un bâtiment avec une précision rigoureuse. Il faudrait pour cela des mois de travail, donc un budget correspondant, et un ordinateur capable d'effectuer les simulations d'un modèle très lourd. Prenons deux exemples concrets.

- Le zonage : modéliser un bâtiment comportant 1 parking, 3 locaux techniques (chaufferie, local serveur, local CTA), 5 locaux archives, 1 hall, 4 salles de réunion, 6 couloirs, 1 local cuisine, 4 bureaux paysagers, 22 bureaux individuels et 4 sanitaires, signifie en toute rigueur de modéliser 51 zones. Quand en plus tous ces locaux sont équipés de faux plafonds, qu'on peut considérer comme des zones tampons, cela monte le nombre de zones à 102… Le modèle numérique devient alors d'une lourdeur inexploitable.

  Quant aux fichiers de résultats, c'est encore pire : une zone, c'est environ 11 colonnes de données à exploiter ; une année au pas de temps d'une heure, c'est 8 760 lignes : cela ferait un fichier de 1 122 colonnes et de 8 760 lignes ! Impossible à ouvrir avec les outils de base d'un bureau d'études.

  Il est donc nécessaire de limiter le nombre de zones, entre 10 et 20 étant un nombre raisonnable. Il faut pour cela cibler les locaux spécifiques qu'on veut étudier en particulier et « globaliser » les autres dans une grande zone.

- Les orientations et les ombrages correspondants : une orientation dans un modèle de bâtiment, c'est une surface recevant le rayonnement solaire sous un certain angle et subissant l'ombre des bâtiments et/ou des montagnes environnants ainsi que l'ombre du bâtiment sur lui-même (balcons, débords de toiture, encadrement de fenêtre, etc.). En toute rigueur, chaque fenêtre devrait être une orientation, puisque l'angle de vision des masques solaires est différent selon la position géométrique de la fenêtre considérée. Est-il envisageable de définir une centaine d'orientations pour un modèle de bâtiment ? Est-il raisonnable de calculer les cent profils d'ombrage correspondants ? Non, bien sûr que non !

  Il est donc là aussi nécessaire de simplifier et de limiter le nombre d'orientations à moins de quinze.

La modélisation d'un bâtiment fait donc appel au compromis entre précision et simplification. C'est une phase de réflexion nécessaire avant de se lancer dans la modélisation à proprement parler, et c'est l'expérience qui permet de trouver les bons compromis.

L'équilibre entre flexibilité et rigidité face aux desiderata du maître d'ouvrage

L'intérêt principal d'une étude de simulation thermique dynamique est de pouvoir étudier des variantes rapidement et à moindres frais. En conception thermique de bâtiment, une simulation thermique dynamique sans variante ne présente aucun intérêt.

Devant la puissance de cet outil, la tendance naturelle d'un maître d'ouvrage est de demander de nouvelles et nombreuses variantes afin de l'aider dans sa prise de décision. C'est une difficulté importante de l'exercice pour le simulateur : savoir répondre à la demande, mais savoir aussi la guider et la cadrer dans la limite du budget et des délais.

16.1.2.2 Comment estimer correctement les apports internes ?

Dans un bâtiment de bureaux énergétiquement performant, les apports internes récupérables ont une incidence notable sur le bilan thermique : en hiver, ils peuvent représenter autant que les pertes par infiltrations d'air et par ventilation mécanique (voir figure 16.1). En été, ils participent sensiblement aux surchauffes et entraînent donc, le cas échéant, des consommations de froid.

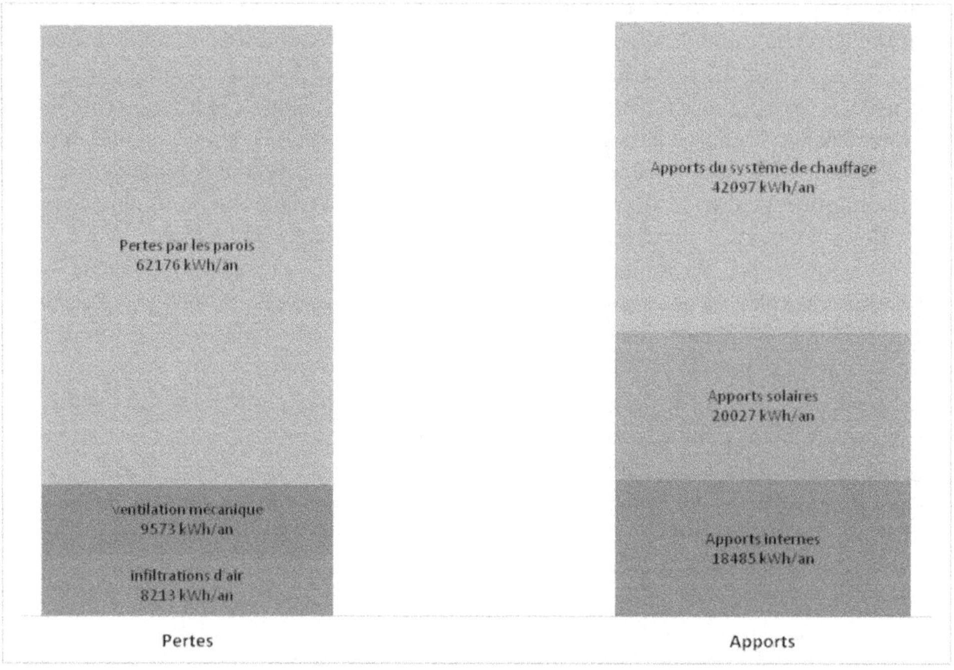

Figure 16.1 Comparaison des pertes et des apports thermiques
dans un bâtiment de bureaux énergétiquement performant (exemple).

Il est donc important d'estimer ces apports de la manière la plus réaliste possible. Ce travail est loin d'être simple et peut engendrer des erreurs importantes dans les estimations des besoins de chauffage et de froid.

Les apports humains

Ils sont liés à la présence et à l'activité des occupants du bâtiment. D'après la littérature[1], l'émission de chaleur sensible des personnes dépend du sexe, de l'activité et de la saison considérée.

Tableau 16.2 Émission de chaleur sensible moyenne par occupant.

	Hiver [W/pers.]	Été [W/pers.]
Homme	94,0	61,0
Femme	75,0	50,0
Moyenne	84,5	55,5

Ces valeurs sont évidemment des moyennes, car elles dépendent aussi de la corpulence et de la physiologie de chacun. Et comment connaît-on la répartition hommes/femmes? Comment estimer le taux de présence? Quand bascule-t-on de l'été à l'hiver, et inversement? Toutes ces questions entraînent l'émission d'hypothèses qui peuvent se révéler tout à fait fausses en réalité.

Les apports liés à la bureautique et à l'éclairage

Les apports liés à la bureautique et à l'éclairage sont complexes à déterminer. Il faut pouvoir estimer les puissances électriques consommées (qu'on considérera se dissiper en chaleur dans la zone thermique concernée) et déterminer un profil annuel de charge au pas de temps horaire.

Pour la bureautique en bâtiment tertiaire, il faut, bien sûr, prendre en compte les ordinateurs individuels, mais aussi les serveurs informatiques, les imprimantes, les photocopieurs, etc. La puissance électrique appelée par chaque machine ne peut pas être connue sans la mesurer. La plaque signalétique donne, en effet, une puissance max. ne correspondant pas du tout à la puissance appelée (c'est particulièrement vrai pour les serveurs informatiques).

Et les courbes de charge horaire? Comment les estimer de façon réaliste sans les avoir mesurées? Une première approche pourrait être de dire que la charge est de 100 % aux horaires de bureau (8 h à 12 h et 14 h à 18 h, par exemple), mais c'est tout simplement complètement faux, comme le montre la figure 16.2 ci-dessous.

Pour l'éclairage, la puissance installée peut être relevée, mais la courbe de charge ne peut être estimée de façon réaliste sans mesures préalables.

On voit donc toute la complexité qu'il y a à estimer correctement les profils annuels d'apports internes au pas de temps horaire. Selon les hypothèses retenues, ces profils peuvent être complètement irréalistes, ce qui aura, bien entendu, une incidence non négligeable sur la fiabilité de l'estimation des besoins de chaud et de froid du projet.

---

1. C.-A. Roulet. *Santé et qualité de l'environnement intérieur dans les bâtiments.* Presses polytechniques et universitaires romandes, coll. «Gérer l'environnement», 2004, 358 p.

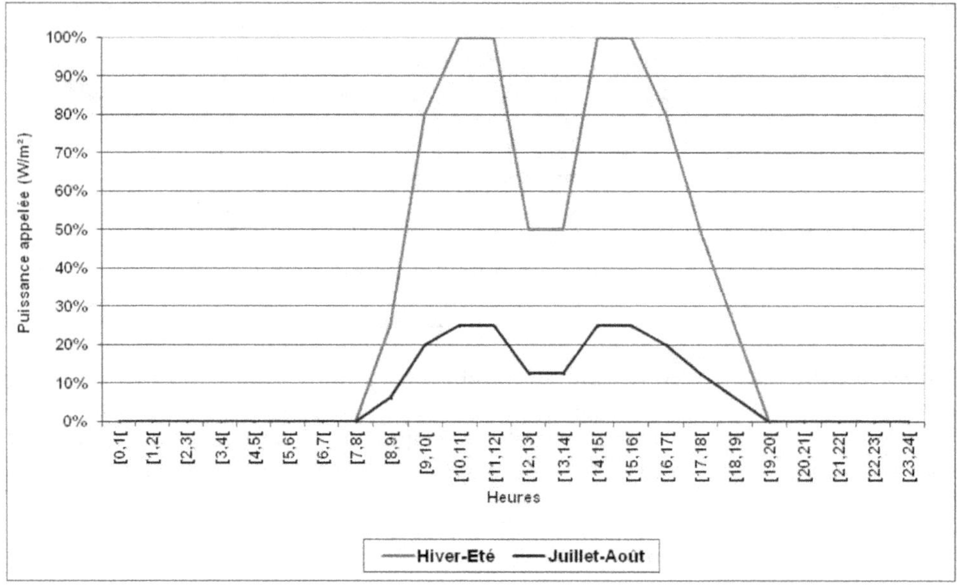

Figure 16.2 Courbe de charge horaire moyenne d'un ordinateur portable en bâtiment tertiaire (données issues d'une campagne de mesures dans cinquante bâtiments de bureaux en région PACA en 2003).

16.1.2.3   Comment estimer correctement les débits d'air liés à la perméabilité ?

L'étanchéité à l'air revêt une grande importance dans les bâtiments à basse consommation d'énergie. Une mauvaise étanchéité peut entraîner des taux de renouvellement d'air parasites de plusieurs volumes par heure en cas de grand vent, donc des consommations de chauffage en conséquence (sans compter l'inconfort). La figure 16.3 ci-dessous montre l'évolution des besoins de chauffage du projet étudié en fonction du taux de renouvellement d'air moyen par infiltrations. Nous avons fait varier ce taux de la valeur initiale estimée du projet avant rénovation jusqu'à un taux proche du niveau passif allemand ($n_{50} \leq 0,6$ vol/h). La diminution des besoins de chauffage s'élève à environ 31 000 kWh/an, soit plus de 18 kWh/m²/an.

Vu l'importance de ce paramètre dans les résultats, il est important de le déterminer de façon précise et réaliste, mais comment le simulateur peut-il faire ? Dans le projet étudié, le taux initial de renouvellement d'air par infiltrations a été la variable d'ajustement permettant de rapprocher les résultats des simulations des factures énergétiques réelles, mais cet artifice n'est pas intellectuellement très satisfaisant.

En rénovation, on peut imaginer qu'un test à la porte soufflante, préalable à l'étude, mesure précisément le taux de fuites par infiltration du bâtiment existant, mais même si ce test n'est pas très cher, c'est un coût en plus pour le projet.

À quel taux d'infiltrations peut-on estimer arriver après rénovation ? Difficile de répondre à cette question en phase de préconception, et pourtant la réponse a une sacrée importance pour le bilan énergétique global…

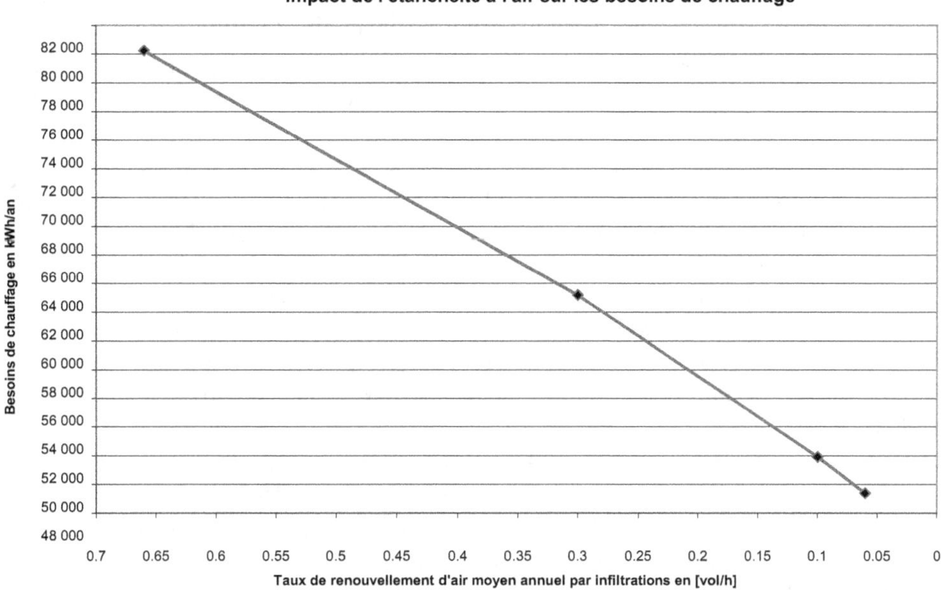

Figure 16.3 Impact des infiltrations d'air sur les besoins de chauffage du projet.

16.1.2.4   Comment estimer correctement l'usage?

Nous avons vu au paragraphe 16.1.1 l'impact d'un comportement énergétiquement sobre sur les besoins de chauffage et de froid (tableau 16.1). Des démarches de sensibilisation des usagers peuvent, bien sûr, être entreprises, mais comment faire pour connaître la température à laquelle ils régleront, après rénovation, leur thermostat, en été comme en hiver?

Concernant le confort d'été, l'étude paramétrique a montré l'impact de la bonne utilisation des protections solaires sur les besoins de froid, mais comment faire, au stade de la préconception, pour savoir si les usagers penseront à fermer leurs volets ou même s'ils voudront bien le faire?

On peut imaginer de concevoir des bâtiments où les températures de consigne sont fixées centralement, où la fermeture des volets est automatique, où on interdit toute ouverture de fenêtre, mais ce n'est pas tout à fait notre vision de la conception énergétique…

Les paragraphes 16.1.2.2, 16.1.2.3 et 16.1.2.4 précédents sont des exemples parmi d'autres qui montrent que la modélisation thermique d'un bâtiment en vue de sa simulation dynamique nécessite de faire de nombreuses hypothèses dont l'impact sur les résultats peut être déterminant. L'analyse des résultats et les conclusions de l'étude doivent donc intégrer ces approximations et ces marges d'erreurs potentielles.

16.1.3   La bonne analyse des résultats de simulation

L'analyse des résultats de simulations thermiques dynamiques est une étape de la plus haute importance pour la qualité de l'étude. Elle nécessite une certaine prise de recul face aux résultats bruts, une certaine connaissance des comportements thermiques «normaux» des bâtiments, une vérification des ordres de grandeur, etc. Sans cette hauteur de vue, les conclusions de l'étude peuvent être complètement fausses, voire à la limite du ridicule.

Il faut tout d'abord repérer et réparer les «bugs» dans le modèle, dans les données d'entrée ou encore dans les fichiers d'exploitation des résultats. Même avec de l'expérience, l'erreur de modélisation est facile et courante.

Les bugs qui empêchent la simulation de tourner sont les plus faciles à réparer, puisque les logiciels permettent généralement de diriger la recherche du problème. Mais ces bugs-là sont généralement minoritaires face à ceux qui n'empêchent pas la simulation de tourner, mais qui rendent les résultats complètement faux. Citons, par exemple, une température d'entrée d'air de la ventilation mécanique constante, une erreur d'échelle sur les apports internes, une fenêtre qui ne reçoit pas de rayonnement solaire, une zone non comptabilisée dans le bilan thermique global du bâtiment, etc. C'est là que la compétence du concepteur-simulateur entre en jeu : vérification des ordres de grandeur, repérage des comportements inhabituels, etc. C'est une des étapes les plus difficiles de l'exercice !

Il faut ensuite avoir une vision globale des résultats et ne pas se focaliser sur des épiphénomènes sans importance. Dire par exemple, à propos du confort d'été, que les usagers doivent faire particulièrement attention à la bonne utilisation des volets le 10 juillet à 16 h (*sic*) est assez cocasse et pas très professionnel. On ne simule pas la réalité ! On simule ce à quoi elle pourrait ressembler si la météo est celle qu'on utilise, si les usagers se comportent comme supposé, si l'étanchéité à l'air est bien au niveau auquel on pense, etc.

Dans le projet présenté ici, le maître d'ouvrage, assez impressionné par la simulation dynamique, avait tendance à prendre les résultats comme une vérité absolue. Le rôle du concepteur-simulateur est aussi de relativiser les résultats, de rappeler les incertitudes, les hypothèses, et de jouer de pédagogie vis-à-vis des non-initiés. Si les résultats relatifs entre deux variantes peuvent être annoncés avec assurance, ce ne doit pas être le cas des résultats absolus qui dépendent de tellement de paramètres non maîtrisés qu'ils ne doivent surtout pas être pris pour argent comptant.

Notre rôle de conseil sur ce projet nous a aussi poussé à rappeler au maître d'ouvrage que le bilan énergétique positif ne pouvait être atteint que dans la mesure où le comportement des usagers était adapté à cet objectif. Ce n'est pas un bâtiment qui, intrinsèquement, est au niveau BBC, passif ou BEPOS, c'est l'usage qu'on en fait !

16.1.4 Conclusion

La simulation thermique dynamique a été un outil très utile pour orienter les choix des travaux de rénovation énergétique du bâtiment étudié. Elle a principalement permis de quantifier l'incidence thermique des variantes envisagées et donc de jouer un rôle d'aide à la décision. Si les résultats relatifs sont fiables (différence entre une variante et le cas de référence), il faut rester très prudent sur les résultats absolus. Ils dépendent de tellement de données non maîtrisées (comportement des usagers entre autres) qu'ils ne peuvent absolument pas être considérés comme garantis. Pour un même bâtiment, les besoins énergétiques (chauffage, rafraîchissement et électricité spécifique) peuvent facilement varier du simple au double selon le comportement des usagers.

C'est le discours que nous avons tenu tout au long de ce projet de rénovation énergétique vis-à-vis du maître d'ouvrage : ce n'est pas le bâtiment rénové qui présentera (ou non) un bilan énergétiquement positif, mais l'usage que ses utilisateurs en feront.

Cette opération a fait l'objet d'une campagne de mesures d'une année, ce qui a permis de comparer énergies simulées et énergies mesurées. Il a été intéressant de constater que le bilan global mesuré n'était pas trop éloigné de celui estimé en conception, mais qu'en revanche la comparaison détaillée montrait des différences très importantes entre consommations simulées et mesurées des différents postes. Cela a conforté notre conviction que la simulation thermique dynamique doit rester un outil d'aide à la conception et à la décision, et non pas une base à une quelconque garantie de résultats.

16.2   Le rôle de la simulation thermique dynamique dans un projet de rénovation énergétique de bâtiments patrimoniaux
(J. Lopez & R. Périé)

Le projet concerne la rénovation d'un immeuble du centre de Bayonne (64). Ce bâtiment, du XIXe siècle, possède un RdC composé de locaux de commerce et de caves attribuées aux logements situés du R+1 jusqu'au R+5 sur lesquels porte la rénovation énergétique. Le tout pour une surface de 800 m².

Figure 16.4 Présentation du projet.

Ce bâtiment possède quelques caractéristiques spécifiques :

- bâtiment ancien, dont les façades donnant sur le domaine public sont soumises à la préservation du bâtiment ;
- bâtiment en centre ancien en R+5 ;
- au démarrage du projet, le bâtiment n'était plus habité ;
- le bâtiment n'est pas soumis à la réglementation thermique en vigueur (RT Existant).

L'objectif du PACT HD Pays basque, agissant en qualité de propriétaire (*via* un bail à réhabilitation) et de maîtrise d'œuvre, est d'obtenir, à partir de l'existant, des logements performants (niveau équivalent BBC rénovation) et confortables, tant au niveau du confort thermique que du confort visuel. Le but de l'étude est d'élaborer et de proposer des scénarios de rénovation à la maîtrise d'ouvrage. L'étude menée a abouti à l'élaboration de recommandations techniques intégrées à des pièces techniques contractuelles (CCTP).

Étant donné l'âge et le principe constructif de l'édifice (datant d'avant 1948 et disposant d'un système constructif en pierres naturelles), le projet n'est pas soumis à la RT 2005, qu'elle soit globale ou par élément. La simulation thermique dynamique a donc non seulement servi de véritable outil d'aide à la décision, mais également de jauge vis-à-vis du niveau BBC (calcul d'un équivalent Cep).

16.2.1 Démarche pour l'étude

Notre démarche a été de créer un modèle thermique similaire à l'état existant, et de réaliser ensuite les études de rénovation sur la base de ce modèle 0. Nous avons donc raisonné uniquement en valeur relative par rapport à notre cas 0.

Tel que mentionnée dans la figure ci-dessous, notre approche du projet repose sur trois étapes clés conclues par des échanges avec la maîtrise d'ouvrage.

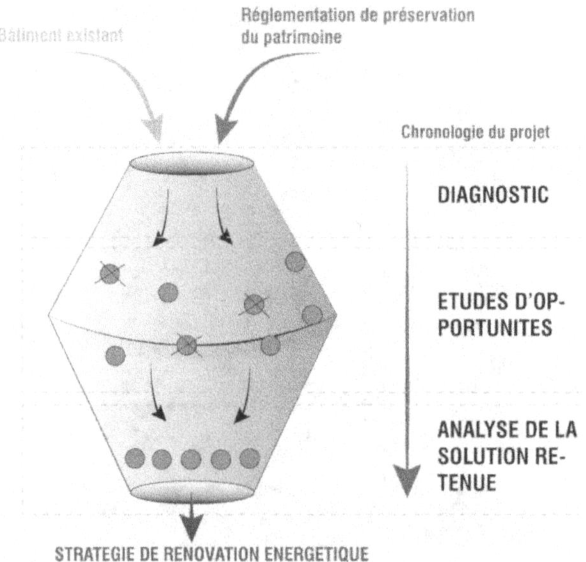

Figure 16.5 Procédure d'études thermiques.

- <u>DIAGNOSTIC</u> : une série de mesures a été réalisée sur site afin de caractériser le comportement du bâtiment ainsi que les composants techniques (bâti et systèmes). Ces données sont venues alimenter la simulation thermique dynamique pour l'évaluation des opportunités.
- <u>ÉTUDES D'OPPORTUNITÉS</u> : une première série de simulations a permis d'analyser les différentes opportunités se présentant.
- <u>ANALYSE DE LA SOLUTION RETENUE</u> : suite à la seconde série de simulations à partir du modèle retenu, nous avons acté avec la maîtrise d'ouvrage la stratégie finale de rénovation énergétique.

Lors de chacune des rencontres avec la maîtrise d'ouvrage, chaque opportunité étudiée a été analysée selon trois critères distincts :

- <u>Impacts énergétiques</u> : est évalué, par la simulation thermique dynamique (ou visuelle, le cas échéant), le gain réalisé *via* la mise en œuvre de la solution étudiée.
- <u>Impacts économiques</u> : le maître d'ouvrage de concert avec l'équipe évalue l'impact économique de la mise en œuvre de chaque solution.
- <u>Impacts techniques</u> : le maître d'ouvrage de concert avec l'équipe évalue la complexité de mise en œuvre de chaque solution par rapport au bâtiment existant.

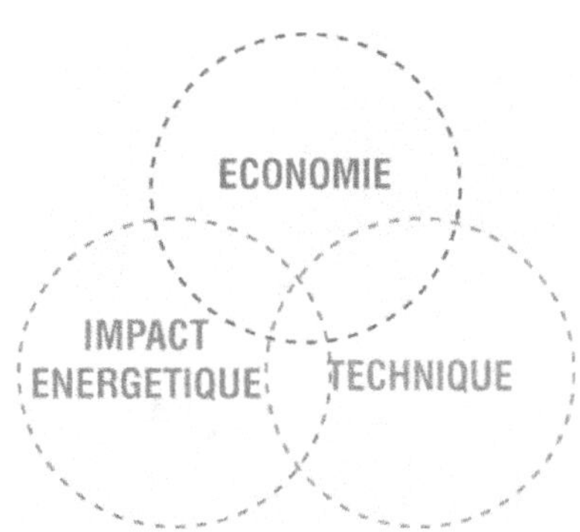

Dans le cadre de ces études, les indicateurs de sortie suivants sont évalués :

- <u>Besoin de chauffage</u> : le logiciel EnergyPlus v3.1 a été utilisé. Le pas de temps de simulation était de 30 min. Les résultats concernaient uniquement les besoins de chauffage.
- <u>Consommations énergétiques</u> : les systèmes thermiques n'ont pas été modélisés de manière fine, mais intégrés indépendamment en utilisant des outils simplifiés pour évaluer les consommations de chauffage.
- <u>Ensoleillement de façades et confort lumineux</u> : le logiciel Ecotect a été utilisé pour réaliser les études d'ensoleillement de façade et de confort lumineux dans les logements.

La stratégie de zonage thermique retenue est relativement simple (1 appartement = 1 zone), puisque chaque niveau est composé d'un appartement en façade Nord, d'un appartement en façade Sud et d'une cage d'escalier non chauffée à l'image de la figure 16.6.

Étant donné que la STD vise l'évaluation d'une consommation conforme à la réglementation, les scénarios de fonctionnement utilisés ont été ceux de la réglementation.

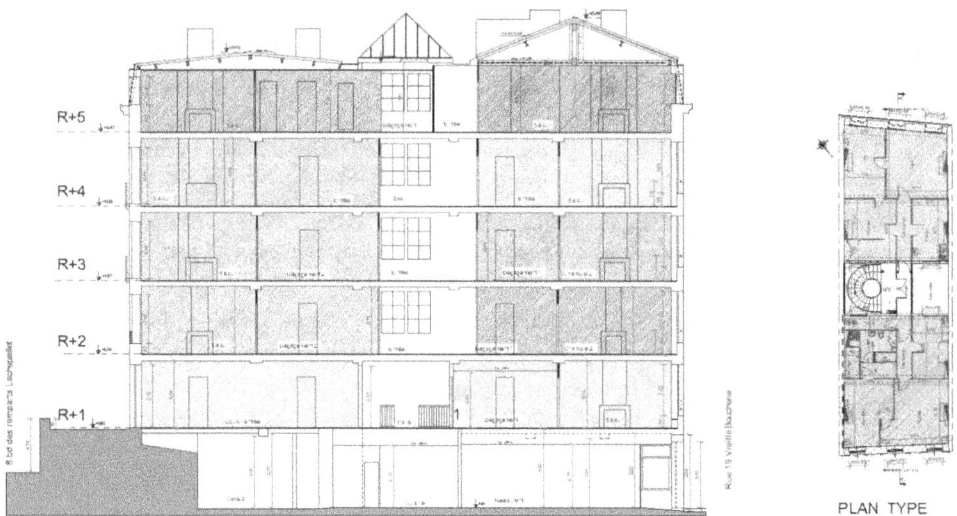

Figure 16.6 Zonage thermique de l'étude.

16.2.2 Les difficultés rencontrées

16.2.2.1 Comment préserver le patrimoine architectural dans une rénovation énergétique

Le projet, du fait de sa nature, de sa localisation et de son âge, fait l'objet d'une préservation du patrimoine. Aussi, notre stratégie ne pouvait en aucun cas préconiser des solutions impactant les éléments de façade ou de toiture :

- pas d'isolation extérieure ;
- pas de remplacement de fenêtres par des fenêtres double vitrage ;
- pas de modification de la nature des toitures.

Il a fallu trouver un compromis permettant l'atteinte des niveaux de performance requis tout en respectant les contraintes liées à la préservation du patrimoine.

À la fin des études, qui seront détaillées dans les sections suivantes, l'équipe du projet est parvenue à la stratégie de rénovation énergétique suivante :

Isolation	Composition (à titre indicatif) et nature de l'isolation [cm]	Conductivité thermique [K.m/°C]	Résistance thermique objectif minimum [°C.m²/W]
Toiture	20 (laine minérale ou eq.)	0,035	5,7
Plancher sur cave	20 (laine minérale ou eq.)	0,035	5,7
Murs appartements / Cage d'escalier	14 (laine minérale ou eq.)	0,035	4
Murs pignons extérieurs au niveau du R+4 et R+5	15 (isolant naturel)*	0,035	4,3
Enduit intérieur chaux-chanvre sur façades	4 cm	0,2	0,2

Vitrage	Composition	Uw minimum [W/m².K]	FS minimum
Façade Rempart - Sud	Simple vitrage 10 mm	2,95	0,6
Doubles fenêtres (place Montaut - Nord)	Deux vitrages séparés par une lame d'air de (30 cm)	Vitrage existant 1,6 pour le vitrage rapporté	0,6
Doubles fenêtres sur cage d'escalier	Deux simples vitrages séparés par une lame d'air de (30 cm)	Vitrage existant 2,95 pour le simple vitrage rapporté	0,6

16.2.2.2 Comment évaluer la performance des matériaux composant les parois

Aucune information quantitative n'était disponible au démarrage du projet. En effet, ce bâtiment n'étant plus habité depuis quelques années, aucune facture n'était disponible et aucun ressenti de la part d'usagers ne pouvait être exploité pour appréhender le fonctionnement énergétique du bâtiment.

Dans le but d'évaluer la performance des parois, il a été entrepris un diagnostic sur site en procédant notamment à des prélèvements et à des mesures *in situ* pour avoir une information la plus fiable et la plus quantitative possible sur les éléments techniques composant le bâtiment existant.

Figure 16.7 Paroi existante.

Les plans de géomètre réalisés en début d'opération constituent la seule donnée technique relativement fiable au démarrage de la mission.

16.2.2.3 Comment estimer le renouvellement d'air

Dans le cadre de projets de rénovation de bâtiments anciens, l'estimation ou l'évaluation des infiltrations, qui représentent les défauts d'étanchéité ainsi que le renouvellement d'air naturel, est un enjeu important. Ces infiltrations sont souvent un élément fort du niveau de déperdition du bâti existant, et la mise en œuvre d'un système de ventilation mécanique dans le cadre de travaux doit se faire en traitant également ces infiltrations. Ce paramètre est une donnée d'entrée clé dans la simulation thermique dynamique.

Figure 16.8 Photo porte soufflante.

La technique de mesure la plus simple a priori et la plus reconnue consiste à mettre en œuvre un essai en utilisant une porte soufflante qui permette de mettre en pression ou en dépression un local ou le bâtiment. En mesurant le différentiel de pression entre l'intérieur et l'extérieur, il est alors possible de caractériser les fuites et donc le débit d'air par infiltration.

Ce test a été mis en œuvre sur ce bâtiment et complété par des mesures supplémentaires, les infiltrations ont donc pu être évaluées à 3 vol/h. Cette valeur a, par la suite, été prise en compte dans la simulation thermique dynamique.

16.2.3　Le diagnostic : étude préalable pour une bonne compréhension du projet

16.2.3.1　Relevés de température

En phase préalable aux études par simulation thermique dynamique, une campagne de mesures a été réalisée pour une meilleure compréhension du comportement du bâtiment en l'état existant. La figure 16.9 présente la localisation des capteurs.

Les résultats de la campagne de mesures ont permis d'identifier des enjeux et des opportunités pour la suite de l'étude :

- La cage d'escalier représente un enjeu et une opportunité importante dans le fonctionnement thermique du bâtiment, car un gradient de température important a été constaté entre le jour et la nuit.
- Le comportement thermique est différencié entre la façade Sud et la façade Nord.

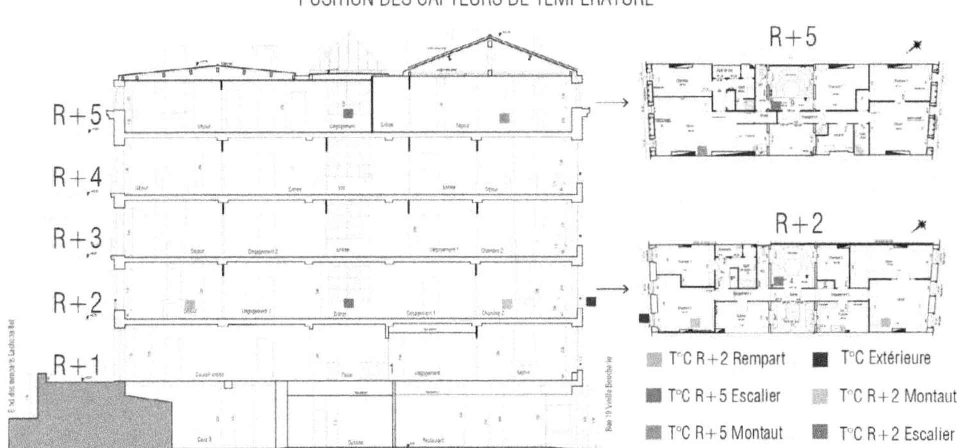

Figure 16.9 Positionnement des capteurs.

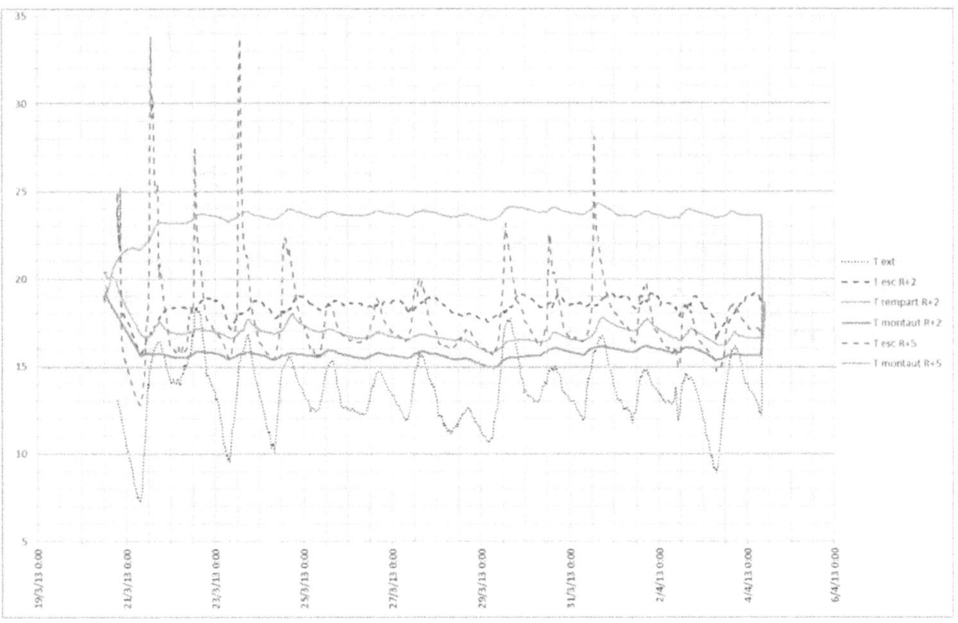

Figure 16.10 Relevés de températures.

On peut noter un écart de près de 20 °C entre le jour et la nuit au niveau de l'escalier en R+5. Il peut être alors intéressant, dans la suite du projet, d'étudier la verrière en toiture afin de réduire ces écarts.

On note également un écart moyen de 2 °C entre les logements Sud et Nord d'un même niveau (R+2), ce qui laisse à penser que la stratégie de rénovation devra être différente en fonction de ces deux orientations.

16.2.3.2 Caméra infrarouge

Des images infrarouges sont venues compléter le diagnostic initial. Elles ont permis de mettre en avant des enjeux autour de la gestion des infiltrations et du remplacement des menuiseries existantes sur les façades non soumises aux contraintes de préservation patrimoniale.

16.2.3.3 Réalisation du modèle thermique existant

L'équipe a utilisé un modèle *BASE*, modélisé à partir du diagnostic pour dresser un check-up thermique complet du bâtiment.

Sur la partie ensoleillement des façades

Le but de cette étude est de pouvoir observer si tous les niveaux des façades Sud et Nord sont équivalents d'un point de vue de l'exposition solaire et de connaître l'influence de l'environnement urbain.

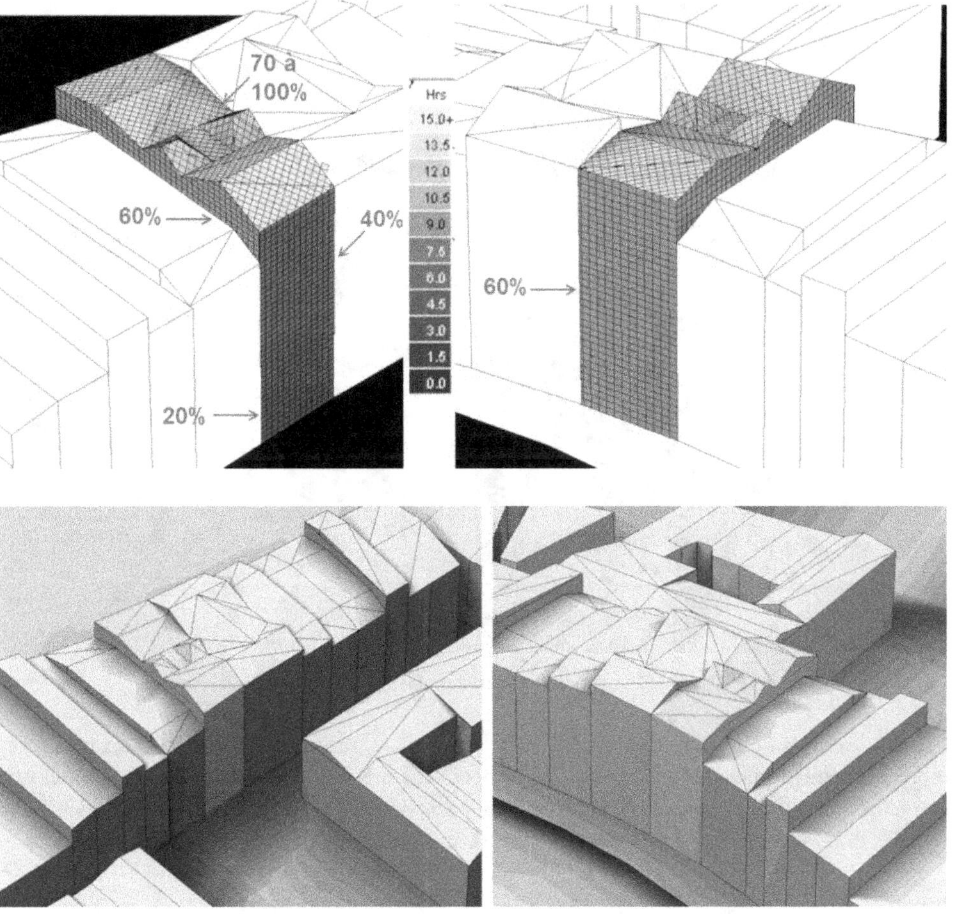

Figure 16.11 Ensoleillement des façades et ombres portées en période estivale.

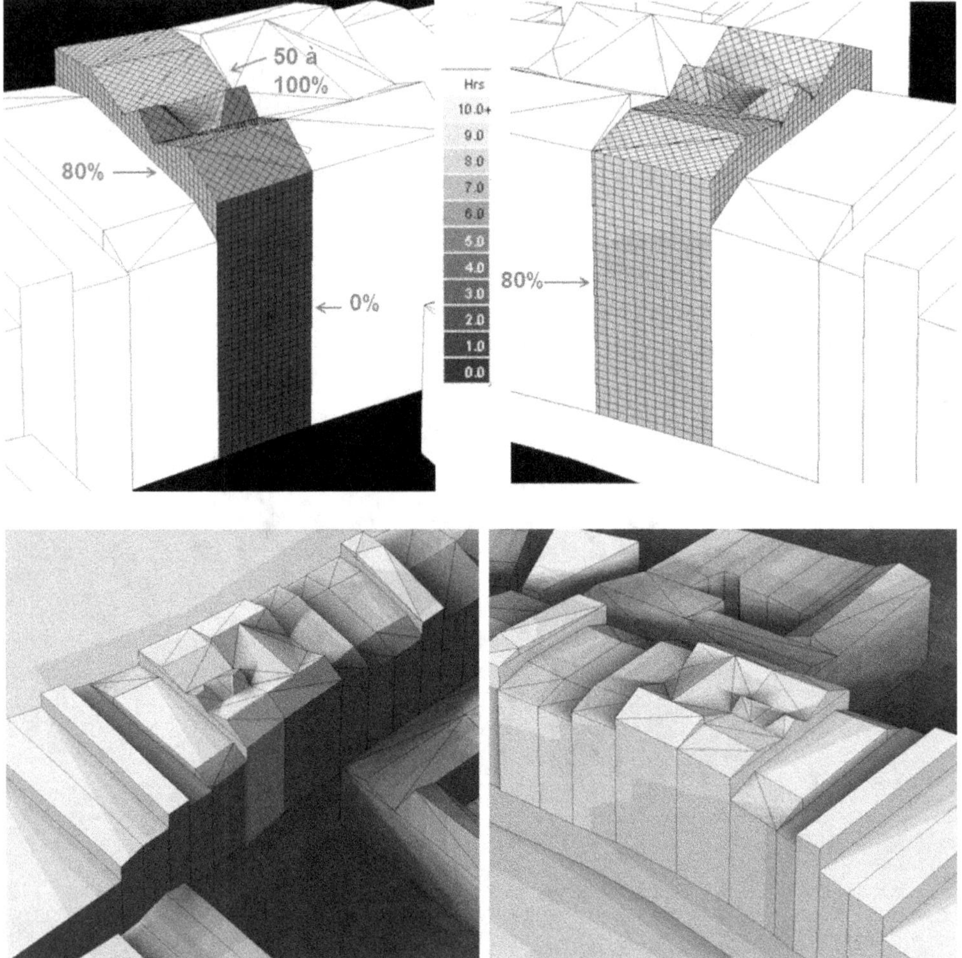

Figure 16.12 Ensoleillement des façades et ombres portées en période hivernale.

Ces études ont notamment pu confirmer le fait que les façades devraient recevoir un traitement différent du fait de leur exposition respective. En effet, en période hivernale, quel que soit le niveau étudié, la façade Nord n'est jamais exposée alors que la façade Sud l'est à 80 % (encore une fois quel que soit le niveau). Ainsi, il est possible de mettre en œuvre une stratégie à l'échelle de la façade sans avoir besoin de différencier notre approche à l'échelle du niveau.

Sur la partie thermique des espaces

À partir de la création d'un modèle thermique, une première série de calculs en STD ont permis de mettre en avant les différents postes intéressants à développer dans notre stratégie de rénovation énergétique. Ces postes sont illustrés par les figures suivantes :

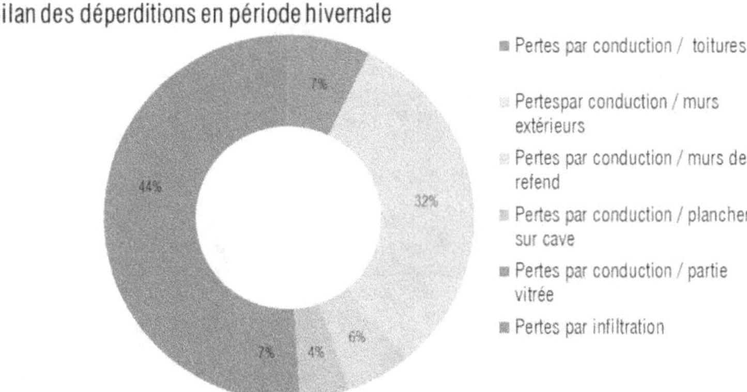

Figure 16.13 Bilan des déperditions en période hivernale.

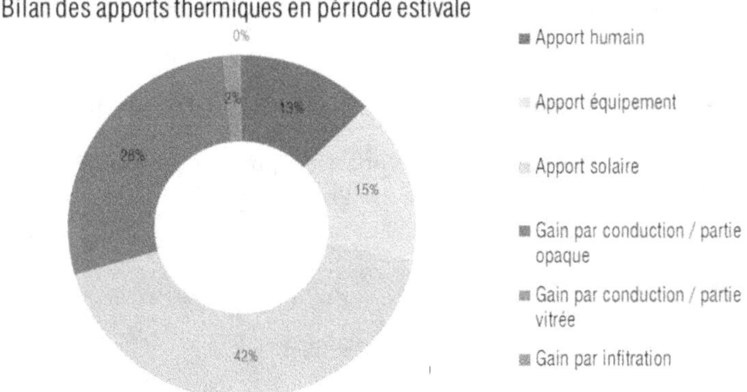

Figure 16.14 Bilan des apports en période estivale.

En conclusion de cette première phase de diagnostic de l'existant, les investigations sur site complétées par la simulation thermique dynamique de l'état existant ont permis d'identifier et de hiérarchiser les enjeux et problématiques du projet, à savoir :

— les infiltrations d'air, qui représentent plus de 40 % des déperditions ;

— l'isolation des murs extérieurs, où s'opèrent plus de 30 % des déperditions ;

— des niveaux d'apport solaire importants, qui expliquent en grande partie les surchauffes d'été et l'inconfort thermique ;

— une cage d'escalier qui constitue un point froid sur la thermique d'hiver ;

— des déperditions localisées qui, bien que non majoritaires, semblent simples à traiter (plancher de la cave, murs de refend, etc.) et susceptibles de faire faire des économies certaines pour un budget limité.

Au final, nous avons pu estimer les besoins de chauffage de chaque zone, représentés par le graphique suivant :

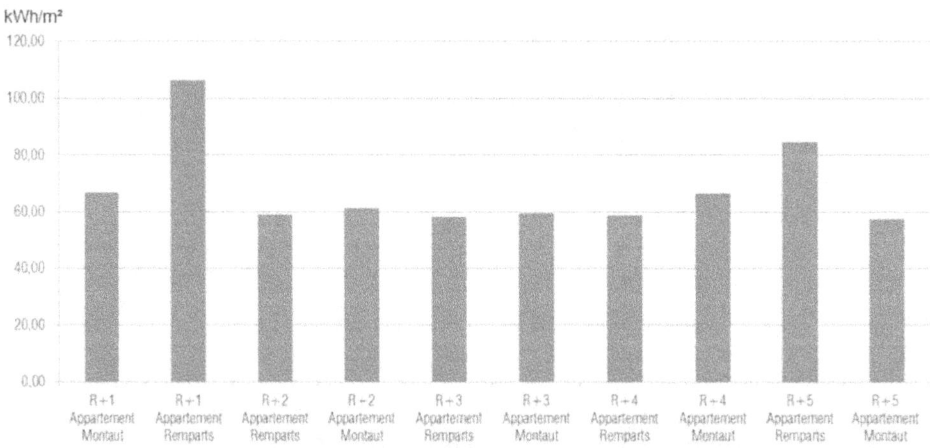

Figure 16.15 Besoins thermiques par appartements (résultats exprimés en kWh/m²).

Ce qui revient, à l'échelle du bâtiment, à un besoin de 62,11 kWh/m².

16.2.4 Première phase d'étude : étude des opportunités du projet

À partir du modèle existant, cette deuxième phase du projet a pour objectif d'étudier différents bouquets de travaux pour identifier le meilleur compromis entre performance énergétique, confort et analyse en coût global. Les solutions techniques étudiées sont listées ci-dessous :

- Amélioration de la toiture :
    - 1- + 20 cm/+ 40 cm laine de verre au plafond
    - 2- Passage en double vitrage de la verrière
- Amélioration des murs :
    - 3- Isolation des murs extérieurs
    - 4- Isolation des refends intérieurs (murs en pans de bois)
    - 5- Isolation des murs de refend extérieurs au R+5
- Amélioration des menuiseries :
    - 6- Doubles vitrages (Uw de 1,8 W/m².K)
    - 7- Simple vitrage
    - 8- Double fenêtre Simple vitrage extérieur + Double vitrage intérieur
- Amélioration de la ventilation :
    - 9- VMC simple flux
    - 10- VMC double flux

L'évaluation de ces solutions techniques a été réalisée *via* la simulation thermique dynamique et des indicateurs de besoins de chauffage, de consommation énergétique et d'indice de confort. La figure suivante présente l'impact de chacune de ces solutions sur les besoins de chauffage :

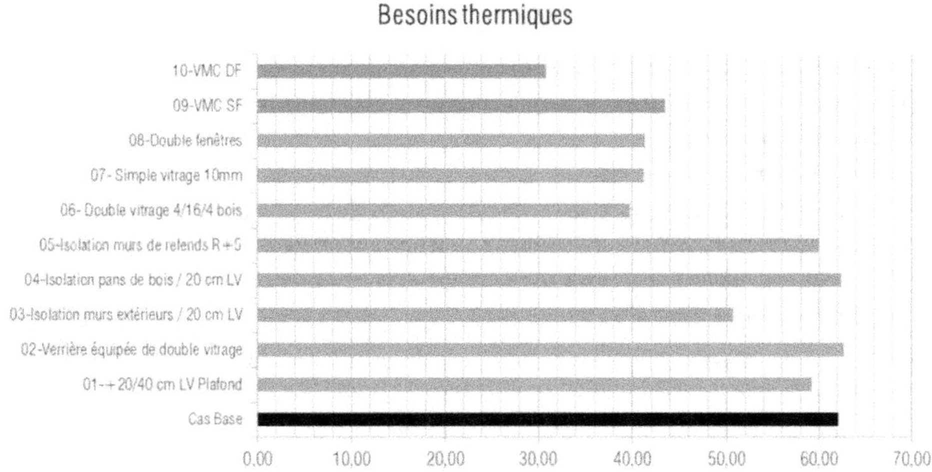

Figure 16.16 Simulations des besoins thermiques selon les optimisations préconisées
(résultats exprimés en kWh/m²).

Ensuite, ont été étudiés des bouquets de solutions, c'est-à-dire des combinaisons des dix solutions techniques indiquées précédemment. La figure suivante présente une partie de ces résultats en termes de besoin de chauffage. Ici, le cas de base (en jaune, à gauche) correspond au bâtiment avec des travaux d'isolation du plancher sur la cave, la mise en œuvre de menuiseries double vitrage sur les façades non soumises à des enjeux architecturaux. Les solutions présentées en rose, bleu et vert correspondent respectivement à des bouquets de travaux incluant les solutions en jaune avec une solution supplémentaire, deux solutions supplémentaires et trois.

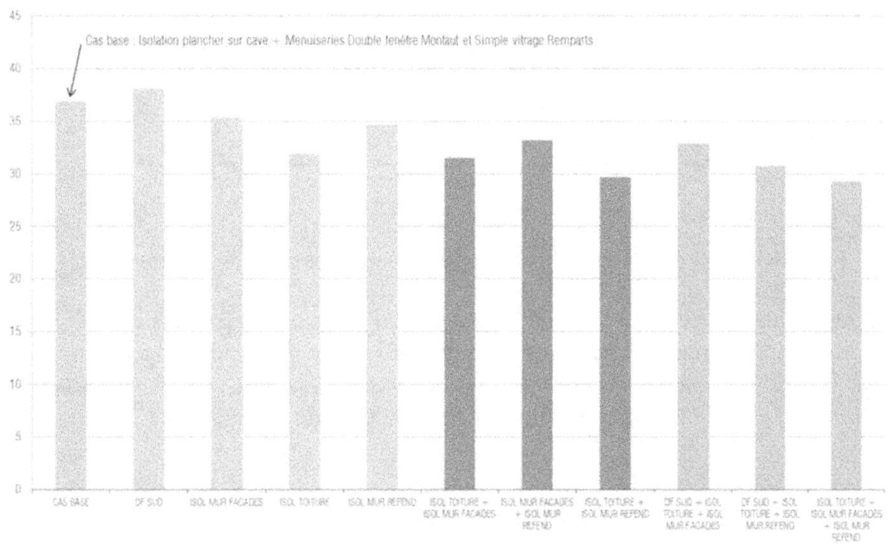

Figure 16.17 Simulations des besoins thermiques pour différents bouquets de travaux
(résultats exprimés en kWh/m²).

D'un point de vue technico-économique, il résulte de ces études que la solution optimale est représentée par la combinaison de travaux suivante :

- **isolation du plancher intermédiaire donnant sur la cave ;**
- **mise en œuvre de menuiseries double vitrage sur les murs le permettant ;**
- **isolation de la toiture ;**
- **isolation des murs de refend.**

Au niveau des choix des systèmes CVC, l'étude croisée entre les niveaux de consommation et l'analyse en coût global a permis d'identifier une solution optimale :

- **chaudière gaz individuelle pour le chauffage et la production d'ECS ;**
- **ventilation simple flux.**

La figure suivante présente les évaluations des consommations énergétiques des postes réglementaires de différentes variantes, pour un bâtiment intégrant les solutions de rénovation du clos couvert décrit précédemment :

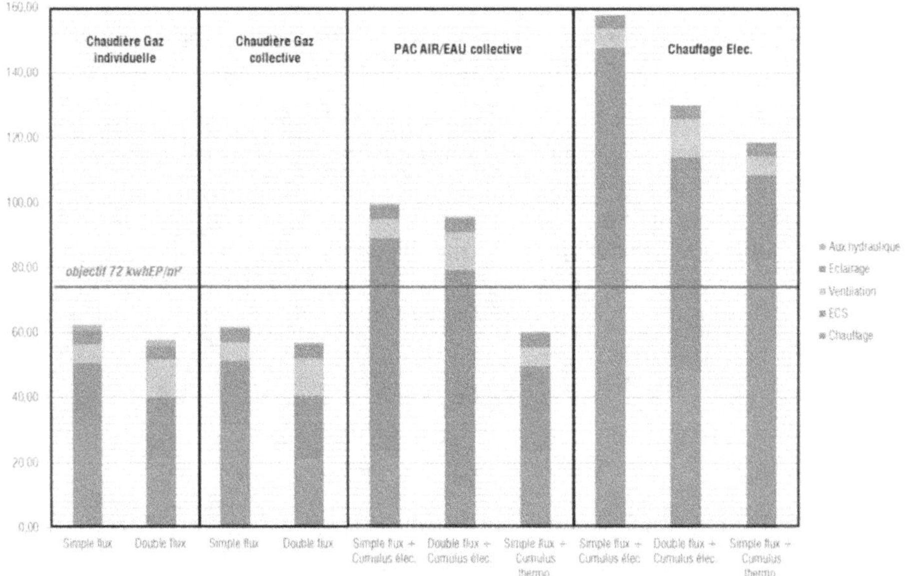

Figure 16.18 Résultats d'étude sur la consommation conventionnelle d'énergie primaire (Cep).

Enfin, une étude croisée entre confort thermique (taux d'inconfort par rapport à 26 °C) issu de la simulation thermique dynamique et confort visuel issu de calculs de facteur lumière de jour (FLJ) permet une lecture transversale des impacts liés à la mise en œuvre de chacune de ces solutions. Le tableau suivant présente les résultats de cette analyse :

	Besoins thermiques (kWh/m².an)	Inconfort R+ 2_Montaut (heures)	Inconfort R+ 2_Remparts (heures)	Inconfort R+ 5_Montaut (heures)	Inconfort R+ 5_Remparts (heures)	FLJ R+ 2_Montaut (%)	FLJ R+ 2_Remparts (%)	FLJ R+ 5_Montaut (%)	FLJ R+ 5_Remparts (%)
Cas Base	62,11	73	109	232	386	2,89	2,9	1,43	1,69
01-+ 20/40 cm LV Plafond	59,22	69	73	199	320	2,89	2,9	1,43	1,69
02-Verrière équipée de double vitrage	62,68	70	73	170	310	2,89	2,9	1,43	1,69
03-Isolation murs extérieurs / 20 cm LV	50,72	91	135	303	538	2,89	2,9	1,43	1,69
04-Isolation pans de bois / 20 cm LV	62,37	86	126	196	257	2,89	2,9	1,43	1,69
05-Isolation murs de refends R+ 5	59,95	73	109	331	592	2,89	2,9	1,43	1,69
06- Double vitrage 4/16/4 bois	39,70	25	225	396	511	2,65	2,68	1,33	1,22
07- Simple vitrage	41,19	72	236	408	722	2,89	2,9	1,43	1,69
08-Double fenêtres	41,30	70	229	401	613	2,1	2,2	1,09	0,95
09-VMC SF	43,49	122	236	408	719	2,89	2,9	1,43	1,69
10-VMC DF	30,87	122	236	408	719	2,89	2,9	1,43	1,69

Figure 16.19 Analyse croisée des différents impacts énergétiques et sur le confort intérieur.

Suite à cette série d'études thermiques et visuelles, et à un échange avec la maîtrise d'ouvrage, il a été convenu que la configuration d'enveloppe définie dans la figure suivante servirait de base pour la dernière phase d'étude.

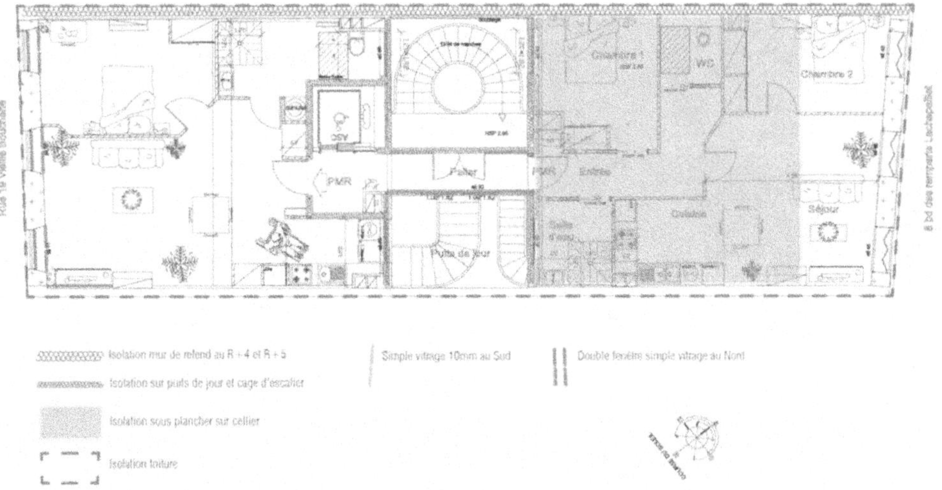

Figure 16.20 Schéma du principe d'optimisation d'enveloppe.

16.2.5 Deuxième phase d'étude : analyse de la solution retenue

Cette dernière phase d'étude avait pour but la formalisation de certains points restant en suspens, à savoir :

- la qualité des vitrages donnant sur la cage d'escalier au regard de l'apport de lumière naturelle ;
- la nature du vitrage du puits de jour ;
- le traitement des murs extérieurs qui ne pouvaient pas être isolés par l'extérieur.

16.2.5.1   Qualité des vitrages donnant sur la cage d'escalier et du puits de jour

Compte tenu de l'aménagement des espaces intérieurs de ce bâtiment et, notamment, de la présence d'un puits de jour dans la zone de distribution centrale et la présence de menuiseries intérieures entre cette zone de distribution et les appartements, une analyse croisée entre besoins de chauffage et FLJ a été entreprise pour déterminer la nature du vitrage à mettre en œuvre au niveau des appartements.

Les deux solutions testées ont été des doubles fenêtres (ajouter un simple vitrage à celui existant) et le maintien des menuiseries existantes.

Les graphiques suivants représentent pour quatre appartements : l'influence des différents types de vitrages (DF = Double Fenêtre, et SV = Simple Vitrage existant) sur l'indice FLJ, ainsi que sur les besoins thermiques annuels de chauffage.

D'après ces études, il a été possible de confirmer l'intérêt thermique de la double fenêtre, avant tout pour les logements au nord, sans que le confort lumineux n'en soit significativement réduit. Par ailleurs, cette solution apporte également un effet acoustique qu'il ne nous a pas été permis de mettre en évidence lors de ces études.

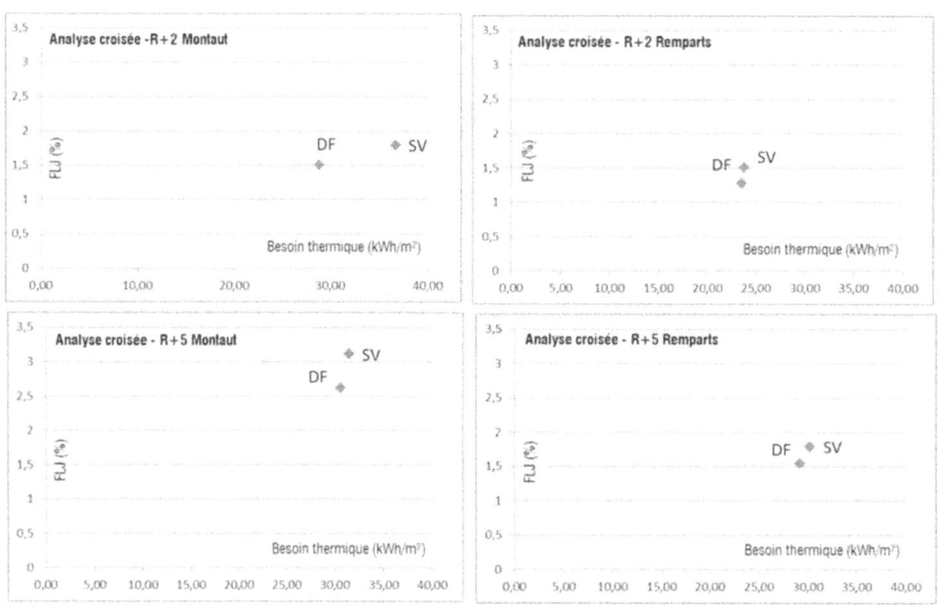

Figure 16.21 Analyse croisée des résultats de besoins thermiques et de confort lumineux.

16.2.5.2 Qualité des vitrages en toiture

Le projet possède également deux grandes verrières en toiture munies dans l'existant de fenêtres type simple vitrage (figures suivantes).

Figure 16.22 Vitrage sur puits de jour (à gauche), vitrage sur cage d'escalier (à droite).

Étant donné la surface considérée, le traitement de cette verrière pouvait constituer un enjeu énergétique et économique. Il a été proposé de travailler la question au regard des besoins thermiques, mais également de l'inconfort généré dans les espaces de logements juxtaposés.

Étude des besoins thermiques

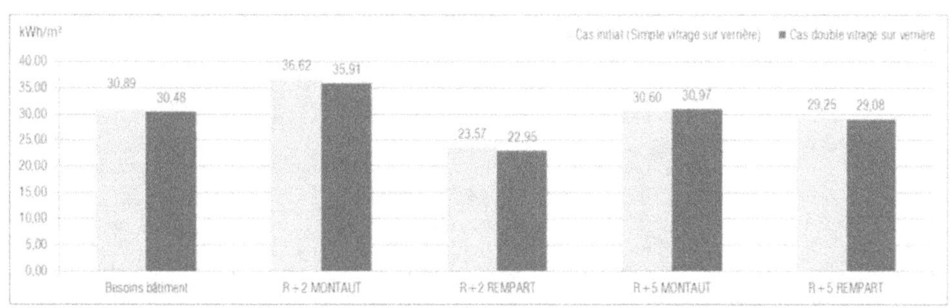

Figure 16.23 Besoins thermiques des différentes zones du projet avec et sans double vitrage en verrière.

Le graphique ci-dessus représente, pour quatre appartements, les besoins annuels de chauffage selon deux types de vitrages au niveau de la verrière de la cage d'escalier et du puits de jour. Ainsi, à l'échelle de l'édifice, le passage en double vitrage de la verrière ne représente qu'un gain de 1 %, ce qui est négligeable au regard de l'investissement nécessaire.

Ces résultats s'expliquent par le fait que :

* la zone de distribution centrale du bâtiment n'est pas chauffée ;
* les murs intérieurs séparant les logements de la zone de distribution centrale sont isolés ;
* le passage à du double vitrage sur la verrière permet de diminuer les déperditions thermiques, mais diminue aussi les apports solaires.

Étude sur le confort thermique

La simulation thermique dynamique a également permis d'évaluer l'évolution de la température dans les logements selon l'un ou l'autre de ces scénarios :

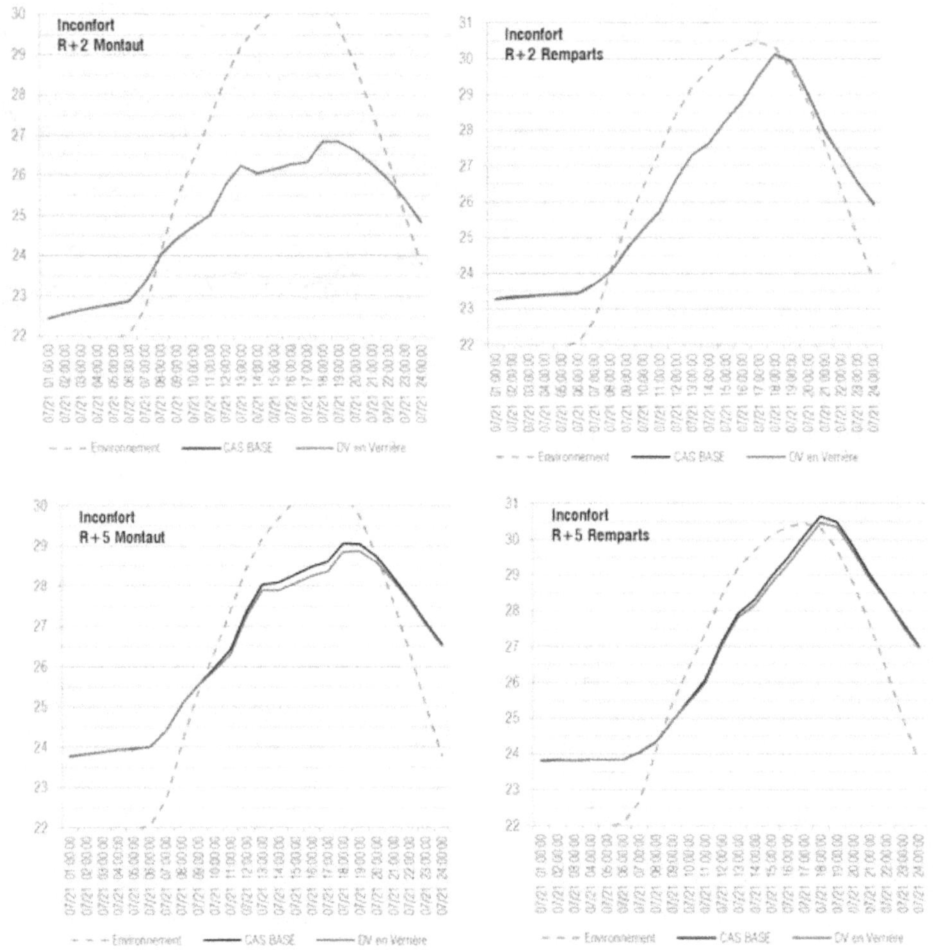

Figure 16.24 Évolution de la température intérieure des logements pour le 21 juillet.

Les graphes ci-dessus représentent l'évolution des températures à l'intérieur des appartements pour deux types de vitrages au niveau des verrières :

- en noir, cas de base (simple vitrage) ;
- en rouge, le cas avec le double vitrage en verrière.

Les résultats montrent que la différence entre les deux solutions est faible, et confortent les résultats précédents. Au final, la mise en œuvre du double vitrage en toiture a donc été abandonnée.

16.2.5.3 Amélioration de la performance des murs extérieurs en pierre naturelle

Comme énoncé précédemment, les murs extérieurs, constitués de pierres naturelles, ne pouvaient ni recevoir d'isolation thermique par l'extérieur pour des raisons de préservation du patrimoine, ni recevoir d'isolation thermique par l'intérieur pour des raisons plus variées :

1. suppression de surface habitable dans des locaux d'ores et déjà réduits ;
2. création de conditions de transferts d'humidité pouvant nuire fortement à l'édifice et au confort des personnes. En effet, la mise en œuvre d'un isolant intérieur (et surtout la mise en œuvre d'un pare-vapeur qui l'accompagne) peut perturber le transfert d'humidité naturelle dans ce genre de système constructif et aboutir à des désordres structurels, mécaniques et sanitaires.

Ainsi, l'isolation des murs en pierre est un élément qu'il faut étudier très spécifiquement, car les conséquences peuvent dépasser très largement le cadre thermique.

De ce fait, il a été proposé la mise en œuvre d'un enduit intérieur au niveau des murs de façade, de type chaux-chanvre, sur une épaisseur de 4 cm, présentant une conductivité thermique de 0,2 W/(m.K), afin de réduire les pertes thermiques sans perturber le transfert d'humidité. Les simulations réalisées ont permis, en effet, de confirmer un gain de près de **15 %** **sur les besoins de chauffage** à l'échelle de l'édifice sans que le budget de l'opération et la surface habitable en soient significativement impactés.

16.2.5.4 Performances énergétiques de la solution finale

Ainsi, *via* des optimisations successives et un dialogue constant avec la maîtrise d'ouvrage, le projet voit sa consommation sur les postes réglementaires atteindre la valeur de **57,4 kWhep/ (m².an)**, soit **14,6 kWhep/(m².an) de moins que l'objectif BBC rénovation fixé initialement** (cf. figure ci-après). Les solutions de rénovation proposées sur le clos couvert et sur les systèmes CVC permettent d'engendrer une amélioration de près de 73 % par rapport à l'état initial.

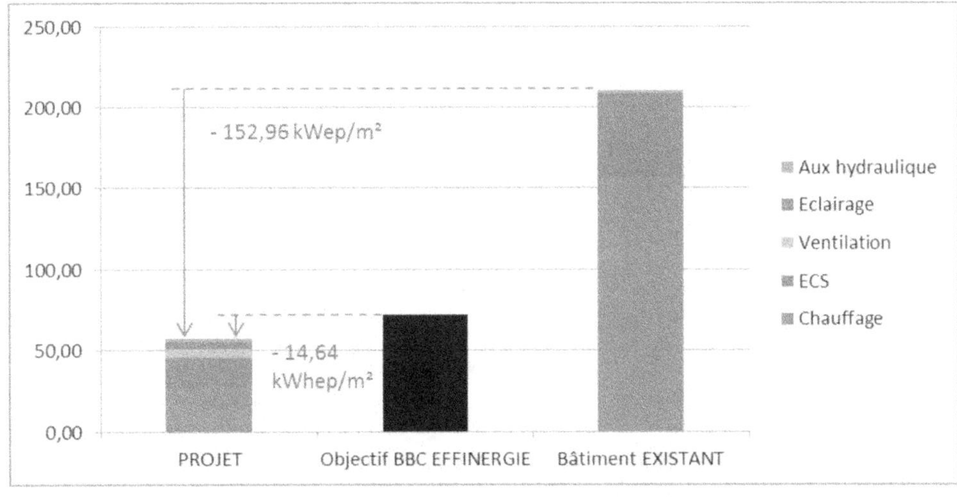

Figure 16.25 Résultat Cep de la solution finale.

Remerciements

Les auteurs souhaitent remercier le PACT HD Pays basque pour son soutien et son implication dans le cadre de ce projet.

CHAPITRE 17

Nouvelles utilisations de la simulation

17.1 Bâtiment industriel et tertiaire
(P. Salagnac, R. Lapisa, M. Abadie & E. Bozonnet)

Dans cet exemple, nous présentons la modélisation thermoaéraulique d'un bâtiment neuf à vocation industrielle et tertiaire. L'objectif de cette étude est d'évaluer les déperditions thermiques du bâtiment ainsi que son potentiel de rafraîchissement afin de réduire l'inconfort thermique d'été, notamment par ventilation nocturne (mécanique et naturelle).

17.1.1 Description du bâtiment

Ce bâtiment, situé à Poitiers (France), est l'agence commerciale de la société Soprema. La particularité de ce bâtiment est qu'il est composé d'un entrepôt présentant un grand volume et une faible hauteur, situé au nord, et de bureaux situés au sud (figure 17.1).

Figure 17.1 Vue d'ensemble 3D du bâtiment. (Crédit photos : SOPREMA)

La zone de bureaux représente 776,4 m² de surface et s'étale sur deux niveaux (hauteur de plafond : 3 m). L'entrepôt, non cloisonné, d'une hauteur de 5 m, occupe une surface de 637,2 m².

L'agencement du bâtiment est présenté sur la figure 17.2. On remarquera que les zones de bureaux sur les deux niveaux (plus forte présence des occupants) sont orientées au sud pour bénéficier des apports solaires gratuits. Les locaux secondaires (vestiaires femmes et hommes, archives, magasin et local d'assistance) sont, quant à eux, positionnés au milieu du bâtiment. Le RdC et l'étage sont connectés par un espace de circulation et un escalier (zone n° 6). La salle de réunion et la salle de repos sont situées à l'étage, et comportent un taux important de surface vitrée.

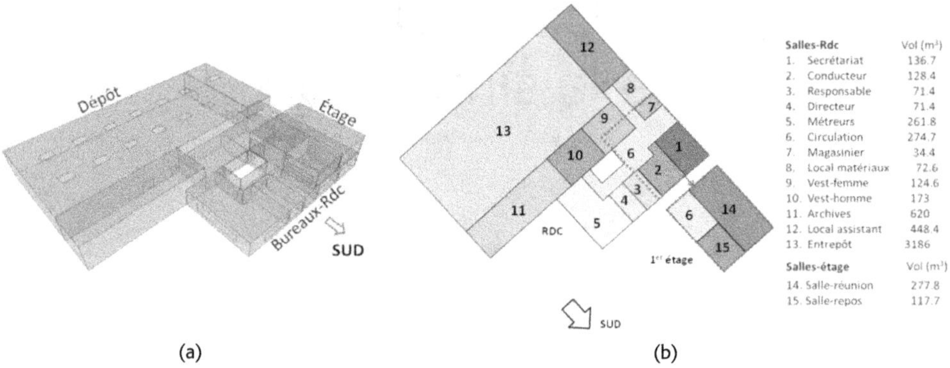

Figure 17.2 Géométrie du bâtiment : a. vue 3D du bâtiment, b. définition des zones thermiques.

Les dimensions de chaque pièce sont présentées dans le tableau 17.1.

Tableau 17.1 Caractéristiques géométriques des pièces.

Zones	S m²	H m	S$_{VIT}$ m²		Zones	S$_{HAB}$ m²	H m	S$_{VIT}$ m²
Secrétariat	45,58	3	28,43		Vestiaire-Femmes	41,54	3	10,40
Bur. conducteur	42,80	3	13,83		Vestiaire-Hommes	57,66	3	--
Bur. responsable	23,80	3	14,79		Local archives	124	5	--
Bur. directeur	23,80	3	14,79		Local assistance	89,68	5	3,12
Bur. métreurs	87,26	3	17,31		Entrepôt	637,2	5	5,27
Circulation	91,58	3	31,71		Salle de réunion	79,38	3,5	22,08
Magasin	11,48	3	11,76		Salle de repos	33,63	3,5	50,93
Local matériaux	24,19	3	5,58					
S : surface du plancher (m²) ; H : hauteur du local (m) ; S$_{VIT}$: surface des fenêtres (m²).								

Le bâtiment a été construit à partir d'une ossature métallique fortement isolée. L'isolation thermique est constituée de laine minérale de 150 mm pour le dépôt, de 250 mm pour les bureaux et de 230 mm en toiture. L'inertie thermique du bâtiment est liée principalement au dallage et aux planchers. Le plancher entre le rez-de-chaussée et l'étage se compose de 13 mm de plâtre, d'une dalle béton de 120 mm et de 12 mm de carrelage. Le plancher bas est en béton d'épaisseur 160 mm posé sur un sol argileux. Les portes intérieures sont en bois lourd d'épaisseur 40 mm. Le mobilier et les fournitures, qui sont constitués de matériaux en bois, métal, plastique et papier, représentent environ 5 % du volume total des bureaux. Dans l'entrepôt, les marchandises occupent environ 30 % du volume. La toiture-terrasse de l'entrepôt comprend douze lanterneaux d'une surface totale de 33,6 m² pouvant être utilisés pour la ventilation naturelle des locaux (soit 5,3 % de la surface de toiture). Deux lanterneaux d'une surface de 1 m² chacun sont présents en toiture de la salle de réunion. Le détail des matériaux constituant les parois est donné dans le tableau 17.2.

Tableau 17.2 Constitution des parois extérieures et propriétés des matériaux.

Paroi	Matériau	Épaisseur (mm)	Conductivité thermique (W.m^{-1}.K^{-1})	Masse volumique (kg.m^{-3})	Chaleur massique (J.kg^{-1}.K^{-1})
Bardage extérieur bureaux	Acier	2	50	7 800	419
	Laine de roche	250	0,035	50	920
	Plâtre	13	0,25	825	801
Paroi dépôt/bureaux	Acier	2	50	7 800	419
	Laine de roche	140	0,035	50	920
	Acier	2	50	7 800	419
Bardage extérieur dépôt	Acier	2	50	7 800	419
	Laine de roche	150	0,035	50	920
	Acier	2	50	7 800	419
Cloison de bureau	Plâtre	13	0,25	825	801
	Lame d'air	7			
	Plâtre	13	0,25	825	801
Toiture bureaux	Laine de roche	230	0,041	55	920
	Acier	2	50	7 800	419
Plancher intermédiaire bureaux	Carrelage	12	1,7	2 300	700
	Béton	120	2	2 450	920
	Plâtre	13	0,25	825	801
Plancher RdC	Béton	160	2	2 450	920

Les façades extérieures des parois ont des coefficients de réflectivité solaire (albédo) différents. Les toitures sont revêtues d'une couche d'étanchéité à l'eau de couleur sombre avec un albédo de 0,3. Les parois sud des salles au RdC de la zone bureautique sont de couleur brune avec un albédo de 0,5. Les parois sud de l'étage sont blanches (albédo de 0,7). Les autres parois (archives, entrepôt, magasin et local assistance) sont de couleur sombre comme la toiture avec un albédo de 0,3.

Les coefficients des ponts thermiques des liaisons verticales des parois extérieures et des liaisons des portes principales sont respectivement de 0,06 et 0,05 W.m^{-1}.K^{-1}. Les ponts thermiques (liaison mur-sol) sont modélisés selon la RT 2012 ($\Psi_1 = 18$ W.m^{-1}.K^{-1}).

Le niveau de perméabilité à l'air de ce bâtiment a été évalué par des tests de contrôle d'étanchéité à l'aide du dispositif de la porte soufflante lors de la phase chantier. Les résultats d'essai ont confirmé la faible perméabilité à l'air du bâtiment, avec une valeur de 0,18 m^3.m^{-2}.h^{-1} sous une différence de pression de 4 Pa.

17.1.2   Scénarios et systèmes de conditionnement

L'ensemble «bureaux» est chauffé par le biais de convecteurs électriques entre 17 et 20 °C (tableau 17.3). Aucun système de climatisation n'est installé. La ventilation mécanique contrôlée (VMC) est de type double flux avec récupération de chaleur (efficacité d'échangeur égale à 0,8) et est active pendant la période hivernale. L'air neuf est injecté dans les locaux principaux par les diffuseurs sur les parois et extrait par les extracteurs qui ont été placés dans les toilettes au RdC et dans la salle de réunion à l'étage. La ventilation est déclenchée une heure avant l'arrivée des occupants afin d'améliorer la qualité d'air en début de journée (tableau 17.4). La période d'occupation est de 8 h à 18 h tous les jours sauf les samedis et dimanches. Le nombre d'occupants est précisé dans le tableau 17.3. L'éclairage artificiel est contrôlé en fonction de l'éclairage naturel afin de respecter les consignes d'éclairement pour chaque local (100 lux pour les couloirs et 500 lux pour les bureaux [1]).

Le dépôt est maintenu à 12 °C en journée et mis hors gel à 5 °C le soir pour la période hivernale avec comme moyen de chauffage deux aérothermes électriques. Le renouvellement d'air est assuré par une VMC à simple flux (0,5 vol.h^{-1}, soit 1 918 kg.h^{-1}).

Tableau 17.3 Températures de consigne de chauffage et gains thermiques internes.

Zone	Occ	PC	Ecl	T_H		Zone	Occ	PC	Ecl	T_H
Bur. secrétariat	1	1	10	21 / 18		Vestiaire-Femmes			5	20 / 17
Bur. conducteur	1	1	10	21 / 18		Vestiaire-Hommes			5	20 / 17
Bur. responsable	1	1	10	20 / 18		Local archives			-	12 / 12
Bur. directeur	1	1	10	21 / 17		Local assistance	3		10	19 / 15
Bur. métreurs	2	2	10	21 / 19		Entrepôt	5		5	12 / 5
Circulation			10	20 / 18		Salle de réunion			10	19 / 17
Magasin	1	1	10	19 / 17		Salle de repos			10	20 / 17
Local matériaux				18 / 16						

Occ : nombre d'occupants ; PC : nombre de PC (140 W/unité) ; Ecl : densité d'éclairage W.m^{-2} ; T_H : température de consigne de chauffage lors des périodes d'occupation/inoccupation (°C).

Tableau 17.4 Débits de VMC dans la zone bureaux.

Local	Débit entrée (kg.h^{-1})		Local	Débit sortie (kg.h^{-1})
Bur. secrétariat	60		Vestiaire-femmes	160
Bur. conducteur	60		Vestiaire-hommes	260
Bur. responsable	30		Bur. métreurs	80
Bur. directeur	30		Magasin	30
Bur. métreurs	120		Salle de réunion	220
Magasin	30			
Local assistance	30			
Salle de réunion	120			
Salle de repos	120			
Total	600			750

17.1.3   Zonage thermique

Une étape importante a été de définir les zones thermiques nécessaires à la STD. Dans un premier temps, le bâtiment a été saisi avec le logiciel de dessin 3D SketchUp, dans lequel ont été définies les différentes zones thermiques. Nous avons décidé de découper le bâtiment en quinze zones thermiques en fonction des usages (scénarios, orientation…). La géométrie et le zonage ont ensuite été importés dans le logiciel TRNSYS. La figure 17.2 présente ce découpage.

L'ensemble des zones thermiques est traité par approche multizone, à l'exception de l'entrepôt pour lequel deux approches sont adoptées : l'approche multizone (une zone pour une température) et l'approche zonale, pour laquelle le volume d'air intérieur a été subdivisé verticalement en une dizaine de sous-volumes afin de pouvoir représenter la stratification thermique [2].

17.1.4   Modèle numérique

17.1.4.1   Couplage thermoaéraulique

Afin de prendre en compte les échanges aérauliques liés à l'environnement et au tirage thermique au sein du bâtiment, le modèle du bâtiment a été construit en couplant deux logiciels : TRNSYS pour évaluer les transferts thermiques et CONTAM pour déterminer les débits de ventilation entre pièces et avec l'environnement extérieur. Dans ce but, les types 56 (modèle de thermique du bâtiment) et 97 (modèle aéraulique) de TRNSYS ont été utilisés. Le type 56 calcule la température de l'air intérieur à partir de la connaissance des caractéristiques thermiques du bâtiment, des charges et des débits de ventilation et d'infiltration ; le type 97 évalue, quant à lui, les débits d'air entre les zones intérieures et l'extérieur à partir des sollicitations extérieures et de la connaissance des températures intérieures grâce au logiciel CONTAM. Les débits des infiltrations et de la ventilation naturelle sont induits par l'effet du vent et du tirage thermique. Les coefficients de pression du vent sur l'enveloppe sont déterminés pour chaque paroi en fonction de l'angle d'incidence du vent sur celle-ci selon le modèle proposé par [3] ainsi que de la vitesse de vent météorologique qui est corrigée en fonction de la hauteur des parois.

Le couplage thermoaéraulique s'effectue par un procédé itératif entre les deux modèles pour chaque pas de temps jusqu'à convergence. La figure 17.3 présente le processus de résolution.

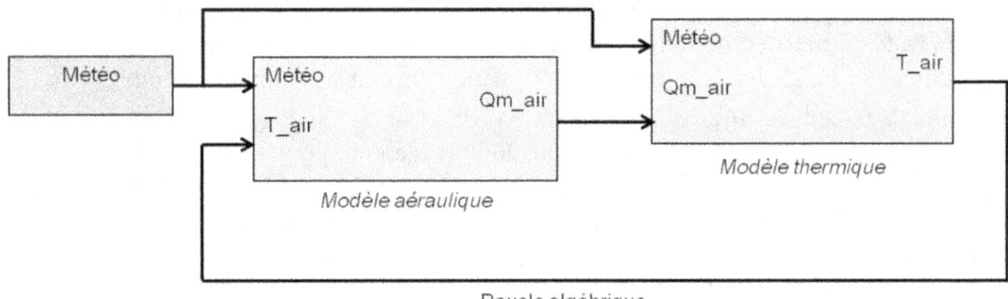

Figure 17.3 Principe du couplage thermoaéraulique.

17.1.4.2 Modèle de sol

La modélisation des transferts thermiques à travers le sol est effectuée à l'aide d'un modèle de différences finies tridimensionnel [4]. Afin de s'affranchir des effets de bord liés aux conditions aux limites, un volume suffisamment grand a été utilisé pour le modèle de sol (figure 17.4).

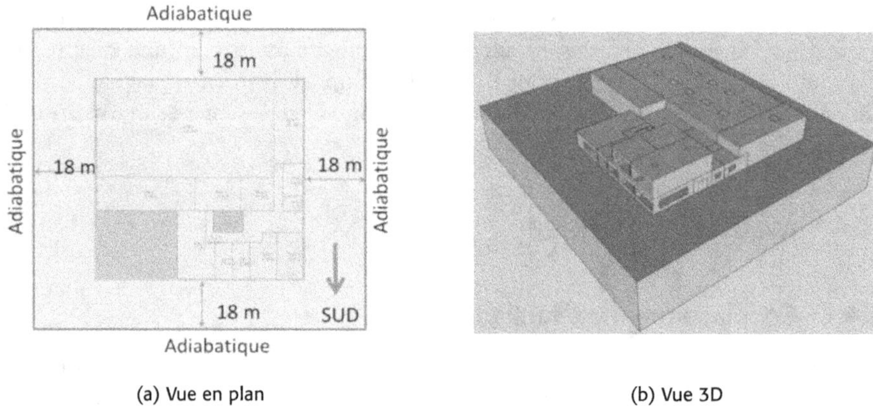

(a) Vue en plan

(b) Vue 3D

Figure 17.4 Modèle de sol.

17.1.5 Validation du modèle

Une analyse comparative a été réalisée afin d'évaluer la cohérence des résultats numériques par rapport aux mesures sur site. À titre d'exemple, la figure 17.5-a présente l'évolution de la température de l'air du secrétariat. On constate une bonne concordance générale entre la mesure et la simulation tant sur la variation moyenne que sur les fluctuations journalières. Cette similarité des résultats est également observée pour les autres zones dans l'ensemble « bureaux ». En ce qui concerne le grand volume qu'est l'entrepôt, il existe bien une stratification thermique de près de 1 °C entre les deux points de mesure (figure 17.5-b). Contrairement au modèle monozone, on remarque que le modèle zonal permet de modéliser cette stratification et d'obtenir des valeurs proches des températures mesurées. On remarque, par ailleurs, que la température dans la zone d'occupation (de hauteur inférieure à 1,8 m) est plus froide que la température moyenne du dépôt obtenue par l'approche monozone. Ce résultat met en évidence une des limitations de l'approche monozone pour la simulation thermique des volumes de grande hauteur, qui tend systématiquement à surestimer l'inconfort d'été.

Au cours de la période hivernale (01/01-04/04) de 2012, le chauffage et l'éclairage constituent la plus grande partie de la consommation énergétique pour ce type de bâtiment et représentent environ 73,1 % et 10,5 % de la consommation totale (respectivement égaux à 15 233 et 2 177 kWh). Les besoins de chauffage (14 575 kWh) et la dépense électrique d'éclairage (2 260 kWh) sont bien représentés par la simulation numérique avec une déviation sur le chauffage de 4,3 % et de 3,8 % pour l'éclairage artificiel.

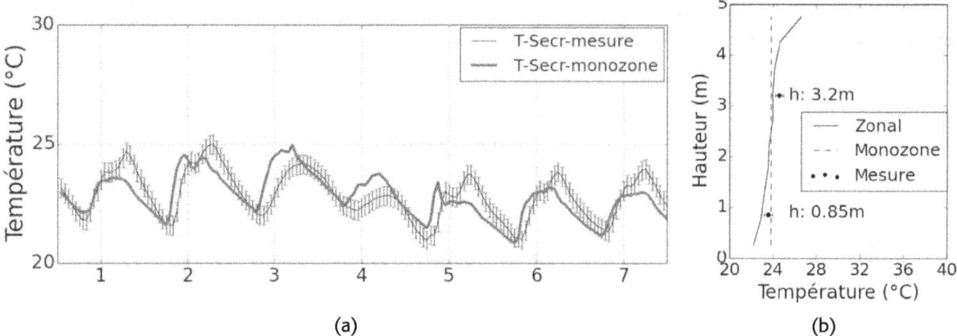

(a)   (b)

Figure 17.5 a. Température d'air du secrétariat (1re semaine de juin).
b. Profil vertical de la température maximale d'air dans l'entrepôt (mois d'août).

17.1.6 Quelques résultats obtenus

17.1.6.1 Fonctionnement de la ventilation nocturne

À titre d'exemple, le scénario d'ouverture des lanterneaux pour le rafraîchissement nocturne est illustré en figure 17.6. En effet, la ventilation naturelle n'est utilisée que la nuit en fonction des besoins de rafraîchissement. On remarque que les lanterneaux de l'entrepôt ne sont ouverts que pendant une courte période (du 10/08 au 21/08) alors que ceux de la salle de réunion fonctionnent du 01/06 au 10/09. Cela traduit le fait que la température dans l'entrepôt reste peu élevée en comparaison de celle de la salle de réunion, qui est une zone exposée au sud et qui comporte une surface vitrée importante (22,1 %).

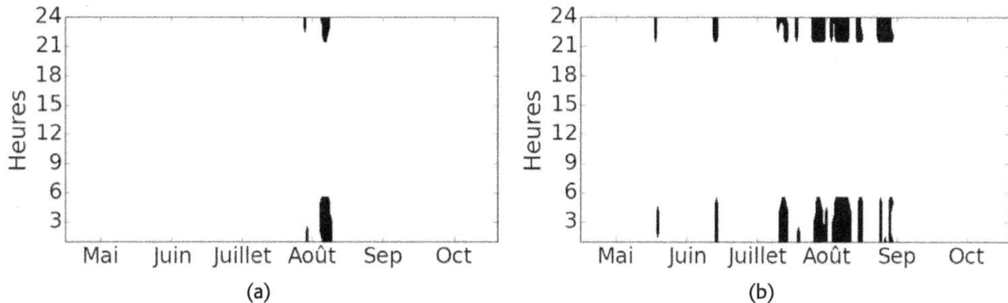

(a)   (b)

Figure 17.6 Période d'ouverture des lanterneaux : a. entrepôt, b. salle de réunion.

17.1.6.2 Efficacité de la ventilation nocturne

La figure 17.7 présente l'évolution de la température d'air intérieur de l'entrepôt et de la salle de réunion pour le bâtiment sans ventilation nocturne (« Réf »), avec ventilation nocturne par ouverture des lanterneaux (« VN-N ») et par ventilation mécanique (« VMC-N »). Pour ces deux locaux, on remarque que dans l'ensemble la VN-N est plus efficace que la VMC-N pour rafraîchir l'ambiance. Ainsi, la VN-N est capable de réduire la température moyenne de la salle de réunion de 23,6 à 23,1 °C (diminution de 0,5 °C) et de l'entrepôt de 23,5 °C à 23,1 °C (diminution de 0,4 °C) au cours de chaque période d'ouverture correspondante. La

VMC-N permet une réduction de la température de 0,4 °C pour la salle de réunion et de seulement 0,03 °C pour l'entrepôt.

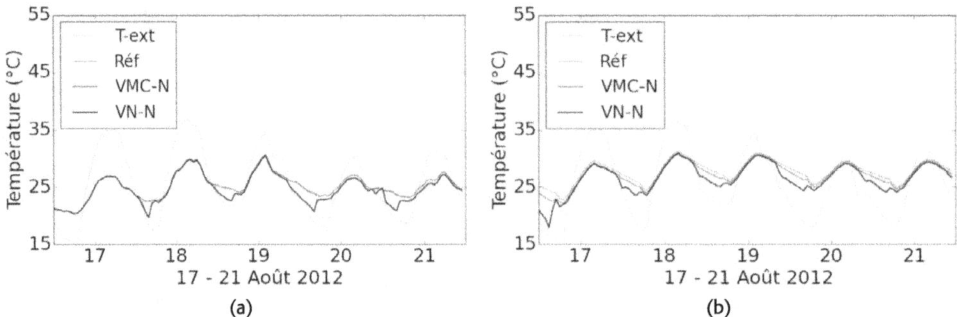

Figure 17.7 Évolution de la température d'air : a. salle de l'entrepôt, b. salle de réunion.

Comme toutes les zones du bâtiment sont aérauliquement couplées, les stratégies de ventilation nocturne ont également un impact sur l'ensemble du bâtiment. La figure 17.8 présente la diminution de la température d'air des zones de contrôle (salle de réunion et entrepôt), du secrétariat (zone aérauliquement proche de la salle de réunion) et du bureau des métreurs (zone isolée). On remarque une très forte corrélation du rafraîchissement du secrétariat avec celui de la salle de réunion dans le cas de la VN-N (figure 17.8-a). Cela s'explique par l'effet cheminée, qui tend à ventiler l'ensemble des bureaux localisés au premier étage sous la salle de réunion. De plus, il n'y a pas d'effet de l'ouverture des lanterneaux sur le rafraîchissement de la salle de réunion. Le rafraîchissement du bureau des métreurs est quasiment nul en VN-N. En ce qui concerne la VMC-N (figure 17.8-b), l'insufflation d'air frais se faisant dans chaque zone du bâtiment, on observe un rafraîchissement spatialement homogène. Les températures d'air du secrétariat et du bureau des métreurs présentent donc une variation similaire. La comparaison de ces deux graphes illustre bien la plus forte diminution de température pour la salle de réunion et l'entrepôt obtenue grâce à la VN-N.

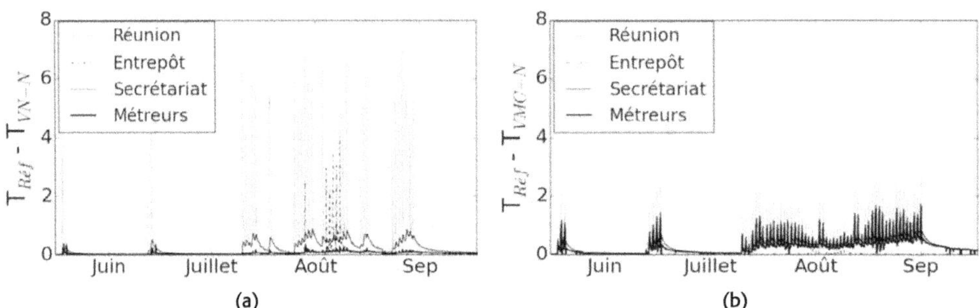

Figure 17.8 Réduction de la température d'air intérieur par rapport au bâtiment
sans ventilation nocturne : a. VN-N, b. VMC-N.

17.1.6.3 Impact de la ventilation nocturne sur le confort thermique

Le confort thermique d'été a été évalué dans la présente étude par le calcul des degrés-heures (DH) d'inconfort en prenant comme référence la température maximale de confort adaptatif. L'objectif est de comparer les effets des deux modes de ventilation nocturne sur le confort des occupants (donc durant la période d'occupation). La figure 17.9 présente les DH pour les différentes zones du bâtiment et pour le bâtiment sans et avec ventilation nocturne. Quatre zones souffrent particulièrement d'inconfort induit par des températures trop élevées : la salle de repos, la salle de réunion, le secrétariat et le bureau des métreurs. On constate que la VN-N est plus efficace pour améliorer le confort thermique dans le secrétariat et la salle de réunion alors que la VMC-N est meilleure pour les deux autres salles. Si on considère l'ensemble du bâtiment, l'impact de la VN-N sur la réduction des DH est identique à la VMC-N. Le total de DH diminue ainsi de 19 % avec la VN-N et de 20 % pour la VMC-N. À résultats identiques, le choix de la VMC-N est peut-être plus évident, car plus simple à gérer. Cependant, une consommation d'énergie supplémentaire pour les ventilateurs d'environ 1,78 kWh.m^{-2}.an^{-1}, soit 7,6 % de consommation annuelle de ventilation mécanique, sera à considérer également.

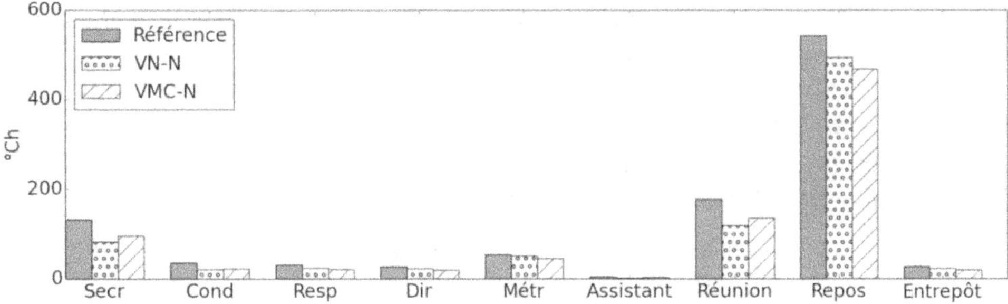

Figure 17.9 Degrés-heures d'inconfort.

17.1.7 Conclusion

La STD classiquement mise en œuvre en bureau d'études s'intéresse généralement à l'étude thermique de bâtiments pour lesquels les débits d'air entre zones thermiques et à travers l'enveloppe sont imposés par la présence d'un système de ventilation mécanique. La première particularité de la présente étude réside en la modélisation de la ventilation naturelle, qui nécessite le calcul couplé et simultané du bilan thermique de chaque zone pour évaluer leur température et le calcul des pressions pour calculer les transferts d'air entre zones. Ainsi, de nombreux phénomènes supplémentaires sont nécessaires à la définition complète du problème, parmi lesquels on citera :

- l'effet du vent, qui nécessite la connaissance de la vitesse et de la direction du vent ainsi que le calcul des coefficients de pression sur les parois du bâtiment ;
- le transfert massique lié au passage de l'air entre zones (perméabilité de l'enveloppe, coefficients de décharge des petites et grandes ouvertures telles que les entrées d'air, les portes, les fenêtres…) ;
- l'effet du tirage thermique, qui demande une description géométrique tridimensionnelle du bâtiment à la fois pour les approches monozones et zonales.

La conception d'enveloppes performantes de bâtiments pour le rafraîchissement passif nécessite ce type d'approche thermoaéraulique [5]. Par ailleurs, il est important, dans le cas de bâtiments de grand volume, de modéliser au minimum la stratification thermique en été afin de déterminer correctement la température d'air dans la zone d'occupation. En effet, la température d'air évaluée par un modèle monozone (contrairement au modèle zonal) est généralement plus élevée que celle obtenue dans la réalité, ce qui induit une évaluation erronée du confort thermique et, éventuellement, du pilotage d'un système de climatisation.

17.1.8 Références

[1]   CIBSE. *CIBSE Concise Handbook: The Chartered Institution of Building Services Engineers.* 2011.

[2]   R. Lapisa, M. Abadie, E. Bozonnet, P. Salagnac. «Numerical analysis of thermal stratification modelling effect on comfort for the case of a commercial low-rise building». *The 13th International Conference on Indoor Air Quality and Climate*, Hong-Kong, 2014.

[3]   M.V. Swami, S. Chandra. «Correlations for pressure distribution on buildings and calculation of natural-ventilation airflow». *ASHRAE transactions*, vol. 94, n°3112, 1988, 243-266.

[4]   R. Lapisa, E. Bozonnet, M. Abadie, P. Salagnac, R. Perrin. «Effect of ground thermal inertia on the energy balance of commercial low-rise buildings». *Building Simulation 2013*, Chambéry, France, 2013.

[5]   R. Lapisa, E. Bozonnet, M.O. Abadie, P. Salagnac. «Cool roof and ventilation efficiency as passive cooling strategies for commercial low-rise buildings-ground thermal inertia impact». *Advances in Building Energy Research*, 7, 192-208, 2013.

17.2 Vers la Garantie de performance énergétique
(B. Peuportier & T. Recht)

L'évaluation des incertitudes est essentielle dans un processus de garantie de performance énergétique (GPE): elle permet d'évaluer le risque de dépasser la consommation annoncée contractuellement. Cette approche a été expérimentée (expérimentation *ex post*) sur une opération de réhabilitation concernant un bâtiment de logements, en utilisant les méthodes développées dans le cadre du projet ANR Fiabilité[1].

17.2.1 Présentation du bâtiment étudié

17.2.1.1 Géométrie

Le bâtiment étudié est un immeuble R+3 construit en 1978. Il est situé à Feyzin, en banlieue sud de Lyon. La hauteur de chaque étage est de 2,50 m. Le nombre total des logements est de seize, répartis en quatre types (T1, T2, T3 et T4). Les données sur les logements présentées dans le tableau ci-dessous sont extraites du rapport (Enertech, 2011[2]).

---

1. http://www.agence-nationale-recherche.fr/projet-anr/?tx_lwmsuivibilan_pi2[CODE]=ANR-10-HABI-0004.

2. *Immeuble d'habitation rue Vignettes, Feyzin (69). Campagne de mesures des performances énergétiques avant/après rénovation. Résultats de la première année de mesures (avant rénovation).* Rapport final pour la Fondation Bâtiment Énergie, Enertech, septembre 2011.

Tableau 17.5 Type, nombre et surface des logements.

Type	Nombre	SHAB (m²)
T1	1	25
T2	3	57
T3	9	66
T4	3	86
Total	16	1 144

La saisie dans le modeleur graphique Alcyone s'effectue par plans (cf. la figure ci-dessous). L'absence de dimensions sur les plans fournis induit une incertitude, il existe des écarts entre les différents documents (surface utile = 1 100 m² dans le rapport d'étude thermique, SHAB = 1 048 m² dans le rapport de diagnostic).

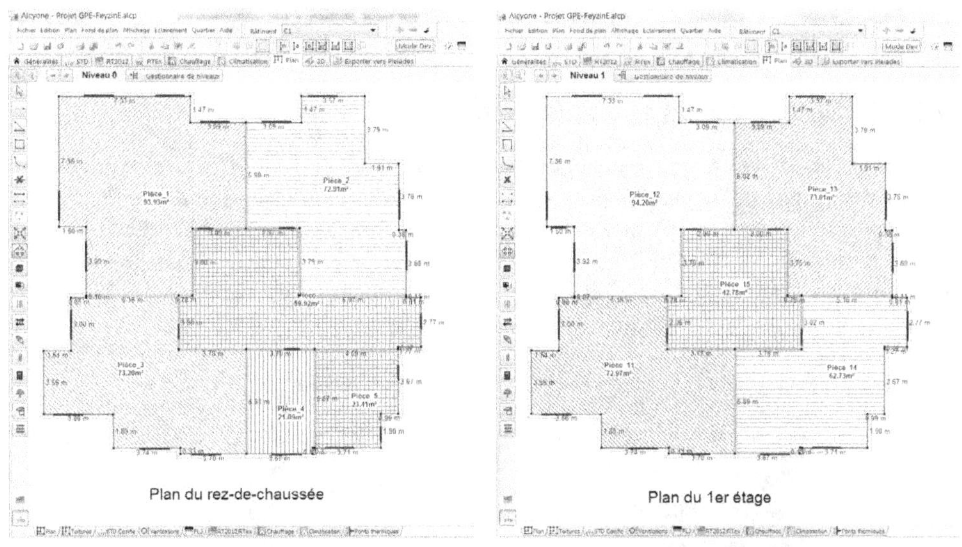

Plan du rez-de-chaussée

Plan du 1er étage

Figure 17.10 Saisie du bâtiment sur Alcyone.

Les pourcentages des vitrages par rapport à la surface de chaque façade sont présentés dans le tableau ci-dessous.

Tableau 17.6 Pourcentage de vitrages

Orientation Façade	Pourcentage de vitrage (%)
Verticale sud	25
Verticale est	14
Verticale nord	19
Verticale ouest	15

Le terrain est bien dégagé au sud (figure ci-dessous), aucun masque n'a donc été pris en compte pour la modélisation.

Figure 17.11 Vue du bâtiment depuis le ciel.

17.2.1.2   Décomposition en zones thermiques

Le bâtiment est modélisé en treize zones thermiques (figure ci-dessous), correspondant aux quatre orientations de logements pour le rez-de-chaussée, les étages courants et le dernier niveau, plus une zone non chauffée correspondant aux parties communes (escalier, paliers et local technique en rez-de-chaussée). Le vide sanitaire n'est pas modélisé comme une zone, mais considéré à la température extérieure, ce qui constitue une approximation et peut donner lieu à une analyse de sensibilité.

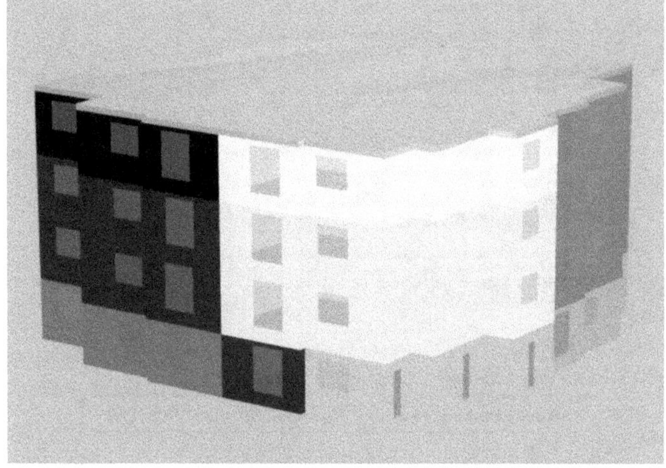

Figure 17.12 Vue du bâtiment E (Feyzin) façade sud et façade est.

17.2.2 Description de l'opération de réhabilitation

17.2.2.1 Travaux effectués sur le bâti

La majeure partie des parois en contact avec l'extérieur ou le vide sanitaire ont été isolées ou surisolées pendant les rénovations. Ainsi, les caractéristiques des murs extérieurs, de la toiture-terrasse et du plancher sur vide sanitaire ont été modifiées. Les nouvelles caractéristiques sont présentées dans le tableau ci-dessous, dans lequel les compositions sont indiquées de l'extérieur vers l'intérieur.

Tableau 17.7 Caractéristiques des parois après travaux.

	Composition	Épaisseur (cm)	Conductivité thermique $(W.m^{-1}.K^{-1})$	Densité $(kg.m^{-3})$	Chaleur spécifique $(Wh.kg^{-1}.K^{-1})$
Façades	Plaques polystyrène	10	0,038	50	0,403
	Béton lourd	15	1,750	2 300	0,256
	Polystyrène expansé	7	0,039	25	0,383
	Plâtre courant	1	0,35	1 000	0,222
Loggias	Laine de verre semi-rigide	10	0,035	12	0,233
	Béton lourd	15	1,750	2 300	0,256
	Polystyrène expansé	7	0,039	25	0,383
	Plâtre courant	1	0,35	1 000	0,222
Plancher bas	Laine minérale	8	0,035	35	0,286
	Béton lourd	16	1,750	2 300	0,256
Toiture	Polyuréthane	10	0,03	35	0,233
	Béton lourd	20	1,750	2 300	0,256

Les façades ont été isolées par l'extérieur avec 10 cm de polystyrène supplémentaires, avec des spécificités pour les loggias pour lesquelles le polystyrène a été remplacé par de la laine de verre, protégée par un bardage en panneaux verticaux à base de résines thermodurcissables.

L'ancien isolant du plancher sur vide sanitaire a été déposé et remplacé par un flocage coupe-feu de 8 cm en laine minérale.

L'épaisseur d'isolant a été doublée en toiture-terrasse.

Les travaux d'isolation effectués ont modifié les valeurs des ponts thermiques. Celles-ci sont indiquées dans le tableau ci-dessous. Les ponts thermiques représentent 356 $W.K^{-1}$ pour l'ensemble du bâtiment d'après le rapport d'étude thermique.

Tableau 17.8 Valeurs des ponts thermiques après travaux.

Linéique	ψ $(W.m^{-1}.°C^{-1})$
Mur extérieur – Plancher bas	0,79
Mur extérieur – Terrasse	0,74
Mur extérieur – Plancher intermédiaire	0,10
Mur extérieur – Refend	0,10

17.2.2.2 Réfection de l'installation de chauffage

Les travaux de rénovation des bâtiments ont également été l'occasion de repenser le système de chauffage. Le chauffage électrique a ainsi été remplacé par un système de chauffage collectif, partagé avec deux autres bâtiments identiques à celui étudié, incluant deux chaudières gaz à condensation Condensinox de 80 kW chacune. Les performances de ces chaudières sont indiquées dans le tableau ci-dessous. Elles sont issues de la documentation commerciale des appareils.

Tableau 17.9 Performances des chaudières sur PCI.

Pertes à vide (W)	Rendement à 30 % de charge	Rendement à 100 % de charge
163	1,08	0,968

17.2.2.3 Changement du système de ventilation

Le système de ventilation du bâtiment a également été changé pendant les rénovations, et une ventilation simple flux hygroréglable de type B a été installée. L'effet du changement de ventilation sur les débits de renouvellement d'air est déduit du fichier d'extraction de l'air par la centrale de traitement. Une fois les valeurs aberrantes retirées, notamment l'absence d'extraction d'air pendant de longues périodes à cause d'un dysfonctionnement (Rapport Enertech, 2013), une moyenne des débits d'extraction horaire permet d'obtenir une valeur de 793 $m^3.h^{-1}$. Avec un volume total de 2 880 m^3, un taux de renouvellement d'air de 0,28 $vol.h^{-1}$ est utilisé pour les simulations.

Le débit d'infiltration est abaissé afin de tenir compte de la rénovation des parois. L'effet sur les débits étant toutefois assez difficile à déterminer, les infiltrations ont été réduites à 0,15 $vol.h^{-1}$.

17.2.2.4 Ajout d'un système d'eau chaude sanitaire solaire

Pour assurer une partie des besoins en eau chaude sanitaire du bâtiment, des capteurs solaires thermiques ont été installés sur la toiture-terrasse.

Des calculs de production ont été effectués avec le logiciel Pléiades+Comfie à partir des données disponibles. La surface des capteurs installés est de 20 m^2 et l'inclinaison des capteurs de 45° par rapport à l'horizontale. Les panneaux étant situés en terrasse et donc facilement orientables, une orientation plein sud a été retenue dans les calculs. Il est fait mention d'un rendement optique de 0,73 et d'un coefficient de pertes de 0,0047 $W.m^{-2}.K^{-1}$.

Beaucoup de données ont, par contre, dû être prises par défaut, notamment les dimensions du ballon et du circuit, particulièrement de leurs isolations respectives dont les documents font mention sans préciser les caractéristiques. Le coefficient de pertes a été modifié à 4,7 $W.m^{-2}.K^{-1}$ afin que l'ordre de grandeur de la valeur concorde avec les données disponibles pour d'autres modèles de capteurs solaires.

Le mode de fonctionnement du couplage du ballon solaire avec le second ballon manque, par ailleurs, de clarté dans les documents. Il semblerait que l'approvisionnement en eau du bâtiment se fasse de manière privilégiée par le ballon solaire dès lors que sa température dépasse les 50 °C, mais le couplage en dessous de cette température n'est pas détaillé clairement.

17.2.3   Mesures disponibles

17.2.3.1   Présentation des mesures

De nombreuses mesures sont disponibles après travaux : ainsi, celles de températures d'air et des relevés de compteurs électriques dans les logements.

Des fichiers de données sur le fonctionnement horaire de la chaudière et des panneaux solaires sont également disponibles.

17.2.3.2   Température de consigne

Comme avant travaux, la température de consigne est déduite des fichiers de mesures de températures dans les logements. Une moyenne sur tous les logements sur les mois de janvier et février est donc effectuée. Sur cette période, les mesures sur les logements 7, 8, 12 et 13 sont indisponibles.

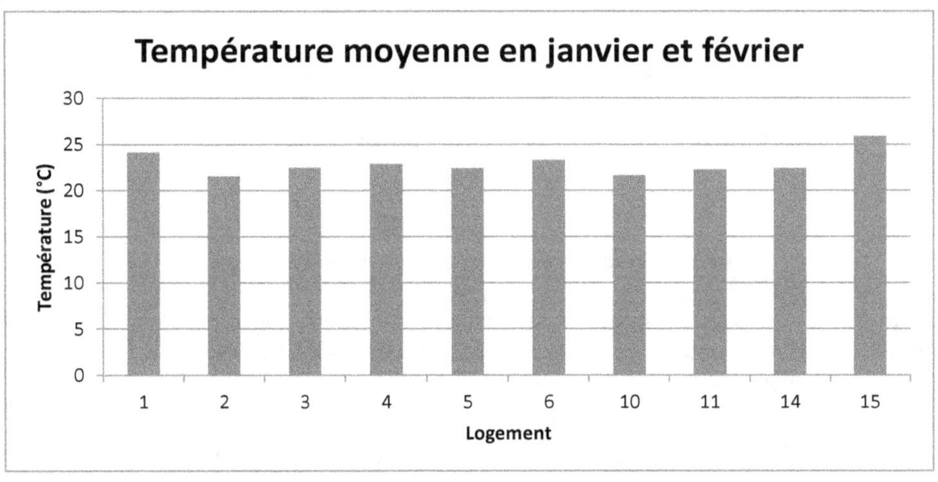

Figure 17.13 Détermination de la température de consigne après travaux.

La figure ci-dessus, sur laquelle sont indiquées ces températures moyennes, permet de remarquer une augmentation globale de la température après travaux. En effet, toutes les moyennes se situent au-dessus des 21 °C, alors que la température de consigne avant travaux, déduite des mesures, était en moyenne de 20,2 °C. Ici, elle est de 22,9 °C, soit un écart de 2,7 °C. Un tel phénomène d'augmentation de la température de consigne après rénovation a déjà été observé dans d'autres projets.

Les moyennes de température sur la période considérée s'étendent de 21,6 °C à 25,9 °C, soit 4,3 °C de différence entre le logement le plus chauffé et le moins chauffé. Des imprécisions sont donc commises en considérant une température de consigne identique pour tous les logements.

17.2.3.3 Consommations électriques

Les fichiers de mesures sur les compteurs électriques permettent de connaître la consommation annuelle de chacun des logements, desquelles découlent les apports internes. La figure ci-dessous présente ces consommations électriques annuelles pour tous les logements où elles sont disponibles.

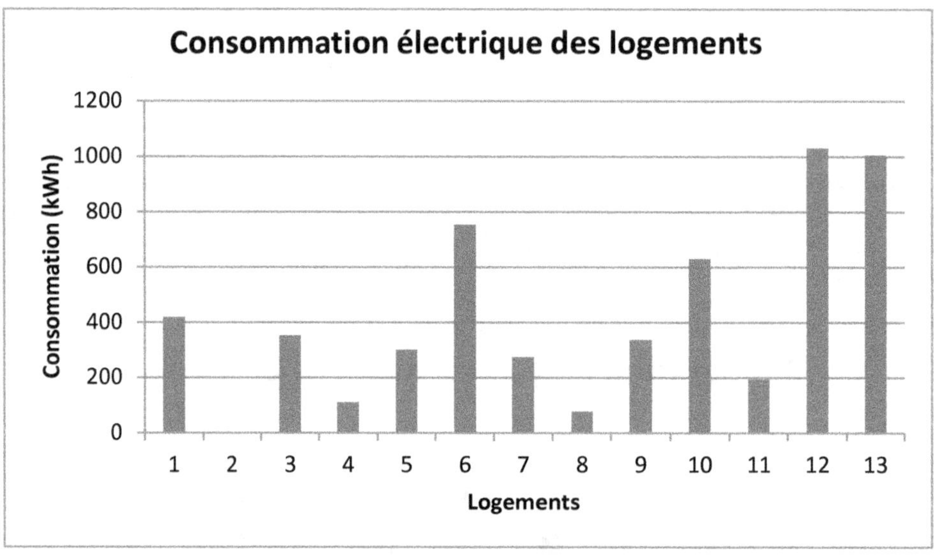

Figure 17.14 Étude des compteurs électriques des logements.

Au vu de la figure, les consommations annuelles des différents logements semblent faibles, deux à trois fois plus faibles que la moyenne française d'après l'Ademe[1] pour les logements les plus consommateurs.

Les capteurs sur les compteurs électriques ont, en effet, été déplacés ou vandalisés dans leur majorité, comme le déclare Enertech dans son rapport d'étude après travaux, rendant l'exploitation des mesures impossible.

La consommation électrique moyenne des logements est donc récupérée directement du même rapport d'Enertech. Elle est de 2 077 kWh par an contre un peu plus de 3 000 kWh avant travaux. En conservant l'hypothèse que seuls les trois quarts de cette consommation d'électricité constituent des apports internes de chaleur, une puissance dissipée de 2,43 W.m^{-2} est considérée dans les simulations.

17.2.3.4 Besoins de chauffage du bâtiment

Les fichiers de mesures contiennent les données horaires d'utilisation d'énergie par les logements pour le chauffage. Les besoins totaux annuels du bâtiment pour le chauffage sont obtenus en sommant les données sur une année. La valeur obtenue est de 64 800 kWh, ou 62 kWh.m^{-2} en ramenant le résultat à la SHAB de 1 048 m² du bâtiment.

---

1. http://www.ademe.fr/internet/flash/Energie_et_climat/pages-ademe/ademe_0033.swf.

Ce chiffre donne les besoins en énergie utile du bâtiment et ne prend donc pas en compte les pertes de distribution du réseau de chauffage. Le rapport d'Enertech (2013) donne 68 000 kWh (65 kWh.m^{-2}) au départ de la chaudière, c'est-à-dire lorsque ces pertes sont prises en compte, avec un rendement de distribution légèrement supérieur à 95 %.

17.2.3.5 Besoins en Eau Chaude Sanitaire

Se retrouvent également dans les données les besoins en énergie utile pour l'approvisionnement en eau chaude sanitaire des logements. Par la même méthode, 20 500 kWh de besoins pour l'ECS sont obtenus.

Il s'agit là encore d'énergie utile. Ce chiffre ne prend pas en compte les pertes de distribution du réseau d'ECS. Le rapport d'Enertech (2013) donne 29 200 kWh au départ de la chaufferie, soit 8 700 kWh de pertes et un rendement de distribution de 70 %.

L'analyse des fichiers de mesures des températures d'eau disponibles après travaux permet de connaître les températures moyennes de sortie et de retour chaudière : une température de sortie moyenne de 60,72 °C et une température de retour de 57,93 °C. Cependant, comme une partie de l'eau chaude sanitaire est fournie par les panneaux solaires et que la température de sortie du ballon solaire n'est pas connue, une température de sortie moyenne de 55 °C est considérée.

L'énergie solaire récupérée à l'aide des panneaux solaires n'est que de 1 400 kWh sur la période de mesures à cause d'un dysfonctionnement de l'installation jusqu'à la fin du mois d'octobre.

La consommation journalière est de 16,2 l.jour^{-1}.personne^{-1} (Enertech, 2013). La quantité d'énergie nécessaire à l'approvisionnement de l'immeuble en ECS peut être déterminée à partir de la température d'eau froide. En l'absence de mesures, les valeurs par défaut de Pléiades+Comfie[1] sont admises (cf. le tableau ci-dessous).

Tableau 17.10 Base de températures d'eau froide.

Mois	Janv.	Févr.	Mars	Avr.	Mai	Juin	Juil.	Août	Sept.	Oct.	Nov.	Déc.
Température (°C)	7,5	7,5	8,5	11,5	13,5	15,5	16,5	16,5	15,5	13,5	11,5	8,5

Cette méthode permet d'obtenir une température moyenne annuelle de 12,2 °C pour l'eau froide. Les besoins en eau chaude sanitaire sont donc de :

$$Conso * nb_{hab} * \rho * C_p * \left(T_{chaudière} - T_{eau\text{-}froide} \right) \tag{10}$$

Soit :

$$Besoins = 16.2 * 365 * 43 * 4.18 * (55 - 12.2) = 12\,600 \text{ kWh}$$

Les besoins réels d'énergie pour l'ECS sont, sans compter les pertes de distribution, de 21 900 kWh, soit un écart de 7 300 kWh avec la valeur obtenue par le calcul. La consommation de 16,2 l d'ECS par personne est toutefois très faible par rapport aux valeurs courantes se situant entre 30 et 40 l. Il semble donc intéressant de recalculer la consommation volumique journalière par habitant à partir des besoins en ECS réellement mesurés, en se basant sur l'équation (10). Soit :

$$Conso = \frac{Besoins}{nb_{hab} * \rho * C_p * \left(T_{ch} - T_{fr} \right)} = \frac{21900}{365 * 43 * 4.18 * (55 - 12.2)} = 28.1 \text{ L.j}^{-1}.\text{pers}^{-1}$$

---

1. Ces valeurs sont évaluées en fonction de la latitude du lieu considéré.

Les calculs seront donc effectués en considérant un volume journalier de 28,1 l par personne
à 55 °C.

17.2.3.6 Consommation de la chaudière

Le rapport final d'Enertech après travaux (2013) indique une consommation annuelle de gaz
de 34 500 kWh$_{PCS}$ (33 kWh$_{PCS}$.m^{-2}) pour la production d'ECS et de 80 500 kWh$_{PCS}$
(77 kWh$_{PCS}$.m^{-2}) pour la consommation de gaz affectée aux besoins de chauffage, donc des
besoins totaux de 115 000 kWh (110 kWh$_{PCS}$.m^{-2}). Le rendement de la chaudière est donc
de 84,5 %.

17.2.4 Résultats des simulations

17.2.4.1 Besoins de chauffage du bâtiment

La prise en compte de toutes les améliorations du bâtiment conduit à des besoins de chauffage de 67 400 kWh et des pertes de distribution de 1 300 kWh pour un total de 72 300 kWh
avec un rendement de régulation de 95 %, soit 69 kWh.m^{-2}, un écart de 6,8 % (mesuré par
le compteur de chaleur) avec les besoins réels du bâtiment et un rendement de distribution
de 98 %.

Il reste à prendre en compte le rendement de la chaudière pour obtenir des résultats comparables avec les factures. Il faut pour cela connaître le recours à l'appoint pour la production
d'eau chaude sanitaire.

17.2.4.2 Besoins d'ECS

En se servant du modèle de panneaux solaires thermiques programmé dans Comfie, il est possible de déterminer les besoins énergétiques en ECS. Une température de consigne de 55 °C
est prise comme consigne de la chaudière pour le ballon.

Le modèle calcule à chaque pas de temps les pertes sur les canalisations entre les capteurs
solaires et le ballon, ainsi que sur le ballon. Il donne après simulation des besoins totaux pour
l'eau chaude sanitaire de 21 900 kWh, dont 13 000 kWh d'apports solaires et 8 900 kWh
d'appoint. Les pertes de distribution s'élèvent à 8 600 kWh, soit des besoins en énergie totaux
pour l'ECS de 30 500 kWh et un rendement de distribution de 72 %. La différence avec les
besoins réels est inférieure à 1 %.

17.2.4.3 Bilan des consommations du bâtiment

Pléiades+Comfie donne les besoins de chaleur, qu'il faut compléter par les pertes de la chaudière en fonction du taux de charge pour obtenir les consommations. Grâce aux données
récupérées sur la chaudière et aux besoins horaires, il est possible de déterminer à chaque instant les pertes horaires et donc les consommations annuelles. Les DJU pour l'année de mesure
après travaux sont de 2 314 selon le rapport d'Enertech. Ceux utilisés par Pléiades+Comfie
sont de 2 307, ce qui est très proche.

La présence de deux chaudières différentes exige, en l'absence de données sur le mode de régulation, de faire des hypothèses quant à la régulation. En effet, le rendement, donc les pertes,

étant relié au taux de charge, il convient de se demander si le régulateur privilégie le fait d'avoir en permanence deux chaudières fonctionnant à taux de charge égal pour profiter d'un meilleur rendement à charge partielle. Ce mode simplificateur est plus facile à mettre en œuvre en simulation, c'est pour l'instant celui-ci qui a été appliqué dans les calculs de pertes horaires.

De plus, le calcul des pertes considère un fonctionnement similaire des trois bâtiments alimentés par les chaudières, avec une consommation de chauffage du bâtiment étudié multipliée par trois pour connaître le taux de charge des chaudières.

En ajoutant aux besoins de chauffage horaires l'utilisation de l'appoint pour l'ECS, le fonctionnement de la chaudière peut être pris intégralement en compte dans le calcul des pertes. La consommation de la chaudière ainsi obtenue est de 112 400 kWh_{PCS} (107 $kWh_{PCS}.m^{-2}$), dont 90 300 kWh_{PCS} de chauffage et 22 100 kWh_{PCS} d'appoint ECS.

Le rendement de la chaudière est donc de 81 %, soit assez proche du rendement réel. Les hypothèses formulées semblent donc s'approcher de la réalité.

Ce mode a toutefois des limites, puisque le fonctionnement à charge trop faible a généralement un impact sur la durée de vie des équipements, de même que des allumages et arrêts trop fréquents. Dès lors, il devient intéressant de privilégier un mode où une chaudière est éteinte quand les besoins deviennent inférieurs à une valeur seuil, et de ne rallumer cette seconde chaudière qu'à partir du moment où la première ne suffit plus à répondre à tous les besoins.

Les besoins totaux s'élèvent à 125 400 kWh en comptant les apports solaires pour l'eau chaude sanitaire, soit un écart final de 7,2 % provenant du décalage entre les besoins de chauffage réels et ceux mesurés. Cet écart initial est amplifié par la dégradation du rendement de la chaudière en simulation par rapport au rendement réel, dégradation induite par certaines hypothèses simplificatrices.

17.2.4.4 Consommation du bâtiment avec conservation des scénarios d'occupation avant travaux

Les calculs précédents ont été effectués en se servant des mesures après travaux pour déterminer la température de consigne et la puissance dissipée appliquées lors des simulations. L'instrumentation du bâtiment après travaux n'étant pas systématique, il peut être intéressant de connaître les résultats obtenus en reprenant les scénarios tracés avant travaux, à savoir une température de consigne de 20,2 °C et une puissance dissipée moyenne de 3,55 $W.m^{-2}$.

La conservation de ces scénarios après la rénovation du bâtiment aurait abouti à des besoins de chauffage de 39 400 kWh, soit 37,6 $kWh.m^{-2}$, sans compter les pertes de distribution, soit une réduction de plus de 40 % par rapport aux résultats obtenus avec des scénarios issus des mesures après travaux.

Lorsque le scénario de puissance dissipée est conservé et la consigne de chauffage modifiée pour correspondre aux mesures après travaux, les besoins de chauffage du bâtiment s'élèvent à 43 $kWh.m^{-2}$. À l'inverse, lorsque la consigne de chauffage est conservée et le scénario de puissance dissipée modifié, les besoins de chauffage du bâtiment s'élèvent à 58 $kWh.m^{-2}$.

17.2.4.5 Besoins énergétiques mensuels (chauffage + ECS)

Afin d'éviter les phénomènes de compensation entre mois lorsque les données météo ne sont pas locales, nous avons voulu présenter les résultats mensualisés. On raisonne ici en termes d'énergie en aval de la chaudière (en MWh), car les incertitudes sont trop importantes concernant le fonctionnement réel de la régulation des deux chaudières. Les résultats sont représentés dans des histogrammes cumulés chauffage + ECS (appoint gaz seulement, c'est-à-dire après soustraction des apports de l'installation solaire thermique) et groupés par mois.

Les mesures et les résultats de six simulations (trois avec le fichier météo TRY de Mâcon et trois avec des données locales pour Vaulx-en-Velin) sont présentés dans la figure ci-dessous. Pour chaque fichier météo considéré, on prend des hypothèses différentes quant aux puissances dissipées et aux consignes de températures :

- puissances dissipées et consignes de température avant travaux ;
- puissances dissipées avant travaux et consignes de température après travaux ;
- puissances dissipées et consignes de température après travaux.

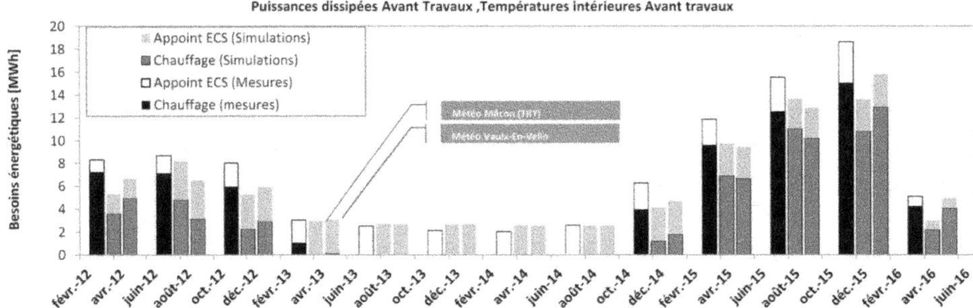

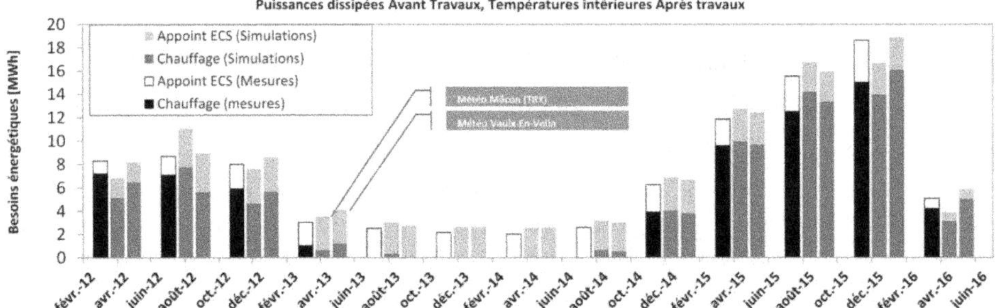

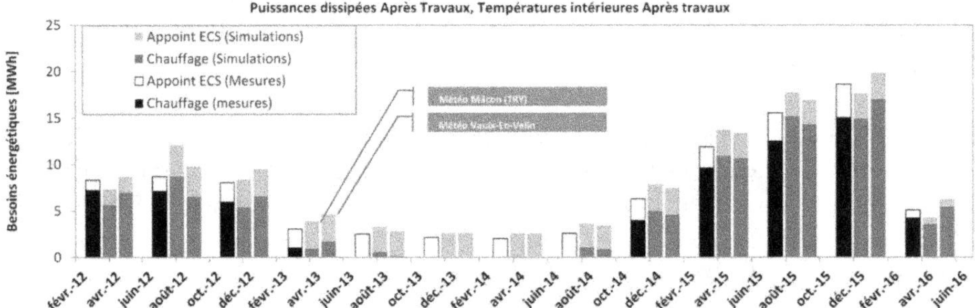

Figure 17.15 Besoins énergétiques en chauffage et en ECS (apports du système solaire thermique déduits) mesurés et simulés mois par mois du bâtiment après travaux.

Dans un premier temps, nous avons calculé mois par mois les écarts absolus relatifs aux mesures (référence : mesures), en termes de besoins de chauffage. Puis nous avons pondéré ces écarts par les besoins de chauffage mensuels mesurés afin que les écarts dans le cas de forts besoins de chauffage durant les mois d'hiver aient plus de poids. Par la suite, nous avons moyenné ces écarts relatifs pondérés en fonction du type de scénario modifié.

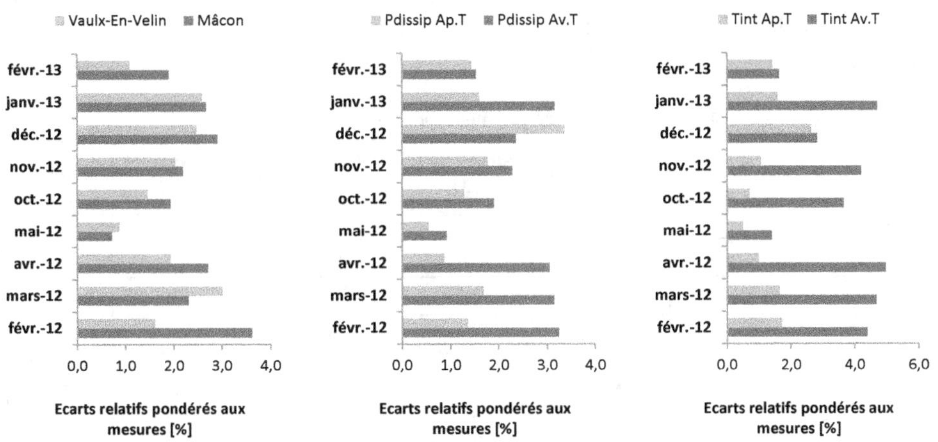

Figure 17.16 Influence de la mise à jour des scénarios utilisés en simulation.

Dans les trois sous-figures de la figure ci-dessus, on observe un écart par rapport aux mesures globalement plus faible lorsque l'on corrige les scénarios utilisés lors des simulations :

- météo locale au lieu de météo TRY ;
- puissances dissipées et consignes de température mesurées après travaux au lieu d'avant travaux.

Cependant, les résultats de la simulation *a priori* la plus précise, c'est-à-dire avec la météo de Vaulx-en-Velin, et des scénarios corrigés (après travaux) ne sont pas toujours les plus proches des mesures mensuelles. Cela peut être expliqué par les hypothèses relativement grossières qui ont été prises (consignes de températures constantes, puissances dissipées identiques selon les semaines).

Ici, étant donné la diminution des besoins de chauffage après rénovation, la part relative des besoins en ECS est respectivement plus importante qu'avant travaux (jusqu'à 1/3 des besoins sur des mois en mi-saison où le chauffage est encore en marche). Les écarts par rapport aux mesures de besoins ECS (seulement en appoint gaz) sont relativement faibles, à l'exception des premiers mois de simulation où la production solaire est très incertaine. En effet, la régulation de la vanne trois voies du bouclage de l'ECS a été défectueuse jusqu'au mois d'octobre 2012, ce qui avait pour conséquence de ramener constamment l'eau de bouclage dans le ballon solaire. Nous avons comptabilisé pour les mois de février 2012 à octobre 2013 une production nulle d'ECS solaire alors qu'elle ne l'est pas totalement dans la réalité, car il existe un différentiel de température sur les mesures entrées/sorties du système solaire thermique. La simulation surévalue donc les besoins en appoint gaz pour l'ECS pendant les premiers mois de simulation.

17.2.5 Analyse de sensibilité et d'incertitude sur la consommation énergétique après travaux

17.2.5.1 Liste des paramètres incertains après travaux

Un inventaire des paramètres incertains après travaux est réalisé dans le tableau suivant. Toutes les variations proposées ci-dessous ont été testées lors de la recherche des paramètres les plus influents par criblage de Morris.

Tableau 17.11 Liste de paramètres incertains après travaux.

Paramètres	Désignation	Niveau bas (-1)	Niveau 0 (après travaux)	Niveau haut (+1)	Unité
Albédo	Al	0,15	0,2	0,3	-
Infiltration	Inf	0,1	0,15	0,3	vol.h^{-1}
Taux de renouvellement d'air	Ren	0,2	0,28	0,4	vol.h^{-1}
Ponts thermiques	Pth	− 10 %	Tableau 5	+ 10 %	W.m^{-1}.K^{-1}
Conductivité thermique du béton	$\lambda_{béton}$	1,6	1,75	1,8	W.m^{-1}.K^{-1}
Chaleur massique du béton	$Cp_{béton}$	820	920	1 000	J.kg^{-1}.K^{-1}
Masse volumique du béton	$\rho_{Béton}$	1 800	2 300	2 600	Kg.m^{-3}
Conductivité thermique du polyuréthane (toiture)	λ_{PU}	0,026	0,03	0,04	W.m^{-1}.K^{-1}
Conductivité thermique du vrac (VS)	λ_{vrac}	0,030	0,035	0,04	W.m^{-1}.K^{-1}
Conductivité thermique du polystyrène expansé (façades)	λ_{PSE}	0,035	0,039	0,045	W.m^{-1}.K^{-1}
Épaisseur du polystyrène expansé (façades extérieures)	$e_{PSE\ façade}$	9	10	11	Cm
Épaisseur du vrac laines minérales (soufflage plancher bas)	e_{vrac}	7	8	9	Cm
Épaisseur polyuréthane (toiture)	e_{PU}	9	10	11	Cm
Coefficients de déperdition globale des fenêtres/portes-fenêtres	U_w	1,8	1,90	2	W.m^{-2}.K^{-1}
Facteur solaire fenêtres	Fs_{fen}	0,50	0,535	0,6	-
Facteur solaire portes-fenêtres	$Fs_{P\text{-}fen}$	0,3	0,37	0,4	-
Facteur d'occultation (pourcentage d'occultation sur une journée)	Focc	0	{ 0,1 hiver 0,5 été	5	-
Coefficient d'échanges convectifs intérieurs	h_{int}	(voir annexe)	(voir annexe)	(voir annexe)	W.m^{-2}.K^{-1}
Coefficient d'échanges convectifs extérieurs	h_{ext}	(voir annexe)	(voir annexe)	(voir annexe)	W.m^{-2}.K^{-1}
Absorptivité intérieure	α_{int}	0,4	0,6	0,7	-

Tableau 17.11 (suite) Liste de paramètres incertains après travaux.

Paramètres		Désignation	Niveau bas (-1)	Niveau 0 (après travaux)	Niveau haut (+1)	Unité
Absorptivité extérieure (murs et toiture)		α_{ext}	0,4	0,6	0,7	-
Émissivité intérieure		ε_{int}	0,85	0,9	0,95	-
Émissivité extérieure		ε_{ext}	0,85	0,9	0,95	-
Température de consigne		$T_{consigne}$	22,4	22,9	23,4	°C
Puissance dissipée		P_{dissip}	2	2,43	3	W.m^{-2}
Nombre de personnes		$N_{personne}$	35	43	50	-
Température extérieure		T_{Ext}	− 1	Fichier météo	+ 1	°C
Rayonnement solaire		RS	− 10 %	Fichier météo	+ 10 %	%
Rendement de génération (sur PCS)		η_{gen}	75	85	95	%
Rendement de régulation		$\eta_{rég}$	90	95	100	%
Réseau de distribution	Épaisseur d'isolant	e_{cana}	0	15	30	mm
	Longueur chaudière / ballon - colonne	$L_{réseau}$	5	10	15	m
	Conductivité de l'isolant	λ_{cana}	0,035	0,04	0,05	W.m^{-2}.K^{-1}
Consommation ECS		V_{ECS}	25	28,1	35	L.j^{-1}.pers^{-1}
Température eau froide		θ_{EF}	− 1	Tableau 9	+ 1	°C
Température eau chaude		θ_{EC}	50	55	60	°C
Surface des logements		S	−10 %	Déduite des plans	+ 10 %	%

17.2.5.2 Consommation minimale du bâtiment

Il est intéressant de connaître les valeurs extrémales de consommation du bâtiment qui seraient atteignables si tous les paramètres étaient fixés de manière coordonnée pour minimiser ou maximiser les besoins.

Ainsi, la valeur minimale de consommation pour ce bâtiment est atteinte lorsque les paramètres prennent les valeurs indiquées dans le tableau ci-dessous.

Sont fixés au maximum, dans le tableau ci-dessous, l'albédo, les épaisseurs d'isolant, la capacité thermique et la masse volumique du béton, le facteur solaire des fenêtres et portes-fenêtres, l'absorptivité des parois, la puissance dissipée, le rayonnement solaire, les différents rendements, la température d'eau froide ainsi que les dimensions du bâtiment. Tous les autres paramètres sont fixés aux valeurs minimales présentées dans le même tableau. Les valeurs choisies sont indiquées ci-dessous. Dans tous les cas, le nombre de zones considéré est de treize et le pas de temps de simulation est de trente minutes.

Tableau 17.12 Valeurs des paramètres permettant d'atteindre un minimum de consommation.

Symbole	Niveau	Symbole	Niveau	Symbole	Niveau	Symbole	Niveau
Al	0,3	λ_{PU}	0,026	Nzones	13	$N_{personne}$	35
Inf	0,1	λ_{vrac}	0,030	t_{sim}	½ h	S	+ 10 %
Ren	0,2	λ_{PSE}	0,035	h_{int} et h_{ext}	(voir annexe)	RS	+ 10 %
Occ	0	$e_{PSE\,façade}$	11	α_{int}	0,7	η_{gen}	95
Pth	– 10%	e_{vrac}	9	α_{ext}	0,7	$\eta_{rég}$	100
		$e_{polyuréthane}$	11	ε_{int}	0,85	η_{dis}	95
$\lambda_{béton}$	1,6	U_w	1,8	ε_{ext}	0,85	V_{ECS}	25
$Cp_{béton}$	1 000	Fs_{fen}	0,6	$T_{consigne}$	22,4	θ_{EF}	+ 1
$\rho_{béton}$	2 600	$Fs_{P\text{-}fen}$	0,4	P_{dissp}	3	θ_{EC}	50

L'augmentation des dimensions géométriques du bâtiment entraîne une augmentation des besoins de chauffage dans l'absolu, mais une baisse globale si ces besoins sont ramenés à la nouvelle surface.

La consommation minimale obtenue est de 68 100 kWh$_{PCS}$, soit 59 kWhPCS.m^{-2} rapporté à la surface maximale ou 64 kWh$_{PCS}$.m^{-2} rapporté à la surface de référence, dont 50 800 kWh$_{PCS}$ pour le chauffage du bâtiment et 17 300 kWh$_{PCS}$ pour l'ECS.

17.2.5.3 Consommation maximale du bâtiment

Pour obtenir la consommation maximale, les paramètres sont fixés aux valeurs opposées, c'est-à-dire que les paramètres minimisés pour obtenir le minimum sont maintenant maximisés, et inversement.

Les valeurs prises par les différents paramètres pour atteindre la consommation maximale sont indiquées dans le tableau ci-dessous.

La consommation maximale obtenue est de 211 400 kWh$_{PCS}$, soit 224 kWh$_{PCS}$.m^{-2} rapporté à la surface réduite ou 202 kWh.m^{-2} rapporté à la surface de référence, dont 160 100 kWh$_{PCS}$ pour le chauffage du bâtiment et 51 300 kWh$_{PCS}$ pour l'ECS.

Tableau 17.13 Valeurs des paramètres permettant d'atteindre un maximum de consommation.

Symbole	Niveau	Symbole	Niveau	Symbole	Niveau	Symbole	Niveau
Al	0,15	λ_{PU}	0,04	Nzones	13	$N_{personne}$	50
Inf	0,3	λ_{vrac}	0,04	t_{sim}	½ h	S	– 10 %
Ren	0,4	λ_{PSE}	0,045	h_{int} et h_{ext}	(voir annexe)	RS	– 10 %
Occ	0,5	$e_{PSE\,façade}$	9	α_{int}	0,4	η_{gen}	75
Pth	+ 10 %	e_{vrac}	7	α_{ext}	0,4	$\eta_{rég}$	90
		$e_{polyuréthane}$	9	ε_{int}	0,95	η_{dis}	85
$\lambda_{béton}$	1,8	U_w	2	ε_{ext}	0,95	V_{ECS}	35
$Cp_{béton}$	820	Fs_{fen}	0,5	$T_{consigne}$	23,4	θ_{EF}	– 1
$\rho_{béton}$	1 800	$Fs_{P\text{-}fen}$	0,3	P_{dissp}	2	θ_{EC}	60

17.2.5.4   Méthode du criblage de Morris

Plusieurs études de sensibilité ont été effectuées en utilisant une méthode de discrétisation de type OAT. Les études ont majoritairement été réalisées avec un nombre de plans OAT (r) égal à 50. L'intervalle de variation des paramètres compris entre la valeur minimale et la valeur maximale est décomposé en cinq sous-intervalles, de sorte qu'il existe six niveaux (ou six valeurs possibles) pour chacun des paramètres. Les résultats des calculs sont présentés dans la figure ci-dessous, qui montre la distance à l'origine des différents paramètres.

Figure 17.17 Représentation graphique des résultats du criblage de Morris.

Les résultats pour les neuf paramètres les plus influents sont présentés dans le tableau ci-dessous. Ils sont disposés par ordre d'influence décroissant. Le paramètre le plus influent est donc le taux d'infiltration d'air.

Les paramètres indiqués dans le tableau serviront à effectuer une analyse de propagation d'incertitudes avec la méthode de Sobol. Pour des raisons de rapidité des calculs, seuls neuf paramètres ont été retenus, les distances à l'origine étant nettement plus faibles pour les paramètres suivants.

Tableau 17.14 Liste des paramètres les plus influents après travaux.

Paramètre	μ	σ	$\sqrt{\mu^2 + \sigma^2}$
Infiltration	2265116	270708	
Renouvellement d'air	1329017	174367	1340406
Facteur d'occultation	411094	71296	417231
Ponts thermiques	147435	18729	148620
Occupation	122660	58157	135749
Consommation volumique d'ECS	98194	17504	99742
Température d'eau chaude	81559	16340	83180
Masse volumique du béton	62017	7602	62481
Température extérieure	39878	6161	40351

17.2.5.5 Propagation d'incertitudes par une méthode de type Monte-Carlo

Il faut maintenant, avant de lancer la propagation d'incertitudes, définir des lois de distribution pour chacun des paramètres retenus. Des lois normales sont pour l'instant considérées pour tous les paramètres, à l'exception du facteur d'occultation pour lequel il semble impossible de prévoir la valeur prise annuellement.

Pour ce facteur, une distribution équiprobable est prise sur l'intervalle de variation précédemment défini. Pour tous les autres, une distribution par loi normale centrée sur la valeur référence (Niveau 0) semble pertinente. La loi normale utilisée est ensuite tronquée aux bornes des intervalles définis précédemment (niveau 1 et −1). L'écart type des lois normales utilisées dépend de la connaissance de chacun des paramètres et de la fiabilité des mesures.

En suivant ces propositions, les distributions de probabilité pour l'instant utilisées sont celles définies sur la figure ci-dessous.

L'incertitude autour des valeurs de débit d'infiltration et de consommation volumétriques d'ECS semble plus importante, c'est pourquoi des lois normales avec de plus grands écarts types sont utilisées.

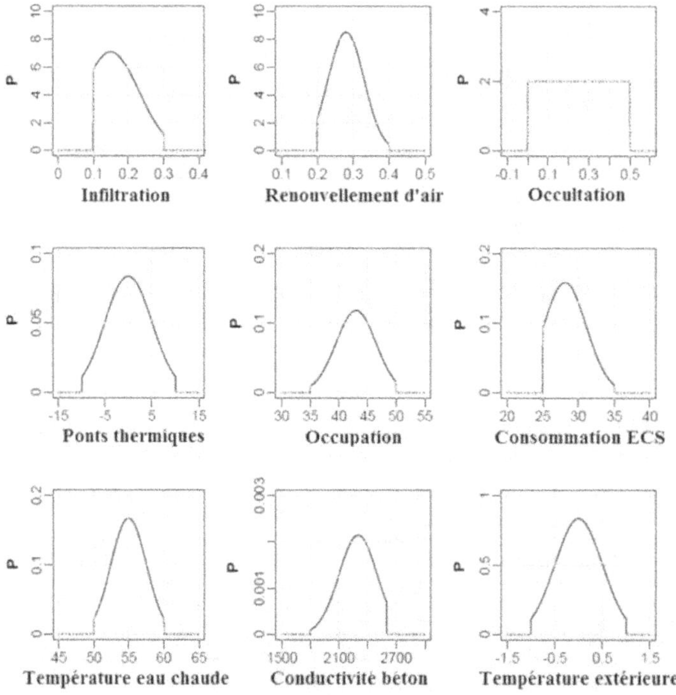

Figure 17.18 Distribution de probabilité des paramètres utilisés dans la propagation d'incertitude.

55 000 tirages aléatoires suivant les distributions de probabilité présentées précédemment sont réalisés pour autant de simulations. Les résultats obtenus pour chacune des simulations sont ensuite analysés pour obtenir une distribution de probabilité de la consommation. Cette dernière est présentée dans la figure ci-dessous.

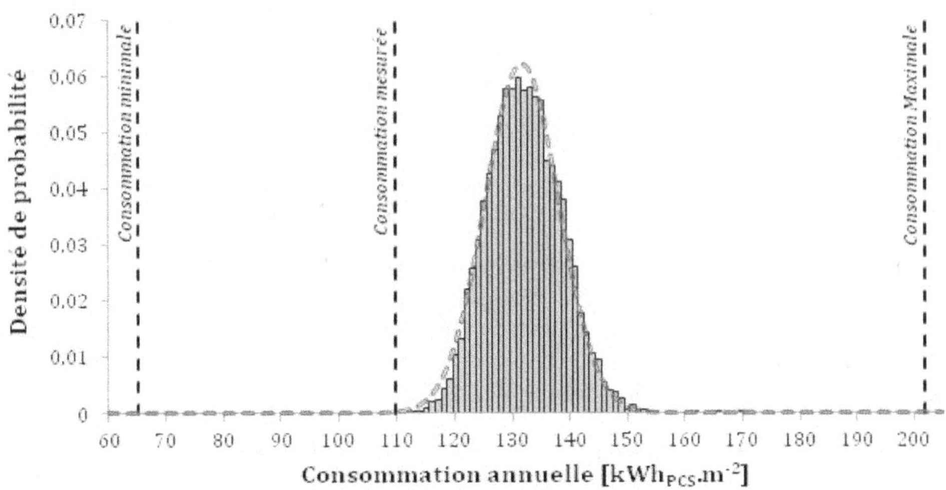

Figure 17.19 Résultats de la propagation d'incertitudes.

En approchant la courbe des résultats avec une loi normale (4 % d'écart moyen), la propagation d'incertitudes avec les distributions de probabilité proposées donne une valeur moyenne de 131,7 kWh$_{PCS}$/m² et un écart type de 6,6 kWh$_{PCS}$/m².

Des simulations effectuées en fixant, de manière concordante, les paramètres aux valeurs hautes ou basses des intervalles de variation permettaient d'obtenir les valeurs extrémales de consommation du bâtiment et d'encadrer la consommation du bâtiment entre une valeur minimale de 64 kWh.m^{-2} et une valeur maximale de 202 kWh.m^{-2}. La propagation d'incertitudes a ainsi permis de resserrer l'encadrement, puisque les valeurs minimale et maximale obtenues lors des simulations sont respectivement de 109 kWh.m^{-2} et de 153 kWh.m^{-2}.

La consommation réelle du bâtiment, 110 kWh/m², est située à l'extrémité basse de la distribution de probabilité obtenue par la propagation d'incertitudes. La consommation obtenue par simulation était de 107 kWh.m^{-2}, mais le système solaire thermique était pris en compte, ce qui n'a pas été le cas dans les calculs de propagation d'incertitudes (dans la réalité, le solaire thermique a très mal fonctionné, ne fournissant que 1 400 kWh, soit une fraction solaire de 5 %). L'une des raisons de cet écart est liée au rendement des chaudières (la réalité de leur fonctionnement ne correspondant pas au modèle), mais la source d'écart la plus importante est liée au choix des valeurs des paramètres incertains et des distributions de probabilité. Une phase de calibrage du modèle serait alors utile, ce qui constitue une perspective possible suite à la présente étude.

17.2.6   Garantie de performance énergétique

En considérant, par exemple, un risque de 5 % sur la garantie de performance énergétique, il est possible de déterminer une valeur seuil pour laquelle 95 % des simulations donnent un résultat inférieur. Cela peut se faire directement par l'analyse des simulations effectuées. La distribution de probabilités étant dans notre cas très proche d'une loi normale, nous avons tiré parti des propriétés connues de ce type de loi. Les tables de la loi normale indiquent que cette valeur supérieure à 95 % des résultats de simulations s'obtient par :

$$\textit{Valeur sup}_{95\%} = \mu + 1.645\,\sigma$$

soit, dans notre cas, une valeur seuil de 143 kWh.m^{-2}. De même, la valeur correspondant à une espérance de 5 % de se situer en dessous est :

$$Valeur\ inf_{95\%} = \mu - 1.645\,\sigma$$

soit, pour le cas d'étude considéré, 121 kWh.m^{-2}.

17.2.7 Annexe : Valeurs des coefficients convectifs

Les coefficients convectifs et radiatifs utilisés par défaut dans Pléiades sont issus de l'European Solar Handbook [Achard & Gicquel, 1986]. Les valeurs (effets convectifs et radiatifs combinés) sont indiquées dans le tableau ci-dessous. Des plages de variations sont également proposées dans le tableau. Elles sont déduites de la littérature [Beausoleil-Morrison, 2000 ; Judkoff & Neymark, 1995 ; Spitz, Brun & Wurtz, 2009].

Tableau 17.15 Somme des effets convectifs et radiatifs, valeurs considérées pour l'étude de sensibilité (W.m^2.K^{-1}).

		Valeur basse	Valeur par défaut	Valeur haute
Côté intérieur des locaux chauffés				
	Paroi verticale intérieure	5,57	8,13	11,42
	Plancher haut intérieur	5,57	9,43	11,42
	Plancher haut intérieur	4,72	6,67	7,20
	Plancher intermédiaire	5,62	8	8,28
Côté extérieur des locaux chauffés, dans un espace tampon				
	Plancher haut grenier	5,37	7,14	7,31
	Plancher bas vide sanitaire	4,06	6,25	6,41
Côté extérieur				
abrité	Paroi verticale extérieure	8,62	12,50	12,69
	Plancher haut extérieur	9,435	11,1	12,765
	Plancher vas extérieur	17	20	23
normal	Paroi verticale extérieure	8,72	18,20	21,26
	Plancher haut extérieur	16,065	18,9	21,735
	Plancher bas extérieur	17	20	23
sévère	Paroi verticale extérieure	24,67	33,30	38,19
	Plancher haut extérieur	42,5	50	57,5
	Plancher bas extérieur	17	20	23

17.2.8   Bibliographie

Achard P. & Gicquel R. (1986). *European passive solar handbook. Basic principles and concepts for passive solar architecture.* Commission of the european communities, Bruxelles.

Beausoleil-Morrison I. (2000). *The adaptive coupling of heat and air flow modelling within dynamic whole-building simulation.* Thèse de doctorat, University of Strathclyde, Dept. of Mechanical Engineering, Energy Systems Division, Glasgow, Scotland.

Brun A., Spitz C. & Wurtz É. (2009). «Analyse du comportement de différents codes dans le cas de bâtiments à haute efficacité énergétique». *9ᵉ Colloque interuniversitaire franco-québécois sur la thermique des systèmes*, 18-20 mai. Lille.

Judkoff R. & Neymark J. (1995). *International Energy Agency Buiding Energy Simulation Test (BesTest) and Diagnostic Method.* International Energy Agency. Golden, Colorado : National Renewable Energy Laboratory.

Conclusions et perspectives

(É. WURTZ)

Cet ouvrage avait pour objet de faire le point en ce qui concerne le développement et l'usage des outils de simulation dans le domaine de l'énergétique du bâtiment. Il s'agissait, en premier lieu, de présenter de façon relativement exhaustive l'état de l'art des modèles permettant la description du comportement de la physique des ambiances d'un bâtiment. On a ainsi traité les transferts thermiques et de masse, l'éclairage, la qualité de l'air ou l'aéraulique, mais également les systèmes thermiques et électriques jusqu'à l'analyse de cycle de vie pour prendre en compte l'ensemble des phénomènes en lien avec l'énergie présents au sein d'un bâtiment.

Ces modèles se sont développés et bien améliorés ces dernières années, et il est désormais important de valider leur niveau de fiabilité. Deux démarches distinctes sont proposées : la première en comparant entre eux les différents outils, la seconde par rapport à des résultats expérimentaux. Concernant la comparaison entre simulations, les écarts constatés s'expliquent par des hypothèses différentes choisies au niveau des outils sans que l'on constate de variations importantes quant aux résultats obtenus.

De manière à valider la qualité des résultats des logiciels, plusieurs manipulations expérimentales ont été mises en place avec des expérimentations à l'échelle réelle et des conditions météorologiques subies et en simulant l'occupation de manière à valider la fiabilité des modèles. Les résultats des différentes comparaisons montrent que les modèles utilisés ont un niveau de confiance tout à fait satisfaisant, notamment en regard des incertitudes liées aux hypothèses de scénario et aux sollicitations météorologiques… et, bien sûr, aux erreurs humaines lors de la description des simulations.

Ces différents phénomènes sont étudiés dans la troisième partie de cet ouvrage, qui met en évidence le fait que l'on est à un réel tournant dans l'utilisation des outils de simulation. En effet, longtemps on a considéré que les progrès des outils de simulation et des moyens de calcul permettraient d'obtenir des résultats toujours plus précis en matière de consommation et de confort d'ambiance. On s'aperçoit aujourd'hui que la problématique consiste plutôt à évaluer le niveau d'incertitude dans l'obtention des résultats pour proposer une garantie de performances d'un bâtiment tenant compte du comportement réel, ce qui fait l'objet de nombreux travaux de recherche à ce jour. Ainsi, pour un bâtiment très performant, le comportement de l'utilisateur, qui restera toujours peu prévisible, pourra faire évoluer très sensiblement le niveau de consommation de chauffage du bâtiment en fonction du nombre et des habitudes des personnes présentes dans le logement.

L'ouvrage présente, pour terminer, différentes applications de la simulation pour des bâtiments performants afin de montrer combien la simulation est devenue prépondérante dans le dimensionnement énergétique des ouvrages. En effet, il est important de dire que la prise de conscience des incertitudes n'a pas fragilisé le recours à l'usage de la simulation pour dimensionner des ouvrages mais, bien au contraire, donne beaucoup plus de crédibilité aux modélisateurs pour décrire le comportement futur des bâtiments.

Bien entendu, les nouveaux développements concernant la prise de conscience de la propagation des incertitudes au sein des simulations ne sont qu'à leurs débuts, et cela ouvre d'importantes perspectives en matière de travaux de recherche[1] de manière à viser, par exemple, la garantie de la performance intrinsèque du bâtiment. Il ne s'agira plus de se contenter d'une simulation du comportement d'un bâtiment dans des conditions très précises, mais, par des études de sensibilité dynamique, de proposer des optimisations entre composants d'un bâtiment en faisant varier l'ensemble de ses propriétés.

Une autre issue pour les outils de simulation se situe dans l'interopérabilité entre outils et cosimulation. Cela signifie qu'on ne s'oriente plus vers un outil exhaustif qui saurait gérer l'ensemble des phénomènes physiques liés au bâtiment, mais davantage vers le développement de plates-formes de simulation capables d'héberger des outils de nature très différente tout en assurant le couplage entre ces outils.

On sera alors capable de décrire le comportement d'un bâtiment pour des sollicitations données et de proposer une optimisation en fonction de critères souvent très contradictoires liés à la qualité d'air, à l'éclairage, à l'énergie grise ou encore à la consommation énergétique.

---

1. Voir également le *Livre blanc sur les recherches en énergétique des bâtiments* paru aux Presses de l'École des mines en août 2013.

Imprimé en Allemagne par BoD

N° d'éditeur : 9600

Dépôt légal : décembre 2015